高等学校工程材料及机械制造基础课程系列教材

机械制造技术基础

第二版

主 编 尹成湖

副主编 郑惠萍 杜金萍 韩彦军

高等教育出版社·北京

内容提要

本书是在第一版基础上,根据兄弟院校的使用意见,并结合全国高等学校机械类专业近年来的教育教学改革和创新的经验修订而成的。本书理论与生产实践相结合,注重实用技术、贴近生产实际。本书根据应用型人才培养的需求,精选内容、科学编排,采用最新的现行标准,注意内容和名词术语的衔接,结合图、表和实例使内容表述直观易懂。每章前附有学习目标,章后附有一定数量的思考题与习题,便于教学和学习。

全书内容包括:绪论、金属切削原理及刀具、金属切削机床、机械加工工艺规程的制订、机床夹具设计原理、机械加工质量与控制、机器装配工艺、机械制造新技术。与之配套的《机械制造技术基础课程设计指导》(第二版)同步修订出版,可供教师教学,学生课后学习和课程设计使用。

本书可作为高等学校机械类和近机械类专业的教材,也供有关工程技术人员参考。

图书在版编目(CIP)数据

机械制造技术基础／尹成湖主编. -- 2 版. -- 北京：
高等教育出版社,2021.11
ISBN 978-7-04-056879-0

Ⅰ.①机⋯ Ⅱ.①尹⋯ Ⅲ.①机械制造工艺-高等学校-教材 Ⅳ.①TH16

中国版本图书馆 CIP 数据核字(2021)第 178604 号

Jixie Zhizao Jishu Jichu

策划编辑	卢 广	责任编辑	卢 广	封面设计 张雨微	版式设计	徐艳妮
插图绘制	邓 超	责任校对	马鑫蕊	责任印制 赵 振		

出版发行	高等教育出版社	网　址 http://www.hep.edu.cn
社　址	北京市西城区德外大街 4 号	http://www.hep.com.cn
邮政编码	100120	网上订购 http://www.hepmall.com.cn
印　刷	天津海顺印业包装有限公司	http://www.hepmall.com
开　本	787mm×1092mm　1/16	http://www.hepmall.cn
印　张	31.5	版　次 2008 年 8 月第 1 版
字　数	750 千字	2021 年 11 月第 2 版
购书热线	010-58581118	印　次 2021 年 11 月第 1 次印刷
咨询电话	400-810-0598	定　价 63.00 元

机械制造
技术基础
第二版

主编　尹成湖

1　计算机访问 http://abook.hep.com.cn/12319731，或手机扫描二维码，下载并安装 Abook 应用。

2　注册并登录，进入"我的课程"。

3　输入封底数字课程账号（20位密码，刮开涂层可见），或通过 Abook 应用扫描封底数字课程账号二维码，完成课程绑定。

4　单击"进入课程"按钮，开始本数字课程的学习。

课程绑定后一年为数字课程使用有效期。受硬件限制，部分内容无法在手机端显示，请按提示通过计算机访问学习。

如有使用问题，请发邮件至 abook@hep.com.cn。

扫描二维码
下载 Abook 应用

http://abook.hep.com.cn/12319731

第二版前言

本书是在教育科学"十五"规划课题"21世纪中国高等学校应用型人才培养体系的创新与实践"研究成果《机械制造技术基础》的基础上修订而成的。

本次修订是以"工程教育专业认证"和"卓越工程师教育培养计划"的实施原则为指导思想,以机械类专业创新型工程科技人才培养为目标,以解决工程教育中工程性缺失和实践环节薄弱的问题为着力点,结合近年来机械类专业教学改革与实践的创新经验展开的。本书在第一版的基础上加强了理论与生产实际相结合的内容和实用技术,增加了实际工程案例,同时引入学科前沿知识、最新的科研成果和新产品、新技术。本次修订采用了最新的国家标准和行业标准。

为了解决学时少、内容多的矛盾,在修订过程中以机械加工系统涉及的知识为主线进行了优化,明确了各章节的基本要求,明晰了知识的主线及相关知识点之间的关联性。为了适应不同学时的需求,在介绍基本原理和基础知识的同时,又增加了相关拓展型知识和案例,既便于教师组织教学又方便学生自学。本次修订,还在附录中增加了试卷评析的内容,为学生检验对知识的掌握程度提供帮助。

本书提供了配套的课件和一些实际生产中的视频资料,供教师参考使用。

为了拓展实践教学环节和丰富实践教学内容,与本书配套的《机械制造技术基础课程设计》也同步进行了修订。

本书由尹成湖任主编,郑惠萍、杜金萍、韩彦军任副主编。参加编写工作的还有李保章、杜皓、秦志英、齐习娟、武蕴馥、刘利剑、周京博、宁辰校、杨立宁、吴永红。张英负责文字录入和图表的处理工作。

在本书编写过程中,得到了河北科技大学、河北工程大学、石家庄铁道大学、河北师范大学、衡水学院和有关企业的大力支持和帮助,在此表示感谢。

由于编者的水平有限,错误和不妥之处在所难免,恳请读者批评、指正。

编　者
2021 年 5 月

目录

绪 论

0.1 机械制造的基本概念

1. 制造与制造技术

制造是人类最主要的生产活动之一。制造的历史悠久,从制造石器、陶器、铜器和铁器,到制造简单的机械,如刀、枪、剑、戟等兵器,钻、凿、锯、锉、锤等工具,锅、盆、罐、犁、车等用具,这个漫长的时期属于早期制造。早期的制造是靠手工的,可以理解为用手来做,如英文为 manufacture,起源于拉丁文 manu(手)和 facture(做)。从英国工业革命开始,以机械工业化生产为标志,逐渐用机械代替手工,制造技术也从手艺向工艺转化,社会分工更加细化,产品生产由手工业向工业产业转变。机械制造业属于第二产业(包括制造业、采掘业、建筑业、运输业、通信业、电力业和煤气业等),产品生产实现了机械化、自动化,进一步解放了劳动力。现代制造技术或先进制造技术是 20 世纪 80 年代提出的,是机械、电子、信息、材料、生物、化学、光学和管理等技术交叉、融合和集成并应用于产品生产的技术或理念。未来的制造将突破人们传统的思维和想象向纳米制造、分子制造、生物制造等方面发展。为了满足人类发展不断变化的需要,制造在不断发展变化,制造技术也在不断发展和进步。

制造是人类按照所需目的,运用主观掌握的知识和技能,借助于手工或可以利用的客观物质工具,采用有效的方法,将原材料转化为最终物质产品,并投放市场的全过程。制造属于生产的范畴,是生产的一部分,它包括市场调研、产品设计、工艺设计、加工装配、质量保证、生产过程管理、营销、售后服务等产品生命周期内一系列的活动。

制造技术是完成制造活动所需的一切手段的总和,是制造活动和制造过程的核心。手工制造的核心是能工巧匠的手艺、技巧、技能;机械制造技术是机械制造的核心,包括制造活动的知识、经验、操作技能、制造装备、工具和有效的方法等。

2. 机械制造与机械制造技术基础

机械制造是各种动力机械、起重运输机械、农业机械、化工机械、纺织机械、机床、工具、仪器、仪表及其他机械等的设计制造过程的总称。从事上述生产的工业部门称为机械制造业,也称机械工业,其作用是为整个国民经济提供技术装备,是最重要的工业部门之一,是国民经济的支柱,其发展水平是国家工业化程度的主要标志。

机械制造技术基础是以数学、物理、化学、力学、材料学、机械学(机械原理、机械零件)、电工学等知识为基础,运用机械方面的知识,研究、设计、制造和使用各种机器设备和工具等的根基。机械制造技术基础的内容包括金属切削原理、金属切削机床(加工设备)、加工工具(工艺装备)、机械制造的加工工艺和装配工艺、机械加工质量及其控制等的基本知识和理论,是机械工程的技术核心。

0.2 机械制造工艺

工艺(technology)是使各种原材料、半成品成为产品的方法和过程。材料加工的工艺类型分为去除加工、结合加工和变形加工。材料的工艺类型、原理及其加工方法见表0.1。

表 0.1 材料的工艺类型、原理及其加工方法

分类	加工机理		加工方法
去除加工	力学加工		切削加工、磨削加工、磨粒流加工、磨料喷射加工、液体喷射加工
	电物理加工		电火花加工、电火花线切割加工、等离子体加工、电子束加工、离子束加工
	电化学加工		电解加工
	物理加工		超声加工、激光加工
	化学加工		化学铣削、光刻加工
	复合加工		电解磨削、超声电解磨削、超声电火花电解磨削、化学机械抛光
结合加工	附着加工	物理加工	物理气相沉积、离子镀
		热物理加工	蒸镀、熔化镀
		化学加工	化学气相沉积、化学镀
		电化学加工	电镀、电铸、刷镀
	注入加工	物理加工	离子注入、离子束外延
		热物理加工	晶体生长、分子束外延、渗碳、掺杂、烧结
		化学加工	渗氮、氧化、活性化学反应
		电化学加工	阳极氧化
	连接加工		激光焊接、化学黏接、快速成形制造、卷绕成形制造
变形加工	冷、热流动加工		锻造、辊锻、轧制、挤压、辊压、液态模锻、粉末冶金
	黏滞流动加工		金属型铸造、压力铸造、离心铸造、熔模铸造、壳型铸造、低压铸造、负压铸造
	分子定向加工		液晶定向

机械制造工艺(manufacturing technology)是用机械制造的方法,将原材料制成机械零件的毛坯,再将毛坯加工成机械零件,然后将这些零件装配成机器设备的整个过程。机械制造工艺过程的内容包括:毛坯制造、热处理、机械加工和装配等内容,如图0.1所示。

(1)毛坯制造与热处理

机械零件的材料一般采用金属材料,如钢、铸铁等。机械零件的毛坯类型有铸件、锻件、型材、焊接件等,相应毛坯的制造方法有铸造、锻造、冲压、轧制、焊接等制造方法。

铸造(casting)是熔炼金属,制造铸型,并将熔融金属浇入铸型,凝固后获得的具有一定形状、尺寸和性能的金属毛坯的成形方法。

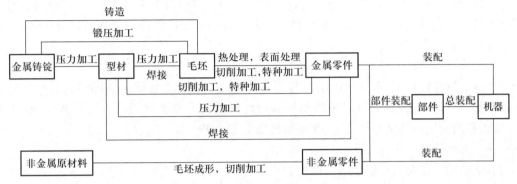

图 0.1 机械制造的内容框图

锻造(forging)是在加压设备及工(模)具的作用下,使坯料、铸锭产生局部或全部的塑性变形,以获得一定几何形状、尺寸和性能的锻件的加工方法。

焊接(welding)是通过加热或加压,或两者并用,并且用或不用填充材料,使工件达到结合的一种方法。

热处理(heat treatment)是将固态金属或合金在一定介质中加热、保温和冷却,以改变其整体或表面组织,从而获得所需性能的加工方法。常用的方法有退火、正火、淬火、高频淬火、调质、渗氮、碳氮共渗(氰化)等。

表面热处理(surface heat treatment)是为改善工件或材料表面层的组织和性能仅对其表面进行热处理的加工方法。常用方法有感应加热表面淬火、火焰加热表面淬火、电解液淬火和激光淬火等。

表面处理(surface treatment)是在基体材料表面上人工形成一层与基体的力学、物理和化学性能不同的表层的工艺方法。表面处理的目的是满足产品的耐蚀性、耐磨性、装饰或其他特种功能要求。机械表面处理包括喷砂、磨光、抛光、喷涂、刷漆等。化学表面处理包括发蓝、发黑、磷化、酸洗、化学镀等。电化学表面处理包括阳极氧化、电化学抛光、电镀等。现代表面处理包括化学气相沉积、物理气相沉积、离子注入、激光表面处理等。

(2)机械加工

机械加工(machining)是利用机械力对各种工件进行加工的方法。它包括切削加工、压力加工(无屑加工)和特种加工。

切削加工(cutting)是利用切削刀具从工件上切除多余材料的加工方法,如车削、铣削、刨削、磨削等加工方法。

压力加工(press working)是使毛坯材料产生塑性变形或分离的无屑加工方法,如冲压、辊轧、挤压、辗压等,无屑加工方法直接将型材制成零件。

特种加工(non-traditional machining)是直接借助电能、热能、声能、光能、电化学能、化学能以及特殊机械能量或复合应用上述各种能源实现材料切除的加工方法,如电火花加工、电化学加工、激光加工、超声加工等方法。

（3）非金属材料模具成形

对塑料、陶瓷、橡胶等非金属材料，直接将原材料经模具成形加工成零件。

（4）装配

装配（assembing）是按规定的技术要求，将零件或部件进行配合和连接，使之成为半成品或成品的工艺过程，如将零件装配成合件，将零件、合件装配成组件和部件，将零件、合件、组件和部件装配成机器。

（5）检验与测试

在机械制造过程中，需要判定毛坯与零件的尺寸、形状、表面质量、内部组织、力学性能等是否符合设计要求，需要判定部件和机器的性能和技术要求是否符合设计规定，这些测量、检验和测试用以判定零件加工、部件和机器装配是否合格。

（6）其他辅助工作

其他辅助工作包括毛坯、零件、部件和机器的搬运、储存、涂装和包装等。

0.3 机械制造工程师

机械制造工程师肩负着各种机械设备、工艺装备等的开发、设计，工艺规程设计，结构工艺性审查等工作任务，在机械制造过程中要树立以下观念：

（1）保证产品的质量，制造优质的机器

机械制造工程师的首要任务是制造合格的产品，在工作过程中一定要树立"质量就是生命"的观念。

（2）提高劳动生产率

提高劳动生产率是人类不懈追求的目标，是机械制造业永恒的课题。一般通过采用先进设备、新技术、新方法、新的刀具材料、改进刀具结构参数、改善切削条件、提高切削用量、减少辅助时间等措施来提高劳动生产率。

（3）降低生产成本，提高经济效益

采用新材料、新工艺和新技术可以有效地降低生产成本。提高职工素质、强化生产管理和质量管理，减少材料消耗、时间消耗和各种浪费等也是提高经济效益的重要途径。

（4）降低工人劳动强度，保证安全生产

机械制造工程师在设计机床设备、工艺装备、吊装运输器械和各种辅助工具时，都应把降低工人劳动强度和保证安全生产作为首要目标。

（5）环境保护

在机械制造的全过程中，要减少对环境的污染，如对切屑、粉尘、废切削液、油雾等都要采取适当的处理办法。

0.4 机械制造技术的发展

我国的制造有着悠久历史，如各种石器、陶器、铜器、铁器、工具和用具的制造，创造了辉煌的古代制造文明。在近代，我国延续了农业经济发展道路，制造技术被西方的工业经济远远地甩在后面。1949 年中华人民共和国成立后，我国的机械工业从无到有，从小到大，从制造一般机械产品到制造高精尖产品,从单机制造到大型成套设备制造,形成了门类齐全、比较完整的机械工业体系,为国民经济和国防建设提供了大量的技术装备,在国民经济中的支柱产业地位明显。

目前,我国产品生产总量和制造规模已位居世界制造大国的行列,制造技术取得了长足的进步,一些产品已达到国际先进水平,部分制造企业在国际上崭露头角,产业区、经济带逐渐形成,有些产品的技术水平和市场占有率居世界前列,如大型施工机械、百万千瓦超临界火电机组、汽轮机和发电机。但中低端产品生产加工能力很强,高端技术装备依赖进口,大而不强的问题依然影响着我国制造业的发展。多数出口产品是代工生产,自主品牌不足;单机生产的多,成套的少;产品附加值低;高档数控机床、大功率航空发动机、船舶发动机、集成电路芯片制造装备、光纤制造装备等高端关键技术设备依赖进口。

由制造大国向制造强国的转变是我国的一个发展规划,主要解决制造技术基础薄弱、创新能力不强、低端产品多高端产品少、资源消耗和能源消耗大、环境污染等问题。发展思路是:

① 提高装备设计、制造和集成能力。以促进企业技术创新为突破口,通过技术攻关,基本实现高档数控机床、重要装备、重大成套技术装备、关键材料与关键零部件的自主设计制造。

② 积极发展绿色制造。加快相关技术在材料与产品开发设计、加工制造、销售服务及回收利用等产品全生命周期中的应用,形成高效、节能、环保和可循环的新型制造工艺。

③ 用高新技术改造和提升制造业整体技术水平。大力推进制造业信息化,积极发展基础原材料,大幅度提高产品档次、技术含量和附加值,全面提升制造业整体技术水平。

0.5 机械制造技术基础课程的内容和要求

机械制造技术基础课程的内容包括:金属切削原理及刀具、金属切削加工机床、机械加工工艺规程制订、机床夹具设计、机械加工质量与控制、装配工艺和机械制造新技术。

机械制造技术基础课程的任务是使学生获得机械制造过程中所必须具备的基本理论和基本知识。学生通过本课程的学习,了解金属切削过程的基本概念;掌握金属切削过程的基本规律和切削条件的合理选择;了解切削加工常用的刀具;了解金属切削机床的工作原理,掌握机床运动和传动的分析方法,了解机床的典型机构和结构;掌握机械加工工艺规程制订的基本知识、理论和方法;掌握机床夹具设计的基本原理和方法;具备综合分析机械制造工艺过程中的质量、生产率和经济性问题的能力;掌握机器的装配工艺的基本理论和基本知识;了解机械制造新技术的发展。

机械制造技术基础课程的特点是知识面广、综合性强、灵活性大和实践性很强。因此,学生在学习本课程的基本知识和基本原理时,应理论联系实际,重视实践环节,尤其是生产实习,了解工厂实际的生产组织、典型零件的制造工艺过程、典型部件或机器的装配过程以及采用的设备、工装;重视本课程的课程设计,综合运用所学知识,进行零件的机械加工工艺规程制订和专用夹具设计,提高设计能力。

思考题与习题

0.1　什么是制造？什么是机械制造技术？

0.2　什么是机械制造？机械制造工艺过程包括哪些内容？

0.3　机械制造工程师的主要任务有哪些？

0.4　机械制造技术的主要发展方向是什么？

0.5　本课程的内容和要求是什么？

第1章 金属切削原理及刀具

学习目标

1. 了解切削加工基本知识，掌握切削运动和切削用量的概念。

2. 了解金属切削过程中的物理现象，掌握切削变形及其控制、切削力及其影响因素、切削热的产生与传出和刀具磨损等规律对切削过程的影响。

3. 了解工件材料切削加工性、刀具材料和切削液的基本知识，能够结合实际合理选择工件材料、刀具材料、刀具几何参数和切削用量。

4. 熟悉常用的金属切削刀具。

5. 了解磨削过程、磨削方法和磨料磨具的知识。

1.1 金属切削加工基本知识

学习目标

1. 掌握切削运动和切削用量的概念。

2. 熟悉刀具切削部分的组成要素，掌握刀具角度的标注方法，了解刀具的工作角度。

3. 了解切削层参数和切削方式的概念

1.1.1 切削过程的切削运动与工件表面

切削(cutting)是用切削工具将坯料或工件上多余材料切除，以获得所要求的几何形状、尺寸精度和表面质量的加工方法(GB/T 6477—2008)。切削过程是刀具与工件之间相对运动、相互作用(如力、摩擦、热等作用)，使工件上多余的材料变成切屑(废弃的部分材料)，获得所要求工件表面的过程。

1. 切削运动

在切削中，刀具与工件之间的相对运动称为切削运动。它是形成工件表面的运动，也称表面成形运动。按其在切削中的作用分为主运动和进给运动，如图 1.1a 所示。

（1）主运动

主运动(primary motion)由机床或人力提供，是切除工件上多余材料形成新表面的主要切削运动，其大小用切削速度 v_c 表示。通常，主运动的速度较高，消耗的功率最多。一种切削方法只有一个主运动，如车削的主运动是工件的旋转运动，铣削的主运动是刀具的旋转运动，刨削的主运动是刀具的往复直线运动,磨削的主运动是砂轮的旋转运动。主运动可以由工件完成也可以由刀具完成,运动形式可以是直线运动也可以是旋转运动。

（2）进给运动

进给运动(feed motion)由机床或人力提供,与主运动配合,间歇地或连续不断地将多余金属层投入切削,形成所要求几何表面的切削运动,其大小用进给速度 v_f 表示。进给运动的速度较低,消耗功率较少。进给运动可以是连续的(如车外圆)也可以是间歇的(如刨削),可以由刀具完成也可以由工件完成,不同的切削方法可以没有进给运动(如拉削),也可以有一个进给运动(如车削和钻削),也可以有两个或多个进给运动(如磨削加工)。

（3）主运动与进给运动的合成

主运动与进给运动的矢量和称为合成切削运动(resultant cutting motion)(GB/T 12204—2010),如图 1.1b 所示。

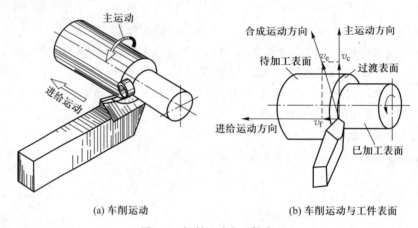

(a) 车削运动　　　　　(b) 车削运动与工件表面

图 1.1　切削运动和工件表面

主运动方向(direction of primary motion)是切削刃选定点相对于工件的瞬时主运动方向。主运动大小是切削刃选定点相对于工件的主运动的瞬时速度,称为切削速度(cutting speed),用符号 v_c 表示,单位是 m/min(磨削时单位为 m/s)。

进给运动方向(direction of feed motion)是切削刃选定点相对于工件的瞬时进给运动的方向。进给运动大小是切削刃选定点相对于工件的进给运动的瞬时速度,称为进给速度(feed speed),用符号 v_f 表示,单位是 m/min(或 m/s)。

合成切削运动方向(resultant cutting direction)是切削刃选定点相对于工件的瞬时合成切削运动的方向。合成运动大小是切削刃选定点相对于工件的合成切削运动的瞬时速度,称为合成切削速度(resultant cutting speed),用符号 v_e 表示,单位是 m/min(或 m/s)。

（4）拓展知识

铣削和钻削的切削刃选定点及其切削运动如图 1.2 所示,图中的 P_{fe} 是工作平面。切削刃选定点一般选择特殊点,如刀尖、瞬时切削速度最大的那一点。

2. 工件表面

在切削中,工件上的一层材料不断地被刀具切除形成新表面。在新表面的形成过程中,工件上有三个不断变化的表面,分别是待加工表面、过渡表面和已加工表面,见图 1.1b。

待加工表面(work surfaces):工件上有待切除材料的表面。

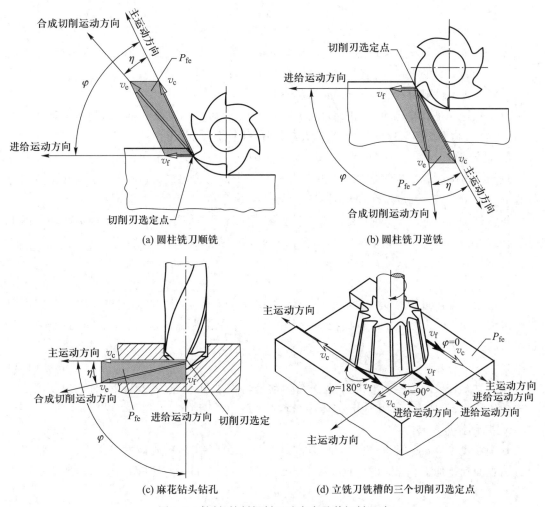

(a) 圆柱铣刀顺铣   (b) 圆柱铣刀逆铣

(c) 麻花钻头钻孔   (d) 立铣刀铣槽的三个切削刃选定点

图 1.2　铣削、钻削切削刃选定点及其切削运动

过渡表面(transent surfaces):工件上由刀具切削刃形成的那部分表面,它在下一切削行程或刀具(或工件)的下一转里被切除,或者由下一切削刃切除。

已加工表面(machined surfaces):工件上经刀具切削后形成的表面。

1.1.2　切削用量

从工艺的角度看,切削用量(cutting conditions)(GB/T 4863—2008)是在切削加工过程中的切削速度、进给量和切削深度的总称。通常把切削速度、进给量和切削深度称为切削用量三要素。切削用量是非常重要的工艺参数,可用来直接或间接衡量生产率、刀具寿命、表面质量,还可用来计算切削力和切削功率。在实际生产中,工艺人员或操作人员是根据不同的工件材料、刀具材料和其他要求来选择合理的切削用量的。

1. 切削速度 v_c

切削速度(cutting speed)是在进行切削加工时,刀具切削刃上的某一点相对于待加工表面在主运动方向上的瞬时速度。切削速度的单位是 m/min 或 m/s。

对于主运动是回转运动的机床,切削速度的计算公式为

$$v_c = \frac{\pi d n}{1\,000} \qquad\qquad (1.1)$$

式中: d——工件或刀具上某点的回转直径(如外圆车削中为工件上的待加工表面直径、钻削中为钻头的直径,磨削中为砂轮的直径),mm;

　　　n——为工件或刀具的转速,r/min 或 r/s。

对于主运动是直线运动的机床,如刨床和插床,主运动参数是刨刀和插刀的每分种往复次数(次/min),其平均切削速度是行程与单位时间内往复次数乘积的 2 倍。

2. 进给量 f

进给量(feed)是刀具在进给运动方向上相对于工件的位移量,可用刀具或工件每转或每行程的位移量来表示和度量。如车削和钻削的进给量用字母 f 表示,单位为 mm/r。

每齿进给量(feed per tooth)是多齿刀具每转或每行程中每齿相对工件在进给运动方向上的位移量,用 f_z 表示,z 为刀具的刀齿数,单位为 mm/z(毫米/齿)。

进给量 f 与每齿进给量 f_z 的关系为

$$f = f_z z \qquad\qquad (1.2)$$

生产中也常用进给速度来表示进给运动的参数,如数控加工。进给速度是单位时间内刀具在进给运动方向上相对于工件的位移量,用 v_f 表示,单位为 mm/min 或 mm/s。进给速度与进给量的关系为

$$v_f = f n \qquad\qquad (1.3)$$

主运动是往复切削运动的机床,其进给运动是间歇的,进给量为刀具或工件往复切削运动一次的位移量,单位为 mm/d·str(毫米/双行程)。

3. 切削深度 a_p

切削深度(cutting depth)也称背吃刀量(GB/T 12204—2010),或称吃刀深度,一般指工件已加工表面和待加工表面间的垂直距离,用 a_p 表示,单位为 mm。如外圆加工的切削深度为

$$a_p = \frac{d_w - d_m}{2} \qquad\qquad (1.4)$$

式中: d_w——待加工表面直径,mm;

　　　d_m——已加工表面直径,mm。

4. 拓展知识

车削、刨削、铣削、拉削的切削运动和切削用量如图 1.3 所示。图 1.3e 所示的铣槽中的 a_p 称为切削深度或背吃刀量,a_e 称为侧切削深度或侧吃刀量。

1.1.3　刀具要素及其几何参数

1. 刀具的组成要素

金属切削刀具一般由切削部分和夹持部分组成。刀具切削部分包括起切削作用的部分和切屑成形控制的部分。夹持部分称为刀柄或刀杆,是刀具上与机床或机床辅具的安装部分,其结构尺寸已标准化。

(1) 刀具切削部分的基本要素

车刀切削部分的基本要素包括刀面、切削刃和刀尖,如图 1.4 所示。

刀具切削部分的刀面包括:前面、后面和副后面等,如图 1.4a 所示。

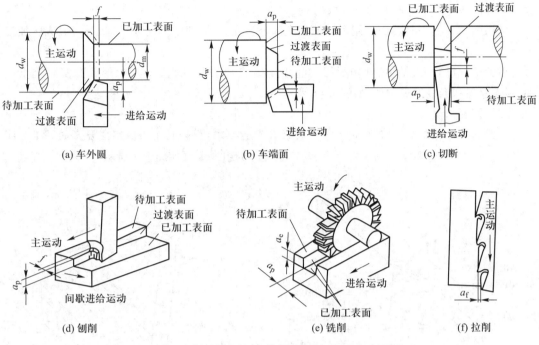

图 1.3 车削、刨削、铣削、拉削的切削运动和切削用量

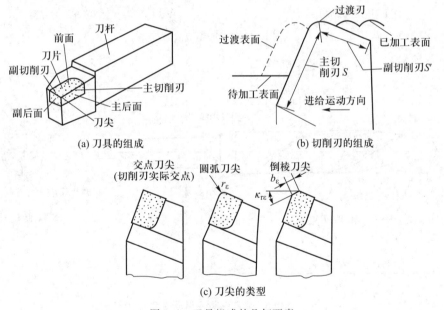

图 1.4 刀具组成的几何要素

前面是切屑流过的刀面。

后面是与工件上过渡表面相对的刀面。

副后面是与工件上已加工表面相对的刀面。

切削刃是前面上起切削作用的刃,由主切削刃 S、副切削刃 S' 和过渡刃组成,如图 1.4b 所示。

主切削刃 S 是刀具前面与主后面的相交部分,在切削过程中,承担主要的切削任务,切除工件上的材料并形成工件上的过渡表面。

副切削刃 S' 是刀具前面与副后面的相交部分,它配合主切削刃完成切削工作,形成已加工表面。

刀尖也称过渡刃,是主、副切削刃之间相连接的一小段切削刃。刀尖形状有实际交点刀尖、圆弧刀尖和倒棱刀尖三种,如图 1.4c 所示。

（2）拓展知识

在刀具设计和制造中,刀具的几何要素及其参数要求更详细,车刀的组成要素如图 1.5 所示,麻花钻头的组成要素如图 1.6 所示,套式立铣刀的组成要素如图 1.7 所示。

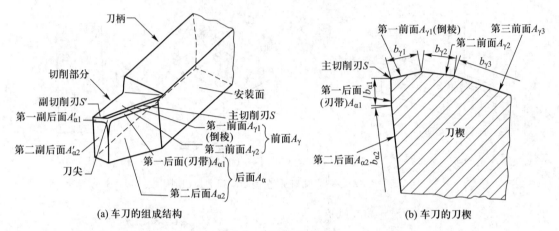

图 1.5　车刀的组成要素

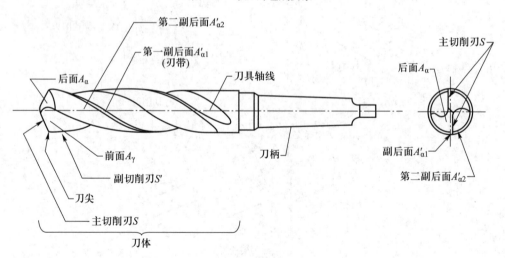

图 1.6　麻花钻头的组成要素

切削部分是刀具上夹持刀条或刀片的部分,也可以直接形成切削刃部分。

刀楔是前面和后面之间形成切削刃的切削部分,见图 1.5b。

常用刀柄形状有圆柱、圆锥和矩形(或方形,车刀和刨刀的刀柄常称刀杆)等形式。刀孔的作用是安装或紧固刀杆并将刀具连接在机床上。

安装面是刀柄或刀孔上的一个表面(或轴线),用于刀具在制造、使用、刃磨和测量时的安装或定位。

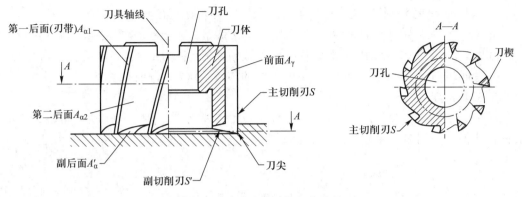

图 1.7　套式立铣刀的组成要素

2. 刀具的参考系及相关术语和定义

刀具静止参考系用于定义刀具在设计、制造、刃磨和测量时几何要素方向和位置的参考系,如图 1.8 所示。在该参考系中的参考平面定义如下:

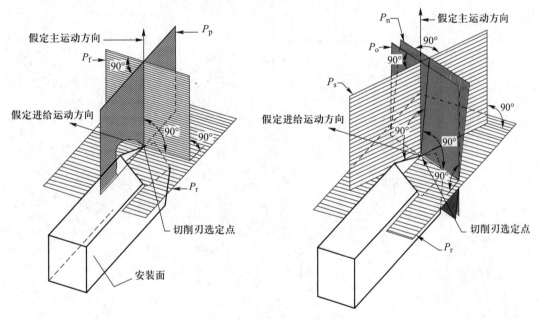

图 1.8　刀具静止参考系的平面

① 基面 P_r　过切削刃选定点的平面,它平行或垂直于刀具在制造、刃磨及测量时适合于安装或定位的一个平面或轴线,一般说来,其方位垂直于假定的主运动方向(也称主运动方向)。

② 假定工作平面(也称进给剖面)P_f　通过切削刃选定点并垂直于基面,它平行或垂直于刀具在制造、刃磨及测量时适合于安装或定位的一个平面或轴线,一般说来,其方位要平行于假定的进给运动方向,即主运动方向和进给运动方向确定的平面。

③ 背平面(也称切深剖面)P_p　通过切削刃选定点并垂直于基面和假定工作平面的平面。

④ 主切削平面 P_s　通过主切削刃选定点与主切削刃相切并垂直于基面的平面。

⑤ 正交平面(也称主剖面)P_o　通过切削刃选定点并同时垂直于基面和切削平面的平面。

⑥ 法平面(也称法剖面)P_n　通过切削刃选定点并垂直于切削刃的平面。

由基面 P_r、假定工作平面 P_f 和背平面 P_p 三个平面组成的参考系称为进给与切深参考系。

由基面 P_r、主切削平面 P_s 和正交平面 P_o 组成的参考系称为主剖面参考系。

由基面 P_r、主切削平面 P_s 和法平面 P_n 组成的参考系称为法剖面参考系。

3. 刀具角度

刀具几何要素(刀尖、刀刃和刀面)的方向和位置需要用刀具角度(也称刀具的标注角度)来表示,并且需要用多个参考平面的刀具角度来确定。车刀角度如图 1.9 所示。

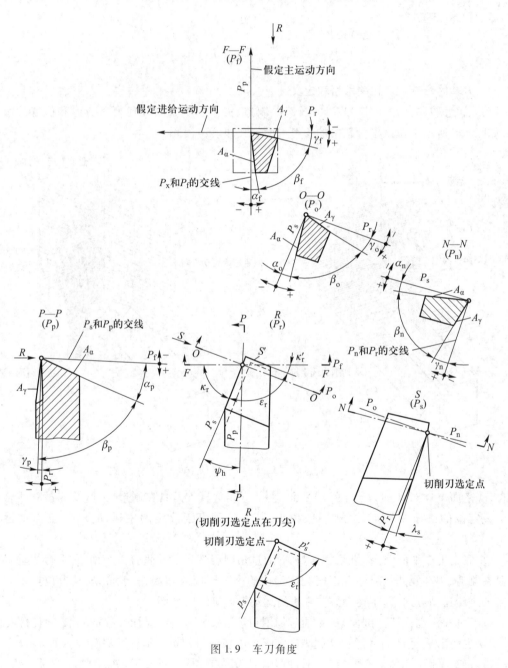

图 1.9　车刀角度

（1）基面 P_r 内的刀具角度

刀具在基面 P_r 内的标注角度有主偏角 κ_r、副偏角 κ_r' 和刀尖角 ε_r。

主偏角 κ_r 是在基面中测量的主切削平面与假定工作平面之间的夹角。

副偏角 κ_r' 是副在基面中测量的副切削刃与假定工作平面之间的夹角。

刀尖角 ε_r 是在基面中测量的主切削平面和副切削平面之间的夹角。

（2）切削平面 P_s 内的刀具角度

刃倾角 λ_s 在切削平面内度量，是主切削刃与基面的夹角。它也有正负之分，当刀尖处在切削刃最高位置时，取正号；反之，取负号。

（3）正交平面（主剖面）P_o 内的刀具角度

刀具在主剖面 P_o 内的标注角度有前角 γ_o、后角 α_o 和楔角 β_o。

前角 γ_o 是在主剖面内度量的基面与刀具前面的夹角。它有正负之分，当前面在基面的下方时，取正号；反之取负号。

后角 α_o 是在主剖面内度量的刀具后面与切削平面的夹角。它也有正负之分，当后面在切削平面右边时，取正号；在左边时取负号。

楔角 β_o 是在主剖面内度量的刀具后面与前面之间的夹角。

它与前角 γ_o、后角 α_o 的关系为

$$\gamma_o + \alpha_o + \beta_o = 90° \tag{1.5}$$

（4）法平面（法剖面）P_n 内的刀具角度

法前角 γ_n 是在法剖面内度量的基面与刀具前面的夹角。

法后角 α_n 是在法剖面内度量的刀具后面与切削平面的夹角。

法楔角 β_n 是在法剖面内度量的刀具后面与前面之间的夹角。

（5）假定工作平面 P_f 和背平面 P_p 内的刀具角度

在 P_f 和 P_p 内的刀具角度有与上述角度相对应的侧前角 γ_f、侧后角 α_f、侧楔角 β_f、背前角 γ_p、背后角 α_p 和背楔角 β_p。

最常用的刀具角度有：前角 γ_o、后角 α_o、主偏角 κ_r、刃倾角 λ_s 和楔角 β_o。

4. 刀具的工作参考系与工作角度

刀具工作参考系是刀具进行切削加工时，刀具几何要素的参考系。在刀具工作参考系中也定义了 6 个平面，其名称和表示符号为：工作基面 P_{re}、工作平面 P_{fe}、工作背平面 P_{pe}、工作切削平面 P_{se}、工作正交平面 P_{oe} 和工作法平面 P_{ne}。

刀具工作参考系定义的参考平面与静止参考系的相对应，名称中加了"工作"二字，表示符号在下标中多了字母"e"，表示工作参考系。

工作基面 P_{re} 是通过切削刃选定点并与合成切削速度方向相垂直的平面。工作基面 P_{re} 与基面的定义不同，其他参考平面的定义与静止参考系的相类似。

同样，刀具的工作角度也与刀具角度相类似。刀具工作角度的名称和表示符号为：工作前角 γ_{oe}、工作法前角 γ_{ne}、工作后角 α_{oe}、工作主偏角 κ_{re}、工作刃倾角 λ_{se} 和工作楔角 β_{oe} 等。

一般情况下，刀具的实际安装基面与刀具设计的基面一致，刀具的工作角度与刀具角度差别很小。在特殊切削情况或刀具安装基面与设计假定的基面出现较大的偏差时，就需要分析计算刀具的工作角度。

（1）进给运动速度对工作角度的影响

横向切削时,如图 1.10a 所示的切断,由于横向进给运动速度的影响较大不能忽略,因此不能用静止参考中的刀具角度来反映刀具几何要素的切削情况,需要用工作参考系的刀具工作角度。这样基面 P_r 变为工作基面 P_{re},切削平面 P_s 变为工作切削平面 P_{se},由于 P_s 与 P_{se} 相差一个 μ 角。刀具的工作角度（α_{oe}、γ_{oe}）与刀具角度（α_o、γ_o）的关系为

$$\alpha_{oe} = \alpha_o - \mu \qquad (1.6)$$

$$\gamma_{oe} = \gamma_o + \mu \qquad (1.7)$$

（2）刀具安装高度对工作角度的影响

当刀具刀尖的安装高于工件轴线 h 时,还以切断为例,如图 1.10b 所示,刀具的基面 P_s 和切削平面 P_s 分别变为工作基面 P_{re} 和工作切削平面 P_{se},使工作前角 γ_{oe} 增大,工作后角 α_{oe} 减小。可得

$$\gamma_{oe} = \gamma_o + \varepsilon$$

$$\alpha_{oe} = \alpha_o - \varepsilon; \varepsilon = \arcsin(2h/d_w) \qquad (1.8)$$

式中:ε——刀具安装高度引起前角和后角的变化量,(°);

d_w——工件直径,mm。

当刀具切削刃比工件轴线装低时,其工作角度的变化相反,即工作前角 γ_{oe} 减小,工作后角 α_{oe} 增大。

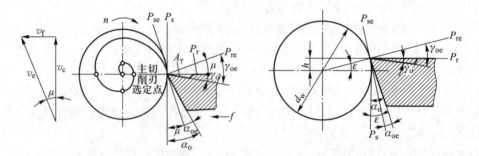

(a) 切断进给运动对工作角度的影响　　　　(b) 切断刀安装高度对工作角度的影响

图 1.10　切断的进给速度与刀具安装高度对刀具工作角度的影响

（3）刀柄轴线与进给方向不垂直时对工作角度的影响

如图 1.11 所示,车刀刀柄轴线与进给方向不垂直时,工作主偏角 κ_{re} 和工作副偏角 κ'_{re} 将发生变化。

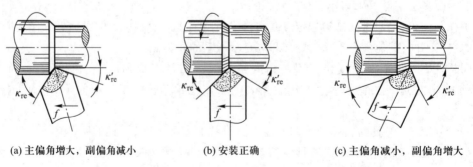

(a)主偏角增大,副偏角减小　　　　(b)安装正确　　　　(c)主偏角减小,副偏角增大

图 1.11　刀柄轴线与进给方向不垂直时对工作角度的影响

　　车螺纹时,刀具进给方向上的运动速度比车外圆时大,对其工作角度也有较大影响。车锥面时,进给运动方向与假定工作平面(或刀具安装的假设条件不同)对其工作角度也有较大影响。

1.1.4 切削层参数

1. 切削层

　　切削层是刀具切削部分(刀尖、切削刃和刀面)在一个单一动作(如一个行程的位移动作或一个进给量的动作)所切除的工件材料层,即过渡表面在这个单一动作中所切除的材料层。在切削加工过程中,单刃刀具相对于工件的一个动作是指一个进给量 f(车削、镗削的每转位移量)的动作或一个往复行程的位移动作(刨削);多刃刀具相对工件的一个动作是指每齿进给量 f_z 的动作。

　　如车外圆时,假设刀具的 $\kappa_r = 0$,刀尖为实际交点,刀具的副切削刃不起切削作用,其切削层、切削层尺寸与切削用量的关系如图1.12所示,当工件转一转时,车刀从位置1移动到位置2,即车刀进给一个进给量 f,这层材料便转变为切屑,这一层材料就是切削层。

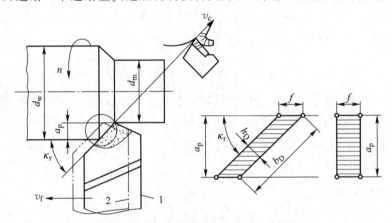

图1.12 车外圆的切削层及其横截面

2. 切削层尺寸

　　切削层尺寸也称切削层参数,是用来衡量切削中切削刃作用长度、切屑的截面形状尺寸、切削刃上负荷的大小等的重要几何参量。因为切削过程是动态的,刀具切削部分的几何要素各种各样,为了准确、统一地描述这些参量,GB/T 12204—2010中给出的定义如下:

　　切削刃基点用符号 D 表示,是作用切削刃上的特定参考点,用于确定作用切削刃的截形和切削层尺寸等基本几何参数,该点将作用切削刃分成相等的两段,即作用切削刃的中点,见图1.13。

　　切削层尺寸平面用符号 P_D 表示,是通过切削刃基点并垂直于该点主运动方向的平面。

　　作用切削刃的截形是作用切削刃在切削层尺寸平面上投影所形成的曲线。

　　作用切削刃的截形长度是切削刃的实际长度 l_{sa} 在切削层尺寸平面 P_D 上投影的长度 l_{saD}。

　　(1) 切削层公称面积(切削面积) A_D

　　在给定瞬间,切削层在切削层尺寸平面里的实际横截面积。

　　(2) 切削层公称宽度(切削宽度) b_D

　　给定瞬间,作用主切削刃截形上两个极限点间的距离,在切削层尺寸平面中测量。

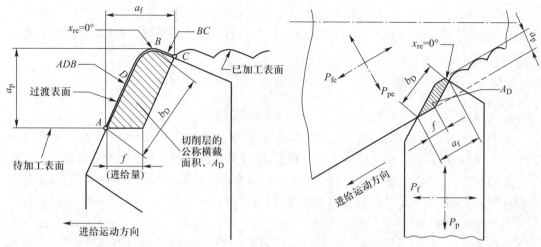

图 1.13　切削层尺寸和运动参量

（3）切削层公称厚度（切削厚度）h_D

在同一瞬间的切削层公称横截面积与其切削层公称宽度之比。

在图 1.12 中，切削层尺寸与进给量和切削深度的关系为

$$A_D = h_D b_D = f a_p; \quad h_D = f \sin \kappa_r; \quad b_D = \frac{a_p}{\sin \kappa_r} \tag{1.9}$$

从切削的角度看，进给量和吃刀量等是切削中的运动参量，除其三要素外还定义了进给吃刀量等与切削层参数有关的参量，如图 1.13 所示。

图 1.13 中，ADB 为作用主切削刃截形，$ADBC$ 为作用切削刃截形的长度 l_{saD}，BC 为作用副切削刃截形；D 点为切削刃基点。

1.1.5　切削方式

切削方式是切削和切屑形成的形式，可用来衡量切削用量选择是否合适，了解刀具切削刃受力情况、切屑的形状等，还可以用来研究选择最简单的切削方式。

1. 正切屑和倒切屑

如图 1.14 所示，正切屑的特征是 $f \sin \kappa_r < a_p / \sin \kappa_r$，这种情况在生产中最常见。当大进给量时，出现 $f \sin \kappa_r > a_p / \sin \kappa_r$ 的切削情况，这种切削情况下形成的切屑称为倒切屑。$f \sin \kappa_r = a_p / \sin \kappa_r$ 时形成的切屑称为对等切屑。值得注意的是，当加工中必须采用倒切屑时，起切削作用的主要是副切削刃，这时副切削刃成为刀具角度设计、制造和刃磨的重点。

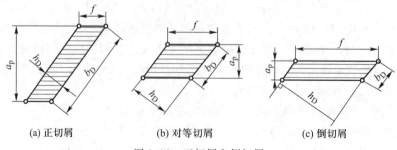

(a) 正切屑　　　　　(b) 对等切屑　　　　　(c) 倒切屑

图 1.14　正切屑和倒切屑

2．正切削和斜切削

如图 1.15 所示,切削刃垂直于切削速度方向的切削方式称为正切削或直角切削,否则称为斜切削或斜角切削。

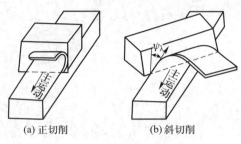

(a) 正切削　　　　　　　(b) 斜切削

图 1.15　正切削与斜切削

3．自由切削与非自由切削

只有直线形主切削刃参与切削工作,而副切削刃不参与工作的称为自由切削,否则称为非自由切削。

1.2　金属切削过程的基本原理

学习目标

1．熟悉金属切削过程中切削变形、切屑形成、切削力、切削热、刀具磨损等的物理现象。

2．熟悉切削变形的变形规律及其影响因素,掌握切屑形状、卷屑、断屑和排屑的方法,指导生产实际。

3．了解影响切削力的因素,掌握切削力的计算方法。

4．了解影响切削热的产生与传出的因素,熟悉切削温度的影响因素和测量方法。

5．熟悉刀具磨损的形态、原因和规律,掌握刀具寿命、磨钝标准和影响因素,了解刀具破损的形式。

1.2.1　金属切削变形

金属切削变形是指刀具通过与工件的相对运动、相互作用,从工件上切除多余金属变成切屑以及切屑与刀具作用形成要求的切屑形状的过程。

1．金属切削过程的变形区划分

大量实验和理论研究表明,塑性金属在切削过程中切屑的形成过程是切削层金属的变形过程。为了研究金属层各点的变形,在工件侧面作出细小的方格,观察切削过程中这些方格的变形,借以判断和认识切削层的变形及其变为切屑的情况,图 1.16 是工件侧面带有细小方格的切削层变形照片。根据该图片,可绘制出如图 1.17 所示的金属切削变形过程中的滑移线和流线示意图,其中流线表示被切削金属的某一点在切削过程中流动的轨迹。为了便于分析问题和应用,通常把切削变形大致划分为三个变形区。

在切削过程中,从 *OA* 线开始发生塑性变形,到 *OM* 线晶粒的剪切滑移基本完成。这一区域(Ⅰ)称为第一变形区。

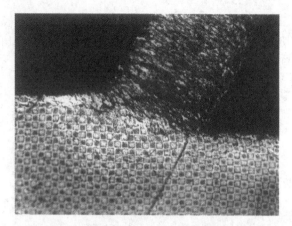

工件材料 Q235A，$v_e = 0.01$ m/min，$a_p = 0.15$ mm，$\gamma_o = 30°$

图 1.16 金属切削层侧面方格的变形

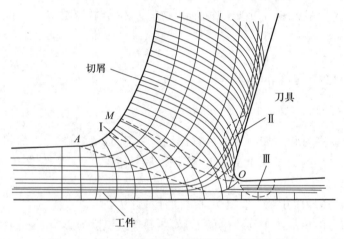

图 1.17 金属切削过程中的滑移线和流线示意图

切屑沿刀具前面流出时受到前面的挤压与摩擦，在前面摩擦阻力的作用下，使靠近前面处的金属纤维化，其方向基本上与前面平行。这一区域（Ⅱ）称为第二变形区。

已加工表面受到切削刃钝圆部分和后面的挤压和摩擦，产生变形与回弹，造成纤维化和加工硬化，这一区域（Ⅲ）称为第三变形区。

2. 第一变形区内金属的剪切滑移变形过程

切屑形成过程的描述如图 1.18 所示，图中的 OA、OM 线是等剪应力线。当切削层金属的某点 P 向切削刃逼近、到达点 1 位置时，其剪应力达到材料的屈服强度 τ_s，点 1 在向前移动的同时也沿 OA 滑移，其合成运动将使点 1 流动到点 2，2′—2 的距离就是它的滑移量。随着滑移的产生，剪应力将逐渐增大，也就是当点 P 向点 1、2、3、4 移动时，它的剪应力不断增大，当移动到点 4 的位置时，其流动方向与刀具前面平行，不再产生滑移，所以 OM 称为终剪切线（或终滑移线），OA 称始剪切线（或始滑移线）。

（1）剪切滑移理论依据

从材料力学的观点看，第一变形区内的剪切滑移变形与材料压缩实验结果相似，认为剪切滑移方向与作用力的方向大约成 45°，如图 1.19 所示。

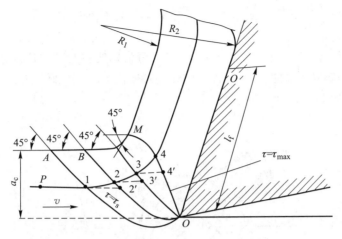

图 1.18　第一变形区金属切削层的剪切滑移

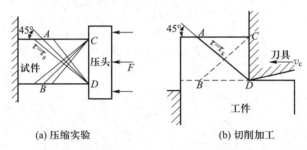

(a) 压缩实验　　　　　　(b) 切削加工

图 1.19　压缩实验与切削的比较

从金属晶体结构的角度看,剪切滑移变形就是晶粒沿晶格中的晶面滑移,如图 1.20 所示。假设工件材料的晶粒为圆形,如图 1.20a 所示,当它受到剪应力时,晶格内的晶面发生位移,而使晶粒呈椭圆形,如图 1.20b 所示,这样圆形晶粒的直径 AB 变成椭圆形晶粒的长轴 $A'B'$,晶粒的伸长向纤维化方向发展,图 1.20c 中的 $A''B''$ 就是金属纤维化方向。

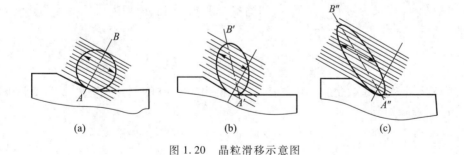

(a)　　　　　　(b)　　　　　　(c)

图 1.20　晶粒滑移示意图

（2）剪切滑移变形的度量

为了度量剪切滑移变形的大小,引用了剪切角 ϕ、变形系数 Λ_h 和剪应变 ε 三个参数。

如图 1.21 所示,剪切角 ϕ 是剪切面 OM 与切削速度方向的夹角。实验结果表明,第一变形区从 OA 到 OM 的厚度随切削速度的增大而变小,在常用切削速度下,其厚度一般为 0.02～0.2 mm,因此可用一平面 OM 来表示第一变形区内剪切滑移的大小和方向,该平面

OM 称为剪切面。注意,晶粒伸长方向(金属纤维化方向)与剪切面 OM 的方向不重合,它们相差一个 ψ 角。

计算变形系数 Λ_h 的参数如图 1.22 所示。当切削宽度不变时,切削层经过剪切滑移变形形成切屑后,使切屑的厚度 h_{ch} 比工件上的切削层厚度 h_D 大,切屑长度 l_{ch} 比工件上的切削层长度 l_c 小,这种现象称为切屑收缩。

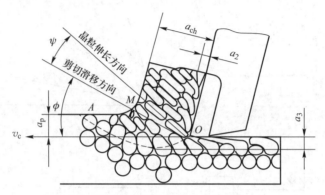

图 1.21　剪切滑移与晶粒伸长的方向

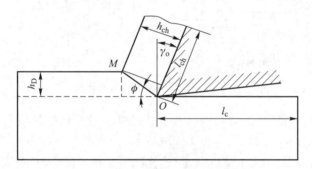

图 1.22　计算变形系数 Λ_h 的参数

变形系数 Λ_h 定义为切屑厚度 h_{ch} 与切削层厚度 h_D 之比,或切削层长度 l_c 与切屑长度 l_{ch} 之比,即

$$\Lambda_h = \frac{h_{ch}}{h_D} = \frac{l_c}{l_{ch}} \tag{1.10}$$

切削变形大,变形系数也大。由图 1.22 可推出刀具前角 γ_o、剪切角 ϕ 与变形系数 Λ_h 的关系为

$$\Lambda_h = \frac{h_{ch}}{h_D} = \frac{OM\sin(90°-\phi+\gamma_o)}{OM\sin\phi} = \frac{\sin(90°-\phi+\gamma_o)}{\sin\phi} \tag{1.11}$$

由式(1.11)可以看出,当前角 γ_o 一定时,剪切角 ϕ 增大,切削变形系数 Λ_h 减小。

剪应变也称为相对滑移。剪切变形的示意如图 1.23 所示。当平行四边形 $OHNM$ 发生剪切变形后,变为 $OGPM$,其剪应变 ε 与刀具前角、剪切角的关系为

$$\varepsilon = \frac{\Delta s}{\Delta y} = \frac{NP}{MK} = \frac{NK+KP}{MK} = \cot\phi + \tan(\phi-\gamma_o) = \frac{\cos\gamma_o}{\sin\phi\cos(\phi-\gamma_o)} \tag{1.12}$$

3. 第二变形区内刀具前面与切屑的摩擦状态

刀具前面与切屑之间的摩擦,影响切屑的形成、切削力、切削温度和刀具的磨损,还影响积屑瘤和鳞刺的形成,从而影响工件的加工精度和表面质量。刀具前面与切屑之间的接触包括峰点型接触和紧密型接触两种形式。

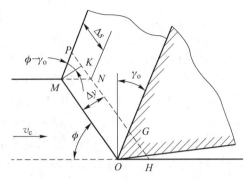

图 1.23 剪应变计算模型示意图

(1) 峰点型接触

从微观看,固体表面是不平整的,如果把两者叠放在一起,所加载荷较小,那么它们之间只有一些峰点发生接触,这种接触状态称为峰点型接触,如图 1.24 所示。实际接触面积 A_r 只是名义接触面积 A 的一小部分。

当载荷增大时,实际接触面积增大,由于载荷集中在接触的峰点上,当这些承受载荷的峰点的应力达到材料的屈服极限时,就发生塑性变形,而实际接触面积为

$$A_r = F_n / \sigma_s \tag{1.13}$$

式中:F_n——两接触面的载荷(法向力);

σ_s——材料的压缩屈服极限。

在峰点型接触情况下,接触峰点发生了强烈的塑性变形,使峰点之间产生黏结(或冷焊),当两物体相对滑动时,需要不断地剪切峰点黏结的剪切力,这个剪切力就是峰点型接触表面滑动时的摩擦力 F,其大小为

$$F = \tau_s A_r \tag{1.14}$$

式中:τ_s——材料的抗剪强度;

A_r——峰点型接触表面的实际接触面积。

峰点型接触表面的摩擦系数 μ 为

$$\mu = F / F_n = \tau_s / \sigma_s \tag{1.15}$$

(2) 紧密型接触

实际接触面积 A_r 随法向力的增大而增大,当其达到名义接触面积 A,即 $A_r = A$ 时,两摩擦表面间的接触形式称为紧密型接触,如图 1.25 所示。

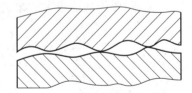

图 1.24 峰点型接触示意图

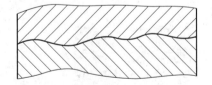

图 1.25 紧密型接触示意图

紧密型接触表面的摩擦力为

$$F = \tau_s A \tag{1.16}$$

所以摩擦系数为

$$\mu = \tau_s A / F_n \tag{1.17}$$

由式(1.17)可以看出,紧密型接触表面的摩擦系数是变化的,如果名义接触面积不变,摩擦系数随着法向力的增大而减小;如果法向力不变,摩擦系数随着名义接触面积的增大而

增大。

（3）刀具前面与切屑的摩擦状态

在切削过程中,由于切屑与刀具前面之间的压力很大,刀具前面上的应力（正应力、剪应力）分布和摩擦特性如图 1.26 所示。由于法向应力（$\sigma = F_n/A$）分布不均,靠近刀尖处的很大,远离刀尖处的很小,因而在刀具前面与切屑整个接触区域内,在 OA 段（前区）上形成紧密型接触,在 AB 段（后区）上形成峰点型接触。

前区各点的摩擦系数为

$$\mu_1 = \tau_s/\sigma(x) \tag{1.18}$$

前区的平均摩擦系数为

$$\mu_{1av} = \tau_s/\sigma_{1av} \tag{1.19}$$

后区的摩擦系数为

$$\mu_2 = \tau_s/\sigma_s \tag{1.20}$$

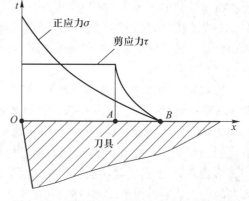

图 1.26　刀具前面上的应力分布和摩擦特性

实验证明,对于一定的材料,在不加切削液的切削条件下,τ_s 为一常数。式（1.19）表明,平均摩擦系数 μ_{1av} 主要取决于前面上平均正应力 σ_{1av}。平均正应力随材料的硬度、切削层的厚度、切削速度及刀具前角的变化而变化,因此平均摩擦系数是一个变量。

（4）积屑瘤现象

以中等偏低的切削速度切削塑性金属材料时,在刀具前面的刃口处黏结一小块很硬的金属楔块称为积屑瘤。积屑瘤的金相磨片图片如图 1.27 所示。

以中等偏低的切削速度切削塑性金属材料时,由于前面与切屑底层之间的挤压与摩擦作用,使靠近前面的切屑底层流动速度减小,产生一层很薄的滞流层,使切屑的上层金属与滞流层之间产生相对滑移。在一定条件下,由于切削时所产生的温度和压力作用,使得前面与切屑底部滞流层之间的摩擦力大于内摩擦力（金属层底面与滞流层上面之间的摩擦力）,此时滞流层的金属与切屑分离而黏结在前面上,随后形成的切屑底层沿被黏结的滞流层上面流动,与新的滞流层又产生黏结,这样一层一层黏结,从而逐渐形成的一个楔块就是积屑瘤。

如图 1.28 所示,由于积屑瘤在切削过程中时大时小,时有时无,很不稳定,容易引起切削振动,影响工件加工表面的粗糙度。积屑瘤还改变刀具实际切削的前角和后角,使工作前

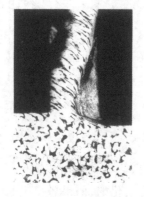

图 1.27　积屑瘤的金相磨片图片

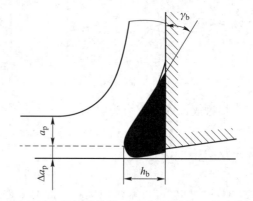

图 1.28　积屑瘤前角 γ_b 和切削深度 a_p 的变化

角增大(γ_b),降低切削力,改变切削深度,影响工件的尺寸精度。积屑瘤包围着切削刃,对刀具起保护作用,减少了刀具的磨损,在粗加工时,可允许有积屑瘤;精加工时,为了保证工件的加工精度和表面质量,一般应避免积屑瘤产生。

实践证明,影响积屑瘤形成的主要因素有工件材料的性质、切削速度、刀具前角和冷却润滑条件等,其中影响最大的是金属材料的塑性。低速或高速切削塑性金属时,不易形成积屑瘤;在中等偏低的切削速度时,积屑瘤所能达到的最大高度尺寸 h_b 也不同。积屑瘤高度 h_b 随切削速度的变化趋势如图 1.29 所示,可根据需要选择合理的切削速度。精加工时,为了保证加工精度和表面质量,一般采用高速或低速来避免积屑瘤产生,如拉削和精铰的切削速度低,精车采用的切削速度高。

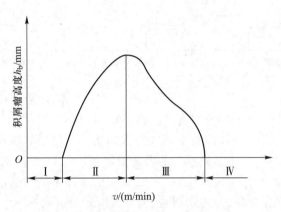

图 1.29　积屑瘤高度随切削速度的变化

4. 第三变形区内刀具后面与工件已加工表面的挤压摩擦

第三变形区内刀具后面与工件已加工表面的挤压摩擦情况如图 1.30 所示。刀具后面挤压工件的已加工表面,使金属层产生变形(图中 Δa_p)、熨平(图中 VB 段)、弹性恢复和塑性变形(图中 Δ),材料晶粒沿 v_c 方向纤维化,同时产生晶粒挤紧、破碎、扭曲等现象(图 1.21),引起表面层金属硬化和残余应力产生,从而影响工件已加工表面质量。

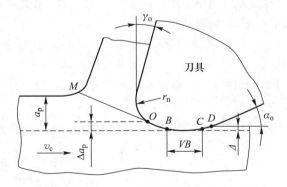

图 1.30　刀具后面与工件的挤压摩擦

1.2.2　切屑的类型与控制

在切削塑性材料时,形成的切屑往往连绵不断,容易刮伤工件的已加工表面,损伤刀具、夹具和机床,威胁操作者的人身安全。此外,深孔加工的排屑问题、自动线生产的缠绕问题等也会影响生产,因此控制切屑的形状(卷屑、断屑)和排屑在生产中十分重要。

1. 切屑的分类

从不同角度、不同目的、不同依据出发,对切屑的分类结果就不同。由于工件的材料不同,切削过程中的变形程度也不同,所产生的切屑形态也就多种多样。按工件材料的力学特性和切屑的形态,将切屑分为带状切屑、节状切屑、粒状切屑和崩碎切屑四种类型,如图 1.31 所示。

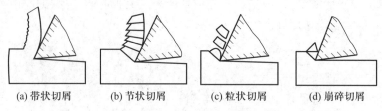

| (a) 带状切屑 | (b) 节状切屑 | (c) 粒状切屑 | (d) 崩碎切屑 |

图 1.31 切屑的种类

带状切屑较长,底面(从刀具前面流过的面)光滑,背面是毛茸的。当刀具前角较大、切削速度较高、加工塑性金属材料时,通常形成这种切屑。出现带状切屑时,切屑内部的剪应力达到了材料的屈服极限,但未达到材料的强度极限,所以产生滑移而未发生断裂。出现带状切屑的切削过程平稳,切削力波动小,已加工表面的表面粗糙度值小,但其连绵不断的产生会影响切削加工的正常进行,处理切屑难,需要采取断屑措施。

节状切屑的底面光滑有裂纹,背面呈锯齿形。当切削速度较低、刀具前角较小、切削厚度较大、切削塑性材料时,易出现这种切屑。节状切屑中材料的局部应力达到强度极限,因此会产生裂纹。出现节状切屑的切削过程不稳定,切削力会产生一定的波动,降低已加工表面的质量。

粒状切屑在切削速度低、刀具前角小、切削厚度大、材料塑性较小时产生。出现粒状切屑的切削过程更不稳定,切削力波动较大,使已加工表面质量更差。

崩碎切屑在加工脆性材料时出现。出现崩碎切屑的切削过程最不稳定,切削力波动大,已加工表面质量差,容易破坏刀具,损伤机床。

通常按切屑的形状分为带状、C 形、崩碎、宝塔状、发条状、长紧卷(圆柱)和螺卷屑,如图 1.32 所示。

国际标准化组织(ISO)对切屑的分类更加详细,如图 1.33 所示。

2. 切屑形状及其流向

切屑形状及其流向主要与刀具的刀面结构(如卷屑槽)和刀具角度(如刃倾角)等参数有关。

(1) 自然卷屑

当刀具前面为平面切削塑性材料时,只要切削速度 v_c 不很高,切屑常常会自行卷曲,如图 1.34 所示。其原因是切削时形成积屑瘤,切屑沿积屑瘤顶面流出,离开积屑瘤后在 C 点处与刀具前面相切。

由于积屑瘤前端存在高度 h_b,后端与刀具前面相切,使切屑在积屑瘤顶面流过时发生了弯曲。切屑卷曲半径 r_{ch} 可从图 1.34 中 $\triangle AOB$ 求得:

$$r_{ch} = \frac{l_b^2}{2h_b} + \frac{h_b}{2} \qquad (1.21)$$

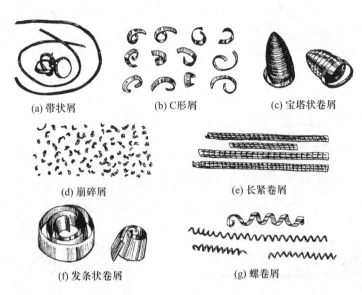

(a) 带状屑　　　　　(b) C形屑　　　　　(c) 宝塔状卷屑

(d) 崩碎屑　　　　　　　　(e) 长紧卷屑

(f) 发条状卷屑　　　　　　(g) 螺卷屑

图 1.32　切屑的形状种类

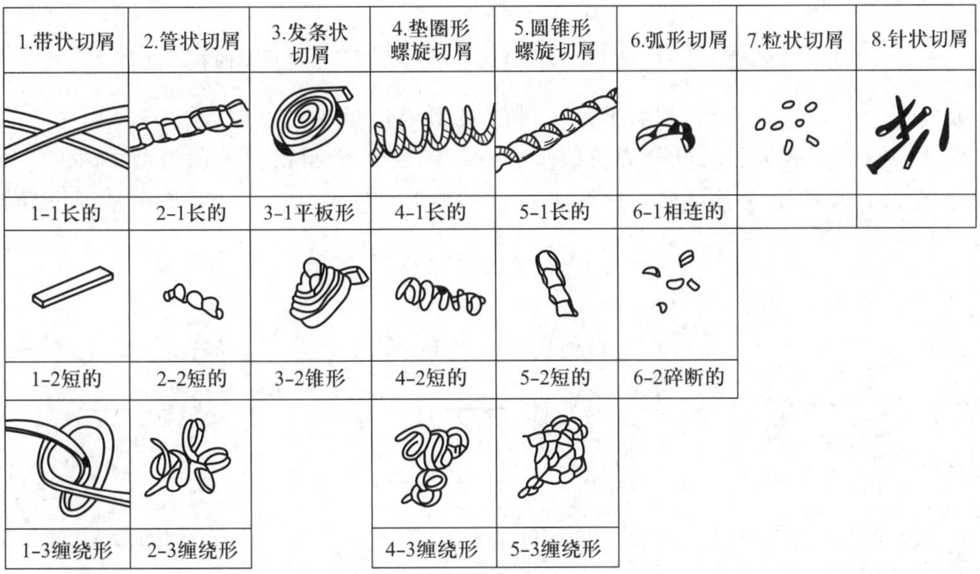

1.带状切屑	2.管状切屑	3.发条状切屑	4.垫圈形螺旋切屑	5.圆锥形螺旋切屑	6.弧形切屑	7.粒状切屑	8.针状切屑
1-1长的	2-1长的	3-1平板形	4-1长的	5-1长的	6-1相连的		
1-2短的	2-2短的	3-2锥形	4-2短的	5-2短的	6-2碎断的		
1-3缠绕形	2-3缠绕形		4-3缠绕形	5-3缠绕形			

图 1.33　国际标准化组织对切屑形状的分类

卷曲半径 r_{ch} 受到积屑瘤高度 h_b 的影响,并随 h_b 的增大而减小。而积屑瘤高度 h_b 又受到切削速度 v_c、切削厚度 h_D 等因素的影响,并在切削过程中不稳定,因此自然卷屑在生产中应用较少。

（2）卷屑槽卷屑机理

在生产上常用卷屑槽或卷屑台进行强迫卷屑,卷屑槽的卷屑机理如图 1.35 所示。在倒棱的上方有一切削层停留区,该停留区相当于积屑瘤的一种特殊形式,图中 A 点是切屑进入卷屑槽切入点,即切屑与卷屑槽相切,它的切线方向与基面的夹角 γ_b 称为进入角,此时切屑的卷曲半径为 r_{ch}。γ_b 随着切削厚度和切削速度而变化,如果刀具前角 $\gamma_o = \gamma_b$,切屑沿着槽底运动,切屑的卷曲半径 r_{ch} 便等于槽的半径 r_{Bn}。如果刀具前角 $\gamma_o > \gamma_b$,切屑便不与槽底接触,而是与槽的后缘接触,这时切屑卷曲的半径 r_{ch} 大于槽的半径 r_{Bn}。从图中 $\triangle AOE$ 可以看出,$\angle AOE = \gamma_b$,故 r_{ch}、γ_b 及 l_{Bn} 之间有如下关系:

$$r_{ch} = \frac{l_{Bn}}{2\sin \gamma_b} \tag{1.22}$$

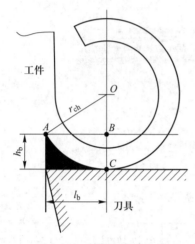

图 1.34　自然卷屑的机理

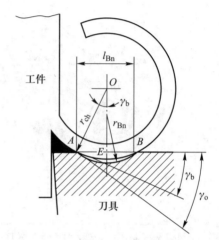

图 1.35　卷屑槽的卷屑机理

如果式(1.22)中 $\gamma_b \geqslant \gamma_o$,切屑进行强制卷曲,其卷曲半径 $r_{ch} = r_{Bn}$,通常 $\gamma_b < 40°$。

卷屑槽按截面形状不同可分为折线型、直线圆弧型、全圆弧型三种类型,如图 1.36 所示,其中全圆弧型槽适用于大前角重型刀具,这种槽形可使刀具在前角相同的情况下具有较高的强度。

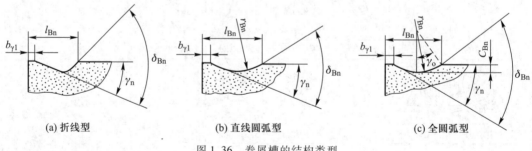

(a) 折线型　　　　　　　(b) 直线圆弧型　　　　　　　(c) 全圆弧型

图 1.36　卷屑槽的结构类型

在槽形参数中,槽宽 l_{Bn} 和反屑角 δ_{Bn} 对断屑效果影响最大。l_{Bn} 越小、δ_{Bn} 越大,断屑效果越好,但 l_{Bn} 过小、δ_{Bn} 过大,会使切屑卷曲半径过小,切削时将产生堵屑现象,使切削力增大,引起刀具的损坏。

按卷屑槽方向的不同又可分为外斜式、平行式和内斜式三种,如图 1.37 所示。卷屑槽的方向主要影响切屑卷曲和流出方向。外斜式卷屑槽在靠近待加工表面处,槽宽尺寸小,切屑卷曲半径小,切削时该处速度又最高,故易形成 C 形屑,这种槽的断屑范围宽,稳定可靠,

槽斜角 τ 一般可取为 $5° \sim 15°$。平行式槽在切削深度较大范围内,能获得较好的断屑效果。内斜式槽可使切屑背离工件流出,适用于切削用量较小的精车和半精车。不同切削条件下,卷屑槽参数的确定原则及推荐数据可参考有关资料或通过实验确定。

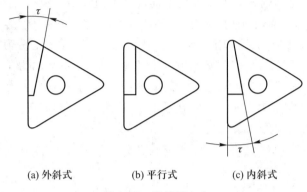

(a) 外斜式　　　　　(b) 平行式　　　　　(c) 内斜式

图 1.37　卷屑槽方向

刀倾角对切屑流向的影响情况如图 1.38 所示。当 $\lambda_s > 0°$ 时,切屑流向待加工表面;当 $\lambda_s < 0°$ 时,切屑流向已加工表面;当 $\lambda_s = 0°$ 时,切屑沿主剖面方向流出。

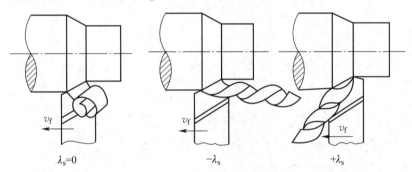

图 1.38　刀倾角对排屑方向的影响

1.2.3　切削力和切削功率

在切削过程中,机床提供运动和动力,工件上多余的材料在切削力和切削运动的作用下被切除形成废弃的切屑,同时形成要求的工件表面。切削力和切削功率不仅在切削中起重要作用,同时也是设计或选用机床、刀具和夹具的重要依据。

1. 切削力的定义

（1）切削合力 F

对于单切削刃刀具,切削合力(total force exerted by a cutting part)是刀具上一个切削部分切削工件时所产生的全部切削力的合力。

（2）总切削力

对于多切削刃刀具,总切削力(total force exerted by the tool)是刀具上所有参与切削的各切削部分所产生的切削力的合力。

（3）切削扭矩 M_c

对于旋转多刃刀具,切削扭矩(cutting torque)是总切削力对主运动的回转轴线所产生的扭矩。

2. 切削合力的几何分力

（1）切削合力的分力

切削合力的分力是切削合力 F 沿任何不同运动方向和与之相垂直的方向作正投影而分解出各方向上的分力。车外圆时，主运动方向与进给运动方向垂直，切削合力的分力如图 1.39 所示。为了便于应用，将切削合力 F 分解为三个互相垂直的分力 F_c、F_p 和 F_f。

主切削力 F_c——切削合力在主运动方向上的正投影，也称切向力。

进给力 F_f——切削合力在进给运动方向上的正投影，也称轴向力。

背向力 F_p——切削合力在垂直于工作平面上的分力，也称切深力。

切削合力与分力之间的关系为

$$F = \sqrt{F_c^2 + F_p^2 + F_f^2} \tag{1.23}$$

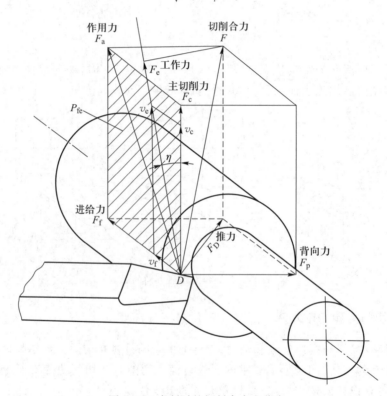

图 1.39　车削时的切削合力和分力

在图 1.39 中，F_e 是切削合力在合成运动方向上的正投影，称为工作力。工作力与切削力的夹角为 η。

F_a 是切削合力在工作平面内（与假定工作平面重合）的正投影，称作用力。作用力与切削力和进给力的关系为

$$F_a = \sqrt{F_c^2 + F_f^2} \tag{1.24}$$

（2）拓展知识

如图 1.40 所示的正交切削力分解，表示了刀具前面上各力之间的关系以及切削变形

（剪切角）的关系。图中，ϕ 为剪切角（主运动方向与剪切平面和工作平面的交线夹角），F_{sh} 是切削合力在剪切平面上的投影，称为剪切平面切向力。F_{shN} 是切削合力在垂直于剪切平面方向上的分力，称为剪切平面垂直力。刀具前角与法前角相等，$\gamma_o = \gamma_n$（刃倾角 $\lambda_s = 0$）。F_γ 是切削合力在刀具前面上的投影，称为前面切向力，$F_{\gamma N}$ 称为前面垂直力，与 F_γ 方向垂直。F_c 是主切削力，F_f 是进给力；F_D 是切削合力在切削层尺寸平面上的投影，称为推力，此时与进给力 F_f 相等。

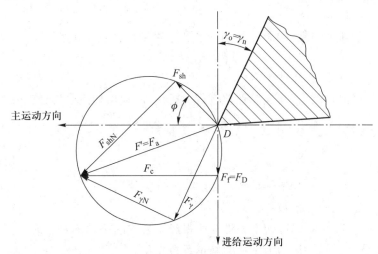

图 1.40　正交切削力的分解（过基点 D，在工作平面上的视图）

3. 切削功率

（1）切削功率 P_c

切削功率 P_c 是同一瞬间切削刃基点上的主切削力与切削速度的乘积：

$$P_c = F_c v_c \tag{1.25}$$

式中：F_c——主切削力，N；

$\quad v_c$——切削速度，m/s；

（2）进给功率 P_f

进给功率 P_f 是同一瞬间切削刃基点上的进给力与进给速度的乘积：

$$P_f = F_f v_f$$

式中：F_f——进给力，N；

$\quad v_f$——进给速度，m/s；

（3）工作功率 P_e

工作功率 P_e 是同一瞬间切削刃基点上的工作力与合成速度的乘积：

$$P_e = F_e v_e$$

工作功率 P_e 可以用下式近似计算：

$$P_e = P_f + P_c \tag{1.26}$$

机床电动机的功率 P 为

$$P \geqslant P_c / \eta_m \tag{1.27}$$

式中：η_m——机床主运动传动链的传动效率，一般取 $\eta_m = 0.75 \sim 0.85$。

4. 切削层单位面积切削力

切削层单位面积切削力也称单位切削力,是主切削力与切削层公称面积之比,用 k_c 表示,

$$k_c = F_c/A_D = F_c/(a_p f) \tag{1.28}$$

式中:A_D——切削层公称面积,mm^2;

　　　F_c——主切削力,N;

　　　a_p——切削深度,mm;

　　　f——进给量,mm/r。

如果已知单位切削力 k_c,可根据切削深度和进给量计算出主切削力 F_c:

$$F_c = k_c A_D = k_c a_p f \tag{1.29}$$

5. 计算切削力的经验公式

利用测力仪测出切削力,将实验数据进行分析处理,得出切削力的经验公式为

$$
\begin{aligned}
F_c &= C_{F_c} a_p^{x_{F_c}} f^{y_{F_c}} K_{F_c} \\
F_p &= C_{F_p} a_p^{x_{F_p}} f^{y_{F_p}} K_{F_p} \\
F_f &= C_{F_f} a_p^{x_{F_f}} f^{y_{F_f}} K_{F_f}
\end{aligned}
\tag{1.30}
$$

式中:　　　C_{F_c}、C_{F_p}、C_{F_f}——与工件材料及切削条件有关的系数;

x_{F_c}、y_{F_c}、x_{F_p}、y_{F_p}、x_{F_f}、y_{F_f}——指数;

　　　　　K_{F_c}、K_{F_p}、K_{F_f}——实际切削条件与所得经验公式的条件不符合时,各种影响因素对
　　　　　　　　　　　　切削力影响的修正系数之积。

车外圆时,单位切削力、经验公式中主切削力的系数、指数值如表 1.1 所示。

表 1.1　单位切削力、经验公式中主切削力的系数、指数值

工件材料	硬度/HBW	经验公式中的系数、指数			单位切削力 k_c/(N/mm^2)
		C_{F_c}/N	x_{F_c}	y_{F_c}	$f = 0.3$ mm/r
碳素结构钢 45,合金结构钢 40Cr,40MnB,18CrMnTi (正火)	187~227	1 640	1	0.84	2 000
工具钢 T10A,9CrSi,W18Cr4V (退火)	189~240	1 720	1	0.84	2 100
灰铸铁 HT200(退火)	170	930	1	0.84	1 140
铅黄铜 HPb59-1(热轧)	78	650	1	0.84	750
锡青铜 ZCuSn5Pb5Zn5(铸造)	74	580	1	0.85	700
铸造铝合金 ZL10(铸造)	45	660	1	0.85	800
硬铝合金 ZA12(淬火及时效)	107				

注:切削条件　切削钢用 P10(YT15)刀片,切削铸铁、铜铝合金用 K20(YG6)刀片;
　　　　　$v_c \approx 1.67$ m/s(100 m/min);$VB = 0$;
　　　　　$\gamma_o = 15°$,$\kappa_r = 75°$,$\lambda_s = 0°$,$b_\gamma = 0$,$r_\varepsilon = 0.2 \sim 0.25$ mm。

目前切削力的测量方法和测力仪器多种多样,最常用的方法是电阻式测力仪和压电式
测力仪。

6. 影响切削力的因素

影响切削力的因素很多,主要有工件材料、切削用量、刀具几何参数及刀具磨损等因素。

（1）工件材料的影响

被加工工件材料的强度、硬度越高,切削力越大。强度、硬度相近的材料,如其塑性较大,硬化程度较大,与刀具间的摩擦较大,切削力也较大。切削脆性材料时为崩碎切屑,塑性变形及刀具前面的摩擦都很小,切削力也小。

（2）切削用量的影响

切削深度和进给量增大,均使切削力增大,但两者的影响程度不同,切削力大约与 a_p 和 $f^{0.84}$ 成正比。在计算切削力时,经验公式中的系数 K_{F_c}、K_{F_p}、K_{F_f} 是在 $f = 0.3\ \text{mm/r}$ 时得到的,对于其他进给量,使用该经验公式就需要进行修正。

在加工塑性材料时,切削力一般随切削速度的增大而稍微减小,这是因为切削速度 v_c 增大,使切削温度升高,摩擦系数 μ 下降,从而使变形系数减小等原因所致;由于在切削速度中等偏低时产生积屑瘤,使刀具工作前角增大,切削力减小。

在切削脆性材料时,由于塑性变形很小,切屑和前面的摩擦很小,所以切削速度对切削力的影响很小。

（3）刀具几何参数的影响

前角加大,被切金属的变形减小,切削力显著下降。一般加工塑性较大的金属时,前角对切削力的影响比加工塑性较小的金属更显著。

在锋利的切削刃上磨出适当宽度的负倒棱,可以提高刃区的强度,从而提高刀具使用寿命,但使被切金属的变形加大,使切削力有所增加。

主偏角对切削力在切深分力和进给分力的比例关系影响较大,主偏角增大,进给分力增大,切深分力减小。

刃倾角越大,刀具越锋利,切削力就越小。

刀具的刀尖圆弧半径增大,切削力也增大。

（4）刀具磨损的影响

刀具磨损越严重,摩擦力就越大,切削力也就越大。

（5）切削液的影响

切削液的润滑作用可减小在切削过程中的切削力。

（6）刀具材料的影响

刀具材料对切削力的影响不明显,主要是刀具材料与工件材料的摩擦系数不同而影响切削力的大小。

1.2.4　切削热与切削温度

切削过程中产生切削热,切削热引起切削温度变化,影响刀具的磨损、工件的加工精度和表面质量。认识和掌握切削热的产生和传出规律,对解决生产中的问题有指导作用。

1. 切削热的产生和传出

如图 1.41 所示,切削热来源于切削层金属变形所作的功,切屑与刀具前面、工件与刀具后面之间的摩擦功,这些功转化为热能表现为切削热。

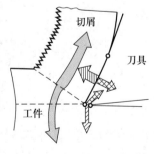

图 1.41　切削热的产生与传出

切削热主要通过切屑、工件、刀具和周围介质传出。不同的切削方法,传出热的比例有所不同。例如车削时,切削热的传出比例:切屑为 50% ~ 86% 、工件为 40% ~ 10% 、刀具为 9% ~ 3% 、周围介质为 1% 。

若忽略进给运动所消耗的功,假设主运动所消耗的功全部转化为热能,单位时间内产生的切削热可由下式计算:

$$Q = F_c v_c \tag{1.31}$$

式中: Q ——单位时间内产生的切削热,J/s;

　　　F_c ——主切削力,N;

　　　v_c ——切削速度,m/s。

2. 切削温度的测量方法

切削温度 θ 一般是指切屑与刀具前面接触区域的平均温度。切削温度常用热电偶法测量。两种化学成分不同的导体的一端连接在一起,将连接在一起的一端加热(热端)时,就与它们的另一端(冷端)产生电动势,构成热电偶。

(1)自然热电偶法

如图 1.42 所示,自然热电偶法是利用工件和刀具材料不同而组成热电偶的两极。当工件与刀具接触区的温度升高后,就形成热电偶的热端,而工件的引出端和刀具的尾端保持室温,形成了热电偶的冷端。这样在刀具与工件的回路中便产生了热(温差)电动势。P10(YT15)刀具和几种工件材料组成的热电偶的标定曲线如图 1.43 所示。

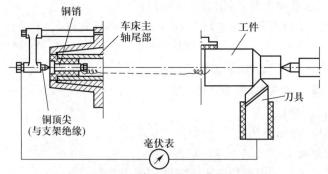

图 1.42　自然热电偶法测量温度示意图

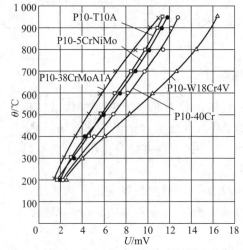

图 1.43　P10 刀具同几种钢材的热电偶标定曲线

（2）人工热电偶法

人工热电偶法是将两种预先经过标定的金属丝组成热电偶,热电偶的热端焊接在刀具或工件的预定测量温度点上,冷端通过导线串接电位计或伏特表。测量刀具和工件上某点温度的示意图如图 1.44 所示。

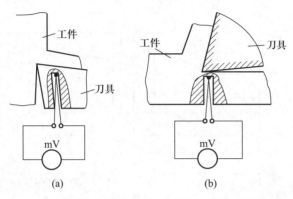

图 1.44　用人工热电偶法测量刀具和工件的温度示意图

应用人工热电偶法进行测温,并辅以传热学计算所得到的刀具、切屑和工件的切削温度分布情况如图 1.45、图 1.46 所示。

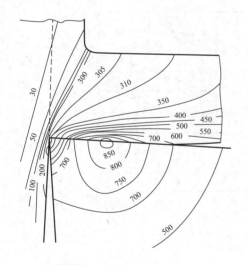

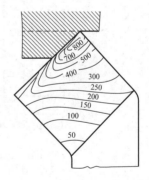

工件材料：GCr15
刀具：P20车刀, $\gamma_o=0°$
切削用量：$b_D=5.8$ mm
　　　　　$h_D=0.35$ mm
　　　　　$v_c=1.33$ m/s(80 m/min)

工件材料：GCr15
刀具：P20车刀
切削用量：$a_p=4.1$ mm
　　　　　$f=0.5$ mm/r
　　　　　$v_c=1.33$ m/s(80 m/min)

图 1.45　刀具、切屑和工件的温度分布　　　图 1.46　刀具前面上的切削温度分布

3. 影响切削温度的主要因素

切削温度取决于单位时间内切削热产生和传出的综合效果,影响因素主要有工件的材料、切削用量、刀具角度、润滑条件等。

（1）工件材料对切削温度的影响

工件材料的硬度和强度越高,切削时所消耗的功就越多,产生的切削热也多,切削温度就越高。如工件不同热处理状态(硬度不同)对切削温度的影响情况如图 1.47 所示。工件材料的塑性越大,切削温度越高。脆性金属的抗拉强度和延伸率较小,切削过程中切削区的变形很小,切屑呈崩碎状,与前面的摩擦也较小,所以产生的切削热较少,切削温度也较低,如图 1.48 所示。

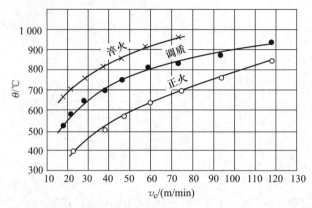

刀具:P10,$\gamma_o=15°$
切削用量:$a_p=3$ mm,$f=0.1$ mm/r

图 1.47 45 钢热处理状态对切削温度的影响

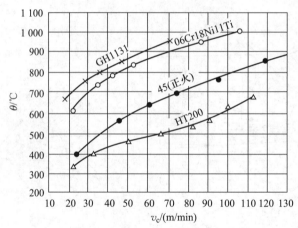

刀具:K30(切削45钢时用P10),$\gamma_o=15°$
切削用量:$a_p=3$ mm,$f=0.1$ mm/r

图 1.48 不锈钢、高温合金和铸铁的切削温度

(2)切削用量对切削温度的影响

切削速度 v_c 对切削温度的影响最大,这是因为增大切削速度,单位时间内的金属切除率、消耗的功率和产生的热量增加,切削温度与切削速度的关系如图 1.49 所示。

切削区的平均温度与切削速度的关系式为

$$\theta = C_{\theta v} v_c^x \qquad (1.32)$$

式中:θ——切削温度;

$C_{\theta v}$——与切削条件有关的系数;

x——指数,一般取 $x = 0.26 \sim 0.41$,进给量越大,则 x 值越小。

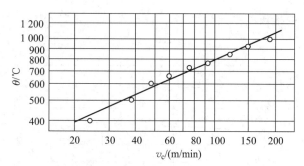

工件材料：45钢
刀具材料：P10
切削用量：$a_p=3$ mm，$f=0.1$ mm/r

图 1.49 切削速度与切削温度的关系

切削速度对切削热的传出途径也有影响,当切削速度较高时,切削热主要由切屑传出,当切削速度较低时,切削热主要由工件和刀具传出,如图 1.50 所示。

进给量 f 对切削温度也有一定影响,如图 1.51 所示。

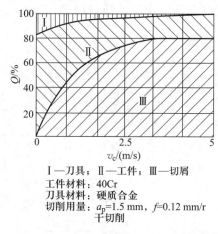

Ⅰ—刀具；Ⅱ—工件；Ⅲ—切屑
工件材料：40Cr
刀具材料：硬质合金
切削用量：$a_p=1.5$ mm，$f=0.12$ mm/r
干切削

图 1.50 v_c 对切削热传出途径的影响

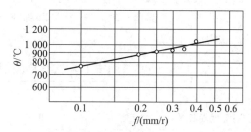

工件材料：45钢
刀具材料：P10
切削用量：$a_p=3$ mm，$v_c=1.57$ m/s(94 m/min)

图 1.51 进给量与切削温度的关系

进给量增大,金属切除量增大,产生的切削热也增大,使切削温度升高。在图 1.51 所示的实验条件下,切削区的平均温度与进给量的关系式为

$$\theta = C_{\theta f} f^{0.14} \qquad (1.33)$$

进给量还影响切削变形区产生热量的比例。切削厚度($h_D=f\sin\kappa_r$)对各变形区产生切削热的比例影响如图 1.52 所示。

切削深度对切削温度的影响很小,如图 1.53 所示。因为切削深度增大后,切削区产生的热量虽然增加,但切削刃参加工作的长度也增大,改善了散热条件,切削温度升高不明显。

在图 1.53 所示的实验条件下,切削区的

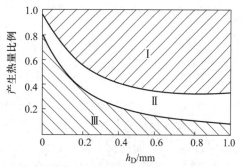

Ⅰ—第一变形区；Ⅱ—第二变形区；Ⅲ—第三变形区

图 1.52 三个变形区产生热量的比例

平均温度与切削深度的指数关系式为

$$\theta = C_{\theta a_p} a_p^{0.04} \qquad (1.34)$$

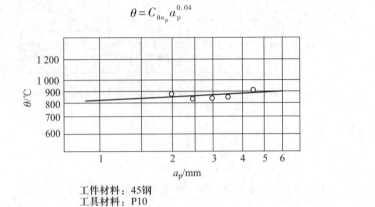

工件材料：45钢
工具材料：P10
切削用量：f=0.1 mm/r，v_c=1.78 m/s(107 m/min)

图 1.53　切削深度与切削温度的关系

切削温度对刀具磨损和刀具使用寿命有影响，为了有效地控制切削温度、延长刀具的使用寿命，在机床和加工条件允许的情况下，切削用量优先选择次序是切削深度、进给量和切削速度。

（3）刀具几何参数对切削温度的影响

刀具的前角、主偏角、负倒棱、刀尖圆弧半径对切削温度都有影响。刀具前角的变化对切削温度的影响见表1.2。

表1.2　不同前角下切削温度的对比值

前角	-10°	0°	10°	18°	25°
切削温度对比值	1.08	1.03	1	0.85	0.8
附注	车削 45 钢；刀具：P10，$\alpha_o = 6° \sim 8°$，$\kappa_r = 75°$，$\lambda_s = 0°$，$r_\varepsilon = 0.2$ mm；切削用量：$a_p = 3$ mm，$f = 0.1$ mm/r；$v_c = 81 \sim 135$ m/min。				

（4）其他因素对切削温度的影响

刀具磨损越严重，切削温度越高。切削液的润滑和冷却作用可降低切削温度。

1.2.5　刀具磨损

在切削过程中，刀具在切除工件材料的同时，本身也在被磨损。当刀具磨损达到一定程度时，刀具便失去切削能力，出现切削力增大、切削温度升高、产生切削振动等不良现象。刀具磨损的快慢用刀具的使用寿命（耐用度）来衡量，了解和掌握刀具的磨损原因和变化规律，并合理地确定刀具的磨钝标准，对提高生产率、降低生产成本、提高加工质量有重要意义。

1. 刀具磨损的形态

切削过程中，刀面的材料微粒逐渐地被工件或切屑带走的现象称为刀具的正常磨损，简称刀具磨损。由于冲击、振动、热效应等原因，致使刀具崩刃、卷刃、破裂、表层剥落而损坏的非正常情况称为刀具破损。刀具正常磨损的一般状态如图1.54所示，常见的形式有前面磨损、后面磨损、前后面同时磨损三种情况。

（1）前面磨损（月牙洼磨损）

当切削速度较高、切削厚度较大、切削较大塑性材料时，切屑在刀具前面上磨出一个月牙洼，如图 1.55 所示。月牙洼处的切削温度较高，在磨损过程中，月牙洼逐渐加深、加宽，使切削刃棱边变窄，强度削弱，导致崩刃，这种磨损形式为前面磨损。月牙洼的磨损量用深度参数 KT 表示，其宽度和位置用 KB、KM 表示。

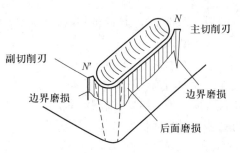

图 1.54 刀具磨损状态

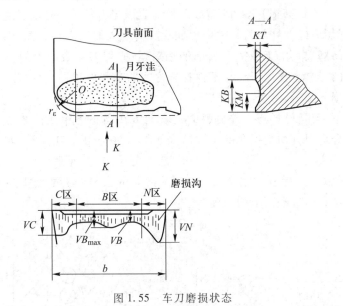

图 1.55 车刀磨损状态

（2）后面磨损

后面磨损是指在刀具后面上邻近切削刃处被磨出后角为零的小棱面，如图 1.55 所示。在切削脆性金属或以较低的切削速度、较小的切削厚度切削塑性材料时，由于切屑与刀具前面的接触长度较小，压力较小，温度较低，摩擦也较小，所以磨损主要发生在刀具后面上。在刀具后面的不同部位，其磨损程度也不一样。

靠近刀尖部分（C 区） 由于该部位的强度低、散热条件差，磨损较大，其最大磨损值用 VC 表示。

刀刃与工件待加工表面接触处（N 区） 由于毛坯的氧化层硬度高等原因，致使该部位的磨损也较大，其最大磨损值用 VN 表示。

刀具切削刃的中部（B 区） 其磨损比较均匀，平均磨损值用 VB 表示。一般情况下，刀具后面的磨损用 VB 来衡量。

（3）前、后面同时磨损

当用较高的切削速度和较大的切削厚度切削塑性金属材料时，将会发生刀具前、后面同时磨损。

2. 刀具磨损的原因

由于刀具的工作情况比较复杂，其磨损原因主要有机械磨损、热磨损、化学磨损。在特定的切削条件下,一种或多种磨损原因起主要作用,主要表现为磨料磨损、黏结磨损、扩散磨损和氧化磨损。

(1)磨料磨损

由于切屑或工件的摩擦面上有一些微小的硬质点,在刀具表面刻划出沟纹的现象称为磨料磨损。硬质点如碳化物、积屑瘤碎片等。磨料磨损在各种切削速度下都会发生,对于切削脆性材料和在低速条件下工作的刀具,如拉刀、丝锥、板牙等,磨料磨损是刀具磨损的主要原因。

(2)黏结磨损

黏结磨损(也称冷焊磨损)是指切屑或工件的表面与刀具表面之间发生的黏结现象。在切削过程中,由于切屑或工件与刀具表面之间存在着巨大的压力和摩擦,因而它们之间会发生黏结现象。黏结磨损是由于摩擦副表面的相对运动,使刀具表面上的材料微粒被切屑或工件带走而造成的刀具磨损。刀具与工件材料之间的亲和力越强,越容易发生黏结磨损。

(3)扩散磨损

在高温作用下,刀具材料与工件材料的化学元素在固态下相互扩散造成的磨损称为扩散磨损。用硬质合金刀具切削钢时的扩散情况如图 1.56 所示。在高温(900 ~ 1 000 ℃)下,刀具中的 Ti、W、Co 等元素向切屑或工件中扩散,工件中的 Fe 元素也向刀具中扩散,这样改变了刀具材料的化学成分和力学性能,从而加速刀具的磨损。扩散磨损主要取决于刀具与工件材料化学成分和两接触面上的温度。

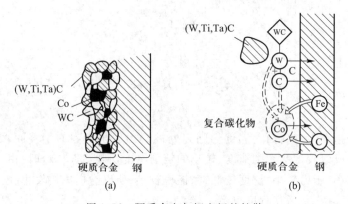

图 1.56 硬质合金与钢之间的扩散

(4)氧化磨损

当切削温度为 700 ~ 800 ℃时,空气中的氧与刀具中的元素发生氧化作用,在刀具表面上形成一层硬度、强度较低的氧化层薄膜,如 TiO_2、WO_3、CoO,很容易被工件或切屑带走或磨去从而引起刀具的磨损,这种磨损方式称为氧化磨损。

总之,在不同的工件材料、刀具材料和切削条件下,磨损的原因和磨损强度是不同的。图 1.57 所示为用硬质合金刀具加工钢时,在不同切削速度(切削温度)下各类磨损所占的比重。

3. 刀具磨损过程

刀具后面的磨损量随时间的变化规律如图 1.58 所示,整个磨损过程分为三个阶段:

初期磨损阶段:在刀具开始使用的短时间内,后面上即产生一个磨损量为 0.05 ~

0.1 mm 的小棱带,称为初期磨损阶段。在此阶段,磨损速率较大,时间很短,总磨损量不大。磨损速率较大的原因是,新刃磨过的刀具后面上存在凹凸不平、氧化或脱碳层等缺陷,使刀面表层上的材料耐磨性较差。

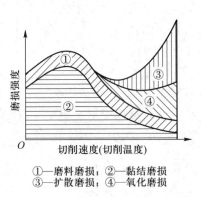

①—磨料磨损；②—黏结磨损；
③—扩散磨损；④—氧化磨损

图 1.57　切削速度对刀具磨损强度的影响

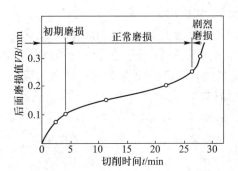

P10(TiC涂层)外圆车刀；60Si2Mn(40 HRC)；
$\gamma_o=4°$, $\kappa_r=45°$, $\lambda_s=-4°$, $r_\varepsilon=0.5$ mm,
$v_c=115$ m/min, $f=0.2$ mm/r, $a_p=1$ mm

图 1.58　硬质合金车刀的典型磨损曲线

正常磨损阶段:刀具经过初期磨损阶段,后面的表面粗糙度值已减小,承压面积增大,刀具磨损进入正常磨损阶段。

剧烈磨损阶段:随着刀具切削过程的继续,磨损量 VB 不断增大,到一定数值后,切削力和切削温度急剧上升,刀具磨损率急剧增大,刀具迅速失去切削能力,该阶段称为剧烈磨损阶段。

4. 刀具磨钝标准

刀具磨损量达到一定程度就要重磨或换刀,这个允许的限度称为磨钝标准。

制订磨钝标准,主要根据刀具磨损的状态和加工要求决定。

当后面磨损为主时,以后面磨损棱带的平均宽度 VB 为指标,作为刀具的磨钝标准。生产实践中,硬质合金车刀在不同加工条件下的磨钝标准推荐值如表 1.3 所示。ISO 标准中规定,当后面磨损均匀时,取 $VB=0.3$ mm；当后面磨损不均匀时,取 $VB=0.6$ mm。

表 1.3　硬质合金车刀的磨钝标准

加工条件	后面的磨钝标准 VB/mm
精车	0.1 ~ 0.3
合金钢粗车,粗车刚性较差的工件	0.4 ~ 0.5
碳素钢粗车	0.6 ~ 0.8
铸铁件粗车	0.8 ~ 1.2
钢及铸铁大件低速粗车	1.0 ~ 1.5

当刀具以月牙洼磨损为主要形式时,可用月牙洼深度 KT、宽度 KB 和位置 KM 的值作为磨钝标准。对于一次性对刀的自动线或精加工刀具,则用径向磨损量 NB 作为磨钝标准,如图 1.59 所示。

5. 刀具的使用寿命（耐用度）及影响因素

刀具的使用寿命是指一把新刀或新刃磨过的刀具从开始切削到磨损量达到磨钝标准为止的切削时间,也称刀具耐用度,用 T 表示,单位为 min。有时也用切削路程 l_m 表示,它与 T

的关系为

$$l_m = v_c T \qquad (1.35)$$

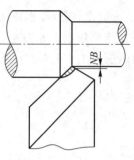

图 1.59　车刀的径向磨损

影响刀具使用寿命的因素很多,主要影响因素有工件材料、刀具角度、切削用量以及切削液等。

(1)切削速度与刀具使用寿命的关系

切削速度与刀具使用寿命的关系是用实验方法求得的。实验前选定磨钝标准,在其他切削条件固定的情况下,只改变切削速度进行磨损实验,得出在各种速度下的刀具磨损曲线,如图1.60所示。然后根据选定的磨钝标准 VB 以及各种切削速度下所对应的刀具使用寿命 (T_1, v_{c1})、(T_2, v_{c2})、(T_3, v_{c3})、(T_4, v_{c4}),在双对数坐标纸上画出 $T-v_c$ 的关系曲线,如图1.61所示。

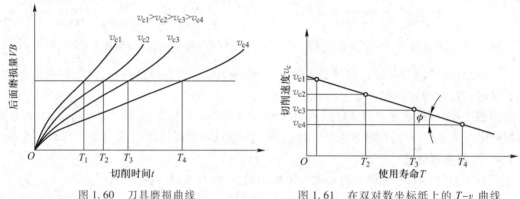

图 1.60　刀具磨损曲线　　　　图 1.61　在双对数坐标纸上的 $T-v_c$ 曲线

实验结果表明,在常用切削速度范围内,上述各组数据对应的点在双对数坐标中基本上分布在一条直线上,它可以表示为

$$\lg v_c = -m \lg T + \lg A$$

即

$$v_c = A / T^m \qquad (1.36)$$

式中:m——指数,双对数坐标中的直线斜率,$m = \tan \phi$;

A——系数,当 $T = 1$ s 或 1 min 时,双对数坐标中的直线在纵坐标上的截距。

这个关系式是20世纪初由美国工程师泰勒(F. W. Taylor)建立的,称为泰勒公式。指数 m 表示了切削速度对刀具使用寿命的影响程度。例如,设 $m = 0.2$,当切削速度提高一倍时,刀具的使用寿命就要降低到原来的1/32,m 值大,表示切削速度对刀具使用寿命的影响程度小。高速钢刀具的 $m = 0.1 \sim 0.125$;硬质合金刀具的 $m = 0.1 \sim 0.4$;陶瓷刀具的 $m = 0.2 \sim 0.4$。

(2)进给量、切削深度与刀具使用寿命的关系

同样的方法可以求得 $f-T$ 和 a_p-T 的关系,分别如下:

$$f = B / T^n \qquad (1.37)$$

$$a_p = C / T^p \qquad (1.38)$$

式中:B、C——系数;

n、p——指数。

由式(1.36)、式(1.37)、式(1.38)可得切削用量与刀具使用寿命的关系式:

$$T=\frac{C_{\mathrm{T}}}{v_{\mathrm{c}}^{\frac{1}{m}}f^{\frac{1}{n}}a_{\mathrm{p}}^{\frac{1}{p}}}或\ v_{\mathrm{c}}=\frac{C_{\mathrm{v}}}{T^{m}f^{\frac{m}{n}}a_{\mathrm{p}}^{\frac{m}{p}}} \tag{1.39}$$

式中：C_{T}、C_{v}——与工件材料、刀具材料和其他切削条件有关的系数。

对于不同的工件材料和刀具材料,在不同的切削条件下,式(1.39)中的系数和指数可用来选择切削用量或对切削速度进行预报。

例如,硬质合金外圆车刀车削碳钢时的经验公式为 $T=C_{\mathrm{T}}/(v_{\mathrm{c}}^{5}f^{2.25}a_{\mathrm{p}}^{0.75})$,可见切削速度对刀具的使用寿命影响最大,然后是进给量,切削深度影响最小。

在选择切削用量时,为了提高生产率,在机床功率足够的条件下,首先选择尽量大的切削深度,其次是进给量,最后在刀具寿命允许的条件下选择切削速度。

6. 刀具使用寿命的合理选择

刀具磨损达到磨钝标准后就需要重新磨刀或换刀。在自动线、多刀切削、大批生产中,一般都要求定时换刀,究竟切削时间应当多长,即刀具的使用寿命取多大才合理,一般遵循两种原则：一种是根据单件工序工时最短的原则来确定刀具使用寿命,即最大生产率使用寿命(T_{p});另一种是根据单件工序成本最低的原则来确定刀具的使用寿命,即经济使用寿命(T_{c})。

根据完成一个工序所需要的工时和每个工件的工序成本都是刀具使用寿命的函数,将它们的计算公式分别对刀具使用寿命求导,并取导数为零,即可得到刀具最大生产率使用寿命和刀具最经济使用寿命的计算式为

$$T_{\mathrm{p}}=\frac{1-m}{m}t_{\mathrm{ct}} \tag{1.40}$$

$$T_{\mathrm{c}}=\frac{1-m}{m}\left(t_{\mathrm{ct}}+\frac{C_{\mathrm{t}}}{M}\right) \tag{1.41}$$

式中：m——系数;

t_{ct}——刀具磨钝后换一次刀所消耗的时间(包括卸刀、装刀、对刀等);

t_{m}——工序的切削时间;

C_{t}——刀具成本;

M——该工序单位时间内机床折旧费及所分担的全厂开支。

当需要完成紧急任务时,采用最大生产率原则,将刀具使用寿命定得小点。一般情况采用刀具的经济寿命原则,并结合生产经验资料确定。在生产中,常用刀具的使用寿命如表1.4所示。

表 1.4 刀具使用寿命参考值

刀具类型	使用寿命 T/s(T/min)
高速钢车刀	3 600 ~ 5 400(60 ~ 90)
高速钢钻头	4 800 ~ 7 200(80 ~ 120)
硬质合金焊接车刀	3 600(60)
硬质合金可转位车刀	900 ~ 1 800(15 ~ 30)
硬质合金端铣刀	7 200 ~ 10 800(120 ~ 180)
齿轮刀具	12 000 ~ 18 000(200 ~ 300)
自动机用高速钢车刀	10 800 ~ 12 000(180 ~ 200)

7. 刀具的破损

刀具在切削过程中,经常发生刀具还未磨损到磨钝标准时就出现失效的现象,这种失效现象称为刀具破损。对硬质合金、陶瓷、立方氮化硼、金刚石等脆性材料的刀具,刀具破损的形式有切削刃崩刃、刀尖碎裂、刀片或刀具折断、刀片表层剥落、刀片的热裂等;对于工具钢和高速钢等塑性材料的刀具,刀具破损的形式是卷刃和烧刃。

（1）崩刃

当工艺系统刚性较差、断续切削、毛坯余量不均匀或工件材料中有硬质点、气孔、砂眼等缺陷时,切削过程中刀具因受冲击作用而振动,在这种情况下,切削刃往往会由于刚度不足产生一些锯齿形缺口,称为崩刃。

（2）碎裂

当加工条件较差,刀具承受冲击力大,或刀具本身的焊接质量不好,会造成刀具切削部分呈块状破损,称为碎裂。

（3）剥落

由于在焊接、刃磨后,表层材料上存在着残余应力或潜在的裂纹,当刀具受到交变应力的周期性作用时,表层材料会呈片状脱落下来,称为剥落。

（4）热裂

常发生在断续切削的刀具上,由于切削过程中,切削部分发生反复的冷缩热胀,在交变的热应力和机械应力的作用下,发生疲劳破坏而开裂,称为热裂。

（5）卷刃

卷刃是刀具切削刃发生塑性变形,改变了刀具几何角度、影响加工尺寸精度的一种失效形式。

（6）烧刃

烧刃是由于切削温度过高,刀具材料的力学性能改变,如颜色变化,使刀具很快磨损,失去切削能力的一种失效形式。

防止刀具破损的措施是合理选择刀具材料、刀具角度和切削用量。

1.3　金属切削条件的合理选择

学习目标

1. 了解工件材料切削加工性的指标,熟悉影响材料切削加工性的因素和改善方法。

2. 熟悉刀具材料应具备的性能,了解常用刀具材料的类型及性能,能够根据实际情况（如刀具的类型、工件的材料及热处理状态、加工方法、加工精度等要求）合理选用高速钢和硬质合金的牌号。

3. 掌握切削液在切削中的作用,了解切削液的种类及作用,能够根据实际情况合理选择切削液的类型,熟悉切削液的使用方法,

4. 了解刀具角度对切削变形、切削力、切削热和刀具磨损等的影响,能够根据实际情况和要求选择合理的刀具几何参数。

5. 掌握切削用量的选择原则,能够根据实际情况和要求合理选择切削用量。

金属切削条件的合理选择应根据实际工作情况和要求,从工件材料的切削加工性、刀具

的材料、刀具的几何参数、切削液的类型和切削用量等五个方面加以考虑,以保证加工精度和表面质量,提高生产率,降低生产成本。

1.3.1 工件材料的切削加工性

工业生产中所用的材料称为工程材料,主要包括金属材料、无机非金属材料、高分子材料和复合材料。机械零件常用的材料主要有碳素钢、合金钢、铸铁、铜铝合金和粉末冶金材料等。

工件材料的切削加工性是指工件材料被切削加工成合格零件的难易程度。

1. 衡量工件材料切削加工性的指标

工件材料切削加工性的好坏,可以用下列的一个或几个指标衡量,主要指标包括刀具使用寿命、材料的相对切削加工性、切削力、切削温度、已加工表面质量、切屑控制和断屑难易程度。

（1）刀具使用寿命 T 或一定寿命下的切削速度 v_T

一般用刀具使用寿命 T 或刀具使用寿命一定时切削该种材料所允许的切削速度 v_T 来衡量材料的切削加工性。v_T 表示刀具使用寿命为 T（单位为 min）时允许的切削速度,如 $T=60$ min,材料允许的切削速度表示为 v_{60}。同样的,当 $T=30$ min 或 $T=15$ min 时,可表示为 v_{30} 或 v_{15}。

（2）材料的相对切削加工性 K_r

在一定寿命的条件下,材料允许的切削速度越高,其切削加工性越好。为便于比较不同材料的切削加工性,通常以切削正火状态45钢的 v_{60} 作为基准,记作 $(v_{60})_j$,把切削其他材料的 v_{60} 与基准相比,其比值 K_r 称为该材料的相对切削加工性,即 $K_r=v_{60}/(v_{60})_j$。目前,把常用材料的相对加工性 K_r 分为八级,如表1.5所示。

表1.5 材料切削加工性等级

加工性等级	名称及种类		相对加工性 K_r	代表性材料
1	很容易切削的材料	一般有色金属	>3.0	ZCuSn5Pb5Zn5 锡青铜 QAl9-4 铝青铜,铝镁合金
2	容易切削的材料	易切削钢	2.5~3.0	退火 15Cr,$\sigma_b=0.38\sim0.45$ GPa（38~45 kgf/mm²）;自动机钢 $\sigma_b=0.4\sim0.5$ GPa（40~50 kgf/mm²）
3		较易切削钢	1.6~2.5	正火 30 钢 $\sigma_b=0.45\sim0.56$ GPa（45~56 kgf/mm²）
4	普通材料	一般钢及铸铁	1.0~1.6	正火 45 钢,灰铸铁
5		稍难切削的材料	0.65~1.0	20Cr13 调质 $\sigma_b=0.85$ GPa（85 kgf/mm²）85 钢 $\sigma_b=0.9$ GPa（90 kgf/mm²）
6	难切削材料	较难切削的材料	0.5~0.65	45Cr 调质 $\sigma_b=1.05$ GPa（105 kgf/mm²）65Mn 调质 $\sigma_b=0.95\sim1.0$ GPa（95~100 kgf/mm²）
7		难切削材料	0.15~0.5	50CrV 调质,06Cr18Ni11Ti,某些钛合金
8		很难切削的材料	<0.15	某些钛合金,铸造镍基高温合金

（3）其他指标

在切削过程中,产生的切削力大、切削温度高的材料较难加工,其切削加工性差;容易获得较好的表面质量的材料,其切削加工性好;切屑容易控制或断屑容易的材料,其切削加工性较好。

2. 影响工件切削加工性的因素

影响切削加工性的主要因素包括工件材料的物理力学性能、化学成分和金相组织。

(1) 金属材料的物理力学性能的影响

材料的硬度高,切削时刀屑接触长度小,切削力和切削热集中在刀刃附近,刀具易磨损,刀具使用寿命低,所以切削加工性差。

材料的强度高,切削时切削力大,切削温度高,刀具易磨损,切削加工性差。

材料的塑性大,切削中塑性变形和摩擦大,故切削力大,切削温度高,刀具容易磨损,切削加工性差。

材料的热导率通过对切削温度的影响而影响材料的加工性,热导率大的材料,由切屑带走和工件传出的热量多,有利于降低切削温度,使刀具磨损率减小,故切削加工性好。

(2) 金属材料化学成分的影响

材料的化学成分影响其切削加工性,如钢的碳含量通过影响钢的力学性能进而影响其切削加工性,此外,钢中的其他合金元素如 Cr、Ni、Mo、W、Mn 等虽能提高钢的强度和硬度,但却使钢的切削加工性降低,在钢中添加少量的 S、P、Pb 等,能改善钢的切削加工性。不同元素对结构钢切削加工性的影响如图 1.62 所示。

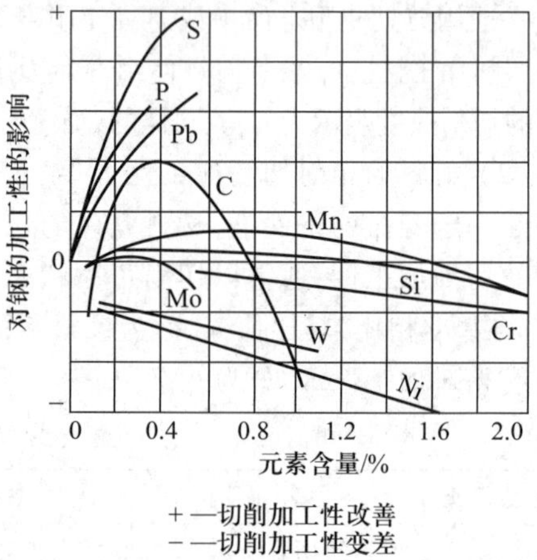

(3) 金属材料热处理和金相组织的影响

金属材料采用不同的热处理,就有不同的金相组织和力学性能,其切削加工性也就不同。

+—切削加工性改善
-—切削加工性变差

图 1.62　不同元素对结构钢切削加工性的影响

低碳钢中含的铁素体组织多,其塑性和韧性高,切削时与刀具黏结容易产生积屑瘤,影响已加工表面质量,故切削加工性差。

中碳钢的金相组织是珠光体和铁素体,材料具有中等强度、硬度和塑性,切削时刀具不易磨损,也容易获得高的表面质量,故切削加工性好。

淬火钢中的金相组织主要是马氏体,材料的强度硬度都很高,马氏体在钢中呈针状分布,切削时刀具受到剧烈磨损,故切削加工性较差。

灰铸铁中含有较多的片状石墨,硬度很低,切削时石墨还能起到润滑的作用,使切削力减小。冷硬铸铁表层材料的金相组织多为渗碳体,具有很高的硬度,很难切削。

3. 难加工材料

难加工材料是指强度、硬度、塑性、韧性都很高,切削加工困难的材料,主要包括高强度钢、不锈钢、冷硬铸铁、钛合金等。

1.3.2　刀具材料

刀具切削性能优劣取决于刀具切削部分的材料、几何形状和结构。刀具材料对刀具的使用寿命、加工质量和加工成本影响很大,应重视刀具材料的合理选择和正确使用。

1. 刀具材料应具备的性能

刀具切削部分的材料应具备的基本性能如下:

① 硬度。刀具材料的硬度必须高于工件材料的硬度,一般要求表面硬度在 60 HRC 以上。

② 耐磨性。刀具材料抵抗磨损的能力。它是刀具材料力学性能、组织结构和化学性能的综合反映。

③ 强度和韧性。为了承受切削力、冲击和振动,刀具材料应具有足够的强度和韧性。

④ 耐热性(热硬性)。刀具材料应在高温下保持较高的硬度,以不失去切削能力。一般高速钢在 600 ~ 700 ℃、硬质合金在 800 ~ 1 000 ℃时硬度才开始下降,逐渐失去切削能力。

⑤ 工艺性(可加工性)。为了便于制造,要求刀具材料有较好的可加工性,主要包括可锻、焊、切削和磨削、热处理和刃磨等。

⑥ 导热性和膨胀系数。在其他条件相同的情况下,刀具材料的导热系数越大,由刀具传出的热量越多,有利于降低切削温度和提高刀具使用寿命。线膨胀系数小,则可减少刀具的热变形。对于焊接刀具和涂层刀具,还应考虑刀片与刀杆材料、涂层与基体材料线膨胀系数的匹配。

⑦ 经济性。选择刀具材料时还应考虑经济性,在满足要求的情况下,应采用价格低的材料。

2. 刀具材料的类型和性能

常用刀具材料的类型有碳素工具钢(如 T10A、T12A)、合金工具钢(如 9CrSi、CrWMn)、高速钢、硬质合金、陶瓷、金刚石和立方氮化硼等,其物理力学性能如表 1.6 所示。

表 1.6　几种刀具材料的物理力学性能

材料性质	刀具材料					
	碳素工具钢	高速钢	硬质合金	陶瓷	立方氮化硼	金刚石
密度 $\rho/(kg/m^3)$	7 600 ~ 7 800	8 000 ~ 8 800	8 000 ~ 15 000	3 800 ~ 4 700	~ 3 480	~ 3 520
硬度	60 ~ 65 HRC (81.2 ~ 83.9 HRA)	63 ~ 70 HRC (83 ~ 86.6 HRA)	89 ~ 95 HRA	91 ~ 95 HRA	8 000 ~ 9 000 HV	10 000 HV
抗弯强度 R_m/GPa	2.45 ~ 2.74	1.96 ~ 5.88	0.73 ~ 2.54	0.29 ~ 0.68	~ 0.294	0.294
弹性模量 E/GPa	205 ~ 215	196 ~ 225	392 ~ 686	372 ~ 411	—	882
冲击韧性 $a_k/(kJ/m^2)$	—	98 ~ 588	24.5 ~ 58.8	4.9 ~ 11.76	—	—
耐热性/℃	200 ~ 250	600 ~ 700	800 ~ 1 000	1 200	1 400 ~ 1 500	700 ~ 800
导热系数 K/[W/(m·℃)]	67.2	16.7 ~ 25	16.7 ~ 87.7	4.18 ~ 83.6	—	137.9 ~ 158
线膨胀系数 $\alpha \times 10^{-6}/℃^{-1}$	11.72	9 ~ 12	3 ~ 7.5	6.3 ~ 9.0	3.5	0.9 ~ 1.9
比热容 $c_p/[J/(kg·℃)]$	504	462	168 ~ 302	865	—	504

（1）高速钢

高速钢是加入了钨（W）、钼（Mo）、铬（Cr）、钒（V）等合金元素的高合金工具钢。高速钢主要用来制造刃形复杂的刀具，如钻头、成形车刀、拉刀、齿轮刀具等。按化学成分高速钢可分为钨系、钨钼系两大类。按制造方法可分为熔炼高速钢和粉末冶金高速钢。按切削性能可分为低合金高速工具钢、普通高速钢和高性能高速钢（加工难加工材料）。

普通高速钢的工艺性好，切削性能可满足工程材料的常规加工，常用的品种有：W18Cr4V 属钨系高速钢，综合力学性能和可磨削性好，应用较广；W6Mo5Cr4V2 属钨钼系高速钢，其碳化物分布均匀，韧性和高温塑性较好，用于制作大尺寸刀具，如热轧麻花钻；W14Cr4VMn-RE 具有较大的塑性，可作热轧刀具。

高性能高速钢是通过调整普通高速钢的化学成分和添加其他合金元素，使其力学性能和切削性能显著提高，可用于高强度钢、高温合金、钛合金等难加工材料的加工，但不适合切削冷硬铸铁。常用的高性能高速钢品种有：钴高速钢 W2Mo9Cr4VCo8，适合切削高温合金，价格较高；铝高速钢 W6Mo5Cr4V2Al，具有良好的综合力学性能；钒高速钢 W6Mo5Cr4V3，耐磨性好，刃磨困难。

粉末冶金高速钢与熔炼高速钢相比，有很多优点，如韧性和硬度较高、可磨性改善、材质均匀、质量稳定可靠、热处理变形小、使用寿命长。粉末冶金高速钢可切削各种难加工材料，适合制造精密刀具和形状复杂的刀具。

（2）硬质合金

硬质合金是由高硬度、难熔的金属碳化物（WC、TiC、TaC、NbC 和 TiN）粉末，用钴或镍等金属作黏结剂，经烧结而成的粉末冶金制品。国家标准将硬质合金牌号分为三部分：切削工具用硬质合金牌号（GB/T 18376.1—2008）；地质、矿山工具用硬质合金牌号（GB/T 18376.2—2014）；耐磨零件用硬质合金牌号（GB/T 18376.3—2015）。

切削工具用硬质合金牌号按使用领域不同分成 P、M、K、N、S、H 六类。P 类用于长切屑材料的加工，如钢、铸钢、长切屑可锻铸铁等的加工；M 类用于通用合金的加工，如不锈钢、铸钢、锰钢、可锻铸铁、合金钢、合金铸铁等；K 类用于短切屑材料的加工，如铸铁、冷硬铸铁、短切屑可锻铸铁、灰口铸铁等；N 类用于有色金属、非金属材料的加工，如铝、镁、塑料、木材等；S 类用于耐热和优质合金材料的加工，如耐热钢，含镍、钴、钛的各类合金材料；H 类用于硬切削材料的加工，如淬硬钢、冷硬铸铁等材料。

根据切削工具用硬质合金材料的耐磨性和韧性的不同，为满足不同的使用要求，各个类别又分成若干个组，用 01,10,20……两位数字表示组号，如表 1.7 所示。必要时，可在两个组号之间插入一个补充组号，用 05、15、25……表示。

（3）其他刀具材料

陶瓷有很高的硬度和耐磨性，耐热性可达 1 200 ℃以上，化学稳定性好，但其缺点是抗弯强度低、韧性差。陶瓷主要有复合氧化铝陶瓷和复合氮化硅陶瓷两种。复合氮化硅陶瓷是在 Si_3N_4 基体中添加 TiC 等化合物和金属 Co 进行热压而成的，切削性能优于复合氧化铝陶瓷，并能切削冷硬铸铁和淬火钢。陶瓷的成本低，资源丰富，发展前景广泛。

金刚石分为天然金刚石和人工合成金刚石两种。金刚石的硬度最高，可用来制作刀具和砂轮。金刚石刀具既能切削陶瓷、高硅铝合金、硬质合金等高硬度耐磨材料，又可切削其他有色金属及其合金，但不适合加工铁族材料（因为金刚石与铁的亲和力强）。金刚石砂轮主要用于磨削高硬度的脆性材料。金刚石的热稳定性较差,当切削温度高于 700~800 ℃时,碳原子转化为石墨结构而失去硬度。

立方氮化硼的硬度仅次于金刚石,可耐 1 300~1 500 ℃高温。立方氮化硼刀具可以切削钢、淬火钢、冷硬铸铁、高温合金,也可用作超硬磨削工具。金刚石与立方氮化硼的性能比较见表1.8。

表 1.7 切削工具用硬质合金作业条件推荐表

组别	作业条件推荐		性能提高方向	
	被加工材料	适应的加工条件	切削性能	合金性能
P01	钢、铸钢	高切削速度、小切屑截面,无振动条件下精车、精镗	↑ 切削速度 　进给量 ↓	↑ 耐磨性 　韧性 ↓
P10	钢、铸钢	高切削速度,中、小切屑截面条件下的普通车削、仿形车削、车螺纹和铣削		
P20	钢、铸钢、长切屑可锻铸铁	中等切削速度、中等切屑截面条件下的普通车削、仿形车削和铣削,小切削截面的刨削		
P30	钢、铸钢、长切屑可锻铸铁	中或低等切削速度、中等或大切屑截面条件下的车削、铣削、刨削和不利条件下①的加工		
P40	钢、含砂眼和气孔的铸钢件	低切削速度、大切削角、大切屑截面以及不利条件下的车削、刨削、切槽和自动机床上的加工		
M01	不锈钢、铁素体钢、铸钢	高切削速度、小载荷,无振动条件下精车、精镗	↑ 切削速度 　进给量 ↓	↑ 耐磨性 　韧性 ↓
M10	不锈钢、铸钢、锰钢、合金钢、合金铸铁、可锻铸铁	中和高等切削速度,中、小切屑截面条件下的车削		
M20	不锈钢、铸钢、锰钢、合金钢、合金铸铁、可锻铸铁	中等切削速度、中等切屑截面条件下车削、铣削		
M30	不锈钢、铸钢、锰钢、合金钢、合金铸铁、可锻铸铁	中和高等切削速度、中等或大切屑截面条件下的车削、铣削、刨削		
M40	不锈钢、铸钢、锰钢、合金钢、合金铸铁、可锻铸铁	车削、切断、强力铣削加工		

续表

组别	作业条件推荐		性能提高方向	
	被加工材料	适应的加工条件	切削性能	合金性能
K01	铸铁、冷硬铸铁、短屑可锻铸铁	车削、精车、铣削、镗削、刮削	↑切削速度　进给量↓	↑耐磨性　韧性↓
K10	硬度高于 220HBW 的铸铁、短切屑的可锻铸铁	车削、铣削、镗削、刮削、拉削		
K20	硬度低于 220HBW 的灰口铸铁、短切屑的可锻铸铁	中等切削速度下,轻载荷粗加工、半精加工的车削、铣削、镗削等		
K30	铸铁、短切屑的可锻铸铁	用于不利条件[①]下可能采用大切削角的车削、铣削、刨削、切槽加工,对刀片的韧性有一定的要求		
K40	铸铁、短切屑的可锻铸铁	用于不利条件[①]下的粗加工,采用较低的切削速度,大的进给量		
N01	有色金属、塑料、木材、玻璃	高切削速度下,铝、铜、镁等有色金属,塑料、木材等非金属材料的精加工	↑切削速度　进给量↓	↑耐磨性　韧性↓
N10		较高切削速度下,铝、铜、镁等有色金属,塑料、木材等非金属材料的精加工或半精加工		
N20	有色金属、塑料	中等切削速度下,铝、铜、镁等有色金属,塑料等的半精加工或粗加工		
N30		中等切削速度下,铝、铜、镁等有色金属,塑料等的粗加工		
S01	耐热和优质合金:含镍、钴、钛的各类合金材料	中等切削速度下,耐热钢和钛合金的精加工	↑切削速度　进给量↓	↑耐磨性　韧性↓
S10		低切削速度下,耐热钢和钛合金的半精加工或粗加工		
S20		较低切削速度下,耐热钢和钛合金的半精加工或粗加工		
S30		较低切削速度下,耐热钢和钛合金的断续切削,适于半精加工或粗加工		

组别	作业条件推荐		性能提高方向	
	被加工材料	适应的加工条件	切削性能	合金性能
H01	淬硬钢、冷硬铸铁	低切削速度下,淬硬钢、冷硬铸铁的连续轻载加工	↑切削速度 进给量↓	↑韧性 耐磨性↓
H10		低切削速度下,淬硬钢、冷硬铸铁的连续轻载精加工、半精加工		
H20		较低切削速度下,淬硬钢、冷硬铸铁的连续轻载半精加工、粗加工		
H30		较低切削速度下,淬硬钢、冷硬铸铁的半精加工、粗加工		

注:① 不利条件系指原材料或铸造、锻造的零件表面硬度不均,加工时的切削深度不均,间断切削以及振动等情况。

表 1.8 金刚石和立方氮化硼性能比较

材料	组成	密度/(g/cm³)	硬度 HV	热稳定性/℃(在空气中)	与铁元素的化学惰性	备注
金刚石	C	3.52	10 000	<700~800	小	聚晶金刚石的硬度8 000 HV
立方氮化硼	BN	3.48	8 000	<1 600	大	聚晶立方氮化硼的硬度4 000~7 000 HV

1.3.3 切削液

切削液分为水溶液、乳化液、切削油和其他四类,合理选择和使用切削液是提高金属切削加工性能的有效途径之一。

1. 切削液的作用

在切削过程中,切削液具有冷却、润滑、清洗和防锈作用等。

（1）冷却作用

切削液能够降低切削温度,从而提高刀具使用寿命和加工质量。切削液冷却性能的好坏,取决于它的导热系数、比热容、汽化热、汽化速度、流量、流速等。一般来说,水溶液的冷却性能最好,油类的最差,水、油性能的比较如表 1.9 所示。

表 1.9 水、油性能比较表

切削液类别	导热系数/[W/(m·℃)]	比热容/[J/(kg·℃)]	汽化热/(J/g)
水	0.628	4 190	2 260
油	0.126~0.210	1 670~2 090	167~314

（2）润滑作用

在切削过程中,切屑、工件与刀具间的摩擦可分为干摩擦、流体润滑摩擦和边界润滑摩擦三类。当形成流体润滑摩擦时,润滑效果最好。切削液的润滑作用是在切屑、工件与刀具界面间形成油膜,使之成为流体润滑摩擦,得到较好的润滑效果。金属切削过程大部分情况属于边界润滑摩擦状态,如图 1.63 所示。

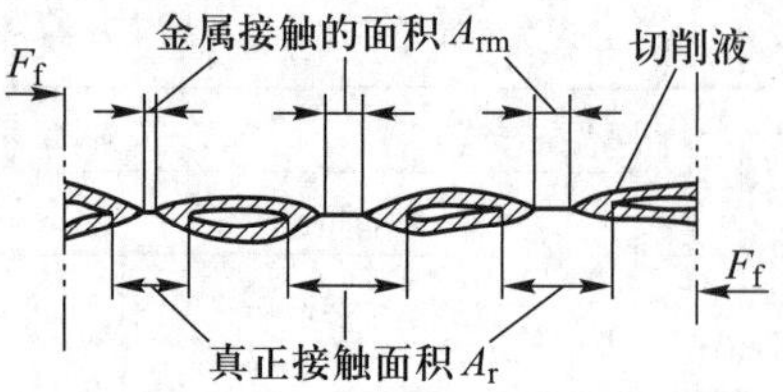

图 1.63　金属间的边界润滑摩擦

切削液的润滑性能与切削液的渗透性、形成油膜的能力等有关,加入添加剂可改善切削液的润滑性能。

（3）清洗作用

切削液可以清洗碎屑或粉屑,防止其擦伤工件和导轨表面等,清洗性能取决于切削液的流动性和压力。

（4）防锈作用

切削液中加入添加剂,可在工件、刀具和机床的表面形成保护膜,起到防锈作用。

2. 切削液的类型及选用

切削液可根据工件材料、刀具材料和加工要求进行选用。硬质合金刀具一般不使用切削液,若用,需要连续供液,以免因骤冷骤热导致刀片产生裂纹。切削铸铁一般也不使用切削液。切削铜、有色金属合金,一般不使用含硫的切削液,以免腐蚀工件表面。切削液可参考表 1.10 进行选用。

3. 切削液的添加剂

为了改善切削液的性能和作用所加入的化学物质称为添加剂。常见添加剂的类型如表 1.11 所示。

表 1.10　切削液种类和选用

序号	名称	组成	主要用途
1	水溶液	以硝酸钠、碳酸钠等溶于水的溶液,用 100~200 倍的水稀释而成	磨削
2	乳化液	（1）少量矿物油,主要为表面活性剂的乳化油,用 40~80 倍的水稀释而成,冷却和清洗性能好	车削、钻孔
		（2）以矿物油为主,少量表面活性剂的乳化油,用 10~20 倍的水稀释而成,冷却和润滑性能好	车削、攻螺纹
		（3）在乳化液中加入极压添加剂	高速车削、钻削
3	切削油	（1）矿物油（L-AN15 或 L-AN32 全损耗系统用油）单独使用	滚齿、插齿
		（2）矿物油加植物油或动物油形成混合油,润滑性能好	精密螺纹车削
		（3）矿物油或混合油中加入极压添加剂形成极压油	高速滚齿、插齿、车螺纹等
4	其他	液态 CO_2	主要用于冷却
		由二硫化钼、硬脂酸和石蜡制成蜡笔,涂于刀具表面	攻螺纹

表 1.11　切削液中的添加剂

分类	添加剂
油性添加剂	动植物油,脂肪酸及其皂,脂肪醇,脂类、酮类、胺类等化合物
极压添加剂	硫、磷、氯、碘等有机化合物,如氯化石蜡、二烷基二硫代磷酸锌等

分类		添加剂
防锈添加剂	水溶性	亚硝酸钠、磷酸三钠、磷酸氢二钠、苯甲酸钠、苯甲酸胺、三乙醇胺等
	油溶性	石油磺酸钡、石油磺酸钠、环烷酸锌、二壬基萘磺酸钡等
防霉添加剂		苯酚、五氯酚、硫柳汞等化合物
抗泡沫添加剂		二甲基硅油
助溶添加剂		乙醇、正丁醇、苯二甲酸酯、乙二醇醚等
乳化剂(表面活性剂)	阴离子型	石油磺酸钠、油酸钠皂、松香酸钠皂、高碳酸钠皂、磺化蓖麻油、油酸三乙醇胺等
	非离子型	平平加(聚氧乙烯脂肪醇醚)、司本(山梨糖醇油酸酯)、吐温(聚氧乙烯山梨糖醇油酸酯)
乳化稳定剂		乙二醇、乙醇、正丁醇、二乙二醇单正丁基醚、二甘醇、高碳醇、苯乙醇胺、三乙醇胺

油性添加剂主要用于低压低温的边界润滑状态,其作用是提高切削液的渗透和润滑作用,减小切削油与金属接触界面的张力,使切削油很快地渗透到切削区,在刀具的前面与切屑、后面与工件间形成物理吸附膜,减小其摩擦。

极压添加剂主要用于高温状态下工作的切削液。这些含硫、磷、氯、碘等有机化合物的极压添加剂,在高温下与金属表面起化学反应,生成化学吸附膜,保持润滑作用,减小工件与刀具接触面之间的摩擦。

乳化剂也称表面活性剂,其作用是使矿物油与水相互溶解、形成均匀稳定的溶液。在水与矿物油的液体(油水互不相溶)中加入乳化剂,搅拌混合,由于乳化剂分子的极性基团是亲水的、可溶于水,即极性基团在水的表面上定向排列、并吸附在它的表面上。非极性基团是亲油的、可溶于油,即非极性基团在油的表面上定向排列、并吸附在它的表面上。由于亲水的极性基团的极性端朝水,亲油的非极性基团的非极性端朝油,亲水的极性基团和亲油的非极性基团的分子吸引力把油与水连接起来,使矿物油与水相互溶解形成均匀稳定的溶液,如图1.64所示。

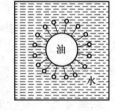
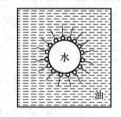

(a) 水包油   (b) 油包水

图 1.64　乳化剂的表面活性作用

4. 切削液的使用方法

切削液常用的使用方法有浇注法、高压冷却法和喷雾冷却法等。

浇注法的设备简单,使用方便,目前应用最广泛,但浇注法的切削液流速较慢,压力小,切削液进入高温区较难,冷却效果不够理想,如图1.65a、b、c、d所示。

高压冷却法常用于深孔加工,高压下的切削液可直接喷射到切削区,起到冷却润滑的作用,并使碎断的切屑随液流排出孔外。

喷雾冷却法的喷雾原理如图1.65e所示,主要用于难加工材料的切削和超高速切削,也可用于一般的切削加工来提高刀具使用寿命。

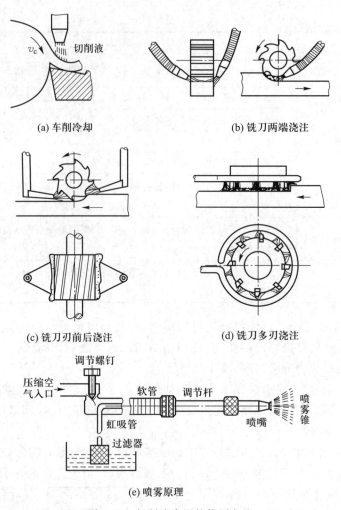

(a) 车削冷却　　　　　　　　　　(b) 铣刀两端浇注

(c) 铣刀刃前后浇注　　　　　　　(d) 铣刀多刃浇注

(e) 喷雾原理

图 1.65　切削液常用的使用方法

1.3.4　刀具合理几何参数选择

刀具合理几何参数是在保证加工质量的前提下,能使刀具使用寿命长、生产效率高、加工成本低的几何参数。刀具几何参数包括刀具角度、刃形、刃区剖面形式和刀面形式等。

1. 合理刀具角度的选择

刀具角度主要包括主切削刃的前角 γ_o、后角 α_o、主偏角 κ_r、刃倾角 λ_s 和副切削刃的副前角 γ_o'、副后角 α_o'、副偏角 κ_r' 等。

（1）前角

增大前角能减小切削变形、切削力,降低切削温度,抑制积屑瘤和鳞刺的生成,改善加工表面质量,但如果前角太大,则降低刀刃强度和散热条件,加剧刀具磨损。可根据下列情况选择合理的刀具前角:

工件材料的强度、硬度低时,可以取较大甚至很大的前角;工件材料的强度、硬度高时,应取较小的前角;加工特别硬的工件(如淬硬钢)时,前角应很小甚至取负值。

加工塑性材料时,易产生加工硬化,应取较大的前角;加工脆性材料时,应取较小的前角。

粗加工,特别是断续切削,承受冲击性载荷,尤其对有硬皮的铸、锻件粗加工时,为保证刀具有足够的强度,应选择较小的前角。

对于成形刀具或前角影响刀刃形状的其他刀具,为防止刃形畸变,常取较小的前角,甚至取 $\gamma_o = 0°$。刀具材料的抗弯强度和韧性较好时,应选用较大的前角,如高速钢刀具比硬质合金刀具的前角大 $5° \sim 10°$。工艺系统刚性差和机床功率不足时,应选取较大的前角。数控机床、自动机床和自动线使用的刀具,选用较小的前角。

(2)后角

如图 1.66 所示,在同样的磨钝标准 VB 下,后角小的刀具由新刃到磨钝,所磨去的金属体积较小,使后面的耐磨性变差,降低刀具使用寿命。增大后角能减小后面与切削表面之间的摩擦。切削刃钝圆半径 r_n 值越小,切削刃越锋利。后角过大会削弱刀刃的强度和散热能力。

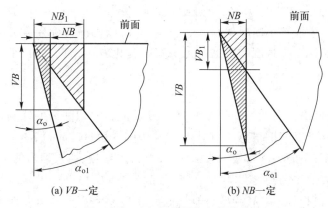

图 1.66 后角与磨损体积的关系

粗加工时取较小的后角;精加工时取较大的后角。

工件材料硬度、强度较高时,取较小的后角;工件材质较软、塑性较大或易加工硬化时,取较大的后角;加工脆性材料,切削力集中在刃区附近,宜取较小的后角;但加工特别硬而脆的材料(如铸造碳化钨、淬硬钢等),在采用负前角的情况下,必须加大后角。

工艺系统刚性差,容易出现振动时,应适当减小后角;有尺寸精度要求的刀具,取较小的后角。

车刀、刨刀及端铣刀的副后角 α_o' 通常等于或略小于后角 α_o;切断刀、切槽刀、锯片铣刀的副后角受刀头强度的限制,通常为 $\alpha_o' = 1° \sim 2°$,如图 1.67 所示。

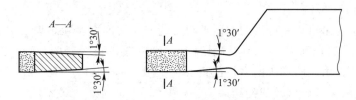

图 1.67 切断刀的副偏角和副后角

(3)主偏角

减小主偏角,可以减小已加工表面的表面粗糙度值。增大主偏角时,切削宽度减小,切削厚度增大,切削刃单位长度上的负荷随之增大;影响切削分力的比例关系,使主切削力 F_c、

切深力 F_p 减小,进给力 F_f 增大;减小工艺系统的弹性变形和振动;有利于切屑沿轴向顺利排出。主偏角和副偏角决定了刀尖角 ε_r,直接影响刀尖处的强度、导热面积和容热体积。

粗加工和半精加工时,硬质合金车刀一般选用较大的主偏角;加工很硬的材料时,如冷硬铸铁和淬硬钢,为减轻单位长度切削刃上的负荷,改善刀头导热和容热条件,延长刀具使用寿命,宜取较小的主偏角。工艺系统刚性较好时,取较小的主偏角,刚性不足(如车细长轴)时,取大的主偏角,甚至 $\kappa_r \geq 90°$,以减小切深力 F_p 和减小振动。单件小批生产,希望用一两把刀具加工出工件上所有的表面,一般选用45°或90°偏刀。

(4)副偏角

副切削刃主要影响已加工表面的表面质量和切削过程的振动,副偏角的选择原则是:在不引起振动的情况下,刀具的副偏角可选取较小的数值,如车刀、端铣刀、刨刀,均可选取 $\kappa_r' = 5° \sim 10°$。精加工刀具的副偏角应取得更小一些,必要时可磨出一段 $\kappa_r' = 0°$ 的修光刃,如图 1.69c 所示,修光刃长度 b_ε' 应略大于进给量,即 $b_\varepsilon' \approx (1.2 \sim 1.5)f$。加工高强度、高硬度材料或断续切削时,应取较小的副偏角($\kappa_r' = 4° \sim 6°$),以提高刀尖强度。切断刀、锯片铣刀和槽铣刀等,为了保证刀头强度和重磨后刀头宽度变化较小,只能取很小的副偏角,即 $\kappa_r' = 1° \sim 2°$。

(5)刃倾角

刃倾角对切屑流出方向的影响见图 1.38。刃倾角影响切削刃的锋利性,刃倾角越大越锋利,大刃倾角刀具可以切下很薄的切削层($a_p = 0.01 \sim 0.005$ mm),用于微量精车、精镗和精刨;影响刀尖强度,负的刃倾角使刀头强固;影响刀尖导热、切入切出的平稳性和切削刃的工作长度、切削分力的比例等。

对于钢和铸铁,粗车时取 $\lambda_s = 0° \sim -5°$;精车时取 $\lambda_s = 0° \sim +5°$;有冲击负荷时,取 $\lambda_s = -5° \sim -15°$;冲击特别大时,取 $\lambda_s = -30° \sim -45°$。强力切削刨刀,$\lambda_s = -10° \sim -20°$。工艺系统刚性不足时,不用负刃倾角。微量精车和精刨时,采用大刃倾角刀具,$\lambda_s = 45° \sim 75°$ 以上。金刚石和立方氮化硼车刀,取 $\lambda_s = 0° \sim -5°$。

2. 刃形及参数选择

刃形是切削刃在基面内观察的主切削刃的形状、主副切削刃之间过渡刃(刀尖)的形状及其几何参数。

(1)主切削刃的形状及参数

常见的主切削刃刃形有直线刃、折线刃、圆弧刃、月牙弧刃、波形刃、阶梯形刃等形式,其主要作用是减少单位切削刃长度的切削负荷,使断屑、排屑顺利,提高抗振性,改善散热条件等。

图 1.68 所示为平直刃切断刀与双阶梯刃切断刀。切削力实验结果表明,阶梯刃切断刀的切削力约为平直刃切削力的一半,切削温度一般降低 20% ~25%,刀具使用寿命延长了50% ~100%。这是由于阶梯刃的主切削刃分为三段,切屑也相应地分成三条,切屑与两壁之间的摩擦大大减小等原因造成的结果。

(2)主副切削刃之间过渡刃(刀尖)的形状及参数选择

主副切削刃之间过渡刃(刀尖)的形状有圆弧过渡刃、直线过渡刃和修光刃,为了强化刀尖和提高已加工表面质量,可通过选择过渡刃的合理形状和参数来实现,其形状参数如图 1.69所示。

　　圆弧过渡刃的几何参数用圆弧半径 r_ε 来表示,刀尖的工作条件最差,它直接影响加工表面质量和刀具寿命。粗加工时侧重考虑强化刀尖以延长刀具使用寿命,精加工时侧重考虑已加工表面质量。刀具的磨损量、已加工表面质量与刀尖圆弧半径 r_ε 的关系如图 1.70 所示。图中,刀具的磨损量 $NB_{r\varepsilon}$ 表示刀具每切削 1 000 cm^2 已加工表面时刀尖径向磨损值,单位为 μm/10^3 cm^2,已加工表面质量用粗糙度 Ra 表示。由图可以看出,该切削条件下,r_ε = 0.5 mm 是一理想值。

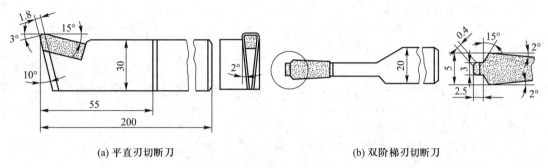

(a) 平直刃切断刀　　　　　　　　　　　　　　　　(b) 双阶梯刃切断刀

图 1.68　平直刃切断刀与双阶梯刃切断刀

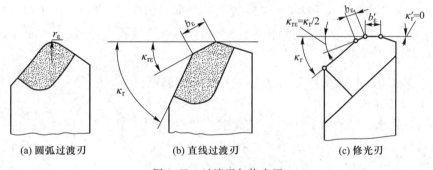

(a) 圆弧过渡刃　　　　　　　　(b) 直线过渡刃　　　　　　　　(c) 修光刃

图 1.69　过渡刃与修光刃

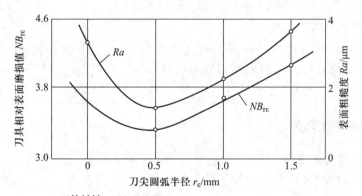

工件材料: 18Cr2Ni4WA
刀具材料: P类硬质合金(含TiC60%、WC34%、Co6%)
切削用量: a_p=0.1 mm, f=0.06 mm/r, v_c=2.66 m/s(160 m/min)

图 1.70　刀具的磨损量、已加工表面粗糙度与刀尖圆弧半径的关系

　　生产中,选择的刀尖圆弧半径 r_ε 为:高速钢车刀 r_ε = 1 ~ 3 mm;硬质合金和陶瓷车刀 r_ε = 0.5 ~ 1.5 mm;金刚石车刀 r_ε = 1.0 mm;立方氮化硼车刀 r_ε = 0.4 mm。

直线过渡刃的参数包括刀尖偏角 κ_{re} 和过渡刃(刀尖)长度 b_ε，生产中一般选择刀尖偏角 $\kappa_{re} \approx 0.5\kappa_r$，$\kappa_r$ 为刀具的主偏角；选择刀尖长度 $b_\varepsilon = 0.5 \sim 2$ mm 或 $b_\varepsilon = (0.2 \sim 0.25)a_p$，$a_p$ 为切削深度。

修光刃的结构如图 1.69c 所示，它是在过渡刃的基础上增加了一段偏角 $\kappa'_{re} = 0$ 的修光刃长度为 b'_ε 的直线，以进一步提高已加工表面质量。修光刃长度 b'_ε 的选择与直线过渡刃的类同。

3. 切削刃刃区剖面形式

切削刃在主剖面的形式称为刃区剖面形式，常见的有锋刃、负倒棱刃、消振棱刃、倒圆刃、后角为 0° 的刃带五种刃区形式，如图 1.71 所示。

锋刃　　　负倒棱刃　　　消振棱刃　　　倒圆刃　　　刃带

图 1.71　五种刃区形式

负倒棱可增加刀刃强度和寿命，改善散热条件等。粗加工时硬质合金刀具的负倒棱参数如图 1.72 所示，倒棱宽度 $b_{\gamma 1} = (0.3 \sim 0.8)f$，$f$ 为切削时的进给量，倒棱角 $\gamma_{o1} = -5° \sim -25°$，$a_p$ 越大，γ_{o1} 越小。

锋刃和倒圆刃的几何参数用切削刃钝圆半径 r_n 表示，一般取 $0.5 \sim 1.5$ mm。

消振棱刃除增加刀刃强度和寿命、改善散热条件外，主要作用是减小切削振动，其参数选择与负倒棱刃的类同。

刃带主要作用是增加刀刃强度和寿命，改善散热条件，提高已加工表面质量。其倒棱宽度选择与负倒棱刃的类同。

4. 刀面形式及参数

刀面形式是指前面上的卷屑槽、断屑槽等结构形式，主要用来控制切屑的形状、卷屑、断屑和切屑流向等。卷屑槽的结构参数见图 1.36、图 1.37。

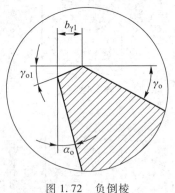

图 1.72　负倒棱

1.3.5　切削用量选择

1. 选择切削用量的原则

选择切削用量的原则是在保证加工质量和降低生产成本的前提下，尽可能地提高切削率，即 a_p、f 和 v_c 的乘积最大。当 a_p、f 和 v_c 的乘积最大时，切除量一定时需要的切削加工时间最少。

提高切削用量要受到工艺装备(机床功率、刀杆强度等)与技术要求(加工精度、表面质量)的限制。粗加工的主要任务是切除毛坯上的多余金属，只要机床功率、刀杆强度、工艺系统的刚性满足要求，一般尽可能选择大的切削深度和较大的进给量；精加工的主要任务是保证工件的加工精度和表面质量，一般选择较高的切削速度和较小的进给量，以保证零件的加工精度和表面粗糙度要求。

从影响刀具使用寿命的程度上看,影响最小的是 a_p,其次是 f,影响最大的是 v_c。确定切削用量应首先选择较大的 a_p,其次按工艺装备与零件加工的技术要求选择较大的 f,最后再根据刀具使用寿命确定 v_c,这样可在保证一定使用寿命的前提下,使 a_p、f 和 v_c 的乘积最大。

2. 切削用量选择

生产中一般根据生产经验和切削手册选择切削用量。硬质合金刀具粗车外圆和端面时的切削深度和进给量如表 1.12 所示。切削深度和进给量受工艺装备的限制,可根据表 1.12 提供的数据尽可能一次将毛坯上的余量切除。切削速度可根据刀具使用寿命和机床的功率选择。

表 1.12 硬质合金车刀粗车外圆和端面时的进给量

工件材料	车刀刀杆尺寸 B/mm× H/mm	工件直径/ mm	切削深度 a_p/mm				
			≤3	>3~5	>5~8	>8~12	12 以上
			进给量 f/(mm/r)				
碳素结构钢与合金结构钢	20×30	20	0.3~0.4	—	—	—	—
		40	0.4~0.5	0.3~0.4	—	—	—
		60	0.6~0.7	0.5~0.7	0.4~0.6	—	—
	25×25	100	0.8~1.0	0.7~0.9	0.5~0.7	0.4~0.7	—
		600	1.2~1.4	1.0~1.2	0.8~1.0	0.6~0.9	0.4~0.6
	30×45	500	1.1~1.4	1.1~1.4	1.0~1.2	0.8~1.2	0.7~1.1
	40×60	2 500	1.3~2.0	1.3~1.8	1.2~1.6	1.1~1.5	1.0~1.5
铸铁与铜合金	20×30	40	0.4~0.5	—	—	—	—
		60	0.6~0.9	0.5~0.8	0.4~0.7	—	—
	25×25	100	0.9~1.3	0.8~1.2	0.7~1.0	0.5~0.8	—
		600	1.2~1.8	1.2~1.6	1.0~1.3	0.9~1.1	0.7~0.9
	30×45	500	1.4~1.8	1.2~1.6	1.0~1.4	1.0~1.3	0.9~1.2
	40×60	2 500	1.6~2.4	1.6~2.0	1.4~1.8	1.3~1.7	1.2~1.7

注:① 加工断续表面及有冲击的加工时,表内的进给量应乘系数 $k=0.75~0.85$。

② 加工耐热钢及其合金时,不采用大于 1.0 mm/r 的进给量。

③ 加工淬硬钢时,表内进给量应乘系数 $k=0.8$(当材料硬度为 44~56 HRC 时)或 $k=0.5$(当硬度为 57~62 HRC 时)。

硬质合金刀具半精车的切削速度与进给量如表 1.13 所示。切削深度一般一次将工件上的余量切除。进给量可根据工件表面粗糙度要求按表 1.13 提供的数据选择。切削速度可根据刀具耐用度按确定的进给量和表 1.13 中的切削速度范围进行选择。

表 1.13 硬质合金外圆车刀半精车时的切削速度与进给量

工件材料	表面粗糙度 Ra 值/μm	切削速度范围/(m/min)	刀尖圆弧半径 r_ε/mm		
			0.5	1.0	2.0
			进给量 f/(mm/r)		
铸铁、青铜、铝合金	6.3	不限	0.25~0.40	0.40~0.50	0.50~0.60
	3.2		0.12~0.25	0.25~0.40	0.40~0.60
	1.6		0.10~0.15	0.15~0.20	0.20~0.35

工件材料	表面粗糙度 Ra 值/μm	切削速度范围 /(m/min)	刀尖圆弧半径 r_ε/mm		
			0.5	1.0	2.0
			进给量 f/(mm/r)		
碳素结构钢 合金结构钢	6.3	≤50	0.30 ~ 0.50	0.45 ~ 0.60	0.55 ~ 0.70
		>80	0.40 ~ 0.55	0.55 ~ 0.65	0.65 ~ 0.70
	3.2	≤50	0.20 ~ 0.25	0.25 ~ 0.30	0.30 ~ 0.40
		>80	0.25 ~ 0.30	0.30 ~ 0.35	0.35 ~ 0.40
	1.6	≤50	0.10 ~ 0.11	0.11 ~ 0.15	0.15 ~ 0.20
		>80	0.10 ~ 0.20	0.16 ~ 0.25	0.25 ~ 0.35

注:① 加工耐热钢及其合金,钛合金,切削速度大于 50 m/min 时,表中进给量 f 应乘系数 0.7 ~ 0.8。

　　② 带修光刃的大进给量切削法,当进给量为 1.0 ~ 1.6 mm/r 时,表面粗糙度 Ra 值可达 3.2 ~ 1.6 μm,宽刃精车刀的进给量还可更大些。

1.4　金属切削刀具

学习目标

熟悉常用的金属切削刀具,能结合实际合理选用。

刀具(cutting tool)是能从工件上切除多余材料或切断材料的带刃工具。涂层刀具(coated tool)是基体上涂覆硬质耐磨金属化合物薄膜,具有较高表面硬度和耐磨性的刀具。

1.4.1　车刀、刨刀和插刀

(1)车刀的种类和用途

车刀(turning tool)是用于车削加工的一类单刃刀具。它与镗刀、刨刀和插刀都属于单刃刀具,也称切刀,在切削中应用广泛,可用来车削外圆、内孔、端面、螺纹、切槽和切断等。

按车刀切削的表面和结构分为外圆车刀、内孔车刀、切断刀、螺纹车刀、成形车刀等,其名称和结构如图 1.73 所示。

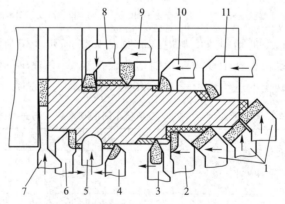

图 1.73　几种车刀的类型及应用

1—45°弯头车刀;2—90°外圆车刀;3—外螺纹车刀;4—75°外圆车刀;5—成形车刀;

6—90°外圆车刀;7—切断刀;8—内孔切槽刀;9—内螺纹车刀;10—盲孔镗刀;11—通孔镗刀

　　按照切削部分材料的不同,车刀可分为高速钢车刀、硬质合金车刀、陶瓷车刀、金刚石车刀等。

　　按照结构的不同,车刀可分为整体式、焊接式、机夹重磨式和机夹可转位车刀,其结构形状如图1.74所示。整体式车刀一般为高速钢淬火磨制而成,目前应用较少。焊接式车刀的刀片材料一般为硬质合金,可以重复刃磨。机夹可转位刀片材料一般为硬质合金,刀片已标准化,刀具的一个切削刃损坏后不再刃磨,通过转位更换一个刀刃即可,该结构刀具目前应用最广泛。

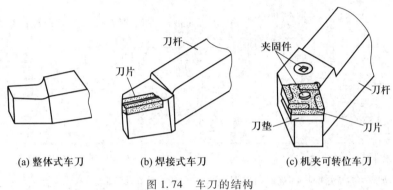

(a) 整体式车刀　　(b) 焊接式车刀　　(c) 机夹可转位车刀

图 1.74　车刀的结构

　　成形车刀是一种加工回转体成形表面的专用刀具,它的刃形是根据工件的轮廓设计的。按成形车刀的结构一般分为平体、棱体和圆体三类,如图1.75所示。

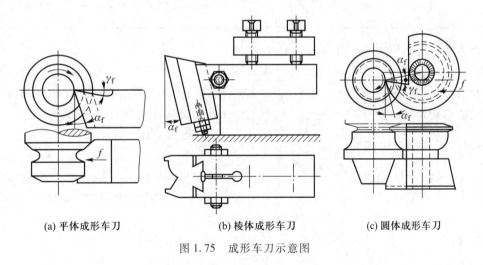

(a) 平体成形车刀　　(b) 棱体成形车刀　　(c) 圆体成形车刀

图 1.75　成形车刀示意图

　　平体成形车刀结构简单,使用方便,但重磨次数少,使用寿命短,一般用于加工宽度不大的简单成形表面。

　　棱体成形车刀的刀体呈棱柱,强度高,重磨次数多,主要用来加工外成形表面。

　　圆体成形车刀的刀体为回转体,切削刃为刀体回转体的回转母线,重磨次数多,既可用来加工外成形表面,也可用来加工内成形表面。

　　(2) 车刀前面几何参数及应用

　　车刀前面几何参数及应用如表1.14所示。

表 1.14　车刀前面几何参数及应用

名称		Ⅰ型（平面型）	Ⅱ型（平面带倒棱型）	Ⅲ型（卷屑槽带倒棱型）
高速钢车刀	简图	γ_o	$b_{\gamma1}$　$\gamma_o=25°\sim30°$	l_{Bn}　$b_{\gamma1}$　r_{Bn}　$\gamma_o=25°\sim38°$
	应用范围	加工铸铁；当 $f\leqslant0.2$ mm/r 时加工钢	当 $f>0.2$ mm/r 时加工钢	加工钢时保证卷屑
硬质合金车刀	简图	γ_o	$b_{\gamma1}$　γ_o　γ_{o1}	l_{Bn}　$b_{\gamma1}$　r_{Bn}　γ_{o1}　γ_o
	应用范围	当前角为负值，系统刚性很好时，加工 $R_m>0.784$ GPa 的钢。当前角为正值时，加工脆性材料，在切削深度及进给量很小时精加工 $R_m\leqslant0.784$ GPa 的钢	加工灰铸铁和可锻铸铁，加工 $R_m\leqslant0.784$ GPa 的钢；当系统刚性较差时，加工 $R_m>0.784$ GPa 的钢	当 $a_p=1\sim5$ mm，$f\leqslant0.3$ mm/r 时，加工 $R_m\leqslant0.784$ GPa 的钢，保证卷屑

典型车刀的车削工艺参数如表 1.15 所示。

（3）刨刀和插刀

刨刀和插刀切削部分的几何参数与车刀基本上相同，但刀体的安装结构有所不同。刨刀的结构形式及尺寸如表 1.16 所示。插刀的结构形式及尺寸如表 1.17 所示。

1.4.2　孔加工刀具

孔是机器零件上最常见的一种结构。根据尺寸、精度和表面质量要求的不同，孔加工的方法不同，采用孔加工的刀具也不同。通常孔加工刀具分为钻头（中心钻、麻花钻、扁钻、深孔钻）、扩孔钻、锪钻、铰刀、镗刀和复合刀具等。

1. 钻头

（1）中心钻

中心钻主要用来加工标准类型的中心孔，60°中心孔的结构尺寸如表 1.18 所示，所以中心钻头的切削刃结构尺寸与标准中心孔一致，其结构参数如图1.76所示，参数值见中心孔尺寸。

（2）麻花钻

麻花钻应用最广，一般用于实体材料上孔的粗加工，钻孔尺寸一般小于 $\phi30$ mm，精度为 IT13～IT11，表面粗糙度 Ra 值为 50～12.5 μm，其结构如图 1.77 所示。

表 1.15　典型车刀的车削工艺参数

简图	零件类型	刀片材料	切削速度 v_c/(m/min)	进给量 f/(mm/r)	切削深度 a_p/mm
 细长轴银白屑车刀	光杠、丝杠等细长轴外圆表面	P10	100~120	0.08~0.12	0.5~1
 抗冲击车刀	余量不均匀、断续表面的 45 钢和 40Cr 钢	P10	45~48	0.3~0.5	3~7

续表

简图	零件类型	刀片材料	切削速度 v_c/(m/min)	进给量 f/(mm/r)	切削深度 a_p/mm
 淬火钢车刀	淬火零件 外圆表面	K05	20~40	0.15~0.5	0.5~1.5
 高锰钢车刀	高锰钢件 Mn13	粗车 K20 精车 K10	20~54	0.5~1	2.5~3

续表

简图	零件类型	刀片材料	切削速度 v_c/(m/min)	进给量 f/(mm/r)	切削深度 a_p/mm
强力切断刀	铸铁件	P10	120~250	0.2~0.5	根据需要商定,一般 $a_p \geq$ 4~5

mm

表 1.16　刨刀的结构形式及尺寸

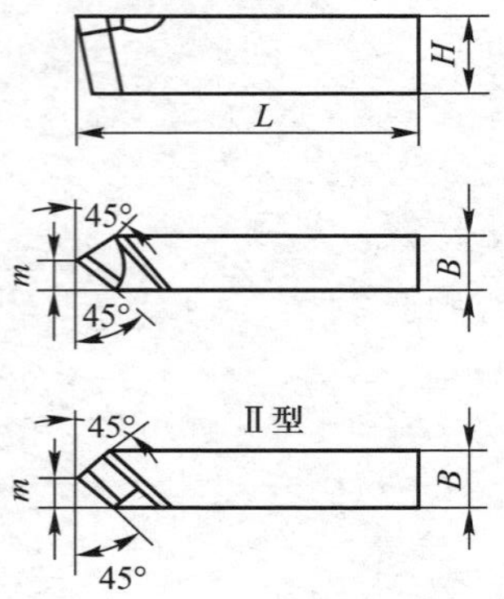

弯头切断、切槽刨刀

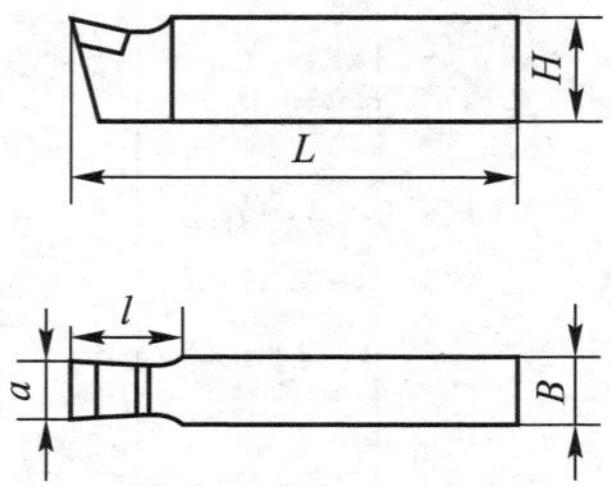

弯头侧面刨刀(右及左)

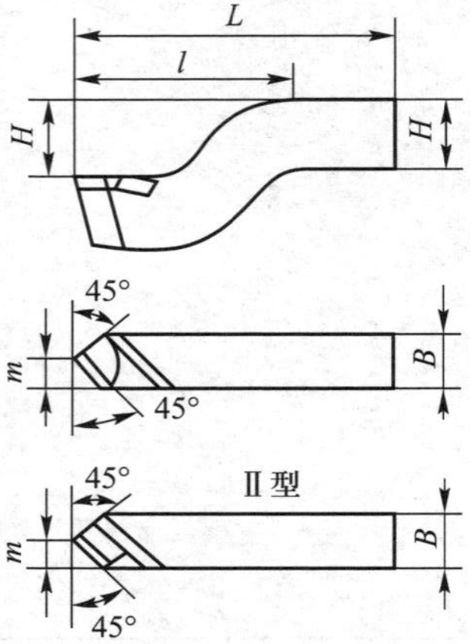

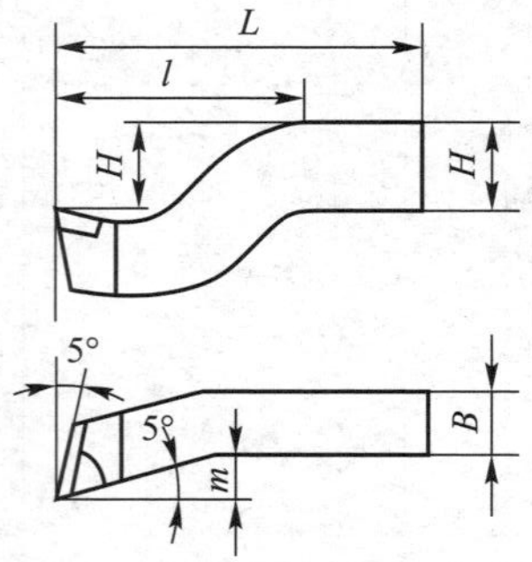

$\kappa_r=45°$ 直头直通切刨刀(右及左)　I型　II型

宽刃精刨刀

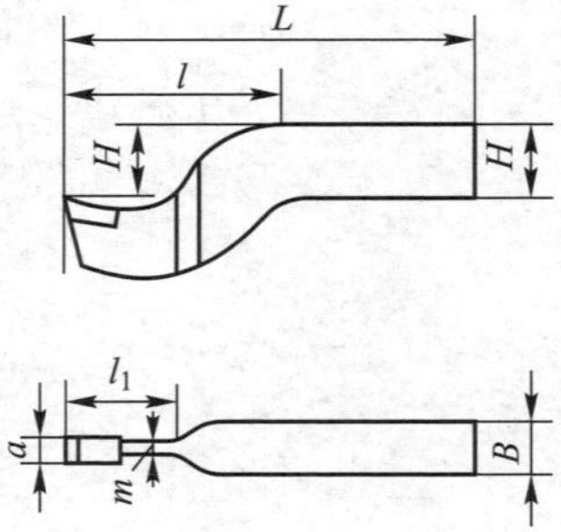

$\kappa_r=45°$ 弯头切通切刨刀(右及左)　I型　II型

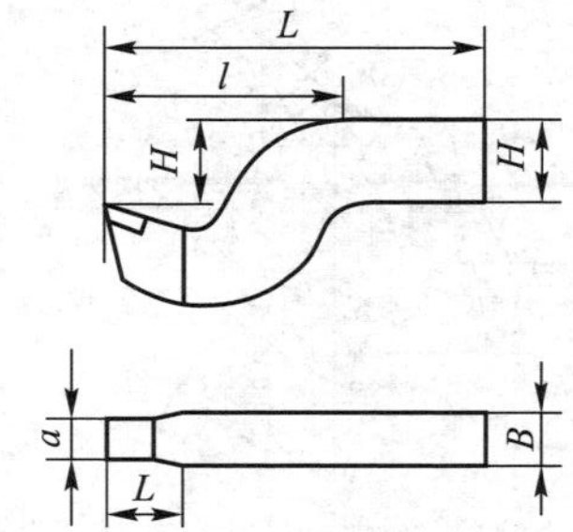

弯头宽刃精刨刀

B	10	12	16	20	25	30	40
H	16	20	25	30	40	45	60
L	150	200	250	300	350	400	500

表 1.17　插刀的结构形式及尺寸　　　　　　　　　　　　　mm

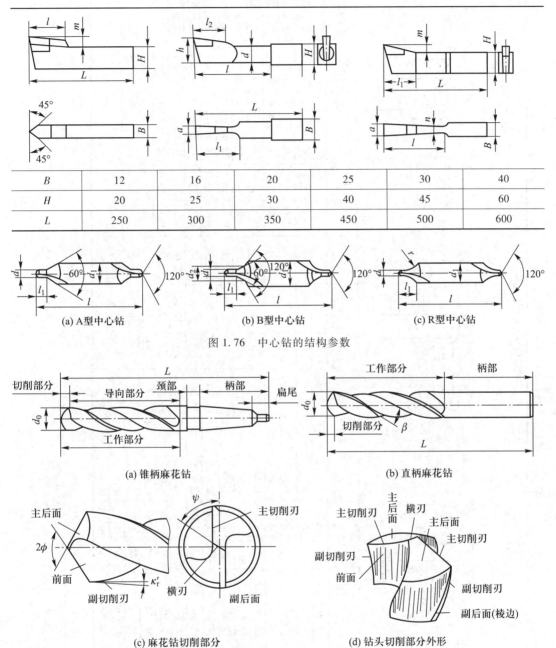

B	12	16	20	25	30	40
H	20	25	30	40	45	60
L	250	300	350	450	500	600

(a) A型中心钻　　　　　(b) B型中心钻　　　　　(c) R型中心钻

图 1.76　中心钻的结构参数

(a) 锥柄麻花钻　　　　　　　　　　　(b) 直柄麻花钻

(c) 麻花钻切削部分　　　　　　　　(d) 钻头切削部分外形

图 1.77　麻花钻的结构

麻花钻柄部结构主要有直柄和锥柄两种类型,其结构参数均已标准化,可直接选用,如直径 $d=15$ mm、右旋直柄麻花钻的标记为:直柄麻花钻 15 GB/T 6135.2—2008。直柄麻花钻的柄部有的带扁尾,有的不带扁尾,不带扁尾的靠夹紧外圆传递转矩,带扁尾的可以直接传递转矩。锥柄麻花钻的柄部一般带有扁尾,锥面一般为莫氏圆锥。

麻花钻切削部分的材料主要有高速钢和硬质合金。硬质合金麻花钻有整体结构和机夹结构。

表 1.18　60°中心孔（GB/T 145—2001）

不带护锥的中心孔A型　　带护锥的中心孔B型　　带螺纹的中心孔C型　　弧形中心孔R型

d (A型/B型/R型)	D A、B、R型	D₂ B型	l₂ A型	l₂ B型	t参考尺寸 A型	t参考尺寸 B型	l (R型)	r max R型	r min R型
(0.50)	1.06		0.48		0.5				
(0.63)	1.32		0.60		0.6				
(0.80)	1.70		0.78		0.7				
1.00	2.12	3.15	0.97	1.27		0.9	2.3	3.15	2.50
(1.25)	2.65	4.00	1.21	1.60		1.1	2.8	4.0	3.15
1.60	3.35	5.00	1.52	1.99		1.4	3.5	5.00	4.00
2.00	4.25	6.30	1.95	2.54		1.8	4.4	6.30	5.00
2.50	5.30	8.00	2.42	3.00		2.2	5.5	8.00	6.30
3.15	6.70	10.00	3.07	4.03		2.8	7.0	10.00	8.00
4.00	8.50	12.50	3.90	5.05		3.5	8.9	12.50	10.00
(5.00)	10.60	16.00	4.85	6.41		4.4	11.2	16.00	12.50
6.30	13.20	18.00	5.98	7.36		5.5	14.0	20.00	16.00
(8.00)	17.00	22.40	7.79	9.36		7.0	17.9	25.00	20.00
10.00	21.20	28.00	9.70	11.66		8.7	22.5	31.50	25.00

d	D₁	D₂	D₃ C型	l	l₁ 参考尺寸
M3	3.2	5.3	5.8	2.6	1.8
M4	4.3	6.7	7.4	3.2	2.1
M5	5.3	8.1	8.8	4.0	2.4
M6	6.4	9.6	10.5	5.0	2.8
M8	8.4	12.2	13.2	6.0	3.3
M10	10.5	14.9	16.3	7.5	3.8
M12	13.0	18.1	19.8	9.5	4.4
M16	17.0	23.0	25.3	12.0	5.2
M20	21.0	28.4	31.3	15.0	6.4
M24	25.0	34.2	38.0	18.0	8.0

注：① 括号内尺寸尽量不用。

② A、B 型中尺寸 l_1 取决于中心钻的长度，此值不应小于 t 值。

③ A 型中的尺寸 D、l_2 任选一个，B 型中的尺寸 D_2、l_2 任选一个。

④ 尺寸 d 和 D 与中心钻的尺寸一致。

（3）扁钻

扁钻的结构简单，轴向尺寸小，刚性好，刃磨方便，刀片可以更换，用来加工大于 $\phi25$ mm 的孔，但其前角较小，不便于排屑，其结构如图 1.78 所示。

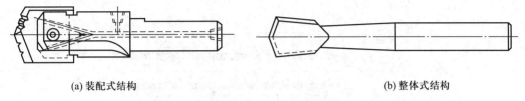

(a) 装配式结构   (b) 整体式结构

图 1.78　扁钻的结构

（4）深孔钻

深孔一般指孔深与直径之比大于 5～10 的孔。深孔钻主要有外排屑深孔钻、内排屑深孔钻、喷吸钻和套料钻等类型。

外排屑深孔钻分单刃外排屑深孔钻（因最初用于加工枪管所以又称为枪钻）和双刃外排屑深孔钻，用来钻削 $\phi2$～$\phi30$ mm 的孔，孔的深径比可超过 100，尺寸精度为 IT10～IT8，表面粗糙度 Ra 值为 3.2～0.8 μm。单刃外排屑深孔钻的工作原理如图 1.79 所示，3.4～9.8 MPa 的切削液从钻杆进液孔送入切削区冷却和润滑钻头，并把切屑从 V 形槽中冲刷出来。

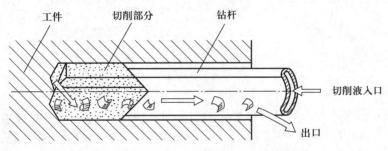

图 1.79　单刃外排屑深孔钻的工作原理

内排屑深孔钻也分为单刃和多刃，用来钻削 $\phi12$～$\phi120$ mm 的孔，孔的深径比可超过 100，尺寸精度为 IT9～IT6，表面粗糙度 Ra 值为 3.2 μm，其工作原理如图 1.80 所示。

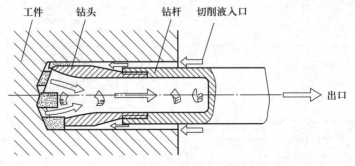

图 1.80　内排屑深孔钻的工作原理

喷吸钻切削液流动稳定，排屑通畅，钻削效率高，用来钻削 $\phi16$～$\phi65$ mm 的孔，尺寸精度为 IT9～IT6，表面粗糙度 Ra 值为 3.2 μm，其工作原理如图 1.81 所示。

套料钻可减少材料的切削量,生产率高,中心部位的材料还可以利用,其工作原理如图 1.82 所示。

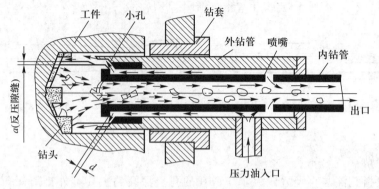

图 1.81　喷吸钻的工作原理

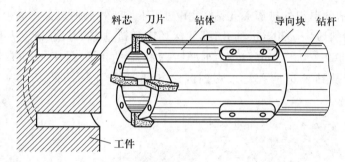

图 1.82　套料钻的工作原理

2. 扩孔钻

扩孔钻是用来对工件上已有孔进行扩大加工的一种刀具。扩孔后,孔的精度达 IT10 ~ IT9,表面粗糙度 Ra 值为 6.3 ~ 3.2 μm。其结构如图 1.83 所示,柄部已标准化,切削部分的材料主要有高速钢和硬质合金。

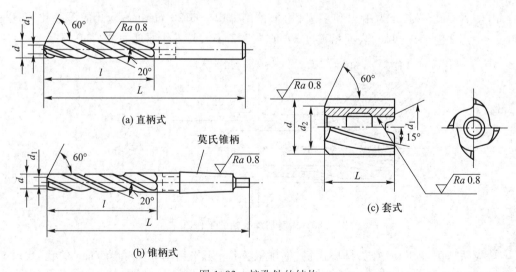

(a) 直柄式

(b) 锥柄式

(c) 套式

图 1.83　扩孔钻的结构

3. 锪钻

锪钻用于在孔的端面上加工圆柱形沉头孔、锥形沉头孔、端面或凸台表面,如图 1.84 所示。锪钻切削部分可采用高速钢整体结构或硬质合金镶装结构,其柄部已标准化,其结构参数如图 1.85 所示。

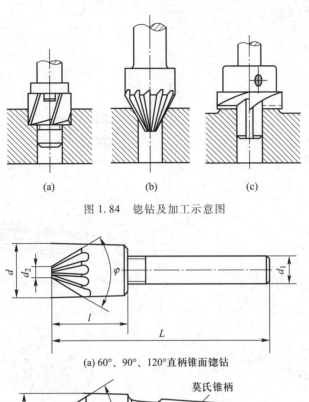

图 1.84 锪钻及加工示意图

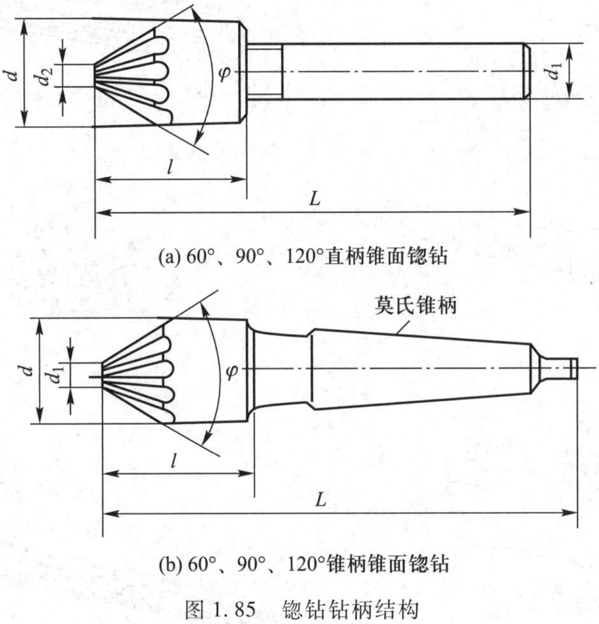

(a) 60°、90°、120°直柄锥面锪钻

(b) 60°、90°、120°锥柄锥面锪钻

图 1.85 锪钻钻柄结构

4. 铰刀

铰刀是孔的半精加工或精加工刀具,适合于中小孔的加工,刀齿多,加工余量小,导向性好,刚性大。铰孔尺寸精度可达 IT8 ~ IT6,表面粗糙度 Ra 值为 $1.6 \sim 0.4$ μm。其结构如图 1.86所示。

铰刀分为手用铰刀和机用铰刀两类,如图 1.87 所示。手用铰刀适合铰 $\phi1 \sim \phi70$ mm的孔。手用可调铰刀适合铰 $\phi6.5 \sim \phi100$ mm 的孔。机用铰刀在机床上使用,适合于铰 $\phi1 \sim \phi50$ mm 的孔。套式机用铰刀适合于铰 $\phi23.6 \sim \phi100$ mm的孔。

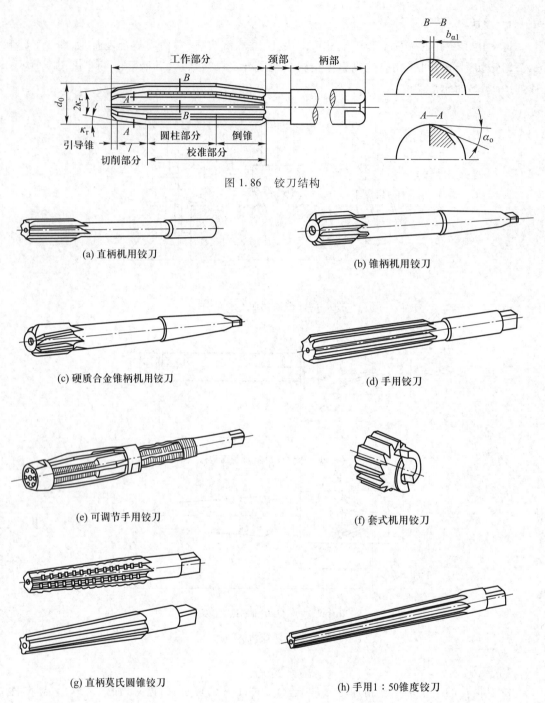

图 1.86 铰刀结构

(a) 直柄机用铰刀

(b) 锥柄机用铰刀

(c) 硬质合金锥柄机用铰刀

(d) 手用铰刀

(e) 可调节手用铰刀

(f) 套式机用铰刀

(g) 直柄莫氏圆锥铰刀

(h) 手用 1∶50 锥度铰刀

图 1.87 铰刀的类型

选用时可用标记表示,例如加工孔的直径为 10 mm、精度为 H8 级的 A 型机用直柄铰刀的标记为:机用铰刀 10A H8 GB/T 1132—2017。

5. 镗刀

镗刀的应用范围很广,适合不同孔径、不同形状的孔,尤其当孔径大于 φ80 mm 时,多采用镗刀加工;镗削可进行粗加工、半精加工和精加工,尺寸精度可达 IT7 ~ IT6,表面粗糙度 *Ra*

值为 6.3 ~ 0.4 μm。

镗刀分为单刃镗刀和双刃镗刀。单刃镗刀结构简单,应用广泛,一般固装在镗杆上,并在镗杆内可调,如图 1.88a 所示。双刃镗刀一般装在镗杆内,可以径向浮动,被镗孔的尺寸也可通过镗刀进行调整,加工精度较高,如图 1.88b 所示。镗刀在镗杆上安装,可垂直于镗杆轴线安装,也可与镗杆轴线倾斜安装,如图 1.89 所示。

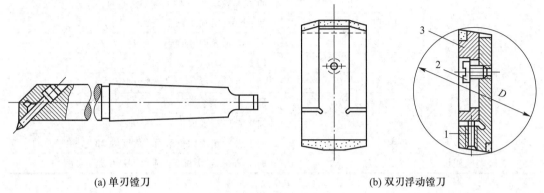

(a) 单刃镗刀   (b) 双刃浮动镗刀

图 1.88 镗刀

1—调整螺钉;2—紧固螺钉;3—刀片

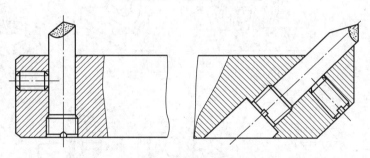

图 1.89 单刃镗刀的安装

在精镗机床上常用微调镗刀以提高加工精度,其结构如图 1.90 所示。

6. 复合刀具

复合刀具将钻、扩、铰、锪不同的加工形式进行复合,以提高加工精度和生产率,降低生产成本,适合大批大量生产,广泛应用于组合机床和自动线。

1.4.3 其他刀具

1. 铣刀

铣削可以加工平面、成形面、各种沟槽、切断,采用仿形铣削法还可以加工形状复杂的表面。铣刀无论是整体结构还是镶装结构,其切削部分的材料一般为高速钢或硬质合金。铣刀与刀杆、刀杆与机床的连接甚至拉杆等结构尺寸均有相关标准。

(1)铣刀类型和用途

铣刀类型和用途如表 1.19 和图 1.91 所示。

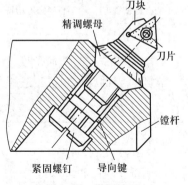

图 1.90 微调镗刀

表 1.19　铣刀的类型及用途

分类	铣刀名称	用途
加工平面用铣刀	圆柱形铣刀	粗、半精加工各种平面
	端铣刀（或面铣刀）	粗、半精、精加工各种平面
加工沟槽、台阶表面用铣刀	立铣刀	加工沟槽表面；粗、半精加工平面、台阶表面；加工模具的各种表面
	三面刃铣刀	粗、半精、精加工沟槽表面
	锯片铣刀	加工窄槽表面；切断
	镶片圆锯	切断
	键槽铣刀	加工平键键槽、半圆键键槽表面
	T 形槽铣刀	加工 T 形槽表面
	燕尾槽铣刀	加工燕尾槽表面
	角度铣刀	加工各种角度沟槽表面（角度为 18°～90°）
加工成形表面用铣刀	成形铣刀	加工凸、凹半圆曲面，圆角，各种成形表面

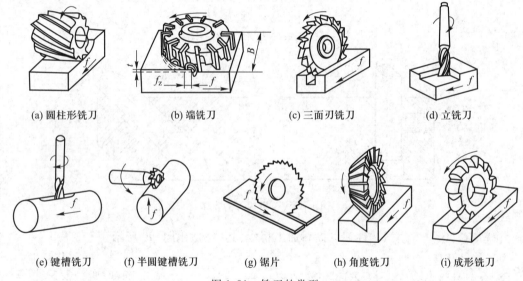

(a) 圆柱形铣刀　　(b) 端铣刀　　(c) 三面刃铣刀　　(d) 立铣刀

(e) 键槽铣刀　　(f) 半圆键槽铣刀　　(g) 锯片　　(h) 角度铣刀　　(i) 成形铣刀

图 1.91　铣刀的类型

（2）常用铣刀的几何角度

常用铣刀的几何角度见表 1.20。

表 1.20　常用铣刀的几何角度

铣刀名称		螺旋角	前角		后角		副偏角
		β	γ_o	γ_n	α_o	α_n	κ_r'
圆柱形铣刀		30°～45°		15°	12°		
镶齿套式面铣刀		10°	15°			12°	
立铣刀		30°～45°		15°	12°～16°		
三面刃铣刀	镶齿	8°～15°	15°			10°	30′
	错齿	10°～15°	15°		顶刃 10°	侧刃 6°	30′

续表

铣刀名称	螺旋角	前角		后角		副偏角
	β	γ_{o}	γ_{n}	α_{o}	α_{n}	κ_{r}'
锯片铣刀		5° ~ 10°		14° ~ 18°	14° ~ 18°	8′、10′、12′、15′、20′、35′、45′、50′、60′
T形槽铣刀	10°	10°		14°		1°30′
角度铣刀		10°		16°	侧刃 6° ~ 10°	

2. 齿轮刀具

齿轮刀具是用于加工各种齿轮齿形的刀具,它包括各种滚刀、插齿刀、剃齿刀、齿轮铣刀和锥齿刨刀等。由于齿轮的种类很多,相应的齿轮刀具的种类也极其繁多,按齿轮加工工艺方法可分为成形齿轮刀具和展成法加工齿轮刀具。展成法加工齿轮的刀具主要有滚刀、插齿刀、剃齿刀等。

（1）成形齿轮刀具

成形齿轮刀具是指刀具切削刃的轮廓形状与被切齿的齿形相同或近似相同。常用的成形齿轮刀具有盘形齿轮铣刀和指形齿轮铣刀,其结构形状如图 1.92 所示。盘形齿轮铣刀的刀号与铣齿范围如表 1.21 所示。

（2）齿轮滚刀

齿轮滚刀是根据交错轴螺旋齿轮啮合原理,让一个齿轮上的齿数只有一个或很少,即蜗杆,然后将蜗杆开槽、铲背、刃磨,形成切削刃。理论上滚刀齿面形状是一渐开线,实际应用中采用的齿面是阿基米德螺旋面,其结构如图 1.93 所示。齿轮滚刀的主要参数包括外径、头数、齿形、螺旋升角及旋向等。

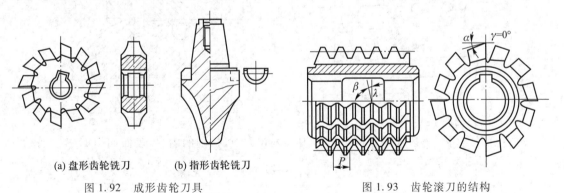

(a) 盘形齿轮铣刀   (b) 指形齿轮铣刀

图 1.92 成形齿轮刀具   图 1.93 齿轮滚刀的结构

表 1.21 盘形齿轮铣刀的刀号与铣齿范围

刀号	1	2	3	4	5	6	7	8
铣齿范围	12 ~ 13	14 ~ 16	17 ~ 20	21 ~ 25	26 ~ 34	35 ~ 54	55 ~ 134	135 以上

（3）插齿刀

插齿刀也是按两个齿轮啮合原理,将其中一个做成刀具,其结构类型如图 1.94 所示。

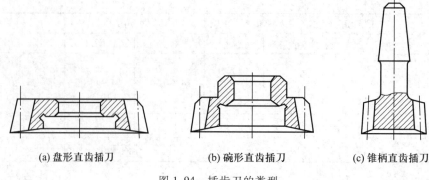

(a) 盘形直齿插刀　　　(b) 碗形直齿插刀　　　(c) 锥柄直齿插刀

图 1.94　插齿刀的类型

（4）剃齿刀

剃齿刀是用来对未淬硬的圆柱齿轮进行精加工的齿轮刀具。剃齿刀通过在齿面上开出小槽而形成切削刃,其工作原理如图 1.95 所示,通过齿轮啮合时齿面的相对运动,将被加工齿轮齿面上的多余材料剃除。

3. 拉刀

拉刀是一种生产率高、加工精度高的多齿刀具,多用于大批大量生产。如图 1.96 所示,拉削时,由于后一刀齿的齿高比前一刀齿高出一个很小的齿升量 a_f(0.01~0.06 mm),因此在拉刀的一次行程中,便从工件上一层层地切除全部加工余量。

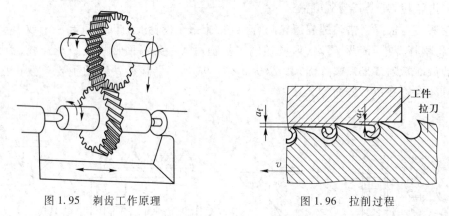

图 1.95　剃齿工作原理　　　　　　　　图 1.96　拉削过程

（1）拉刀的种类与用途

按拉削工件内、外表面的不同分内拉刀和外拉刀,可拉削的内、外表面如图 1.97 所示。

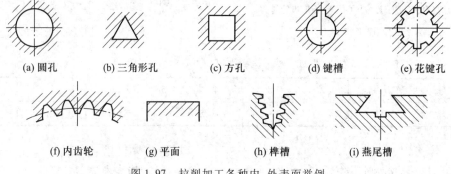

(a) 圆孔　　(b) 三角形孔　　(c) 方孔　　(d) 键槽　　(e) 花键孔

(f) 内齿轮　　(g) 平面　　(h) 榫槽　　(i) 燕尾槽

图 1.97　拉削加工各种内、外表面举例

（2）拉刀的结构组成

拉刀由头部、颈部、过渡锥部、前导部、切削部、校准部、后导部、尾部组成，如图1.98所示。按拉削方式的不同，拉刀可以做成分层拉削式、分块拉削式和综合拉削式的结构。

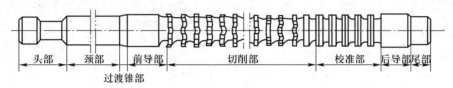

图1.98　拉刀的组成

4.螺纹刀具

（1）螺纹刀具的种类和用途

螺纹刀具的种类和用途见表1.22。

表1.22　螺纹刀具的种类和用途

分类	螺纹刀具名称	用　途
用切削法加工螺纹的刀具	螺纹车刀，包括平体螺纹车刀、圆体螺纹车刀	加工各种内、外螺纹，加工尺寸范围广，通用性好
	螺纹梳刀，包括平体螺纹梳刀、棱体螺纹梳刀、圆体螺纹梳刀	加工内、外螺纹，加工效率高，适于成批生产
	板牙，包括手用板牙和机用板牙	加工外螺纹的标准刀具之一，应用广泛，效率较高，但加工螺纹的精度较低
	丝锥，有手用丝锥、机用丝锥、螺母丝锥、无槽丝锥、拉削丝锥、螺旋槽丝锥	加工内螺纹的标准刀具之一，适用于中、小尺寸螺纹范围。拉削丝锥可加工梯形、矩形螺纹
	螺纹铣刀，包括盘形螺纹铣刀、梳形螺纹铣刀	用铣削方式加工内、外螺纹，生产效率高，但精度较低，适于一般精度螺纹加工或作预加工用
	自动开合螺纹切头，包括自动开合板牙头和自动开合丝锥	加工内、外螺纹，生产效率高，精度高，适于大批大量生产
用滚压法加工螺纹的刀具	滚丝轮、搓丝板	利用塑性变形原理加工外螺纹，生产效率高。加工螺纹的精度高，表面粗糙度值小，力学性能好

（2）常见的螺纹刀具的结构

手用和机用丝锥用来加工内螺纹，其结构如图1.99所示。

手用板牙和机用板牙用来加工外螺纹，其结构如图1.100所示。

除常用螺纹车刀车螺纹外，还用平体螺纹梳刀、棱体螺纹梳刀和圆体螺纹梳刀加工螺纹，其结构如图1.101所示。

用滚压法加工外螺纹，生产效率高，采用的刀具是滚丝轮和搓丝板，其结构如图1.102、图1.103所示。

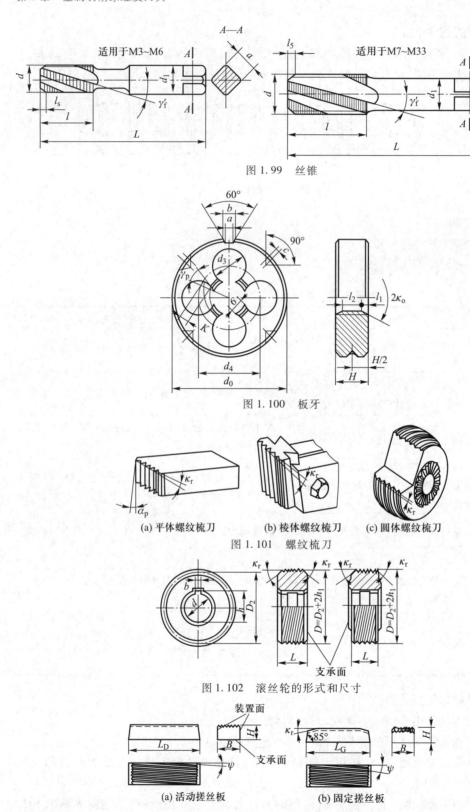

图 1.99　丝锥

图 1.100　板牙

(a) 平体螺纹梳刀　　(b) 棱体螺纹梳刀　　(c) 圆体螺纹梳刀

图 1.101　螺纹梳刀

图 1.102　滚丝轮的形式和尺寸

(a) 活动搓丝板　　　(b) 固定搓丝板

图 1.103　粗、细牙普通螺纹用搓丝板

1.5 磨削

学习目标

1. 了解磨削加工的特点。
2. 了解磨料磨具的特性。
3. 了解磨削的基本知识。
4. 熟悉常用的磨削方法,了解研磨和珩磨等工艺。

1.5.1 磨削加工的特点与分类

磨削的应用范围非常广泛,是零件精加工和精整加工的主要方法。

1. 磨削加工的特点

磨削是用磨料、磨具切除工件上多余材料的加工方法。随着科学技术的发展、零件材料的广泛应用以及零件加工精度和表面质量的高要求,磨削的应用范围越来越广。磨削与切削相比,主要有以下特点:

① 磨削的速度高、温度高。磨削速度为砂轮线速度,一般为车削和铣削速度的 10 ~ 20 倍,因此磨削变形快,磨削区内产生大量的热使磨削区的温度高。

② 磨削加工精度高及表面粗糙度值小。通常,尺寸精度等级为 IT6 ~ IT5,表面粗糙度 Ra 值为 0.8 ~ 0.01 μm,几何公差可达 1 μm 以内。

③ 适应性强。能磨削的工件材料范围广,可以加工硬度很高的材料,如各种淬硬钢件、高速钢刀具和硬质合金等,还可以加工非金属材料,如木材、玻璃、陶瓷、塑料等,这些材料用金属切削刀具很难加工,甚至根本不能加工。

④ 磨削加工是一种少切屑加工。随着精密毛坯制造技术(精密锻造、精密铸造等)的应用,使某些零件有可能不经其他切削加工,而直接由磨削加工完成,这将使磨削加工在大批生产中得到更广泛的应用。

⑤ 砂轮具有自锐作用。磨削刃磨钝时,作用在磨粒上的力增大,磨粒局部被压碎形成新刃或磨粒脱落露出新的磨粒,这种重新获得锋利磨削刃的作用称自锐作用。

2. 磨削加工的分类

随着科学技术的发展,磨削的应用范围越来越广,为了满足不同的工艺目的和要求,磨削加工有各种各样的工艺方法,并朝着精密、低表面粗糙度值、高速、高效和自动磨削的方向发展。为了便于使用和管理,可根据不同的依据,对磨削加工进行分类。

按磨削精度分为粗磨、半精磨、精磨、精密磨削。

按进给形式分为切入磨削、纵向磨削、缓进给磨削、无进给磨削、定压珩磨、定量珩磨。

按磨削形式分为砂带磨削、无心磨削、行星磨削、端面磨削、周边磨削、宽砂轮磨削、成形磨削、仿形磨削、振动磨削、高速磨削、强力磨削、恒压力磨削、研磨、珩磨等。

按加工表面类型分为外圆磨削、内圆磨削、平面磨削、刃磨、螺纹磨削、齿轮磨削等。

按磨削工具的类型分为固结磨粒磨具的磨削加工方法和游离磨粒的磨削加工方法。固结磨粒磨具的磨削加工方法主要包括砂轮磨削、珩磨、砂带磨削、电解磨削等;游离磨粒磨削的加工方法主要包括研磨、抛光、喷射加工、磨料流动加工等。

按砂轮的线速度 v_s 高低分为普通磨削($v_s < 45$ m/s)和高速磨削($v_s \geqslant 45$ m/s)。

按采用的新技术情况分为传统磨削、磁性研磨、电化学抛光等。

1.5.2　磨料磨具

磨具是由许多细小的磨粒用结合剂固结成一定尺寸形状的磨削工具,如砂轮、磨头、油石、砂瓦等。磨具由磨粒、结合剂和空隙(气孔)组成,如图 1.104 所示。磨具的磨粒是磨削中的切削刃,对工件起切削作用。磨粒的材料称磨料。磨具结合剂的作用是将磨粒固结成为一定的尺寸和形状,并支撑磨粒。磨具的空隙(气孔)的作用是容纳切屑和切削液以及散热等。为了改善磨具性能,往往在空隙内浸渍一些填充剂,如硫、二硫化钼、蜡、树脂等,人们把填充物看作是固结磨具的第四要素。磨具的特性不同,其适用范围也不同。磨具的工作特性是指磨具的磨料、粒度、结合剂、硬度、组织、强度、形状尺寸。

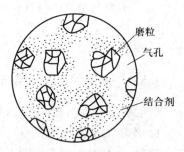

图 1.104　磨具结构示意图

1. 磨料

磨料分普通磨料和超硬磨料。

普通磨料包括刚玉系和碳化物系两大系列,其品种、代号、特性及应用范围如表 1.23 所示。

表 1.23　普通磨料的品种、代号、特性及适用范围

类别	名称	代号	特性	适用范围
刚玉系	棕刚玉	A	棕褐色,硬度高,韧性好,价格便宜	磨削和研磨碳钢、合金钢、可锻铸铁、硬青铜
	白刚玉	WA	白色,硬度比棕刚玉高,韧性比棕刚玉好	磨削、研磨、珩磨和超精加工淬火钢、高速钢、高碳钢及磨削薄壁工件
	单晶刚玉	SA	浅黄或白色,硬度比白刚玉高,韧性比白刚玉好	磨削、研磨和珩磨不锈钢和高钒高速钢等高强度韧性大的材料
	微晶刚玉	MA	颜色与棕刚玉相似,强度高,韧性和自锐性能好	磨削或研磨不锈钢、轴承钢、球墨铸铁,并适于高速磨削
	铬刚玉	PA	玫瑰红或紫红色,韧性比白刚玉好,磨削表面粗糙度值小	磨削、研磨或珩磨淬火钢、高速钢、轴承钢和磨削薄壁工件
	锆刚玉	ZA	黑色,强度高,耐磨性好	磨削或研磨耐热合金、耐热钢、钛合金和奥氏体不锈钢
	黑刚玉	BA	黑色,颗粒状,抗压强度高,韧性好	重负荷磨削钢锭

续表

类别	名称	代号	特性	适用范围
碳化物系	黑碳化硅	C	黑色有光泽,硬度比白刚玉高,性脆而锋利,导热性和导电性良好	磨削、研磨、珩磨铸铁、黄铜、陶瓷、玻璃、皮革、塑料等
	绿碳化硅	GC	绿色,硬度和脆性比黑碳化硅高,具有良好的导热和导电性能	磨削、研磨、珩磨硬质合金、宝石、玉石及半导体材料等
	立方碳化硅	SC	淡绿色,立方晶体,强度比黑碳化硅高,磨削力较强	磨削或超精加工不锈钢、轴承钢等硬而粘的材料
	碳化硼	BC	灰黑色,硬度比黑绿碳化硅高,耐磨性好	研磨或抛光硬质合金刀片、模具、宝石及玉石等

注:磨料代号摘自 GB/T 2476—2016。

超硬磨料是指金刚石和立方氮化硼。金刚石包括天然金刚石和人造金刚石。金刚石磨具主要加工硬质合金、工程陶瓷,玛瑙、光学玻璃、半导体材料、石材、混凝土等。立方氮化硼的分子式为 BN,用人工方法制成,其硬度略低于金刚石。立方氮化硼磨具主要加工工具钢、模具钢、不锈钢、耐热合金、耐磨钢、高钒高速钢、淬硬钢等。

2. 粒度

粒度是指磨料颗粒的大小。粒度有两种测定方法,筛分法和光电沉降仪法(或沉降管粒度仪法)。筛分法是以网筛孔的尺寸来表示、测定磨料粒度的。微粉是以沉降时间来测定的。磨粒的粒度号越大,磨粒的尺寸越小。不同粒度磨具的应用如表 1.24 所示。

表 1.24　不同粒度磨具的应用

F4 ~ F14	用于荒磨或重负荷磨削、磨皮革、磨地板、喷砂、打锈等
F14 ~ F30	用于磨钢锭、铸铁打毛刺、切断钢坯钢管、粗磨平面、磨大理石及耐火材料
F30 ~ F46	用于平面磨、外圆磨、无心磨、工具磨等粗磨淬火钢件、黄铜及硬质合金等
F60 ~ F100	用于精磨,各种刀具的刃磨、螺纹磨、粗研磨、珩磨等
F100 ~ F220	用于刀具的刃磨、螺纹磨、精磨、粗研磨、珩磨等
F150 ~ F1000	用于精磨、螺纹磨、齿轮精磨、仪器仪表零件精磨、精研磨及珩磨等
F1000 ~ F2200	用于超精磨、镜面磨、精研磨与抛光等

3. 结合剂

磨具通过结合剂将磨粒固结成为一定尺寸和形状。常用的结合剂有陶瓷 V、树脂 B、橡胶 R、菱苦土 Mg。结合剂代号见 GB/T 2484—2018。

4. 硬度

磨具的硬度是指结合剂黏结磨粒的牢固程度。磨具的硬度愈高,磨粒愈不易脱落。磨具的硬度代号如表 1.25 所示。

表 1.25　磨具的硬度代号(GB/T 2484—2018)

软硬级别	超软				很软			软			中			硬			很硬	超硬
硬度等级	A	B	C	D	E	F	G	H	J	K	L	M	N	P	Q	R	S	T	Y

5. 组织

磨具的组织是指磨具中磨粒、结合剂和空隙(气孔)三者之间体积的比例关系,指磨粒所占磨具体积的百分比。磨粒所占的体积百分比越大(磨粒率越大),磨具的组织越疏松,磨削时不易被磨屑堵塞,切削液和空气能带入切削区以降低磨削温度,但磨具的磨耗快,使用寿命短。磨具组织号与磨粒率的关系如表 1.26 所示。

表 1.26　磨具的组织号(GB/T 2484—2018)

组织号	0	1	2	3	4	5	6	7	8	9	10	11	12	13	14
磨粒率/%	62	60	58	56	54	52	50	48	46	44	42	40	38	36	34

6. 强度

磨具的强度是指磨具高速旋转时,抵抗由离心力引起磨具破碎的能力。砂轮在高速旋转时,产生的离心力与砂轮的圆周速度平方成正比,当圆周速度大到一定程度时,离心力超过砂轮结合剂的结合能力时,砂轮就会破碎。为了保证磨削工作时砂轮不破碎,一般进行回旋试验。GB 2494—2014 规定了不同类型、不同结合剂的砂轮的最高工作速度。如最高工作速度为 50 m/s,表示回旋实验速度是以最高工作速度乘以安全系数(1.6)即 50×1.6 m/s＝80 m/s,进行回旋实验的时间为 30 s。

7. 形状尺寸

砂轮的名称代号和尺寸标记如表 1.27 所示。

表 1.27　砂轮的名称代号和尺寸标记(摘自 GB/T 2484—2018)

代号	名称	断面图	形状和尺寸标记
1	平形砂轮		1 型 $D \times T \times H$
3	单斜边砂轮		3 型 $D/J \times T/U \times H$
4	双斜边砂轮		4 型 $D \times T/U \times H$
6	杯形砂轮		6 型 $D \times H \times H - W \times E$

代号	名称	断面图	形状和尺寸标记
11	碗形砂轮	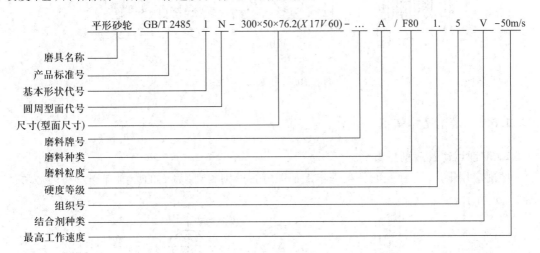	11 型 $D/J \times T \times H - W \times E$
41	平形切割砂轮		41 型 $D \times T \times H$

8．砂轮的标记

磨具的各种特性可以用标记表示。根据 GB/T 2484—2018 规定,在磨具标记中,各种特性代号的表达顺序为:磨具名称－产品标准号－形状代号－圆周型面代号－尺寸－磨料、粒度、硬度、组织、结合剂－最高工作速度。标记示例如下:

平形砂轮 GB/T 2485 1 N－300×50×76.2(X 17V 60)－ … A／F80 1. 5 V －50m/s

磨具名称
产品标准号
基本形状代号
圆周型面代号
尺寸(型面尺寸)
磨料牌号
磨料种类
磨料粒度
硬度等级
组织号
结合剂种类
最高工作速度

9．砂轮的磨损与修整

当砂轮出现急剧堵塞或磨削刃产生钝化失去磨削性能时,需要进行砂轮修整。

（1）砂轮堵塞

砂轮堵塞是磨削加工中的普遍现象,主要与工件的材料和有无磨削液有关。砂轮的堵塞形式多种多样,最常见的形式有:磨屑嵌塞在砂轮工作表面的空隙中,称嵌入式堵塞;磨屑熔结在磨粒或结合剂上,称黏结式堵塞;以及这两种堵塞的混合形式。

（2）砂轮磨损

砂轮磨损主要有磨耗磨损和破碎磨损两种形式。磨耗磨损是指磨粒尖端在磨削过程中逐渐磨损变钝,最后形成磨损平面。这个小平面平行磨削速度方向,使磨削力增大。破碎磨损是由于磨粒切削刃处的内应力超过它的断裂强度,产生局部破碎。磨粒受到的作用力主要有两方面,一是磨粒受到冷热急剧变化产生的应力,二是磨削力的交替变化的作用。磨粒的破碎,有时在切削刃附近发生破碎,有时在磨粒较深处发生破裂,形成较大破碎。

（3）磨具的修整

普通磨料砂轮的修整方法主要有车削法、滚压法和磨削法三种。

车削修整法是将修整工具视为车刀,被修砂轮视为工件,对砂轮表面进行修整,使用的修整工具为单粒金刚石笔,如图 1.105a 所示。

滚压修整法是将滚轮以一定的压力与砂轮接触,砂轮以其接触面间的摩擦力带动滚轮旋转而进行修整的。滚压修整法可分为切入滚压修整法和纵向滚压修整法。所谓切入滚压修整,是指修整工具轴线与砂轮轴线相平行。纵向滚压修整是指两轴线除相互平行外,也可以将修整工具相对砂轮轴线倾斜一个角度,如图 1.105b 所示。

磨削法修整是采用磨料圆盘或金刚石滚轮仿效磨削过程来修整砂轮的。这种修整方法亦可分为切入磨削修整法和纵向磨削修整法,如图 1.105c 所示。

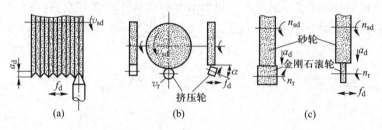

图 1.105　砂轮修整方法

1.5.3　磨削基本知识

1. 磨削运动及磨削用量

磨削应用很广,各种表面类型基本上都能进行磨削,典型表面的磨削方法及磨削运动如图 1.106所示。

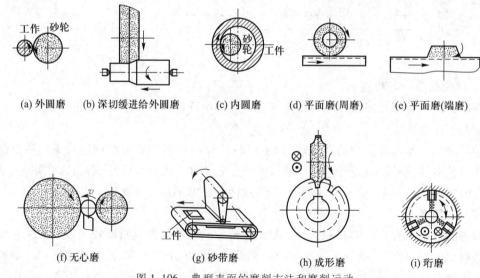

图 1.106　典型表面的磨削方法和磨削运动

在磨削过程中,为了从工件上磨除多余的材料,获得预定要求的工件形状、尺寸、位置精度和表面质量,磨具与工件必须作相对运动。用来表示磨削运动的主要参数称磨削用量,一般指磨削速度、进给量(进给速度)和磨削深度(背吃刀量)。由于磨削的表面类型不同,采用的磨削方法不同,需要的磨削运动也就不同,例如图 1.107 所示的磨外圆、磨平面就有不同的磨削运动和磨削用量。

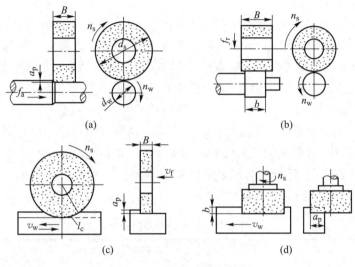

图 1.107　磨削运动及参数

（1）磨削速度

磨削速度是指磨削主运动的速度,即砂轮外圆的线速度 v_s。

$$v_s = \frac{\pi d_s n_s}{1\ 000}\quad \text{m/s} \tag{1.42}$$

式中：d_s——砂轮直径,mm；

　　　n_s——砂轮转速,r/s。

磨外圆时的磨削速度一般为 30~35 m/s,内圆磨削时因其砂轮直径受到限制,磨削速度一般为 18~30 m/s,平面磨削砂轮速度选择如表 1.28 所示。

表 1.28　平面磨削砂轮速度选择

磨削形式	工件材料	粗磨/(m/s)	精磨/(m/s)
圆周磨削	灰铸铁	20~22	22~25
	钢	22~25	25~30
端面磨削	灰铸铁	15~18	18~20
	钢	18~20	20~25

（2）工件进给速度 v_w

外圆磨削时,工件的旋转运动称周向进给运动,用工件的圆周运动速度来表示(平面磨削时,用工作台带动工件的往复移动速度来表示,一般取 15~25 m/min),其大小影响磨削效率和表面质量,可根据加工条件和要求进行选择。工件的圆周(切向)进给运动速度 v_w 与

工件的直径和转速的关系为

$$v_w = \frac{\pi d_w n_w}{1\,000} \quad \text{m/min} \tag{1.43}$$

式中：d_w——工件的直径，mm；

n_w——工件的转速，r/min。

（3）纵向进给量 f_a

纵磨外圆时，工件转一转，砂轮相对工件轴向（工作台纵向）移动的距离称纵向进给量，用 f_a 表示（单位为 mm/r），其大小影响磨削效率和工件已加工表面的粗糙度，一般取 $f_a = (0.2 \sim 0.8)B$，B 为砂轮宽度（单位为 mm），粗磨时取较大值，精磨时取较小值。机床工作台的纵向往复运动速度就是根据该数值进行机床调整的。

（4）横向进给量 f_r

横向进给量又称砂轮径向进给量（用 f_r 表示），也称磨削深度（用 a_p 表示），是指工作台往复一次（双行程）砂轮相对工件径向移动的距离，单位为 mm/dst，一般取 $f_r = 0.005 \sim 0.02$ mm/dst。工作台往、返行程均作进给时称单行程进给，单位为 mm/st。

磨外圆的磨削用量选择，粗磨时可参考表 1.29 进行选择，精磨时可参考表 1.30 进行选择。

表 1.29　粗磨外圆磨削用量

磨削用量要素	工件直径 d_w/mm				
	≤30	30～80	80～120	120～200	200～300
砂轮的速度 v_s/(m/s)	$v_s = \pi d_s n_s /(1\,000 \times 60)$（m/s），$d_s$—砂轮直径，mm；$n_s$—砂轮转速，r/min。一般情况下，外圆磨削的砂轮速度 $v_s = 30 \sim 50$ m/s				
工件速度 v_w/(m/min)	10～22	12～26	14～28	16～30	18～35
工件转一转，砂轮的轴向进给量 f_a/(mm/r)	$f_a = (0.4 \sim 0.8)B$，B 为砂轮的宽度，mm。铸铁件取大值，钢件取小值				
工作台单行程，砂轮的磨削深度 a_p/(mm/st)	0.007～0.022	0.007～0.024	0.007～0.022	0.008～0.026	0.009～0.028
	工件速度 v_w 和轴向进给量 f_a 较大时，磨削深度 a_p 取小值，反之取大值				

表 1.30　精磨外圆磨削用量

磨削用量要素	工件直径 d_w/mm				
	≤30	30～80	80～120	120～200	200～300
砂轮的速度 v_s/(m/s)	$v_s = \pi d_s n_s /(1\,000 \times 60)$（m/s），$d_s$—砂轮直径，mm；$n_s$—砂轮转速，r/min。$v_s = 30 \sim 50$ m/s				
工件速度 v_w/(m/min)	15～35	20～50	30～60	35～70	40～80
工件转一转，砂轮的轴向进给量 f_a/(mm/r)	$Ra = 0.8$ μm 时，$f_a = (0.4 \sim 0.6)B$；$Ra = 0.4$ μm 时，$f_a = (0.2 \sim 0.4)B$；　　B 为砂轮的宽度（mm）。				

续表

工作台单行程,砂轮的磨削深度 a_p/(mm/ st)	0.001 ~ 0.010	0.001 ~ 0.014	0.001 ~ 0.015	0.001 ~ 0.016	0.002 ~ 0.018

2. 磨削过程

磨削过程是指磨粒与工件从开始接触到切除工件表面层材料,形成切屑的过程。磨具表面上随机排列着大量的磨粒,每个磨粒就像一把小车刀对工件表面层材料进行切削。由于磨具工作表面上的磨粒形状和几何角度都不相同,分布不均匀,高低不一,每个磨粒的磨削作用效果也就不同,这就使得磨削过程比切削过程复杂得多。为了说明问题,以单个磨粒为例来说明磨粒的磨削过程。当磨粒相对工件运动时,磨粒将切除工件上的一层金属,形成切屑。这个过程经历了滑擦、耕犁、切削三个阶段,如图1.108 所示。

第一阶段称为滑擦阶段。磨粒与工件表面发生接触,磨粒挤压工件表面,接触区内产生弹性变形,随着磨粒与工件表面相对运动,弹性变形逐渐增大,产生的摩擦力也随着增大,磨粒与工件表面产生相对滑移和摩擦,简称滑擦。

第二阶段称为耕犁阶段。随着滑擦加剧,产生大量的热,工件表面层金属的温度升高,材料的屈服强度下降,磨粒的切削刃被压入材料塑性基体中。由于磨粒与工件的相对运动,磨粒把塑性变形的金属推向磨粒的前方和侧面,致使工件表面产生隆起现象,形成犁沟或刻划出痕迹,如图1.109所示。

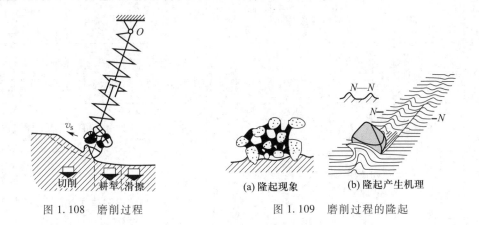

图 1.108　磨削过程　　　　　　图 1.109　磨削过程的隆起

(a) 隆起现象　　(b) 隆起产生机理

第三阶段称为切削阶段。在上述两个阶段中,没有切屑产生。随着耕犁阶段使磨粒的切削刃前面的隆起增大,其磨削厚度增大,当磨削厚度达到某一临界值时,磨粒对工件切削层材料产生挤压剪切,将材料层切除,并沿磨削刃的前面滑出,从而形成切屑,如图1.110 所示。仔细观察磨削下来的切屑,可以看到有挤裂切屑、带状切屑和磨削灰烬,如图1.111 所示。图1.111 中的蝌蚪形切屑是由于磨削温度高,切屑的一端熔化形成的,磨削时看到的火花就是切屑离开工件后氧化和燃烧的现象。

3. 磨削比 G

磨削比是指同一磨削条件下,磨除的工件材料体积与砂轮耗损的体积之比,即 $G =$

$\dfrac{V_w}{V_s}$。磨削比是表征材料可磨削性的重要参数，是选择砂轮和磨削用量的依据，也是评价磨削性能的参数。

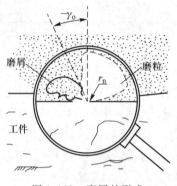

图 1.110 磨屑的形成

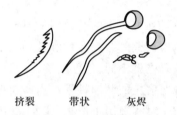

图 1.111 磨屑的形态

4. 磨削液的类型及应用

在磨削过程中，一般采用磨削液进行润滑和冷却，降低磨削温度，改善加工表面质量，提高磨削效率，延长砂轮使用寿命。磨削液除具有冷却、润滑、清洗和防腐作用外，还应价格低、配方简单、性能稳定、对人体无害、不污染环境。磨削液通常分为油基和水基磨削液两大类。典型磨削液的类型、组成成分及应用如表 1.31 所示。

表 1.31 磨削液的类型、组成成分及应用

类别	型号	序号	名称	组成成分/%		应用
油性磨削液	非活性型	1	矿物油	石油磺酸钡	2	清洗性能好，用于珩磨、超精磨、硬质合金磨削，加0.5%亚硝酸钠可增加防腐性
				煤油	98	
		2	复合油	煤油	80～90	用于铸铁、有色金属珩磨及磨光学玻璃
				L-AN15 全损耗系统用油	10～20	
	活性型	3	极压油	石油磺酸钡	0.5～2	润滑性能好，无腐蚀性，用于超精磨削，可代替硫化油使用
				环烷酸铅	6	
				氯化石蜡	10	
				L-AN10 高速全损耗系统用油	10	
				L-AN32 全损耗系统用油	余量	
		4	磨削油	石油磺酸钡	4	用于高速磨削，极压性能好，对防止局部烧伤退火有良好效果
				6411	5	
				氯化石蜡	10	
				油酸	7	
				L-AN32 汽轮机油	74	
				硅油另加 10 μL/L（溶于 19 倍煤油中）		

续表

类别	型号	序号	名称	组成成分/%		应用
水溶液磨削液	乳化液	5	69-1乳化液	石油磺酸钡 磺化蓖麻油 油酸 三乙醇胺 氢氧化钾 L-AN7、L-AN10 全损耗系统用油	10 10 2.4 10 0.6 余量	用于磨削钢与铸铁件,清洗性能较好,有防锈性能 配比 2% ~ 5%
	化学合成液	6	420号磨削液	甘油 三乙醇胺 苯甲酸钠 亚硝酸钠 水	0.5 0.4 0.5 0.8~1 余量	用于高速与缓进给磨削,有时要加消泡剂。如将甘油换为硫化油酸聚氧乙烯醚可提高磨削效果,如换为氯化硬脂酸聚氧乙烯醚适于磨削叶片

生产实际中常用以下几种有效的方法来供给磨削液:普通浇注法、穿流供液法、喷射法、喷雾供液法和渗渍砂轮法。

如图 1.112 所示,浇注法是用 0.1 ~ 0.2 MPa 的压力通过喷嘴向磨削区供给磨削液,这种方法简单、方便、应用较广,但由于砂轮高速旋转,在砂轮周围产生气流以及离心作用,磨削液进入磨削区十分困难,向磨削区供液效果较差。为此,采取喷嘴尽量靠近磨削区、加大磨削液的流量、安装砂轮气流挡板等措施。

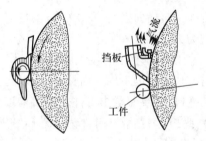

图 1.112　浇注法

穿流供液法是利用砂轮自身的多孔性,从砂轮中心供液,由砂轮回转的离心作用,使磨削液进入磨削区,如图 1.113 所示。该方法优于浇注法,砂轮不易堵塞。精磨削时,磨削液需过滤,成本高。

喷射法是用管径非常细的喷嘴,用 1 MPa 以上的压力将磨削液供给磨削区,如图 1.114 所示,此方法比浇注法效果好。

喷雾供液法是利用压缩空气使磨削液细化为雾状,通过高压气流注射到磨削区的一种方法。由于雾滴在高温作用下很快汽化,吸收大量磨削热,冷却效果好。

浸渍砂轮法是把液态的固体润滑剂渗入砂轮空隙中,并覆盖在磨粒表面上,磨削时在磨粒与工件表面、磨粒与磨屑间起润滑作用。常用固体润滑剂有树脂、石墨、碘化钾、硫化钼等。该方法能改善磨削效率和工件表面粗糙度。

1.5.4　磨削工艺

1. 外圆磨削方法

外圆磨削是指在外圆磨床和无心外圆磨床上磨削轴、套筒等零件上的外圆柱面、圆锥面、轴上台阶的端面等。外圆磨削的方法很多,常用的有纵向磨削法、切入磨削法、分段磨削法和深切缓进给磨削法。

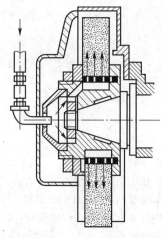

图 1.113 穿流供液法

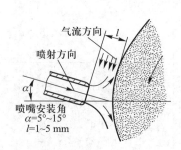

气流方向 l
喷射方向
α
喷嘴安装角
$\alpha=5°\sim15°$
$l=1\sim5$ mm

图 1.114 喷射法

(1)纵向磨削法

纵向磨削法磨外圆时,砂轮旋转,工件作圆周进给运动,工作台(或砂轮架)作纵向直线往复进给运动,如图 1.115 所示。当每一纵向行程或往复行程终了时,砂轮按规定的磨削深度作一次横向进给,每次的进给量很小,磨削余量需要在多次行程中磨除。纵向磨削法的特点为:

① 砂轮整个宽度上磨粒的工作状况不同,处于纵向进给运动方向前面部分的磨粒因为与未切削过的工件表面接触,所以起主要切削作用,而后面部分的磨粒与已切削过的工件表面接触,主要起减小工件表面粗糙度值的修光作用,未发挥所有磨粒的切削作用,因此纵向磨削法的磨削效率低。为了获得较高的加工精度和较小的表面粗糙度值,可适当增加"光磨"次数来获得。

② 纵向磨削的磨削深度较小,工件的磨削余量需经多次进给切除,机动时间长,生产效率低。

③ 纵向磨削的磨削力和磨削热小,适于加工圆柱面较长的精密轴类或薄壁套类工件。

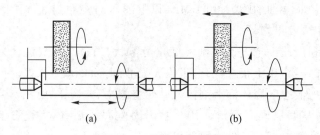

(a) (b)

图 1.115 纵磨法磨削外圆

(2)切入磨削法

切入磨削法磨外圆时,砂轮旋转,工件作圆周进给运动,砂轮以很低的速度连续向工件横向(径向)切入,直到磨去全部的余量为止,如图 1.116 所示。这种磨削方法又称横向磨削法,一般情况下砂轮宽度大于工件的被磨长度,粗磨时可用较高的切入速度,但砂轮压力不宜过大,精磨时切入速度要低。与纵向磨削法相比,其特点是:

① 砂轮工作面上磨粒负荷基本一致,可以充分发挥所有磨粒的切削作用,由于采用连续的横向进给,缩短了机动时间,故生产率较高。

② 由于无纵向进给运动,砂轮表面的形态(修整痕迹)会复映到工件表面上,为了消除这一缺陷,可在切入终了时作微量的纵向移动。

③ 砂轮整个表面连续横向切入,排屑困难,砂轮易堵塞和磨钝,产生的磨削热多,散热差,工件易烧伤和发热变形,因此切削液要充分。

④ 磨削时径向力大,工件易弯曲变形,适合磨削长度较短的外圆表面和两边都有台阶的轴颈及成形表面。

（3）分段磨削法

分段磨削法又称混合磨削法,也就是先用切入磨削法将工件进行分段粗磨,相邻两段有 5 ~ 15 mm 的重叠,磨后使工件留有 0.01 ~ 0.03 mm 的余量,然后用纵向磨削法在整个长度上磨至尺寸要求,如图 1.117 所示。

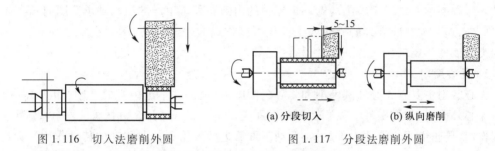

图 1.116　切入法磨削外圆　　　图 1.117　分段法磨削外圆

(a) 分段切入　　(b) 纵向磨削

分段磨削法的特点是:

① 既利用了切入磨削法生产率高的优点,又利用了纵向磨削法加工精度高的优点,适用于磨削余量大、刚性好的工件。

② 考虑到磨削效率,分段磨削应选用较宽的砂轮,以减少分段数目。当加工长度为砂轮宽度的 2 ~ 3 倍且有台阶的工件时,用此法最为适合。分段磨削法不宜加工长度过大的工件,通常分段数大都为 2 ~ 3 段。

（4）深切缓进磨削法

深切缓进磨削法是采用较大的磨削深度以缓慢的进给速度($f_纵 = 0.08 ~ 0.15B$ mm/r,B 为砂轮宽度,单位为 mm),在一次纵向走刀中磨去工件全部余量的磨削方法,其生产率高,是一种高效磨削方法。采用这种磨削方法,需要把砂轮修整成前锥或阶梯形,如图 1.118 所示。

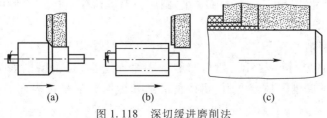

(a)　　　　(b)　　　　(c)

图 1.118　深切缓进磨削法

2. 内圆磨削方法

内圆磨削主要磨削零件上的通孔、盲孔、台阶孔和端面等。按内圆磨削工件、砂轮的运动和采用机床的不同,内圆磨削方式分为中心内圆磨削、行星内圆磨削和无心内圆磨削三种方式。

中心内圆磨削是工件和砂轮均作回转运动,一般在普通内圆磨床或万能外圆磨床上磨削内孔,适用于套筒、齿轮、法兰盘等零件内孔的磨削,生产中应用普遍,如图 1.119a 所示。

行星内圆磨削是工件固定不动,砂轮既绕自己的轴线作高速旋转,又绕所磨孔的中心线作低速度旋转,以实现圆周进给,如图 1.119b 所示。这种磨削方式主要用来加工大型工件或不便于回转的工件。

无心内圆磨削在无心磨床上进行,与中心内圆磨削不同的是工件的回转运动由支承轮、压轮和导轮实现,砂轮仍穿入工件孔内作回转

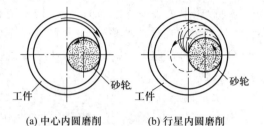

(a) 中心内圆磨削　　　　(b) 行星内圆磨削

图 1.119　内圆磨削方式

运动。这种磨削方式适宜磨削薄壁环形零件的内圆和大量生产的滚动轴承套圈内圆等。

此外,这三种磨削方式的砂轮或工件还可能作纵向进给运动、横向进给运动等,来满足不同类型工件的要求。

3. 无心磨削

无心磨削主要有无心外圆磨削和无心内圆磨削,是工件不定中心的磨削,如图 1.120 所示。无心外圆磨削时,工件 2 放置在磨削轮 1 与导轮 3 之间,下部由托板 4 托住,磨削轮起磨削作用,导轮主要起带动工件旋转、推动工件靠近磨削轮和轴向移动的传动作用。无心内圆磨削时,工件 2 装在导轮 3、支承轮 5、压紧轮 6 之间,工作时导轮起传动作用,工件以与导轮相反的方向旋转,磨削轮 1 对工件内孔进行磨削。无心磨削的磨削效率高,适应大批生产。

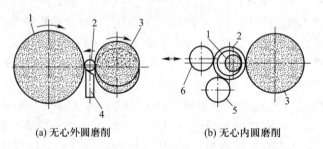

(a) 无心外圆磨削　　　　(b) 无心内圆磨削

图 1.120　无心磨削的形式

磨削工件的尺寸精度可达 IT7～IT6 级、圆度公差可达 0.000 5～0.001 mm、表面粗糙度 Ra 值为 0.1～0.025 μm。

4. 低粗糙度磨削

低粗糙度磨削包括精密磨削、超精密磨削和镜面磨削,是指磨削表面粗糙度 Ra 值为 0.16～0.006 μm 的磨削。精密磨削、超精密磨削和镜面磨削是按表面加工粗糙度划分的,如表 1.32 所示。

表 1.32　精密磨削、超精密磨削和镜面磨削的划分

类型	表面粗糙度 $Ra/\mu m$	应用实例
精密磨削	0.16 ~ 0.04	液压滑阀、油嘴油泵针阀、机床主轴、滚动导轨、量规、四棱尺、高精度轴承和滚柱等
超精密磨削	0.04 ~ 0.012 5	精密磨床和坐标镗床主轴、高精度滚柱导轨、刻线尺、环规、塞规、伺服阀、量棒、半导体硅片、精磨轧辊
镜面磨削	≤0.01	特殊精密轧辊、精密刻线尺

低粗糙度磨削是依靠精度高、性能优的机床,砂轮精密修整技术,较高操作技能,达到工件表面加工的低表面粗糙度、较高的几何精度和尺寸精度的新工艺技术。

精密磨削、超精磨削和镜面磨削是通过在砂轮工作表面精细修整出大量等高磨粒微刃对工件进行的磨削,如图 1.121 所示。工作表面在砂轮很多微刃精细切削和摩擦抛光作用下形成低粗糙度。

5. 砂带磨削

砂带磨削是利用环形砂带的高速运动对工件表面进行的磨削。砂带磨削可用作粗加工、精加工和抛光等应用,其磨削效率超过车、铣、刨等工艺,磨削精度可与砂轮磨削相比,可对金属和非金属材料进行加工,可适应各种形状的工件表面加工。

砂带磨削是由砂带、接触轮、张紧轮等部件组成,其磨削加工原理如图1.122所示。接触轮的作用在于控制砂带磨粒对工件的接触压力。张紧轮起张紧砂带的作用,使砂带能高速传动。砂带的磨削过程与砂轮磨削相似,切屑的形成也有弹性摩擦变形、刻划、切削三个阶段。砂带磨削具有以下特点:

图 1.121　磨粒的等高微刃

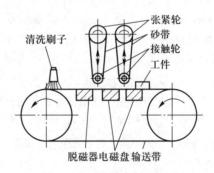

图 1.122　砂带磨削原理图

① 砂带磨削效率高。砂带上有无数个磨削刃对表面层金属进行切除,其磨削效率高。

② 加工精度可达普通砂轮磨削的加工精度。

③ 表面质量高。由于摩擦产生热量少,且磨粒散热时间间隔长,可有效减少工件变形、烧伤。砂带与工件柔性接触,具有较好的跑合、抛光作用,工件表面粗糙度 Ra 值可达 0.8 ~ 0.2 μm。

④ 设备结构简单,适应性强。砂带磨头可装在普通车床、立式车床、龙门刨床上对外圆、内圆、平面等进行砂带磨削加工。

⑤ 操作简单、维修方便,安全可靠,抗振性较高。

6. 研磨

研磨是利用涂敷或压嵌在研具上的游离磨料,在一定压力下通过研具与工件的相对运动,对工件表面进行精整加工的一种磨削方法。按研磨剂使用情况可分为干研、湿研和半干研,其方法、特点和应用如表 1.33 所示。按研磨的操作方式可分为手工研磨和机械研磨。机械研磨常用的设备有研磨动力头、单圆盘研磨机、双圆盘研磨机、方板研磨机、球面研磨机、滚针研磨机、玻璃研磨机、中心孔研磨机、无心式研磨机、齿轮研磨机等。

表 1.33　研磨方法、特点和应用

分类	研磨方法	特点	应用范围
干研	在一定压力下将磨粒均匀地嵌在研具的表层中,嵌砂后进行研磨加工。因此干研也称嵌砂研磨或压砂研磨	干研可获得很高的加工精度和较低的表面粗糙度,但研磨效率较低	一般用于精研,如块规表面的研磨
湿研	把研磨剂连续加注或涂敷于研具表面,磨料在工件与研具间不停地滚动或滑动,形成对工件的切削运动。也称敷料研磨	湿研的金属切除率高,高于干研5倍以上,但加工表面几何形状和尺寸精度不如干研	多用于粗研和半粗研
半干研	类似湿研,采用的研磨剂是糊状的研磨膏		粗、精研磨均可采用

研磨的特点如下:

① 研磨精度高。研磨采用一种极细的微粉,在低速、低压下磨去一层极薄的金属。研磨的运动复杂,不受运动精度的影响,研磨的尺寸精度可以达到 $0.01~\mu m$,形状精度、圆度可达 $0.025~\mu m$,圆柱度可达 $0.1~\mu m$,但研磨的位置误差不能得到全部纠正。

② 表面质量高。研磨的切削量很小,产生的热量很小,工件的变形也很小,表面变质层很轻微,而且零件和研具之间的相对运动,使磨粒的运动轨迹不会重复,可以均匀地切除零件表面上的凸峰,表面粗糙度 Ra 值一般可达 $0.01~\mu m$。

③ 设备简单、工艺性好、应用范围广。研磨不但适宜单件手工生产,也适合成批机械化生产。研磨可加工钢材、铸铁、各种有色金属和非金属。研磨的工件表面类型广,如平面、外圆、内孔、球面、螺纹、成形表面、啮合表面轮廓研磨等。研磨广泛应用于精密零件、块规量具、光学玻璃、精密刀具、半导体元器件等的精密加工。

手工研磨平板的结构如图 1.123 所示,规格有 200 mm×200 mm、300 mm×300 mm 等。平板上开槽的作用是将多余的研磨剂刮去,保证工件与平板直接接触,使零件获得高的平面度。

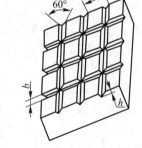

图 1.123　研磨平板的结构

如图 1.124 所示,研磨圆盘一般用于机研。圆盘表面上的螺旋槽,其螺旋方向应考虑研磨圆盘旋转时研磨液能向内侧循环移动,与离心力作用相抵消。如用研磨膏研磨时,选用阿基米德螺旋槽较好。

常见外圆研具的结构如图 1.125 所示。研磨小直径外圆时,一般用整体式研具,开口便于调节尺寸。研磨高精度外圆时,用三点式研具。研磨大直径时,在研具孔内加研磨套。研磨套上的开口可调节尺寸,研磨套上的开槽可增加弹性。

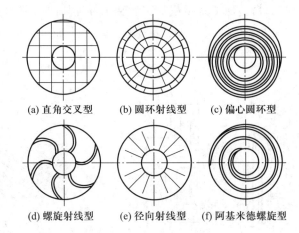

(a) 直角交叉型　　(b) 圆环射线型　　(c) 偏心圆环型

(d) 螺旋射线型　　(e) 径向射线型　　(f) 阿基米德螺旋型

图 1.124　研磨圆盘沟槽形式

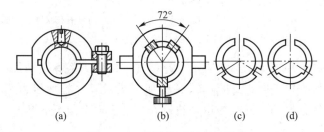

(a)　　　　(b)　　　　(c)　　　　(d)

图 1.125　外圆柱面研磨套形式

7. 珩磨

珩磨主要用来对工件内孔进行精加工和光整加工。珩磨是在珩磨工具与工件接触表面上施加一定的压力,通过二者之间的相对旋转运动和往复运动或其他多自由度的运动,进行相互修整、相互作用,以提高工件尺寸精度、形状精度和表面质量的一种低速磨削。工件加工的尺寸精度为 IT7 ~ IT6 级,圆柱度为 0.01 mm,表面粗糙度 Ra 值为 0.8 ~ 0.2 μm。

如图 1.126 所示,珩磨工具俗称珩磨头,在珩磨头圆周上安装着若干条油石,一般为 4 ~ 6 条,由胀开机构将油石沿径向胀开,对工件的孔壁产生一定的压力,珩磨头作旋转运动和往复直线运动,对内孔进行低速磨削和摩擦抛光。珩磨头相对工件作旋转及往复直线运动,使油石上的磨粒在内孔表面上切削成交叉而又不重复的网纹,如图 1.126c 所示。径向加压运动用来控制油石与工件表面的接触压力和孔径尺寸。

珩磨用的设备称珩磨机。珩磨头通过连接杆与珩磨机主轴连接,一般采用浮动连接,采用刚性连接时要配浮动夹具,这样可以减少珩磨机主轴回转中心与被加工孔的同轴度误差对珩磨精度的影响,所以珩磨可以提高内孔的尺寸精度和表面质量,但纠正不了内孔的位置精度。

珩磨运动由珩磨机主轴带动珩磨头作旋转运动和上下往复直线运动,通过珩磨头中的进给胀锥使油石胀开,向孔壁施加一定的压力并作为径向进给运动,保证加工尺寸。

8. 超精加工

超精加工是工件低速旋转,用细粒度的磨具以一定的频率作短距离往复运动(振幅为

1~6 mm,频率为 5~50 Hz),在一定的压力下对工件表面进行提高微观表面质量的磨削。超精加工是一种精整加工,精整加工是指精加工后从工件上切除极薄的材料层,以提高工件加工精度和降低表面粗糙度值的加工方法。超精加工适合于加工曲轴、轧辊、轴承环和各种精密零件的外圆、内孔、平面、沟槽等。

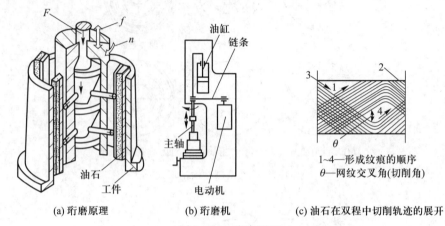

1~4—形成纹痕的顺序
θ—网纹交叉角(切削角)

(a) 珩磨原理　　　(b) 珩磨机　　　(c) 油石在双程中切削轨迹的展开

图 1.126　珩磨原理

超精加工外圆的原理如图 1.127 所示。超精加工的磨具俗称超精加工头。超精加工头上装有细粒度的油石。加工时,工件旋转,超精加工头对工件施加压力 F,并带着油石相对于工件表面作轴向低频振动。磨粒的运动轨迹在工件表面上留下的磨痕为交叉网纹。

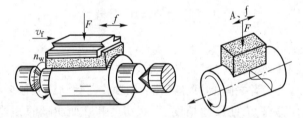

n_w—工件转速；v_f—纵向进给速度；f—油石低频往复振动频率；F—压力

图 1.127　超精加工外圆的原理

超精加工所用的设备称超精机,超精加工的运动由超精机提供。油石的往复振动由电动机带动的偏心机构驱动或液压缸驱动。超精加工的压力一般用弹簧压力、液压力或气压力。

9. 轮式超精磨

轮式超精磨是用细粒度的固结磨粒在浮动状态下进行低速磨削的精整加工方法,也称轮式珩磨。主要用于精整加工尺寸较大的精密零件的内外圆表面,例如主轴、轧辊外圆、缸体内孔及大型轴承的内外环沟槽表面。

轮式超精磨与超精加工的相同点是,两者均用细粒度磨具在浮动状态下进行低速的固结磨粒压力进给加工,能提高工件的表面质量,获得有利于储存润滑油的交叉网纹轨迹,改善工件表面的力学性能,提高工件的耐磨性、耐蚀性和使用寿命,部分改善几何精度,降低表面粗糙度值。不同点是前者在工件旋转时,磨具作全程单向进给运动,后者磨具作短程往复运动;前者对工件前工序要求不高,能修整工件的锥度,后者却对工件前工序有一定要求,能修整工件的波纹度。

轮式超精磨有单轮、双轮形式,单轮应用较少。图 1.128a 为双轮超精磨削原理图,工件在顶尖间以转速 n_w 旋转,两磨轮在工件两侧弹簧力作用下压向工件,磨轮轴线与工件轴线夹角 α。当工件转动时,由摩擦力带动磨轮以转速 n_0 旋转,同时磨轮还沿工件轴向以速度 v_f 作进给运动,由此组成磨削运动。轮式超精磨削速度如图 1.128b 所示。

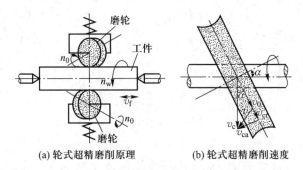

(a) 轮式超精磨削原理   (b) 轮式超精磨削速度

图 1.128　轮式超精磨削原理和磨削运动

 思考题与习题

1.1　什么是切削运动? 主运动和进给运动在切削过程中的作用和特点是什么?

1.2　在题 1.2 图上分别表示出纵车外圆、纵车内孔和横车端面时的主运动、进给运动、已加工表面、过渡表面和待加工表面。

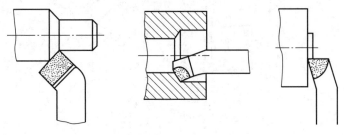

题 1.2 图

1.3　什么是合成运动? 什么是合成运动速度? 在题 1.3 图中表示出纵车外圆和切断时的主运动速度、进给运动速度和合成运动速度。

1.4　什么是切削用量? 指出刨削平面的切削用量及其单位。

1.5　用硬质合金外圆车刀和内孔镗刀分别加工题 1.5 图所示工件的外圆和内孔,已知工件毛坯外圆直径为 60 mm、孔径为 25 mm,试:

(1) 求车外圆和内孔的切削深度 a_p;

(2) 若选定的切削速度 $v_c = 1.5$ m/s,求车外圆时工件转速 $n(\text{r/min})$;

(3) 若车床主轴的转速 $n = 450$ r/min,车外圆的切削速度 v_c,求车内孔的切削速度 v_c;

（4）若选用的进给量（走刀量）$f=0.15$ mm/r，主轴转速 $n=450$ r/min，求进给速度 v_f。

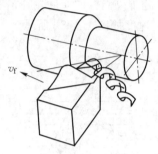
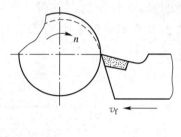

题 1.3 图

1.6 什么是刀具的标注角度？定义刀具标注角度参考系构成平面时，其假设条件是什么？刀具标注角度的主剖面参考系由哪几个参考平面组成？刀具的标注角度与刀具的工作角度有什么区别？

1.7 已知端面车刀的标注角度：$\gamma_o=10°$，$\alpha_o=8°$，$\kappa_r=45°$，$\kappa_r'=45°$，$\lambda_s=5°$，$\alpha'=6°$，试将各角度标注在题 1.7 图上。

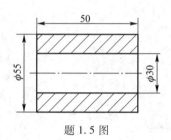

题 1.5 图

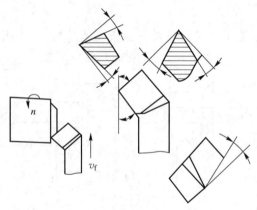

题 1.7 图

1.8 什么是切削层？什么是切削层参数？什么是切削厚度？什么是切削宽度？在车削中，切削厚度 h_D 与进给量 f、切削宽度 b_D 与切削深度 a_p 有什么关系？

1.9 如题 1.9 图所示，用弯头车刀切端面时，已知工件毛坯长 50 mm，车削后长 48 mm，主轴转速 $n=320$ r/min，走刀量 $f=0.15$ mm/r，车刀主偏角 $\kappa_r=45°$，求切削厚度 h_D、切削宽度 b_D、切削面积 A_D。

1.10 绘图表示金属切削变形的三个变形区，并指出各变形区内的变形特点。

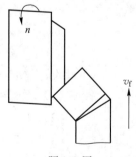

题 1.9 图

1.11 在金属切削过程中,衡量剪切滑移变形的参数有哪些?什么是变形系数 Λ_h?什么是相对滑移 ε?什么是剪切角 ϕ?

1.12 刀具前面与切屑之间的摩擦有哪些特点?

1.13 什么是积屑瘤?其形成的条件是什么?它有哪些特点?在粗加工中积屑瘤可起到哪些有益的作用?在精加工时,为避免积屑瘤的产生,可采取哪些措施?

1.14 按工件材料的力学特性和切屑的形态将切屑分为哪些类型?它们有哪些特点?

1.15 什么是切削力?什么是单位切削力?什么是切削功率?计算切削力有哪些用途?

1.16 在纵车外圆时,已知工件材料为 45 钢,刀具材料为 P10,切削用量 a_p =5 mm, f=0.25 mm/r, v_c=100 m/min。试计算其单位切削力和切削功率,若机床的功率为 4 kW,验算机床的功率是否满足切削要求。

1.17 金属切削中,切削热主要通过哪些途径传散出去?什么是切削温度?用什么方法测量?影响切削温度的因素有哪些?

1.18 刀具常见的磨损形态有哪几种形式?分别用什么指标衡量?刀具破损的形式有哪些?

1.19 刀具磨损过程可分几个阶段?其磨损情况有什么特点?刀具磨损的原因主要有哪几种?

1.20 什么是刀具的磨钝标准?什么是刀具的使用寿命?

1.21 切削用量中对使用寿命影响最大的是哪一个?最小的是哪一个?根据这一规律,在选取切削用量时,应按什么次序确定?

1.22 何谓刀具的破损?硬质合金刀具破损有哪几种形式?工具钢刀具的破损有哪几种形式?简述刀具破损和刀具磨损的区别。

1.23 什么是工件材料的切削加工性?衡量材料切削加工性的指标有哪些?

1.24 刀具材料必须具备哪些性能?常用刀具材料的种类有哪些?它们有哪些特点?

1.25 切削液有哪些作用?常用的添加剂有哪些种类?各有什么作用?

1.26 在刀具切削部分上,刀具几何参数包含哪些内容?

1.27 在根据刀具使用寿命确定切削用量 a_p、f、v_c 时,若机床功率不足,应如何调整 a_p、f、v_c 的大小才比较合理?若发生切削力过大,如何调整 a_p、f、v_c 才比较合理?在不增大表面粗糙度值、不降低刀具使用寿命的前提下,可通过哪些途径提高切削效率?

1.28 车刀按照用途不同可分为哪几类?

1.29 孔加工刀具分为哪几类?钻头与扩孔钻有什么区别?

1.30 铣刀有哪些种类?它们有哪些用途?

1.31 齿轮刀具有哪些类型?剃齿刀有哪些结构特点?

1.32 拉刀有哪些类型?拉刀由哪几部分组成?

1.33　螺纹刀具有哪些类型?

1.34　什么是磨削? 磨削与切削相比有哪些特点?

1.35　普通磨料包括哪些类型? 砂轮的主要性能有哪些? 常用的修整方法有哪些?

1.36　磨削过程经历哪三个阶段? 各阶段有哪些特点?

1.37　绘图表示在卧轴矩台平面磨床上磨削平面时的磨削用量。

1.38　研磨和珩磨有哪些特点?

第2章 金属切削机床

学习目标

1. 了解金属切削机床和机床附件的分类和型号编制方法；了解机床的绝对精度等级和相对精度等级；掌握工件表面的成形方法，能够绘制机床运动的传动原理图和传动系统图。

2. 了解车床的种类和用途；了解 CA6140 型卧式车床的工艺范围及其主要技术参数；能够运用机床传动系统图分析机床运动的传动链，并掌握转速级数和转速的分析计算方法；掌握车床典型机构的工作原理、结构组成和结构，为机械设计奠定基础。

3. 了解磨床的种类和用途；了解 M1432A 型万能外圆磨床的工艺范围、主要技术参数，掌握 M1432A 作为精加工机床采用的结构和为提高加工精度采取的措施。

4. 了解齿轮加工机床的种类和用途；了解 Y3150E 型滚齿机的工艺范围和主要技术参数；了解合成机构的工作原理；掌握机床复杂运动的分析方法和机床调整计算方法，以指导实际生产。

5. 了解其他类型机床的种类和用途，为选用机床奠定基础。

2.1 金属切削机床基本知识

学习目标
1.熟悉金属切削机床的分类和型号编制方法；了解机床的绝对精度等级和相对精度等级。
2.了解金属切削机床附件的分类和型号编制方法。
3.掌握工件表面的成形方法，能够分析典型表面的成形运动及其成形方法；
4.熟悉常用机构运动符号，能够绘制机床运动的传动原理图和传动系统图。

2.1.1 金属切削机床的分类与型号编制

金属切削机床（metal-cutting machine tool）是用切削、磨削、特种加工等方法主要用于加工金属工件，使之获得所要求的几何形状、尺寸精度和表面质量的机器，简称机床。

1. 机床的分类

机床的种类很多，从不同的角度就有不同的分类方法。

按机床的使用范围分为通用机床、专门化机床和专用机床。通用机床（general purpose machine tool）是可加工多种工件，完成多种工序的使用范围较广的机床。专门化机床（specialized machine tool)是用于加工形状相似而尺寸不同的工件的特定工序的机床。专用机床（special purpose machine tool)是用于加工特定工件的特定工序的机床。

按机床的工作原理分为车床、钻床、镗床、磨床、齿轮加工机床、螺纹加工机床、铣床、刨插床、拉床、锯床和其他机床等11类。

按机床的加工精度分为普通精度机床、精密机床和高精度机床。

按机床的质量和尺寸大小分为仪表机床、中型机床、大型机床(10 t)、重型机床(大于30 t)和超重型机床(大于100 t)。

按机床主轴数目分为单轴机床、多轴机床等。

按机床的特性分为自动机床、数控机床等。

2. 金属切削机床型号的编制方法

国家标准 GB/T 15375—2008《金属切削机床型号编制方法》规定,机床的型号是由汉语拼音字母和阿拉伯数字等组成,用以表明机床的类型、特性、主要技术参数等。机床型号的构成如图 2.1 所示,它包括基本部分和辅助部分,中间用"/"隔开,读作"之",前半部分为基本部分,由国家统一管理,后半部分为辅助部分,是否纳入型号由企业决定。

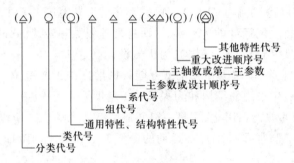

注: ①有"( )"的代号或数字,若无内容,则不表示;若有内容则不带括号;
②有"○"符号者,为大写的汉语拼音字母;
③有"△"符号者,为阿拉伯数字;
④有"⊿"符号者,为大写的汉语拼音字母,或阿拉伯数字,或两者兼有之。

图 2.1　机床型号的构成结构

（1）类别代号和分类代号

机床的类别代号用该类机床名称汉语拼音的第一个字母表示。如车床(Che chuang),用"C"表示,读"车"。只有磨床类机床有分类,分类代号用阿拉伯数字表示,包括 M、2M、3M。机床的类别代号及其读音如表 2.1 所示。

表 2.1　通用机床类别代号

类别	车床	钻床	镗床	磨床			齿轮加工机床	螺纹加工机床	铣床	刨插床	拉床	锯床	其他机床
代号	C	Z	T	M	2M	3M	Y	S	X	B	L	G	Q
读音	车	钻	镗	磨	二磨	三磨	牙	丝	铣	刨	拉	割	其

（2）通用特性、结构特性代号

机床的通用特性代号见表 2.2。机床的结构特性代号没有统一的规定,表示同类机床在结构性能上有区别,一般用一个汉语拼音字母表示,但不能采用通用特性用过的字母和"I"

"O"两个字母,位于类代号之后。

表2.2　机床的通用特性代号

通用特性	高精度	精密	自动	半自动	数控	加工中心（自动换刀）	仿形	轻型	加重型	柔性加工单元	数显	高速
代号	G	M	Z	B	K	H	F	Q	C	R	X	S
读音	高	密	自	半	控	换	仿	轻	重	柔	显	速

（3）组、系代号

机床型号中的组、系代号不能省略,每类机床分为10组,用0～9表示,同一组机床的布局或使用范围基本相同。每组又划分10个系,用0～9表示,同系机床的主参数相同,主要结构及布局形式相同。常用机床的组、系见表2.3。

表2.3　常用机床组、系代号及主参数、第二主参数（摘自 GB/T 15375—2008）

类	组	系	机床名称	主参数的折合系数	主参数	第二主参数
车床	1	1	单轴纵切自动车床	1	最大棒料直径	
	2	1	多轴棒料自动车床	1	最大棒料直径	轴数
	3	1	滑鞍转塔车床	1/10	卡盘直径	
	4	1	曲轴车床	1/10	最大工件回转直径	最大工件长度
	5	1	单柱立式车床	1/100	最大车削直径	最大工件高度
	5	2	双柱立式车床	1/100	最大车削直径	最大工件高度
	6	0	落地车床	1/100	最大工件回转直径	最大工件长度
	6	1	卧式车床	1/10	床身上最大回转直径	最大工件长度
	6	2	马鞍车床	1/10	床身上最大回转直径	最大工件长度
	7	1	仿形车床	1/10	刀架上最大车削直径	最大切削长度
	8	9	铲齿车床	1/10	最大工件直径	最大工件长度
钻床	3	0	摇臂钻床	1	最大钻孔直径	最大跨距
	4	0	台式钻床	1	最大钻孔直径	
	5	1	方柱立式钻床	1	最大钻孔直径	
	8	1	中心孔钻床	1	最大钻孔直径	最大工件长度
	8	2	平端面中心孔钻床	1	最大钻孔直径	最大工件长度
镗床	4	1	单柱坐标镗床	1/10	工作台面宽度	工作台面长度
	6	1	卧式镗床	1/10	镗轴直径	工作台面长度
磨床	1	0	无心外圆磨床	1	最大磨削直径	
	1	3	外圆磨床	1/10	最大磨削直径	最大磨削长度
	2	1	内圆磨床	1/10	最大磨削孔径	最大磨削深度
	7	1	卧轴矩台平面磨床	1/10	工作台面宽度	工作台面长度
齿轮加工机床	3	1	滚齿机	1/10	最大工件直径	最大模数
	4	2	剃齿机	1/10	最大工件直径	最大模数
	5	1	插齿机	1/10	最大工件直径	最大模数
	7	0	碟形砂轮磨齿机	1/10	最大工件直径	最大模数

类	组	系	机床名称	主参数的折合系数	主参数	第二主参数
螺纹加工机床	6	0	丝杠铣床	1/10	最大铣削直径	最大铣削长度
	7	4	丝杠磨床	1/10	最大工件直径	最大工件长度
	8	6	丝杠车床	1/100	最大工件直径	最大工件长度
铣床	5	0	立式升降台铣床	1/10	工作台面宽度	工作台面长度
	6	0	卧式升降台铣床	1/10	工作台面宽度	工作台面长度
刨床、插床	2	0	龙门刨床	1/100	最大刨削宽度	最大刨削长度
	5	0	插床	1/10	最大插削长度	
拉床	6	1	卧式内拉床	1/10	额定拉力	最大行程
锯床	2	2	卧式砂轮片锯床	1/10	最大锯削直径	
	5	1	立式带锯床	1/10	最大锯削厚度	
其他机床	4	0	圆刻线机	1/100	最大加工长度	
	4	1	长刻线机	1/100	最大加工长度	

（4）主参数、第二主参数

机床的主参数代号一般用两位阿拉伯数字表示，是反映机床所能加工工件尺寸大小的参数，如最大切削直径、工作台宽度等。两位阿拉伯数字是主参数数值的折算值，折算系数一般为 1、1/10、1/100，如 M1432A 中的"32"表示最大磨削直径为 320 mm，其折算系数为 1/10。机床型号中的第二主参数也是表示机床所能加工工件尺寸大小的参数。机床的主参数、主参数折算系数和第二主参数见表 2.3。

（5）重大改进顺序号

按改进的先后顺序，重大改进顺序号用 A、B、C⋯⋯表示，读英文字母本身读音。

例 2.1　解释机床型号 MGB1432D 中各符号的含义。

解　对照表 2.1，M 表示磨床类。对照表 2.2，G 表示机床的通用特性为高精度，B 表示机床的通用特性为半自动。14 表示外圆磨床组的万能外圆磨床。32 表示磨床的最大磨削直径为 ϕ320 mm（见表 2.4）。D 表示该磨床重大改进顺序号为第四次重大改进。该磨床可称呼为：经过四次重大改进的、最大磨削直径为 ϕ320 mm 的高精度、半自动万能外圆磨床。

例 2.2　简述机床型号 CA6140 中各符号的含义。

解　C 表示车床类。A 是结构特性代号，表示与基型 C6140 有区别。61 表示卧式车床，40 表示床身上最大回转直径为 ϕ400 mm。

3. 专用机床和机床自动线的型号

专用机床的型号一般由设计单位代号和设计顺序号组成，型号构成如图 2.2a 所示。设计单位代号包括机床生产厂和机床研究单位代号（位于型号之首）。专用机床的设计顺序号，按该单位的设计顺序号排列，由 001 起始，位于设计单位代号之后，并用"-"隔开。示例 1：某单位设计制造的第一种专用机床为专用车床，其型号为×××-001。示例 2：某单位设计制造的第 15 种专用机床为专用磨床，其型号为×××-015。

机床自动线的型号由设计单位代号、机床自动线代号和设计顺序号组成，型号构成如

图 2.2b 所示。由通用机床或专用机床组成的机床自动线,其代号为"ZX"(读作"自线"),位于设计单位代号之后,并用"－"分开。机床自动线设计顺序号的排列与专用机床的设计顺序号相同。位于机床自动线代号之后。示例:某单位以通用机床或专用机床为某厂设计的第一条机床自动线,其型号为×××－ZX001。

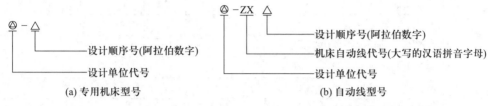

(a) 专用机床型号   (b) 自动线型号

图 2.2 专用机床和机床自动线的型号

4. 机床的相对精度分级与绝对精度分级

机床的精度一般是指机床制造和装配的各项指标符合国家制定的机床精度标准和机床制造与验收技术要求标准的规定。新机床的工作精度除检验机床的几何精度、运动精度、传动精度、定位精度、接触精度等,还要经过标准试件切削试验的检验。当新生产机床不满足标准规定的要求为不合格品;在用机床达不到标准规定的要求,就要维修或报废。

(1) 机床的绝对精度分级

各类机床加工零件的尺寸、形状和位置精度相同,则为同一绝对精度等级,这样就避免了各类机床之间因称呼"精密""高精度"不同而造成的混乱。根据被加工工件的加工精度要求,机床按绝对分级法分为六个绝对精度等级,分别用罗马数字Ⅵ、Ⅴ、Ⅳ、Ⅲ、Ⅱ、Ⅰ表示,Ⅳ级精度最低、Ⅰ级精度最高。

(2) 机床的相对精度分级

机床的相对精度是指各类型机床在绝对精度等级的基础上,按相对分级法分为三个相对精度等级,分别用汉语拼音字母 P、M、G 表示:

P——普通精度级(读音为"普",在机床型号中省略标注);

M——精密级(读音为"密");

G——高精度级(读音为"高")。

典型机床的绝对精度与相对精度的对应关系如表 2.4 所示。

表 2.4 机床绝对精度和相对精度的关系 (摘自 JB/T 9871—1999)

表面类型	机床类型	机床绝对精度					
		Ⅵ	Ⅴ	Ⅳ	Ⅲ	Ⅱ	Ⅰ
圆柱面	卧式车床		P	M	G		
	立式车床、落地车床、仿形车床		P				
	外圆磨床、内圆磨床、无心磨床				P	M	G
	卧式精镗床、立式精镗床				P		
	台式钻床、立式钻床、摇臂钻床		P				
	落地镗床、卧式铣镗床		P				

续表

表面类型	机床类型	机床绝对精度					
		VI	V	IV	III	II	I
平面	导轨磨床			P	M		
	平面磨床			P	M		
	万能工具磨床			P	M	G	
	升降台、平面、摇臂铣床		P				
	牛头刨床		P				
齿轮螺纹面	滚齿机、插齿机			P	M	G	
	碟形砂轮磨齿机				P		
	成形砂轮磨齿机、剃齿机、丝杠车床				P	M	
	蜗杆砂轮磨齿机、螺纹磨床					P	M
	大平面砂轮磨齿机					P	
	花键轴铣床、弧齿锥齿轮铣齿机、刨齿机		P				
	弧齿锥齿轮磨齿机				P	M	
其他	坐标磨床					P	M

2.1.2　机床附件型号编制方法

1. 一般规定

机械行业标准 JB/T 2326—2005 规定,机床附件型号按类、组、系划分,每类产品分为 10 个组,每组又分 10 个系(即系列)。类、组、系划分的原则规定如下:

(1) 工作状态、基本用途相同或相近的机床附件为同一类,但"其他类"除外(下面"组系"亦然);

(2) 同一类机床附件,结构、性能或使用范围有共性者为同一组;

(3) 同一组机床附件,主参数成系列、基本结构及布局大致相同者为同一系列。

2. 型号组成及名称

机床附件型号由汉语拼音字母、阿拉伯数字及必要的间隔符号组成。型号组成方式如图 2.3 所示。

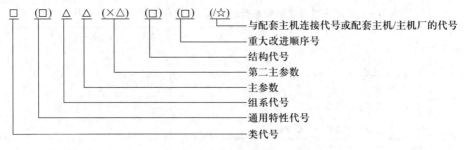

图 2.3　机床附件型号的构成

机床附件型号组成方式及其各代号的规定性简要说明:

不带"( )"的代号或数字,型号中必须规定;带"( )"的代号或数字,有内容就填写并去掉括号,无内容就空缺。

"□"符号为大写汉语拼音字母。

"△"符号为阿拉伯数字。

"×"和"/"为间隔符号,必要时"/"可变通为"-"。

"☆"符号一般为汉语拼音字母和阿拉伯数字组成的特定含义的代号。

3. 机床附件类代号及通用特性代号

机床附件按工作状态和基本用途分为刀架、铣头与插头、顶尖、分度头、组合夹具(又分为三类)、夹头、卡盘、机用虎钳、刀杆、工作台、吸盘、镗头与多轴头和其他机床附件,共 15 类。类代号用大写的汉语拼音字母(组合夹具下角标有小写字母)表示,位于型号之首,各类机床附件的类代号见表 2.5。

机床附件的通用特性代号用大写的汉语拼音字母表示,位于类代号之后。型号中,一般只表示一个最主要的通用特性。通用特性代号见表 2.6。

表 2.5　机床附件的类代号

类别	刀架	铣头与插头	顶尖	分度头	孔系组合夹具	槽系组合夹具	冲模组合夹具	夹头	卡盘	机用虎钳	刀杆	工作台	吸盘	镗头与多轴头	其他
代号	A	C	D	F	H_k	H_c	H_m	J	K	Q	R	T	X	Z	P

表 2.6　机床附件通用特性代号

通用特性	高精度	精密	电动	液压	气动	光学	数显	数控	强力	模块
代号	G	M	D	Y	Q	P	X	K	S	T

4. 组系代号

机床附件的组代号和系代号分别用一位阿拉伯数字表示,组代号在前,系代号在后,它们位于通用特性代号之后。各类机床附件的组系代号划分见 JB/T 2326—2005。

5. 主参数和第二主参数

主参数和第二主参数均用阿拉伯数字表示,位于组系代号之后。主参数与第二主参数之间用间隔符号"×"分开。

主参数和第二主参数应符合 JB/T 2326—2005 的规定,其计量单位应采用法定计量单位,长度一般采用毫米(mm),力一般采用牛[顿](N)。

6. 结构代号

同一组系的机床附件,当主参数相同,而结构不同时,可采用结构代号加以区分;结构代号用汉语拼音字母 L 至 Z 的 13 个字母(O、X 除外),即按顺序为 L、M、N、P、Q、R、S、T、U、V、W、Y 和 Z 来表示;结构代号位于第二主参数之后。

结构代号位置有某些指定字母出现在型号中,且有特定含义的,如顶尖类产品规定 M 代表以米制圆锥号作主参数时,又如钻夹头类产品,规定 H、M、L 分别代表重型、中型和轻型三种情况时,指定的这些字母均不能作为该系列产品一般意义上的结构代号(或重大改进顺序号),但仍可有其他字母作为结构代号。结构代号在同类、同组系机床附件中应尽可能地具有统一的含义。

2.1.3　工件表面成形分析

在机械零件加工过程中,装在机床上的刀具和工件按一定的规律作相对运动,并通过刀具对工件毛坯的切削作用,把多余的材料切除,从而得到所要求的零件表面。

1. 零件上的表面

零件是由一个或多个表面构成的,常见的表面有平面、圆柱面、圆锥面、球面、圆环面、螺旋面、齿面、成形表面等,如图 2.4 所示。

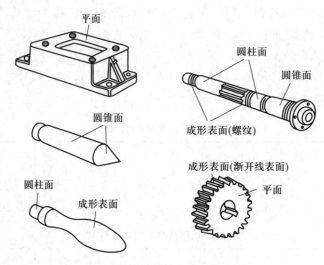

图 2.4　机械零件上常见的表面

2. 工件表面的成形

在切削加工中,表面成形的依据是几何学和微分几何的点动成线和线动成面的原理。

点在平面上不变方向运动所形成的轨迹为直线。动点运动时,方向连续变化形成的轨迹为曲线,如弧线、抛物线、双曲线、圆、波纹线、蛇形线等。

一条动线(直线或曲线)在平面上连续运动所形成的轨迹为平面,在空间中连续运动所形成的轨迹为曲面。形成曲面的动线称为母线。母线在曲面中的任一位置称为曲面的素线。用来控制母线运动的面、线和点称为导面、导线和导点。

如图 2.5 所示的表面,可以看作是一条母线沿着另一条导线的运动轨迹。在切削成形中,母线和导线统称为表面形成的发生线。

如图 2.5a 所示的平面是由直线 1(母线)沿着直线 2(导线)移动所形成的。例如,刨削平面、周边砂轮磨平面就是利用的这种成形原理。直线 1(母线)和直线 2(导线)是平面形成的两条发生线。

若直线 1 变为圆弧曲线时,且与直线 2 共面,曲线 1(母线)沿直线 2(导线)移动也形成平面,例如,端面铣刀铣平面和端面砂轮磨平面就是利用的这种成形原理。

如图 2.5b 所示的直线成形表面是由直线 1(母线)沿着曲线 2(导线)移动所形成的。例如,刨削成形表面和直齿圆柱铣刀铣成形表面就是利用的这种成形原理。

如图 2.5c 所示的圆柱面是由直线 1(母线)沿着圆 2(导线)移动所形成的。例如,长直线刃成形车刀车圆。当圆2（母线）沿着直线1（导线）移动时,同样也能形成圆柱面,如拉削。由此引出可逆表面的概念,母线和导线可以互换的表面称为可逆表面。

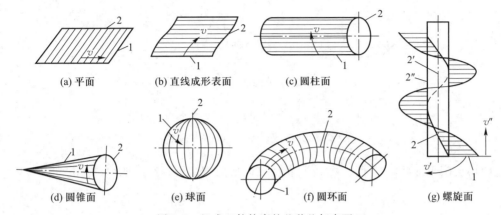

图 2.5　组成工件轮廓的几种几何表面

图 2.5c、d、e、f、g 都是回转表面。车削成形是典型的回转表面成形。

图 2.5c 所示的圆柱面是由母线 1（直线）绕某轴线（导线）旋转一周形成的回转表面。也可以把它看成是矩形的一条长边（母线）绕另一长边（导线）旋转一周形成的回转表面（母线与导线共面且平行）,还可认为母线 1 沿导线 2 平动且平行于轴线。

图 2.5d 所示圆锥面是母线 1（直线）与平面内的轴线（导线）相交（交点称为导点）,母线绕某轴线和交点旋转一周形成的回转表面,也可以看成是直角三角形的斜边（母线）绕直角边（导线）旋转一周形成的回转表面。

图 2.5e 所示的球面是母线（半圆弧）绕某轴线（导线）旋转一周形成的回转表面,也可以看成是半圆（母线）绕直径（导线）旋转一周形成的回转表面。

图 2.5f 所示的圆环面是母线 1（圆）沿导线 2 的运动轨迹,也可以看作母线 1 绕导线 2 的轴线旋转一周形成的回转表面。

图 2.5g 所示的螺旋面是直线（母线）绕某轴线（导线）作螺旋运动所形成的回转表面。

还需注意,有些表面的两条发生线完全相同,只因母线的原始位置不同,就可能形成不同的表面。如图 2.6 所示,母线皆为直线 1,导线皆为回转的圆 2,轴线皆为 $O—O$,所需的运动也相同,但由于母线相对于旋转轴线 $O—O$ 的原始位置不同,所产生的表面就不相同,即圆柱面、圆锥面或双曲面。由此看出,刀具与工件在机床上的相对位置,是保证表面形状精度的一个重要因素。

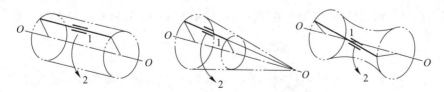

图 2.6　母线原始位置变化时的形成表面

3. 发生线的形成方法及所需运动

发生线的形成方法与刀刃形状、接触形式有密切的关系。如图 2.7 所示,切削刃的形状与发生线接触形式有三种:切削刃的形状为一切削点,与发生线点接触;切削刃的形状为一条线,与发生线形状完全吻合;切削刃的形状为一条线,与发生线相切。

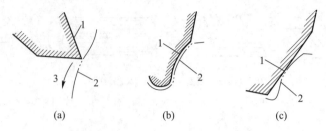

图 2.7　切削刃形状与发生线的关系

根据切削刃形状和加工方法不同,发生线的形成方法可归纳为四种,如图 2.8 所示。

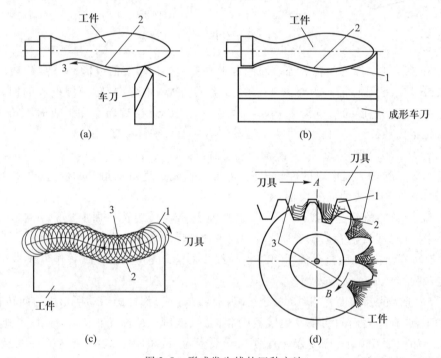

图 2.8　形成发生线的四种方法

（1）轨迹法

如图 2.8a 所示,切削刃的形状为一点 1,切削刃沿着一定轨迹 3 运动所形成发生线 2 (与轨迹 3 相同或相似)的切削加工方法称为轨迹法。采用轨迹法形成发生线需要一个独立的成形运动。

（2）成形法

如图 2.8b 所示,切削刃的形状为一条切削线 1,它的形状与需要成形的发生线 2 一致,因此用成形法来形成发生线,不需要运动。

（3）相切法

如图 2.8c 所示,切削刃的形状为旋转刀具圆周上的一点 1,切削时刀具的切削刃绕刀具轴线作旋转运动,同时刀具的旋转轴心线沿一定的运动轨迹 3（发生线 2 的等距线）作轨迹运动,这样所形成发生线 2 的切削加工方法称为相切法。用相切法形成发生线需要两个独立的成形运动(切削刃的旋转运动和刀具的旋转轴心线的轨迹运动)。

（4）展成法

展成法也称范成法,如图 2.8d 所示,它是利用刀具与工件作共轭的展成运动形成发生线的切削加工方法,刀具的切削刃的形状为一条线 1,与需要成形的发生线 2 不相吻合。切削刃相对工件按一定的运动规律作共轭运动(如一对渐开线直齿圆柱齿轮啮合时的相对运动),所形成的包络线就是发生线。展成法一般用来加工齿类零件的齿形,如齿轮的渐开线。

4. 零件表面成形运动分析

形成零件表面所需的成形运动就是形成其母线及导线所需的成形运动的和。为了切削加工这些表面,机床上必须具有完成表面成形所需的成形运动。

例 2.3　如图 2.9 所示,用成形车刀车削成形回转表面,试分析其母线、导线的成形方法及所需要的成形运动,并说明形成该表面共需要几个成形运动。

分析

母线:曲线 1。刀具的切削刃与曲线 1 吻合,形成发生线 1 采用的是成形法,不需要成形运动。

导线:母线 1 上的各点绕轴线 $O—O$ 旋转的运动轨迹,即圆。成形刀具的每一点形成绕 $O—O$ 轴线的轨迹圆,需要作轨迹运动,即发生线圆由轨迹法形成,需要一个成形运动 B_1。

形成成形回转表面的成形运动总数目是形成母线和导线所需成形运动的和,即一个成形运动(B_1)。

例 2.4　如图 2.10 所示,用螺纹 60°成形车刀车削普通螺纹,试分析其母线、导线的成形方法及所需要的成形运动,并说明形成该表面共需要几个成形运动。

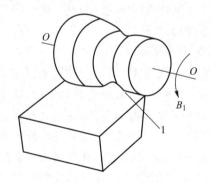

图 2.9　车削成形回转表面

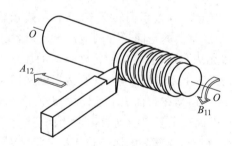

图 2.10　车削三角螺纹

分析

母线:牙形(在螺纹轴向剖面轮廓形状,如 60°三角形)。成形车刀切削刃的形状与发生线的形状一致,形成发生线(牙形)采用成形法,不需要成形运动。

导线:螺旋线。形成螺旋线需要刀具相对工件作空间螺旋轨迹运动,采用轨迹法,需要一个成形运动(螺旋复合运动)。

由于螺纹车刀绕工件作空间螺旋轨迹运动在机床上很难实现,因此将一个空间螺旋运动分解为工件旋转 B_{11} 和刀具直线移动 A_{12} 两部分,B_{11} 和 A_{12} 之间的运动关系必须满足 B_{11} 转一转,A_{12} 移动被加工螺纹的一个导程的距离。

形成螺纹表面的成形运动总数是形成母线和导线所需成形运动的和,即一个空间螺旋轨迹运动(B_{11}和A_{12})。

例 2.5　如图 2.11 所示,用齿轮滚刀滚切直齿圆柱齿轮,试分析其母线、导线的成形方法及所需要的成形运动,并说明形成该表面共需要几个成形运动。

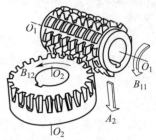

图 2.11　滚切直齿圆柱齿轮

分析

母线:渐开线。形成发生线(齿轮的齿形渐开线),采用展成法,需要一个复合的展成运动(B_{11}和B_{12}),B_{11}和B_{12}之间的运动关系必须满足B_{11}转一转,B_{12}转K/z转,K为滚刀的头数,z为被加工工件的齿数。

导线:直线(齿槽的直母线)。形成发生线(齿槽的直母线),采用轨迹法,需要一个成形运动A_2。

形成直齿圆柱齿轮的齿面,共需要两个独立成形运动(B_{11}、B_{12},A_2)。

习惯上把滚切齿轮看成是铣削,认为导线(直线或直线齿槽)由相切法形成,需要两个成形运动B_{11}和A_2。由于B_{11}是展成运动的一部分,故形成直齿圆柱齿轮的齿面,总共需要两个独立成形运动(B_{11}、B_{12},A_2)。

这两种分析方法都合乎情理,从不同角度分析问题值得提倡。由于工件表面的加工方法不同,其成形运动也就不同,希望开阔思路,提出不同的分析和解决问题的方法。

5. 成形运动的表示方法

形成工件表面发生线的运动形式有直线运动、回转运动和空间运动。由于直线运动和回转运动容易在机床上实现,称为简单运动。为了便于表面成形运动分析、表示表面成形运动的形式和数目,直线运动形式用字母A表示,回转运动形式用字母B表示,成形运动的数目和顺序用阿拉伯数字表示,将其以下标的形式标注成运动形式字母A或B的下标。如例题 2.3 中的B_1,B表示回转运动,下标 1 表示第一个成形运动。

对于发生线的空间运动的成形运动形式,由于它们在机床上不容易实现(使机床的结构复杂)或无法实现,只有几种特殊表面的成形运动,如螺旋运动、渐开线展成运动、花键展成运动,在机床上通过简单运动(直线运动和回转运动)的合成而得以实现,这些运动称为复合运动。复合运动在表面成形运动中属于一个独立运动,而它们在机床上由两部分或更多部分组成,因此表示复合运动就需要用两位阿拉伯数字下标,第一位表示独立成形运动的序号(该复合运动组成部分的第一位下标相同),第二位表示该复合运动组成部分的序号。如例题 2.4(图 2.10)中的螺旋运动表示分为B_{11}和A_{12}。

又如例题 2.5 中用齿轮滚刀滚切直齿圆柱齿轮,共需要两个成形运动。第一个成形运动是一复合运动(渐开线展成运动),用B_{11}和B_{12}表示,下标的第一位表示第一个运动,B_{11}的第二位下标表示第一个运动的第一部分;B_{12}表示第一个运动的第二部分。第二个成形运动是A_2,A为直线运动,下标 2 表示第二个成形运动。

2.1.4　机床的传动联系、传动原理图和传动系统图

1. 机床上的运动分类

在机床上,为了获得所需要的加工表面,刀具和工件必须完成的运动称为表面成形运动。此外,为了调整刀具与工件的位置、工艺参数,操纵和控制机床等所需要的运动称为辅助运动,如切入运动、分度运动、快进、快退、让刀运动、夹紧松开、换刀、变速、换向。

2. 机床运动的五个参数

在机床上的每一个运动,需要五个运动参数来确定。运动的五个参数是:运动的轨迹、运动的速度、运动的方向、运动的起点(或终点)和运动的路程(或行程)。机床运动调整和控制的目的就是调整和控制运动的五个参数。

3. 机床运动的传动联系

在机床上实现每个运动,机床必须具备动力源、传动装置和执行件三个基本部分。

动力源是提供运动和动力的装置,如交流电动机、直流电动机、伺服电动机、液压缸、液压马达等。

执行件是机床上安装刀具和工件的零件,如主轴、刀架、工作台等。

传动装置是传递运动和动力的装置,并能实现变速、换向等功能。传动装置常用形式有机械式传动装置、液压式传动装置、电气式传动装置及其混合式传动装置。

把"执行件与动力源"或"执行件与执行件"连接起来就构成一个传动联系。传动装置是连接执行件与动力源或执行件与执行件的中间环节。在分析机床运动的传动联系时,把动力源和执行件称作传动联系的端件。在机床上将工件表面成形,需要多个运动。机床上各运动端件之间的联系和运动传递关系称为机床的传动联系。

按实现运动的传动联系性质分为内联系和外联系。内联系实现的是一个复合运动,要求两端件(执行件与执行件)之间有严格的运动关系(传动比)。外联系两端件之间的运动关系要求不严格。

4. 机床运动的传动原理图

为了表达机床上的成形运动及其传动联系和运动关系,用一些简明的符号把机床运动的动力源、传动装置和执行件之间的传动联系和传动原理表示出来的示意图称为机床传动原理图。机床传动原理图中使用的示意符号比较简单,目前还没有统一的标准,常用的示意符号如图 2.12 所示。机床传动原理图既可用来对复杂机床运动进行分析,也可用来表达机床或其他机器运动的传动方案。下面举例说明传动原理图的形式和表示内容。

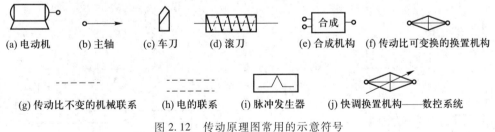

(a) 电动机　　(b) 主轴　　(c) 车刀　　(d) 滚刀　　(e) 合成机构　(f) 传动比可变换的换置机构

(g) 传动比不变的机械联系　　(h) 电的联系　　(i) 脉冲发生器　　(j) 快调换置机构——数控系统

图 2.12　传动原理图常用的示意符号

（1）既可车外圆又可车螺纹的卧式车床传动原理图

根据车外圆和车螺纹所需的成形运动及其传动关系,既可车外圆又可车螺纹的机床传动原理图如图 2.13 所示。在机床传动原理图中,机床的动力源、传动装置和执行件用简明的示意符号表示。

为了注释说明,根据确定的动力源,在机床传动原理图中的动力源上标注动力参数和运动参数。根据表面成形运动,在执行件上要标注运动的序号、形式和方向,如图 2.13 中的回转运动 B_1、直线运动 A_2,运动方向用箭头表示,运动序号用阿拉伯数字下标表示。传动装置(如主轴箱、进给箱)用传动比可变的换置机构示意符号表示,并在其旁边用习惯的字母符号加以说明,如在主运动变速装置示意符号旁边标注 u_v;在车螺纹或外圆柱表面时的进给运动变速装置旁边标注 u_f。实现运动传动的三个基本部分(动力源、传动装置和执行件)用圆圈表示接点(或接口),在接点旁边用阿拉伯数字表示接点序号。接点间传动比不变的机械联系用单虚线连接,电联系用双虚线连接。

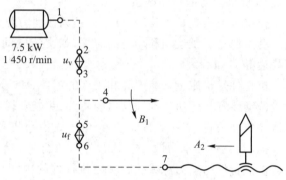

由图 2.13 可知,由电动机 1—2、2—3、3—4(主轴),使主轴实现机床的主运动 B_1。由 4(主轴)—5、5—6、6—7(丝杠)、丝杠—螺母(与刀具连接),使刀具实现机床的进给运动 A_2。车外圆时,B_1 与 A_2 不需要有严格的运动关系(传动比)。车螺纹时,B_{11}、A_{12} 是螺旋运动部分,必须有严格的运动关系(传动比),如 B_{11} 转一转,A_{12} 必须移动一个螺纹导程。

图 2.13　卧式车床的传动原理图

(2)车外圆的传动原理图

车外圆的主运动和进给运动采用各自电动机作动力源的传动方案如图 2.14 所示,主运动和进给运动传动系统是独立的传动联系。主运动传动联系是由电动机 1—2、2—3、3(传动装置 u_v)—4(主轴)到主轴,实现主运动 B_1。进给运动传动系统是由电动机 5、5—6、6(传动装置 u_f)—7、7—8(丝杠)、丝杠—螺母(与刀具连接),实现进给运动 A_2。

(3)用液压传动作进给运动的车外圆传动原理图

在如图 2.15 所示的传动方案中,主运动采用电动机作动力源,配有一个变速系统 u_v;进给运动采用液压缸驱动,变速采用液压调速,实现进给运动 A_2 的变速。

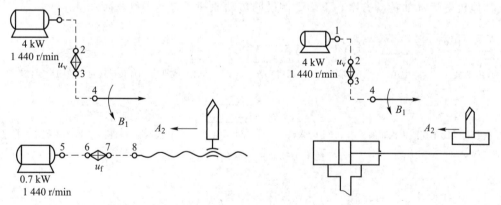

图 2.14　车外圆的传动原理图　　图 2.15　液压传动作进给运动的车外圆传动原理图

5. 机床传动系统图

(1)机床传动系统图的概念

机床运动传动系统图(简称机床传动系统图)是表示机床全部或部分运动传动关系的示

意图。图中各种传动件用规定的符号(见表 2.7)绘制,传动件按运动传递顺序尽可能画在系统外形的平面轮廓内,只表示运动传动关系,不代表传动件的实际尺寸和空间位置。机床传动系统图既可用来分析现有机床,又可表达机床或其他传动装置的传动设计方案,既可表示机床全部运动的传动系统,又可表示机床的一个或几个部分运动的传动系统。

表 2.7　常用的传动元件符号

名称	符号	名称	符号
轴、杠		锥齿轮传动	
零件与轴的连接 活动连接(空套)	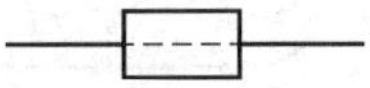		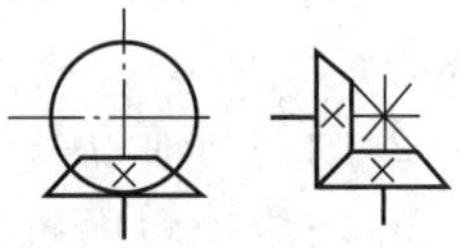
导向键连接		蜗轮蜗杆传动	
固定键连接			
花键连接	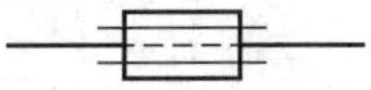		
深沟球轴承	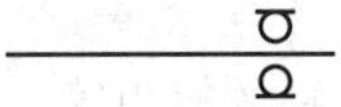	齿轮齿条传动	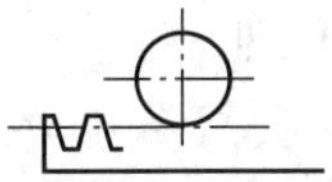
角接触球轴承	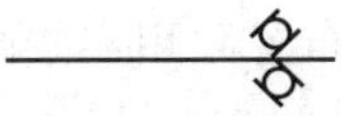		
推力球轴承	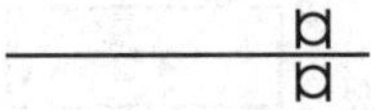	平带传动	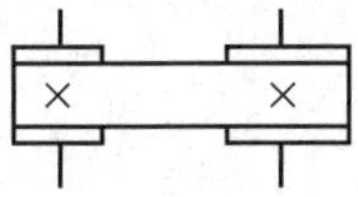
圆锥滚子轴承	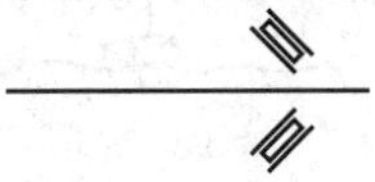		
向心滑动轴承		V 带传动	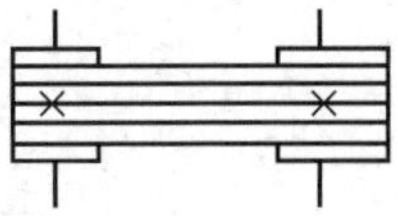
弹性联轴器		啮合式离合器	
固定联轴器			
丝杠螺母传动 滚珠丝杠螺母传动		摩擦式离合器	
圆柱齿轮传动	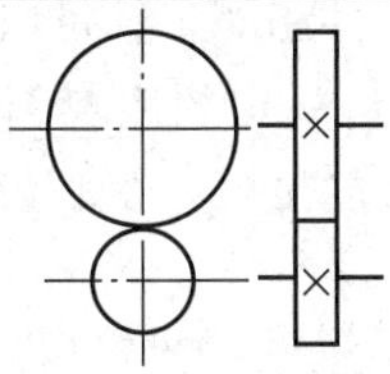	制动器	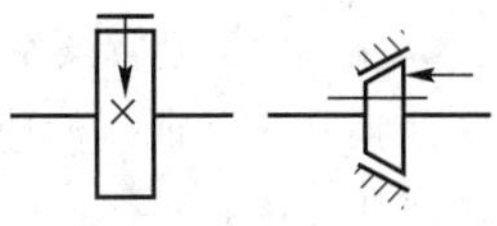 韧带式　锥体式

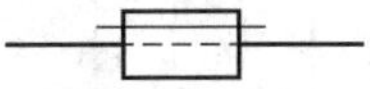

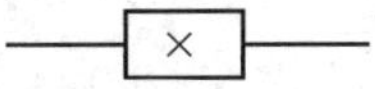

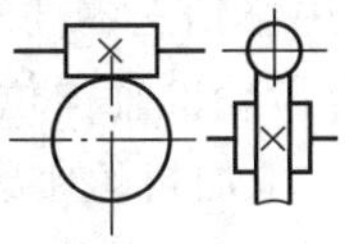

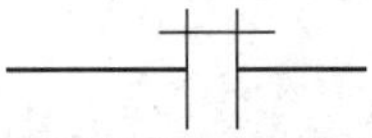

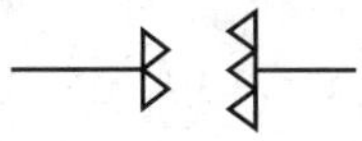

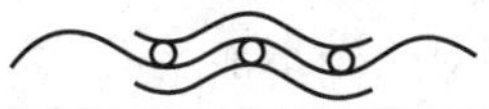

一般情况下,机床或机器是由多个运动组成的传动系统,在分析和设计机床运动的传动系统时,要一部分一部分地进行,这时该部分运动的传动系统就成为运动分析和设计的重点。在具体分析和设计过程中,可以把该部分单独进行分析和设计,如某机床主轴转速为 12 级的机床主运动传动系统如图 2.16 所示、半闭环数控进给运动的传动系统如图 2.17 所示。

（2）机床传动系统图的绘制步骤

机床的传动系统图一般画在一个能反映系统基本外形和主要部件相互位置的平面上，各传动件按运动传递顺序尽可能画在其轮廓内，绘制步骤如下：

① 布置和规划各部分的位置和区域，使各部件的传动系统占据合理的位置，大体与机床外形相似。

② 画传动轴的中心线。

③ 按传动顺序布置和绘制各轴上的传动件，注意轴上零件的运动性质、滑移齿轮与其啮合齿轮的轴向位置。

④ 用加粗的实线将各传动轴画出，并按运动传动顺序用罗马数字标注各传动轴序号（Ⅰ、Ⅱ、Ⅲ……）。

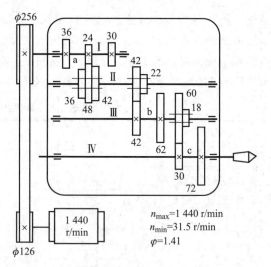

$n_{max}=1\ 440\ r/min$
$n_{min}=31.5\ r/min$
$\varphi=1.41$

图 2.16　主轴 12 级转速主运动传动系统图

⑤ 标注各传动件的传动参数，如齿轮的齿数、丝杠的螺距等。

⑥ 画各传动轴的支承和定位（如轴承的形式和布置），用实线画出机床的外形轮廓。

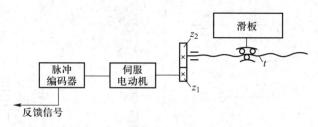

图 2.17　半闭环数控进给传动系统图

（3）分析和绘制传动系统图时的注意事项

① 注意轴与轴上零件的运动关系。轴上零件与轴固定关系用"×"表示，说明轴上零件相对于轴既不能转动，也不能移动；轴上零件可沿轴向滑移关系的单键或花键连接，单键用一条横线、花键两条横线表示，说明轴上零件相对于轴不能转动，可以沿轴向移动；轴上零件空套在轴上，在轴心线上画虚线或空白，表示轴上零件相对于轴可以转动，但不能沿轴向移动。

② 滑移齿轮与其啮合齿轮的轴向位置必须满足一定的距离，否则可能产生运动干涉，即变速换挡时，前一种速度还未脱开，后一种速度可能接合。双联齿轮和三联齿轮的轴向布置如图 2.18 所示。

③ 注意各传动件运动传动参数的标注。

（4）传动链

在分析机床传动系统时，不仅要分析机床运动的传动联系，还要了解运动的传动形式和采用的传动机构，通常根据机床传动系统图，以传动链的形式将每个运动的传动联系进行逐一分析。传动链是构成一个传动联系的一系列传动件，如带轮、传动带、传动轴、轴承、齿轮副、联轴器、丝杠副、导轨副等。

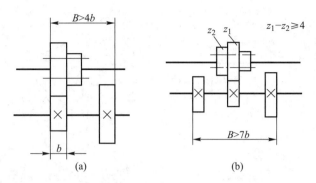

图 2.18 滑移齿轮与其啮合齿轮的轴向布置

按传动链传递运动的性质分为内联系传动链和外联系传动链。因为内联系传动链传递的运动是复合运动,要保证零件表面成形的形状精度,两端执行件之间有严格的传动比要求,因此内联系传动链中不允许有摩擦副传动,并对传动链有传动精度要求。

2.2 车床

学习目标

1. 了解车床的种类和用途。

2. 了解 CA6140 型卧式车床的工艺范围及其主要技术参数。

3. 能够运用机床传动系统图分析机床运动的传动链,掌握转速级数和转速的分析计算方法。

4. 掌握车床典型机构的工作原理、结构组成,为机械设计奠定基础。

5. 了解其他车床的用途、特点,能够根据实际应用选择合适的车床。

2.2.1 车床概述

车床是车削加工的设备,在切削加工中使用最广泛,约占切削加工机床总数的 20% ~ 30%。车削主要用于加工各种回转表面,如内、外圆柱面,圆锥面及成形表面等。车床上的车削成形运动是工件的旋转运动(主运动)和车刀移动(进给运动)。车床上还包括刀具的切入运动,刀架纵、横向机动快速移动等辅助运动。

车床的种类很多,常用的有卧式车床、立式车床、转塔车床、多轴自动车床、仿形车床、数控车床和各种专门车床(如铲齿车床、凸轮轴车床、曲轴车床及轧辊车床)等。

2.2.2 CA6140 型卧式车床的用途、布局和主要技术性能

1. CA6140 型卧式车床的用途

CA6140 型车床的工艺范围很广,用来车削内、外圆柱面,圆锥面,回转体成形表面和各种螺纹,还可以进行钻孔、扩孔和滚花等,如图 2.19 所示。该机床工艺范围广、结构复杂、生产效率低,适用于单件小批生产和维修车间。

2. CA6140 型卧式车床的布局

车床由主轴箱、进给箱、滑板箱、刀架、尾座、床身、床腿等部件组成,其布局如图 2.20 所示。

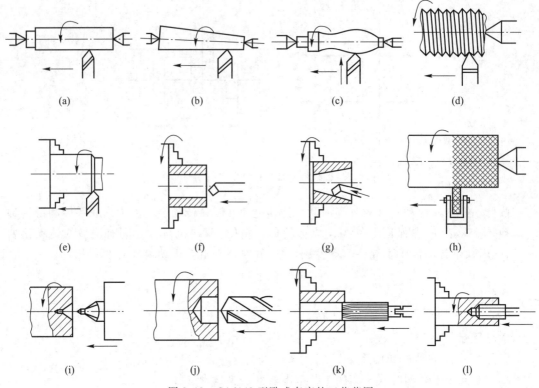

(a)　　　　　　　(b)　　　　　　　(c)　　　　　　　(d)

(e)　　　　　　　(f)　　　　　　　(g)　　　　　　　(h)

(i)　　　　　　　(j)　　　　　　　(k)　　　　　　　(l)

图 2.19　CA6140 型卧式车床的工艺范围

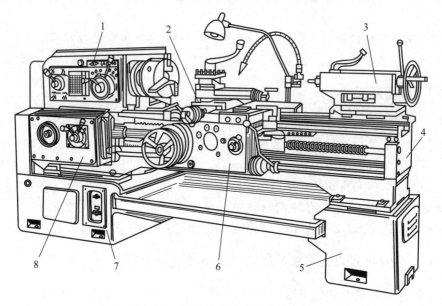

图 2.20　CA6140 型卧式车床外形图

1—主轴箱;2—刀架;3—尾座;4—床身;5—右床腿;6—滑板箱;7—左床腿;8—进给箱

　　主轴箱 1 固定在床身 4 的左上部,箱内装有主轴、传动和变速机构等。主轴前端可安装卡盘、花盘等夹具,用以装夹工件。主轴箱的功能是支承主轴并将动力经变速机构和传动机构传给主轴,使主轴带动工件按一定的转速旋转,实现主运动。

刀架 2 安装在床身 4 上的刀架导轨上,刀架部件由多层滑板和方刀架组成,可带着夹持在其上的车刀移动,实现纵向、横向和斜向进给运动。

尾座 3 安装在床身 4 的尾座导轨上,可沿此导轨调整纵向位置,它的功能是用后顶尖支承工件,也可安装钻头、铰刀及中心钻等孔加工工具进行孔加工。

进给箱 8 固定在床身 4 的左端前侧,箱内装有进给运动传动和变速机构,用来实现不同进给量和螺纹导程的加工要求。

滑板箱 6 与刀架 2 的纵向滑板相连,在光杠(车削时的机动进给)或丝杠(车螺纹)的传动下,使滑板箱带动刀架纵向移动。在滑板箱内,通过开合螺母和操纵机构可以实现光杠传动、丝杠传动或刀架作横向移动,并能互锁。滑板箱的右下侧装有快速电动机,用做刀架纵向或横向快速移动。

床身 4 固定在左床腿 7 和右床腿 5 上,用来支承各种部件,并使部件在工作时保持准确的相对位置或运动轨迹。

3. CA6140 型卧式车床的主要技术性能

床身上的最大回转直径:400 mm

刀架上的最大回转直径:210 mm

最大工件长度:750 mm、1 000 mm、1 500 mm、2 000 mm

主轴转速级数:正转 24 级,10 ~ 1 400 r/min;反转 12 级,14 ~ 1 580 r/min

进给量:纵向 64 种,0.028 ~ 6.33 mm/r;横向 64 种,0.014 ~ 3.16 mm/r

车削螺纹:米制 44 种、英制 20 种

主电动机:7.5 kW,1 450 r/min。

2.2.3　CA6140 型卧式车床的传动系统分析

在分析机床运动的传动系统时,首先根据机床所加工工件表面的类型、表面成形运动,确定各运动传动联系的端件;其次以传动链的形式将每个成形运动逐一进行分析;最后根据表面成形运动需要调整的参数,确定机床运动传动链的运动参数调整关系,同时也分析实现机床运动所采用的传动机构和调整机构。必要时,亦可对机床其他运动传动链进行分析。CA6140 型卧式车床的传动系统图如图 2.21 所示,图中表示了机床的全部运动及其传动关系。根据该机床车外圆、车端面、车螺纹的成形运动及其他运动,该机床运动传动系统的主要端件是主电动机、主轴、刀架。

1. 主运动传动链分析

在分析传动链时,首先确定该传动链的两端件("动力源—执行件"或"执行件—执行件"),然后沿末端件的一端向另一端逐一地对其组成的传动件进行分析。采用的分析步骤一般为:

① 确定传动链的两端件:电动机—主轴。

② 确定两端件的计算位移:$n_{电}$(r/min)—$n_{主}$(r/min)。

③ 写出该传动链的传动路线表达式。

列出两端件的运动平衡方程式,计算两端件的运动关系位移量。

由于传动链的性质不同,分析的内容和达到的目的不同。外联系传动链的分析目的主要是为了调整和确定运动的速度参数,如主运动的分析结果要给出主轴上的各级转速,进给

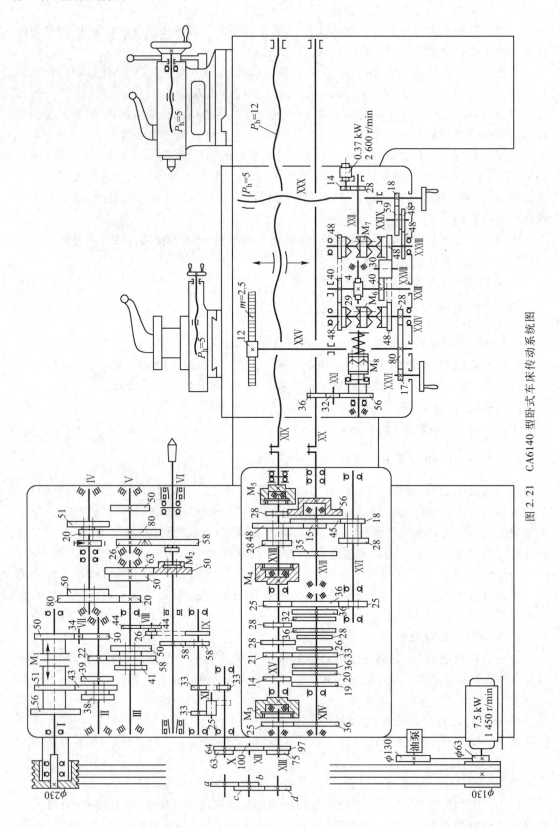

图 2.21　CA6140 型卧式车床传动系统图

运动给出各级进给量,供机床调整和使用。内联系传动链的分析目的主要是确定两端件的运动关系,供机床调整计算和使用。

传动链分析表达的方式有叙述形式和传动路线表达式两种形式。叙述形式的表述细致、有说明,便于理解。传动路线表达式的表达简洁、准确。为了便于初学者学习,本书用这两种形式对传动链分别进行分析。

CA6140型卧式车床主运动传动链是主电动机到主轴的传动链,它将动力源的运动和动力传给机床主轴,实现主轴带动工件完成主运动,并使主轴实现起动、停止、变速和变向等功能。该传动链属于一条外联系传动链。

（1）主运动传动链的表述

主运动传动链是由主电动机到机床主轴的一条外联系传动链,其两端件是主电动机和主轴。主运动传动链的分析过程叙述如下:

运动由电动机（7.5 kW,1 450 r/min）经带轮传动副 ϕ130 mm/ϕ230 mm 传至主轴箱中的轴 I。在轴 I 上装有双向片式摩擦离合器 M_1,能使主轴实现正转、反转或停止的功能。当压紧离合器 M_1 左边部分的摩擦片时,轴 I 的运动经 M_1、齿轮副 $\frac{56}{38}$ 或 $\frac{51}{43}$ 传给轴 II,齿数 38 或齿数 43 的齿轮与轴 II 通过花键连接,使轴 II 获得两种转速。当压紧离合器 M_1 右边部分的摩擦片时,轴 I 的运动经 M_1、齿轮 Z_{50}（表示齿数为 50 的齿轮）、轴 VII 上的空套齿轮 Z_{34} 传给轴 II 上的固定齿轮 Z_{30}。与压紧离合器 M_1 左边部分的摩擦片相比较,由于轴 I 至轴 II 间多一个中间齿轮 Z_{34},故轴 II 的转向与经 M_1 左部传动时相反,反转转速只有一种。当离合器处于中间位置时,左、右摩擦片都没有被压紧,轴 I 的运动不能传至轴 II,所以机床主轴是不转的。

轴 II 的运动可通过轴 II 和轴 III 间三对齿轮中的任一对传至轴 III,故轴 III 正转有 $2 \times 3 = 6$ 种转速。

运动由轴 III 传至主轴有两条路线:

高速传动路线:轴 III→主轴 VI。此时,主轴上的齿轮 Z_{50} 滑移到左边与轴 III 上的齿轮 Z_{63} 啮合,运动由这一对齿轮直接传至主轴,可使主轴得到 6 级高转速。

低速传动路线:轴 III→轴 IV→轴 V→轴 VI。此时,主轴上的齿轮 Z_{50} 移到右边与主轴上的齿式离合器 M_2 啮合。轴 III 的运动经齿轮副 $\frac{20}{80}$ 或 $\frac{50}{50}$ 传给轴 IV,又经齿轮副 $\frac{20}{80}$ 或 $\frac{51}{50}$ 传给轴 V、再经固定齿轮副 $\frac{26}{58}$ 及齿式离合器 M_2 传给主轴,可使主轴得到 24 级理论上的低转速。

（2）主运动传动链的传动路线表达式

CA6140 型卧式车床主运动传动链的组成结构和传动特点分析,用传动路线表达式的形式可以表达为:

$$
\text{主电动机} - \frac{\phi130\ mm}{\phi230\ mm} - \text{I} -
\begin{cases}
\begin{matrix} M_1(\text{左}) \\ (\text{正转}) \end{matrix} - \begin{cases} \frac{56}{38} \\ \frac{51}{43} \end{cases} - \\
\begin{matrix} M_1(\text{右}) \\ (\text{反转}) \end{matrix} - \frac{50}{34} - \text{VII} - \frac{34}{30}
\end{cases}
- \text{II} -
\begin{cases} \frac{39}{41} \\ \frac{30}{50} \\ \frac{22}{58} \end{cases}
- \text{III} -
$$

$$
\begin{pmatrix} 7.5\ kW \\ 1\ 450\ r/min \end{pmatrix}
$$

$$\left\{\begin{array}{c}\dfrac{63}{50}\\[2mm]\left\{\begin{array}{c}\dfrac{20}{80}\\[2mm]\dfrac{50}{50}\end{array}\right\}-\text{IV}-\left\{\begin{array}{c}\dfrac{20}{80}\\[2mm]\dfrac{51}{50}\end{array}\right\}-\text{V}-\dfrac{26}{58}-\text{M}_2(\text{右移})\end{array}\right\}-\text{VI}(\text{主轴})$$

该传动路线表达式说明的内容与叙述形式一致,表达形式更简洁。

（3）主轴的转速级数和转速计算

对于滑移齿轮分级变速系统,在计算主轴的转速级数时,首先根据表达式和传动系统图,确定从前一轴到后一轴之间的传动路线的数目,然后根据两轴间传动路线数目的连乘积得到两轴间的理论转速级数。例如,在计算 CA6140 型卧式车床主轴正转时,从轴 I 到轴 II 可通过双联滑移齿轮(Z_{38} 和 Z_{43})两条传动路线得到两种转速,从轴 II 到轴 III 可通过三联滑移齿轮(Z_{41}、Z_{58} 和 Z_{50})三条传动路线得到三种转速,从轴 III 到主轴 VI 有 5 条传动路线（直接由轴 III 通过 63/50 到主轴 VI、轴 III 到轴 IV 通过 20/80 或 50/50 有两种传动路线、轴 IV 到轴 V 通过 20/80 或 50/50 有两种传动路线、轴 V 到轴 VI 通过 26/58 有一种传动路线）。由此分析,从轴 I 到主轴 VI 的理论转速级数 Z 为 $Z = 2 \times 3 \times (1 + 2 \times 2 \times 1) = 30$ 级。

对有些机床,主轴上的转速有重复,因此需要进一步分析或逐级进行计算才能确定实际的转速级数。从轴 III 到轴 V 的四条传动路线的传动比分别为:

$$u_1 = \frac{20}{80} \times \frac{20}{80} = \frac{1}{16} \qquad u_2 = \frac{50}{50} \times \frac{20}{80} = \frac{1}{4}$$

$$u_3 = \frac{20}{80} \times \frac{51}{50} \approx \frac{1}{4} \qquad u_4 = \frac{50}{50} \times \frac{51}{50} \approx 1$$

其中:u_2 与 u_3 基本相同,实际上从轴 III 到轴 V 只有三种不同的传动比。因此,从轴 I 到主轴 VI 的实际转速级数 $Z = 2 \times 3 \times [1 + (2 \times 2 - 1)] = 24$ 级。

同理,主轴反转的级数 $Z = 1 \times 3 \times [1 + (2 \times 2 - 1)] = 12$ 级。

主轴各级转速的计算,通过列出从主电动机到主轴各级转速的运动平衡方程式（简称运动平衡式）进行计算得到。例如,主轴最低转速的运动平衡方程式为

$$n_{主} = 1\,450 \times \frac{130}{230} \times \frac{51}{43} \times \frac{22}{58} \times \frac{20}{80} \times \frac{20}{80} \times \frac{26}{58} \ \text{r/min} = 10 \ \text{r/min}$$

同理,可计算出主轴正转的 24 级转速值为 10 ~ 1 400 r/min,主轴反转的 12 级转速值为 14 ~ 1 580 r/min。

主轴反转通常不用于切削,主要用于车削螺纹时的退刀。这样,可在退刀时不断开主轴与刀架之间的传动链,以免"乱扣"。为了节省退刀时间,主轴反转的速度比正转的高,并且转速级数比正转时的少。为了使通用机床主轴上各级转速的最大相对转速损失相等,主轴转速是按等比数列排列的。

（4）主轴的转速图

在机床设计和机床使用说明书中,经常用转速图来表达主运动传动链的传动关系。CA6140 型卧式车床主运动传动链的转速图如图 2.22 所示。图中,通过横线、竖线、斜线、圆圈、数字和符号把主运动的传动顺序、传动关系、各级转速和转速级数表示出来。

① 竖线代表传动轴。图中七条间距相等的竖线分别用轴号"电、I、II、III、IV、V、VI"表示

主运动传动系统的轴,是按照运动从电动机到主轴的传动顺序,在图中从左到右顺序排列。

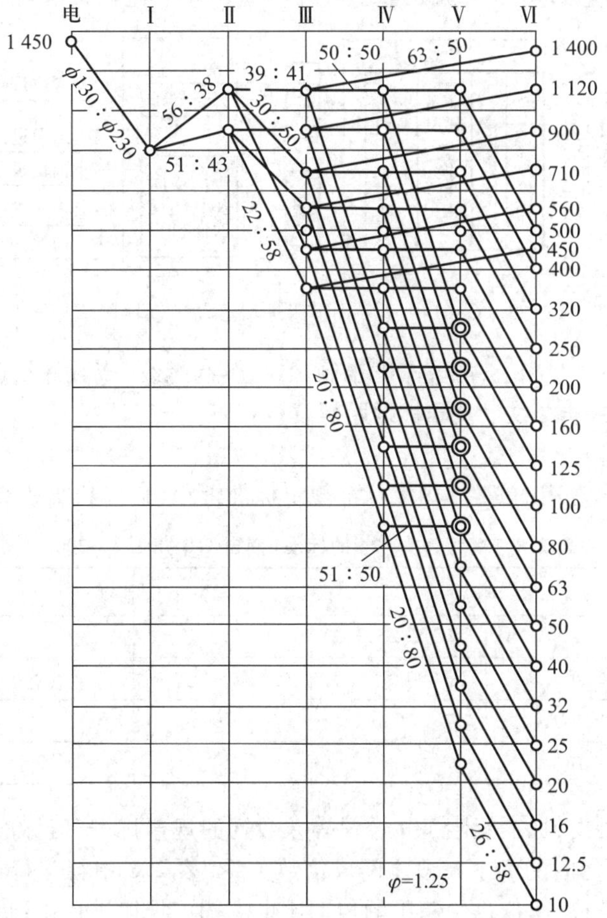

图 2.22 CA6140 型卧式车床主运动的转速图

② 横线代表转速值。图中横线(纵向坐标)表示不同的转速大小,由于主轴转速一般是按等比级数排列的,所以纵向坐标采用对数坐标,等间距表示相同公比 φ。

③ 竖线上的圆圈代表传动轴的转速。转速图中,每条竖线上的小圆圈(双圆圈表示重复)表示各传动轴和主轴具有的实际转速。主轴上的转速按照标准转速(实际转速圆整为标准转速)标注在主轴的右侧,图中 10、12.5、…、1 400 r/min 表示主轴得到的 24 级标准转速。Ⅲ轴到Ⅵ轴的高 6 级转速跨越了Ⅳ轴和Ⅴ轴。

④ 竖线间的连线代表传动副。连线的倾斜程度代表传动副传动比,传动比用数字符号表示,如电动机轴到Ⅰ轴带传动采用 $\phi130：\phi230$ 表示,Ⅰ轴到Ⅱ轴的传动比分别为 56：38、51：43……

转速图可以清楚地表示传动链的传动关系和主轴上的转速分布情况,表达简洁、清楚,掌握它对进行传动设计和传动分析有很大的帮助。

2. 进给运动传动链分析

为便于分析,先给出 CA6140 型卧式车床进给运动传动链的组成框图,如图 2.23 所示。由图可知,进给运动传动链有三条传动路线。车削螺纹的进给运动传动路线为:主轴—进给箱—丝杠—纵向滑板(刀架);车外圆的进给运动传动路线为:主轴—进给箱—光杠—纵向滑板(刀架);车端面的进给运动传动路线为:主轴—进给箱—光杠—横向滑板(刀架)。

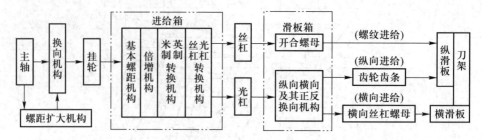

图 2.23　CA6140 型卧式车床进给运动传动链组成框图

在 CA6140 型卧式车床上,能够车削米制螺纹、英制螺纹、模数螺纹(米制蜗杆)、径节螺纹(英制蜗杆)四种标准螺纹以及非标螺距螺纹。

(1)车削米制螺纹

米制螺纹是我国常用的螺纹,国家标准规定标准螺距(1~24)如表 2.8 所示。

表 2.8　螺距为 1~24 的标准(摘自 GB/T 193—2003)　　　　　　　mm

	1		1.25		1.5
1.75	2	2.25	2.5		3
3.5	4	4.5	5	5.5	6
7	8	9	10	11	12
14	16	18	20	22	24

由表 2.8 可以看出,标准螺距是按分段等差数列的规律排列,即标准螺距按分段等差级数关系(表 2.8 中列之间的关系),段之间成倍数关系(表 2.8 中行与行之间的关系)。为了能加工这些螺距的螺纹,车床进给箱中的传动比也应按该规律进行排列。在 CA6140 型卧式车床上,通过进给箱中基本组传动比的等差级数排列,实现车标准螺纹的等差级数排列的螺距;通过进给箱中倍增组传动比的倍数排列,实现车标准螺纹的螺距倍数关系。车削米制螺纹的传动路线为:

车削米制螺纹时,进给箱中的齿式离合器 M_3 和 M_4 脱开,M_5 接合。此时,运动由主轴 Ⅵ 经齿轮副 $\frac{58}{58}$、换向机构 $\frac{33}{33}$(车左螺纹时经 $\frac{33}{25} \times \frac{25}{33}$)、挂轮 $\frac{63}{100} \times \frac{100}{75}$ 传入进给箱轴 ⅩⅢ,由齿轮副 $\frac{25}{36}$ 传至轴 ⅩⅣ,由轴 ⅩⅣ 经双轴滑移变速机构中的 8 对齿轮副(这 8 对齿轮副称为基本组,用 u_j 来表示)之一传至轴 ⅩⅤ,然后经齿轮副 $\frac{25}{36} \times \frac{36}{25}$ 传至轴 ⅩⅥ,轴 ⅩⅥ 的运动再经轴 ⅩⅥ 与 ⅩⅧ 间的齿轮副(可变四种传动比,称为倍增组,用 u_b 来表示)传至轴 ⅩⅧ,最后经由 M_5 传至丝杠 ⅩⅨ,当滑板箱中的开合螺母与丝杠相啮合时,就可带动刀架车削米制螺纹。

车削米制螺纹的传动路线表达式为:

$$主轴\, Ⅵ - \frac{58}{58} - Ⅸ - \begin{bmatrix} \frac{33}{33}(右螺纹) \\ \frac{33}{25} - Ⅺ - \frac{25}{33}(左螺纹) \end{bmatrix} - Ⅹ - \frac{63}{100} \times \frac{100}{75} - ⅩⅢ - \frac{25}{36} - ⅩⅣ - u_j(基本组)$$

$$-\text{XV}-\frac{25}{36}\times\frac{36}{25}-\text{XVI}-u_\text{b}(\text{增倍组})-\text{XVIII}-\text{M}_5\text{啮合}-\text{丝杠 XIX}-\text{刀架}$$

其中轴 XIV 与 XV 间的基本组可变换 8 种不同的传动比：

$$u_{j1}=\frac{26}{28}=\frac{6.5}{7}, \quad u_{j2}=\frac{28}{28}=\frac{7}{7}, \quad u_{j3}=\frac{32}{28}=\frac{8}{7}, \quad u_{j4}=\frac{36}{28}=\frac{9}{7},$$

$$u_{j5}=\frac{19}{14}=\frac{9.5}{7}, \quad u_{j6}=\frac{20}{14}=\frac{10}{7}, \quad u_{j7}=\frac{33}{21}=\frac{11}{7}, \quad u_{j8}=\frac{36}{21}=\frac{12}{7}$$

基本组是螺距变换机构，组内传动副的传动比 7/7、8/7、9/7、10/7、11/7、12/7 为等差级数，因此改变 u_j 值，就能车削出按等差级数排列的螺纹导程。

轴 XV 与轴 XVIII 间的倍增组可有 4 种不同的传动比：

$$u_{b1}=\frac{18}{45}\times\frac{15}{48}=\frac{1}{8}, \quad u_{b2}=\frac{28}{35}\times\frac{15}{48}=\frac{1}{4},$$

$$u_{b3}=\frac{18}{45}\times\frac{35}{28}=\frac{1}{2}, \quad u_{b4}=\frac{28}{35}\times\frac{35}{28}=1$$

以上 4 种传动比成倍数关系排列，改变 u_b 值就可将基本组的传动比成倍地增大（或缩小），满足车削螺纹的螺距倍数关系。

车削米制螺纹时，两末端件及其计算位移为：

主轴转一转，刀架移动一个被加工螺纹的导程 P_h（mm），米制螺纹的螺距与导程的关系为

$$P_h=nP \tag{2.1}$$

式中 P_h——被加工螺纹的导程，mm；

P——被加工螺纹的螺距，mm；

n——被加工螺纹的头数（线数）。

主轴转一转，刀架移动的距离应与被加工螺纹的导程 P_h 相同，其运动平衡关系式为

$$P_h=nP=1_{(\text{主轴})}\times\frac{58}{58}\times\frac{33}{33}\times\frac{63}{100}\times\frac{100}{75}\times\frac{25}{36}\times u_j\times\frac{25}{36}\times\frac{36}{25}\times u_b\times12 \text{ mm}$$

化简后得

$$P_h=7u_ju_b \tag{2.2}$$

式（2.2）就是车削米制螺纹的运动计算换置公式，根据 P_h 值从 u_j 和 u_b 中取值来调整机床，这就是机床的调整计算。生产中，在 CA6140 型机床上车削米制螺纹时，可通过查表 2.9 找出 P_h 与 u_j 和 u_b 所对应的关系，进行机床调整。

表 2.9 CA6140 型卧式车床车削米制螺纹的导程 P_h

基本组传动比	倍增组传动比			
	$u_{b1}=\frac{18}{45}\times\frac{15}{48}=\frac{1}{8}$	$u_{b2}=\frac{28}{35}\times\frac{15}{48}=\frac{1}{4}$	$u_{b3}=\frac{18}{45}\times\frac{35}{28}=\frac{1}{2}$	$u_{b4}=\frac{28}{35}\times\frac{35}{28}=1$
	螺纹的导程 P_h/mm			
$u_{j1}=\frac{26}{28}=\frac{6.5}{7}$				
$u_{j2}=\frac{28}{28}=\frac{7}{7}$		1.75	3.5	7

基本组传动比	倍增组传动比			
	$u_{b1}=\dfrac{18}{45}\times\dfrac{15}{48}=\dfrac{1}{8}$	$u_{b2}=\dfrac{28}{35}\times\dfrac{15}{48}=\dfrac{1}{4}$	$u_{b3}=\dfrac{18}{45}\times\dfrac{35}{28}=\dfrac{1}{2}$	$u_{b4}=\dfrac{28}{35}\times\dfrac{35}{28}=1$
	螺纹的导程 P_h/mm			
$u_{j3}=\dfrac{32}{28}=\dfrac{8}{7}$	1	2	4	8
$u_{j4}=\dfrac{36}{28}=\dfrac{9}{7}$		2.25	4.5	9
$u_{j5}=\dfrac{19}{14}=\dfrac{9.5}{7}$				
$u_{j6}=\dfrac{20}{14}=\dfrac{10}{7}$	1.25	2.5	5	10
$u_{j7}=\dfrac{33}{21}=\dfrac{11}{7}$			5.5	11
$u_{j8}=\dfrac{36}{21}=\dfrac{12}{7}$	1.5	3	6	12

从表 2.9 中可见,能加工的米制螺纹的最大导程为 12 mm。若需要车削更大导程的螺纹,如镗杆上的油槽,可将轴Ⅸ上的滑移齿轮 Z_{58} 向右移,与轴Ⅷ上的齿轮 Z_{26} 啮合,即车螺纹采用扩大螺距的传动路线。在 CA6140 型卧式车床上,车螺纹正常螺距和扩大螺距的传动路线为:

$$主轴Ⅵ-\left[\frac{\dfrac{58}{58}\quad 正常螺距}{\dfrac{58}{26}-Ⅴ-\dfrac{80}{20}-Ⅳ-\left[\dfrac{50/50}{80/20}\right]-Ⅲ-\dfrac{44}{44}-Ⅷ-\dfrac{26}{58}}\right]-Ⅸ\cdots$$

采用扩大螺距传动路线,自轴Ⅸ后的传动路线与正常螺距时相同,从主轴Ⅵ至轴Ⅸ的传动比为:

正常螺距时　　$u=\dfrac{58}{58}=1$

扩大螺距时　　$u_{扩1}=\dfrac{58}{26}\times\dfrac{80}{20}\times\dfrac{50}{50}\times\dfrac{44}{44}\times\dfrac{26}{58}=4$

$$u_{扩2}=\dfrac{58}{26}\times\dfrac{80}{20}\times\dfrac{80}{20}\times\dfrac{44}{44}\times\dfrac{26}{58}=16$$

可见,扩大螺距传动路线实际上也是一个倍增组,可将螺距扩大 4 倍或 16 倍。但需注意的是扩大螺距的传动路线与主运动的实际传动路线有关,只有主轴处于低速状态才能采用扩大螺距,并且当主轴转速确定后扩大螺距的倍数也就确定了,即当主轴转速为 10 ~ 32 最低 6 级转速时,扩大螺距只能采用 16 倍,当主轴转速为 40 ~ 125 的 6 级转速时,扩大螺距只能采用 4 倍。

（2）车削模数螺纹

模数螺纹主要是米制蜗杆。模数螺纹(米制蜗杆)的螺距 $P_m=\pi m(\text{mm})$,导程 $P_{hm}=nP_m=n\pi m(\text{mm})$。式中 m 为模数,国家标准已规定了 m 的标准值,也是按分段等差数列排列的。

与加工米制螺纹相比较,模数螺纹导程 $P_{hm}=n\pi m$ 中含有特殊因子 π。由于模数螺纹导程特殊因子 π 在传动链调整计算时很不方便,在 CA6140 型车床上,将挂轮换为 $\dfrac{64}{100}\times\dfrac{100}{97}$ 凑出 π 的近似值。车削模数螺纹的传动路线分析与车削米制螺纹时相同,其运动平衡式为

$$P_{hm}=n\pi m=1_{(主轴)}\times\frac{58}{58}\times\frac{33}{33}\times\frac{64}{100}\times\frac{100}{97}\times\frac{25}{36}\times u_j\times\frac{25}{36}\times\frac{36}{25}\times u_b\times12 \text{ mm}$$

式中 $\dfrac{64}{100}\times\dfrac{100}{97}\times\dfrac{25}{36}\approx\dfrac{7\pi}{48}$,经化简后得

$$P_{hm}=n\pi m=\frac{7\pi}{4}u_j u_b$$

车削模数螺纹的调整计算,也是根据导程 P_{hm} 值,从 u_j 和 u_b 中取值来调整机床,当导程 $P_{hm}>12$ mm 时,可采用扩大螺距的传动路线。

(3)车削英制螺纹

英制螺纹在采用英寸制的国家中应用较广泛。我国的管螺纹目前也采用英制螺纹。

英制螺纹用每英寸长度上的螺纹扣(牙)数 a(扣/in)表示。参数 a 的标准值也是按分段等差级数排列的。英制螺纹的螺距 P_a 与参数 a 的关系为

$$P_a=\frac{1}{a} \text{ in}=\frac{25.4}{a} \text{ mm} \tag{2.3}$$

由于英制螺纹的参数 a 是按分段等差级数排列的,所以英制螺纹的螺距是分段的调和级数排列(分母是分段的等差数列)。此外,英制螺纹的螺距转换为米制时,计算式中包含一个特殊因子 25.4。

在 CA6140 型车床上,为了解决既要车削米制螺纹又要车削英制螺纹的问题,在进给箱中采用了移换机构,解决英制螺纹的螺距为调和级数,即将基本组中的主动轴与被动轴对调(轴 XV 变为主动轴,轴 XIV 变为被动轴),为了在调整计算时消除特殊因子 25.4,传动链中的移换机构可通过齿轮副的齿数为 25 和 36 的巧妙组合实现。移换机构由 XIII 轴、XIV 轴间的齿轮副 25/36、齿式离合器 M_3、XIV 轴、XV 轴、XIV 轴上右端齿轮 Z_{36} 及其紧靠的空套 Z_{36}、XVI 上的滑移齿轮 Z_{25} 组成。移换机构的功能是改变基本组的主动轴与被动轴的传动关系,实现车削米制、英制螺纹传动路线的转换,同时凑出特殊因子 25.4。

车削英制螺纹的传动路线为:进给箱中的齿式离合器 M_3 啮合(XIII 轴上的滑移齿轮 Z_{25} 处于右边的位置)、使运动通过 XIII 轴、基本组、XIV 轴,XIV 轴上右端固定齿轮 Z_{36}(靠近空套齿轮 Z_{36})与 XVI 轴左端的滑移齿轮 Z_{25}(移至左面位置)啮合,运动传到 XVI 轴,再经轴倍增组(M_4 必须处于脱开位置)、M_5 传至丝杠。车削英制螺纹的运动平衡式为

$$P_{ha}=nP_a=1_{(主轴)}\times\frac{58}{58}\times\frac{33}{33}\times\frac{63}{100}\times\frac{100}{75}\times\frac{1}{u_j}\times\frac{36}{25}\times u_b\times12 \text{ mm}$$

其中

$$\frac{63}{100}\times\frac{100}{75}\times\frac{36}{25}\approx\frac{25.4}{21}$$

$$P_{ha}=\frac{4}{7}\times25.4\times\frac{u_b}{u_j} \text{ mm}$$

$$P_{ha}=nP_a=\frac{25.4n}{a}=\frac{4}{7}\times25.4\frac{u_b}{u_j} \text{ mm}$$

可通过车削英制螺纹运动平衡的换置公式,选取不同的 u_j 和 u_b 值,车削出多种标准螺

距的英制螺纹。

（4）车削径节螺纹

径节螺纹主要是英制蜗杆。它用径节 D_P 来表示，D_P 的标准值也是按分段等差数列规律排列的。D_P 是蜗轮或齿轮折算到 1 in 分度圆直径上的齿数，即 $D_P = z/D$（z 为齿轮齿数，D 为分度圆直径）。英制蜗杆的轴向齿距（相当于径节螺纹的螺距）为

$$P_{D_P} = \frac{\pi}{D_P} \text{ in} = \frac{25.4\pi}{D_P} \text{ mm} \tag{2.4}$$

在 CA6140 型车床上车削径节螺纹与车削英制螺纹的传动路线相同，但采用的挂轮为 $\frac{64}{100} \times \frac{100}{97}$，其运动平衡式为

$$P_{D_P} = 1_{(\text{主轴})} \times \frac{58}{58} \times \frac{33}{33} \times \frac{64}{100} \times \frac{100}{97} \times \frac{1}{u_j} \times \frac{36}{25} \times u_b \times 12$$

$$\approx \frac{25.4\pi}{84} \times \frac{1}{u_j} \times u_b \times 12$$

$$= \frac{25.4\pi}{7} \times \frac{u_b}{u_j}$$

式中：$\frac{64}{100} \times \frac{100}{97} \times \frac{36}{25} \approx \frac{25.4\pi}{84}$。

通过选取不同的 u_j 和 u_b 值，可车削出不同螺距的径节螺纹。

（5）车削非标准螺纹

车削非标准螺纹时，不使用进给箱的变速机构，此时将 M_3、M_4 及 M_5 全部啮合，运动经轴 XIII、XV、XVIII 直接传至丝杠 XIX。被加工螺纹的导程依靠挂轮的传动比 $u_{挂}$ 来实现。运动平衡式为

$$P_{h非标} = 1_{(\text{主轴})} \times \frac{58}{58} \times \frac{33}{33} \times u_{挂} \times 12 \text{ mm}$$

换置公式为

$$u_{挂} = \frac{a}{b}\frac{c}{d} = \frac{P_{h非标}}{12}$$

若 $u_{挂}$ 的选配精度高，则可加工精度较高的螺纹。

（6）纵向机动进给运动传动链

当车削内、外圆柱面时，可使用纵向机动进给。为了避免丝杠磨损而影响螺纹的加工精度，机动进给运动是由光杠经滑板箱传动的。机动进给时，由主轴 VI 至轴 XVIII 的传动路线与车削米制或英制螺纹时的传动路线相同，其后 M_5 脱开，轴 XVIII 的运动经齿轮副 $\frac{28}{56}$ 传至光杠 XX，光杠 XX 的运动经滑板箱中齿轮副 $\frac{36}{32} \times \frac{32}{56}$（超越离合器）及安全离合器 M_8、轴 XXII、蜗杆蜗轮副 $\frac{4}{29}$ 传至轴 XXIII。运动由轴 XXIII 经齿轮副 $\frac{40}{48}$ 或 $\frac{40}{30} \times \frac{30}{48}$、双向离合器 M_6、轴 XXIV、齿轮副 $\frac{28}{80}$、轴 XXV 传至小齿轮 Z_{12}，小齿轮 Z_{12} 与固定在床身上的齿条相啮合，小齿轮转动时就使刀架作机动纵向进给。其传动路线表达式为：

$$\text{主轴 VI} - \begin{bmatrix} \text{米制螺纹传动路线} \\ \text{英制螺纹传动路线} \end{bmatrix} - \text{XVIII} - \frac{28}{56} - \text{XX(光杠)} - \frac{36}{32} \times \frac{32}{56} - \text{XXII} - \frac{4}{29} - \text{XXIII} -$$

$$\begin{bmatrix} M_6 \uparrow \frac{40}{48} \\ M_6 \downarrow \frac{40}{30} \times \frac{30}{48} \end{bmatrix} - \text{XXIV} - \frac{28}{80} - \text{XXV} - Z_{12}/\text{齿条} \text{——纵向机动进给}$$

在 CA6140 型卧式车床上可获得的 64 种纵向机动进给量,分别由 4 种传动路线实现。车削时进给量常用主轴转一转,刀具纵向移动的距离 f 表示,单位为 mm/r。

通过米制螺纹正常螺距的传动路线时,纵向机动进给量的运动平衡式为

$$f_{\text{纵}} = 1_{(\text{主轴})} \times \frac{58}{58} \times \frac{33}{33} \times \frac{63}{100} \times \frac{100}{75} \times \frac{25}{36} \times u_j \times \frac{25}{36} \times \frac{36}{25} \times u_b \times$$

$$\frac{28}{56} \times \frac{36}{32} \times \frac{32}{56} \times \frac{4}{29} \times \frac{40}{30} \times \frac{30}{48} \times \frac{28}{80} \times \pi \times 2.5 \times 12 \ \text{mm/r}$$

将 u_j、u_b 代入上式可得到 32 种正常的机动纵向进给量,如表 2.10 所示。这 32 种纵向进给量应用最广泛,在操作机床时,可根据加工需要的进给量从表中选择与之接近的较小一种,然后调整机床即可。

表 2.10　32 种正常的机动纵向进给量

基本组传动比	倍增组传动比			
	$u_{b1} = \frac{18}{45} \times \frac{15}{48} = \frac{1}{8}$	$u_{b2} = \frac{28}{35} \times \frac{15}{48} = \frac{1}{4}$	$u_{b3} = \frac{18}{45} \times \frac{35}{28} = \frac{1}{2}$	$u_{b4} = \frac{28}{35} \times \frac{35}{28} = 1$
	进给量/(mm/r)			
$u_{j1} = \frac{26}{28} = \frac{6.5}{7}$	0.08	0.16	0.33	0.66
$u_{j2} = \frac{28}{28} = \frac{7}{7}$	0.09	0.18	0.36	0.71
$u_{j3} = \frac{32}{28} = \frac{8}{7}$	0.10	0.20	0.41	0.81
$u_{j4} = \frac{36}{28} = \frac{9}{7}$	0.11	0.23	0.46	0.91
$u_{j5} = \frac{19}{14} = \frac{9.5}{7}$	0.12	0.24	0.48	0.96
$u_{j6} = \frac{20}{14} = \frac{10}{7}$	0.13	0.26	0.51	1.02
$u_{j7} = \frac{33}{21} = \frac{11}{7}$	0.14	0.28	0.56	1.12
$u_{j8} = \frac{36}{21} = \frac{12}{7}$	0.15	0.30	0.61	1.22

运动经米制螺纹扩大螺距的传动路线,主轴处于 6 级高速(450 ~ 1 400 r/min,其中 500 r/min 除外)状态,且 $u_b = \frac{18}{45} \times \frac{15}{48} = \frac{1}{8}$ 时,可得从 0.028 ~ 0.054 mm/r 的 8 种较小的纵向机

动进给量。

通过英制螺纹正常螺距的传动路线时,选择 $u_b = 1$,可得到从 $0.86 \sim 1.59$ mm/r的 8 种较大的纵向机动进给量。

通过英制螺纹扩大螺距的传动路线时,且主轴处于 12 级低速（$10 \sim 125$ r/min）,$u_b = 1/4$、$u_b = 1/8$ 与 $u_{扩} = 4$、$u_{扩} = 16$ 进行组合,可得从 $1.71 \sim 6.33$ mm/r的 16 种更大的纵向机动进给量。

（7）横向机动进给传动链

在轴 XXⅧ 之前的运动与纵向机动进给运动相同。当运动由轴 XXⅧ 经齿轮副 $\frac{40}{48}$ 或 $\frac{40}{30} \times \frac{30}{48}$、双向离合器 M_7、轴 XXⅧ 及齿轮副 $\frac{48}{48} \times \frac{59}{18}$ 传至横进给丝杠 XXX 后,就使横刀架作横向机动进给。

其传动路线表达式为:

$$-\begin{bmatrix} M_7 \uparrow \frac{40}{48} \\ M_7 \downarrow \frac{40}{30} \times \frac{30}{48} \end{bmatrix} - XXⅧ - \frac{48}{48} - XXⅨ - \frac{59}{18} - 横向丝杠 XXX (p_h = 5 \text{ mm}) —— 横向机动进给$$

横向进给量及级数的分析与纵向的相同。当传动路线相同时,横向进给量大约为纵向进给量的一半。

（8）刀架的快速进给传动链

当需要刀架机动地快速接近或离开工件时,可按下快移按钮,使快速电动机（370 W、2 600 r/min）起动。快速电动机的运动经齿轮副 $\frac{14}{28}$ 使轴 XXⅡ 高速转动,再经蜗轮副 $\frac{4}{29}$ 传动给滑板箱内的传动机构,使刀架实现纵向或横向的快速移动。

为了缩短辅助时间和操作简便,在刀架快速移动过程中,光杠仍可继续转动,不必脱开进给传动链。为了避免光杠和快速电动机同时转动轴 XXⅡ 而发生运动干涉,在齿轮 Z_{56} 与轴 XXⅡ 之间装有超越离合器,当快速运动加到轴 XXⅡ 时,超越离合器将光杠传来的运动脱开,避免了轴 XXⅡ 上有两种运动速度传动。

单向超越离合器的结构如图 2.24 所示,其工作原理是:当刀架机动进给时,由光杠传来的运动传至齿轮 Z_{56}（图中的 5）,此时齿轮 Z_{56} 按逆时针方向旋转,三个短圆柱滚子 6 分别在弹簧 8 的弹力及滚子 6 与外环 5 间的摩擦力的作用下,楔紧在外环 5 和星体 4 之间,外环 5 通过滚子 6 带动星体 4 一起转动,于是运动便由星体 4 通过键连接传到安全离合器 M_8 左半部分 3,在弹簧 1 的作用下传至安全离合器 M_8 右半部分 2,通过花键连接,将运动传至轴 XXⅡ,经滑板箱内的传动链实现机动进给。

当快速电动机起动时,运动经齿轮副 $\frac{18}{24}$ 传至轴 XXⅡ,轴 XXⅡ 及星体 4 获得一个与齿轮 Z_{56} 转向相同而转速较高的旋转运动。这时,由于滚子 6 与外环 5 及星体 4 之间的摩擦力,就使滚子 6 压缩弹簧 8 而向楔形槽较宽的方向滚动,从而脱开外环 5 与星体 4（及轴 XXⅡ）间的传动联系。这时光杠 XX 及齿轮 Z_{56} 虽均在旋转,但却不能将运动传到 XⅡ 上。因此,刀架快速移动时不必停止光杠的运动。快速移动的方向仍由滑板箱中的双向离合器 M8 和 M7 控制。由于该超越离合器是单向的,所以该机床的光杠转动方向和快速电动机的转动方向只能有一个方向。

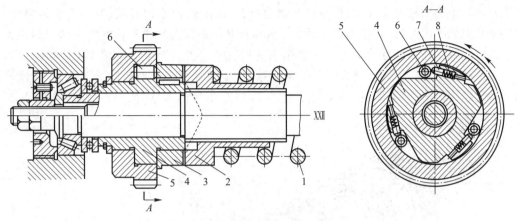

图 2.24　单向超越离合器结构示意图

2.2.4　CA6140 型卧式车床的典型机构

1. 摩擦片离合器、制动器及其操纵机构

装在轴Ⅰ上(见图 2.21)的双向摩擦片离合器由左、右两部分组成。左边部分传动主轴正转,用于切削加工,传递的转矩较大,片数较多。右边部分传动主轴反转,主要用于车螺纹时的退刀,传递的转矩较小,片数也较少。摩擦片离合器左右两边的结构和工作原理是相同的。双向摩擦片离合器左边的结构组成如图 2.25a 所示,由空套齿轮 1、内摩擦片 3、外摩擦片 2、止推片 10 及 11、压块 9、滑块 8、销 5、推拉杆 7 和元宝销 6 等组成。其工作原理如下:

轴Ⅰ的外表面花键与内摩擦片的花键孔为花键副连接,使内摩擦片 3 与轴Ⅰ一同旋转。外摩擦片 2 空套在轴Ⅰ外表面的花键大圆上,外摩擦片 2 上的四个凸起装在空套齿轮 1 右侧的缺口槽中。当推拉杆 7 通过销 5 向左推动滑块 8(压块 9)移动时,滑块 8 的花键孔与轴Ⅰ的外表面花键为花键副连接,滑块 8 的外表面螺纹与压块 9 为螺纹连接,于是将内摩擦片 3、外摩擦片 2 压紧在止推片 10、11 上(止推片 10、11 固定在轴Ⅰ上),使运动通过轴Ⅰ、内摩擦片 3、外摩擦片 2 传到空套齿轮 1 上,空套齿轮 1 通过传动件使主轴正转。同理,当推拉杆 7 向右移动时,可使主轴反转。当摩擦片离合器左、右摩擦片均处于脱开状态时,轴Ⅰ虽转动,但离合器不传递运动,主轴处于停止状态。

摩擦片离合器传递转矩的大小主要与内、外摩擦片间的摩擦副的数目(或摩擦片数)、压紧力大小、摩擦片的摩擦系数、摩擦片的结构尺寸和摩擦片的接触面积有关。摩擦片离合器除了靠摩擦力传递运动和转矩外,还能起到过载保护的作用。当机床超载时,摩擦片打滑,可避免损坏机床。摩擦片间的压紧力是根据离合器应传递的额定转矩来确定的。为了保证摩擦片离合器能够传递额定的转矩,可通过调整压块 9 的位置实现。将弹簧销 4 压下,拧动压块 9,改变压块 9 与滑块 8 的相对位置来调整压紧力的大小,调整合适后使弹簧销 4 重新卡入压块 9 上的缺口中,以防松动。

离合器的左、右接合或脱开均由手柄 18 来操纵,操纵机构的工作原理如图 2.25b 所示。当向上扳动手柄 18 时,杆 20 向外移动,使曲柄 21 及齿扇 17 转动,带动齿条 22 向右移动。齿条左端的拨叉 23 拨动滑套 12 向右移动。滑套 12 内孔的两端为锥孔,中间为圆柱孔。当滑套 12 向右移时,就使元宝销 6 绕轴线 $O_1—O_1$ 作顺时针转动,于是元宝销 6 下端的凸缘推动推拉杆 7 上的凹槽向左移动,推拉杆 7 带动销 5、滑块 8(内表面是花键、外表面是螺纹)、压块 9 相对轴 I 向左移动,将内摩擦片 3 与外摩擦片 2 压紧在压块 9 和止推片 10(11)之间,通过内摩擦片 3 与外摩擦片 2 的摩擦将轴 I 的运动和动力传至空套齿轮 1 上,再通过后面的传动链使主轴正转。同样,将手柄 18 向下扳时,摩擦片离合器右边部分工作,主轴反转。当手柄处于中位时,离合器脱开,主轴停止。

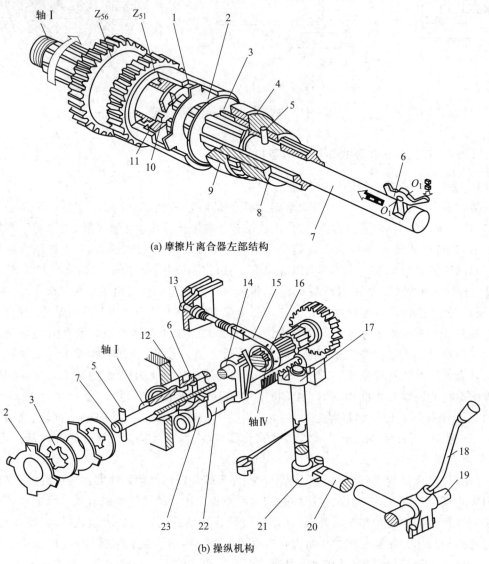

(a) 摩擦片离合器左部结构

(b) 操纵机构

图 2.25　摩擦片离合器、制动器及其操纵机构

制动器安装在轴 IV 上,它的作用是在摩擦离合器脱开时及时制动主轴,以缩短辅助时间。制动器由制动盘 16、制动带 15、调节螺钉 13 和杠杆 14 等组成。制动盘的外圆上围着制动带,制动带为一钢带,为了增加摩擦面的摩擦系数,在钢带内侧固定一层酚醛石棉。制动带的一端与杠杆 14 相连,另一端通过调节螺钉 13 与箱体相连。为了操纵方便和准确制动,制动器和离合器共用一套操纵机构,均由手柄 18 操纵。当离合器脱开时,齿条 22 所处的位

置恰好使齿条 22 上凸起顶起杠杆 14 的下端,使杠杆 14 逆时针方向摆过一定角度,将制动带拉紧,使轴Ⅳ制动,轴Ⅳ与主轴Ⅵ靠传动链连接,所以使主轴迅速停止转动。当左、右离合器接合时,恰好对应齿条 22 凸起的左、右两边的凹槽,杠杆 14 顺时针摆动,使制动带放松,轴Ⅳ的制动状态被放松,主轴可以旋转。制动带的拉紧程度由调节螺钉 13 调整。

2. 主轴前端与卡盘的快装结构

卡盘或过渡盘的装配结构如图 2.26 所示。图中 1 是螺钉,2 是快转垫,3 是主轴,4 是卡盘(或过渡盘)座,5 是双头螺柱,6 是螺母。主轴前端短锥法兰与卡盘(或过渡盘)座配合定位,在主轴法兰上还有一圆形销也与卡盘(或过渡盘)座上的孔配合(图中未标出),用于周向定位和传递转矩。安装时,将装在卡盘(或过渡盘)座 4 上的四个双头螺柱 5 及螺母 6 穿过主轴法兰和环形锁紧(快转垫)2 的大孔,并使卡盘(或过渡盘)座上的孔与在主轴法兰上的圆形销

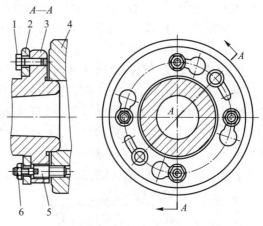

图 2.26 卡盘或过渡盘的安装

配合,再将快转垫 2 转过一个角度(快转垫 2 上有一弧长孔,通过螺钉 1 将快转垫 2 安装在主轴法兰后端,能使快转垫 2 在螺钉 1 上转过一个角度),使双头螺柱 5 处于快转垫 2 的另一弧长孔内(快转垫 2 上的大孔与弧长孔周向相通,弧长孔可以卡住螺母 6),然后拧紧螺母 6,安装完备。

3. 主运动的变速操纵机构

主轴箱中轴Ⅱ上的双联滑移齿轮和轴Ⅲ上的三联滑移齿轮的操纵机构共用一个手柄操纵,如图 2.27 所示。手柄装在主轴箱的前壁上,通过链传至轴 4。轴 4 上装有圆盘凸轮 3 和

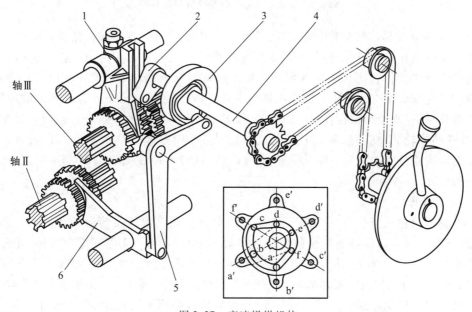

图 2.27 变速操纵机构

曲柄 2。凸轮 3 上有一条封闭的曲线槽,由两段不同半径的圆弧和直线构成。凸轮有 6 个不同的变速位置。杠杆上端的滚子在曲线槽中处于 a、b、c 位置时(曲线的大半径圆弧段),杠杆 5 带动拨叉 6 将轴 Ⅰ 的双联滑移齿轮拨至左位;位置 d、e、f 则将双联滑移齿轮拨至右端位置。

轴 4 转动时带动曲柄 2 转动,曲柄 2 带动拨叉 1 拨动轴Ⅲ上的三联滑移齿轮,使它们处于左、中、右三种不同的位置。依次转动手柄至各个变速位置,就可使两个滑移齿轮的轴向位置有 6 种不同的组合,从而使轴Ⅲ获得 6 种不同的转速。滑移齿轮移至规定位置后,应能可靠定位。此操纵机构采用钢球定位装置。

4. 进给运动基本组的变速操纵机构

基本组变速操纵机构的工作原理如图 2.28 所示。基本组的四个滑移齿轮由一个手轮集中操纵。手轮 6 的端面上开有一个环形槽 E,四个销 5 均匀地分布在环形槽 E 中,通过销 5 和杠杆 4 来控制拨块 3 的位置。拨块 3 有四个,分别控制基本组的四个滑移齿轮。在槽 E 中有两个圆周间隔 45° 的孔 a 和 b,分别安装带斜面的压块 1 和 2,压块 1 和 2 的斜面倾斜方向一个沿径向向外,另一个向里,用来控制销 5 的位置,即控制基本组四个滑移齿轮的位置。

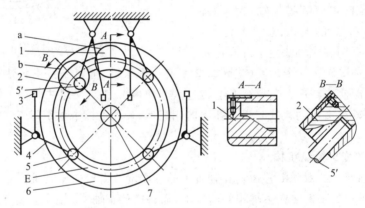

图 2.28　进给箱基本组操纵机构原理图

手轮 6 沿圆周方向有 8 个均布位置,当它处于图示位置时,只有左上角杠杆的销 5′ 在压块 2 的作用下靠在孔 b 的内侧壁上(销 5′ 距手轮的中心较近处),此时,在销 5′ 的作用下,拨块 3 将齿轮 Z_{28} 拨至左端位置(与轴ⅩⅣ上的齿轮 Z_{26} 啮合),其余三个销均在环形槽 E 中,相对应的滑移齿轮都处于空挡位置。在此位置使手轮逆时针转 45°,孔 a 将转至孔 b 的位置,在压块 1 的作用下,将销 5′ 靠在孔 a 的外侧壁上(销 5′ 距手轮的中心较远处),此时在销 5′ 作用下,拨块 3 将齿轮 Z_{28} 拨至右端位置。因此,手轮 6 沿圆周方向有 8 个均布位置,可将基本组的 4 个滑移齿轮分别置于 8 个啮合位置,每个位置只能有一个齿轮处于工作位置,其余处在空挡位置。

5. 开合螺母

开合螺母也称对开螺母,其功用是接通或断开丝杠传到滑板箱的运动和动力。车削螺纹时,丝杠通过开合螺母带动滑板箱和刀架移动。从图 2.29 A—A 剖视图中可见,开合螺母由上半螺母 19 和下半螺母 18 组成,可沿燕尾导轨张开或合紧。在上、下半螺母上装有一个圆柱销 20,它们分别插入手柄轴槽盘 21 的两条曲线槽 d 中(见 C—C 剖视图)。槽盘 21 上的曲线槽 d 是一段偏心圆弧,转动手柄 15 时,曲线槽 d 作用于圆柱销 20,带动上、下半螺母张开或闭合。圆弧槽的倾斜角能保证开合螺母闭合后自锁。螺钉 17 用来调整丝杠与开合螺母间的位置和啮合间隙。

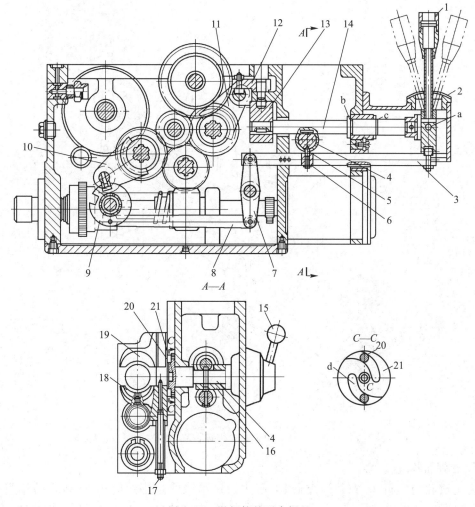

图 2.29 滑板箱的开合螺母

6. 纵向、横向机动进给及其快速进给运动的操纵机构

纵、横向机动进给及其快速进给运动由一个手柄集中操纵,如图 2.30 所示。操纵手柄 1 处于中间位置时,离合器 M_6 和 M_7 均脱开,纵、横向机动进给运动均被断开。

当需要纵向机动进给时,向相应的方向(向左或向右)扳动手柄 1,轴 14 轴向固定,手柄 1 可绕销 a 转动,手柄 1 通过下部的槽口拨动轴 3 轴向移动(轴 3 不能转动),通过杠杆 7 及连杆 8 使圆柱凸轮 9 转动。凸轮 9 的螺旋曲线槽通过销使拨叉 10 移动,推动轴 XXIV 上的双向牙嵌离合器 M_6 向相应的方向啮合。这样,可接通光杠传给轴 XXII 的进给运动,传给齿轮齿条机构,使刀架作纵向机动进给运动。如按下手柄 1 上端的快速移动按钮,快速电动机起动,刀架就可作相应方向的快速移动,松开快速移动按钮,则刀架移动转为机动进给。

如果操纵手柄 1 向前或向后扳动,轴 14 和圆柱凸轮 13 一同转动,凸轮 13 上的曲线槽使杠杆 12 转动,杠杆 12 上的销拨动拨叉 11,使轴 XXVIII 上的双向牙嵌式离合器 M_7 向相应的方向啮合,接通光杠传给轴 XXII 的进给运动,传给横向进给的丝杠螺母机构,带动刀架实现横向机动进给运动。这时,如果起动快速电动机,可使横刀架实现相应方向的快速进给。

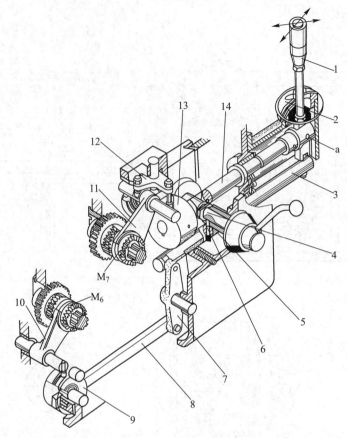

图 2.30　滑板箱操纵机构立体图

7. 互锁机构

为了避免损坏机床,在接通纵向、横向机动进给或快速进给时,开合螺母应断开。反之,开合螺母闭合时,就不允许接通机动进给或快速进给。开合螺母操纵手柄 15(见图 2.29)与纵向、横向机动进给运动的操纵手柄 1 是互锁的。互锁机构的工作原理如图 2.31 所示。

图 2.31a 所示的中间位置情况,表示开合螺母、纵向机动进给、横向机动进给均处于脱开状态,此时可任意扳动丝杠手柄 15(与轴 4 连接为一体)或纵向进给、横向进给手柄 1。

图 2.31b 所示的是开合螺母闭合的情况,此时手柄 15 所操纵的轴 4 已转过了一个角度,轴 4 上的凸肩插入轴 14 的槽中,使轴 14 不能转动,即操纵横向进给的转动轴 14 被锁住,同时轴 4 上的凸肩又将销子 5 的一半压入轴 3 的孔中,而另一半仍留在固定套 16 中,使轴 3 不能轴向移动,即操纵纵向进给的轴 3 被锁住,所以开合螺母合上时,纵向机动进给和横向机动进给均被锁住。

图 2.31c 所示的是纵向进给的情况,这时轴 3 向右移动,轴 3 上安装在圆孔内的弹簧销 6 也随之移开销子 5,轴 3 上的圆柱表面顶住销子 5,使其处于固定套 16 的圆孔内,而它的上端球部卡在轴 4 上凸肩的 V 形槽中,将轴 4 锁住,使手柄 15 不能转动,即将开合螺母被锁住不能再闭合。

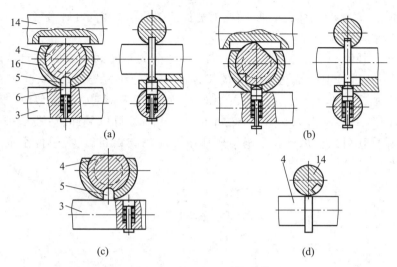

图 2.31　互锁机构的工作原理图

图 2.31d 所示是横向进给的情况,这时轴 14 转动了一个角度,其上的长槽与轴 4 上的凸肩错位,于是轴 14 的圆柱表面顶住轴 4 上凸肩的削边部位,使轴 4 无法转动,即开合螺母被锁住不能闭合。所以开合螺母与纵向进给和横向进给互锁。

8. 安全离合器

在进给过程中,当进给力过大或刀架移动受阻时,为了避免损坏传动件,在滑板箱中设置了进给安全离合器,使刀架在进给过载时能自动停止进给。安全离合器的结构原理如图 2.32所示。

由光杠XX传来的运动经单向超越离合器传至安全离合器的左半部 3,然后在弹簧 1 的作用下由其螺旋形端面接触副传至安全离合器的右半部 2,再经过花键副传至轴XXII。正常机动进给的情况如图 2.32a 所示。当机床过载时,安全离合器传递的力矩增大,作用在螺旋形端面接触副上的轴向力也将增大。当轴向力超过允许值时,弹簧不再能保持安全离合器的左、右端接合面相接合,轴向力将安全离合器的右半部 2 向右推(见图2.32b),使弹簧 1 压缩,这时安全离合器左半部 3 继续转动,与安全离合器的右半部 2 接合时产生打滑,如图2.32c 所示,断开由安全离合器的左半部 3 传到轴XXIII的传动。

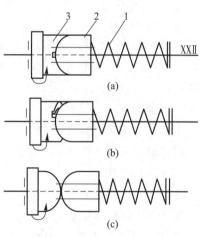

图 2.32　安全离合器的工作原理

当过载现象消除后,由于弹簧力的作用,安全离合器恢复接合,转入正常工作状态,从而起到安全保护的作用。

2.2.5　其他车床

1. 马鞍、无丝杠、卡盘、落地、六角等类型的车床

马鞍车床、无丝杠车床、卡盘车床、落地车床和六角车床的基本结构与卧式车床相同,为了车削不同形状、尺寸和表面类型的工件,对它们的部分结构进行了改变。

（1）马鞍车床

马鞍车床的外形如图 2.33 所示。马鞍车床是同规格卧式车床的"变型"。它与卧式车床基本相同,在其床身上靠近主轴箱的一侧有一段可卸式导轨（马鞍）,卸去马鞍后就可使加工工件的最大直径增大。例如,在 C6140 型卧式车床基础上变型的 C6240 型马鞍车床,最大加工工件直径可以扩大到 630 mm。由于马鞍可以装卸,马鞍车床床身刚度和导轨的工作精度比卧式车床的低。马鞍车床主要应用在设备较少、单件小批生产的小工厂和修理车间。

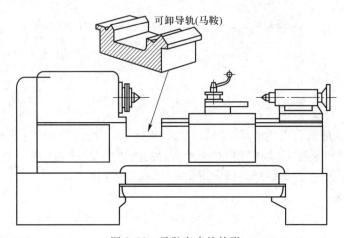

图 2.33　马鞍车床的外形

（2）无丝杠车床

无丝杠车床的结构比卧式车床简单。因其无丝杠,只能作一般车削工作,不能车削螺纹。无丝杠的主轴箱和进给箱的变速范围小,变速级数少,其结构比较简单,适用于大批大量生产。

（3）卡盘车床

卡盘车床比无丝杠车床的结构更简单。因为它无丝杠、无尾架、床身较短,只能用卡盘夹持工件进行一般车削工作,不能车螺纹和较长的工件,适用于大批大量生产。

（4）落地车床

在加工直径大而短的工件时,采用大型卧式车床加工往往不经济,一般在落地车床上加工。图 2.34 所示的落地车床无床身,主轴箱 1 和刀架滑座 8 直接安装在地基或落地平板上。花盘 2 用来夹持工件,刀架 3 和 6 可作纵向移动,刀架 5 和 7 可作横向移动,转盘 4 可以调整至一定的角度用来车削锥面。刀架 3 和 7 可以由单独电动机驱动,进行连续的进给运动,也可以用棘轮棘爪机构作间歇的进给运动。加工特大零件的落地车床,花盘的下方有地坑,以便加大可加工工件的直径。

（5）六角车床

卧式车床的使用范围广,灵活性大,但是机床上能安装的刀具较少,尤其是孔加工刀具,在加工形状比较复杂、需用多把刀具顺次切削工件时,需要经常装卸刀具,影响机床的生产率。在成批生产时,为了减小装卸刀具的时间,多采用六角车床。六角车床是在卧式车床的基础上将车床的尾架去掉,在此处安装可以纵向移动的多工位刀架。在六角车床上,根据工件的加工工艺情况,预先将所用的全部刀具安装在机床上,调整好每组刀具的行程终点位置,并由可调整的挡块(挡铁)来控制。机床调整妥当后,加工时用这些刀具轮流地进行工作或多刀同时加工,减少了装卸刀具及测量工件尺寸的时间,生产率比卧式车床高。在六角车床上加工的典型零件如图 2.35 所示。

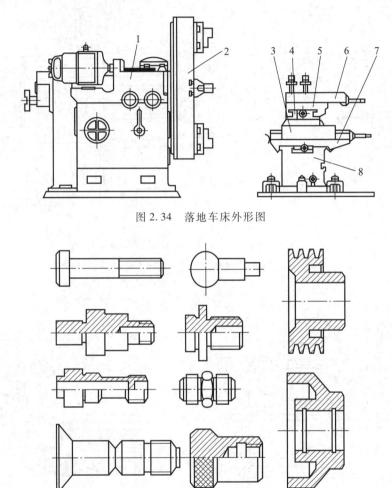

图 2.34　落地车床外形图

图 2.35　在六角车床上加工的典型零件

六角车床按六角刀架的不同分为转塔式六角车床和回轮式六角车床两种类型。

图 2.36 是转塔式六角车床的外形,它除了有前刀架 5 以外,还有一个转塔刀架 6。前刀架 5 既可以在床身 1 的导轨上作纵向进给,切削大直径的外圆柱面;也可以作横向进给,加工端面和沟槽。转塔刀架 6 只能作纵向进给,用于车削外圆柱面和内孔的钻、扩、铰、镗加工。在六角车床上加工的螺纹,一般采用丝锥或板牙进行加工。

回轮式六角车床的外形如图 2.37a 所示。回轮式六角车床中没有前刀架,只有一个回轮刀架 4。如图 2.37 b 所示,回轮刀架的轴心线与主轴中心线相平行,在回轮刀架的端面有许多安装刀具的孔,通常为 12 或 16 个。当刀具安装孔转到回转的最上端位置时,与主轴中心正好同心。回轮刀架可沿着床身导轨作纵向进给运动。在成形车削、切槽和切断时,需作横向进给,横向进给由回轮刀架的缓慢转动来实现。回轮式六角车床主要是用于加工直径较小的工件,毛坯多是棒料。

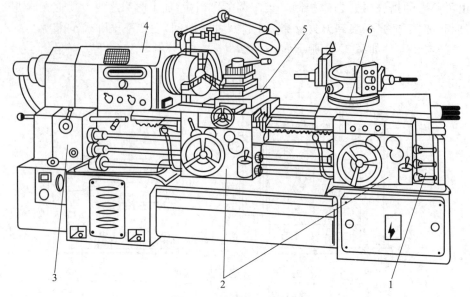

图 2.36　转塔式六角车床

1—床身;2—滑板箱;3—进给箱;4—主轴箱;5—前刀架;6—转塔刀架

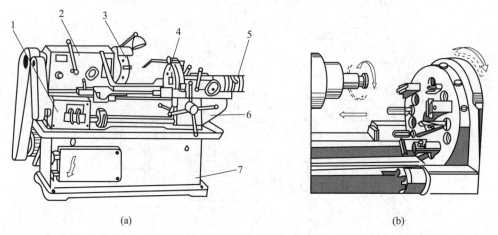

(a) (b)

图 2.37　回轮式六角车床

1—进给箱;2—主轴箱;3—夹料夹头;4—回轮刀架;5—挡块轴;6—床身;7—底座

2. 自动车床

机床在调整好后,无须操作者参与便能自动地完成表面成形运动和辅助运动,并能自动地装卸工件和重复预定的工作循环,这种机床称为自动车床。若机床能自动完成预定的工作循环,但装卸工件仍需由工人进行,这种机床称为半自动机床。自动机床的生产率高,工人的劳动强度低,工件质量稳定,精度一致性好,适于大批生产。自动机床按自动化程度可分为自动和半自动机床;按主轴数目可分为单轴和多轴机床;按工艺方法可分为纵切和横切机床。

CM1107 型纵切自动车床可以车削圆柱面、圆锥面、切槽、切断,如果采用附属装置,还可以加工内、外螺纹,钻孔,铰孔,切端面,铣槽等,加工的典型零件如图 2.38 所示。

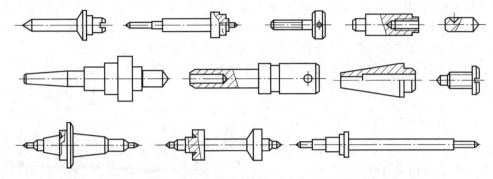

图 2.38 CM1107 型单轴纵切自动车床加工的典型零件

CM1107 型自动车床的外形如图 2.39 所示。机床由底座 1、床身 2、送料装置 3、主轴箱 4、天平刀架 5、中心架 6、上刀架 7、三轴钻铰附件 8 和分配轴 9 等部分组成。

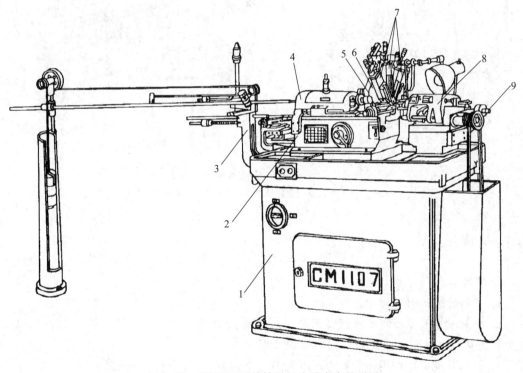

图 2.39 CM1107 型单轴纵切自动车床外形图

3. 立式车床

车削大而重的工件时,由于在卧式车床上装、卸和加工工件很不方便,一般在立式车床上进行加工。立式车床的主轴垂直安装。与主轴相连的用于安装工件的圆形部件称作工作台,工作台面处于水平面内,使得工件的装夹和找正比较方便;而且工件和工作台的重量可均匀地作用在工作台导轨或推力轴承上。

立式车床分单柱式和双柱式两类,其外形如图 2.40 所示。单柱式立式车床只用于加工直径不太大的工件。立式车床的工作台 2 装在底座 1 上,工件装夹在工作台上并由工作台带动作主运动。进给运动由垂直刀架 3 和侧刀架 4 来实现。侧刀架 4 可在立柱 5 的导轨上移动作垂直进给,侧刀架还可沿刀架滑座的导轨作横向进给。垂直刀架 3 可在横梁 6 的导轨上移动作横向进给,此外,垂直刀架滑板还可沿其刀架滑座的导轨作垂直进给。中小型立式车床的一个垂直刀架上通常带有转塔刀架,在此转塔刀架上可以安装几组刀具(一般为 5 组),进行轮流进行切削。横梁 6 可根据工件的高度沿立柱导轨调整位置。

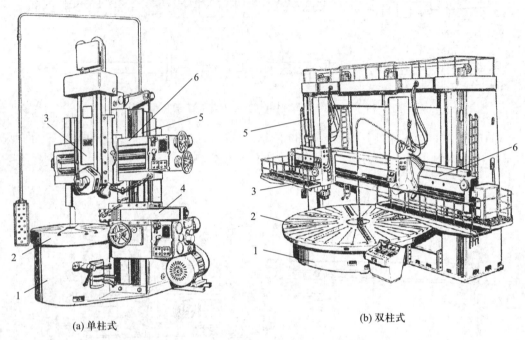

(a) 单柱式　　　　　　　　　　　　　　　(b) 双柱式

图 2.40　立式车床

1—底座;2—工作台;3—垂直刀架;4—侧刀架;5—立柱;6—横梁

2.3　磨床

学习目标

1. 了解磨床的种类和用途。

2. 了解 M1432A 型万能外圆磨床的工艺范围、运动和主要技术参数,掌握 M1432A 型万能外圆磨床作为精加工机床采取的措施和采用的结构。

3. 了解其他磨床的用途和特点,能够根据实际应用选择合理的磨床。

2.3.1　磨床概述

磨床是以磨料或磨具(如砂轮、砂带、油石、研磨料)为工具进行磨削加工的机床,一般用于工件表面的精加工,尤其是硬表面的精加工,可以磨削各种类型的表面,如外圆、内圆、平面、螺纹表面、齿轮表面、成形表面等,还可对刀具进行刃磨,其应用非常广泛。随着磨削技术和精密铸造、锻造技术的发展,磨床将毛坯可直接磨成成品,并向高速、高效、高精度的方向发展。磨床的主要种类如下。

磨床类 M:仪表磨床,外圆磨床,内圆磨床,砂轮机,坐标磨床,导轨磨床,刀具刃磨床,平面及端面磨床,曲轴、凸轮轴、花键轴及轧辊磨床、工具磨床。

二磨 2M:超精机、内圆珩磨机、外圆及其他珩磨机、抛光机、砂带抛光及磨削机床、刀具刃磨及研磨机床、可转位刀片磨削机床、研磨机、其他磨床。

三磨 3M:球轴承套圈沟磨床,滚子轴承套圈沟磨床,轴承套圈超精机,叶片磨削机床,滚子加工机床,钢球加工机床,气门,活塞及活塞环磨削机床,汽车(拖拉机)修磨机床。

2.3.2 M1432A 型万能外圆磨床

1. M1432A 型万能外圆磨床的用途和布局

M1432A 型万能外圆磨床主要用于磨削圆柱形或圆锥形的外圆,尺寸精度为 IT6 ~ IT7 级,工件在卡盘上装夹的圆度允差为 0.005 mm,在顶尖支承的圆度允差为 0.003 mm,表面粗糙度 Ra 值为 1.25 ~ 0.05 μm。这种机床通用性较好,但生产效率较低,适用于工具车间、维修车间和单件小批生产车间。

M1432A 型万能外圆磨床的外形和布局如图 2.41 所示,主要由床身、工作台、砂轮架、头架、控制与操纵部件等组成。

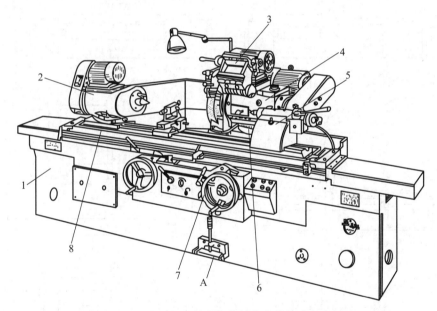

图 2.41 M1432A 型万能外圆磨床的外形和布局

床身 1 是磨床的基础部件,用以支承安装其他零部件,并保证各个部件间有正确的相对位置和运动。磨床的床身一般为铸件,床身上的纵向导轨用来支承和引导工作台的纵向往复运动,由液压缸驱动或手轮通过齿轮齿条传动。横向床身导轨用来支承和引导砂轮架滑板的横向进给运动,由横向进给传动机构实现。床身的内腔可用作液压油的油箱。

头架 2 由壳体、头架主轴、传动装置和电动机等组成,通过其底座安装在工作台上。在头架主轴上安装卡盘或顶尖,用来装夹工件并带动工件转动。头架与滑鞍上的转盘连接,使头架在水平面内可以调整 90°的角度。

内圆磨具架 3 用于支承磨内孔的砂轮主轴。它与砂轮架 4 通过铰链连接,使用时将其向下翻转至工作位置,不使用时将其抬起。内圆磨具主轴由单独电动机驱动。

砂轮架 4 用于支承磨外圆砂轮主轴,由单独电动机驱动。砂轮架 4 与横向滑鞍上的转盘 6 连接,当需要磨削短圆锥时,砂轮架可以在水平面内调整±30°。

尾座 5 上的尾座套筒用来安装顶尖,它与头架主轴上的顶尖一起支承工件。尾座套筒可以通过手动或液压驱动实现后缩运动,用于装卸工件,图中的 A 为尾座套筒液压缸动作踏板。

横向滑鞍(及转盘)6 由横向床身导轨支承,通过操纵手轮 7 可以实现砂轮架 4 的手动横向进给运动,还可以通过液压驱动实现自动横向进给。

工作台 8 分上、下两层,上工作台相对下工作台可回转一个角度,以便磨削锥度较小的长圆锥面。工作时由液压传动实现纵向进给运动,工作台的行程和往复换向由撞块控制。

磨床的调整和工作过程是由人、机械、液压和电气进行操纵与控制。

2. M1432A 型万能外圆磨床的运动及其磨削方法

在 M1432A 型万能外圆磨床上,典型表面的加工及其运动如图 2.42 所示。

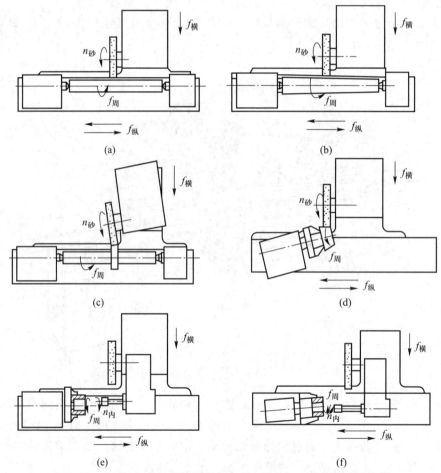

图 2.42　M1432A 型万能外圆磨床典型表面的加工及其运动示意图

在 M1432A 型万能外圆磨床上对工件表面进行磨削的方法有两种:纵向磨削法和切入磨削法。

纵向磨削法是工作台带动工件相对砂轮作往复纵向进给运动的磨削方法,如图 2.42a、

b、d、e、f所示。需要的四个磨削运动为:

① 砂轮旋转运动 $n_砂(n_内)$ 是磨削的主运动。

② 工件旋转运动 $f_周$ 是工件的圆周进给运动。

③ 工作台纵向往复进给运动 $f_纵$ 是磨削出工件全长所必需的纵向进给运动。

④ 砂轮的横向进给运动 $f_横$ 是满足切削需要,保证径向尺寸的间歇切入进给运动。

切入磨削法是用宽砂轮或成形砂轮作连续的横向切入进给运动,而工作台不作往复进给运动的磨削方法,如图 2.42c 所示。这种方法适合磨削较短的工作表面。

3. M1432A 型万能外圆磨床的主要技术参数

磨削直径:8~320 mm

最大磨削长度:2 000 mm

磨削孔径:16~125 mm

最大磨削孔深:125 mm

中心高×中心距:180 mm×2 000 mm

工件最大质量:150 kg

回转角度:工作台+3°~−5°;头架+90°;砂轮架±30°

砂轮最大外径×宽度:500 mm×50 mm

外/内表面粗糙度 Ra 值:0.05/0.2 μm

4. 磨床的机械传动系统

在磨床中最常用的机械传动机构是带传动、齿轮传动和丝杠螺母传动等。M1432A 万能外圆磨床的传动系统图如图 2.43 所示。下面分析各运动的传动链。

(1)外圆磨削的主运动传动链

外圆磨削的主运动是砂轮的旋转运动,砂轮的圆周速度一般取 $v_s \approx 35$ m/s,由主电动机通过 4 根 V 带直接传动,其传动路线为:

$$主电动机(1\ 440\ r/min,4\ kW)—\frac{\phi126}{\phi112}—砂轮\ n(r/min)$$

(2)内圆磨削的主运动传动链

内圆磨削的主运动是内圆磨具的旋转运动,内圆磨削速度一般取 $v_s \approx 18~30$ m/s,由单独电动机(2 840 r/min,1.1 kW)通过平带直接传动,可更换带轮($\frac{\phi170\ mm}{\phi50\ mm}$ 或 $\frac{\phi170\ mm}{\phi32\ mm}$)获得 10 000 r/min、15 000 r/min 两种转速。由于内圆磨削砂轮直径小,所以转速高。

(3)工件圆周进给运动传动链

工件的圆周进给运动由双速电动机驱动,通过 V 带传动。工件主轴的转速通过双速电动机和塔轮结构变速,其传动路线表达式为:

$$头架电动机(700/1\ 360\ r/min,0.5/1.1\ kW)—I\begin{bmatrix}\frac{\phi48}{\phi164}\\\frac{\phi111}{\phi109}\\\frac{\phi130}{\phi90}\end{bmatrix}—$$

$$II—\frac{\phi61}{\phi184}—III—\frac{\phi68}{\phi177}—拨盘$$

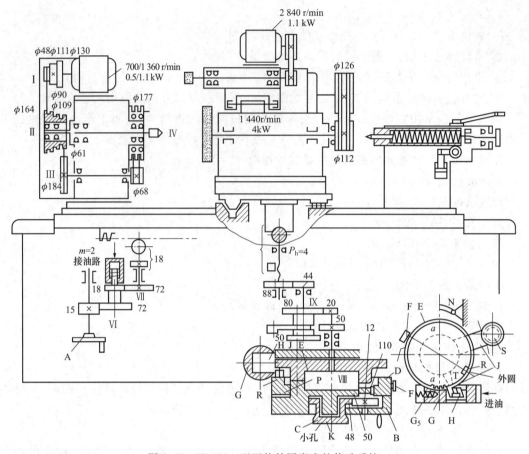

图 2.43　M1432A 型万能外圆磨床的传动系统

头架电动机是双速的,轴 I 和轴 II 间有 3 对塔轮,工件主轴可获得 6 级转速为 25、50、80、112、160、224 r/min。塔轮变速结构简单,一般用于不经常变速的情况。

(4)工作台手动纵向进给传动链

用手轮 A 操作时,工作台纵向进给传动路线表达式为:

$$手轮\ A—V—\frac{15}{72}—VI—\frac{18}{72}—VII—齿轮齿条(z=18,m=2)—工作台$$

手轮 A 转一转,工作台纵向进给量为:$1×\dfrac{15}{72}×\dfrac{18}{72}×18×2π$ mm ≈ 6 mm

工作台由液压驱动纵向进给时,为避免因工作台的移动的使齿条齿轮机构带动手轮 A 转动可能引起事故,通过轴 VI 上的液压缸,将齿轮 18 与轴 VII 上齿轮 72 脱开,使手轮 A 不转。

(5)砂轮架横向进给运动传动链

砂轮架横向进给可操作手轮 B 实现,也可由进给液压缸的活塞 G 驱动,实现周期自动进给。手动进给的传动路线表达式为:

$$手轮\ B—VIII—\begin{cases}\dfrac{50}{50}(粗进给)\\[2mm]\dfrac{20}{80}(细进给)\end{cases}—IX—\dfrac{44}{88}—横向进向进给丝杠(P_h=4\ mm)—半螺母$$

采用粗进给时,手轮 B 转一转,砂轮架横向移动:$1 \times \frac{50}{50} \times \frac{44}{88} \times 4$ mm = 2 mm;细进给时,手

轮 B 转一转,砂轮架横向移动:$1 \times \frac{20}{80} \times \frac{44}{88} \times 4$ mm = 0.5 mm。手轮刻度盘圆周上的刻度为 200

格,故粗进给时每格的进给量为 0.01 mm;采用细进给时的每格进给量为 0.002 5 mm。

补偿旋钮 C 的传动链是用来调整机床或砂轮修整后进行补偿调整的。平时,旋钮 C、销子 K、手轮 B 与轴Ⅷ连接在一起,旋钮 C 上总有一个孔与销子 K 相接合。当调整机床时,向外拔出旋钮 C,使旋钮 C 上的孔与销子 K 脱开,转动旋钮 C,通过齿轮 Z_{48}、Z_{50}、Z_{12}、Z_{110}(内齿轮)带动刻度盘 D 转动(与进给时的转向相反,即撞块 F 远离 N),实现补偿。刻度盘 D 上有 200 格,旋钮 C 的内端面一周上有 21 个小孔。旋钮 C 转一个孔距约等于刻度盘 D 反转一格 $\left(\frac{1}{21} \times \frac{48}{50} \times \frac{12}{110} \times 200 \approx 1 \right)$,横向滑板粗进给量为 0.01 mm/格,旋钮 C 的最小补偿量为 0.01 mm/孔距,细进给量为 0.002 5 mm/格,旋钮 C 的最小补偿量为 0.002 5 mm/孔距。

5. M1432A 型万能外圆磨床的主要结构

（1）砂轮架

M1432A 型万能外圆磨床砂轮架的外形和结构如图 2.44 所示。砂轮架用于支承砂轮主轴,主轴带动砂轮高速旋转。它主要由砂轮主轴 1、径向动压滑动轴承 2、轴向动压推力轴承 3(包括轴向动压推力轴承和轴向推力球轴承)、主轴箱壳体 6、转盘(滑鞍)12 等组成。壳体 6 用 T 形螺钉固定在转盘 12 的 T 形槽内,当磨削图 2.42c 所示锥度时,可松开螺钉,将壳体绕转盘(滑鞍)12 上的轴销 18 转动所需角度,转角大小可从刻度盘读出。转盘的底部为滑板,滑板上有导轨,并与横向床身导轨(三角形和平面形组合导轨)配合。通过横向进给机构的丝杠传动半螺母 17(半螺母 17 固定在砂轮架的滑板上),实现砂轮架的横向运动。

（2）短三瓦动压滑动轴承

图 2.44 中,砂轮主轴 1 前、后(图中左、右)由径向动压滑动轴承 2 支承。该轴承由三块均布在主轴轴颈周围的扇形轴瓦组成,轴瓦的包角约 60°,称为短三瓦动压滑动轴承,见图 2.44C—C 视图。为使主轴平稳准确地运转,短三瓦动压滑动轴承的每个轴瓦由可调的球头螺钉支承,使轴瓦能灵活地绕球头支承自由摆动。支承点的位置在周向偏离中间一些距离(图 2.44G 视图),当主轴旋转时,轴瓦与主轴颈间便于形成楔形油楔。当主轴上的作用力变化时,轴瓦绕球头螺钉摆动,自动调节轴瓦与主轴颈间的间隙(间隙越小,油膜动压力越大),使主轴轴心自动稳定。

主轴的轴向力由轴向动压推力轴承(止推环 3)和推力球轴承承受。主轴后(右)端的轴肩端面与止推环 3 承受主轴向右的轴向力(止推环 3 与壳体 6 用螺钉连接)。向左的轴向力经主轴后部的螺母、垫圈、带轮、推力球轴承、止推环 3 传到壳体 6。

主轴轴向轴承的间隙由六根小弹簧 5 和滑柱 4 调整(图 2.44 I 放大)。小弹簧 5 对主轴轴向轴承有预加载荷的作用。

（3）内圆磨削架

内圆磨削架由电动机、支架、内圆磨具等组成,它安装在砂轮架上,不工作时支架翻向上方,工作时放下,如图 2.45 所示。内圆磨具是一个独立的单元,其结构如图 2.46 所示。磨内圆时,将其安装在支架孔中,不用时将其卸下。

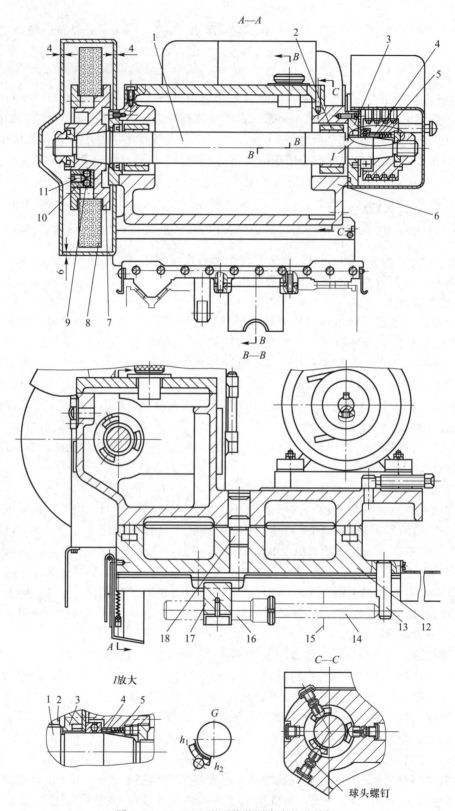

图 2.44 M1432A 型万能外圆磨床的砂轮架

磨内圆时,因砂轮直径大小受到限制,要达到足够大的磨削速度,就需要砂轮主轴的转速很高(10 000 r/min 和 15 000 r/min)。为了满足内圆磨削主轴的高转速和平稳性,采用了平带传动,主轴轴承采用了单列向心推力球轴承。前后轴承用弹簧 3(沿圆周方向均匀分布的 8 根弹簧 3)预紧,通过套筒 2 和 4 顶紧轴承的外圈,产生预紧力。目的是当砂轮主轴热膨胀伸长或轴承磨损后,由弹簧来自动补偿,使轴承保持较稳定的预紧力,以保证轴承的接触刚度。为了保证每个轴承的均匀承载,通过修磨套筒 5、6 的长度来实现,一般外圈套筒 5 比内圈套筒略短。轴承采用锂基润滑脂润滑。

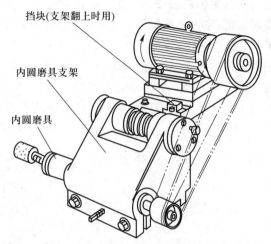

挡块(支架翻上时用)
内圆磨具支架
内圆磨具

图 2.45　M1432A 型万能外圆磨床的内圆磨具支架

当磨削不同深度的内孔时,通过更换接长杆 1 来实现,但是由于受磨削孔径的限制,接长杆轴径较小、悬伸较长、刚度较差,这是内圆磨削刚度的薄弱环节,所以内圆磨削的精度较低。

(4)头架

图 2.47 是头架的外形和结构装配简图。根据加工不同工件的需要,用卡盘装夹工件时,头架主轴与拨盘一起转动;用顶尖支承工件时,头架主轴不转动。

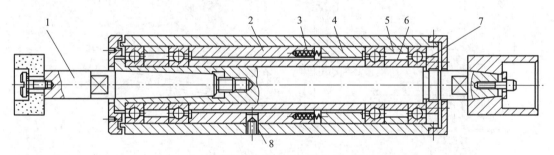

图 2.46　M1432A 型万能外圆磨削主轴单元
1—接长杆;2、4—套筒;3—弹簧;5、6—修磨套筒;7—调节螺母;8—防扭键

工件支承在前后顶尖上,拨盘 8 的拨杆拨动工件夹头 G,使工件旋转。这时,头架主轴和顶尖是固定不转,加工精度较高。固定主轴的方法是拧动螺杆 1,将摩擦圈 2 压紧头架主轴后端,使头架主轴及顶尖固定不转。

用三爪或四爪卡盘装夹工件如图 2.47 的"安装卡盘"所示。卡盘固定在法兰盘 6 上,法兰盘装在主轴的锥孔中,并用拉杆拉紧,运动由拨盘带动法兰 6 旋转,头架主轴也随着一起转动。

自磨顶尖可消除顶尖与主轴锥孔的安装误差,提高加工精度。自磨顶尖如图 2.47 的"自磨顶尖装置"所示,顶尖装在主轴锥孔内,由拨盘通过杆 10 带动头架主轴旋转进行顶尖自磨。

头架主轴直接支承工件作旋转运动,为了保证加工精度,头架主轴及其轴承应具有高的旋转精度、刚度及抗振性。M1432A 型磨床的头架主轴轴承采用 D 级(新标准 P5 级)精度的轴承,通过仔细修磨头架主轴前端轴肩处的套筒 9、后端的套筒 4、5 和补偿圈 3 的厚度,对主轴轴承进行预紧,以提高主轴部件的刚度和旋转精度。主轴的运动由带传动,传动平稳。主轴上的带轮采用卸载带轮装置,以减少主轴的弯曲变形。头架主轴的前后都用橡胶油封进行密封。带张紧力通过移动电动机座及转动偏心套 11 来调整。头架可绕底座 13 上的圆柱销 12 来调整角度位置。回转角度为逆时针方向 0°~90°。

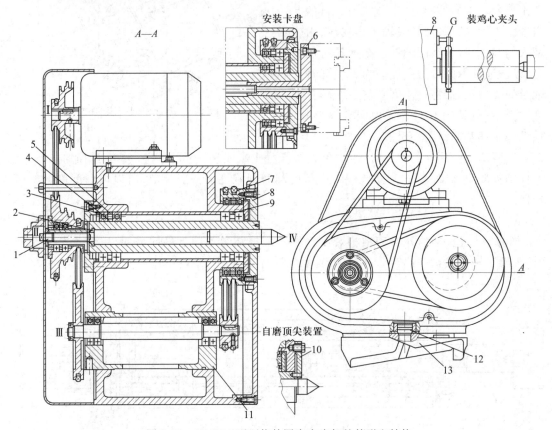

图 2.47　M1432A 型万能外圆磨床头架的外形和结构

（5）横向进给机构

M1432A 型万能外圆磨床横向进给机构如图 2.48 所示。该机床的横向运动有横向快速进给、工作进给和快速后退。

砂轮架快速进退由液压缸 1 来实现。当压力油从液压缸 1 的左腔进入时,推动活塞向右移动,带丝杠 7、半螺母 6 及砂轮架向前快速横向进给。

快进运动到终点位置时砂轮架的准确定位,由刚性定位螺钉 10 来实现,即当砂轮架快进到终点时,丝杠 7 的前端碰到刚性定位螺钉 10 上,使砂轮架准确定位。刚性定位螺钉 10 的位置可以调整,调整后用螺母 9 锁紧。

当压力油从液压缸 1 的右腔进入时,砂轮架向后快退。

通过闸缸的柱塞 2 顶紧固定在滑鞍 8 上的挡销 3,使丝杠 7 和半螺母 6 紧靠在螺旋面的

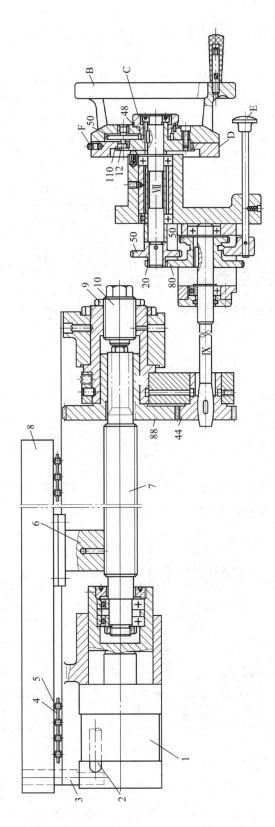

图 2.48 M1432A 型万能外圆磨床横向进给机构

1—液压缸;2—柱塞;3—挡销;4—保持件;5—滚动体;6—半螺母;7—丝杆;8—滑鞍;9—螺母;10—螺钉

一侧,消除丝杠与螺母间的间隙,使横向进给传动平稳。闸缸固定在床身的垫板上,并通入压力油。

为了保证低速进给运动尤其是微量进给的平稳性,避免产生爬行现象,M1432A 型万能外圆磨床采用了如图 2.49 所示的滚动导轨。如图 2.49a 所示,滚动导轨由三角形导轨与平导轨组合,滚动体采用圆柱体,俗称滚柱,承载能力强,刚度高,滚动体之间用保持架(也称隔离架)隔离,保证每个滚动体处于正确的工作位置。平导轨的滚柱和保持架的结构如图 2.49b所示。

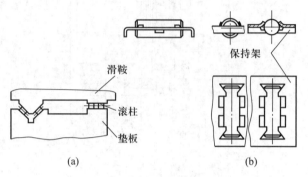

图 2.49　横向进给的滚动导轨

2.3.3　其他磨床

1. 平面磨床

平面磨床用于磨削各种平面。常用的平面磨床有卧轴矩台平面磨床、立轴矩台平面磨床、立轴圆台平面磨床等。

卧轴矩台平面磨床的组成及其磨削运动如图 2.50 所示。它采用砂轮周边进行磨削平面,还可用端面磨削沟槽、台阶端面等,适合单件小批生产。

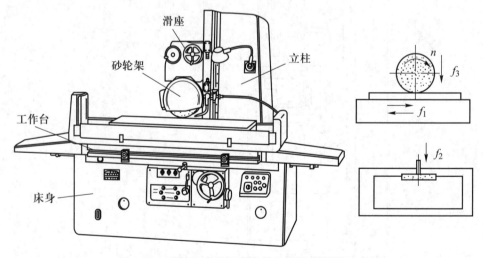

图 2.50　卧轴矩台平面磨床的组成及其磨削运动

立轴矩台平面磨床主要采用砂轮端面进行磨削,磨削面积大、效率高,适合大批大量生产,其磨削运动如图 2.51 所示。

立轴圆台平面磨床的外形及其磨削运动如图 2.52 所示,它采用砂轮端面进行磨削,用于多件小零件(如活塞环)和大直径环形零件端面的加工。磨削效率高,适合大批生产。

2. 内圆磨床

内圆磨床主要用于磨削各种内孔(包括圆柱形通孔、盲孔、阶梯孔以及圆锥孔等)和轴的端面。常用砂轮周边进行磨削,也用砂轮端面进行磨削,其外形和磨削运动如图 2.53 所示。

3. 无心磨床

无心磨床调整费时,磨削效率高,适合大批生产,其外形及磨削方式如图2.54所示。无心磨削也分纵向磨削方式和切入磨削方式,工件的圆周进给运动由导轮和砂轮实现,纵向磨削方式的轴向进给运动由导轮和砂轮通过轴向夹角产生。

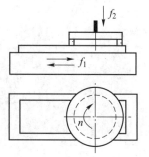

图 2.51 立轴矩台平面磨床的磨削运动

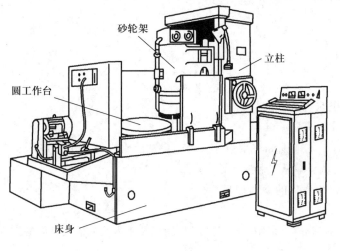

(a) 外形

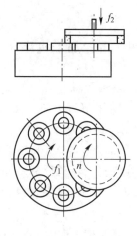

(b) 磨削运动

图 2.52 立轴圆台平面磨床的外形及其磨削运动

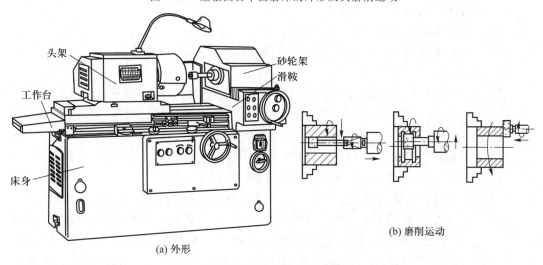

(a) 外形

(b) 磨削运动

图 2.53 内圆磨床的外形及其磨削运动

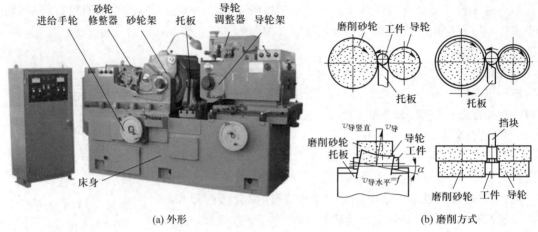

(a) 外形　　　　　　　　　　　　　(b) 磨削方式

图 2.54　无心磨床的外形及磨削方式

2.4　齿轮加工机床

学习目标

1. 了解齿轮加工机床的工作原理和种类。

2. 掌握滚齿机的成形运动分析方法。

3. 了解 Y3150E 型滚齿机的工艺范围和主要技术参数;了解合成机构的工作原理;掌握机床的复杂运动分析及传动链的调整计算,能够指导生产实际。

4. 了解插齿机的插齿原理和磨齿机的磨齿原理。

齿轮加工机床(gear cutting machines)是用齿轮切削工具加工齿轮齿面或齿条齿面的机床。

2.4.1　齿轮加工机床的工作原理和分类

1. 齿轮的加工方法

齿轮的加工可采用铸造、锻造、冲压及切削加工等方法。

按形成齿轮的原理,切削齿轮的方法可分为两类:成形法和展成法。

(1) 成形法加工齿轮

用成形法加工齿轮,要求所用刀具的切削刃形状与被切齿轮的齿槽形状相同,其优点是利用通用铣床和成形刀具就可以加工齿轮,缺点是需要的刀具多,加工精度低。一般情况下,指状成形齿轮铣刀用于加工大模数齿轮,盘形成形齿轮铣刀用于加工小模数齿轮。成形法加工齿轮的加工原理如图 2.55 所示,在铣床上用盘形或指状成形齿轮铣刀铣削齿轮,铣完一个齿后进行分度,接着铣下一个齿,直到铣完整个齿轮为止。

对于同一模数的齿轮,齿数越少,渐开线齿廓的曲率越大,如图 2.56 所示。为了加工同一模数、不同齿数的齿轮,就需要采用不同的成形刀具。由于齿轮的齿数和模数的组合数量太多,不可能备有这么多种刀具,为了减少刀具数量,生产中一种模数只配 8 种(或 15 种)刀具。每一种刀具只加工几种相近齿数的齿轮,齿轮成形铣刀的分号及其加工的齿数如表 2.11 所示。因此,成形法加工的齿形是近似的,所以加工精度较低,用于精度要求不高的修配行业。

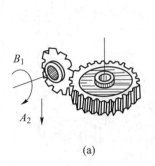
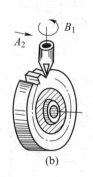
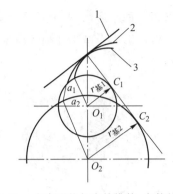

图 2.55　成形法齿轮加工原理　　　　图 2.56　齿廓形状与齿轮模数、齿数的关系

表 2.11　齿轮铣刀分号

铣刀号数	1	2	3	4	5	6	7	8
能铣制的齿数范围	12 ~ 13	14 ~ 16	17 ~ 20	21 ~ 25	26 ~ 34	35 ~ 54	55 ~ 134	135 以上

（2）展成法加工齿轮

展成法加工齿轮是应用齿轮啮合原理,把齿轮啮合副(齿条-齿轮、齿轮-齿轮)中的一个转化为刀具,另一个作为工件,并保证刀具和工件作严格的啮合运动。被加工齿轮的齿面是在刀具和工件包络(展成)过程中连续形成的。展成法加工齿轮需要在齿轮加工机床上进行,只要模数和压力角相同,一把刀具可以加工任意齿数的齿轮,其加工的齿轮精度高、生产率高,在生产中应用广泛。

2. 齿轮加工机床的类型

齿轮加工机床按被加工齿轮的轮体形状可分为圆柱齿轮加工机床和锥齿轮加工机床两大类。

一般精度的圆柱齿轮加工机床主要有滚齿机、插齿机;齿轮精加工常用的机床有剃齿机、磨齿机、珩齿机和研齿机等。

锥齿轮加工机床分为加工直齿锥齿轮的刨齿机、加工弧齿锥齿轮的铣齿机和拉齿机。

2.4.2　滚齿机的运动分析

滚齿机在齿轮加工中应用十分广泛,可用来加工直齿轮和斜齿轮、蜗轮和花键轴。

1. 滚齿原理

用展成法在滚齿机上加工直齿和斜齿圆柱齿轮的工作原理如图 2.57 所示。交错轴螺旋齿轮啮合原理如图 2.57a 所示,将其中一个齿轮的齿数减小到一个或几个、齿轮的螺旋角 β 很大时就成了蜗杆,如图 2.57b 所示,再将蜗杆开槽和铲削齿背后就成了滚刀,如图 2.57c 所示,因此滚刀实质就是一个斜齿圆柱齿轮。当机床传动链使被加工齿轮和滚刀严格地按一对螺旋齿轮的啮合速比关系作旋转运动时,滚刀就可在工件上连续不断地切削出齿形(如渐开线)。

2. 滚切直齿圆柱齿轮

（1）滚切直齿圆柱齿轮的成形运动分析

如图 2.58 所示,根据滚切直齿圆柱齿轮的成形运动分析,用滚刀加工直齿圆柱齿轮必须具备以下两个运动:一个是形成渐开线齿廓所需的展成运动(B_{11}和B_{12});另一个是切出整个齿宽所需的滚刀沿工件轴线的垂直进给运动(A_2),图中 ω 为滚刀的螺旋升角,δ 为滚刀的安装角。

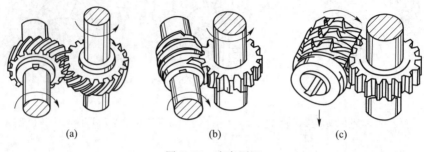

图 2.57　滚齿原理

根据滚切直齿圆柱齿轮所需要的成形运动以及在机床上实现每个运动具备的基本条件,滚切直齿圆柱齿轮的传动原理图如图 2.59 所示,滚切直齿圆柱齿轮需要主运动传动链、展成运动传动链和垂直进给运动传动链三条传动链。

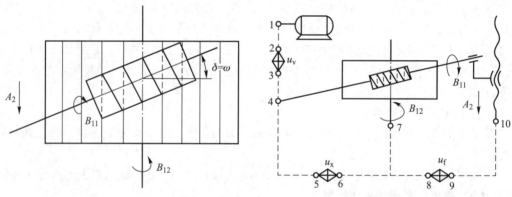

图 2.58　滚切直齿圆柱齿轮所需的运动　　　图 2.59　滚切直齿圆柱齿轮的传动原理图

（2）主运动传动链

主运动传动链是由电动机至滚刀的传动链,其传动联系为:电动机—1—2—u_v—3—4—滚刀,属于外联系传动链,主要用来调整主运动的转速 B_{11}(即速度参数),保证生产效率和滚刀的使用寿命。

（3）展成运动传动链

展成运动是滚刀与工件相啮合形成渐开线齿廓的运动。它分解成两部分:滚刀的旋转运动 B_{11} 和工件的旋转运动 B_{12}。展成运动是个复合运动($B_{11}+B_{12}$),构成 B_{11} 与 B_{12} 之间的传动链是一条内联系传动链,该链的传动联系为:滚刀—4—5—u_x—6—7—工件。滚刀与工件间的运动关系为:滚刀转一转,工件转$\dfrac{k}{z}$转(z 为工件的齿数,k 为滚刀的头数)。该运动关系直接影响齿轮(渐开线)的形状精度。

（4）垂直进给运动传动链

滚刀架沿工件轴线作垂直进给运动(A_2),切出整个齿槽。进给运动的进给量 f,即工件转一转,滚刀垂直进给的距离,单位为 mm/r。垂直进给运动传动链的传动联系为:工件—7—8—u_f—9—10—滚刀架(升降丝杠),属于一条外联系传动链。垂直进给运动的大小主要影响切槽的速度和被加工齿面的粗糙度。

(5)滚切直齿圆柱齿轮的滚刀安装

在滚齿时,应使滚刀在切削点处的切削速度方向与被加工齿轮的齿槽方向一致。因此,需要保证滚刀的安装角 δ 正确。加工直齿轮时,$\delta=\omega$(ω 为滚刀的螺旋升角),如图 2.60 所示。

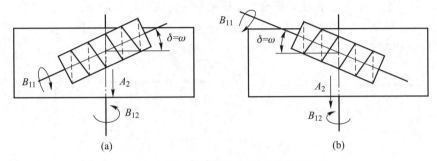

图 2.60 滚切直齿圆柱齿轮时滚刀安装角

3. 滚切斜齿圆柱齿轮

(1)机床的成形运动和传动原理

斜齿圆柱齿轮与直齿圆柱齿轮相比,端面齿廓也是渐开线,但齿槽的方向不是直线,而是螺旋线。加工斜齿圆柱齿轮时,除需要一个形成渐开线的展成运动外,还需要一个形成螺旋线的运动。形成渐开线的展成运动与加工直齿时相同。加工斜齿轮时的进给运动是螺旋运动,是一个复合运动。在机床上,将这一复合运动分解为滚刀的直线运动 A_{21} 和工件的旋转运动 B_{22},滚切斜齿轮的成形运动如图 2.61 所示。

根据滚切斜齿圆柱齿轮所需要的成形运动以及在机床上实现每个运动具备的基本条件,滚切斜齿轮的传动原理图如图 2.62 所示。滚切斜齿轮时,主运动传动链、展成运动传动链和垂直进给运动传动链均与加工直齿轮时相同。

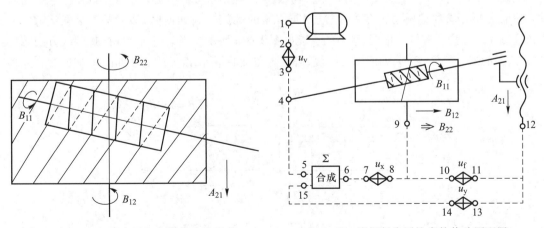

图 2.61 滚切斜齿圆柱齿轮所需的运动   图 2.62 滚切斜齿圆柱齿轮传动原理图

为了形成螺旋线,需要将刀架移动 A_{21} 和工件的附加转动 B_{22} 构成一个内联系传动链,以保证工件附加转动一转,滚刀架直线移动的距离为被加工斜齿轮螺旋线的一个导程 T。这条传动链的传动联系为:滚刀架—12—13—u_y—14—15—∑—6—7—u_x—8—9—工件,此传动链称为差动传动链。因为工件的实际转动为 $B_{12} + B_{22}$,所以采用合成机构,将运动 B_{12} 和 B_{22} 合成后传给工件。因为机床工作台(工件)同时完成 B_{12} 和 B_{22} 两种旋转运动,故 B_{22} 也称为附加转动,该传动链也称为附加转动传动链。

（2）工件附加运动的方向

工件附加转动 B_{22} 的方向如图 2.63 所示。图中,假设使用右旋滚刀,安装在工件前面(图中未画出),滚刀由上至下进给运动,ac' 表示斜齿圆柱齿轮的齿槽线。滚刀在位置 I 时,切削点为 a 点,当滚刀下降 Δf 到位置 II 时,切削点在 b 点,而加工斜齿轮要求在 b' 点,因此就需要工件比切削直齿时多转或少转一些,使 b' 点转至滚刀对着的 b 点位置上。

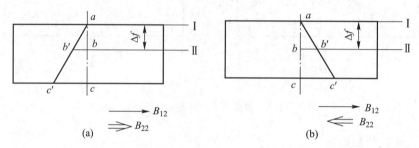

图 2.63　滚切斜齿轮时工件附加转动的方向

附加运动的方向与刀具的进给方向、滚刀的旋向和齿轮的旋向有关。用右旋滚刀加工右旋齿轮时的附加转动 B_{22} 的方向如图 2.62a 所示,这时工件应比加工直齿时多转一些,故 B_{22} 与 B_{12} 同向。用右旋滚刀加工左旋齿轮时的附加转动 B_{22} 的方向如图 2.63b 所示,这时工件应比加工直齿时少转一些,故 B_{22} 与 B_{12} 反向。

附加转动 B_{22} 的速度大小为:滚刀架向下移动一个齿槽螺旋线的导程 $T(\text{mm})$,工件应多转一转(右旋齿轮)或少转一转(左旋齿轮)。

（3）滚刀的安装

在滚切斜齿轮时,滚刀安装角 δ 不仅与滚刀的螺旋方向和螺旋升角 ω 有关,还与被加工齿轮的螺旋方向和螺旋角 β 有关,当滚刀与齿轮的螺旋方向相同时,滚刀的安装角 $\delta = \beta - \omega$,如滚刀和齿轮均为右旋的情况,滚刀的安装如图 2.64a 所示。当滚刀与齿轮的螺旋线方向相反时,滚刀的安装角 $\delta = \beta + \omega$,如滚刀为右旋、齿轮为左旋的情况,滚刀的安装如图 2.64b 所示。

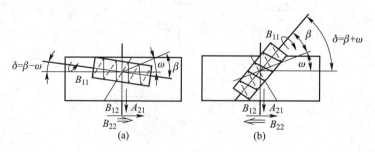

图 2.64　滚切斜齿圆柱齿轮时滚刀安装角

在滚齿机上,既能加工直齿轮,也能加工斜齿轮。当加工直齿轮时,需将差动传动链断开,把合成机构设定成联轴器的作用。

4. 内联系传动链换置机构布置方案对调整计算的影响分析

在滚齿机的传动原理图中,有两条内联系传动链,即展成链和差动链,其换置器官 u_x 和 u_y 布置在滚齿机传动链的不同位置,对滚齿机传动链的调整计算影响很大。下面以图 2.65 所示的布局方案为例,进行分析比较。

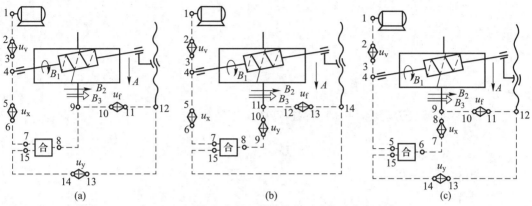

图 2.65 滚齿机内联系传动链换置机构的布局方案

（1）方案 1

方案 1 传动链换置机构 u_x 和 u_y（为了叙述方便,换置机构的传动比也用 u_x、u_y 表示）的布置如图 2.65a 所示,展成运动传动链的平衡式为

$$\frac{1}{k} \times u_{4-5} \times u_x \times u_{6-7} \times u_{合} \times u_{8-9} = \frac{1}{z}$$

式中:u_{4-5}、u_{6-7}、u_{8-9}、$u_{合}$——固定的传动比;

k——滚刀头数;

z——齿轮齿数。

由方案 1 展成运动传动链的平衡式可推导出展成运动传动链的调整计算换置公式(换置机构传动比计算公式)为

$$u_x = C_{1x} \frac{k}{z} \tag{2.5}$$

式中:$C_{1x} = (u_{4-5} \times u_{6-7} \times u_{合} \times u_{8-9})^{-1} = \text{const}$。

方案 1 差动运动传动链的运动平衡式为

$$\frac{T}{t} \times u_{12-13} \times u_y \times u_{14-15} \times u_{合} \times u_{8-9} = 1$$

式中:T——被加工斜齿轮螺旋线的导程,$T = \frac{\pi m_{法} z}{\sin \beta}$;

t——滚齿机刀架丝杠的导程。

由方案 1 差动运动传动链的运动平衡式可推导出差动运动传动链的调整计算换置公式为

$$u_y = C_{1y} \frac{\sin \beta}{\pi m_{法} z} \tag{2.6}$$

式中:C_{1y} 也为常数。

（2）方案 2

方案 2 传动链换置机构 u_x 和 u_y 的布置如图 2.64b 所示。该方案差动运动传动链的调

整计算换置公式为

$$u_y = C_{2y}\frac{\sin\beta}{\pi m_{法}z}$$

展成运动传动链的运动平衡式为

$$\frac{1}{k}\times u_{4-5}\times u_x\times u_{6-7}\times u_{合}\times u_{8-9}\times u_y\times u_{10-11}=\frac{1}{z}$$

整理得

$$u_x = C'_{2x}\frac{k}{u_y z}$$

式中：C'_{2x} 为常数。

将 u_y 代入上式得展成运动传动链的调整计算换置公式为

$$u_x = C_{2x}\frac{\pi m_{法}}{\sin\beta}k \tag{2.7}$$

式中：C_{2x} 为常数，$C_{2x}=C'_{2x}/C_{2y}$。

（3）方案 3

方案 3 传动链换置机构 u_x 和 u_y 的布置如图 2.65c 所示，展成运动传动链的调整计算换置公式为

$$u_x = C_{3x}\frac{k}{z}$$

差动运动传动链的运动平衡式为

$$\frac{T}{t}\times u_{12-13}\times u_y\times u_{14-15}\times u_{合}\times u_{6-7}\times u_x\times u_{8-9}=1$$

$$u_y = C'_{3y}\frac{1}{u_x T}$$

将 $u_x = C_{3x}\dfrac{k}{z}$，$T=\dfrac{\pi m_{法}z}{\sin\beta}$ 代入上式，整理得差动运动传动链的调整计算换置公式为

$$u_y = C_{3y}\frac{\sin\beta}{k\pi m_{法}} \tag{2.8}$$

式中：C_{3y} 为常数，$C_{3y}=C'_{3y}/C_{3x}$。

滚齿机内联系传动链换置器官 u_x 和 u_y 的三种布局方案的分析结果如表2.12所示。将传动链调整计算换置公式 u_x 和 u_y 进行对比分析，可得出方案的优劣。

表 2.12　u_x 和 u_y 三种布置方案的分析结果

方案	展成运动传动链的换置公式 u_x	差动运动传动链的换置公式 u_y
1	$u_x = C_{1x}\dfrac{k}{z}$	$u_y = C_{1y}\dfrac{\sin\beta}{\pi m_{法}z}$
2	$u_x = C_{2x}\dfrac{\pi m_{法}}{\sin\beta}k$	$u_y = C_{2y}\dfrac{\sin\beta}{\pi m_{法}z}$
3	$u_x = C_{3x}\dfrac{k}{z}$	$u_y = C_{3y}\dfrac{\sin\beta}{k\pi m_{法}}$

从表 2.12 中可以看出，在展成运动传动链的换置公式 u_x 中，方案 1 和方案 3 只包含两

个简单的参数,而方案 2 包含四个参数,而且有 π 参数,故方案 1、方案 3 均比方案 2 简单。

在差动运动传动链的换置公式 u_y 中,三种方案包含的参数相同,在方案 1 和方案 2 中,均与被加工齿轮的齿数 z 有关,而方案 3 与滚刀的头数 k 有关,因为滚刀变化比齿轮少,所以方案 3 比方案 1 和方案 2 均优。

综上所述,方案 3 的展成运动传动链的换置公式 u_x 和差动运动传动链的换置公式 u_y 都简单,所以方案 3 的换置机构 u_x 和 u_y 布置最合理。目前滚齿机传动链的换置机构 u_x 和 u_y 布置均采用方案 3 的形式。

2.4.3　Y3150E 型滚齿机

1. 滚齿机的用途、布局和技术参数

Y3150E 型滚齿机主要用于滚切直齿圆柱齿轮、斜齿圆柱齿轮、花键轴和用手动径向进给法滚切蜗轮。Y3150E 型滚齿机组成结构的外形及其布局如图2.66所示。

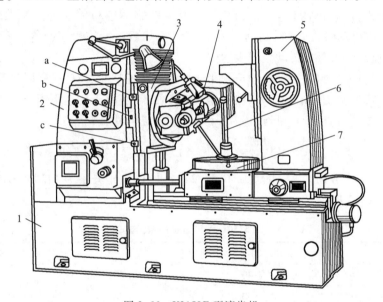

图 2.66　Y3150E 型滚齿机
1—床身;2—立柱;3—刀架;4—滚刀主轴;5—小立柱;6—工件心轴;7—工作台

图 2.66 中,刀架 3 可沿立柱 2 上的导轨上下直线运动,还可绕刀架转盘转动一个角度,以调整滚刀的安装角度。滚刀装在滚刀主轴 4 上作旋转运动。小立柱 5 除用作工件心轴支承外,还可以连同工作台一起作水平方向移动,以适应不同直径的工件及在用径向进给法切削蜗轮时作进给运动。工件装在工件心轴 6 上,随工作台 7 一起旋转。

Y3150E 型滚齿机主要技术参数为:

最大加工直径为 500 mm;

最大加工宽度为 250 mm;

最大加工模数为 8 mm;

最小齿数 $z_{min} = 5k$(k 为滚刀头数);

滚刀主轴转速:40、50、63、80、100、125、160、200、250 r/min

刀架轴向进给量:0.4、0.56、0.63、0.87、1、1.16、1.41、1.6、1.8、2.5、2.9、4 mm/$r_{工件}$

外形尺寸 2 439 mm×1 272 mm×1 770 mm。

2. 滚切直齿圆柱齿轮的传动链分析计算

滚齿机传动系统比较复杂,在进行传动链分析时,会遇到很多分支,对初学者来说,不知道该沿哪一个分支进行分析。比较常用的办法是首先根据机床的传动原理图,确定要分析哪个运动,明确该运动的两末端件及其运动关系和传动路线,然后根据该机床的传动系统图,确定该运动传动链的两末端件及其计算位移,列出运动平衡式,由运动平衡式导出换置公式。

由机床运动分析知,滚切直齿轮时需要三条传动链:主运动传动链、展成运动传动链和垂直进给传动链。Y3150E 型滚齿机的传动系统图如图 2.67 所示。

(1) 主运动传动链分析

Y3150E 型滚齿机的主运动传动链是一条外联系传动链,主要作用是为滚刀提供合适的转速。调整计算的目的是为滚刀选择合适的转速 $n_刀$。对该传动链分析的目的是了解该传动链的变速形式,进行机床调整。Y3150E 型滚齿机的主运动传动链的两末端件为:电动机—滚刀,其计算位移是:$n_电$(电动机)—$n_刀$(滚刀),然后根据该机床的传动系统图,对其主运动传动链进行分析,写出传动路线表达式。

Y3150E 型滚齿机的主运动传动链采用交换齿轮变速挂轮 A/B 和三联滑移齿轮组合的变速形式。交换齿轮变速结构简单,但操作不够方便,一般用于变速不频繁的情况。

机床上滚刀主轴的转速,可通过列出运动平衡式进行计算:

$$n_刀 = 1\ 430 \times \frac{\phi 115}{\phi 165} \times \frac{21}{42} \times u_变 \times \frac{A}{B} \times \frac{28}{28} \times \frac{28}{28} \times \frac{20}{80}\ \text{r/min}$$

式中:A/B 的传动比分别为 24/48、36/36、48/24;$u_变$ 的传动比分别为 27/43、31/39、35/35,其计算结果如表 2.13 所示。

表 2.13　Y3150E 型滚齿机的滚刀主轴的转速　　　　　　　　　　r/min

	A/B	24/48	36/36	48/24
$u_变$	27/43	40	80	160
	31/39	50	100	200
	35/35	63	125	250

滚刀的理论转速 $n_刀$(r/min)要根据刀具的材料、被加工齿轮的材料要求的切削速度 v_c(m/min)和滚刀的外径 D(mm)来确定,其关系为:$n_刀 = \dfrac{1\ 000 v_c}{\pi D}$(r/min)。滚刀的理论转速是满足滚刀使用寿命的合理切削速度,但是机床上分级的、有限的转速不一定与滚刀的理论转速吻合,这时就要选择与滚刀的理论转速相近的较低的那级转速。

(2) 展成运动传动链

Y3150E 型滚齿机的展成运动传动链是一条内联系传动链,主要用来调整控制展成运动的轨迹参数,它直接影响齿轮(渐开线)的形状精度,因此需要精确调整计算。其分析步骤如下:

① 确定两末端件:滚刀—工件。

② 确定两末端件的计算位移:滚刀转 1(r)—工件转 $\dfrac{k}{z_工}$(r)。

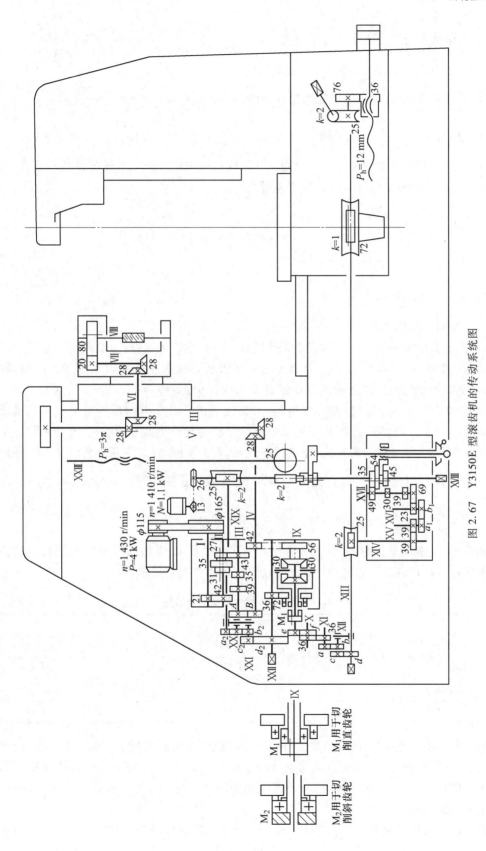

图 2.67　Y3150E 型滚齿机的传动系统图

③ 列出两末端件的运动平衡方程式：$1 \times \dfrac{80}{20} \times \dfrac{28}{28} \times \dfrac{28}{28} \times \dfrac{28}{28} \times \dfrac{42}{56} \times u_{合} \times \dfrac{e}{f} \times \dfrac{a}{b} \times \dfrac{c}{d} \times \dfrac{1}{72} = \dfrac{k}{z_工}$。其中，$u_合$ 为合成机构的传动比，滚切直齿轮时 $u_合 = 1$。

④ 确定换置机构，导出传动链调整计算的换置公式：$u_x = \dfrac{a}{b} \times \dfrac{c}{d} = \dfrac{f}{e} \times \dfrac{24k}{z_工}$。

换置机构 $u_x = \dfrac{a}{b} \times \dfrac{c}{d}$；a、b、c、d 是换置机构 u_x 的调整机构（a、b、c、d 分别为其齿数），即挂轮；e、f 是一对"结构性挂轮"（e、f 分别为其齿数），可根据被加工齿轮的齿数进行选择，避免 a、b、c、d 挂轮的分子与分母的齿数相差过大。

当 $5 \leqslant \dfrac{z_工}{k} \leqslant 20$ 时，取 $e=48$，$f=24$；

当 $21 \leqslant \dfrac{z_工}{k} \leqslant 142$ 时，取 $e=36$，$f=36$；

当 $143 \leqslant \dfrac{z_工}{k}$ 时，取 $e=24$，$f=48$。

（3）轴向进给传动链

Y3150E 型滚齿机的轴向进给运动传动链是一条外联系传动链，主要用来调整轴向进给运动的速度参数，即进给量。进给量的大小主要影响切槽的速度和被加工齿面的粗糙度。Y3150E 型滚齿机的轴向进给运动传动链的两末端件为：工作台—刀架，其计算位移为：1 r（工作台或工件）—f mm（刀架垂直进给）。对该运动传动链分析的目的是在机床上确定一种合适的进给量。Y3150E 型滚齿机的轴向进给运动的变速装置为进给箱，变速采用进给交换挂轮 a_1/b_1 和三联滑移齿轮变速，交换挂轮 a_1/b_1 有 4 种传动比，三联滑移齿轮有 3 种传动比，所以 Y3150E 型滚齿机的轴向进给量有 12 种。轴向进给量可用运动平衡式：$f = 1 \times \dfrac{72}{1} \times \dfrac{2}{25} \times \dfrac{39}{39} \times \dfrac{a_1}{b_1} \times \dfrac{23}{69} \times u_进 \times \dfrac{2}{25} \times 3\pi$ mm/r 进行计算，计算结果如表 2.14 所示。

进给量 f 可根据齿坯材料、齿面粗糙度和加工精度要求、采用的铣削方式（顺铣或逆铣）等情况确定。垂直进给传动链是外联系传动链，f 不需要有严格数值。

表 2.14 Y3150E 型滚齿机的进给量 f mm/r

$u_进$	a_1/b_1			
	26/52	32/46	46/32	52/26
30/54	0.40	0.56	1.16	1.60
39/45	0.63	0.87	1.80	2.50
49/35	1.00	1.41	2.90	4.00

例 2.6 用高速钢单头滚刀（Ⅱ型）滚切 7 级精度、表面粗糙度 Ra 值为 2.5 μm 的钢质齿轮，已知滚刀的直径 $d_e = 100$ mm，头数 $k=1$，模数 $m=3$ mm，孔径 $D=32$ mm，齿轮的齿数 $z_{工件} = 63$，模数 $m=3$ mm，试确定：（1）滚刀主轴的转速 $n_刀$；（2）展成挂轮 a、b、c、d 的齿数；（3）滚刀架的进给量 f。

解 （1）根据齿轮加工工艺守则（JB/T 9168.9—1998），模数在 20 mm 以下，采用粗滚和精滚各一次,粗切后齿厚留 0.50 ~ 1.00 mm 的精滚余量;模数在 20 mm 以上,滚切次数采用粗滚、半精滚和精滚各一次,粗滚全齿深的 70% ~ 80%,半精滚后齿厚留 1.00 ~ 1.50 mm 的精滚余量。根据"齿轮与花键加工切削用量",粗加工的切削速度 $v_c = 29$ m/min,精加工的切削速度 $v_c = 38$ m/min。

粗加工时滚刀的理论转速 $n_刀 = \dfrac{1\,000v_c}{\pi D} = \dfrac{1\,000 \times 29}{100\pi}$ r/min = 92 r/min;精加工时滚刀的理论转速 $n_刀 = \dfrac{1\,000v_c}{\pi D} = \dfrac{1\,000 \times 38}{100\pi}$ r/min = 121 r/min。

粗加工时滚刀的理论转速 $n_刀 = 92$ r/min,由表 2.13 可知,它在机床滚刀主轴转速 100 r/min 和 80 r/min 之间,为了不降低刀具的使用寿命,粗加工时滚刀主轴的转速取 80 r/min;精加工时滚刀的理论转速 $n_刀 = 121$ r/min,在机床滚刀主轴转速 125 r/min 和 100 r/min 之间,取 100 r/min。滚刀的实际转速选取机床上接近理论转速的较低一级转速。

(2)因为 Y3150E 型滚齿机备有的挂轮齿数分别为:20、20、23、24、24、25、26、30、31、32、33、34、35、36、36、37、40、41、43、45、45、46、47、48、48、50、52、52、55、57、58、59、60、60、61、62、65、67、70、71、73、74、75、77、79、80、82、83、85、86、89、90、92、94、95、97、98、100,所以在调整机床展成运动传动链时,选用的挂轮必须是机床备有的。

根据 Y3150E 型滚齿机展成运动传动链的调整计算换置公式,将滚刀的头数和被加工齿轮的齿数代入式中,若被加工齿轮的齿数在机床备有的挂轮齿数中没有,可采用公约数分解的形式进行试凑,直到分解为机床备有的挂轮齿数形式为止,即 $u_x = \dfrac{a}{b} \times \dfrac{c}{d} = \dfrac{24k}{z_工} = \dfrac{24}{63} = \dfrac{4 \times 5 \times 4 \times 6}{5 \times 7 \times 4 \times 9} = \dfrac{20}{35} \times \dfrac{24}{36}$。挂轮的齿数 $a = 20$、$b = 35$、$c = 24$、$d = 36$ 就是调整计算的结果,正确的结果还可能有多种。

若被加工齿轮的齿数在上列齿数之中,其调整计算就十分方便,如 45 齿的齿轮,则 $u_x = \dfrac{a}{b} \times \dfrac{c}{d} = \dfrac{24k}{z_工} = \dfrac{24}{45} = \dfrac{24}{36} \times \dfrac{36}{45}$。

(3)根据"齿轮与花键加工切削用量",粗加工进给量 $f = 2.1 \sim 2.7$ mm/r;精加工进给量 $f = 0.7 \sim 0.9$ mm/r。根据表 2.14,本机床选取粗加工进给量 $f = 2.50$ mm/r;精加工进给量 $f = 0.87$ mm/r。

3. 滚切斜齿圆柱齿轮的传动链分析计算

从运动分析可知,滚切斜齿圆柱齿轮与直齿圆柱齿轮的差别在于增加一条差动运动(附加运动)传动链。这条传动链要完成齿槽的螺旋线,属于内联系传动链。

(1)主运动传动链和轴向进给运动传动链

滚切斜齿圆柱齿轮的主运动传动链、轴向进给运动传动链与滚切直齿轮时完全相同。

(2)展成运动传动链

由于滚切斜齿轮时需要运动合成,这时展成运动传动链的 $u_合 = -1$,其调整计算与滚切直齿轮相同。但其旋转方向改变,所以在展成运动传动链调整时,要按机床使用说明的规定使用或不使用惰轮来调整 B_{12} 的转动方向。

(3)差动运动(附加运动)传动链

差动运动(附加运动)传动链要完成齿槽螺旋线的成形,属于内联系传动链,要保证齿槽

螺旋线形状轨迹精度,其分析步骤为:

① 确定两末端件:刀架—工件(或工作台)

② 确定两末端件的计算位移:T mm(刀架垂直移动)—1 r(工件或工作台附加转动)。

③ 列出两末端件的运算平衡式:$\dfrac{T}{3\pi}\times\dfrac{25}{2}\times\dfrac{2}{25}\times\dfrac{a_2}{b_2}\times\dfrac{c_2}{d_2}\times\dfrac{36}{72}\times u_合\times\dfrac{e}{f}\times u_x\times\dfrac{1}{72}=1$。式中,$T$ 为被加工斜齿轮螺旋线导程,由图 2.68 螺旋线的展开图可知:$T=\dfrac{\pi m_端 z_工}{\tan\beta}$,$m_端=\dfrac{m_法}{\cos\beta}$,则 $T=\dfrac{\pi m_法 z_工}{\sin\beta}$,其中 $m_端$ 为齿轮的端面模数,$m_法$ 为齿轮的法面模数,β 为齿轮的螺旋角;在差动链中 $u_合=2$。

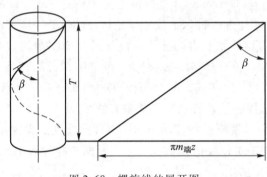

图 2.68　螺旋线的展开图

④ 确定换置机构,导出传动链调整计算的换置公式:$u_y=\dfrac{a_2}{b_2}\times\dfrac{c_2}{d_2}=9\dfrac{\sin\beta}{m_法 k}$。

滚刀架的轴向进给丝杠采用了模数螺纹(3π),使平衡式中的 π 得以消去。差动运动传动链传给工件附加运动的方向,可能与展成运动工件的转向相同或相反,安装差动挂轮时,可按说明书的规定使用或不使用惰轮。

4. 刀架快速移动传动链

刀架快速移动主要用于调整机床、加工时刀具快速接近或退离工件。当加工工件需采用几次吃刀(分粗、精加工)时,每次加工后要将滚刀快退回起始位置。滚切斜齿轮时,滚刀应按螺旋线轨迹退出,以免出现"乱扣"。

刀架快速移动是通过快速电动机实现的。把改变转向的快速运动直接传入差动运动传动链而使刀架快速退出。在接通快速电动机前,应切断主电动机与差动运动传动链之间的传动。操作时,通过手柄使轴 XⅧ 上的三联滑移齿轮处于空挡位置,然后起动快速电动机(参见图 2.67)。为了安全起见,三联滑移齿轮的脱开和快速电动机的起动是靠电气实现互锁的。滚刀架快速移动传动路线为:

快速电动机

$n=1\ 410$ r/min $-\dfrac{13}{26}-\dfrac{2}{25}-$ 刀架垂直进给丝杠 XⅧ

$P=1.1$ kW

当刀架快速退回时,主电动机运动与否均可。因为它与快速电动机分属两个不同的独立运动。

5. 径向进给法滚切蜗轮传动链

用径向进给法滚切蜗轮时,主运动传动链和展成运动传动链与滚切直齿轮时的相同。其不同点在于所用的刀具为蜗轮滚刀,滚刀心轴水平安装,滚刀刀架不作垂直进给,而用刀具或工件的径向移动实现径向进给运动。

在Y3150E型滚齿机上,径向进给为床身滑板连同工作台和后立柱在床身导轨上水平移动。径向进给行程较短,但对行程终点要求较高(影响齿厚),一般用摇动手柄来实现。床身右端的液压缸和活塞用于在加工完毕后使工件快速退离滚刀,以便装卸工件。

2.4.4 插齿和磨齿原理

插齿机主要用于加工直齿圆柱齿轮,尤其适用于加工内齿轮和多联齿轮。磨齿机常用于淬硬齿轮轮齿的精加工,磨齿能纠正齿轮淬火后的变形,因此加工精度高,精度可达6级以上。有的磨齿机也可直接在齿坯上磨出轮齿,但只限于模数较小的齿轮。按齿廓的成形方法,磨齿也有成形法和展成法两大类,成形法磨齿应用较少,多数以展成法磨齿。

1. 插齿原理

如图2.69所示,插齿原理相当于一对圆柱齿轮的啮合,其中一个是齿轮形刀具(插齿刀)。插齿刀实质上是一个端面磨有前角、齿顶及齿侧磨有后角的齿轮。插齿机同样是按展成法加工圆柱齿轮的。

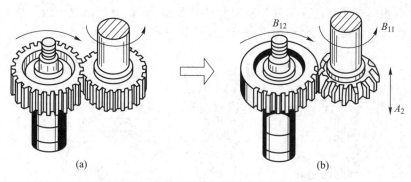

图 2.69　插齿原理及加工时所需的运动图

图2.69示出了插齿加工时所需要的运动,其中插齿刀旋转 B_{11} 和工件旋转 B_{12} 为展成运动的部分,作用是形成渐开线齿廓。插齿刀上下往复运动 A_2 是一个简单的成形运动,作用是形成轮齿齿槽线(直线)。

插齿时,首先是插齿刀相对于工件作径向切入运动,直到全齿深时停止切入,这时工件和插齿刀继续对滚(即插齿刀以 B_{11}、工件以 B_{12} 的相对运动关系转动),当工件再转过一圈后,全部轮齿即切削完。然后插齿刀与工件分开,机床停机。因此,插齿机除了两个成形运动外,还需要一个径向切入运动(辅助运动)。此外,插齿刀在往复运动的回程时不切削,为了减少刀刃的磨损,机床上还需要有让刀运动(辅助运动)。

2. 磨齿原理

按齿廓的成形方法,磨齿分为成形法和展成法两类。

(1)成形砂轮磨齿原理

成形砂轮的截面被修整成与工件齿槽的齿廓形状相同,磨齿的工作原理如图2.70所示。

砂轮截面形状按专用样板进行修整,专用样板可按砂轮截面形状放大若干倍,通过缩放机构来控制修整砂轮的金刚石运动,这样有利于提高砂轮截面形状的精度。

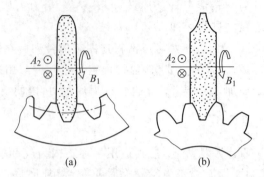

图 2.70　成形砂轮磨齿的工作原理

磨齿时,砂轮高速旋转并沿工件轴线作往复运动。磨完一个齿后进行分度,接着磨下一个齿。砂轮对工件的径向切入运动,由工件与砂轮间的相对径向移动来完成。

（2）展成法磨齿原理

展成法磨齿又可分为连续磨齿和分度磨齿两类。

连续磨齿的工作原理与滚齿相似,如图 2.71a 所示。蜗杆形砂轮相当于滚刀,砂轮与工件间靠展成运动形成渐开线。工件作轴向直线往复运动,以磨削出整个齿。连续磨削的磨齿机生产率高,但修整砂轮费时,常用于大批生产。

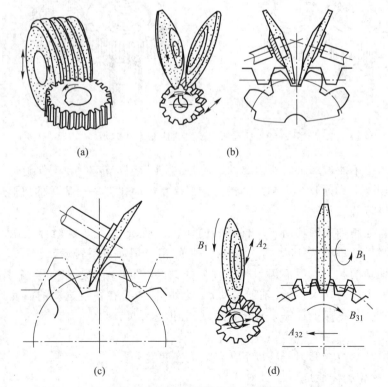

图 2.71　展成法磨齿机的工作原理

分度磨齿原理是利用齿轮和齿条啮合的原理,以砂轮代替齿条来磨齿,如图 2.71b、c、d 所示。砂轮形状有碟形砂轮、大平面砂轮和锥形砂轮三种。砂轮截面的形状按照齿条的直线齿廓修整,修整方便。图 2.71b 是用两个碟形砂轮代替齿条一个齿的两个侧面。图 2.71c 为用大平砂轮的端面代替齿条的一个齿侧面。图 2.71d 为用锥形砂轮的侧面代替齿条的一个齿。

以锥形砂轮磨齿为例,如图 2.71d 所示,齿轮在齿条上作纯滚动(展成运动),即图中的 B_{31} 和 A_{32},其运动关系是:工件转过一个齿($\frac{1}{z}$转),其轴心线移动一个齿距 πm。砂轮作旋转运动 B_1 和往复直线运动 A_2。齿轮的纯滚动(B_{31} 和 A_{32})和砂轮往复直线运动 A_2 同时变换运动方向,砂轮往复一次,磨完一个齿的两个侧面,然后进行分度磨下一个齿,直到全部齿面磨完为止。

2.5 其他机床

学习目标

了解钻床、铣床、镗床、刨床等机床的特点和用途,为选用机床奠定基础。

2.5.1 钻床

钻床主要用来加工孔径不大、精度要求较低的孔。其主要加工方法是用钻头在实体材料上钻孔,此外还可以进行扩孔、铰孔、锪沉头孔和平面、攻螺纹等加工。在钻床上加工时,工件不动,刀具旋转作主运动,同时沿轴向移动作进给运动,在钻床上的加工方法如图 2.72 所示。钻床的主要类型分为立式钻床、台式钻床、摇臂钻床、深孔钻床及其他钻床等。

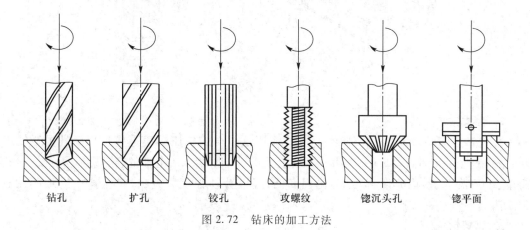

钻孔　　　扩孔　　　铰孔　　　攻螺纹　　　锪沉头孔　　　锪平面

图 2.72　钻床的加工方法

1. 立式钻床

立式钻床的主轴轴线垂直布置,其外形如图 2.73a 所示,它由变速箱、进给箱、主轴、工作台、底座等部件构成。钻床主轴部件的结构如图 2.73b 所示,加工时主轴在主轴套筒中旋转,同时由进给箱传来的运动通过小齿轮和主轴套筒上的齿条,使主轴随着主轴套筒作轴向进给运动。进给箱和工作台可沿着立柱的导轨调整上下位置,以适应加工不同高度的工件。

在立式钻床上加工完一个孔后再钻另一个孔时,需要移动工件,使刀具与另一个孔对准,这对大而重的工件操作很不方便,生产效率低,适用于在单件、小批生产类型中加工中、小型工件。

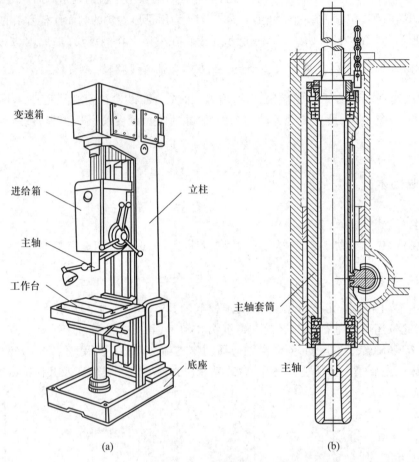

(a)　　　　　　　(b)

图 2.73　立式钻床

2. 台式钻床

台式钻床简称为台钻,其外形如图 2.74 所示。台式钻床实质上是加工小孔的立式钻床,钻孔直径一般小于 15 mm。由于加工孔直径小,所以台钻主轴的转速很高。台钻结构简单、小巧灵活、使用方便,但自动化程度低,工人劳动强度大,在大批生产中一般不用这种机床。

3. 摇臂钻床

对于大而重的工件,在立式钻床上加工不方便,希望工件不动,能使主轴在空间任意调整位置,可采用摇臂钻床,其外形如图 2.75 所示。机床主轴箱 5 可沿摇臂 4 的导轨作横向移动来调整位置,摇臂可沿外立柱的圆柱面上下移动和绕立柱转动来调整位置,主轴 6 可轴向移动实现进给。摇臂钻床广泛应用于单件和中、小批生产中加工大中型零件。

2.5.2　铣床

铣床的工艺范围广,可加工平面、沟槽、分齿零件、螺旋形表面等。铣床的主运动是铣刀的旋转运动。铣床的切削速度较高,多刃连续切削,生产效率较高,应用广泛,在很大程度上代替了刨床。铣床的类型主要为卧式铣床、立式铣床、工作台不升降铣床、龙门铣床、工具铣床等。

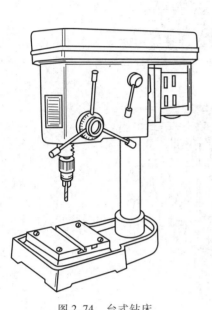

图 2.74　台式钻床

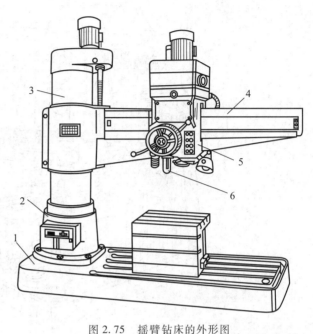

图 2.75　摇臂钻床的外形图

1—底盘;2—连接座;3—外立柱;4—摇臂;5—主轴箱;6—主轴

1. 卧式铣床

卧式升降台铣床的主轴是水平布置的,其外形如图 2.76 所示。它由床身 1、悬梁 2 及悬梁支架 6、铣刀轴(刀杆)3、升降台 7、滑座 5、工作台 4 以及底座 8 等零部件组成。床身 1 固定在底座 8 上,用来安装和支承机床的各个部件。在铣削加工时,将工件安装在工作台 4 上,将铣刀装在铣刀轴 3 上。铣刀旋转作主运动,工件移动作进给运动。升降台 7 安装在床身的导轨上,可作竖直方向运动;升降台 7 上面的水平导轨上装有滑座 5,滑座 5 带着工作台 4 和工件可作横向移动;工作台 4 装在滑座 5 的导轨上,可作纵向移动。这样,固定在工作台上的工件通过工作台、滑座和升降台,可以在相互垂直的三个方向上实现任一方向的调整或进给。卧式升降台铣床主要用于铣削平面和成形表面。

万能卧式铣床与一般卧式铣床的区别是:在工作台 4 和滑座 5 之间增加了一层转台,转台可相对于滑座绕垂直轴线在±45°范围内转动。工作台可沿调整转角的方向在转台上部的导轨上进给,以便加工出不同角度的螺旋槽表面。

2. 立式铣床

立式铣床的主轴是竖直安装的,用立铣头代替卧式铣床的水平主轴、悬梁、刀杆及其支承部分。在立式铣床上可加工平面、斜面、沟槽、台阶、齿轮、凸轮以及封闭轮廓表面等。立式铣床与卧式铣床均适用于单件及成批生产。

图 2.77 为数控立式升降台铣床的外形图。立式床身 2 装在底座 1 上,床身上装有变速箱 3,滑动立铣头 4 可以升降,工作台 6 安装在升降台 7 上,可作纵向运动和横向运动,升降

台还可作垂直运动。5 是数控铣床的吊挂控制箱,装有常用的操作按钮和开关。

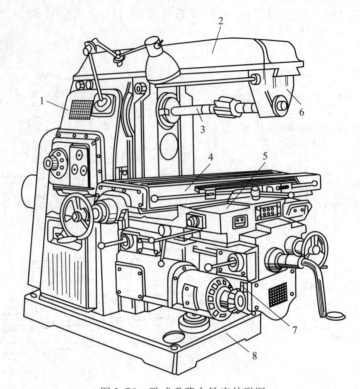

图 2.76   卧式升降台铣床外形图

1—床身;2—悬梁;3—铣刀轴;4—工作台;5—滑座;6—悬梁支架;7—升降台;8—底座

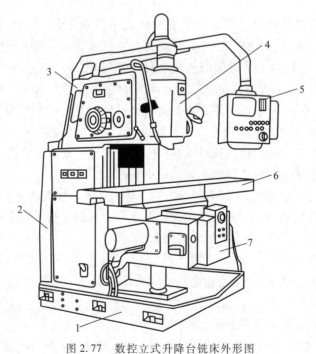

图 2.77   数控立式升降台铣床外形图

1—底座;2—立式床身;3—变速箱;4—滑动立铣头;5—吊挂控制箱;6—工作台;7—升降台

3. 工作台不升降铣床

在升降台式铣床上铣削较大的工件时,升降台的刚性较差。工作台固定不升降,可以提高机床的刚性,采用较大的切削用量。

4. 龙门铣床

龙门铣床是一种大型高效通用铣床,主要用于加工各类大型工件上的平面、沟槽等,其外形如图 2.78 所示。龙门铣床的外形似一个龙门,有一个龙门式的框架,在它的横梁和立柱上安装着铣削头,龙门铣床一般有 3~4 个铣削头。每个铣削头都是一个独立的主运动部件,内装主运动变速机构、主轴和操纵机构,法兰式主电动机固定在铣头的端部,铣刀的旋转为主运动。加工时,工作台带动工件作纵向进给运动,铣削头可沿各自的轴线作轴向移动,实现切深运动。机床的横梁 5 可以在立柱 4 上升降以适应零件的高度。横梁上装有两个立铣头 3 和 6。两个立柱上分别装两个卧铣头 2 和 8。工作台 9 上安装工件,工作台可在床身1 上作水平的纵向运动。立铣头可在横梁上作水平的横向运动,卧铣头可在立柱上升降。这些运动都可以是进给运动,也可以是调整铣头与工件间相对位置的快速调位运动。主轴装在主轴套筒内,可以手摇伸缩,调整切深。7 为悬挂式按钮站。在龙门铣床上可用多把铣刀同时加工几个表面,所以龙门铣床生产效率很高,在成批和大量生产中得到广泛应用。

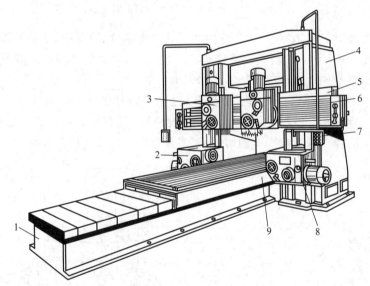

图 2.78 龙门铣床外形图

1—床身;2、8—卧铣头;3、6—立铣头;4—立柱;5—横梁;7—悬挂式按钮钻;9—工作台

2.5.3 镗床

镗床适合加工大型、复杂的箱体类零件上的孔。镗床主要类型有卧式镗床、立式镗床、坐标镗床、落地镗铣床等。

1. 卧式镗床

对于一些较大的箱体类零件,如机床主轴箱、变速箱等,这类零件需要加工数个尺寸不同的孔,孔体本身精度要求高,孔心线之间有同轴度、垂直度、平行度及孔间距精度的要求。卧式镗床的工艺范围广,除镗孔以外,还可进行镗端面、镗外圆、镗螺纹和铣平面等工作,如

图 2.79 所示,零件经一次安装可以完成大部分加工工序。

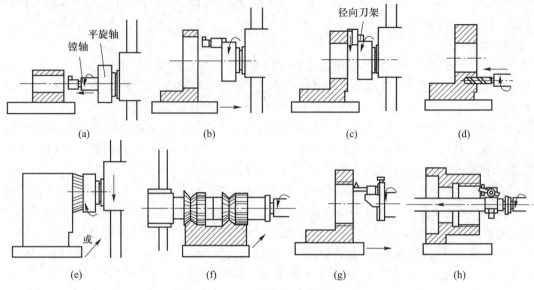

图 2.79　卧式镗床的主要加工方法

　　卧式镗床的外形如图 2.80 所示。它由床身 8、主轴箱 1、前立柱 2、带后支承 9 的后立柱 10、下滑座 7、上滑座 6 和工作台 5 等部件组成。加工时,刀具装在镗杆 3 或平旋盘 4 上,由主轴箱 1 可以获得各种转速和进给量。主轴箱 1 可沿前立柱 2 的导轨上下移动。在工作台 5 上安装工件,工件与工作台一起随下滑座 7 或上滑座 6 作纵向或横向移动。工作台 5 还可绕上滑座 6 的圆导轨在水平面内调整一定的角度位置,以便加工互相成一定角度的孔或平面。装在镗杆上的镗刀可随镗杆作轴向移动,实现轴向进给或调整刀具的轴向位置。当镗杆

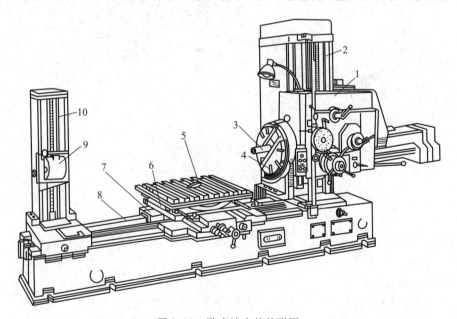

图 2.80　卧式镗床的外形图

1—主轴箱;2—前立柱;3—镗杆;4—平旋盘;5—工作台;6—上滑座;7—下滑座;8—床身;9—后支承;10—后立柱

伸出较长时,用后支承 9 来支承它的左端,以增加刚性。当刀具装在平旋盘 4 的径向刀架上时,径向刀架可带着刀具作径向进给,实现端面加工。

2. 落地镗床

对于大而重的工件,加工时工件运动困难,希望工件在加工过程中不动,运动由较轻的机床部件来实现。落地镗床没有工作台,工件直接装夹在地面的平板上。

3. 坐标镗床

坐标镗床主要用于孔本身精度及位置精度要求都很高的孔系加工,如钻模、镗模和量具等零件上的精密孔加工。这种机床的主要零部件的制造和装配精度都很高,具有良好的刚性和抗振性。依靠坐标测量装置,能精密地确定工作台、主轴箱等移动部件的位移量,实现工件和刀具的精确定位。例如,工作台面宽 200~300 mm 的坐标镗床,定位精度可达到0.002 mm。坐标镗床的工艺范围很广,除镗孔、钻孔、扩孔、铰孔以及精铣平面沟槽外,还可进行精密刻线和划线以及进行孔距和直线尺寸的精密测量工作。坐标镗床主要用于工具车间单件生产和生产车间加工孔距要求较高的零件,如飞机、汽车和机床上箱体的轴承孔。

坐标镗床按其布局形式分为单柱、双柱和卧式等类型。立式单柱坐标镗床如图 2.81 所示。工件固定在工作台 3 上,带有主轴部件的主轴箱 5 装在立柱 4 的垂直导轨上,可上下调整位置,以适应加工不同高度的工件。主轴由精密轴承支承在主轴套筒中,由主传动机构带动其旋转,完成主运动。当进行镗孔、钻孔、铰孔等工序时,主轴由主轴套筒带动,在垂直方向作机动或手动进给运动。镗孔坐标位置由工作台沿床鞍 2 的导轨纵向移动和床鞍 2 沿床身 1 的导轨横向移动来确定。当进行镗削时,则由工作台在纵向或横向移动完成进给运动。

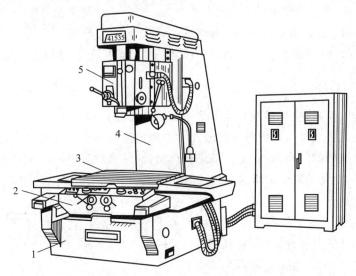

图 2.81　立式单柱坐标镗床外形图

1—床身;2—床鞍;3—工作台;4—立柱;5—主轴箱

2.5.4　刨床、插床和拉床

主运动为直线的机床称为直线运动机床,这类机床有刨床、插床和拉床。

1. 刨床

刨床类机床主要用于加工各种平面和沟槽。机床的主运动和进给运动均为直线运动。

刀具的往复运动为主运动,进给运动由工件的移动来完成,如牛头刨床。由于刨床的生产率较低,多用于单件小批生产。龙门刨床主要用于中、小批生产,加工长而窄的平面,如导轨面和沟槽;或在工作台上安装几个中、小型零件,进行多件加工。

2. 插床

插床的外形如图 2.82 所示。由滑枕 2 带动插刀沿立柱 3 上下往复运动实现主运动,工件安装在圆工作台 1 上,圆工作台作间歇的圆周进给运动或分度运动。上滑座 6 和下滑座 5 可带动工件作纵向和横向进给运动。插床主要用于单件小批生产中插削槽平面和成形表面。

3. 拉床

拉床用拉刀进行通孔、平面及成形表面的加工,适于拉削的一些典型表面形状如图 2.83 所示。拉床的主参数是额定拉力,常见的为 50～400 kN。拉床有内(表面)拉床和外(表面)拉床两类,有卧式的,也有立式的。拉削时,拉刀使被加工表面一次切削成形,所以拉床只有主运动,没有进给运动。拉刀作平稳的低速直线运动。拉刀承受的切削力很大,

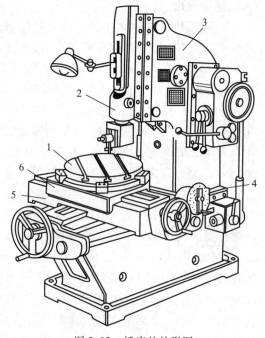

图 2.82　插床的外形图
1—工作台;2—滑枕;3—立柱;
4—进给箱;5—下滑座;6—上滑座

通常是由液压驱动的。拉削生产率较高,拉刀结构复杂,成本较高,适用于大批大量生产。

2.5.5　组合机床

组合机床是以系列化、标准化的通用部件为基础,配以少量的专用部件组成的专用机床。它适宜于在大批大量生产中对一种或几种类似零件的一道或几道工序进行加工。这种机床既具有专用机床的结构简单、生产率高和自动化程度较高的特点,又具有一定重新调整能力,以适应工件变化的需要。组合机床可以对工件进行多面、多主轴加工,一般采用电气程序控制系统实现自动工作循环。如图 2.84 所示单工位三面复合式组合机床。被加工工件安装在夹具 8 中,加工时工件固定不动,分别由电动机通过动力箱 5、多轴箱 4 和传动装置驱动刀具作旋转主运动,并由各自的滑台 6 带动作直线进给运动,完成一定形式的运动循环。组成上述组合机床的主要部件中,除多轴箱和夹具是专用部件外,其余侧底座 1、立柱底座 2、立柱 3、动力箱 5、滑台 6、中间底座 7 都是通用部件,即使是专用部件,其中也有

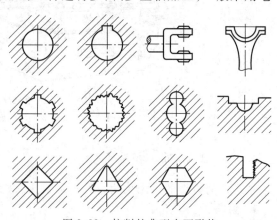

图 2.83　拉削的典型表面形状

不少零件是通用件或标准件。通常一台组合机床中通用部件和零件占 70%～90% ,因此给设计、制造和调整带来很大方便。

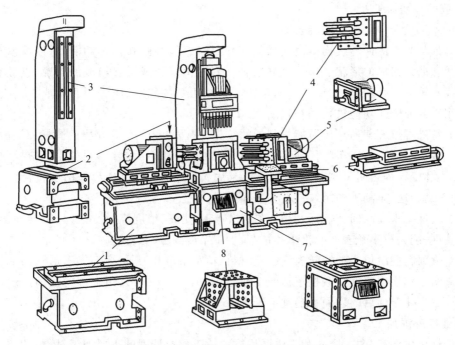

图 2.84　单工位三面复合式组合机床的组成

组合机床的通用部件,由国家制定完整的系列和标准,并由专业厂(或专业的研究设计部门)预先设计制造好。设计制造组合机床时,可根据具体的工件和工艺要求,选用相应尺寸、功率、精度、传动与结构形式的通用部件组装而成。组合机床与一般专用机床相比,具有以下特点:

① 设计和制造组合机床只需设计少量专用部件,不仅设计、制造周期短,而且也便于使用和维修。

② 通用部件经过了长期生产实践考验,且由专业厂集中成批制造,质量易于保证,因而机床工作稳定可靠,制造成本也较低。

③ 当加工对象改变时,通用零、部件可以重复使用,组成新的机床。

2.5.6　数控机床

数控机床(NC machine tool)是按加工要求预先编制的程序,由控制系统发出数字信息指令对工件进行加工的机床。具有数控特性的各类机床均可称为相应的数控机床,如数控铣床、数控钻床等。

1. 数控加工的特点与应用

随着科学技术进步和社会生产的不断发展,物质的不断丰富,需求的个性化、多样性和高品质化,机械加工的生产类型也有向多品种和中小批量生产发展的趋势,尤其是在航空、航天、造船、机床和国防等领域对零件的加工精度要求高,形状复杂,批量小,改型也比较频繁,用普通机床、专用生产线等"刚性"设备难以满足要求,具有加工精度高、能做直线和圆弧插补以及编程等优点的数控机床适应了这种要求,并随着数控机床制造成本的降低,其应用越来越广泛。数控车床、数控铣床、数控加工中心在数控加工中广泛应用。

2. 数控车削加工

数控车削适合加工下列回转表面:

(1) 形状复杂的回转表面。由于数控车床具有直线和圆弧插补功能,所以可以车削由任意直线和曲线组成的形状复杂的回转表面。对于由直线或圆弧组成的轮廓,直接利用车床的直线和圆弧插补功能进行加工;对于由非直线组成的轮廓,应先用直线或圆弧去逼近,然后再用直线或圆弧功能进行插补切削。

(2) 特殊螺纹。普通车床所能车削的螺纹相当有限,只能车等导程的圆柱和端面公、英制螺纹。数控车床不仅能车削任何等导程的圆柱、圆锥和端面螺纹,而且能车增导程、减导程、等导程和变导程之间平滑过渡的螺纹。利用精密螺纹切削功能,采用硬质合金成形刀片,使用较高转速,车削出的螺纹精度和表面质量高。

(3) 精度要求高的回转表面。由于数控车床刚性好,精度高,能够进行精度补偿,并通过一次装夹,能完成多个表面的粗车和精车,加工精度高、质量稳定。

(4) 表面粗糙度值小的回转表面。在材料、精车余量和刀具已定的情况下,表面粗糙度取决于进给量和切削速度。数控车床具有恒线速切削功能,可以用合理的切削速度进行切削,如车端面,使车削后的表面粗糙度值既小又一致。

3. 数控铣削加工

数控铣床主要有立式、卧式和立卧两用式。适于数控铣削的主要加工对象有以下几类:

(1) 平面类零件。加工面平行或垂直于水平面,或加工面与水平面的夹角为定角的零件为平面类零件。采用三坐标数控铣床的两坐标联动(或两轴半坐标联动)就可以把它们加工出来。

(2) 变斜角类零件。加工面与水平面的夹角连续变化的零件称为变斜角类零件。

(3) 曲面类零件。加工面为空间曲面的零件,如模具、叶片、螺旋桨等。曲面类零件的加工面不能展开为平面,加工时加工面与铣刀始终为点接触。加工曲面类零件一般采用球头铣刀在三坐标数控铣床上加工。当曲面复杂时,容易发生干涉或过切相邻表面,要用四坐标或五坐标铣床。

4. 数控加工中心

数控加工中心的特点:

① 加工中心有存放各种刀具的刀具库和自动换刀装置,使工件在一次装夹后,可以连续对工件表面自动进行钻孔、扩孔、铰孔、镗孔、攻螺纹、铣削等多工步的加工,工序高度集中。

② 加工中心一般带有自动分度回转工作台或主轴可自动转动,从而使工件一次装夹后,自动完成多个位置或多个角度的工序加工。

③ 加工中心的控制系统功能较多,其最少可实现两轴联动控制,多的可实现五轴联动、六轴联动,可使刀具完成更复杂工件的加工。

④ 有的加工中心还带有交换工作台,工件在工作位置的工作台上进行加工的同时,另外的工件在装卸位置的工作台上进行装卸,不影响正常的工件加工。

数控加工中心适宜于加工形状复杂、加工工序多、质量及精度要求较高的零件,其加工对象可以分为下列几类:

（1）既有平面又有孔系的零件。采用数控加工中心加工，加工部位可以在一个平面上，也可以在不同平面上。因此，既有平面又有孔系的零件是加工中心的首选加工对象，常见的这类零件有箱体和盘、套、板类零件。箱体类零件一般都要进行多工位孔系及平面加工，精度要求较高，特别是形状精度和位置精度要求较严格，通常要经过铣、钻、扩、铰、镗、锪、攻螺纹等工步，需要刀具较多，在普通机床上加工难度大，工装套数多，需多次装夹找正，测量次数多，精度不易保证。在加工中心上一次安装可完成普通机床的 60% ~ 95% 的工序内容，零件各项精度一致性好，质量稳定，生产周期短。

（2）结构形状复杂的曲面类零件。这类零件是指加工面不能展开为平面，在加工过程中加工面与铣刀始终为点接触的空间曲面类零件。它们的主要表面是由复杂曲线、曲面组成的零件，加工时，需要多坐标联动加工，这在普通机床上是难以完成的，加工中心是加工这类零件的最有效的设备。典型零件有整体叶轮类、模具类、凸轮类等。

（3）周期性投产的零件。用加工中心加工零件时，所需工时主要包括基本时间和准备时间，其中基本时间占很大比例。例如，工艺准备、程序编制、零件首件试切等，这些时间往往是单件基本时间的几十倍。采用加工中心可以将这些准备时间的内容储存起来，供以后反复使用。这样，对周期性投产的零件，生产周期就可以大大缩短。

（4）外形不规则的异形零件。

（5）加工精度要求较高的中小批量零件。

思考题与习题

2.1 解释下列名词：① 金属切削机床；② 机床型号；③ 机床运动的传动联系；④ 传动原理图；⑤ 传动系统图；⑥ 传动链；⑦ 机床的绝对精度和相对精度；⑧ 发生线；⑨ 传动路线表达式；⑩ 运动平衡式。

2.2 指出下列机床型号中的字母和数字符号的含义：① CM6132；② CK6150；③ X6132；④ Z3150；⑤ M2120；⑥ Y3180E。

2.3 试为下列机床编制型号：① 床身上最大工件回转直径为 500 mm 的精密车床；② 工作台面宽度为 500 mm，经过第三次重大改进设计的卧轴矩台平面磨床；③ 最大棒料直径为 50 mm 的卧式六轴自动车床；④ 最大工件直径为 500 mm 的经过第五次重大改进设计的滚齿机。

2.4 根据题 2.4 图，指出形成下列表面的母线和导线、各发生线的成形方法和所需要的成形运动、加工其表面共需要几个成形运动，并在图中表示出来。

2.5 为了实现机床上每个运动，机床必须具备哪三个基本部分？确定机床运动的五个参数是什么？

2.6 试述机床主运动传动链、主运动传动系统图和主运动传动原理图三者之间的区别。

2.7 如题 2.7 图所示，运动由 I 轴输入、III 轴输出，试计算 III 轴上各级转速的传动比。

2.8 如题 2.8 图所示，运动由I轴输入、III轴输出，求III轴上的各级转速 n_{III}。

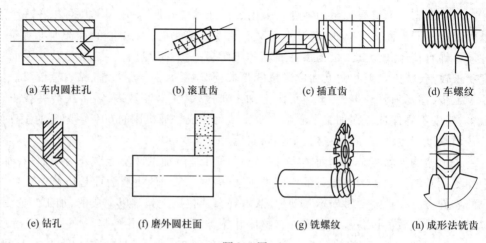

(a) 车内圆柱孔　　　(b) 滚直齿　　　(c) 插直齿　　　(d) 车螺纹

(e) 钻孔　　　(f) 磨外圆柱面　　　(g) 铣螺纹　　　(h) 成形法铣齿

题 2.4 图

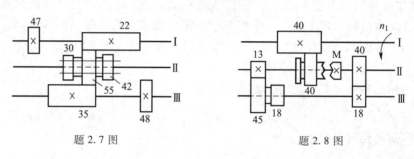

题 2.7 图　　　　　　　　　题 2.8 图

2.9　如题 2.9 图所示,运动由Ⅰ轴输入 n_0、由Ⅱ轴输出,试计算Ⅱ轴所能获得的转速。

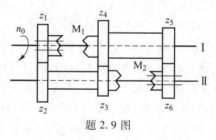

题 2.9 图

2.10　如题 2.10 图所示:① 计算 n_V;② 当 n_V 转一转时,计算 $n_{V\text{Ⅲ}}$。

2.11　根据题 2.11 图完成:① 写出传动路线表达式;② 确定主轴的转速级数;③ 计算主轴的最高转速和最低转速。

2.12　根据 CA6140 型卧式车床的传动系统,完成下列问题:

① 列出计算主轴最高转速和最低转速的运动平衡式。

② 指出进给运动传动链中的基本组、倍增组和移换机构。

③ 分别写出车削 $P = 2.25$ mm;$m = 3$ mm;$a = 4\frac{1}{2}$ in^{-1};$D_p = 2\frac{1}{4}$ in^{-1};$n = 2$, $P = 3$ mm;$n = 2$,$m = 8$ mm 螺纹的列出运动平衡式,并计算车削这些螺纹的螺距误差。

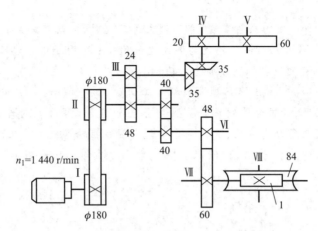

题 2.10 图

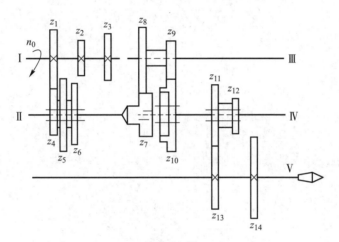

题 2.11 图

④ 当主轴转速分别为 20、40、160、400 r/min 时,能否实现螺距扩大 4 倍及 16 倍,为什么?

⑤ 证明:$f_纵 \approx 2f_横$。

⑥ 在主轴箱中,设置了两个换向机构,各有什么作用? 能否去掉一个换向机构,为什么?

⑦ CA6140 型车床为什么既用丝杠又用光杠实现进给运动传动? 用光杠能否车削螺纹?

⑧ 在 CA6140 型车床上车削外圆时,若将主轴箱内的 Ⅸ—(Ⅺ)—Ⅹ 轴换向机构的齿轮移到车左旋螺纹的啮合位置,此时滑板箱是否移动? 向哪个方向移动? 为什么?

2.13 M1432A 型万能外圆磨床有哪些运动? 能进行哪些工作?

2.14 简要说明 M1432A 型万能外圆磨床作为精加工机床,在机床上采取了哪些主要措施。

2.15 无心磨床与外圆磨床在加工外圆时有何区别?

2.16　其他条件不变,当下列条件改变时,应改变滚齿机的哪些换置机构换向? ① 从滚切右旋齿轮改为滚切左旋齿轮;② 由逆铣滚齿改为顺铣滚齿;③ 由左旋滚刀改为右旋滚刀加工齿轮。

2.17　当 Y3150E 型滚齿机加工斜齿圆柱齿轮时:① 如果进给挂轮的传动比有误差,是否会导致斜齿圆柱齿轮螺旋线产生误差? 为什么? ② 如果滚刀心轴的安装角度有误差,是否会导致斜齿圆柱齿轮螺旋角产生误差? 为什么?

2.18　指出钻床、镗床、铣床、拉床、组合机床和数控机床的特点和应用场合。

第3章 机械加工工艺规程的制订

学习目标

1. 了解生产过程、工艺过程、生产类型、工艺规程及其制订要求和程序,熟悉机械加工工艺过程的组成,了解获得加工精度的方法。

2. 了解零件分析的内容和作用,掌握零件结构工艺性的概念,能够对常用零件结构工艺性进行分析;了解毛坯的种类和特点,掌握毛坯选择方法,并能根据零件的特点和实际情况选择合理的毛坯。

3. 掌握定位基准的概念和定位基准的选择原则,并能正确选择定位基准。

4. 熟悉常用表面的加工方案,并能结合生产实际进行合理选择,能够根据零件的加工要求,合理划分加工阶段,掌握加工顺序安排的原则,能够合理进行工序集中与分散。

5. 掌握加工余量的概念,了解影响加工余量的因素,掌握工序尺寸与公差的确定方法。

6. 掌握尺寸链的概念,基本计算公式和计算方法,掌握几种典型工艺尺寸链的分析计算,了解工艺尺寸跟踪图表法。

7. 了解时间定额,掌握基本时间的确定方法,了解提高劳动生产率的途径。

8. 了解工艺方案的技术经济分析内容。

9. 了解典型零件的加工。

3.1 机械加工基本概念

学习目标

1. 了解生产过程和工艺过程的概念。

2. 掌握工序、安装、工步、走刀等概念。

3. 了解生产类型及其工艺特点。

4. 熟悉工艺规程类型、作用、文件形式及使用范围。

5. 了解工艺规程制订的要求、依据和步骤。

6. 了解获得加工精度的方法(拓展知识)。

3.1.1　生产过程与工艺过程

1. 生产过程

生产过程(production process)是将原材料转变为成品的全过程。它包括原材料的运输和保存,生产技术准备工作,毛坯的制造,零件的机械加工与热处理,部件和整机的装配,机器的检验、调试和包装等。根据机械产品复杂程度的不同,其生产过程可以由一个车间或一个工厂完成,也可以由多个车间或多个工厂联合完成。

原材料和成品是一个相对概念。一个工厂(或车间)的成品可以是另一个工厂的原材料或半成品,或者是本厂内另一个车间的原材料或半成品。例如,铸造车间、锻造车间的成品(铸件、锻件)就是机械加工车间的原材料,而机械加工车间的成品又是装配车间的原材料。这种生产上的分工,可以使生产趋于专业化、标准化、通用化、系列化,便于组织管理,利于保证质量,提高生产率,降低成本。

2. 工艺过程

在生产过程中,改变生产对象的形状、尺寸、相对位置或性质等,使其成为成品或半成品的过程称为工艺过程(process)。工艺(technology)是使各种原材料、半成品成为产品的方法和过程。工艺过程侧重生产过程的工艺部分,就是产品制造的方法和过程。机械产品制造的工艺过程主要包括毛坯的制造(铸造、锻造、冲压等)、热处理和表面处理、机械加工(利用机械力对各种工件进行加工的方法)、特种加工(直接借助电能、热能、光能、化学能等多种能量或其复合应用以实现材料切除的加工方法,如电火花加工、电解加工、离子束加工、激光加工、超声加工等)和装配等的方法和过程。

机械加工工艺过程一般是指改变生产对象(工件)的形状、尺寸、表面粗糙度和力学物理性能,使其成为合格零件的那部分生产过程,主要是指各种切削加工、磨削加工和特种加工的方法和过程。

3. 机械加工工艺系统

工件在机械加工时,必须具备一定的条件,或者说需要有一个系统支持,称之为机械加工工艺系统。通常,一个系统是由物资、能量和信息分系统组成的。

组成机械加工工艺系统的物资分系统包括工件、机床夹具和工具。工件是加工对象;机床是加工设备,如车床、铣床、钻床、磨床等;工具是指各种刀具和磨具。必要时工具通过辅具(刀杆、刀夹等)与机床连接,工件通过夹具与机床连接。

通常,把机床、夹具、刀具、量具和辅具称为工艺装备。

3.1.2　机械加工工艺过程的组成

机械加工工艺过程由若干个工序组成,并按一定顺序排列。每一个工序又可依次细分为安装、工位、工步及走刀(工作行程)。

1. 工序

工序(operation)是指一个(或一组)工人在同一台机床(或同一个工作地)对一个(或同时对几个)工件所连续完成的那一部分工艺过程。

工作地、工人、工件与连续作业构成了工序的四个要素,若其中任一要素发生变更,则构成了另一道工序。

同一个零件,同样的加工内容,可以有不同的工序安排。例如图 3.1 所示的阶梯轴零件,其加工内容是:加工小端面,对小端面钻中心孔,加工大端面,对大端面钻中心孔,车大端面外圆,对大端面倒角,车小端面外圆,对小端面倒角,铣键槽,去毛刺。

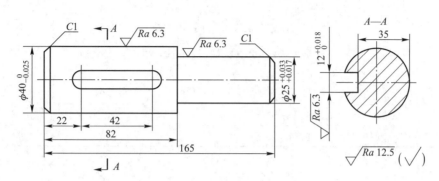

图 3.1　阶梯轴零件图

这些加工内容可以安排在 2 个工序中完成,也可以安排在 3 个工序中完成,还可以有其他安排。

（1）阶梯轴零件 2 个工序的加工方案

零件毛坯为棒料,并已完成下料。

工序 1　在车床上加工,工序内容包括:① 车小端面;② 在小端面上钻中心孔;③ 粗车小端外圆;④ 对小端倒角;⑤ 车大端面;⑥ 在大端面上钻中心孔;⑦ 粗车大端外圆;⑧ 对大端面倒角;⑨ 精车大、小外圆;⑩ 检验。

工序 2　在铣床上加工,工序内容包括① 铣键槽;② 去毛刺;③ 检验。

（2）阶梯轴零件 3 个工序的安排方案

零件毛坯为棒料,并已完成下料。

工序 1　在车床上加工,工序内容包括:① 车小端面;② 在小端面上钻中心孔;③ 粗车小端外圆;④ 对小端面倒角;⑤ 车大端面;⑥ 在大端面上钻中心孔;⑦ 粗车大端外圆;⑧ 对大端面倒角;⑨ 检验。

工序 2　在车床上加工,工序内容包括:① 精车大小外圆;② 检验。

工序 3　在铣床上加工,工序内容包括:① 铣键槽;② 手工去毛刺;③ 检验。

工序安排和工序数目的确定与零件复杂程度、技术要求、零件的加工数量和现有工艺条件等有关。工件加工的工序安排涉及的因素较多,将在本章的 3.4 节中介绍。

2. 安装

在一道工序中,工件经一次装夹后所完成的那部分工序称为安装(setup)。

例如图 3.1 所示的阶梯轴零件 2 个工序的安排方案中,工序 1 需要有 3 次安装(见表 3.1)。在第 1 次装夹后完成①车小端面,②在小端面上钻中心孔(尾座顶尖夹持工件后),③粗车小端外圆,④对小端面倒角;在第 2 次装夹,工件调头,卡盘顶尖装夹工件,完成⑤车大端面,⑥在大端面上钻中心孔(尾座顶尖夹持工件);⑦粗车大端外圆,⑧对大端面倒角,⑨精车大端外圆等;在第 3 次装夹,工件调头,卡盘顶尖装夹工件,完成⑨精车小端外圆等全部车削工序的内容。本例中没有将尾座顶尖夹持工件的操作看成是一次安装。

表 3.1 阶梯轴零件 2 个工序加工方案的安装和工步内容

工序号		工序内容	设备
1	安装(1)	① 车小端面;② 在小端面上钻中心孔,移动尾座顶尖夹持工件; ③ 粗车小端外圆;④ 对小端面倒角	车床
	安装(2)	⑤ 车大端面;⑥ 在大端面上钻中心孔,移动尾座顶尖夹持工件; ⑦ 粗车大端外圆;⑧ 对大端倒角;⑨ 精车大端外圆	
	安装(3)	⑨ 精车小端外圆	
2	安装(1)	铣键槽,手工去毛刺	铣床

3. 工位

为了完成一定的工序部分,一次装夹工件后,工件与夹具或设备的可动部分一起相对刀具或设备的固定部分所占据的每一个位置,称为工位(position)。

为减少装夹次数,常采用多工位夹具或多轴(或多工位)机床,使工件在一次安装中先后经过若干个不同位置顺次进行加工。例如,如图 3.2 所示,通过立式回转工作台使工件变换加工位置。在该例中,共有四个工位,依次为装卸工件、钻孔、扩孔和铰孔,实现了在一次安装中同时进行钻孔、扩孔和铰孔加工。

可以看出,如果一个工序只有一个安装,并且该安装中只有一个工位,则工序内容就是安装内容,同时也就是工位内容。

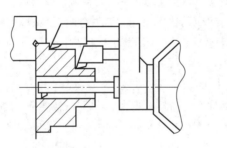

图 3.2 多工位加工
1—装卸工件;2—钻孔;
3—扩孔;4—铰孔

4. 工步

在加工表面不变、切削刀具不变的情况下所连续完成的那部分工序称为工步(working step)。

按照工步的定义,带回转刀架的机床(转塔车床、加工中心)或带自动换刀装置的机床(如加工中心),当更换不同刀具时,即使加工表面不变,也属于不同工步。

在一个工步内,若有几把刀具同时加工几个不同表面,称此工步为复合工步(图 3.3)。可以看出,应用复合工步主要是为了提高生产效率。

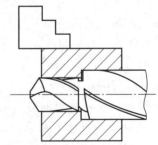

(a) 立轴转塔车床的一个复合工步　　(b) 钻床上用复合钻头进行钻孔和扩孔复合工步

图 3.3 复合工步

5. 走刀

走刀也称为工作行程(working stroke,operating stroke),是刀具以加工进给速度相对工件所完成一次进给运动的工步部分。

同一加工表面加工余量较大,可以分为几次工作进给,走刀是构成工艺过程的最小单元。如表 3.1 所列工序 1 中,若工件毛坯为 $\phi80$ mm 的棒料,则外圆表面 B 的车削就需几次走刀才能完成。

3.1.3 生产纲领与生产类型

1. 生产纲领

生产纲领是指企业在计划期内,应当生产的产品产量和进度计划。企业应根据市场需求和自身的生产能力决定其生产计划。零件的生产纲领还包括一定的备品和废品数量,计划期为一年的生产纲领称为年生产纲领,可按下式计算:

$$N = Qn(1+\alpha)(1+\beta) \tag{3.1}$$

式中:N——零件的年生产纲领,件/年;

Q——产品的年产量,台/年;

n——每台产品中,该零件的数量,件/台;

α——备品百分率;

β——废品百分率。

年生产纲领是设计或修改工艺规程的重要依据,是车间(或工段)设计的基本文件。

生产纲领确定以后,还应该根据车间(或工段)的具体情况,确定在计划期内一次投入或产出的同一产品(或零件)的数量,即生产批量。零件生产批量的计算公式如下:

$$n = \frac{NA}{F} \tag{3.2}$$

式中:n——每批中的零件数量;

N——年生产纲领规定的零件数量;

A——零件应该储备的天数;

F——一年中工作日天数。

确定生产批量的大小主要应考虑三个因素:① 资金周转要快;② 零件加工、调整费用要少;③ 保证装配和销售有必要的储备量。

2. 生产类型

生产类型(types of production)是企业(或车间、工段、班组、工作地)生产专业化程度的分类。一般分为单件生产、大量生产和成批生产三种类型。

单件生产——产品品种很多,同一产品的产量很少,各个工作地的加工对象经常改变,而且很少重复生产。例如,重型机械制造、专用设备制造和新产品试制都属于单件生产。

大量生产——产品的产量很大,大多数工作地按照一定的生产节拍(即在流水生产中,相继完成两件制品之间的时间间隔)进行某种零件的某道工序的重复加工。例如,汽车、拖拉机、自行车、缝纫机和手表的制造常属大量生产。

成批生产——一年中分批轮流地制造几种不同的产品,每种产品均有一定的数量,加工对象周期性的重复。例如,机床、机车、电机和纺织机械的制造常属成批生产。

按批量的多少,成批生产又可分为小批、中批和大批生产三种。在工艺上,小批生产和单件生产相似,常合称为单件小批生产;大批生产和大量生产相似,常合称为大批大量生产。

生产类型的具体划分,可根据生产纲领和产品及零件的特征或工作地每月担负的工序数,参考表 3.2 确定。表 3.2 按重型机械、中型机械和轻型机械的年生产量列出了不同生产类型的规范,可供编制工艺规程时参考。

表 3.2　各种生产类型的规范

生产类型	零件年生产纲领(件/年)		
	重型机械零件 (30 kg 以上)	中型机械零件 (4~30 kg)	轻型机械零件 (4 kg 以下)
单件生产	≤5	≤10	≤100
小批生产	>5~100	>10~150	>100~500
中批生产	>100~300	>150~500	>500~5 000
大批生产	>300~1 000	>500~5 000	>5 000~50 000
大量生产	>1 000	>5 000	>50 000

生产类型不同,产品和零件的制造工艺、所用设备及工艺装备、采取的技术措施、达到的技术经济效果等也不同。因此,在制订机器零件的机械加工工艺过程和机器产品的装配工艺过程时,都必须考虑不同生产类型的特点,以取得最大的经济效益。表 3.3 给出了各种生产类型的特点和要求。

表 3.3　各种生产类型的特点和要求

工艺特征	生产类型		
	单件小批	中批	大批大量
零件的互换性	用修配装配法或调整装配法,钳工修配或调整,缺乏互换性	大部分具有互换性。装配精度要求高时,灵活应用分组装配法和调整法,同时还保留某些修配法	具有广泛的互换性。少数装配精度较高处,采用分组装配法和调整装配法
毛坯的制造方法与加工余量	木模手工造型或自由锻造。毛坯精度低,加工余量大	部分采用金属模机器造型或模锻。毛坯精度较高,加工余量中等	广泛采用金属模机器造型、模锻或其他高效方法。毛坯精度高,加工余量小
机床设备及其布置形式	通用机床。按机床类别采用机群式布置	部分采用通用机床和高效专用机床。按工件类别分工段排列设备	广泛采用高效专用机床及自动机床。按流水线和自动线排列设备
工艺装备	大多采用通用夹具、标准附件、通用刀具和万能量具。靠划线和试切法达到精度要求	广泛采用夹具、部分靠找正装夹达到精度要求。较多采用专用刀具和专用量具	广泛采用专用高效夹具、复合刀具、专用量具或自动检验装置。靠调整法达到精度要求

工艺特征	生产类型		
	单件小批	中批	大批大量
对工人的技术要求	需技术水平较高的工人	需一定技术水平的工人	对调整工的技术水平要求高,对操作工的技术水平要求较低
工艺文件	有工艺过程卡,关键工序要有工序卡	有工艺过程卡,关键零件要有工序卡	有工艺过程卡和工序卡,关键工序要有调整卡和检验卡
成本	较高	中等	较低

随着技术进步和市场需求的变化,生产类型的划分正在发生着深刻的变化,传统的大批大量生产往往不能适应产品及时更新换代的需要,而单件小批生产的生产能力又跟不上市场之急需,因此各种生产类型都朝着生产过程柔性化的方向发展。

3.1.4 工艺规程的类型、文件形式及使用范围

1. 工艺规程的类型

工艺规程的类型分专用工艺规程和通用工艺规程。专用工艺规程是针对某一个产品或零部件所设计的工艺规程。通用工艺规程又分典型工艺规程、成组工艺规程和标准工艺规程。典型工艺规程是为一组结构特征和工艺特征相似的零部件所设计的通用工艺规程。成组工艺规程是按成组技术原理将零件分类成组,针对每一组零件所设计的通用工艺规程。标准工艺规程是已纳入标准的工艺规程。

工艺规程的相关术语:

(1)工艺规程是规定产品或零部件制造工艺过程和操作方法等的工艺文件。

(2)机械加工工艺规程是规定零件机械加工工艺过程和操作方法等的工艺文件。

(3)工艺文件是指导工人操作和用于生产、工艺管理等的各种技术文件。

2. 工艺规程的目的作用

加工一个同样要求的零件,可能有多种工艺方法和工艺过程,但完成的质量和效果可能不一样。工艺规程是在总结实践经验的基础上,依据科学理论和必要的工艺试验后结合企业具体的生产条件下制订的。不同的零件,它的作用、重要程度(如工艺关键是指技术要求高、加工难度大的零部件)、复杂程度(如流线型表面、深孔、细长轴、难加工材料薄壁零件等)、特殊程度(大型复杂的、涉及安全的、危害性的、特殊检验的零件)、处于不同的阶段(设计、研制开发、小批试制、批量生产),尽管对其工艺规程的设计有所不同,但设计中都要考虑加工质量、生产率、时间、成本、柔性、安全、环保等因素,并在不同阶段进行工艺过程优化(分析)与审查,使制订的工艺规程更加合理并不断地完善。工艺规程的作用主要有:

使产品生产组织规范、有序(工艺纪律);使产品制造质量稳定;控制和预防各种问题发生;提高劳动生产率,降低生产成本,获得更好经济效益和社会效益。此外,工艺规程还具有

如下作用：

（1）是指导工人操作和用于生产、工艺管理工作的主要技术文件。

（2）是新产品投产前进行生产准备和技术准备（如设备、工艺装备等）的依据，也是新建、扩建车间或工厂的原始资料。

（3）是生产组织管理的依据，如产品成本、劳动生产率、材料定额、时间定额、定员定编等的设计计算和确定。

（4）有助于交流和推广先进经验。

（5）典型和标准的工艺规程能缩短工厂的生产准备时间。

工艺规程是从产品设计开发到产品研制、小批试制、批量生产不断修改完善而成的，要经过逐级审批后实施。工艺规程就是工厂生产中的工艺纪律，有关人员必须严格执行。

随着科学技术的进步和生产的发展，针对工艺过程中会出现的不相适应的问题，应对工艺规程定期整改，及时吸收新技术、新工艺、新方法和合理化建议，使工艺规程更加完善和合理。

3. 工艺规程的文件形式及其使用范围

（1）机械加工工艺过程卡片（见表3.4）　描述零部件加工过程中的工种（或工序）流转顺序，主要用于单件、小批生产的产品（用作大批大量生产的工序流程，填写简单，相当于工艺路线，与工序卡片配合使用；用作中批量生产的工序流程，填写较详细，与重点工序和关键工序的工序卡片配合使用）。

（2）工艺卡片　描述一个工种（或工序）中工步的流转顺序，如铸造、锻压、热处理工种，用于各种批量生产的产品。

（3）机械加工工序卡片（见表3.5）　主要用于大批大量生产的产品和单件、小批量生产的关键工序。工序图是工艺设计结果的图形表达，用于工序卡片中称工序图或工序简图，附在工艺文件中称工艺附图。

（4）作业指导书　为确保生产某一过程的质量，对操作者所做的各项活动进行详细规定的文件称为作业指导书。作业指导书用于操作内容和要求基本相同的工序（或工位），如机械加工操作指导卡片（见表3.27）。

（5）工艺守则　某一工种应共同遵守的通用操作要求（见表3.6）。

（6）检验卡片（见表3.7）　用于关键重要工序检查。

（7）调整卡片　用于自动、半自动、弧齿锥齿轮机床，自动生产线等。

（8）毛坯图　用于铸件、锻件等毛坯的制造。

（9）工艺附图（见表3.8）　当各种卡片的简图位置不够用时，可用工艺附图。

4. 工艺附图的绘制规则

① 根据零件加工或装配情况可画出向视图、剖视图、局部视图。允许不按比例绘制。

② 加工面用粗实线表示，非加工面用细实线表示。

③ 应标明定位基面、加工部位、精度要求、表面粗糙度、测量基准等。

④ 定位和夹紧符号按 JB/T 5061—2006 的规定选用（见表3.8）。

表 3.4　机械加工工艺过程卡片（JB/T 9165.2—1998）

(厂名)25	机械加工工艺过程卡片		产品型号	30(1)	零件图号	(5)10	共 页	第 页
			产品名称	(4)10	零件名称		备注 10	(6)10
材料牌号 30(1)	毛坯种类 15	毛坯外形尺寸 30(2)	每毛坯可制件数 30(3)	每台件数	备注 (5)10			
工序号 (7)8	工序名称 (8)10	工序内容 (9) 18×8(=144)	车间 (10)8	工段 (11)8	设备 (12)20	工艺装备 (13)75	工时 准终 (14)10	单件 (15)10
		设计(日期)	审核(日期)	标准化(日期)	会签(日期)			
描图								
描校								
底图号	标记 处数 更改文件号 签字 日期	标记 处数 更改文件号 签字 日期						
装订号								

表 3.5　机械加工工序卡片（JB/T 9165.2—1998）

（厂名）	机械加工工序卡片	产品型号		零件图号		共 页	第 页
		产品名称		零件名称			

车间	工序号	工序名	材料牌号
25(1)	15(2)	25(3)	30(4)

毛坯种类	毛坯外形尺寸	每毛坯可制件数	每台件数
(5)	30(6)	20(7)	20(8)

设备名称	设备型号	设备编号	同时加工件数
(9)	30(10)	(11)	(12)

夹具编号	夹具名称		切削液
(13)	(14)		(15)

工位器具编号	工位器具名称		工序工时	
45(16)	30(17)		准终 (18)	单件 (19)

（工序简图）

10×8(=80)

工步号	工步内容	工步装备	主轴转速 /(r/min)	切削速度 /(m/min)	进给量 /(mm/r)	切削深度 /mm	进给次数	工步工时	
								机动	辅助
(20)	(21)	(22)	(23)	(24)	(25)	(26)	(27)	(28)	(29)

8　90　10　7×10(=70)

9×8(=72)

描图						设计(日期)	审核(日期)	标准化(日期)	会签(日期)
描校									
底图号	标记	处数	更改文件号	签字	日期	标记	处数	更改文件号	签字	日期
装订号									

表 3.6 切削加工通用工艺守则、总则（JB/T 9168.1—1998）

项目	要求内容
加工前的准备	（1）操作者接到加工任务后，首先要检查加工所需的产品图样、工艺规程和有关技术资料是否齐全 （2）要看懂、看清工艺规程、产品图样及其技术要求，有疑问之处应找有关人员问清再进行加工 （3）按产品图样或（和）工艺规程复核工件毛坯或半成品是否符合要求，发现问题应及时向有关人员反映，待问题解决后才能进行加工 （4）按工艺规程要求准备好加工所需的全部工艺装备，发现问题及时处理。对新夹具、模具等，要先熟悉其使用要求和操作方法 （5）加工所用的工艺装备应放在规定的位置，不得乱放，更不能放在机床导轨上 （6）工艺装备不得随意拆卸和更改 （7）检查加工所用的机床设备，准备好所需的各种附件。加工前机床要按规定进行润滑和空运转
刀具与工件的装夹	1. 刀具的装夹 （1）在装夹各种刀具前，一定要把刀柄、刀杆、导套等擦拭干净 （2）刀具装夹后，应用对刀装置或试切等检查其正确性 2. 工件的装夹 （1）在机床工作台上安装夹具时，首先要擦净其定位基面，并要找正其与刀具的相对位置 （2）工件装夹前应将其定位面、夹紧面、垫铁和夹具的定位、夹紧面擦拭干净，并不得有毛刺 （3）按工艺规程中规定的定位基准装夹，若工艺规程中未规定装夹方式，操作者可自行选择定位基准和装夹方法，选择定位基准应按以下原则： ① 尽可能使定位基准与设计基准重合 ② 尽可能使各加工面采用同一定位基准 ③ 粗加工定位基准应尽量选择不加工或加工余量比较小的平整表面，而且只能使用一次 ④ 精加工工序定位基准应是已加工表面 ⑤ 选择的定位基准必须使工件定位夹紧方便，加工时稳定可靠 （4）对无专用夹具的工件，装夹时应按以下原则进行找正： ① 对划线工件应按划线进行找正 ② 对不划线工件，在本工序后尚需继续加工的表面，找正精度应保证下道工序有足够的加工余量 ③ 对在本工序加工到成品尺寸的表面，其找正精度应小于尺寸公差和位置公差的 1/3 ④ 对在本工序加工到成品尺寸的未注尺寸公差和位置公差的表面，其找正精度应保证 JB/T 8828—1999 中对未注尺寸公差和位置公差的要求 （5）装夹组合件时应注意检查结合面的定位情况 （6）夹紧工件时，夹紧力的作用点应通过支承点或支承面。对刚性较差的（或加工时有悬空部分的）工件，应在适当的位置增加辅助支承，以增强其刚性 （7）夹持精加工面和软材质工件时，应垫以软垫，如紫铜皮等 （8）用压板压紧工件时，压板支承点应略高于被压工件表面，并且压紧螺栓应尽量靠近工件，以保证压紧力

项目	要求内容
加工	（1）为了保证加工质量和提高生产率,应根据工件材料、精度要求和机床、刀具、夹具等情况,合理选择切削用量。加工铸件时,为了避免表面夹砂、硬化层等损坏刀具,在许可的条件下,切削深度应大于夹砂或硬化层深度 （2）对有公差要求的尺寸在加工时,应尽量按其中间公差加工 （3）工艺规程中未规定表面粗糙度要求的粗加工工序,加工后的表面粗糙度 Ra 值应不大于 25 μm （4）铰孔前的表面粗糙度 Ra 值应不大于 12.5 μm （5）精磨前的表面粗糙度 Ra 值应不大于 6.3 μm （6）粗加工时的倒角、倒圆、槽深等都应按精加工余量加大或加深,以保证精加工后达到设计要求 （7）图样和工艺规程中未规定的倒角、倒圆尺寸和公差要求应按 JB/T 8828—2001 的规定 （8）凡下道工序需进行表面淬火、超声波探伤或滚压加工的工件表面,在本道工序加工的表面粗糙度 Ra 值不得大于 6.3 μm （9）在本道工序后无法去毛刺工序时,本道工序加工产生的毛刺应在本道工序去除 （10）在大件的加工过程中应经常检查工件是否松动,以防因松动而影响加工质量或发生意外事故 （11）当粗、精加工在同一台机床上进行时,粗加工后一般应松开工件,待其冷却后重新装夹 （12）当切削过程中,若机床—刀具—工件系统发出不正常的声音或加工表面粗糙度突然变坏,应立即退刀停车检查 （13）在批量生产中,必须进行首件检查,合格后方能继续加工 （14）在加工过程中,操作者必须对工件进行自检 （15）检查时应正确使用测量器具。使用量规、千分尺等必须轻轻用力推入或旋入,不得用力过猛;使用卡尺、千分尺、百分表、千分表等时事先应调好零位
加工后处理	（1）工件在各道工序加工后应做到无屑、无水、无脏物,并在规定的工位器具上摆放整齐,以免磕、碰、划伤等 （2）暂不进行下道工序加工的或精加工后的表面进行防锈处理 （3）用磁力夹具吸住进行加工的工件,加工后应进行退磁 （4）凡相关零件成组配加工的,加工后需做标记(或编号) （5）各道工序加工完的工件经专职检查员检查合格后方能转往下道工序
其他	（1）工艺装备用完后要擦拭干净(涂好防锈油),放到规定的位置或交还工具库 （2）产品图样、工艺规程和所使用的其他技术文件,要注意保持整洁,严禁涂改

表 3.7 检验卡片（JB/T 9165.2—1998）

检验卡片		产品型号		零件图号			
		产品名称		零件名称		共 页	第 页
工序号	工序名称	车间	检验项目	技术要求	检验手段	检验方案	检验操作要求
30(1)	(2)	(3)	(4)	(5)	(6)	(7)	(8)
			40	25	25	25	

简图：

30×3（=90）

				设计（日期）	审核（日期）	标准化（日期）	会签（日期）
标记	处数	更改文件号	签字	日期			
标记	处数	更改文件号	签字	日期			

描图

描校

底图号

装订号

表 3.8　工艺附图格式（JB/T 9165.2—1998），定位支承、辅助支承和夹紧符号（JB/T 5061—2006）

		产品型号		零件图号			
	工艺附图	产品名称		零件名称		共　页	第　页

工序号

描图		
描校		
底图号		
装订号		

| 标记 | 处数 | 更改文件号 | 签字 | 日期 | 标记 | 处数 | 更改文件号 | 签字 | 日期 | 设计（日期） | 审核（日期） | 标准化（日期） | 会签（日期） | |

定位支承符号

定位支承类型	符号			
	独立定位		联合定位	
	标注在视图轮廓线上	标注在视图正面[a]	标注在视图轮廓线上	标注在视图正面[a]
固定式			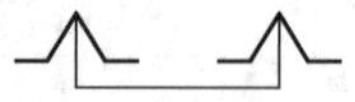	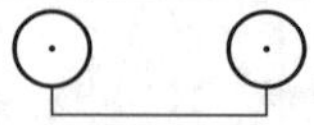
活动式			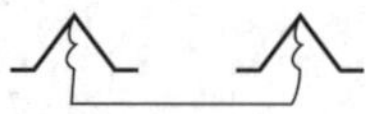	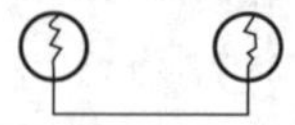

[a] 视图正面是指观察者面对的投影面。

辅助支承符号

独立支承		联合支承	
标注在视图轮廓线上	标注在视图正面	标注在视图轮廓线上	标注在视图正面
		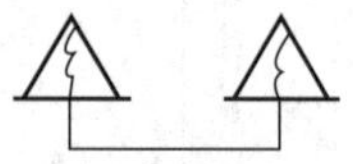	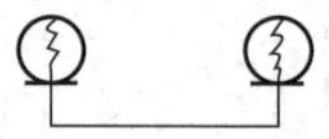

夹紧符号

夹紧动力源类型	符号			
	独立夹紧		联合夹紧	
	标注在视图轮廓线上	标注在视图正面	标注在视图轮廓线上	标注在视图正面
手动夹紧		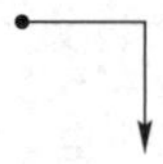	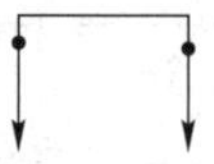	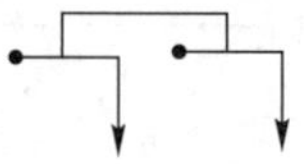

续表

夹紧动力源类型	符号			
	独立夹紧		联合夹紧	
	标注在视图轮廓线上	标注在视图正面	标注在视图轮廓线上	标注在视图正面
液压夹紧	Y	Y	Y	Y
气动夹紧	Q	Q	Q	Q
电磁夹紧	D	D	D	D

3.1.5　设计工艺规程的基本要求、依据及设计审批程序

1. 设计工艺规程的基本要求

（1）工艺规程是直接指导现场生产操作的重要技术文件,应做到正确、完整、统一、清晰。

（2）在充分利用企业现有生产条件的基础上,尽可能采用国内外先进工艺技术和经验。

（3）在保证产品质量的前提下,尽量提高生产率,降低成本、资源和能源消耗。

（4）设计工艺规程必须考虑安全和环境保护要求。

（5）结构特征和工艺特征相近的零件应尽量设计典型工艺规程。

（6）各专业工艺规程在设计过程中应协调一致,不得相互矛盾。

（7）工艺规程的幅面、格式与填写方法可按 JB/T 9165.2—1998 的规定。

（8）工艺规程中所用的术语、符号、代号要符合相应标准的规定。

（9）工艺规程的编号应按 GB/T 24735—2009 的规定。

2. 设计工艺规程的主要依据

（1）产品图样及有关技术条件。

（2）产品工艺方案。

（3）毛坯材料与毛坯生产条件。

（4）产品验收质量标准。

（5）产品零部件工艺路线表或车间分工明细表。

（6）产品生产纲领或生产任务。

（7）现有的生产技术和企业的生产条件。

（8）有关法律、法规及标准的要求。

（9）有关设备和工艺装备资料。

（10）国内外同类产品的有关工艺资料。

3. 专用工艺规程的设计程序

（1）熟悉设计工艺规程所需的资料(见设计依据)。

（2）零件分析。

（3）根据零件毛坯形式确定其制造方法。

（4）设计工艺规程（机械加工工艺路线设计或工艺过程或工序流程）。

（5）设计工序，确定工序中各工步的加工内容和顺序；选择或计算有关工艺参数；选择设备或工艺装备；编制和绘制必要的工艺说明和工序简图；编制工序质量控制、安全控制文件。

（6）提出外购工具明细表、专用工艺装备明细表、企业标准（通用）工具明细表、工位器具明细表和专用工艺装备设计任务书等。

（7）工时定额。

（8）重要工序工艺方案技术经济分析。

4．工艺规程的审批程序

（1）审核

工艺规程的审核一般可由产品主管工艺人员进行，关键或者重要工艺规程可由工艺部门责任人审核。主要审核内容：

① 工序安排和工艺要求是否合理；

② 选用设备和工艺装备是否合理。

（2）标准化审查

工艺规程标准化审查内容如下：

① 文件中所用的术语、符号、代号和计量单位是否符合相应标准，文字是否规范；

② 毛坯材料是否符合标准；

③ 所选用的标准工艺装备是否符合标准；

④ 工艺尺寸、工序公差和表面结构等是否符合标准；

⑤ 工艺规程中的有关要求是否符合安全、资源消耗和环保标准。

（3）会签

工艺规程经审核和标准化审查后，应送交有关部门会签。主要会签内容：

① 根据本生产部门的生产能力，审查工艺规程中安排的加工或装配内容在本生产部门能否实现；

② 工艺规程中选用的设备和工艺装备是否合理。

（4）批准

经会签后的成套工艺规程，一般由工艺部门责任人批准，成批生产产品和单件生产关键产品的工艺规程，应由总工艺师或总工程师批准。

设计工艺规程的基本要求依据及设计审批程序可参考国家标准 GB/T 24737.5—2009。

3.1.6　保证机械加工质量的方法

1．机械加工中加工质量的概念与表达

机械加工质量是指零件机械加工后的实际几何参数、表面质量和性能与设计技术要求的符合程度，主要包括尺寸及公差、几何精度、表面结构、热处理和表面处理的性能等要求。

（1）用零件图样表达的质量要求

用视图表达零件的形状结构，其标注的技术要求包括：① 零件结构尺寸及公差；② 几何公差；③ 表面结构；④ 以技术要求说明形式给出的零件材料及表面的热处理要求；⑤ 标题

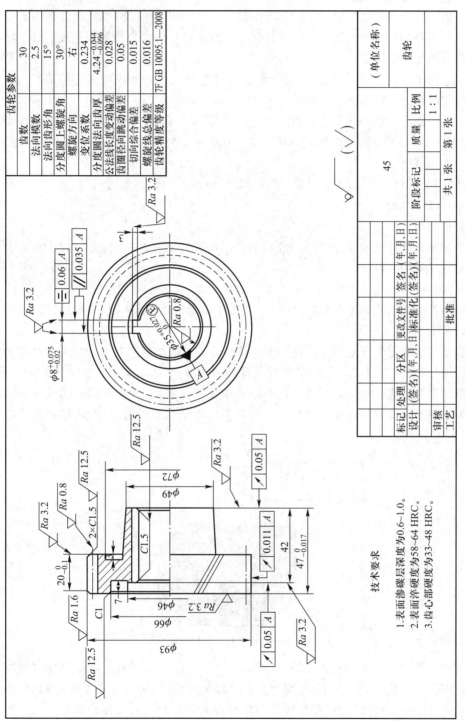

齿轮参数		
齿数	30	
法向模数	2.5	
法向齿形角	15°	
分度圆上螺旋角	30°	
螺旋方向	右	
变位系数	0.234	
分度圆法向齿厚	$4.24^{-0.044}_{-0.096}$	
公法线长度变动偏差	0.028	
齿圈径向跳动偏差	0.05	
切向综合总偏差	0.015	
螺旋线总偏差	0.016	
齿轮精度等级	7F GB 10095.1—2008	

（单位名称）				齿轮	
				比例	1：1
		45	质量		
	阶段标记			第 1 张	
			共 1 张		

标记	处理	分区	更改文件号	签名	年,月,日
设计	(签名)	(年,月,日)	标准化	(签名)	(年,月,日)
审核					
工艺		批准			

图 3.4 齿轮零件图样的标注

技术要求

1. 表面渗碳层深度为0.6~1.0。
2. 表面淬硬度为58~64 HRC。
3. 齿心部硬度为33~48 HRC。

栏中给出的零件材料;⑥ 以表格的形式给出的零件结构参数及其测量值等。如图3.4 所示。

（2）加工精度的标注及检测

加工精度是指零件加工后的实际几何参数（尺寸、形状和位置）与理想几何参数的符合程度。加工误差是指零件加工后的实际几何参数对理想几何参数的偏离程度。加工精度包括尺寸精度和几何精度。

尺寸包括线性尺寸和角度尺寸,尺寸精度要求通过尺寸公差或角度公差来表达。尺寸公差的标注可查阅 GB/T 1800—2009。

表达几何精度要求的几何公差类型、几何特征及符号、附加符号和公差框的标注可查阅 GB/T 1182—2018,其检测可查阅 GB/T 1958—2017。未注公差可查阅 GB/T 1184—1996。

（3）表面结构

零件的表面结构包括表面粗糙度、波度、纹理方向和形状、伤痕等,其获得方法和标注可查阅 GB/T 131—2006。

（4）热处理

热处理和表面处理工艺的基本概念可查阅 GB/T 7232—2012,其工艺方法及其表达可查阅 GB/T 12603—2005。

（5）零件在机械加工中常用测量工具和基准

机械加工中常用的测量工具包括千分尺、直尺、角度尺、游标卡尺、高度尺、指示器（百分表）和量规等。

基准是用来确定生产对象上几何要素的几何关系所依据的那些点、线、面。基准的三个重要的作用:① 为控制或确定几何要素建立准确的基础;②排除不明确性或不确定性;③ 多基准可以设置功能优先权。若零件图样中没有给出测量基准,如何准确地测量立方体的厚度? 如何选择测量位置? 在不同的位置就会有不同的结果。没有基准,测量结果具有不确定性,如图3.5 所示。

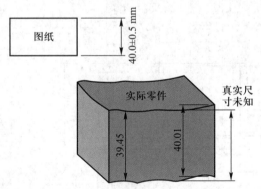

图 3.5　未确定基准的立方体厚度测量

若零件图样给出了基准或者已知立方体零件的装配关系,设置一个基准便可解决上述问题。把零件放在精确的平台上（装配台或者是测量台）进行测量即可得到正确的结果。功能高度就是在基准上的最高点,基准面为零件放置的测量台。立方体的垂直高度是两个平行平面之间的空间距离。

零件图样中的基准用方框及基准代号 A 表示,并与平台或装配基面接触或一致,如图 3.6 所示。

理解的关键点:基准不在零件上,而是零件放置的测量平台或零件的虚拟装配基准。真实的零件可以认为是不规则的,而基准是理想的。基准不仅用于测量零件,也可用于加工零件。

在机械加工中,工艺设计人员常根据零件的表面特征建立一个基准,例如三角形吊索零件,常选用零件的底面作基准,A 是装配基面,应作为加工中的基准,如图 3.7 所示。

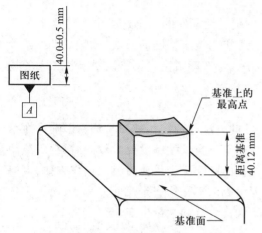

图 3.6 给定测量基准的立方体测量

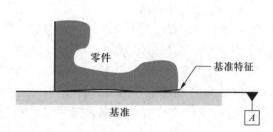

图 3.7 加工中的基准选择

（6）零件加工中的装夹

将工件装夹在夹具上时,工件的位置由夹具上的定位元件来确定,并由夹具上的夹紧装置进行夹紧,这个操作过程称装夹。其相关概念将在第 4 章中介绍。

如图 3.8 所示,将双联齿轮工件 2 装夹在插齿机夹具上加工齿形,定位心轴 3 和基座 4 是夹具上的定位元件,夹紧螺母 1 及螺杆 5 是其夹紧元件,它们都装在插齿机的工作台上。工件的内孔套在心轴 3 上,它们之间有配合要求,以保证加工的齿形与内孔的同轴度要求,同时又以其大齿轮端面靠紧在基座 4 的顶面上,以保证加工的齿形槽与大齿轮端面的垂直度要求,这个操作过程就完成了定位。拧紧螺母 1,将工件压紧在基座 4 上,这个操作过程完成了夹紧。这两个操作过程就完成了装夹。

双联齿轮工件上的内孔和大齿轮的端面称为定位表面,基准是孔心线和大端面。夹具上定位心轴 3 的外圆表面和基座 4 的顶面称定位工作表面,它们相对应的定位面组成定位副。

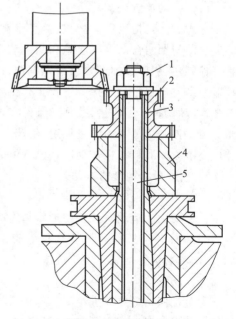

图 3.8 工件的装夹

2. 获得尺寸精度的方法

（1）试切法

通过反复进行试切—测量—调整—再试切,直到被加工尺寸达到要求为止的加工方法称为试切法。试切法的生产率低,但它不需要专用的夹具,加工精度取决于工人的技术水平和计量器具(工具、仪器、仪表)的精度,故常用于单件小批生产。

作为试切法的一种类型——配作,它是以已加工件为基准,加工与其相配的另一工件、或将两个(或两个以上)工件组合在一起进行加工的方法。配作中最终被加工尺寸达到的要求是以与已加工件的配合要求为准的。

(2) 调整法

先调整好刀具和工件在机床上的相对位置,并在一批零件的加工过程中保持这个位置不变,以保证工件被加工尺寸的方法称为调整法。影响调整法精度的因素有测量精度、调整精度、重复定位精度等。当生产批量较大时,调整法的生产率较高。调整法对调整工人的技术要求高,对机床操作工人的技术要求不高,常用于成批生产和大量生产。

(3) 定尺寸刀具法

用刀具的相应尺寸来保证工件被加工部位尺寸的方法称为定尺寸刀具法。影响尺寸精度的因素有刀具的尺寸精度、刀具与工件的位置精度等。当尺寸精度要求较高时,常用浮动刀具进行加工,就是为了消除刀具与工件的位置误差的影响。定尺寸刀具法操作方便,生产率较高,加工精度也较稳定。钻头、铰刀、多刃镗刀块等加工孔均属定尺寸刀具法,应用于各种生产类型。拉刀拉孔也属定尺寸刀具法,应用于大批生产和大量生产。

(4) 主动测量法

在加工过程中,边加工边测量加工尺寸,并将所测结果与设计要求的尺寸比较后,或使机床继续工作,或使机床停止工作,这种方法称为主动测量法。主动测量的数值可用数字显示,目前,把主动测量法中的测量装置列入了工艺系统(即机床、刀具、夹具和工件组成的系统)中,称其为第 5 个因素。主动测量法质量稳定、生产率高。

(5) 自动控制法

这种方法是把测量、进给装置和控制系统组成一个自动加工系统,加工过程依靠系统自动完成。初期的自动控制法是利用主动测量和机械或液压等控制系统完成的。目前已采用程序控制法,程序按加工要求预先编制,由控制系统发出指令进行工作的程序控制机床,由控制系统发出数字信息指令进行工作的数字控制机床,以及能适应加工过程中加工条件的变化,自动调整加工用量,按规定条件实现加工过程最佳化的适应控制机床进行自动控制加工。自动控制法加工的质量稳定、生产率高、加工柔性好、能适应多品种生产,是目前机械制造的发展方向和计算机辅助制造(CAM)的基础。

3. 获得形状精度的方法

(1) 刀尖轨迹法

依靠刀尖的运动轨迹获得形状精度的方法称为刀尖轨迹法。刀尖的运动轨迹取决于刀具和工件的相对成形运动,因而所获得的形状精度取决于成形运动的精度。普通车削、铣削、刨削和磨削等均属刀尖轨迹法。

(2) 仿形法

刀具按照仿形装置进给对工件进行加工的方法称为仿形法。仿形法所得到的形状精度取决于仿形装置的精度及其他成形运动精度。仿形车、仿形铣等均属仿形法加工。

(3) 成形法

利用成形刀具对工件进行加工的方法称为成形法。成形刀具替代一个成形运动。成形法所获得的形状精度取决于成形刀具的形状精度和其他成形运动精度。用成形刀具或砂轮的车、铣、磨螺纹的牙形就属于成形法。

（4）展成法

利用工件和刀具作展成切削运动进行加工的方法称为展成法。展成法所得被加工表面是切削刃和工件作展成运动过程中所形成的包络面，切削刃形状必须是被加工面的共轭曲线。它所获得的精度取决于切削刃的形状和展成运动的精度等。滚齿、插齿、磨齿、滚花键等的齿形成形法均属展成法。

4. 获得位置要求（位置尺寸和位置精度）的方法

工件的位置要求取决于工件的装夹方式及其精度。工件的装夹方式有直接找正装夹、划线找正装夹和用夹具装夹。

（1）直接找正装夹

直接找正装夹是用划针和百分表或通过目测直接在机床上找正工件位置的装夹方法。图 3.9 所示是用四爪单动卡盘装夹套筒，先用百分表按工件外圆 A 进行找正后，再夹紧工件进行外圆 B 的车削，以保证套筒的 A、B 圆柱面的同轴度。此法的生产率较低，对工人的技术水平要求高，所以一般只用于单件小批生产。若工人的技术水平很高，且能采用较精确的工具和量具，那么直接找正装夹也能获得较高的定位精度。

（2）划线找正装夹

划线找正装夹是用划针根据毛坯或半成品上所划的线为基准找正它在机床上正确位置的一种装夹方法。如图 3.10 所示的车床床身毛坯，为保证床身各加工面和非加工面的位置尺寸及各加工面的余量，可先在钳工台上划好线，然后在龙门刨床工作台上用千斤顶支起床身毛坯，用划针按线找正并夹紧，再对床身底平面进行粗刨。由于划线既费时又需技术水平高的划线工，划线找正的定位精度也不高，所以划线找正装夹只用于批量不大、形状复杂而笨重的工件，或毛坯的尺寸公差很大而无法采用夹具装夹的工件。

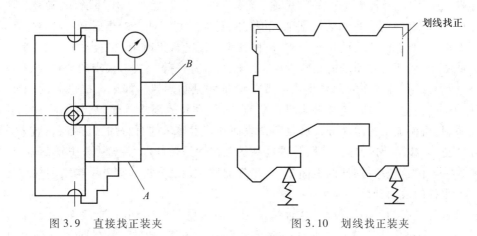

图 3.9 直接找正装夹　　　　图 3.10 划线找正装夹

划线找正装夹法的定位误差与划线基准和划线工具有关。以毛面作基准，粉笔印的找正误差为 1.5 mm；以划线作基准，划线盘的找正误差为 0.5 mm，深度千分尺的找正误差为 0.25 mm；以已加工面作基准，划线盘的找正误差为 0.25 mm，水平尺的找正误差为 0.01 mm，深度千分尺的找正误差为 0.10 mm，百分表的找正误差为 0.05 mm，长度量规的找正误差为 0.5 mm。

（3）用夹具装夹

夹具是用以装夹工件（和引导刀具）的装置。夹具上的定位元件和夹紧元件能使工件迅速获得正确位置，并使其固定在夹具和机床上，因此工件定位方便，定位精度高而且稳定，装夹效率也高。当以精基准定位时，工件的定位精度可达 0.01 mm。所以，用专用夹具装夹工件广泛用于中、大批和大量生产。但是，由于制造专用夹具费用较高、周期较长，所以在单件小批生产时，很少采用专用夹具，而是采用通用夹具。当工件的定位精度要求较高时，可采用标准元件组装的组合夹具。

5. 影响零件表面结构质量的因素

表面结构质量主要与加工方法、加工工具、工艺参数、切削运动轨迹等因素有关。如磨削的表面粗糙度值比切削的低，小进给量的比大进给量的低。珩磨缸套的纹理与珩磨头的运动轨迹有关。磨削烧伤改变了材料的性能等。

3.2　零件结构工艺性分析及毛坯选择

学习目标

1. 了解零件工艺分析的内容及作用。
2. 掌握零件结构工艺性的概念并能对零件常见工艺结构进行分析。
3. 了解零件结构工艺性的评价指标。
4. 了解毛坯的类型及其加工方法。

3.2.1　零件的表面和技术要求分析

在制订机械加工工艺规程之前，应对零件图样进行工艺分析。如果提供了产品装配图样和零件工作图样，首先熟悉产品的用途、该零件的工作性能及工作环境，明确被加工零件在产品中的位置（装配关系和装配基准）和作用，进而了解零件上的表面和各项技术要求，分出主要表面、次要表面和关键技术要求，以便在拟订工艺规程时采取适当的工艺措施加以保证。在此基础上，还可对图纸的完整性（如视图、尺寸标注等）、技术要求的合理性、材料选择的合理性和标准化等方面的问题提出必要的改进意见和建议。如果没提供装配图样，在制订机械加工工艺规程之前，应结合零件的类型、表面和技术要求等情况，判断零件的作用和装配关系，从机械加工的角度分析满足零件表面和技术要求的可行加工方案，审查零件图样是否完整正确，技术要求是否合理，零件的结构工艺性是否良好，并与协作方协商。

零件分析内容包括：零件的表面分析、零件的技术要求分析和零件结构工艺性分析。

（1）零件的表面分析

分析零件表面的类型和特点，结合精度和表面质量要求，分出主要表面、特殊表面和次要表面，目的是确定主要表面的加工方法和表面加工方案，特殊表面的加工方法和加工方案。主要表面是指零件有装配要求的基准面，如箱体的装配底面、装配其他零部件的表面、装配轴的轴承孔等，轴类零件装配轴承的轴颈、装配轴上零件的轴颈等；有相对运动关系的配合表面，转动副表面如销轴与孔，移动副表面如导轨副、花键副、齿轮副、球面副、螺旋副等；技术要求高的重要配合表面等。特殊表面是指空间曲面、流线型表面、特殊传动件表面等,需要用多轴联动数控机床加工或采取特殊工装或特殊工艺措施才能加工的表面。

（2）零件的技术要求分析

分析内容包括:① 加工表面的尺寸精度;② 加工表面的几何形状精度;③ 各加工表面之间的相互位置精度;④ 加工表面粗糙度以及表面质量方面的其他要求;⑤ 热处理以及其他要求。

通过分析这几方面的技术要求,一要分析这些技术要求是否合理,在现有生产条件下能否满足这些技术要求,找出主要技术要求和关键技术问题,以便采取适当的工艺措施;二要通过分析这些技术要求,初步确定达到这些要求所需的最终加工方法和中间工序加工方法,基本确定工件的加工顺序等。

下面通过实例来分析。

如图 3.11a 所示的汽车板弹簧和弹簧吊耳内侧面的表面粗糙度,可由原设计的 Ra 值为 3.2 μm 改为 25 μm,这样就可以在铣削加工时增大进给量,以提高生产效率。又如图 3.11b 所示的方头销零件,其方头部分要求淬硬到 55 ~ 60 HRC,其销轴 $\phi 8^{+0.010}_{+0.001}$ mm 上有一个 $\phi 2^{+0.01}_{0}$ mm 的孔在装配时配作,零件材料为 T8A,小孔 $\phi 2^{+0.01}_{0}$ mm 因是配作,不能预先加工好,若采用 T8A 材料淬火,由于零件长度仅 15 mm,淬硬头部时势必全部被淬硬,造成 $\phi 2^{+0.01}_{0}$ mm 小孔很难加工。若将该零件材料改为 20Cr,可局部渗碳,在小孔 $\phi 2^{+0.01}_{0}$ mm 处镀铜保护,则零件的加工就没有什么困难了。

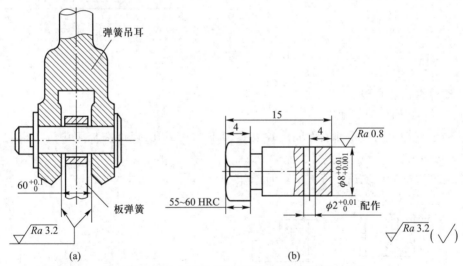

图 3.11　零件加工要求和零件材料选择不当的示例

3.2.2　零件结构工艺性分析

零件结构工艺性是零件在能满足设计功能和精度要求的前提下,制造的可行性和经济性。零件结构工艺性分析是产品结构工艺性分析的一部分。在工作图设计阶段的分析内容主要是零件的铸造、锻造、冲压、焊接、热处理、切削加工、特种加工及装配等的工艺性。

零件结构的切削加工工艺性分析包括:① 尺寸公差、几何公差和表面结构的要求应经济、合理;② 各加工表面几何形状应尽量简单;③ 有相互位置要求的表面应尽量在一次装夹中加工;④ 零件应有合理的工艺基准并尽量与设计基准一致;⑤ 零件的结构要素宜统一,并使其尽量使用普通设备和标准刀具进行加工;⑥ 零件的结构应便于多件同时加工;⑦ 零件的结构应便于装夹、加工和检查;⑧ 零件的结构应便于使用较少的切削液加工。

对零件作结构工艺分析时,应考虑以下几方面:

1. 零件尺寸要合理

(1) 尺寸规格尽量标准化

在设计零件时,要尽量使结构要素的尺寸标准化,这样可以简化工艺装备,减少工艺准备工作。例如零件上的螺钉孔、定位孔、退刀槽等的尺寸应尽量符合标准,便于采用标准钻头、铰刀、丝锥和量具等。

(2) 尺寸标注要合理

应尽量使设计基准与工艺基准重合,并符合尺寸链最短原则,使零件在被加工过程中,能直接保证各尺寸精度要求,并保证装配时累计误差最小;零件的尺寸标注不应封闭;应避免从一个加工面确定几个非加工表面的位置(图 3.12a);不要从轴线、锐边、假想平面或中心线等难于测量的基准标注尺寸(图 3.12b)。

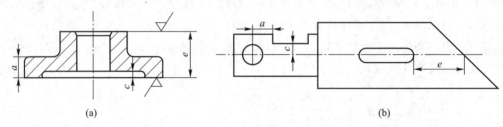

(a)   (b)

图 3.12　尺寸标注不正确的示例

2. 零件结构要合理

(1) 零件结构应便于加工

① 一个零件上的两相邻表面间应留有退刀槽和让刀孔,以便在加工中进刀和退刀,否则无法加工,如图 3.13 所示。

② 应使刀具顺利地接近待加工表面,如图 3.14 所示。

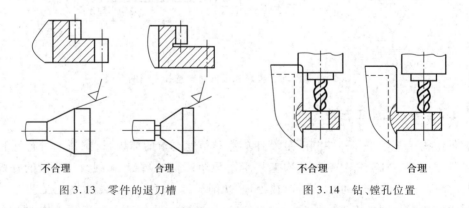

不合理   合理   不合理   合理

图 3.13　零件的退刀槽   图 3.14　钻、镗孔位置

③ 钻孔表面应与孔的轴线垂直,否则会引起两边切削力不等,致使钻孔轴线倾斜或打断钻头,设计时应尽量避免钻孔表面是斜面或圆弧面,如图 3.15 所示。

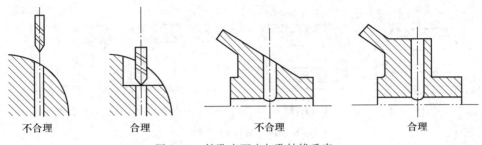

图 3.15　钻孔表面应与孔轴线垂直

④ 零件外表面比内表面的加工方便、容易,应尽量将加工表面放在零件外部。如果不能把内表面加工转化为外表面加工时,应简化内表面形状,如图 3.16 所示。

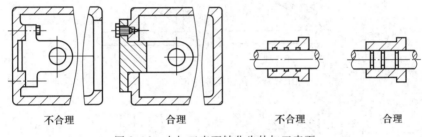

图 3.16　内加工表面转化为外加工表面

⑤ 配合面的数目应尽量少,这样可降低零件精度,制造容易,装配方便,如图 3.17 所示。

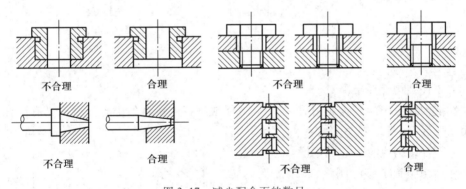

图 3.17　减少配合面的数目

⑥ 减少零件的加工表面面积,这样可降低刀具消耗,减少装配时的修配工作量,并能保证配合表面接触良好,如图 3.18 所示。

⑦ 减少加工的安装次数。如零件加工表面应尽量分布在相互平行或相互垂直的表面上;次要表面应尽可能分布在主要表面的相同方向上,以便加工主要表面时将次要表面也同时加工出来;孔端的加工表面应为圆形凸台或止口,以便在加工孔时同时将凸台或止口刮出来,如图 3.19 所示。

加工箱体时,同一轴线上的孔应沿孔的轴线递减,以便使镗杆从一端穿入,同时加工各孔,减少零件加工的安装次数,从而获得较高的同轴度,如图 3.20 所示。

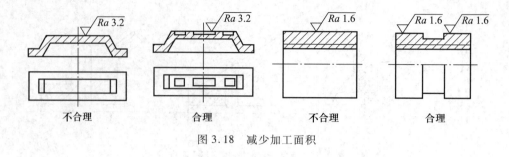

图 3.18　减少加工面积

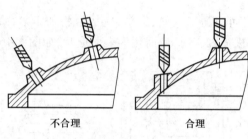

图 3.19　孔在箱体零件上的分布

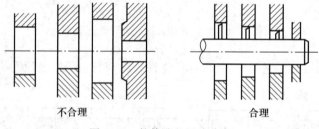

图 3.20　箱体孔径尺寸分布

（2）零件结构应便于测量

零件结构应考虑能尽量使用通用量具,方便地进行测量。如锥孔两端应具有圆柱面、花键采用偶数等,如图 3.21 所示。

（3）零件结构应有足够的刚度

零件结构应有足够的刚度,若刚度低则切削力、夹紧力、温度差、内应力都会引起被加工零件的变形,加工质量不容易控制。可增设加强筋或改变结构,如图 3.22a 所示齿轮,当多件加工外圆及齿形时,安装刚度很差,空程大,生产率低,改成图 3.22b 所示的结构可避免这些不足。

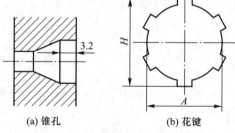

(a) 锥孔　　　　(b) 花键

图 3.21　锥孔和花键的测量

3.2.3　零件结构工艺性的评定指标

零件结构工艺性涉及面很广,具有综合性,必须全面综合地分析。在不同的生产类型和生产条件下,为使零件结构工艺性更合理,在对零件结构工艺性进行定性分析的基础上,也可采用定量指标进行评价。零件结构工艺性的主要指标项目除产品制造劳动量、产品的工艺成本、单位产品的材料用量、产品的维修劳动量外还有：

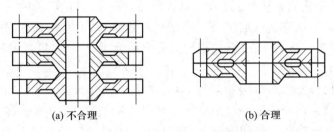

(a) 不合理　　　　　　　　　　　(b) 合理

图 3.22　提高齿轮的安装刚度

（1）加工精度参数 K_{ac}

$$K_{ac} = \frac{产品（或零件）图样中标注有公差要求的尺寸数}{产品（或零件）的表面总数}$$

（2）结构继承性系数 K_s

$$K_s = \frac{产品中借用件数+通用件数}{产品零件总数}$$

（3）结构标准化系数 K_{st}

$$K_{st} = \frac{产品中标准件数}{产品零件总数}$$

（4）结构要素统一化系数 K_e

$$K_e = \frac{产品中各零件所用同一结构要素数}{该结构要素的尺寸规格数}$$

（5）材料利用系数 K_m

$$K_m = \frac{产品净重}{该产品的材料消耗工艺定额}$$

用定量指标来分析结构工艺性，无疑是一个研究课题。

对于结构工艺性分析中发现的问题，工艺人员可提出修改意见，经设计部门同意并通过一定的审批程序后方可修改。

近年来，随着并行工程引入设计制造领域，在如何认识设计和制造这对矛盾方面有了新的观点，提出可制造性设计和可装配性设计。可制造性设计和可装配性设计是一种优化产品设计技术，目的是使产品易于制造、装配，以获得最低的制造和装配费用。常规下，设计是龙头，制造必须满足设计要求。但是，在市场竞争激烈，要求迅速提供、不断更新用户所需的品种，把制造与设计并列甚至更强调制造，使设计满足制造要求，符合市场需要又满足企业根本利益。

3.2.4　零件毛坯的选择

在制订零件机械加工工艺规程前，还要选择毛坯，包括选择毛坯类型及制造方法、确定毛坯精度。零件机械加工的工序数量、材料消耗和劳动量，在很大程度上与毛坯有关。例如，毛坯的形状和尺寸越接近成品零件，即毛坯精度越高，则零件的机械加工劳动量越少，材料消耗也少，机械加工的生产率可提高、成本可降低。但是，毛坯的制造费用提高了。因此，选择毛坯要从机械加工和毛坯制造两方面综合考虑,以求得最佳效果。

毛坯类型有铸、锻、压制、冲压、焊接、型材和板材等。各类毛坯的特点和制造方法可参阅金属工艺学有关书籍或各种工艺手册。选择毛坯时要考虑的因素如下:

① 零件的材料及其力学性能。当零件的材料选定后,毛坯的类型就大致确定了。例如,材料是铸铁,就选铸造毛坯;材料是钢材且力学性能要求高时,可选锻件;当力学性能要求较低时,可选型材或铸钢。

② 零件的形状和尺寸。形状复杂的毛坯,常采用铸造方法。薄壁零件不可用砂型铸造,尺寸大的铸件宜用砂型铸造,中、小型零件可用较先进的铸造方法。常见一般用途的钢质阶梯轴零件,如各台阶的直径相差不大,可用棒料;如各台阶的直径相差较大,宜用锻件。尺寸大的零件,因受设备限制一般用自由锻;中、小型零件可选模锻。形状复杂的钢质零件不宜用自由锻。

③ 生产类型。大量生产应选精度和生产率都比较高的毛坯制造方法,用于毛坯制造的昂贵费用可由材料消耗的减少和机械加工费用的降低来补偿,如铸件应采用金属模机器造型或精密铸造,锻件应采用模锻、冷轧和冷拉型材等;单件小批生产则应采用木模手工造型或自由锻。

④ 具体生产条件。确定毛坯必须结合具体生产条件,如现场毛坯制造的实际水平和能力、外协的可能性等。有条件时,应积极组织地区专业化生产,统一供应毛坯。

⑤ 充分考虑利用新工艺、新技术和新材料的可能性。为节约材料和能源,随着毛坯制造向专业化生产发展,目前毛坯制造方面的新工艺、新技术和新材料的发展很快。例如,精铸、精锻、冷轧、冷挤压、粉末冶金和工程塑料等,在机械中的应用日益广泛。应用这些方法后,可大大减少机械加工量,有时甚至可不再进行机械加工,其经济效果非常显著。

3.3　定位基准的选择

学习目标

1. 了解基准和定位基准的概念。
2. 掌握定位精基准的选择原则,并能选择合理的定位基准。
3. 掌握定位粗基准的选择原则和考虑的因素。

3.3.1　定位基准的概念及选择思路

基准(datum)是用来确定零件上几何要素的几何关系所依据的那些点、线、面。设计基准(design datum)是设计图样上所采用的基准。例如,车床上用的顶尖,主要由60°圆锥表面、莫氏圆锥台的圆锥面和圆锥台的顶面(顶尖的端面)3个表面组成。确定60°圆锥表面的基准是圆锥的轴心线和圆锥的顶点;莫氏圆锥台的部分圆锥面和圆锥台的顶面(顶尖的端面)的基准是圆锥台的轴心线,并且这两个轴心线理想状态是重合的。这个理想的轴心线就是加工中希望选择的定位基准,因为这个轴心线即是顶尖的安装基准,又是它装夹工件的基准,同时它还是加工成形最关键的要素。分析思路是:① 分析零件表面要素的组成。② 找出每个表面成形的特征要素(点、线、面),即找出了单个表面加工的定位基准。一般情况下,单个表面加工可以作为一个工序,工序基准(operation datum)是在工序图上用来确定本工序所加工表面加工后的尺寸、形状、位置的基准。③ 使零件上所有表面加工用较少的基准来实现。④ 该基准必须是重要表面(装配基准或加工要求高的表面)的基准。

装配基准(assembly datum)是用来确定零件在装配件上占据正确位置的基准。如某机器需要与减速器和电动机都装配在一个平台(板)上,这个平台就是它们的装配基准。假如加工这个减速器的箱体零件,因为该箱体的底面是装配基准,那么首先考虑选择这个底面为定位基准。

减速器箱体上有多个表面需要加工,如底面、顶面、两个侧面及安装齿轮轴轴孔等。箱体机械加工过程中的定位基准称工艺基准(process datum),选择工艺基准的分析思路是:① 分析零件表面要素的组成;② 找出每个表面成形的特征要素(点、线、面),并选择加工方法;③ 使零件上所有表面加工用较少的基准来实现,首先选择装配基准作加工中的定位基准,因为机床的工作台就是理想的基准,这样就模拟了零件的装配,并对其他表面的加工方法进行调整(工件也装夹在机床工作台上)或找出其他表面的特征要素与底面之间的位置关系;④ 箱体的定位基准一般选择底面及其上的两孔。

定位(locating)是确定工件在机床上或夹具中占有正确位置的过程。夹紧(clamping)是工件定位后将其固定,使其在加工过程中保持定位位置不变的操作。工件的定位夹紧就是模拟工件的装配,将工件装配在机床(或夹具)上。选择零件上的定位基准必须有想象力,脑海中要有机床、典型夹具等装夹工件基准的几何形象,如钻床、铣床的工作台(平面基准),车床、外圆磨床主轴上的卡盘、顶尖(回转零件的轴心线),工件的定位基准必须与机床(或夹具)上的理想基准相匹配。工件上的定位基准是工件在加工中用于定位的基准。

在工艺设计中,为了便于交流和准确的表达,国标规定了定位夹紧的标准符号见表3.8,一般用定位符号表达定位基准的选择、定位方案,用夹紧符号表达夹紧方案。

定位基准选择的合理与否,将直接影响所制订零件加工工艺规程的质量。基准选择不当,往往会增加工序,或使工艺路线不合理,或使夹具设计制造复杂化,影响零件的加工精度(特别是位置精度),影响生产成本等。因此,在工艺规程设计之前,必须把被加工零件的结构形状、表面构成及其关系、主要技术要求梳理清楚,在保证零件加工精度的基础上,选择合理的定位基准表面,使零件整个加工过程流畅、工艺装备简单合理(即技术经济合理),这是选择定位基准的主要目的。

总之,在选择定位基准时,首先找到能够代表零件结构特点的几何要素作为精基准,如轴类、套类零件等回转零件的轴心线,箱体类零件的安装基面。然后找到与该基准密切相关的一组或几组表面作为零件整个机械加工过程各工序加工的精基准表面(切削加工后的表面),将零件上抽象的点或线转化为实在的表面,如轴类零件的外圆、套类零件的内表面或外表面,必要时,专门制作一些工艺基准表面,如轴类零件的第一道工序就是加工两端面,打中心孔,这两个中心孔就作为整个加工过程的精基准面;箱体类零件一般选择安装底面或止口面并在其上加工两个工艺孔(一面两孔)作为整个加工过程的精基准面;应尽可能选择较大的平面,使工件定位装夹稳定。最后考虑把精基准加工出来,既要保证零件重要加工表面余量均匀又要兼顾零件上不加工表面,在毛坯上选择一组表面作为加工精基准面的粗基准面(未加工表面)。

实际生产中,零件的结构多种多样,用到的精基准可能是多组表面。选择精基准时,为了更好的保证加工精度,使零件整个加工过程中的夹具结构简单一致,工件装夹方便,一般遵循 3.3.2 中所讲述的原则。

3.3.2　精基准的选择原则

1. 基准重合原则

应尽可能选择被加工表面的设计基准作为定位基准,否则因基准不重合而引起定位误差,尤其加工面位置尺寸有决定作用的工序或位置公差很小时,一般不应违反这一原则。

例如加工图 3.23 所示零件上的缺口。缺口深度尺寸 A_1 的设计基准是平面 M_1,但实际加工时,为了使加工方便、定位可靠,常选择 N 面为定位基准,于是定位基准与设计基准不重合。采用调整法加工,铣刀的位置由定位基面 N 对刀,见图 3.23a,这时直接保证的尺寸是 A_2,而设计尺寸 A_1 是间接保证的。所以影响尺寸 A_1 精度的因素除了与铣切口工序有关的加工误差以外,还与已加工尺寸 A_3 的加工误差 T_3 有关。T_3 就是由于定位基准与设计基准不重合而产生的基准不重合误差。

在选择精基准时,若铣缺口工序以平面 M_1 为定位基准(见图 3.23b),则定位基准与设计基准重合,尺寸 A_1 可以直接保证,但加工不便。

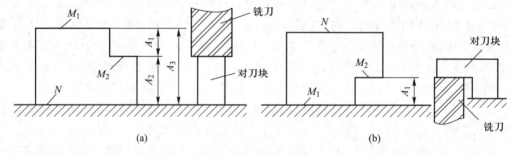

图 3.23　基准不重合误差分析实例

2. 基准统一原则

当工件以某一精基准定位时,可以比较方便地加工工件上多个表面或所有表面,则应尽早地把这个基准面加工出来,并达到一定的精度,以后工序均以它作为精基准加工其他表面,这称为基准统一原则。遵循基准统一原则,便于保证各加工面间的相互位置精度,避免基准变换所产生的误差,并简化夹具的设计和制造。例如,加工图 3.24 所示的汽车发动机机体,就是采用统一的基准——底面 A 及底面 A 上相距较远的两个工艺孔作为精基准,分别加工机体上的曲轴轴承座孔、凸轮轴座孔、气缸孔及座孔端面等后序工序。这样能较好地保证这些加工表面的相互位置关系。轴类零件加工,一般采用两端面的顶尖孔作为统一基准,来加工各外圆表面、轴肩端面,这样可以保证各外圆表面之间的同轴度以及各轴肩端面与轴心线的垂直度。箱体类零件常采用一面两孔作为统一的精基准,来加工其他平面和孔。

3. 互为基准原则

当两个表面相互位置精度以及它们自身的尺寸与形状精度都要求很高时,可以采取互为精基准的原则,反复多次进行精加工。

例如加工精密齿轮时,通常是在齿面淬硬以后再磨齿面及内孔,因齿面淬硬层较薄,磨削余量应力求小而均匀,因此需先以齿面为基准磨内孔,如图 3.25 所示,然后再以内孔为基准磨齿面。这样加工不但可以做到磨齿余量小而均匀,而且还能保证轮齿基圆对内孔有较高的同轴度。又如车床主轴的主轴颈和前端锥孔的同轴度要求很高,因此也常采用互为基准反复加工的方法。

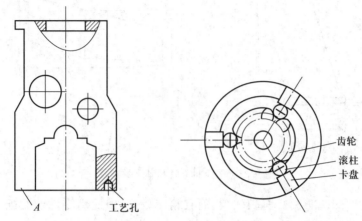

图 3.24 汽车发动机体精基准　　图 3.25 以齿形表面定位加工

4. 自为基准原则

有些精加工或光整加工工序要求余量小而均匀,在加工时就应尽量选择加工表面本身作为精基准,即遵循"自为基准"的原则,而该表面与其他表面之间的位置精度则由先行的工序保证。例如在磨削床身导轨面时,为使加工余量小而均匀,以提高导轨面的加工精度和生产率,常在磨头上安装百分表,在床身下安装可调支承,以导轨面本身为精基准来调整找正,如图 3.26 所示。此外,如用浮动铰刀铰孔、用圆拉刀拉孔、用珩磨头珩孔以及用无心磨床磨外圆等,都是以加工表面本身作为精基准的例子。

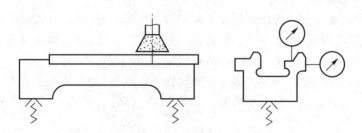

图 3.26 床身导轨面自为基准

5. 保证工件定位准确、便于装夹原则

精基准选择时,一定要保证工件定位准确,夹紧可靠,夹具结构简单,工件装夹方便。因此,零件上用作定位的表面既应该具有较高的尺寸、形状精度及较低的表面粗糙度值,以保证定位准确,同时还应具有较大的面积并应尽量靠近加工表面,以保证在切削力和夹紧力作用下不至于引起零件位置偏移或产生太大变形。

例如,图 3.27 所示为锻压机立柱铣削加工中的两种定位方案。底面与导轨面的尺寸比 $a/b=1/3$,若用已加工的底面为精基准加工导轨面,如图 3.27a 所示,设在底面产生 0.1 mm 的装夹误差,则在导轨面上引起的实际误差应为 0.3 mm。如果先加工导轨面,然后以导轨面为定位基准加工底面,如图 3.27b 所示,当仍有同样的装夹误差(0.1 mm)时,则在底面所引起的实际误差约为 0.03 mm。可见,图 3.27b 所示方案比图 3.27a 的好。

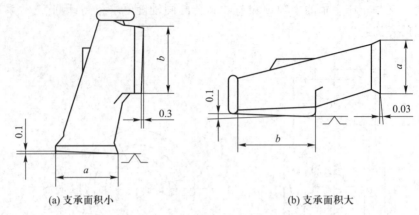

(a) 支承面积小　　　　　　　　　　　　(b) 支承面积大

图 3.27　锻压机立柱精基准的选择

由于零件的装配基准往往面积较大,而且精度较高,因此用零件的装配基准作为精基准,对于提高定位精度、减小受力变形,往往都是十分有利的。

还应指出的是,上述基准选择的各项原则在实际应用时往往会出现相互矛盾的情况,例如保证了基准的统一,就不一定符合基准重合的原则。因此,在使用这些原则时,必须结合具体的生产条件和生产类型,综合考虑,灵活掌握。

3.3.3　粗基准的选择原则

在选择粗基准时,考虑的重点是如何保证各加工表面有足够的余量,保证不加工表面与加工表面间的尺寸、位置符合零件图样设计要求。粗基准的选择原则如下:

1. 重要表面余量均匀原则

必须首先保证工件重要表面具有较小而均匀的加工余量,应选择该表面作为粗基准。

例如,车床导轨面的加工,由于导轨面是车床床身的主要表面,精度要求高,希望在加工时切去较小而均匀的加工余量,使表面保留均匀的金相组织,具有较高而一致的物理力学性能,也可增加导轨的耐磨性。所以,应先以导轨面为粗基准,加工床腿的底平面(图 3.28a),再以床腿的底平面为精基准加工导轨面,如图 3.28b 所示。

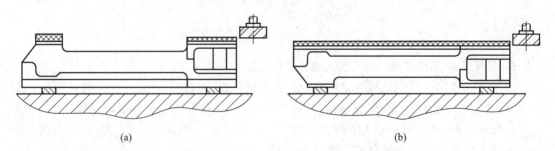

(a)　　　　　　　　　　　　　　　　　　(b)

图 3.28　要求重要表面余量均匀时粗基准的选择

2. 工件表面间相互位置要求原则

必须保证工件上加工表面与不加工表面之间的相互位置要求,应以不加工表面作为粗基准。如果在工件上有很多不加工的表面,则应以其中与加工表面相互位置要求较高的不加工表面作为粗基准,以求壁厚均匀、外形对称等。

如图 3.29a 所示的零件,外圆 1 是不加工表面,内孔 2 为加工表面。若选用不加工表面外圆 1 作为粗基准,可保证零件壁厚均匀,但所切去的余量不均匀(图 3.29b);若选用需要加工的内孔作为粗基准,可保证所切去的余量均匀,但零件壁厚不均匀(图 3.29c),不能保证内孔与外圆的位置精度。

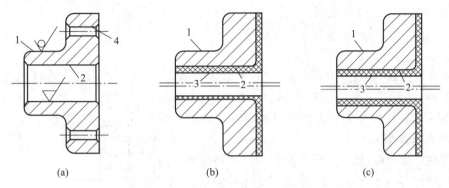

图 3.29 选择不加工表面作粗基准

又如图 3.30 所示的拨杆,加工 $\phi27H8$ 的孔时,不加工表面很多,而 $\phi27H8$ 孔为装配表面,应保证壁厚均匀,即要求与 $\phi45$ mm 外圆同轴,因此应选择 $\phi45$ mm 外圆作为粗基准。

3. 余量足够原则

如果零件上各个表面均需加工,则以加工余量最小的表面作为粗基准。

如图 3.31 所示的阶梯轴,$\phi100$ mm 外圆的加工余量比 $\phi50$ mm 外圆的加工余量小,所以应选择 $\phi100$ mm 外圆为粗基准加工出 $\phi50$ mm 外圆,然后再以已加工的 $\phi50$ mm 外圆为精基准加工出 $\phi100$ mm 外圆,这样可保证在加工 $\phi100$ mm 外圆时有足够的加工余量。如果以毛坯的 $\phi58$ mm 外圆为粗基准,由于有 3 mm 的偏心,则有可能因加工余量不足而使工件报废。

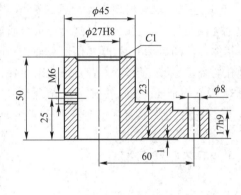

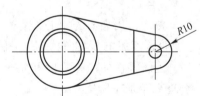

图 3.30 不加工表面较多时粗基准的选择

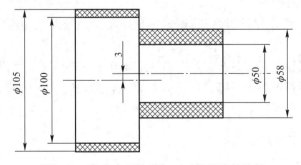

图 3.31 各个表面均需加工时粗基准的选择

4. 定位可靠性原则

作为粗基准的表面,应选用面积较大、平整光洁的表面,以使定位准确、夹紧可靠。

在铸件上不应该选择有浇口、冒口的表面,分型面,有飞刺或夹砂的表面作为粗基准;在锻件上不应该选择有飞边的表面作为粗基准。若工件上没有合适的表面作为粗基准,可以先铸出或焊上几个凸台,以后再去掉。

5. 粗基准不重复使用原则

粗基准的定位精度低,在同一尺寸方向上只允许使用一次,不能重复使用,否则定位误差太大。

粗基准是毛面,一般来说表面较粗糙,形状误差也大,如重复使用就会造成较大的定位误差。例如,加工图 3.32 所示的小轴,如重复使用毛坯面 B 定位去加工表面 A 和 C,则必然会使 A 与 C 表面的轴线产生较大的同轴度误差。

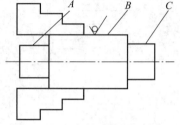

图 3.32　重复使用粗基准实例

当用夹具装夹时,选择的粗基准面还应使夹具结构简单、操作方便。

精、粗基准选择的各条原则都是从不同方面提出的要求,有时这些要求会出现相互矛盾的情况,甚至在一条原则内也会存在相互矛盾的情况,这就要求全面辩证地分析,分清主次,解决主要矛盾。例如,在选择箱体零件的粗基准时,既要保证主轴孔和内腔壁(加工面与非加工面)的位置要求,又要求主轴孔的余量足够且均匀,或者要求孔系中各孔的余量都足够且均匀,就会产生相互矛盾的情况。此时,要在保证加工质量的前提下,结合具体生产类型和生产条件,灵活运用各条原则。当中、小批生产或箱体零件的毛坯精度较低时,常用划线找正装夹,兼顾各项要求,解决几方面矛盾。

3.4　工艺路线的拟订

学习目标

1. 熟悉常用表面的加工方案;了解表面加工方案拟订考虑的因素,能结合生产实际选择合理的表面加工方案,能够进行机械加工工序划分。

2. 了解零件的加工阶段和划分加工阶段的作用;能够根据零件的加工要求和生产条件,合理划分加工阶段。

3. 了解工序集中与分散的特点,能够根据零件的加工要求和生产条件合理进行工序集中与分散。

4. 掌握机械加工顺序安排的原则,熟悉热处理工序和辅助工序的安排,能够对一般零件进行工序安排。

拟订零件的机械加工工艺路线就是安排从毛坯到工件机械加工完成的工序流程。它是制订机械加工工艺规程重要的一部分工作。拟订工艺路线时要解决的主要问题是:表面加工方法选择、划分加工阶段、划分工序、安排工序顺序。

3.4.1　表面加工方法的选择

表面加工方法选择的目的是以表面为单位划分工序,然后以表面的要求及其加工方法进一步划分工序的过程。零件上的表面有若干个,分析顺序是首先分析零件上技术要求高的主要表面,根据主要表面的精度和表面质量要求,选择合理的表面加工方法(也称表面的加工路线或加工方案),然后考虑其他表面的加工方法。在选择表面的加工方法时,要综合考虑各方面因素的影响。

1. 表面加工方法的确定

根据零件加工表面的技术要求,对照表 3.9 ~ 表 3.11 中典型表面(指平面、外圆和内孔)加工方法及其达到的经济精度和表面粗糙度,初步确定被加工表面的加工方法。对于几何精度要求较高时,还要对照加工方法所采用机床达到的几何精度情况,确定表面的加工方法。表面的加工方法也可结合工厂实际和经验确定。

所谓加工经济精度和表面粗糙度是在正常加工条件下(采用符合质量标准的设备、工艺装备和标准技术等级的工人,不延长加工时间)所能保证的加工精度和表面粗糙度。如果在特殊的条件下,进行精细操作,同一种加工方法所能达到的加工精度和表面质量可以提高,但这不是经济的加工方法。

外圆柱表面的加工方法所能达到的加工经济精度和表面粗糙度如表 3.9 所示,其中序号 3 的加工方法"粗车—半精车—精车",表示外圆柱表面经过粗车后达到序号 1 的状态,再经半精车达到序号 2 的状态,然后精车达到序号 3 的精度和表面质量状态。

表 3.9 外圆柱面的加工方法

序号	加工方法	经济精度(以公差等级表示)	经济表面粗糙度 Ra 值/μm	适用范围
1	粗车	IT11 ~ IT13	12.5 ~ 50	适用于淬火钢以外的各种金属
2	粗车—半精车	IT8 ~ IT10	3.2 ~ 6.3	
3	粗车—半精车—精车	IT7 ~ IT8	0.8 ~ 1.6	
4	粗车—半精车—精车—滚压(或抛光)	IT7 ~ IT8	0.025 ~ 0.2	
5	粗车—半精车—磨削	IT7 ~ IT8	0.4 ~ 0.8	主要用于淬火钢,也可用于未淬火钢,但不宜加工有色金属
6	粗车—半精车—粗磨—精磨	IT6 ~ IT7	0.1 ~ 0.4	
7	粗车—半精车—粗磨—精磨—超精加工(或轮式超精磨)	IT5	0.012 ~ 0.1	
8	粗车—半精车—精车—精细车(金刚车)	IT6 ~ IT7	0.025 ~ 0.4	主要用于要求较高的有色金属加工
9	粗车—半精车—粗磨—精磨—超精磨(或镜面磨)	IT5 以上	0.006 ~ 0.025	极高精度的外圆加工
10	粗车—半精车—粗磨—精磨—研磨	IT5 以上	0.006 ~ 0.1	

内孔的加工方法所能达到的加工经济精度和表面粗糙度如表 3.10 所示。

表 3.10　内孔的加工方法

序号	加工方法	经济精度 （以公差等级表示）	经济表面粗糙度 Ra 值/μm	适用范围
1	钻	IT11 ~ IT13	12.5	加工未淬火钢及铸铁的实心毛坯，也可用于加工有色金属。孔径小于 15 ~ 20 mm
2	钻—铰	IT8 ~ IT10	1.6 ~ 6.3	
3	钻—粗铰—精铰	IT7 ~ IT8	0.8 ~ 1.6	
4	钻—扩	IT10 ~ IT11	6.3 ~ 12.5	加工未淬火钢及铸铁的实心毛坯，也可用于加工有色金属。孔径大于 15 ~ 20 mm
5	钻—扩—铰	IT8 ~ IT9	1.6 ~ 3.2	
6	钻—扩—粗铰—精铰	IT7	0.8 ~ 1.6	
7	钻—扩—机铰—手铰	IT6 ~ IT7	0.2 ~ 0.4	
8	钻—扩—拉	IT7 ~ IT9	0.1 ~ 1.6	大批大量生产（精度由拉刀的精度而定）
9	粗镗（或扩孔）	IT11 ~ IT13	6.3 ~ 12.5	除淬火钢外的各种材料，毛坯有铸出孔或锻出孔
10	粗镗（粗扩）—半精镗（精扩）	IT9 ~ IT10	1.6 ~ 3.2	
11	粗镗（粗扩）—半精镗（精扩）—精镗（铰）	IT7 ~ IT8	0.8 ~ 1.6	
12	粗镗（粗扩）—半精镗（精扩）—精镗—浮动镗刀精镗	IT6 ~ IT7	0.4 ~ 0.8	
13	粗镗（扩）—半精镗—磨孔	IT7 ~ IT8	0.2 ~ 0.8	主要用于淬火钢，也可用于未淬火钢，但不宜用于有色金属
14	粗镗（扩）—半精镗—粗磨—精磨	IT6 ~ IT7	0.1 ~ 0.2	
15	粗镗—半精镗—精镗—精细镗（金刚镗）	IT6 ~ IT7	0.05 ~ 0.4	主要用于精度要求高的有色金属加工
16	钻—（扩）—粗铰—精铰—珩磨；钻—（扩）—拉—珩磨；粗镗—半精镗—精镗—珩磨	IT6 ~ IT7	0.025 ~ 0.2	精度要求很高的孔
17	以研磨代替上述方法中的珩磨	IT5 ~ IT6	0.006 ~ 0.1	

平面的加工方法所能达到的加工经济精度和表面粗糙度如表 3.11 所示。

表 3.11 平面的加工方法

序号	加工方案	经济精度 （以公差等级表示）	表面粗糙度 Ra 值/μm	适用范围
1	粗车	IT10 ~ IT11	12.5 ~ 6.3	未淬硬钢、铸铁及有色金属端面加工
2	粗车—半精车	IT8 ~ IT9	6.3 ~ 3.2	
3	粗车—半精车—精车	IT6 ~ IT8	1.6 ~ 0.8	
4	粗车—半精车—磨削	IT7 ~ IT9	0.8 ~ 0.2	钢、铸铁端面加工
5	粗刨（粗铣）	IT11 ~ IT13	12.5 ~ 6.3	未淬硬的平面加工
6	粗刨（粗铣）—半精刨（半精铣）	IT8 ~ IT11	12.5 ~ 3.2	
7	粗刨（粗铣）—精刨（精铣）	IT7 ~ IT9	6.3 ~ 1.6	
8	粗刨（粗铣）—半精刨（半精铣）—精刨（精铣）	IT6 ~ IT8	3.2 ~ 0.63	
9	粗铣—拉	IT6 ~ IT9	0.8 ~ 0.2	大量生产未淬硬的小平面（精度视拉刀精度而定）
10	粗刨（粗铣）—半精刨（半精铣）—宽刃刀精刨	IT6 ~ IT7	0.8 ~ 0.2	未淬硬的钢、铸铁及有色金属工件
11	粗刨（粗铣）—半精刨（半精铣）—精刨（精铣）—宽刃刀低速精刨	IT5	0.8 ~ 0.16	
12	粗刨（粗铣）—精刨（精铣）—刮研	IT5 ~ IT6	0.8 ~ 0.1	
13	粗刨（粗铣）—半精刨（半精铣）—精刨（精铣）—刮研	IT5 ~ IT6	0.8 ~ 0.04	
14	粗刨（粗铣）—精刨（精铣）—磨削	IT6 ~ IT7	0.8 ~ 0.2	淬硬或未淬硬的黑色金属工件
15	粗刨（粗铣）—半精刨（半精铣）—精刨（精铣）—磨削	IT5 ~ IT6	0.4 ~ 0.2	
16	粗铣—精铣—磨削—研磨	IT5 ~ IT6	0.16 ~ 0.008	

各种机床加工时的几何精度如表 3.12 所示。

表 3.12　各种机床加工时的几何精度（括号内的数字是新机床的精度标准）

机床类型		圆度/mm	圆柱度/（mm/mm 长度）	直线度/（mm/mm 直径）
卧式车床	最大加工直径/mm ≤400	0.02（0.01）	0.015（0.01）/100	0.03（0.015）/200 0.04（0.02）/300 0.05（0.025）/400
	≤800	0.03（0.015）	0.05（0.03）/300	0.06（0.03）/500 0.08（0.04）/600 0.10（0.05）/700
	≤1 600	0.04（0.02）	0.06（0.04）/300	0.12（0.06）/800 0.14（0.07）/900 0.16（0.08）/1 000
高精度车床		0.01（0.005）	0.02（0.01）/150	0.02（0.01）/200
外圆磨床	最大磨削直径/mm ≤200	0.006（0.004）	0.011（0.007）/500	
	≤400	0.008（0.005）	0.02（0.01）/1 000	
	≤800	0.012（0.007）	0.025（0.015）/全长	
无心磨床		0.01（0.005）	0.008（0.005）/100	0.003（0.002）

机床类型	钻孔的偏斜度/（mm/mm 长度）	
	划线法	钻模法
立式钻床	0.3/100	0.1/100
摇臂钻床	0.3/100	0.1/100

续表

机床类型		圆度/mm	圆柱度/(mm/mm 长度)	直线度(凹入)/(mm/mm 直径)	孔轴心线的平行度/(mm/mm 长度)	孔与端面的垂直度/(mm/mm 长度)
卧式镗床	镗杆直径/mm ≤100	外圆 0.05(0.025) 孔 0.04(0.02)	0.04 (0.02)/200	0.04 (0.02)/300		
	≤160	外圆 0.05(0.03) 孔 0.05(0.025)	0.05 (0.03)/300	0.05 (0.03)/500	0.05 (0.03)/300	0.05 (0.03)/300
	>160	外圆 0.06(0.04) 孔 0.05(0.03)	0.06 (0.04)/400			
内圆磨床	最大孔径/mm ≤50	0.008(0.005)①	0.008 (0.005)/200	0.009 (0.005)		0.015 (0.008)
	≤200	0.015(0.008)	0.015 (0.008)/200	0.013 (0.008)		0.018 (0.01)
珩磨机		0.01(0.005)	0.02 (0.01)/300			
立式金刚镗床		0.008(0.005)	0.02 (0.01)/300			0.03 (0.02)/300

续表

机床类型		直线度/ (mm/mm 长度)	平行度(加工面 对基准面)/ (mm/mm 长度)	垂直度	
				加工面对基准面/ (mm/mm 长度)	加工面相互间/ (mm/mm 长度)
卧式铣床		0.06 (0.04)/300	0.06 (0.04)/300	0.04 (0.02)/150	0.05(0.03)/300
立式铣床		0.06 (0.04)/300	0.06 (0.04)/300	0.04 (0.02)/150	0.05(0.03)/300
龙门铣床	最大加工宽度/mm ≤2 000		0.03(0.02)/1 000 0.05(0.03)/2 000 0.06(0.04)/3 000 0.07(0.05)/4 000 0.10(0.06)/6 000 0.13(0.08)/8 000		0.06(0.04)/300
	>2 000	0.05(0.03)/1 000			0.10(0.06)/500
龙门刨床	最大加工宽度/mm ≤2 000		0.03(0.02)/1 000 0.05(0.03)/2 000 0.06(0.04)/3 000 0.07(0.05)/4 000 0.10(0.06)/6 000 0.12(0.07)/8 000		0.03(0.02)/300
	>2 000	0.03(0.02)/1 000			0.05(0.03)/500
插床	最大插削长度/mm ≤200	0.05(0.025)/300		0.05(0.025)/300	0.05(0.025)/300
	≤500	0.05(0.03)/300		0.05(0.03)/300	0.05(0.03)/300
	≤800	0.06(0.04)/500		0.06(0.04)/500	0.06(0.04)/500
	≤1 250	0.07(0.05)/500		0.07(0.05)/500	0.07(0.05)/500

续表

机床类型		直线度/(mm/mm长度)	平行度(加工面对基准面)/(mm/mm长度)	垂直度	
				加工面对基准面/(mm/mm长度)	加工面相互间/(mm/mm长度)
平面磨床	立轴矩台，卧轴矩台		0.02(0.015)/1 000		
	卧轴矩台(提高精度)		0.009(0.005)/500		0.01(0.005)/100
	卧轴圆台		0.02(0.01)/工作台直径		
	立轴圆台		0.03(0.02)/1 000		

机床类型	最大刨削长度/mm	直线度		平行度	
		上加工面/(mm/mm长度)	侧加工面/(mm/mm长度)	加工面对基准面/(mm/mm长度)	加工面相互间/(mm/mm长度)
牛头刨床	≤250	0.02(0.01)	0.04(0.02)	0.04(0.02)/最大行程	0.06(0.03)/最大行程
	≤500	0.04(0.02)	0.06(0.03)	0.06(0.03)/最大行程	0.08(0.05)/最大行程
	≤1 000	0.06(0.03)	0.07(0.04)	0.07(0.04)/最大行程	0.12(0.07)/最大行程

被加工表面的技术要求是决定表面加工方案的首要因素。必须强调的是,这些技术要求除了零件设计图样上所规定的以外,还包括由于加工过程中基准不重合而提高对某些表面的要求,以及由于被作为精基准而可能对其提出的更高要求。

2. 零件材料的可加工性

硬度很低而韧性较大的金属材料如有色金属材料应采用切削的方法加工,而不宜用磨削的方法加工,因为磨屑会堵塞砂轮的工作表面。例如加工精度为 IT7 级、表面粗糙度 Ra 值为 $1.25 \sim 0.8~\mu m$ 的内孔,若材料为有色金属,则采用镗、铰、拉等切削加工方法比较适宜,而很少采用磨削加工。淬火钢、耐热钢因硬度高很难切削,最好采用磨削方法加工。如加工精度为 IT6 级、表面粗糙度 Ra 值为 $1.25 \sim 0.8~\mu m$ 的外圆,若零件要求淬硬到 $58 \sim 60$ HRC,则宜采用磨削而不能用车削。

3. 生产类型

大批大量生产时,应尽量采用先进的加工方法和高效率的机床设备,如拉削内孔,用半自动液压仿形车床加工轴类零件,用组合铣或组合磨同时加工几个表面等。此时生产率高,设备和专用工装能得到充分利用,因而加工成本也低。在单件小批生产中,一般多采用通用机床和常规加工方法。

为了提高企业的竞争能力,也应该注意采用数控机床、数显装置、柔性制造系统(FMS)以及成组技术等先进设备和先进的加工方法。

4. 工件的形状和尺寸

由于受结构的限制,箱体上某些孔不宜用拉削和磨削加工时,可采用其他加工方法,如大孔可用镗削、小孔可用铰削。有轴向沟槽的内孔不能采用直齿铰刀加工,形状不规则的工件外圆表面则不能采用无心磨削。

5. 现有生产条件

选择表面加工方法不能脱离本厂现有设备状况和工人技术水平。既要充分利用现有设备,也要注意不断地对原有设备和工艺进行技术改造,挖掘企业潜力。

此外,在选择表面加工方法时还应注意以下问题:加工方案选择的步骤总是首先确定被加工零件主要表面的最终加工方法,然后依次向前选定各预备工序的加工方法。例如加工一个精度为 IT6 级、表面粗糙度 Ra 值为 $0.2~\mu m$ 的外圆表面,其最终工序的加工方法如选用精磨,则前面的各预备工序可选为粗车、半精车、粗磨和半精磨。主要表面的加工方法选定以后,再选定各次要表面的加工方法。在被加工零件各表面加工方法分别初步选定以后,还应综合考虑为保证各加工表面位置精度要求而采取的工艺措施。例如几个同轴度要求较高的外圆或孔,应安排在同一工序的一次装夹中加工,这时就可能要对已选定的加工方法做适当的调整。一个零件通常是由许多表面所组成的,但各个表面的几何性质不外乎是外圆、孔、平面及各种成形表面等,因此熟悉和掌握这些典型表面的各种加工方案对制订零件加工工艺规程是十分必要的。

表 3.10 ~ 表 3.12 给出的各种典型表面的典型加工方法(表面加工工艺路线)可供选择表面加工方法时参考。

各表面的加工方法选定以后,需要进一步确定这些加工方法在零件加工工艺路线中的顺序及位置,这与加工阶段的划分有关。

3.4.2　加工阶段的划分

制订工艺路线时,往往要把加工质量要求较高的主要表面的工艺过程按粗、精加工分开的原则划分为几个阶段,其他加工表面的工艺过程根据同一原则做相应的划分,并分别安排到由主要表面所确定的各个加工阶段中去,这样就可得到由各个加工阶段所组成的、包含零件全部加工内容的整个零件的加工工艺过程。

按照工序性质的不同,一个零件加工工艺过程通常可划分为粗加工、半精加工、精加工、光整加工阶段。

1. 零件加工工艺过程的各加工阶段

① 粗加工阶段是为了切除工件各加工表面上的大部分余量,并加工出精基准。粗加工所能达到的精度较低,一般在 IT12 级以下,表面粗糙度值较大,Ra 值为 50～12.5 μm。其主要目的是获得较高的生产率。

② 半精加工阶段是使主要表面消除粗加工后留下的误差,使其达到一定的精度,为精加工做好准备,并完成一些次要表面的加工,如钻孔、攻螺纹、铣键槽等。表面经半精加工后,精度可达 IT10～IT12 级,表面粗糙度 Ra 值则为 6.3～3.2 μm。

③ 精加工阶段是保证各主要加工表面达到图样所规定的质量要求。精加工切除的余量很少。表面经精加工后可以达到较高的尺寸精度(IT7～IT10 级)和较小的表面粗糙度 Ra 值(1.6～0.4 μm)。

④ 光整加工阶段主要以提高加工的尺寸精度和减小表面粗糙度值为主,一般不用于改善形状和位置精度。对于精度要求高(IT5 级以上)、表面粗糙度 Ra 值要求低(0.2 μm 以下)的零件,必须有光整加工阶段。光整加工的典型方法有珩磨、研磨、超精加工及抛光等。

有时,由于毛坯余量特别大,表面特别粗糙,在粗加工前还要有去皮加工阶段,称为荒加工阶段。为了及早发现毛坯废品以及减少运输工作量,常把荒加工放在毛坯准备车间。

2. 划分加工阶段的作用

① 利于保证加工质量。粗加工阶段切除较多的加工余量,产生的切削力和切削热都较大,工艺系统受力变形、受热变形及工件内应力变形较大,不可能达到高的加工精度和表面质量。因此,需要在后续阶段逐步减少加工余量来逐步修正工件的变形。同时各加工阶段之间的时间间隔相当于自然时效,有利于消除工件的内应力,使工件有恢复变形的时间,以便在后续工序中加以修正,从而保证零件的加工质量。

② 便于合理使用机床。粗加工时可采用功率大、精度低的高效率机床;精加工时可采用相应的精加工机床。这样,不但发挥了机床各自的性能特点,也延长了高精度机床的使用寿命。

③ 便于安排热处理工序。为了在机械加工工序中插入必要的热处理工序,同时使热处理发挥充分的效果,这就自然而然地把机械加工工艺过程划分几个阶段,并且每个阶段各有其特点及应该达到的目的。如在精密主轴加工中,粗加工后进行去应力时效处理,半精加工后进行淬火,精加工后进行水冷处理及低温回火,最后再进行光整加工。

此外,划分了加工阶段还可带来两个有利条件:

① 粗加工各表面后可及早发现毛坯的缺陷,及时报废或补修,以免继续进行精加工而浪费工时和制造费用。

② 精加工工序安排在最后,可保护精加工后的表面少受损伤或不受损伤。

应当指出,将工艺过程划分成几个阶段是对整个加工过程而言的,不能简单地以某一工序的性质或某一表面的加工特点来决定。例如工件的定位基准,在半精加工阶段(甚至在粗加工阶段)中就需要加工得很准确;而某些钻小孔、铣沟槽之类的粗加工工序,也可安排在精加工阶段进行。同时加工阶段的划分并不是绝对的。当加工质量要求不高、工件的刚度足够、毛坯质量高、加工余量小时,则可不划分加工阶段,如在自动机上加工零件。另外,有些重型零件,由于安装、运输费时又困难,常不划分加工阶段,在一次装夹下完成全部粗加工和精加工;或在粗加工后松开夹紧,消除夹紧变形,然后再用较小的夹紧力重新夹紧,进行精加工,这样有利于保证重型零件的加工质量。但是对于精度要求高的重型零件,仍要划分加工阶段,并插入时效、去除内应力处理。这需要按照具体情况来决定。

3.4.3　工序集中与分散

确定了加工方法和划分加工阶段以后,零件加工的各个工步也就确定了,接着就要考虑如何合理地将这些工步组合成不同的工序。工序分散和工序集中是组合工序的两种不同原则。工序分散是将零件各个表面的加工分散在很多工序里完成,这时工序多,工艺路线长,而每道工序所包含的加工内容少。工序集中则相反,零件的加工将集中在少数几道工序里完成,这时工序少,工艺路线短,而每道工序所包含的加工内容多。

1. 工序集中的特点

① 便于采用高效专用设备和工艺装备,大大提高了生产率;

② 减少了设备数量,相应地减少了操作工人和生产面积;

③ 减少了工序数目,减少了运输工作量,简化了生产计划工作,缩短了生产周期;

④ 减少了工件安装次数,不仅有利于提高生产率,而且由于在一次安装中加工许多表面,也易于保证它们之间的相互位置精度,并减少工件在机床之间的搬运次数和工作量,有利于缩短生产周期;

⑤ 因为采用的专用设备和专用工艺装备数量多而复杂,所以机床和工艺装备的调整、维修困难,生产准备工作量大。

2. 工序分散的特点

① 采用比较简单的机床和工艺装备,调整容易;

② 由于工序内容简单,有利于选择合理的切削用量,也有利于平衡工序时间,组织流水生产;

③ 生产准备工作量小;

④ 对操作工人的技术要求低,或只需经过较短时间的训练;

⑤ 设备数量多,操作工人多,生产面积大。

3. 工序集中与工序分散的选择

在生产中,必须根据生产类型、零件的结构特点和技术要求、机床设备、工人的技术水平等具体生产条件,进行综合分析,以便决定按工序集中还是工序分散来拟订工艺路线。

在一般情况下,单件小批生产为简化生产计划工作,只能采用工序集中原则。在大批大量生产中工序则既可以集中,也可分散。但从生产技术发展的要求来看,由于数控机床、柔性制造单元和柔性制造系统等的发展,一般趋向于采用工序集中的原则来组织生产。在成批生产中,应尽可能采用多刀半自动车床、转塔车床等效率较高的机床使工序集中。

因此,在制订工艺规程时,只要具备以下的条件,就应该使工序集中程度有相应的提高:

① 所集中进行的各项加工内容应是零件的结构形状所容许的、在一次装夹中能同时实现加工的内容。零件上各个同时或连续加工的部位,它们的加工过程既不互相干涉,也不互相影响各自的加工精度。

② 工序集中时,有的加工内容可能是连续进行的,这时工序的生产节拍将会增长,而所增长的工序节拍也能保证完成生产纲领所提出的加工任务。

③ 工序集中时,机床结构的复杂性和调整的困难性将会有所增加,但增加是适当的。也就是说,仍然不妨碍稳定地保证加工精度,设备投资也不会太大,调整和操作不很困难。

3.4.4　加工顺序的安排

一个复杂零件的加工过程不外乎有下列几类工序:机械加工工序、热处理工序、辅助工序等。

1. 机械加工工序

安排机械加工顺序的原则如下:

① 先基准。先加工基准表面,后加工功能表面。零件上的功能表面都是有加工要求的工作表面,只有在一定精度的基准表面定位下加工才能保证达到零件加工表面的要求,所以一个零件加工时的头几道工序都是为了加工出精基准,之后才是用精基准定位来加工其他表面。如果精基准不止一组,则应该按照基面转换的顺序和逐步提高加工精度的原则来安排基面和主要表面的加工。因此,当粗、精基准选定后,切削加工工序的排列也就有了一个大致的轮廓。

② 先面后孔。先加工平面,后加工内孔等表面。一般情况下,具有较大平面轮廓尺寸的零件,以平面定位比较稳定可靠,常用平面作为主要精基准,因此就应先加工平面,后加工内孔等其他表面。例如箱体类零件,一般先以主要孔为粗基准来加工平面,再以平面为精基准来加工孔系和其他表面。

③ 先粗后精。主要表面先安排粗加工,中间安排半精加工,最后安排精加工和光整加工。加工质量要求较高的零件,各主要表面的加工顺序应按照粗加工、半精加工、精加工、光整加工的过程依次排列,这样就能使零件逐渐达到较高的加工质量。

④ 先主后次。先安排主要表面的加工,后安排次要表面的加工。主要表面是指装配基面、工作表面等;次要表面是指非工作表面(如紧固用的光孔和螺孔等)。由于次要表面的加工工作量较小,且往往与主要表面有位置精度的要求,因此一般应安排在主要表面达到一定精度(如半精加工)之后、最后精加工或光整加工之前进行。例如箱体零件中,主轴孔、孔系和底平面一般是主要表面,应首先考虑它们的加工顺序。固定用的通孔和螺纹孔、端面和侧面为次要表面。通孔和螺纹孔的加工可以穿插在上述主要表面的半精加工之后进行,端面和侧面的加工则可安排在加工底面、顶面时一起进行。在加工完通孔、螺纹孔后,最后再精加工主轴孔。

某些配合关系和相互位置关系要求很高的表面,还可以放在装配工艺过程中进行配作加工。

2. 热处理工序

热处理是用来改善材料的性能及消除内应力的。热处理工序在工艺路线中的安排，主要取决于零件的材料和热处理的目的要求。

① 预备热处理。预备热处理安排在机械加工之前，以改善切削性能、消除毛坯制造时的内应力为主要目的。例如，对于碳的质量分数超过 0.5% 的碳钢一般采用退火，以降低硬度；对于碳的质量分数小于 0.5% 的碳钢一般采用正火，以提高材料的硬度，使切削时切屑不粘刀，表面较光滑。通过调质可使零件获得细密均匀的回火索氏体组织，也用作预备热处理。

② 最终热处理。最终热处理安排在半精加工以后和磨削加工之前（但有氮化处理时，应安排在精磨之后），主要用于提高材料的强度和硬度，如淬火—回火。由于淬火后材料的塑性和韧性很差，有很大的内应力，易于开裂，组织不稳定，材料的性能和尺寸要发生变化等原因，所以淬火后必须进行回火。调质处理既能使钢材获得一定的强度、硬度，又有良好的冲击韧性等综合力学性能，又常作为最终热处理。

③ 去除应力处理。最好安排在粗加工之后、精加工之前，如人工时效、退火。但是为了避免过多的搬运工作量，对于精度要求不太高的零件，一般把去除内应力的人工时效和退火放在毛坯进入机械加工车间之前进行。但是，对于精度要求特别高的零件（如精密丝杠），在粗加工和半精加工过程中，要经过多次去除内应力退火，在粗、精磨过程中，还要经过多次人工时效。

④ 表面处理。为了提高零件的耐蚀性、耐磨性、耐热性和电导率等，一般都需要进行表面处理（如镀铬、镀锌、镀镍、镀铜以及钢的发蓝等），使零件表面覆盖一层金属镀层、非金属涂层和氧化膜等。金属镀层有镀铬、镀锌、镀镍、镀铜及镀金、镀银等，非金属涂层有涂油漆、磷化等；氧化膜层有钢的发蓝、发黑、钝化、铝合金的阳极氧化处理等。零件的表面处理工序一般都安排在工艺过程的最后进行。表面处理对工件表面本身尺寸的改变一般可以不考虑，但精度要求很高的表面应考虑尺寸的增大量。当零件的某些配合表面不要求进行表面处理时，则应进行局部保护或采用机械加工的方法予以切除。

3. 辅助工序

辅助工序包括工件的检验、去毛刺、去磁、清洗和涂防锈油等。其中检验工序是主要辅助工序，它是监控产品质量的主要措施，除了各工序操作工人自行检验外，还必须在下列情况下安排单独的检验工序：

① 粗加工阶段结束之后；

② 重要工序之后；

③ 送往外车间加工的前后，特别是热处理前后；

④ 特种性能（磁力探伤、密封性等）检验之前。

特种检验的种类很多，如用于检查工件内部质量的 X 射线检查、超声探伤检查等，一般安排在工艺过程开始的时候进行。荧光检查和磁力探伤主要用来检查工件表面质量，通常安排在工艺过程的精加工阶段进行。密封性检验、工件的平衡及重量检验一般都安排在工艺过程的最后进行。

除检验工序外，其余的辅助工序也不能忽视，如缺少或要求不严，将对装配工作带来困难，甚至使机器不能使用。例如，未去净的毛刺或锐边，将使零件不能顺利地进行装配，并危及工人的安全;润滑油道中未去净的铁屑,将影响机器的运行,甚至使机器损坏。所以,零件在装配以前,一般都应安排清洗工序,尤其是在研磨、珩磨等工序之后,更要进行清洗,以防止残余砂粒嵌入工件表面,加剧工件在使用中的磨损。在用磁力夹紧的工序以后,还要安排去磁工序,不让有磁性的工件进入装配线。

3.4.5 工序设计

1. 概述

工艺路线确定之后要对确定的各工序进行设计。工序设计首先是工步划分,与工艺过程一样也有工步的先后顺序确定、工步的集中与分散等。工序设计内容主要指工序卡片涉及的内容,有些内容可能与工艺过程(工艺过程卡片)的内容是交叉重复的,其设计过程也是交叉反复的,并不断进行修正、完善。对于简单零件、单件小批生产、不重要的简单工序,工序卡片不一定是必需的,但工序内容还是要设计的。

必须进行工序设计的工序主要有:大批量生产的主要工序;中批生产的重要工序、特殊工序、主要表面的关键工序;任何生产类型的重要零件的关键工序和特殊工序等。

工序设计表现形式主要有:工序卡片,检验卡片,工序操作指导卡片,自动半自动机床、组合机床调整操作指导卡片,数控机床工序卡片(考虑自动工作程序编写,机床的调整及设计控制程序。其工序图是围绕加工工作程序编程建立的坐标系、坐标原点、各表面加工顺序等),数控机床调整卡片等。

工序设计的主要工作有:工步划分,工序图设计,确定工序(工步)尺寸及公差、加工余量、切削用量、工时定额等,选择机床、夹具、刀具、辅具、量具等,必要时进行尺寸链计算、工序方案的技术经济分析,编制专用工装设计任务书等。

2. 工序图的绘制

(1)工序图

工序图是工序设计的图形表达,是主要用在工序卡片、操作指导卡片、机床调整卡片和质量检验卡片等工艺文件指导生产操作的一种工艺简图。若附在工艺文件中,称作工艺附图或××示意图。

(2)工序图表达的内容

① 在本工序中,工件加工部位的尺寸、精度(尺寸、形状和位置)和表面粗糙度。

② 前一道工序中,工件的形状、主要轮廓尺寸。

③ 本工序基准的定位表面和导向部位的结构尺寸、精度(尺寸、形状和位置)和表面粗糙度(本工序前已完成的状态),能够满足定位误差计算的需要。

④ 本工序基准的定位表面和夹紧部位的结构尺寸,能够满足夹紧力计算的需要。

(3)工序图的画法

① 选择一个或一组视图表达工序图要求的4项内容。工件的主视图应为操作者在本机床上装卸工件时正对工件的投影,并与其他视图配合使用,工序图按国家标准 GB/T 4458.1—2002 的规定绘制,与本工序无关的结构要素、尺寸可以简化或省略。

② 本工序的加工部位用粗实线或红色粗实线绘制,其余用细实线绘制。

③ 尺寸标注按有关标准的规定。

④ 定位方案及其定位符号、夹紧方式及其夹紧符号按机械行业标准 JB/T 5061—2006

规定表示(见表 3.8)。

3. 工序卡片的填写

机械加工工序卡片共 29 项内容需要填写。

(1) 车间　执行该工序的车间名称或代号。一般填写机械加工、铸造、热处理。

(2) 工序号　对应工艺过程卡片中的工序号。

(3) 工序名　对应工艺过程卡片中的工序名。

(4) 材料牌号　按产品图样要求填写,一般按标准规定表示方法标记。如铸件毛坯的材料牌号为 HT200,锻件毛坯的材料牌号为 20Cr,热轧圆棒料的材料牌号为 Q235。

(5) 毛坯的种类　铸件、锻件、条钢、板钢等。最好是上一道工序完成的状态。

(6) 毛坯的外形尺寸　指上一道工序完成的工件尺寸,箱体类工件标记为"长×宽×高",套类工件标记为"直径×壁厚×长度",轴类工件标记为"直径×长度"等。

(7) 每毛坯可制件数　上一道工序完成状态下每毛坯可制零件的数目,如下料后的板材可以冲剪 9 件,应填写 9。

(8) 每台件数　按产品图样要求填写,也可是指每台机床同时装夹工件的数目,属于多件加工。

(9) 设备名称　填写机床或其他设备的类型名称,如卧式车床、外圆磨床。

(10) 设备型号　填写机床或其他设备的型号,如 C620-1。

(11) 设备编号　企业设备管理对该设备所编制的号码。

(12) 同时加工件数　是指机床有多个工位同时对工件不同工步进行加工的数目,属于多工位加工,如 6 个工位,其中有 1 个是装卸工件的工位,那么同时加工件数为 5。也可指组合机床多个相同的工位加工工件的数量。

(13) 夹具编号　企业按 JB/T 9164—1998 工艺装备编号规定,对该工装的编号。

(14) 夹具名称　通用夹具如心轴、虎钳等,专用夹具如铣某个表面的铣床夹具。

(15) 切削液　填写切削液的名称或编号,如乳化液。

(16) 工位器具编号　该工序需要使用的工位器具编号,是企业按管理相关规定对物品的编号。

(17) 工位器具名称　该工序需要使用的工位器具名称,如存放量具、工具的量具柜、工具架等。

(18) 工序准终工时　填写工序的准备与终结时间。

(19) 工序单件工时　填写各工步工时的总和。

(20) 工步号　工序划分的序号。

(21) 工步内容　各工步的名称、加工内容和主要技术要求,如钻、扩、铰某孔 $\phi10H8$ 深 20 的工序,分为工步:① 钻孔至 $\phi8$ 深 28,② 扩孔至 $\phi9.8H9$ 深 24,③ 铰孔至 $\phi10H8$ 深 20。对于有多次安装的工序,在其下划分各工步。

(22) 工艺装备　各工步所使用的工装(模具、刀具、辅具和量具),标准工装填写名称、规格和精度或编号,如中心架、立铣刀、刀杆、量规等的名称及其规格和量具的精度等,专用工装填写编号(或名称)。

(23) 主轴转速　经查表选择的切削速度,通过计算、转换成机床主轴对应的那级转速,如在 C620-1 车床上车外圆,查表得到的切削速度 v_c,经计算对应的理论转速为 470 r/min,介于车床主轴的转速 382 r/min 与 477 r/min 之间,应填写 382 r/min。一般工序不填,重要工序根据需要填写。

(24)切削速度 填写机床实际转速对应的切削速度,即(23)中主轴 382 r/min 对应的切削速度。一般工序不填,重要工序根据需要填写。

(25)进给量 经查表选择的进给量,通过计算、转换成机床对应的那级进给量。一般工序不填,重要工序根据需要填写。

(26)切削深度 经查表选择的切削深度,通过计算、转换成机床对应的那级切削深度。一般工序不填,重要工序根据需要填写。

(27)进给次数 切除余量需要的走刀次数。一般工序不填,重要工序根据需要填写。

(28)工步的机动工时 即该工步的机动时间。

(29)工步的辅助工时 即该工步的辅助时间。

3.5 确定加工余量、工序尺寸及公差

学习目标

1. 掌握加工余量的概念,了解影响加工余量的因素。

2. 掌握工序尺寸与公差的确定方法。

3.5.1 加工余量

1. 加工总余量(毛坯余量)与工序余量

毛坯尺寸与零件设计尺寸之差称为加工总余量。加工总余量的大小取决于加工过程中各个工步切除金属层厚度的总和。每一工序所切除的金属层厚度称为工序余量。加工总余量和工序余量的关系为

$$Z_0 = Z_1 + Z_2 + \cdots + Z_n = \sum_{i=1}^{n} Z_i \tag{3.3}$$

式中:Z_0——加工总余量,mm;

   Z_i——i 工序的工序余量,mm;

   n——机械加工工序数目。

应注意第一道加工工序的加工余量 Z_1,它与毛坯的制造精度有关,实际上它与生产类型和毛坯的制造方法有关。毛坯制造精度高(例如大批大量生产的模锻毛坯),则第一道加工工序的加工余量小,若毛坯制造精度低(例如单件小批生产的自由锻毛坯),则第一道加工工序的加工余量就大。毛坯的余量可查阅有关手册获得。

工序余量定义为相邻两工序公称尺寸之差。按零件表面的对称与不对称结构,工序余量有单边余量和双边余量之分。

零件表面不对称结构的加工余量,一般为单边余量,如图 3.33a 所示,可表示为

$$Z_i = L_{i-1} - L_i \tag{3.4}$$

式中:Z_i——本道工序的工序余量,mm;

   L_i——本道工序的公称尺寸,mm;

   L_{i-1}——上道工序的公称尺寸,mm。

零件表面结构对称的加工余量,一般为双边余量,如图 3.33b 所示,可表示为

$$2Z_i = l_{i-1} - l_i \qquad (3.5)$$

回转体表面(如内、外圆柱面)的加工余量为双边余量,对于外圆表面(图 3.33c)有

$$2Z_i = d_{i-1} - d_i \qquad (3.6)$$

对于内圆表面(图 3.33d)有

$$2Z_i = D_i - D_{i-1} \qquad (3.7)$$

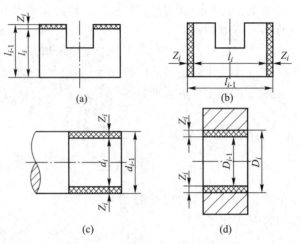

图 3.33　单边余量与双边余量

由于工序尺寸有公差,所以加工余量也必然在某一公差范围内变化。其公差大小等于本道工序尺寸公差与上道工序尺寸公差之和。如图 3.34 所示,工序余量有标称余量(简称余量)、最大余量和最小余量的分别。

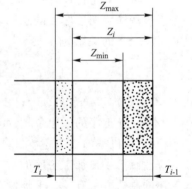

从图 3.34 可知,被包容件的余量 Z_i 包含上道工序尺寸公差,余量公差可表示如下:

$$T_Z = Z_{\max} - Z_{\min} = T_{i-1} + T_i \qquad (3.8)$$

式中:T_Z——工序余量公差,mm;

　　　$Z_{\max}$——工序最大余量,mm;

　　　$Z_{\min}$——工序最小余量,mm;

　　　T_{i-1}——加工面在上道工序的工序尺寸公差,mm;

　　　T_i——加工面在本道工序的工序尺寸公差,mm。

图 3.34　被包容件的加工余量及公差

一般情况下,工序尺寸的公差按"入体原则"标注。即对被包容尺寸(轴的外径,实体长、宽、高),其最大加工尺寸就是公称尺寸,上极限偏差为零;对包容尺寸(孔的直径、槽的宽度),其最小加工尺寸就是公称尺寸,下极限偏差为零。毛坯尺寸公差按双向对称偏差形式标注。图 3.35a、图 3.35b 分别表示了被包容件(轴)和包容件(孔)的工序尺寸、工序尺寸公差、工序余量和毛坯余量之间的关系。图中,加工面安排了粗加工、半精加工和精加工。$d_{坯}(D_{坯})$、$d_1(D_1)$、$d_2(D_2)$、$d_3(D_3)$ 分别为毛坯、粗、半精、精加工工序尺寸;$T_{坯}$、T_1、T_2、T_3 分别为毛坯、粗、半精、精加工工序尺寸公差;Z_1、Z_2、Z_3 分别为粗、半精、精加工工序标称余量,Z_0 为毛坯余量。

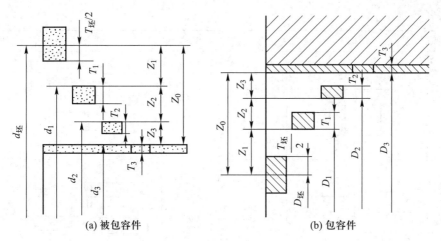

图 3.35　工序余量示意图

2. 工序余量的影响因素

工序余量的影响因素比较复杂,除前述第一道粗加工工序余量与毛坯制造精度有关以外,其他工序的工序余量主要有以下几个方面的影响因素。

（1）上道工序的加工精度

对加工余量来说,上道工序的加工误差包括上道工序的加工尺寸公差 T_a 和上道工序的位置误差 e_a（图 3.36）两部分。上道工序的加工精度愈低,则本道工序的标称余量愈大。本道工序应切除上道工序加工误差中包含的各种可能产生的误差。表 3.13 示出了零件各项几何精度对加工余量的影响。

（2）上道工序的表面质量

上道工序的表面质量包括上道工序产生的表面粗糙度 Rz（表面轮廓最大高度）和表面缺陷层深度 H_a（图 3.37）。本道工序加工时,应将它们切除掉。各种加工方法的 Rz 和 H_a 的数值大小可参考表 3.14 中的实验数据。

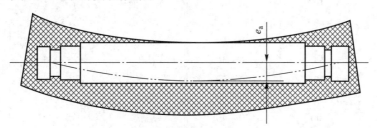

图 3.36　轴线弯曲造成余量不均

表 3.13　零件各项几何精度对加工余量的影响

几何精度	简图	加工余量	几何精度	简图	加工余量
对称度		$2e$	位置度		$x = L\tan\theta$

续表

几何精度	简图	加工余量	几何精度	简图	加工余量
位置度	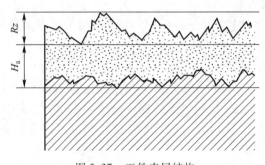	$2x$	平行度（a）		$y = \alpha L$
轴心线偏心（e）		$2e$	垂直度（b）		$x = bD$

图 3.37　工件表层结构

表 3.14　各种加工方法的表面粗糙度 Rz 和表面缺陷层深度 H_a μm

加工方法	Rz	H_a	加工方法	Rz	H_a
粗车内外圆	15 ~ 100	40 ~ 60	磨端面	1.7 ~ 15	15 ~ 35
精车内外圆	5 ~ 40	30 ~ 40	磨平面	1.5 ~ 15	20 ~ 30
粗车端面	15 ~ 225	40 ~ 60	粗刨	15 ~ 100	40 ~ 50
精车端面	5 ~ 54	30 ~ 40	精刨	5 ~ 45	25 ~ 40
钻	45 ~ 225	40 ~ 60	粗插	25 ~ 100	50 ~ 60
粗扩孔	25 ~ 225	40 ~ 60	精插	5 ~ 45	35 ~ 50
精扩孔	2 ~ 100	30 ~ 40	粗铣	15 ~ 225	40 ~ 60
粗铰	25 ~ 100	25 ~ 30	精铣	5 ~ 45	25 ~ 40
精铰	8.5 ~ 25	10 ~ 20	拉	1.7 ~ 35	10 ~ 20
粗镗	25 ~ 225	30 ~ 50	切断	45 ~ 225	60
精镗	5 ~ 25	25 ~ 40	研磨	0 ~ 1.6	3 ~ 5
磨外圆	1.7 ~ 15	15 ~ 25	超精加工	0 ~ 0.8	0.2 ~ 0.3
磨内圆	1.7 ~ 15	20 ~ 30	抛光	0.06 ~ 1.6	2 ~ 5

（3）本工序的安装误差

安装误差 ε_b 应包括定位误差和夹紧误差。由于这项误差会直接影响被加工表面与切削刀具的相对位置，所以加工余量中应包括这项误差。

由于位置误差 e_a 和安装误差 ε_b 都是有方向的,所以要采用矢量相加的方法进行余量计算。

综合上述各影响因素,为保证各工序余量足够,最小的标称余量可按下列公式计算:

对于单边余量

$$Z_i = T_a + Rz + H_a + |\vec{e}_a + \vec{\varepsilon}_b| \tag{3.9}$$

对于双边余量

$$2Z_i = T_a + 2(Rz + H_a + |\vec{e}_a + \vec{\varepsilon}_b|) \tag{3.10}$$

3. 加工余量的确定

确定加工余量的方法有三种,即计算法、查表法和经验法。

（1）计算法

在影响因素清楚的情况下,计算法是比较准确的。要做到对余量影响因素清楚,必须具备一定的测量手段和掌握必要的统计分析资料。在掌握了各误差因素大小的条件下,才能进行余量的比较准确地计算。

应用式(3.9)和式(3.10)时,要针对具体的加工方法进行简化。例如:

采用浮动镗刀镗孔或采用浮动铰刀铰孔或采用拉刀拉孔,这些加工方法不能纠正孔的位置误差,可简化为

$$2Z_i = T_a + 2(Rz + H_a) \tag{3.11}$$

无心外圆磨床磨外圆无装夹误差,故

$$2Z_i = T_a + 2(Rz + H_a + |\vec{e}_a|) \tag{3.12}$$

研磨、珩磨、超精加工、抛光等加工方法,其主要任务是去掉前一工序所留下的表面痕迹,它们有的可以提高尺寸及形状精度,其余量计算公式为

$$Z_i = Rz \tag{3.13}$$

总之,计算法不能离开具体的加工方法和条件,要具体情况具体分析。不准确的计算会使加工余量过大或过小。余量过大不仅浪费材料,而且增加加工时间,增大机床和刀具的负荷;余量过小则不能纠正上道工序的误差,造成局部加工不到的情况,影响加工质量,甚至会造成废品。

（2）查表法

此法主要以工厂生产实践和实验研究积累的经验所制成的表格为基础,并结合实际加工情况加以修正,确定加工余量。这种方法方便、迅速,生产上应用广泛。

（3）经验法

由一些有经验的工程技术人员或工人根据经验确定加工余量的大小。由经验法确定的加工余量往往偏大,这主要是因为主观上怕出废品的缘故。这种方法多在单件小批生产中采用。

3.5.2 工序尺寸与公差的确定

生产上绝大部分加工面都是在基准重合(工艺基准和设计基准重合)的情况下进行加工。所以,掌握基准重合情况下确定工序尺寸与公差的方法和过程非常重要。工序尺寸与公差的确定,一般采用"逆推法",即由最后一道工序开始逐步往前推算,其确定过程结合实例说明。

例 3.1 某轴上的轴颈为 $\phi 50$ mm,其尺寸精度要求为 h5,表面粗糙度 Ra 值要求为 0.04 μm,并要求高频淬火,毛坯为锻件。其工艺路线为:粗车—半精车—高频淬火—粗磨—

精磨—研磨。试确定各工序的工序尺寸及公差。

（1）确定各加工工序的加工余量

根据工艺手册查得,研磨余量为 0.01 mm,精磨余量为 0.1 mm,粗磨余量为 0.3 mm,半精车余量为 1.1 mm,粗车余量为 4.5 mm,由式(3.3)可得加工总余量为 6.01 mm,取加工总余量为 6 mm,将粗车余量修正为 4.49 mm。

（2）计算各加工工序公称尺寸

从最终加工工序开始,即从设计尺寸开始,到第一道加工工序,逐次加上每道加工工序余量,可分别得到各工序公称尺寸(包括毛坯尺寸)。

研磨后工序公称尺寸为 50 mm(设计尺寸),其他各工序公称尺寸依次为:

精磨　　50 mm+0.01 mm=50.01 mm

粗磨　　50.01 mm+0.1 mm=50.11 mm

半精车　50.11 mm+0.3 mm=50.41 mm

粗车　　50.41 mm+1.1 mm=51.51 mm

毛坯　　51.51 mm+4.49 mm=56 mm

（3）确定工序尺寸公差

除最终加工工序的公差按设计要求确定以外,其他各加工工序按各自所采用加工方法的加工经济精度确定工序尺寸公差。

查表 3.9 得:研磨后选定为 IT5,$Ra0.04$ μm(零件的设计要求);精磨后选定为 IT6,$Ra0.16$ μm;粗磨后选定为 IT8,$Ra1.25$ μm;半精车后选定为 IT11,$Ra3.2$ μm;粗车后选定为 IT13,$Ra12.5$ μm。

（4）按"入体原则"标注工序尺寸公差

根据上述加工经济精度查公差表,将查得的公差数值按"入体原则"标注在工序基本尺寸上。研磨：$\phi50_{-0.011}^{0}$ mm,Ra 0.04 μm；精磨：$\phi50.01_{-0.016}^{0}$ mm,Ra 0.16 μm；粗磨：$\phi50.11_{-0.039}^{0}$ mm,Ra 1.25 μm；半精车：$\phi50.41_{-0.16}^{0}$ mm,$Ra3.2$ μm；粗车：$\phi51.51_{-0.39}^{0}$ mm,$Ra12.5$ μm。

查工艺手册,锻造毛坯公差为 ±2 mm,可得毛坯尺寸 $\phi56\pm2$ mm。

确定工序尺寸公差和按"入体原则"标注工序尺寸公差,还可以用列表的方法进行,如表 3.15 所示。

表 3.15　工序尺寸和公差的列表确定法

工序名称	工序余量/mm	工序		工序尺寸/mm	工序	
		经济精度/mm	表面粗糙度 Ra 值/μm		尺寸、公差/mm	表面粗糙度 Ra 值/μm
研磨	0.01	h5 ($_{-0.011}^{0}$)	0.04	50	$\phi50_{-0.011}^{0}$	0.04
精磨	0.1	h6 ($_{-0.016}^{0}$)	0.16	50+0.01=50.01	$\phi50.01_{-0.016}^{0}$	0.16
粗磨	0.3	h8 ($_{-0.039}^{0}$)	1.25	50.01+0.1=50.11	$\phi50.11_{-0.039}^{0}$	1.25
半精车	1.1	h11 ($_{-0.16}^{0}$)	3.2	50.11+0.3=50.41	$\phi50.41_{-0.16}^{0}$	3.2
粗车	4.49	h13 ($_{-0.39}^{0}$)	12.5	50.41+1.1=51.51	$\phi51.51_{-0.39}^{0}$	12.5
锻造		±2		51.51+4.49=56	$\phi(56\pm2)$	

在工艺基准无法与设计基准重合的情况下,确定了工序余量之后,还需通过工艺尺寸链进行工序尺寸和公差的换算。具体换算方法将在工艺尺寸链中介绍。

3.6 工艺尺寸链

学习目标

1. 掌握尺寸链的概念。
2. 掌握尺寸链的基本计算公式和计算方法。
3. 掌握几种典型工艺尺寸链的分析计算。
4. 了解工艺尺寸跟踪图表法。

3.6.1 尺寸链的基本概念

1. 尺寸链的内涵和特征

在机器装配或零件加工过程中,由相互连接的尺寸形成封闭的尺寸组称为尺寸链。按照功能的不同,尺寸链可分为装配尺寸链和工艺尺寸链两大类。在机器设计和装配过程中,由有关零件设计尺寸形成的尺寸链称为装配尺寸链。在零件加工过程中,由同一零件有关工序尺寸所形成的尺寸链称为工艺尺寸链。按照各尺寸相互位置的不同,尺寸链可分为直线尺寸链、平面尺寸链和空间尺寸链。按照各尺寸所代表的几何量的不同,尺寸链可分为长度尺寸链和角度尺寸链。下面以应用最多的直线尺寸链说明工艺尺寸链的有关问题。

如图 3.38a 所示的台阶零件,零件图样上标注的设计尺寸 A_1 和 A_0。工件 A、C 面已加工好,当用调整法最后加工表面 B 时,为了使工件定位可靠和夹具结构简单,常选 A 面为定位基准,按尺寸 A_2 对刀加工 B 面,间接保证尺寸 A_0。这样 A_1、A_2 和 A_0 三个尺寸就构成一个封闭的尺寸链。由于 A_0 是被间接保证的,所以其精度将取决于尺寸 A_1、A_2 的加工精度。

把尺寸链中的尺寸按一定顺序首尾相接构成的封闭图形称为尺寸链图,如图 3.38b、c 所示。组成尺寸链的各个尺寸称为尺寸链的"环",图 3.38 中的尺寸 A_1、A_2 和 A_0 都是尺寸链的环。这些环又可分为封闭环和组成环。

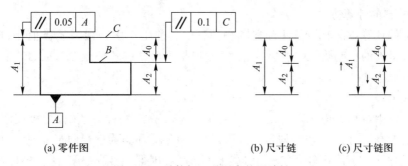

(a) 零件图　　　　　　　　　(b) 尺寸链　　　(c) 尺寸链图

图 3.38　零件加工过程中的尺寸链

图 3.38 中 A_0 就是封闭环。尺寸链的封闭环由零件的加工工艺过程所决定,封闭环是最终被间接保证尺寸精度的那个环。

除封闭环以外的其他环,都称为组成环。

按其对封闭环的影响性质,组成环分为增环和减环。

增环是当其余各组成环尺寸不变时,该环尺寸增大使封闭环随之增大,该环尺寸减小使封闭环随之减小的组成环。通常在增环的符号上标以向右的箭头,如 $\vec{A_1}$。

减环是当其余各组成环不变时,该环尺寸增大使封闭环随之减小,该环尺寸减小使封闭环随之增大的组成环。通常在减环的符号上标以向左的箭头,如 $\overleftarrow{A_2}$。

由此可见,尺寸链具有封闭性和关联性的特征。

(1) 封闭性

尺寸链是一组有关尺寸首尾相接构成封闭形式的尺寸。其中应包含一个间接保证的尺寸和若干个对此有影响的直接获得的尺寸。

(2) 关联性

尺寸链中间接保证的尺寸的大小和变化(即精度)是受那些直接获得的尺寸的精度所支配的,彼此间具有特定的函数关系,并且间接保证的尺寸的精度必然低于直接获得的尺寸精度。

组成环和封闭环之间的关系,实际上就是自变量和因变量之间的函数关系。确定尺寸链中封闭环(因变量)和组成环(自变量)的函数关系式称为尺寸链方程,其一般表达式为

$$A_0 = f(A_1, A_2, \cdots, A_n) \tag{3.14}$$

2. 尺寸链的组成和尺寸链图的作法

① 根据零件的加工工艺过程,首先找出间接保证的尺寸,定为封闭环。

② 从封闭环起,按照零件上表面间的联系,依次画出有关直接获得的尺寸,作为组成环,直到尺寸的终端回到封闭环的起端,形成一个封闭图形。必须注意,要使组成环环数达到最少。

③ 增环、减环的判别。按照各尺寸首尾相接的原则,可顺着一个方向在各尺寸线终端画箭头。凡是箭头方向与封闭环箭头方向相同的尺寸为减环,箭头方向与封闭环箭头方向相反的尺寸为增环,然后用增环、减环的表示符号(箭头)标注在尺寸链图上,如图 3.38c 所示。

3.6.2　尺寸链的计算

1. 尺寸链的计算方法

尺寸链的计算方法有极值法和概率法两种。目前生产中一般采用极值法,概率法主要用于生产批量大的自动化及半自动化生产中,但是当尺寸链的环数较多时,即使生产批量不大也宜采用概率法。

(1) 极值法

从尺寸链中各环的极限尺寸出发,进行尺寸链计算的一种方法,称为极值法(或极大极小法)。例如,当尺寸链各增环均为上极限尺寸,而各减环均为下极限尺寸时,封闭环有上极限尺寸。这种计算方法比较保守,但计算比较简单,因此应用较为广泛。极值法计算公式如下:

$$A_0 = \sum_{z=1}^{m} A_z - \sum_{j=m+1}^{n-1} A_j \tag{3.15}$$

$$A_{0\max} = \sum_{z=1}^{m} A_{z\max} - \sum_{j=m+1}^{n-1} A_{j\min}$$

$$A_{0\min} = \sum_{z=1}^{m} A_{z\min} - \sum_{j=m+1}^{n-1} A_{j\max} \qquad (3.16)$$

$$ES_0 = \sum_{z=1}^{m} ES_z - \sum_{j=m+1}^{n-1} EI_j$$

$$EI_0 = \sum_{z=1}^{m} EI_z - \sum_{j=m+1}^{n-1} ES_j \qquad (3.17)$$

$$T_{0L} = \sum_{i=1}^{n-1} T_i \qquad (3.18)$$

式中　A_0、$A_{0\max}$ 和 $A_{0\min}$——封闭环的公称尺寸、上极限尺寸和下极限尺寸；

　　　A_z、$A_{z\max}$ 和 $A_{z\min}$——增环的公称尺寸、上极限尺寸和下极限尺寸；

　　　A_j、$A_{j\max}$ 和 $A_{j\min}$——减环的公称尺寸、上极限尺寸和下极限尺寸；

　　　ES_0、ES_z 和 ES_j——封闭环、增环和减环的上极限偏差；

　　　EI_0、EI_z 和 EI_j——封闭环、增环和减环的下极限偏差；

　　　m——增环数；

　　　n——尺寸链总环数；

　　　T_{0L}——封闭环的极值公差；

　　　T_i——组成环的公差。

式(3.18)表明,封闭环的公差等于各组成环的公差之和。这也就进一步说明了尺寸链的封闭性特征。

可见,提高封闭环的精度(即减小封闭环的公差)可有两个途径:一是减小组成环的公差,即提高组成环的精度;二是减少组成环的环数,这一原则通常称为"尺寸链最短原则"。在封闭环的公差一定的情况下,减少组成环的环数,即可相应放大各组成环的公差而使其易于加工,同时环数减少也使结构简单,因而可降低生产成本。

用极值法求解尺寸链时,可以利用上述基本公式计算,也可用竖式法来计算,如表 3.16 所示。纵向各列中,最后一行为该列以上各行之和;横向各行中,第Ⅳ列为第Ⅱ列与第Ⅲ列之差。应用这种竖式方法进行尺寸链计算时,必须注意:① 减环的公称尺寸前冠以负号;② 减环的上、下极限偏差位置对调,并改变符号。整个运算方法可归纳成一句口诀"增环上下极限偏差照抄,减环上下极限偏差对调且变号"。

表 3.16　尺寸链计算的竖式表

列号	Ⅰ	Ⅱ	Ⅲ	Ⅳ
名称	公称尺寸 A	上极限偏差 ES	下极限偏差 EI	公差 T
增环	$\sum\limits_{z=1}^{m} A_z$	$\sum\limits_{z=1}^{m} ES_z$	$\sum\limits_{z=1}^{m} EI_z$	$\sum\limits_{z=1}^{m} T_z$
减环	$-\sum\limits_{j=m+1}^{n-1} A_j$	$-\sum\limits_{j=m+1}^{n-1} EI_j$	$-\sum\limits_{j=m+1}^{n-1} ES_j$	$\sum\limits_{j=m+1}^{n-1} T_j$
封闭环	A_0	ES_0	EI_0	T_0

（2）概率法

极值法计算尺寸链时,必须满足封闭环公差等于组成环公差之和这一要求。在大批生产中,尺寸链中各增、减环同时出现相反的极限尺寸的概率很低,特别当环数多时,出现的概率更低。当封闭环公差较小、组成环环数较多时,采用极值法会使组成环的公差过小,以致加工成本上升甚至无法加工。根据概率统计原理和加工误差分布的实际情况,采用概率法求解尺寸链更为合理。根据概率论,若将各组成环视为随机变量,则封闭环(各随机变量之和)也为随机变量。由此可以引出采用概率法计算直线尺寸链的基本公式:

$$A_{0M} = \sum_{z=1}^{m} A_{zM} - \sum_{j=m+1}^{n-1} A_{jM} \tag{3.19}$$

$$\Delta_0 = \sum_{z=1}^{m} \Delta_z - \sum_{j=m+1}^{n-1} \Delta_j \tag{3.20}$$

$$T_{0Q} = \sqrt{\sum_{i=1}^{n-1} T_i^2} \tag{3.21}$$

$$ES_0 = \Delta_0 + \frac{T_0}{2}$$

$$EI_0 = \Delta_0 - \frac{T_0}{2} \tag{3.22}$$

式中:A_{0M}、A_{zM} 和 A_{jM}——封闭环,增环和减环的平均尺寸;

T_{0Q}——封闭环平方公差;

Δ_0、Δ_z 和 Δ_j——封闭环、增环和减环的中间偏差。

在组成环接近正态分布的情况下,尺寸链封闭环的平均尺寸等于各组成环的平均尺寸的代数和,封闭环的公差等于各组成环公差平方和的平方根。

2. 尺寸链计算的几种情况

(1) 正计算

已知各组成环的公称尺寸及公差,求封闭环的尺寸及公差,称为尺寸链的正计算。这种情况的计算主要用于审核图样、验证设计的正确性,其计算结果是唯一确定的。

(2) 反计算

已知封闭环的基本尺寸及公差,求各组成环的尺寸及公差,称为尺寸链的反计算。这种情况的计算一般用于产品设计工作中,由于要求的组成环数多,因此反计算不单纯是计算问题,而是需要按具体情况选择最佳方案的问题。实际上是如何将封闭环公差对各组成环进行分配以及确定各组成环公差带的分布位置,使各组成环公差累积后的总和、分布位置与封闭环公差值、分布位置的要求相一致。解决这类问题可以有三种方法:

① 按等公差值的原则分配封闭环的公差。

$$T_i = \frac{T_0}{n-1} \tag{3.23}$$

这种方法计算简单,但从工艺上讲没有考虑各组成环(零件)加工的难易、尺寸的大小,显然不够合理,适用于各组成环尺寸相近,加工难易程度相近的场合。

② 按等公差级的原则分配封闭环的公差,即各组成环的公差取相同的公差等级,公差值的大小取决于公称尺寸的大小。

这种方法考虑了尺寸大小对加工的影响,但没有考虑由于形状和结构引起的加工难易程度,并且计算也比较麻烦。

③ 按具体情况来分配封闭环的公差。第一步先按等公差值(或按等公差级)分配原则求出各组成环所能分配到的公差;第二步再按加工的难易程度和设计要求等具体情况调整各组成环的公差。

(3)中间计算

已知封闭环和部分组成环的公称尺寸及公差,求某一组成环的公称尺寸及公差,称为尺寸链的中间计算。这种计算主要用于确定工艺尺寸。

3.6.3 几种典型工艺尺寸链的分析与计算

1. 定位基准与设计基准不重合时的工艺尺寸链建立和计算

在零件加工过程中,有时为了方便定位或加工,定位基准选用的不是设计基准。在定位基准与设计基准不重合的情况下,需要通过尺寸换算,改注有关工序尺寸及公差,并按换算后的工序尺寸及公差进行加工,以保证零件原设计的要求。下面举例说明定位基准与设计基准不重合的工序尺寸及公差换算。

例 3.2 如图 3.39a 所示零件的 A、B、C 面均已加工完毕,现用调整法加工 D 面,并选端面 A 为定位基准,且按工序尺寸 L_3 对刀进行加工。车削过 D 面后,为保证间接获得的尺寸 L_0 能符合图样规定的要求,试确定工序尺寸 L_3 及其极限偏差。

解 (1)画尺寸链图并判断封闭环

根据加工情况判断,L_0 为封闭环。画出的尺寸链图如图 3.39b 所示。

(2)判断增、减环

增、减环如图 3.39b 所示。

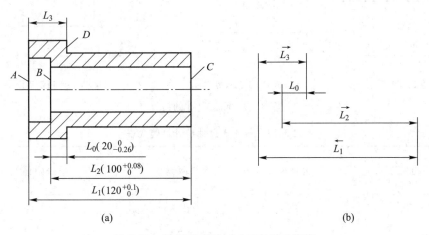

(a)   (b)

图 3.39 轴套零件车加工工序尺寸换算

(3)计算工序尺寸的公称尺寸

由式(3.15)得

$$20 \text{ mm} = (100 \text{ mm} + L_3) - 120 \text{ mm}$$

故

$$L_3 = (20 + 120 - 100) \text{ mm} = 40 \text{ mm}$$

(4)计算工序尺寸的极限偏差

由式(3.17)得

$$0\ \text{mm} = (0.08\ \text{mm} + ES_3) - 0\ \text{mm}$$

L_3 的上极限偏差为 $ES_3 = -0.08\ \text{mm}$。

由式(3.17)得

$$-0.26\ \text{mm} = (0\ \text{mm} + EI_3) - 0.1\ \text{mm}$$

L_3 的下极限偏差为 $EI_3 = -0.16\ \text{mm}$。

因此工序尺寸 L_3 及其上、下极限偏差为 $L_3 = 40_{-0.16}^{-0.08}\ \text{mm}$。工序尺寸 L_3 还可标注为 $L_3 = 39.92_{-0.08}^{0}\ \text{mm}$，即为该问题的解。

2. 测量基准与设计基准不重合时测量尺寸的换算

例 3.3　如图 3.40a 所示的套筒零件，设计图样上根据装配要求标注尺寸 $50_{-0.17}^{0}\ \text{mm}$ 和 $10_{-0.36}^{0}\ \text{mm}$，大孔深度尺寸未注。加工时，由于尺寸 $10_{-0.36}^{0}\ \text{mm}$ 测量比较困难，改用深度游标卡尺测量大孔深度，试确定大孔深度的测量尺寸。

解　(1)计算大孔深度的测量尺寸及公差

由尺寸 $50_{-0.17}^{0}\ \text{mm}$、$10_{-0.36}^{0}\ \text{mm}$ 和大孔深度尺寸 A_2 构成一个直线尺寸链，如图 3.40b 所示。由于尺寸 $50_{-0.17}^{0}\ \text{mm}$ 和大孔深度尺寸 A_2 是直接测量得到的，因而是尺寸链组成环。尺寸 $10_{-0.36}^{0}\ \text{mm}$ 是间接得到的，是封闭环。由竖式法(见表 3.17)计算可得：$A_2 = 40_{0}^{+0.19}\ \text{mm}$。

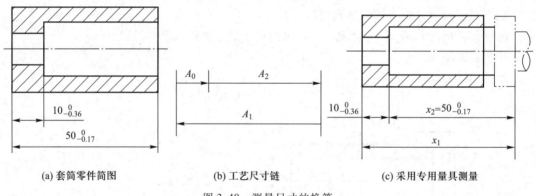

| (a) 套筒零件简图 | (b) 工艺尺寸链 | (c) 采用专用量具测量 |

图 3.40　测量尺寸的换算

表 3.17　例 3.3 尺寸链计算竖式表

环的名称	公称尺寸	上极限偏差	下极限偏差
A_1(增环)	50	0	−0.17
A_2(减环)	−40	0	−0.19
A_0	10	0	−0.36

(2)间接测量出现假废品的分析

在实际生产中可能出现这样的情况：A_2 测量值虽然超出了 $A_2 = 40_{0}^{+0.19}\ \text{mm}$ 的范围，但尺寸 $10_{-0.36}^{0}\ \text{mm}$ 不一定超差。例如，如测量得到 $A_2 = 40.36\ \text{mm}$，而尺寸 50 mm 刚好为最大值，此时尺寸 10 mm 处在公差带下限位置，并未超差。这就出现了所谓的假废品。只要测量尺

寸 A_2 超差量小于或等于其他组成环公差之和时,就有可能出现假废品。为此,需对零件进行复查,从而加大了检验工作量。为了减小假废品出现的可能性,有时可采用专用量具进行检验,如图 3.40c 所示。此时通过测量尺寸 x_1 来间接确定尺寸 $10_{-0.36}^{0}$ mm。若专用量具尺寸 $x_2 = 50_{-0.02}^{0}$ mm,则由尺寸链可求出 $x_1 = 60_{-0.36}^{-0.02}$ mm,可见采用适当的专用量具,可使测量尺寸获得较大的公差,并使出现假废品可能性大为减小。

3. 中间工序尺寸及偏差换算

有些零件的设计尺寸不仅受到表面最终加工工序尺寸的影响,还与中间工序尺寸有关,此时应以设计尺寸为封闭环,求中间工序尺寸和偏差。

例 3.4 如图 3.41a 所示齿轮的加工工艺过程为:拉削孔至 $\phi 39.6_{0}^{+0.1}$ mm,拉键槽保证尺寸 A;热处理(略去热处理变形的影响);磨孔至图样尺寸 $\phi 40_{0}^{+0.05}$ mm,保证键槽深度尺寸为 $46_{0}^{+0.3}$ mm,试计算拉键槽时的中间工序尺寸 A 及其偏差。

解 (1)确定封闭环

设计尺寸 $46_{0}^{+0.3}$ mm 在磨孔工序中间接得到,故为封闭环。

(2)建立工艺尺寸链(本例题的关键)

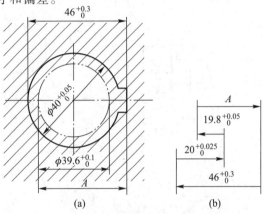

图 3.41 中间工序尺寸及偏差换算

若将尺寸链定为由 A、$\phi 39.6_{0}^{+0.1}$ mm、磨削余量、$\phi 40_{0}^{+0.05}$ mm 和 $46_{0}^{+0.3}$ mm 组成,则未知数过多,无法求解。因此,必须找出关键点(两个工序共同的定位基准,孔的中心线),略去磨削后孔中心和拉削后孔中心同轴度的误差,可以认为磨削后的孔表面的中心线与拉削孔表面的中心线不变,这样先从孔的中心线出发,画拉孔半径 $19.8_{0}^{+0.05}$ mm,再画被拉孔的左母线至键槽深度尺寸 A,再以键槽深度右侧画链封闭尺寸 A_0,连接磨孔半径 $20_{0}^{+0.025}$ mm 尺寸,画出的工艺尺寸链图如图 3.41b 所示。注意拉孔和磨孔的半径尺寸及公差均取其直径尺寸及公差的一半。

(3)判别各组成环的性质(增环或减环)

通过所画的箭头方向,拉削半径 $19.8_{0}^{+0.05}$ mm 为减环,中间工序尺寸 A 和磨孔半径 $20_{0}^{+0.025}$ mm 为增环。

(4)计算中间工序尺寸及极限偏差

建立工艺尺寸链图后,就可计算中间工序尺寸 A 及其极限偏差。由竖式法(见表 3.18)求解该尺寸链得:$A = 45.8_{+0.050}^{+0.275}$ mm,可转化为 $A = 45.85_{0}^{+0.225}$ mm。

表 3.18 例 3.4 尺寸链计算竖式表

环的名称	公称尺寸	上极限偏差	下极限偏差
R_1(减环)	−19.8	0	−0.05
A(增环)	45.8	+0.275	+0.05
R_2(增环)	20	+0.025	0
A_0	46	+0.3	0

4. 余量校核

在工艺过程中,加工余量过大会影响生产率,浪费材料,对精加工工序还会影响加工质量。但是,加工余量也不能过小,过小则有可能造成零件表面局部加工不到,产生废品。因此,校核加工余量,并对加工余量进行必要的调整,这也是制订工艺规程时不可少的工作。

例 3.5 如图 3.42 所示的短轴零件,其加工过程为:① 粗车小端外圆、台肩及端面;② 粗、精车大端外圆及端面;③ 精车小端外圆、台肩及端面。试校核该工序③精车小端端面的余量是否合适,若余量不够应如何改进?

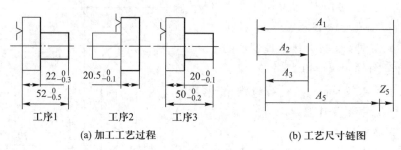

工序1　　工序2　　工序3

(a) 加工工艺过程　　　　　　　(b) 工艺尺寸链图

图 3.42　短轴零件加工

解 (1) 确定封闭环

工序③的余量 $A_0(Z_5)$ 是精车小端外圆端面时间接得到的,故为封闭环。

(2) 建立工艺尺寸链,并查找组成环和判别增、减环

建立工艺尺寸链图如图 3.42 所示,其中 $A_1 = 52_{-0.5}^{0}$ mm、$A_3 = 20.5_{-0.1}^{0}$ mm 为增环,$A_2 = 22_{-0.3}^{0}$ mm、$A_5 = 50_{-0.2}^{0}$ mm 为减环。

(3) 余量校核

采用竖式法求余量 $A_0(Z_5)$ 及极限偏差,见表 3.19。

表 3.19　例 3.5 求 $A_0(Z_5)$ 及偏差尺寸链计算竖式表

环的名称	公称尺寸	上极限偏差	下极限偏差
A_1(增环)	52	0	-0.5
A_2(减环)	-22	0.3	0
A_3(增环)	20.5	0	-0.1
A_5(减环)	-50	0.2	0
$A_0(Z_5)$	0.5	0.5	-0.6

所以 $A_0(Z_5) = 0.5_{-0.6}^{+0.5}$ mm,即 $A_{0\min} = -0.1$ mm,$A_{0\max} = 1$ mm。

因为 $A_{0\min} = -0.1$ mm,在精车小端外圆、端面时,有些零件有可能因没有余量而车不出来,因而要将最小余量加大。查切削用量手册,精车端面最小余量为 0.7 mm,取 $A_{0\min} = 0.7$ mm。为满足 $A_{0\min} = 0.7$ mm,需修改工序尺寸 A_1、A_2 来满足新的封闭环要求。采用竖式法求解 A_1,见表 3.20。

表 3.20　例 3.5 求 A_1 尺寸链计算竖式表

环的名称	公称尺寸	上极限偏差	下极限偏差
A_1（增环）	52.6	0	−0.3
A_2（减环）	−21.5	0.3	0
A_3（增环）	20.5	0	−0.1
A_5（减环）	−50	0.2	0
$A_0(Z_5)$	1.1	0.5	−0.4

故变更中间工序 $A_1 = 52.6_{-0.3}^{0}$ mm、$A_2 = 21.5_{-0.3}^{0}$ mm，可确保最小的车削余量。

3.6.4　工艺尺寸跟踪图表法

在零件的机械加工工艺过程中，计算工序尺寸时运用工艺尺寸链计算式逐个对单个工艺尺寸链计算，称为单链计算法。如前所述，画一个工艺尺寸链简图就计算一次，这种单链计算法仅适用于工序较少的零件。当零件在同一方向上加工尺寸较多，并需多次转换工艺基准时，建立工艺尺寸链，进行余量校核都会遇到困难，并且易出错。图表法能准确地查找出全部工艺尺寸链，并且能把一个复杂的工艺过程用箭头直观地在表内表示出来，列出有关计算结果，清晰、明了、信息量大。下面结合一个具体的例子，介绍这种方法。

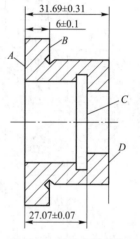

图 3.43　某轴套零件的轴向尺寸

加工图 3.43 所示的零件，其轴向有关表面的工艺安排如下：

① 轴向以 D 面定位粗车 A 面，又以 A 面为基准（测量基准）粗车 C 面，保证工序尺寸 L_1 和 L_2，见图 3.44；

② 轴向以 A 面定位，粗车和精车 B 面，保证工序尺寸 L_3；粗车 D 面，保证工序尺寸 L_4；

③ 轴向以 B 面定位，精车 A 面，保证工序尺寸 L_5；精车 C 面，保证工序尺寸 L_6；

④ 用靠火花磨削法磨 B 面，控制磨削余量 Z_7。

从上述工艺安排可知，A、B、C 面各经过了两次加工，都经过了基准转换。要正确得出各个表面在每次加工中余量的变动范围，求其最大、最小余量，以及计算工序尺寸和极限偏差都不是很容易的。图 3.44 给出了用图表法计算的结果。其作图和计算过程如下：

（1）绘制加工过程尺寸联系图

按适当比例将工件简图绘于图表左上方，标注出与计算有关的轴向设计尺寸。从与计算有关的各个端面向下（向表内）引竖线，每条竖线代表不同加工阶段中有余量差别的不同加工表面。在表的左边，按加工过程从上到下，严格地排出加工顺序；在表的右边列出需要计算的项目。

然后按加工顺序，在对应的加工阶段中画出规定的加工符号：箭头指向加工表面；箭尾用圆点画在工艺基准（测量基准）上；加工余量用带剖面线的符号示意，并画在加工区"入体"位置上；对于加工过程中间接保证的设计尺寸（称结果尺寸，即尺寸链的封闭环），注在其他工艺尺寸的下方，两端均用圆点标出（图表中的 L_{01} 和 L_{02}）；对于工艺基准和设计基准重合的情况，不需要进行工艺尺寸换算的设计尺寸，用方框图框出（图表中的 L_6）。

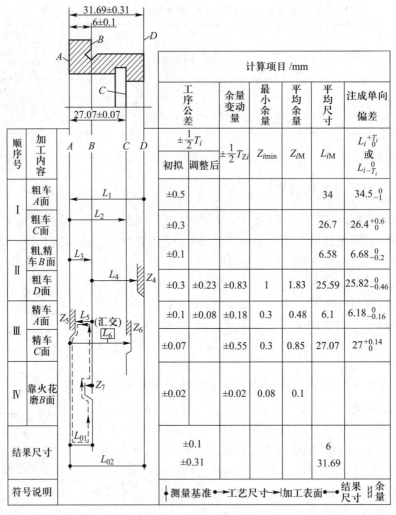

31.69±0.31
6±0.1
27.07±0.07

顺序号	加工内容	工序公差 $\pm\frac{1}{2}T_i$ 初拟	调整后	余量变动量 $\pm\frac{1}{2}T_{Zi}$	最小余量 $Z_{i\min}$	平均余量 Z_{iM}	平均尺寸 L_{iM}	注成单向偏差 $L_i{}^{+T_i}_{\ 0}$ 或 $L_{i}{}^{\ 0}_{-T_i}$
I	粗车 A 面	±0.5					34	$34.5^{\ 0}_{-1}$
	粗车 C 面	±0.3					26.7	$26.4^{+0.6}_{\ 0}$
II	粗、精车 B 面	±0.1					6.58	$6.68^{\ 0}_{-0.2}$
	粗车 D 面	±0.3	±0.23	±0.83	1	1.83	25.59	$25.82^{\ 0}_{-0.46}$
III	精车 A 面	±0.1	±0.08	±0.18	0.3	0.48	6.1	$6.18^{\ 0}_{-0.16}$
	精车 C 面	±0.07	±0.55	0.3	0.85		27.07	$27^{+0.14}_{\ 0}$
IV	靠火花磨 B 面	±0.02	±0.02	0.08	0.1			
结果尺寸		±0.1					6	
		±0.31					31.69	
符号说明		测量基准	工艺尺寸	加工表面	结果尺寸	余量		

图 3.44　工序尺寸图表法

把上述作图过程归纳为几条规定：① 加工顺序不能颠倒，与计算有关的加工内容不能遗漏；② 箭头要指向加工面，箭尾圆点落在测量基准上；③ 加工余量按"入体"位置示意，被余量隔开的上方竖线为加工前的待加工面。这些规定不能违反，否则计算将会出错。按上述作图过程绘制的图形称为尺寸联系图。

（2）工艺尺寸链查找

在尺寸联系图中，从结果尺寸的两端出发向上查找，遇到圆点不拐弯继续往上查找，遇到箭头拐弯，逆箭头方向水平找加工基准面，遇到加工基准面再向上拐。重复前面的查找方法，直至两条查找路线汇交为止。查找路线经过的尺寸是组成环，结果尺寸是封闭环。

这样，在图 3.44 中，沿结果尺寸 L_{01} 两端向上查找，可得到由 L_{01}、Z_7 和 L_5 组成的一个工艺尺寸链（图中用带箭头虚线示出）。在该尺寸链中，结果尺寸 L_{01} 是封闭环，Z_7 和 L_5 是组成环（图 3.45a）。沿结果尺寸 L_{02} 两端向上查找，可得到由 L_{02}、L_4 和 L_5 组成的另一个工艺尺寸链，L_{02} 是封闭环，L_4 和 L_5 是组成环（图 3.45b）。

除 Z_7（靠火花磨削余量）以外，沿 Z_4、Z_5、Z_6 两端分别往上查找，可得到如图 3.45c、d、e

所示的三个以加工余量为封闭环的工艺尺寸链。

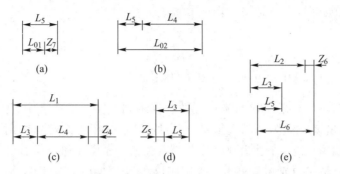

图 3.45　按图表法查找的工艺尺寸链

因为靠火花磨削是操作者根据磨削火花的大小,凭经验直接磨去一定厚度的金属,磨掉金属的多少与前道工序和本道工序的工序尺寸无关。所以靠火花磨削余量 Z_7 在由 L_{01}、Z_7 和 L_5 组成的工艺尺寸链中是组成环,不是封闭环。

（3）计算项目栏的填写

图 3.44 右边列出了一些计算项目的表格,该表格是为计算有关工艺尺寸而专门设计的,其填写过程如下:

① 初步选定工序公差 T_i,必要时作适当调整。确定工序最小余量 $Z_{i\min}$;

② 根据相关工序公差计算余量变动量 T_{Z_i};

③ 根据最小余量和余量变动量,计算平均余量 Z_{iM};

④ 根据平均余量计算平均工序尺寸 L_{iM};

⑤ 将平均工序尺寸和平均公差改注成公称尺寸和上、下极限偏差形式。

下面对填写时可能会遇到的几方面问题作一说明:

在确定工序公差的时候,若工序尺寸就是设计尺寸,则该工序公差取图样标注的公差（例如图 3.44 中工序尺寸 L_6）,对中间工序尺寸（图 3.44 中的 L_1、L_2、L_3、L_4、L_5、Z_7）的公差,可按加工经济精度或根据实际经验初步拟订,靠磨余量 Z_7 的公差,取决于操作者的技术水平,本例中取 $Z_7 = (0.1 \pm 0.02)$ mm。将初拟公差填入工序尺寸公差初拟项中。

将初拟工序尺寸公差代入结果尺寸链中（图 3.45a、b）,当全部组成环公差之和小于或等于图样规定的结果尺寸的公差（封闭环的公差）时,则初拟公差可以确定下来,否则需对初拟公差进行修正。修正的原则之一是首先考虑缩小公共环的公差;原则之二是考虑实际加工可能性,优先缩小那些不会给加工带来很大困难的组成环的公差。修正的依据仍然是使全部组成环公差之和等于或小于图样给定的结果尺寸的公差。

在图 3.45b 所示尺寸链中,按初拟工序公差验算,结果尺寸 L_{01} 和 L_{02} 均超差。考虑到 L_5 是两个尺寸链的公共环,先缩小 L_5 的公差至 ± 0.08 mm,并将缩小后的公差分别代入两个尺寸链中重新验算,L_{01} 不超差,L_{02} 仍超差。在 L_{02} 所在的尺寸链中,考虑到缩小 L_4 的公差不会给加工带来很大困难,故将 L_4 的公差缩小至 ± 0.23 mm,再将其代入 L_{02} 所在尺寸链中验算,不超差。于是,各工序尺寸公差便可以确定下来,并填入“修正后”一栏中去。

最小加工余量 $Z_{i\min}$,通常是根据手册和现有资料结合实际经验修正确定。

图 3.44 中余量变动量一项,是由余量所在的尺寸链根据式（3.22）计算求得的,例如,

$$T_{Z_4} = T_1 + T_3 + T_4 = \pm(0.5 + 0.1 + 0.23)\ \text{mm} = \pm 0.83\ \text{mm}$$

图 3.44 中平均余量一项是按下式求出的：

$$Z_{iM} = Z_{imin} + \frac{1}{2}T_{Z_i}$$

例如，$Z_{5M} = Z_{5min} + \frac{1}{2}T_{Z_5} = (0.3 + 0.18)\ \text{mm} = 0.48\ \text{mm}$。

图 3.44 中平均尺寸 L_{iM} 可以通过尺寸链计算得到。在各尺寸链中，先找出只有一个未知数的尺寸链，求出该未知数，然后逐个将所有未知尺寸求解出来，亦可利用工艺尺寸联系图，沿着待求尺寸两端的竖线向下找后序工序与其有关的工序尺寸和平均加工余量，将这些工序尺寸分别和加工余量相加或相减求出待求工序尺寸。例如在图 3.44 中，平均尺寸 $L_{3M} = L_{5M} + Z_{5M}$，$L_{5M} = L_{01M} + Z_{7M}$，$L_{2M} = L_{6M} + Z_{5M} - Z_{6M}$，等等。

图 3.44 中最后一项要求将平均工序尺寸改注成公称尺寸和上、下极限偏差的形式。按入体原则，L_2 和 L_6 应注成单向正偏差形式，L_1、L_3、L_4 和 L_5 应注成单向负偏差形式。

从本例可知，图表法是求解复杂的工艺尺寸的有效工具，但其求解过程仍然十分烦琐。按图表法求解的思路编制计算程序，用计算机求解可以保证计算准确，节省计算时间。

3.7　时间定额和提高劳动生产率的工艺途径

学习目标
1. 了解时间定额的组成，熟悉时间定额的确定方法。
2. 了解提高劳动生产率的途径。

3.7.1　时间定额

劳动定额有时间定额和产量定额两种形式。时间定额（time quota）也称工时定额，是在一定生产条件下，规定生产一件产品或完成一道工序所需消耗的时间。产量定额（output quota）是在一定生产条件下，规定每个工人在单位时间内应完成的合格品数量。

时间定额是安排作业计划，进行成本核算，确定设备数量、人员编制及规划生产面积的重要依据，是工艺规程的重要组成部分。时间定额订得过紧，容易诱发忽视产品质量的倾向，或者会影响工人的主动性、创造性和积极性。时间定额订得过松就起不到指导生产和促进生产发展的积极作用。因此合理地制订时间定额对保证产品质量、提高劳动生产率、降低生产成本都是十分重要的。

1. 时间定额的组成

（1）作业时间　直接用于制造产品或零、部件所消耗的时间，用符号 t_B 表示。可分为基本时间和辅助时间两部分。

① 基本时间　直接改变生产对象的尺寸、形状、相对位置或表面状态和材料性质等工艺过程所消耗的时间。切削（磨削）加工的基本时间又称机动时间，是为去除工件加工余量所必须消耗的时间。基本时间用符号 t_b 表示，一般通过相关公式计算确定。

② 辅助时间　为实现上述（基本时间的）工艺过程所必须进行的各种辅助动作所消耗的时间。辅助时间本书用符号 t_a 表示，如装卸工件、更换和修磨刀具、开停机床、改变切削用

量、测量加工尺寸、引进或退回刀具等动作所消耗的时间。

（2）布置工作地时间　也称为工作地点服务时间，是为使加工正常进行，工人照管工作地（如润滑机床、清理切屑、收拾工具等）所消耗的时间，用符号 t_s 表示。

（3）休息和生理需要时间　工人在工作班内为恢复体力和满足生理上需要所需消耗的时间，用符号 t_r 表示。

（4）准备与终结时间　为生产一批产品或零、部件进行准备和结束工作所消耗的时间，符号 t_p 表示。如加工一批工件前熟悉工艺文件，领取工具，安装、调整机床和工装等。这部分时间需要平均分摊到同一批产品或零、部件的每件上，假如每批的件数为 m，则分摊到每一个件上的准备与终结时间为 t_p/m。

单件时间 T_c　　　　　　　　　$$T_c = t_b + t_a + t_s + t_r \qquad (3.24)$$

单件时间定额 T_e　　　　　　　$$T_e = t_b + t_a + t_s + t_r + t_p/m \qquad (3.25)$$

2．制订时间定额的方法

（1）经验估计法　由定额员、工艺人员和工人相配合，根据企业现有生产条件和过去的经验参考相关资料估算每道工序的时间定额。此方法简单易行快捷，但精确性差。

（2）统计分析法　对企业过去一段时间内，生产类似零件（或产品）所消耗的时间原始记录进行统计分析，并结合当前具体条件确定时间定额。此方法要做大量的统计工作，统计数据精确才有效。

（3）技术测定法　通过对实际操作时间的测定分析，确定每个工步和工序的时间定额，适合大批大量机械化、自动化生产。

（4）类比法　以同类产品的零件或工序时间定额为依据，通过对比分析，推算该工序的时间定额。

（5）标准时间法　通过方法研究和时间研究，确定在标准状况下完成一项工作所需要的时间。

3．时间定额的计算

在制订工艺规程时，一般综合上述 5 种方法通过计算确定。

（1）基本时间

一般参考工艺手册等资料提供的公式或经验计算基本时间。

例如，图 3.46 所示的车削加工，其计算公式为

$$t_{基} = \frac{L + L_1 + L_2}{fn} i$$

$$i = \frac{z}{a_p}$$

$$n = \frac{1\,000 v_c}{\pi D}$$

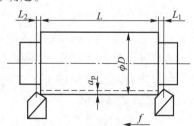

图 3.46　计算基本时间举例

式中：L——加工长度，mm；

L_1——刀具切入长度，一般取 3 ~ 5 mm；

L_2——刀具切出长度，一般取 3 ~ 5 mm；

i——进给次数；

z——加工余量,mm;

a_p——切削深度,mm;

f——进给量,mm/r;

n——机床主轴转速,r/min;

v_c——切削速度,m/min;

D——加工直径,mm;

单件小批生产中,基本时间计算公式中还要附加试切长度 L_3,可取 5~10 mm。

（2）查表计算辅助时间、布置工作地时间、休息和生理需要时间以及准备与终结时间

中批量和大批量生产的时间定额可根据式（3.25）并通过查阅相关工艺手册和资料提供的数据计算确定。

辅助时间 t_a 是所有操作项的时间累加。布置工作地时间 t_s、休息和生理需要时间 t_r、准备与终结时间 t_p 均可查阅相关工艺手册和资料获得。m 为每批的零件数量。手册中提供的数据一般是用技术测定法和标准时间法获得的。

单件小批生产的时间定额可根据 $T_e = t_b(1+K\%) + t_{装卸} + t_p/m$ 并通过查阅相关工艺手册和资料提供的数据计算确定。

机床的 K 值、机床装卸工件时间 $t_{装卸}$ 和机床的准备终结时间 t_p 可查阅相关工艺手册和资料获得。手册中提供的数据是根据单件小批生产的特点,按统计分析技术测定法和标准时间法获得的。单件小批生产类型机床的准备与终结时间一般按 10 件考虑,即按工件批量 $m \leq 10$ 时的准终时间计算,当工件批量 $10 < m \leq 20$ 时,准终时间应乘系数 0.8~0.9,当工件批量 $m > 20$ 时,准终时间乘系数 0.7~0.8。

（3）统计估算

GB/T 24737 给出了布置工作地时间,一般按作业时间的 2%~7% 估算;休息和生理需要时间一般按作业时间的 2%~4% 计算。

3.7.2　提高劳动生产率的工艺途径

在机械制造范围内,围绕提高生产率开展的科学研究工作、技术革新活动一直很活跃,取得了大量成果,推动了机械制造业的不断发展,使得机械制造业的面貌不断地发生着新的变化。

研究如何提高生产率,实际上是研究怎样才能减少工时定额。因此,可以从时间定额的组成中寻求提高生产率的工艺途径。

1. 缩短基本时间

（1）提高切削用量。提高切削速度、进给量和背吃刀量,都可缩短基本时间。

（2）优化刀具结构和刀具的几何参数。群钻就是提高生产率的典型的例子。

（3）采用复合工步。复合工步能使几个加工表面的基本时间重叠,从而节省基本时间。生产上应用复合工步加工的例子很多。按复合工步的特征归类,有如下两种形式:

① 多刀加工　在各类机床上采用多刀加工的例子很多。图 3.47 为在普通车床上安装多刀刀架

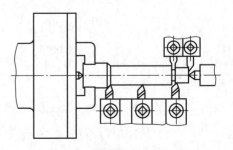

图 3.47　普通车床上多刀加工

实现多刀加工;图 3.48 为镗床上的多刀镗杆,采用该刀杆可同时进行扩孔、半精镗和精镗孔加工;图 3.49 是在铣床上应用多把铣刀同时加工零件上的不同表面;图 3.50 为在磨床上采用多个砂轮同时对零件上的几个表面进行磨削加工;图 3.51 是在龙门刨床上采用多刀加工;图 3.52 是在组合钻床上采用多把孔加工刀具,同时对箱体零件的孔系进行加工。

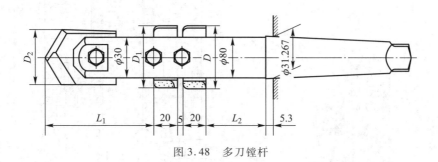

图 3.48　多刀镗杆

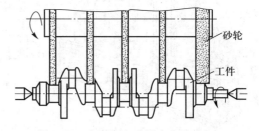

图 3.49　铣床上应用多把铣刀加工　　　图 3.50　在磨床上采用多个砂轮加工

② 单刀多件或多刀多件加工　将工件串联装夹或并联装夹进行多件加工,可有效地缩短基本时间。

串联加工可节省切入和切出时间。例如,图 3.53 是在滚齿机上同时串联装夹两个齿轮进行滚齿加工。显然,同单个齿轮加工相比,其切入和切出时间减少了一半。从生产实践中可以发现,在车床、铣床、刨床以及平面磨床等其他机床上采用多件串联加工都能明显减少切入和切出时间,提高生产效率。并联加工是将几个相同的零件平行排列装夹,一次走刀同时对一个或几个表面进行加工。图3.54 是在铣床上采用并联加工方法同时对三个零件进行加工的例子。有串联亦有并联的加工又称串并联加工。图3.55a 是在立轴平面磨床上采用串并联加工方法,对 43 个零件进行加工的例子;图 3.55b 表示在立式铣床上采用串并联加工方法对两种不同的零件进行加工。

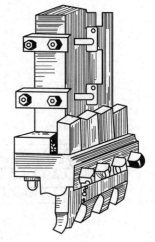

图 3.51　龙门刨床上多刀加工

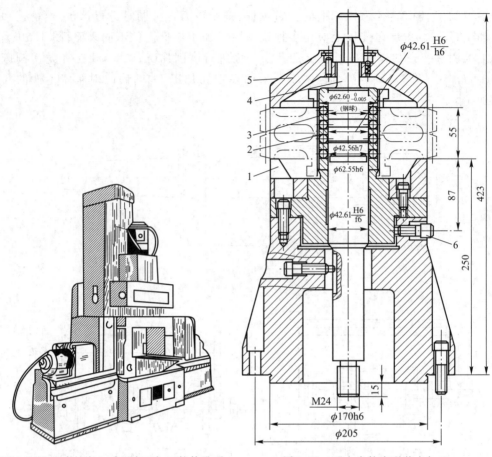

图 3.52　组合钻床上采用多刀加工箱体孔系　　　　图 3.53　两个齿轮串联装夹加工

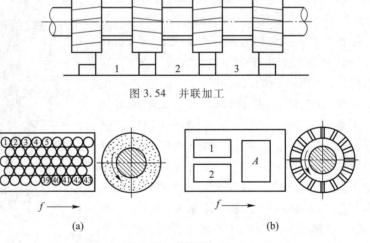

图 3.54　并联加工

图 3.55　串并联加工

2. 减少辅助时间或使辅助时间与基本时间重叠

在单件时间中,辅助时间所占比例一般都比较大。特别是在大幅度提高切削用量之后,基本时间显著减少,辅助时间所占的比例就更大。因此,不能忽视辅助时间对生产率的影响。可以采取措施直接减少辅助时间,或使辅助时间与基本时间重叠来提高生产率。

① 采用先进夹具或自动上、下料装置减少装、卸工件的时间。

② 提高机床操作的机械化与自动化水平,实现集中控制、自动调速与变速以缩短开、停机床和改变切削用量的时间。在近代数控机床和加工中心等高效自动化设备上,直接缩短辅助时间成为提高劳动生产率的主要研究方向。

③ 采用可换夹具或可换工作台,在机床外装夹工件,可使装夹工件时间与基本时间重叠。例如在车床、磨床或齿轮机床上,采用几根心轴交替工作,当一根装好工件的心轴在机床上工作时,可在机床外使用另外一根心轴装夹工件。

④ 采用转位夹具或转位工作台,可在加工中完成工件的装卸。

例如图 3.56a 所示的 Ⅰ 工位为加工工位,Ⅱ 工位为装卸工件工位,可实现在 Ⅰ 工位加工的同时在 Ⅱ 工位装卸工件,使装卸工件时间与基本时间重叠。图 3.56b 所示的 Ⅰ 工位用于装夹工件,Ⅱ 工位和 Ⅲ 工位用于加工工件的四个表面,Ⅳ 工位为卸工件,可以实现在加工的同时装卸工件,使装卸工件的时间与基本时间重叠。

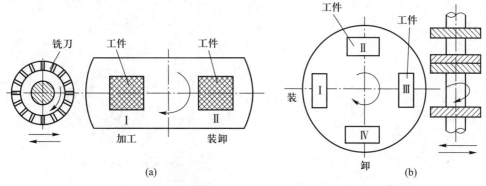

图 3.56 转位加工

⑤ 采用回转夹具或回转工作台进行连续加工。在各种连续加工方式中都有加工区和装卸工件区。装卸工件的工作全部在连续加工过程中进行。

例如图 3.57 所示是在双轴立式铣床上采用连续加工方式进行粗铣和精铣,在装卸区及时装卸工件,在加工区不停顿地进行加工;图 3.58 所示为在立轴平面磨床上多件连续磨削加工工件的平面;图 3.59 所示为在鼓轮式夹具上多件连续加工工件的两个侧面。连续加工不需间歇转位,更不需停机,生产率很高。

⑥ 采用在线检测的方法来控制加工过程中的尺寸,使测量时间与基本时间重叠。近代在线检测装置发展为自动测量系统,该系统不仅能在加工过程中测量并能显示实际尺寸,而且能用测量结果控制机床的自动循环,使辅助时间大为减少。

3. 减少布置工作地时间

减少布置工作地时间,可通过减少更换刀具的时间来实现。

例如采用在线检测加自动补偿,采用自动换刀装置,刀具上带微调机构以及采用快换刀夹,专用对刀样板或对刀样件,在夹具上装有对刀块等,这些方法都能使更换刀具的时间减少。图 3.60 是快换钻夹的装配示意图;图 3.61 为专用多刀对刀装置示意图。减少更换刀具时间的另一条重要途径是研制新型刀具,提高刀具的耐磨性。例如在车、铣加工中广泛采用高耐磨性的机夹不重磨硬质合金刀片和陶瓷刀片,既可减少刃磨次数,又可减少对刀时间。

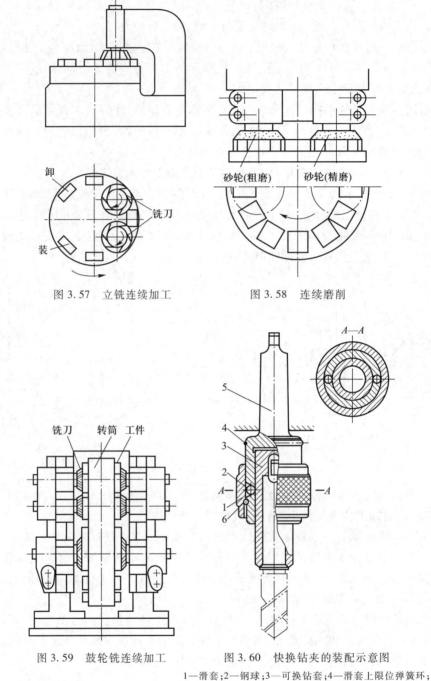

图 3.57 立铣连续加工   图 3.58 连续磨削

图 3.59 鼓轮铣连续加工

图 3.60 快换钻夹的装配示意图

1—滑套;2—钢球;3—可换钻套;4—滑套上限位弹簧环;

5—钻夹体;6—滑套下限位弹簧环

4. 减少准备与终结时间

准备与终结时间的多少,与工艺文件是否详尽清楚、工艺装备是否齐全,安装、调整是否方便有关。在进行工艺设计和工艺装备设计以及进行加工方法选择时应给以充分注意。在中小批生产中采用成组工艺和成组夹具,可明显缩短准备与终结时间,提高生产率。

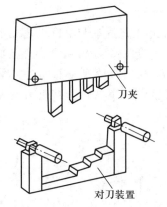

图 3.61 专用多刀对刀装置示意图

3.8 工艺过程的技术经济分析

学习目标

1. 了解工艺过程的经济性指标。
2. 了解工艺过程技术经济分析方法。

在制定机械加工工艺过程时,能满足被加工零件的加工精度和表面质量要求的加工方案可以有多种,有些方案具有较高的生产率,投入的人力少,但设备和工具的投资较大;另一些方案投资较少,但生产率较低,投入的人力较多。因此不同的方案有不同的经济效果。为了获得最经济合理的方案,需要对不同的方案进行技术经济分析和对比。

3.8.1 工艺过程的经济性

1. 生产成本和工艺成本

制造一个产品或零件所必需的一切费用的总和,称为产品或零件的生产成本。生产成本有两大部分费用组成:工艺成本和其他费用。工艺成本是生产成本中与工艺过程有直接关系的费用,一般占生产成本的 70% ~ 75%,它又包含可变费用和不变费用。可变费用是指与年产量有关且与之成比例的费用,包括材料费、操作工人工资及工资附加费、机床维护费、刀具维护费及折旧费、普通机床折旧费和通用夹具折旧费等。不变费用是指与年产量的变化没有直接关系的费用,包括调整工人工资及工资附加费、专用机床折旧费和专用夹具折旧费等。由于专用机床、专用工装是专门为某种零件加工所用的,不能用于其他零件,因此它们的折旧费、维护费等是确定的,与年产量无直接联系。零件全年工艺成本 E(元/年)为

$$E = NV + C \tag{3.26}$$

式中:V——可变费用,元/年;

N——年产量,件;

C——全年不变费用,元。

零件单件工艺成本 E_d(元/年)为

$$E_d = V + C/N \tag{3.27}$$

2. 生产成本与年产量的关系

图 3.62、图 3.63 分别表示全年工艺成本和单件工艺成本与年产量的关系。从图上可看出，全年工艺成本 E 与年产量 N 呈线性关系，说明全年工艺成本的变化量 ΔE 与年产量的变化量 ΔN 成正比；单件工艺成本 E_d 与年产量 N 呈双曲线关系，说明单件工艺成本 E_d 随年产量 N 的增大而减少，各处的变化率不同，其极限值接近可变费用 V。

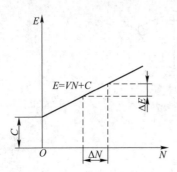

图 3.62　全年工艺成本与年产量的关系　　图 3.63　单件工艺成本与年产量的关系

3. 不同工艺方案经济性比较

对不同的工艺方案进行经济性比较时，有下列两种情况：

（1）若两种工艺方案的基本投资相近或都采用现有设备，则工艺成本可作为衡量各方案经济性的重要依据

① 当两种工艺方案只有少数工序不同时，可对这些不同工序成本进行比较。当年产量 N 一定时，有

$$E_{d1} = V_1 + C_1/N$$
$$E_{d2} = V_2 + C_2/N \tag{3.28}$$

当 $E_{d1} > E_{d2}$ 时，则第 2 方案经济性好。

若 N 为一变量，可用图 3.64 所示曲线进行比较。N_K 为两曲线相交处的产量，称临界产量。由图可见，当 $N < N_K$ 时，$E_{d1} > E_{d2}$，取第 2 方案；当 $N > N_K$ 时，$E_{d1} < E_{d2}$，取第 1 方案。

② 当两种工艺方案有较多的工序不同时，可对该零件的全年工艺成本进行比较。

两方案全年工艺成本与年产量的关系如图 3.65 所示，对应于两直线交点处的产量为临界产量 N_K。当 $N < N_K$ 时，宜用第 1 方案。当 $N = N_K$ 时，$E_1 = E_2$，则两种方案经济性相当，所以有

$$N_K V_1 + C_1 = N_K V_2 + C_2$$

故

$$N_K = \frac{C_2 - C_1}{V_1 - V_2} \tag{3.29}$$

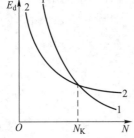 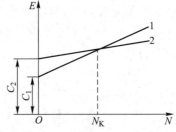

图 3.64　两种工艺方案单件工艺成本比较　　图 3.65　两种工艺方案全年工艺成本比较

（2）若两种工艺方案的基本投资相差较大,必须考虑不同方案的基本投资差额的回收期限

若方案 1 采用价格较高的高效机床及工艺装备,基本投资（K_1）必然较大,但工艺成本（E_1）则较低;方案 2 采用价格、生产率较低的一般机床和工艺装备,其基本投资（K_2）较小,但工艺成本（E_2）则较高。

从两种工艺方案的经济性比较来看,如果仅比较工艺成本的高低是不全面的,而应该同时考虑两种方案基本投资的回收期限。所谓投资回收期是指方案 1 比方案 2 多用的投资,需多少时间才能由其工艺成本的降低而收回,回收期越短,则经济性越好,它可由下式求得

$$T = \frac{K_1 - K_2}{E_2 - E_1} = \frac{\Delta K}{\Delta E} \tag{3.30}$$

式中:T——回收期限,年;

ΔK——两种方案基本投资的差额,元;

ΔE——全年工艺成本节约额,元/年。

在计算回收期 T 时应注意下列问题:

① 回收期应小于所用设备的使用年限。

② 回收期应小于市场对该产品的需要年限。

③ 回收期应小于国家标准回收年限。

因此,考虑追加投资后的临界年产量 N_j' 应由下列关系式计算确定

$$E = V_1 N_j' + C_1 = V_2 N_j' + C_2 + \Delta K$$

$$N_j' = \frac{(C_2 + \Delta K) - C_1}{V_1 - V_2} \tag{3.31}$$

4. 实例分析

生产某机器上的变速箱轴,年产量 1 000 件,现有两个工艺方案可供选择。其毛坯种类及使用机床均有所不同,这里只列出两者不同的工艺资料,其余相同部分可不予考虑。

方案 I:毛坯为 $\phi 42$ mm×104 mm 棒料,材料为 06Cr18Ni11Ti 钢,质量为 1.14 kg,每吨材料价格为 9 480 元,毛坯成本为 10.8 元,其工序成本如表 3.21 所示。

表 3.21 方案 I 的工序内容及工艺成本

工序号	简图	工序内容	机床	可变费用 V_1/（元/件）	年不变费用 C_1/元
15		车棒料外圆; 切两端面,切断	转塔车床	1.44	59.40
20		三次走刀粗车短头外圆; 切两端面,钻中心孔,钻孔	同上	2.58	92.31
25		精车一端;切端面; 车两条沟;车尾部	普通车床	3.33	20.52
30		精车另一端;切端面; 车沟;倒角	同上	1.33	20.52

全年工艺成本为

$$E_1 = V_1 N + C_1 = 19.48N + 192.75 \ 元$$

式中，V_1 包括毛坯成本与各工序可变成本。

方案 Ⅱ：毛坯为模锻件，材料为 06Cr18Ni11Ti 钢，每吨锻件成本（不包括锻模成本）为 12 300 元。锻模价值为 8 400 元，使用寿命为 35 000 件，共计修磨 6 次，年不变费用为 2 800 元，毛坯成本为 5.445 元/件，其工序费用如表 3.22 所示。

表 3.22　方案 Ⅱ 的工序内容及工艺成本

工序号	简图	工序内容	机床	可变费用 V_2/(元/件)	年不变费用 C_2/元
15		找正毛坯；一次走刀粗车外圆；切两端面；钻中心孔，钻孔，切断	转塔车床	3.27	92.31
20		粗车一端外圆；切两端面；车两条沟	多刀半自动车床	2.55	79.56
25		从一端精车外圆；切端面；车两条沟	同上	0.68	79.56
30		精车短端外圆；切沟；倒角	普通车床	0.85	20.52

全年工艺成本为

$$E_2 = V_2 N + C_2 = 12.795N + 3\ 071.95 \ 元$$

式中，V_2 包括毛坯成本与各工序可变费用。

方案 Ⅱ 因采用锻模，毛坯形状、尺寸均接近零件的形状和尺寸，可以减少金属材料消耗和机械加工劳动量，但锻模制造费用较高。如果制造模具的费用是追加投资，则不仅要考虑锻模的年度使用费用，还要考虑追加投资的补偿问题。设锻模的回收期为 5 年，则追加投资年度补偿额为

$$\Delta E = \frac{\Delta K}{5} = \frac{8\ 400}{5} \ 元/年 = 1\ 680 \ 元/年$$

利用方案 Ⅱ 的最低年产量，由式（3.31）来计算

$$N'_j = \frac{(C_2 + \Delta K) - C_1}{V_1 - V_2} = \frac{3\ 071.95 + 1\ 680 - 192.75}{19.48 - 12.795} \ 件 = 682 \ 件$$

由于该零件年产量大于 682 件，所以选择方案 Ⅱ 是合理的，图 3.66 表示了两个方案的年工艺成本与年产量之间的关系。

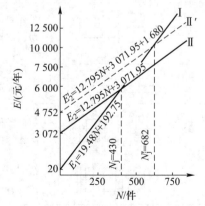

图 3.66　方案 Ⅰ 与方案 Ⅱ 的临界产量

3.8.2　技术经济分析

对工艺方案的技术经济分析，是制订零件加工工艺

规程,尤其是新建或扩建车间时所必须进行的工作。当新建或扩建车间时,在确定了主要零件的工艺规程、工时定额、设备需要量和厂房面积等以后,通常要计算车间的技术经济指标。在车间设计方案完成后,总是要将上述指标与国内外同类产品的加工车间的同类指标进行比较,以衡量其设计水平。技术经济指标的好坏是衡量工艺方案合理性的重要依据之一。

1. 技术经济指标

技术经济指标反映工艺过程中劳动的耗费、设备的特征和利用程度、工艺装备需要量以及各种材料和电力的消耗等情况。

常用的技术经济指标有:单位工人的平均年产量[台数、重量、产值、利润,如件(台)/人、t/人、元/人],单位设备的平均年产量(如件/台、t/台、元/台),单位生产面积的平均年产量[如件(台)/m^2、t/m^2、元/m^2],单位产品所需劳动量(如工时/台),设备构成比(专用设备与通用设备之比),工艺装备系数(专用工艺装备与机床数量之比),工艺过程的分散与集中程度(单位零件的平均工序数),设备利用率,材料利用率等。利用这些指标能概略和方便地进行技术经济评比。

2. 实例分析

某厂生产 5 种车床滑板箱,其结构基本相同,只是零件形状、尺寸有所不同。根据成组加工需要,将该部件分为短轴、长轴、箱体、板件 4 组。

除了采用通常的单件生产方式(方案Ⅰ)外,还可考虑采用水平不同的成组生产单元(方案Ⅱ至方案Ⅳ)。现对 4 种方案进行分析对比。各方案的设备与工人如表 3.23 所示。

表 3.23　4 种方案的设备与工人比较表

	方案Ⅰ			方案Ⅱ			方案Ⅲ			方案Ⅳ		
	组	设备种类	台数	组	设备种类	台数	组	设备种类	台数	组	设备种类	台数
设备	1	车床	7	1	数控车床	1	1	数控车床	1		数控车床	3
	2	铣床	8		铣床	1		铣床	1			
				2	数控车床	2	2	数控车床	2	1	数控铣床	4
	3	钻床	5		铣床	1		铣床	1			
					钻床	1		钻床	1			
	4	龙门铣床	3	3	龙门铣床	3	3	加工中心	4	2	加工中心	5
					铣床	1						
					车床	1						
					钻床	3						
				4	铣床	2						
					数控铣床	3	4	数控铣床	3			
					车床	1		车床	1			
					钻床	1		钻床	1			
	5	平面磨床	1	5	平面磨床	1	5	平面磨床	1	3	平面磨床	1
		外圆磨床	1		外圆磨床	1		外圆磨床	1		外圆磨床	1
		内圆磨床	1		内圆磨床	1		内圆磨床	1		内圆磨床	1
		拉床	1		拉床	1		拉床	1		拉床	1
										其他	自动运输系统	1
											工业机器人	1
	合计		27	合计		24	合计		19	合计		18

续表

工人	直接人员	26	直接人员	22	直接人员	13	直接人员	4
	间接人员	14	间接人员	16	间接人员	12	间接人员	10
	合计	40	合计	38	合计	25	合计	14

方案 I 所用的设备均为通用设备,采用图 3.67 所示的机群式布置形式。

方案 II 按轴、箱体、板件组成 4 个成组单元,如图 3.68 所示,其中采用三台数控车床,两台数控铣床。磨床与拉床为各单元共用。

方案 III 同样组成 4 个成组单元,如图 3.69 所示,其中采用 3 台数控车床、3 台数控铣床和 4 台加工中心。磨床与拉床为各单元共用。

方案 IV 是柔性制造系统(FMS)。该方案大量采用数控机床和加工中心,还采用自动仓库,输送带系统和工业机器人,实现工件的装卸、搬运和储存自动化。该系统由中央计算机进行控制,其设备布置见图 3.70 所示。工件由左侧输入,在分类装置处被分成轴和箱体两大类,其中轴类输送到上半部加工线,箱体输送到下半部加工线。加工完的工件被输送到中间传送带上,从右侧向左侧输出。并暂时存放在自动仓库中,其中若有需要继续加工的工件,则按调度程序再进行有关加工。

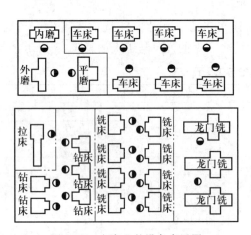

图 3.67 方案 I 的设备布置图

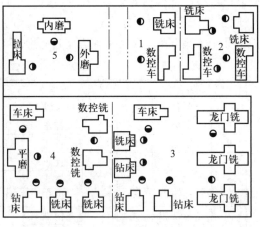

图 3.68 方案 II 的设备布置

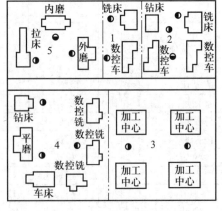

图 3.69 方案 III 的设备布置图

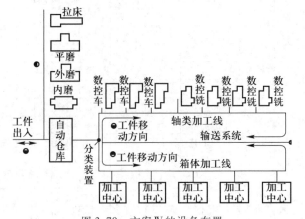

图 3.70 方案 IV 的设备布置

4 种方案的部分技术经济指标如表 3.24 所示。假设每套部件的产值为 4 000 元,人均月工资(含奖金)为 600 元。

表 3.24 4 种方案的技术经济指标

指标	方案 I	方案 II	方案 III	方案 IV
生产设备总数/台	27	24	19	18
设备构成比	0	0.26	1.11	3.5
设备折旧费/(万元/年)	28	64	168	420
工作人员总数/人	40	38	25	14
工资总额/(万元/年)	28.2	37.36	18	10.08
产量/(套/年)	300	484	880	1 560
产值/(万元/年)	120	193.6	352	624
盈利/(万元/年)	27.2	44.16	60.4	6.72
人均产值/(万元/年)	3	5.09	14.08	44.57
人均盈利/(万元/年)	0.68	1.16	2.42	0.48
台均产值/(万元/年)	4.44	8.07	18.53	34.67
台均盈利/(万元/年)	1.01	1.84	3.18	0.37

当所比较的各方案生产能力不完全相同时,用技术经济指标进行分析对比是较好的办法。

值得注意的是,当产品产值不太高,而年产量又增加不多时,实施高水平成组技术的经济效益有时不一定显著。尤其当设备投资很大时,反而可能使效益下降,特别是在工资水平不高的地区。因此,在推广成组技术时,首先应选择附加值高的高新技术产品。在这种情况下,即使产量增加不多,采用高水平成组技术也是合适的。

上述两种评比方法,都侧重于经济评比。一般而言,技术上先进才能取得好的经济效果。但是,有时技术的先进在短期内不一定显出效果,所以在进行方案评比时,还应综合考虑技术的先进性和其他因素。

3.9 典型零件加工

学习目标
了解轴类、箱体类和齿轮类零件的加工过程。

3.9.1 轴类零件的加工

1. 概述

轴类零件是机械加工中经常遇到的典型零件之一。它的作用是在机器中支承传动零件(齿轮、带轮等)、传递转矩、承受载荷。机床主轴还要保证装在主轴上的工件(或刀具)具有一定的回转精度,因此对主轴回转精度的要求更高。

　　轴类零件是旋转体零件,其长度大于直径,其表面通常有内、外圆柱面和圆锥面以及螺纹、花键、键槽、径向孔、沟槽等。根据结构形状的特点,轴可分为光轴、阶梯轴、空心轴和异形轴(曲轴、齿轮轴、十字轴和偏心轴等)4 类,如图 3.71 所示。若按轴的长度和直径的比例来分,又可分为刚性轴($L/d \leqslant 12$)和挠性轴($L/d > 12$)两类。

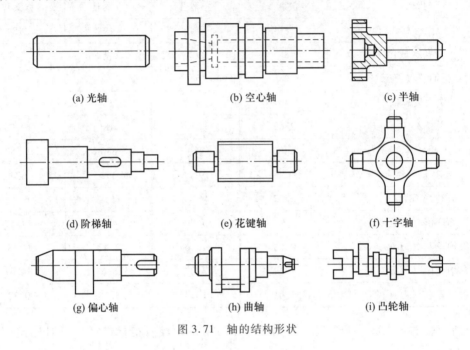

(a) 光轴　　　　　　　(b) 空心轴　　　　　　　(c) 半轴

(d) 阶梯轴　　　　　　(e) 花键轴　　　　　　　(f) 十字轴

(g) 偏心轴　　　　　　(h) 曲轴　　　　　　　　(i) 凸轮轴

图 3.71　轴的结构形状

2. 3MZ136 轴承磨床主轴的加工

下面以典型的 3MZ136 轴承磨床主轴为例分析其加工工艺过程。

（1）零件分析

① 机床主轴功能和作用。机床主轴带动工件或刀具作回转运动,直接影响机床的工作精度,是机床的关键零件之一。

② 主轴的结构分析。3MZ136 轴承磨床主轴的结构如图 3.72 所示,其结构特点为主轴为空心阶梯轴结构,表面主要类型有内、外圆柱面,内圆锥面,沟槽,螺纹和端面等回转表面,键槽,是一种典型的轴类零件。

③ 主要表面技术要求分析。主轴支承轴颈 A、B 用来安装轴承,是主轴组件与主轴箱体的装配基准,也是轴上零件的装配基准,它是主轴上最重要的表面。主轴轴颈的技术要求是:尺寸精度,外圆 $\phi45js5$、$\phi50js5$;形位精度,主轴前、后支承轴颈 A 和 B 的圆柱度 0.003 mm,同轴度 $\phi0.005$ mm,轴颈端面对支承轴颈 A 和 B 的圆跳动 0.005 mm;表面粗糙度 Ra 值 $\leqslant 0.4$ μm。加工该表面可采取的加工方案是:粗车—半精车—粗磨—半精磨—精磨,以保证设计要求。

主轴锥孔是用来安装夹具或工具的,也是主轴上最重要的表面。其主要技术要求是:主轴锥孔(莫氏 4 号锥)对支承轴颈 A 和 B 的径向跳动,近轴端为 0.003 mm,离轴端 150 mm 处为 0.008 mm;锥面接触率 $\geqslant 80\%$;表面粗糙度 Ra 值 $\leqslant 0.8$ μm;硬度要求 48 ~ 50 HRC。加工该表面可采取的加工方案是:钻—车—粗磨—半精磨—精磨,以保证设计要求。

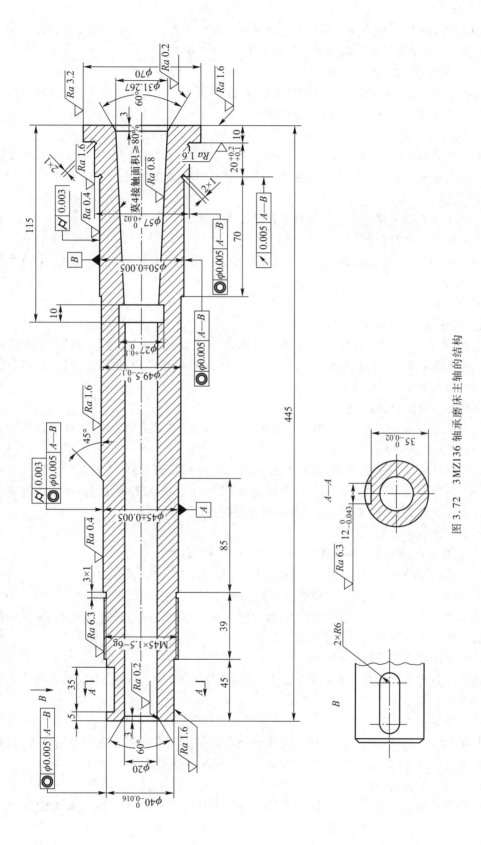

图 3.72 3MZ136 轴承磨床主轴的结构

$\phi 40_{-0.016}^{0}$ mm 轴颈用来安装带轮为主轴提供动力。其要求仅次于主轴支承轴颈 A、B。M45×1.5-6g 螺纹对主轴轴承工作有影响,也比较重要。

(2) 3MZ136 轴承磨床主轴加工工艺过程制订

根据 3MZ136 轴承磨床主轴的零件图要求、中小批生产类型和某企业的生产条件,确定该零件的毛坯为棒料,材料为 40Cr,制订的机械加工工艺过程如表 3.25 所示。

(3) 3MZ136 轴承磨床主轴机械加工工序操作指导卡片的制订

针对 3MZ136 轴承磨床主轴的生产情况和技术要求,需要制订其主要工序的机械加工工序操作指导卡片,制订的最终磨削各外圆工序和磨削莫氏锥孔工序的操作指导卡片如表 3.26 所示。

3. 3MZ136 轴承磨床主轴机械加工工艺过程分析

(1) 加工阶段的划分

3MZ136 轴承磨床主轴加工过程可分为粗加工、半精加工和精加工(粗磨、半精磨和精磨)三个阶段。

粗加工阶段包括:

① 下料、退火(工序 01~05)。

② 粗加工。车端面,打顶尖孔、钻孔和粗车外圆等(工序 10)。主要目的是用大的切削用量切除大部分余量,把毛坯加工至接近工件的最终形状和尺寸,只留下少量的加工余量。该阶段还可及时发现毛坯件缺陷,以采取相应的措施。

半精加工阶段包括:

① 半精加工前热处理。对 40Cr 一般采用时效处理,以消除加工应力,提高后续加工尺寸的稳定性(工序 15)。

② 半精加工。车工艺锥面(定位锥孔),半精车外圆、端面和钻深孔(工序 20~25)、铣键槽等。该阶段主要目的是为精加工做好准备,尤其是为精加工做好定位基准的准备。对一些要求不高的表面,这个阶段加工到图样规定的要求。

精加工阶段包括:

① 精加工前热处理。淬火 45~50 HRC(工序 30)。

② 精加工前各种加工。修研中心孔,粗磨各外圆,粗磨锥孔等(工序 35)。

③ 精加工。修研中心孔,半精磨、精磨各外圆,半精磨内锥孔,磨螺纹(工序 45~50)。

④ 精磨轴颈外圆 A、B,精磨内锥孔,以保证主轴最重要表面的精度。该阶段的目的是把各表面最终加工到图样规定的要求。

(2) 工序集中与分散

该工艺过程主要采取了工序集中原则,如将半精磨、精磨各外圆,半精磨内锥孔等安排为一个工序。

(3) 热处理工序的安排

将粗、半精和精加工分开,合理地安排热处理工序。为了保证零件的使用性能,粗加工前安排退火,在粗磨前安排了淬火处理,粗磨后安排时效处理。

(4) 定位基准的选择

在轴类零件加工中,为保证轴上各表面的基准统一,采用两端的顶尖孔作为统一基准面。

表 3.25　3MZ136 磨床主轴机械加工工艺过程

厂名全称	机械加工综合工艺卡片	产品型号	零件名称	零件图号	共 4 页
		3MZ136	3MZ136 轴承磨床主轴	21-309	第 1 页

材料牌号 40Cr	毛坯种类 圆钢	毛坯尺寸 φ75×455	单台数量

工序号	工序名称	工步序号	工序内容	设备	工艺装备名称及编号 夹具	刀具	量具	试制准备 备/min	工时单 件/min	备注
01	库		锯下料							
05	热		退火							
10	车	1	车尺寸 445 左右两端，单面留 1～1.5 余量，两端钻 B4 中心孔	C620		中心钻（GB/T 6078—2016）		60	10	
		2	粗车外圆均留 2.5～3 余量，粗车各轴肩面留 1.5～2 余量		活顶尖				210	
		3	用中心架按正外圆找正，钻莫氏 4 号锥孔至 φ15（允许两头钻），两端锪 2×60°中心孔。钻 φ25 深 100，钻 φ20 孔			锥面锪钻 40×60°（GB/T 1143—2004）				
15	热		时效处理							
20	车	1	修研两端中心孔		强应力定位万能顶尖（D744×50）			60	20	
		2	精车 φ40 $_{-0.016}^{0}$、φ45±0.005、φ57 $_{-0.02}^{0}$ 各外圆，均留 0.7～0.8 余量。车 M45×1.5 外圆，车至 φ45.6 $_{0}^{+0.10}$ 外圆，车尺寸 20 $_{+0.10}^{+0.20}$ 两肩面及尺寸 10 右端面，均留 0.15～0.2 余量。车 φ70 外圆留 0.15～0.2 余量，其余空刀槽与倒角车削至要求	C620	活顶尖				100	

续表

厂名全称	机械加工综合工艺卡片		产品型号	3MZ136	零件名称	3MZ136 轴承磨床主轴		零件图号	21-309		共 4 页
材料牌号	40Cr		毛坯种类	圆钢	毛坯尺寸	φ75×455		单台数量			第 2 页

工序号	工序名称	工步序号	工序内容	设备	工艺装备名称及编号			工时单		备注
					夹具	刀具	量具	试制准备/min	单件/min	
20	车	3	用中心架，从左端钻 φ20 孔，深度为 240，孔口锪 3×60°中心孔，并车 0.5×120° 护锥			锥面锪钻 (40×60°GB/T 1143—2004)			90	
		4	调头从右端钻通 φ20 孔，车 φ27 空刀达到技术要求，车莫氏锥孔留 0.6~0.7 余量，钻口锪 3×60° 中心孔，并车 0.5×120° 护锥。要求：(1) 用莫氏 4 号塞规涂色检查，锥孔着色面积≥50%；(2) 莫氏 4 号锥孔对 φ45、φ50 外圆同轴度为 0.05	车		莫氏 4 号铰刀	莫氏 4 号塞规		90	
25	铣	1	铣键槽成（按余量加深）	X53		莫氏锥柄键槽铣刀 φ12		30	30	
30	热		淬火 45~50 HRC							
35	磨	1	研两端中心孔达到圆度 0.005，表面粗糙度 Ra 值为 1.6 μm	M131				30	25	
		2	粗磨各外圆均留 0.2~0.25 余量，磨 φ70 外圆达到技术要求。要求：外圆圆柱度和同轴度为 0.02						60	
		3	用双中心夹持工件，磨莫氏 4 号锥孔，留余量 0.3~0.4。要求：涂色检查，着色面积≥60%；φ45、φ50 同轴度 0.01						70	

厂名全称		机械加工综合工艺卡片		产品型号	3MZ136	零件名称	3MZ136 轴承磨床主轴	零件图号	21-309	共 4 页
										第 3 页
材料牌号		40Cr		毛坯种类	圆钢	毛坯尺寸	φ75×455	单台数量		

工序号	工序名称	工步序号	工序内容	工艺装备名称及编号				单台数量		备注
				设备	夹具	刀具	量具	试制准备 备/min	单件工时 件/min	
40	热		时效处理							
45	磨	1	精研两端中心孔,圆度为 0.003,表面粗糙度 Ra 值为 0.4 μm	M131				20	20	控制点
		2	半精磨表面粗糙度 Ra 值为 1.6 μm,Ra 值为 0.4 μm 的各外圆均留余量 0.05 ~ 0.08。磨 M45×1.5-6g 至 $\phi45_{-0.05}^{0}$,磨尺寸 20 右端面到图样要求,尺寸 20 左右肩留 10 右端面到图样余量为 0.05 ~ 0.08。要求:基准外圆 A,B 圆柱度为 0.004,同轴度为 φ0.005,每批直径一致性为 0.01	M131	顶尖 (D744×50)	砂轮:P-400× 50×203- WAF80KV		60	130	控制点
		3	精磨 $\phi40_{-0.016}^{0}$,$\phi49.5_{-0.1}^{0}$,$\phi57_{-0.02}^{0}$ 外圆达外圆至外圆至要求。磨 M45×1.5-6g 外圆至要求。磨尺寸 $20_{-0.15}^{+0.20}$,使右肩面至要求	M131	顶尖 (D744×50)	砂轮:P- 400×50× 203-WAF 80 KV		30	90	
		4	用双中心架定位支承零件,磨莫氏 4 号锥孔,留余量 0.15 ~ 0.2。要求:(1)涂色检查着色面积≥60%;(2)对 A,B 的同轴度为 φ0.02	M131	中心架	砂轮:P-16× 25×6-WAF 80KV	表面粗糙 度样板 Ra 值为 0.8 μm	60	60	控制点

厂名全称	机械加工综合工艺卡片		产品型号	3MZ136	零件名称	3MZ136 轴承磨床主轴	零件图号	21-309	续表 共 4 页 第 4 页	
材料牌号	40Cr		毛坯种类	圆钢	毛坯尺寸	φ75×455	单台数量			
工序号	工序名称	工步序号	工序内容	设备	工艺装备名称及编号			试制准 备/min	工时单 件/min	备注
					夹具	刀具	量具			
50	磨	1	镶堵。要求：(1)锥面均匀接触，其接触面积达到≥60%；(2)嵌入力要适度，外圆无胀出为准	螺纹磨床						控制点
		2	磨 M45×1.5-6g 达到技术要求					20	20	
55	磨	1	按检查提供的数据，磨 A、B 外圆	MG1432		砂轮：P-400×50×203-W AF80KV	宽刻度千分尺：0~1 (0.001) 表面粗糙度样板 Ra 值为 1.6 μm	30	60	控制点
		2	靠磨尺寸 $20_{+0.10}^{+0.20}$，使左肩面至要求						40	控制点
60	作标记 去堵头	1	用氧化铜作标记						5	
		2	去堵头						15	
65	磨		用双中心架定位夹持工件，精磨 4 号莫氏锥孔。着色检查，着色面积≥80%。其余精度按图样要求加工	M131W	中心架	砂轮：P-16×25×6-W AF80KV	莫氏 4 号塞规	60	60	控制点
拟制	核对	描图	描校	会签	审核	批准	修改			卡片顺序号

表 3.26　主要工序机械加工工序操作指导卡片

（工厂名）	机械加工工序操作指导卡片		产品及型号	3MZ136		零件图号	21-309						共 4 页	第 1 页
			产品名称	轴承磨床		零部件名称	3MZ136 轴承磨床主轴							
车间工段 金四车间	工序号 45	工序名称 磨	材料牌号 40Cr	设备名称 M131	切削液 乳化液	准备工时	单件工时		班产定额				工时 准备 单件	

工步号	工步内容	质量控制内容 项目	精度	检验频次 自检	首检	巡检	重要度	控制手段	头架速度/(m/min)	进给量/(mm/r)	切削深度/mm	进给次数	工艺装备
1	（1）对机床设备进行日常工作点检 （2）砂轮必须锋利，线速度≥30 m/s												
	（3）研两端中心孔	圆度	0.003	全	G		c	记录					
		表面粗糙度 Ra 值	0.4 μm	全	G								
2,3 工序图（见图 3.73a）	（4）磨 A、B 两外圆	直径	+0.08 +0.05	全	G		c	记录	29	10	0.01	8	强应力定位万能顶尖：D744×50 砂轮：P-400×50×203-WAF80KV
		A、B 一致性	0.01	全	G		b	记录					千分表 0 ~ 1 (0.001)
		A、B 的圆柱度	φ0.004	全	G		b	记录					微米千分尺 50 ~ 75(0.001)
		A、B 的同轴度	0.005	全	G		b	记录					表面粗糙度样板
		表面粗糙度 Ra 值	0.8 μm	全	G		c	记录					Ra 值为 0.8 μm、0.4 μm

续表

（工厂名）　机械加工工序操作指导卡片

产品及型号	3MZ136	零件图号	21-309	共 4 页	第 1 页
产品名称	轴承磨床	零部件名称	3MZ136 轴承磨床主轴		

工段	工步号	工步内容	项目	精度	自检	首检	c	29	10	0.01	8
		(5) 磨 φ57$^{+0.08}_{+0.05}$ 外圆	直径	+0.08 / +0.05	全	G	c	29	10	0.01	8
		(6) 磨 φ49.5$^{+0.05}_{+0.03}$ 外圆	直径	+0.05 / +0.03	全	G	c	29	10	0.01	8
		(7) 磨 φ45$^{0}_{-0.05}$ 外圆	直径	0 / -0.05	全	G	c	29	10	0.01	8
	2,3	(8) 磨 φ40$^{+0.05}_{+0.03}$ 外圆	直径	+0.05 / +0.03	全	G	c	29	10	0.01	8

工序图（见图 3.73a）

（工厂名）　机械加工工序操作指导卡片

产品及型号	3MZ136	零件图号	21-309	共 4 页	第 2 页
产品名称	轴承磨床	零部件名称	3MZ136 轴承磨床主轴		

车间工段	工序号	工序名称	设备名称	材料牌号	切削液
金四车间	45	磨	M131	40Cr	乳化液

工步号	工步内容	质量控制内容 项目	精度	检验频次 自检	首检	巡检	重要度	控制手段	头架速度 / (m/min)	进给量 / (mm/r)	切削深度 / mm	进给次数	准备工时	单件工时
2,3	(9) 磨尺寸 20$^{+0.20}_{-0.15}$ 两肩面	20$^{+0.20}_{+0.15}$ 10$^{+0.10}_{+0.08}$	+0.20 / +0.15 +0.10 / +0.08	全 全	G G	c c								
4	(1) 对机床设备进行日常工作点检 (4) 砂轮必须锋利，线速度 ≥30 m/s													

工序图（见图 3.73b）

准备工时　单件工时　班产定额

工艺装备

砂轮：P-400×50×203-WAF80KV

中心架

莫氏 4 号锥度塞规

续表

（工厂名）　机械加工工序操作指导卡片

	产品及型号	零件图号		共 4 页
	3MZ136	21−309		第 2 页
	产品名称	零部件名称		
	轴承磨床	3MZ136 轴承磨床主轴		

工序图（见图 3.73b）

（3）用双中心架装夹工件，将上母线及侧母线均找正在 0.006 以内

工序号　4

项目	精度								
孔径	+0.06 / +0.11	全	G	b	16	10	0.004	15 ~ 20	记录
表面粗糙度 Ra 值	1.6 μm	全	G	c					记录
锥面接触面积	≥60%	全	G	b					记录
锥孔轴线对 A−B 同轴度	φ0.02	全	G	b					记录

百分表：0 ~ 3（0.01）
表面粗糙度样板 Ra 值为 1.6 μm

（4）磨莫氏 4 号锥孔

（工厂名）　机械加工工序操作指导卡片

	产品及型号	零件图号		共 4 页
	3MZ136	21−309		第 3 页
	产品名称	零部件名称		
	轴承磨床	3MZ136 轴承磨床主轴		

车间工段	工序号	工序名称	材料牌号	设备名称	切削液	准备工时	单件工时	班产定额	工艺装备
金四车间	50 / 60	磨	40Cr	M131	乳化液				堵头：M−T₁−303−16012

工序图（见图 3.73c）

工步号	工步内容	质量控制内容		检验频次		控制手段	头架速度（m/min）	进给量（mm/r）	切削深度（mm）	进给次数	工时	
		项目	精度	首检	巡检						准备	单件
	对机床设备进行日常工作点检											

271

（工厂名）　机械加工工序操作指导卡片

续表

产品及型号	3MZ136	零件图号	21-309	共 4 页
产品名称	轴承磨床	零部件名称	3MZ136 轴承磨床主轴	第 3 页

工序图（见图 3.73c）

1　砂轮必须锋利，线速度 ≥30 m/s
精磨行程次数视工作的残留误差而定

（工序 50 中）镶堵

锥面接触面积	≥60	全	
嵌入力	适度	全	a 记录

（工序 55）按检查提供数据
配磨 φ45、φ50 外圆

过盈量	0.1～0.003	全 G	a 记录	29
圆柱度	0.003	全 G	a 记录	25
表面粗糙度 Ra 值	0.4 μm	全 G	a 记录	0.002　8～10

2　（工序 55）靠磨 $20^{+0.20}_{+0.10}$ 左肩面

A、B 同轴度	φ0.003	全 G	a 记录
对 A、B 跳动	0.003	全 G	a 记录

砂轮：P-400×50×203-WAF80KV

宽刻度千分表：0～1（0.001）
微米千分尺：50～75（0.001）

表面粗糙度样板 Ra 值为 0.4 μm

272

续表

机械加工工序操作指导卡片	产品及型号 M131	产品名称 3MZ136	零件图号 21-309	第 4 页
(工厂名)	设备名称 轴承磨床	零部件名称 3MZ136 轴承磨床主轴		共 4 页
材料牌号 40Cr	切削液 乳化液	准备工时	单件工时	班产定额

车间 金四车间	工序号 65	工序名称 磨

工步号	工步内容	质量控制内容 项目	精度	检验频次 自检	巡检	检	重要度	控制手段	头架速度 (m/min)	进给量 (mm/r)	切削深度/mm	进给次数	工艺装备
1	(1) 对机床设备进行日常工作点检 (2) 用双中心架上活,将上母线及侧母线均找正在 0.002 以内 (3) 砂轮必须锋利,线速度≥30 m/s (4) 精磨行程次数视工件的残留余量而定	表面粗糙度 Ra 值	0.8 μm	全	G		b	记录	30	10	0.002	10~20	砂轮:P-16×25×6-WAF80KV 中心架 莫氏 4 号锥度塞规(1 级) 宽刻度千分表:0~1(0.001) 表面粗糙度样板 Ra 值为 0.8 μm
2	(5) 精磨莫氏 4 号锥孔 工序图(见图 3.73d)	锥面接触面积	≥80%	全	G			记录					
		对 A—B 跳动	0.003 0.008	全	G			记录					

设计 (日期)	审核 (日期)	标准化 (日期)	会签 (日期)	卡片顺序号

标记	处数	更改文件号	签字	日期	标记	处数	更改文件号	签字	日期

注:表中 G 为进行首检的记号,重要性由高到低分为 a,b,c 三级。

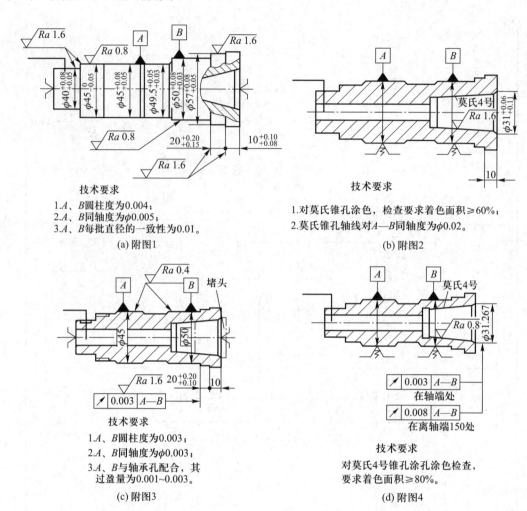

图 3.73 表 3.26 附图

3MZ136 轴承磨床主轴的前、后两支承轴颈 A 面和 B 面是装配基准,以顶尖孔作为定位基准面符合基准重合的原则。

在加工各外圆表面过程中采用顶尖孔或堵头上中心孔定位,而加工主轴锥孔时采用轴颈 A、B(中心架)定位,满足互为基准原则。

(5)主轴锥孔加工的安装方式

磨削主轴前端锥孔,一般以支承轴颈作为定位基准,有以下三种安装方式:

① 支承轴颈被安装在中心架(图 3.74 为中心架示意图)上,后轴颈夹在磨床床头的卡盘上。磨削前严格校正两个支承轴颈,前端可调整中心架,后端在卡爪和轴颈之间垫薄片来调整。此法调整费时,生产率低,而且磨床床头的误差会影响到工件,但设备简单,适用于单件小批生产。

② 将前、后支承轴颈分别装在两个中心架上,用千分表校正好中心架位置。工件通过弹性联轴器或万向接头与磨床主轴连接。此法可保证主轴轴颈的定位精度,而不受磨床主轴误差的影响。但调整中心架很费时,质量也不稳定,适用于单件小批生产。

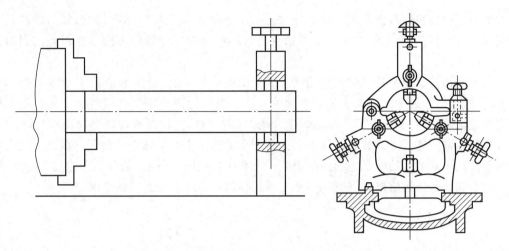

图 3.74　一端用卡盘另一端用中心架装夹示意

③ 成批生产时,大多采用专用夹具进行加工。图 3.75 为磨主轴锥孔的一种专用夹具。夹具由底座、支架及浮动卡头三部分组成。前、后两支架与底座连成一体。其定位元件选用镶有硬质合金的 V 形块并将其固定在支架上,以提高耐磨性,工件的中心高要调整到正好与磨头砂轮轴的中心高相等。后端的浮动卡头装在磨床主轴的锥孔内,工件尾端插于弹性套内。用弹簧把浮动卡头外壳连同工件向后拉,通过钢球压向镶有硬质合金的锥柄端面,于是通过压缩弹簧的张力就限制了工件的轴向窜动。采用这种连接方式,可以保证主轴支承轴颈的定位精度不受磨床床头误差的影响,也减少了机床本身的振动对加工质量的影响,可使所加工锥孔对支承轴颈的跳动在 300 mm 长度上为 0.003 ~ 0.005 mm,表面粗糙度 Ra 值 ≤0.63 μm,接触面积在 80% 以上,不仅提高了质量,而且也提高了生产率。

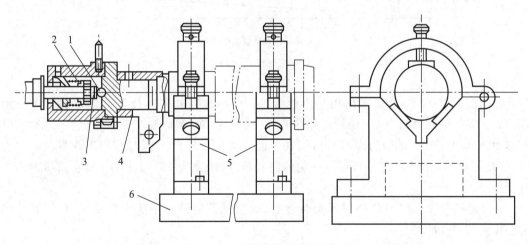

图 3.75　磨主轴锥孔的专用夹具

1—钢球;2—弹簧;3—硬质合金锥柄端;4—弹性套;5—V 形架;6—底座

（6）主轴的精度检验

轴类零件在加工过程中和加工后都要按工艺规程的要求进行检验。检验的项目包括表面粗糙度、表面硬度、表面几何形状精度、尺寸精度和相互位置精度。

　　轴类零件的精度检验常按一定的顺序进行。一般先检验几何形状精度,然后检验尺寸精度,最后检验各表面之间的相互位置精度。这样可以判明和排除不同性质误差之间对测量精度的干扰。

　　用外观比较法检验各表面的粗糙度及表面缺陷。检验前、后支承轴颈 A 和 B 对公共基准的同轴度误差,通常采用图 3.76a 所示的方法。把轴的两端顶尖孔或两个工艺锥堵顶尖孔作为定位基准,在支承轴颈上分别装千分表 1 和 2,然后使轴慢慢转动一周,分别读出表 1 和表 2 的读数。这两个读数分别代表了这两个支承轴颈相对于轴心线的径向跳动。径向跳动综合反映了轴的同轴度误差和圆度误差。当几何形状误差很小,可以不考虑其影响时,则上述表 1 和 2 的读数值即分别为这两个支承轴颈相对于轴心线的同轴度误差。

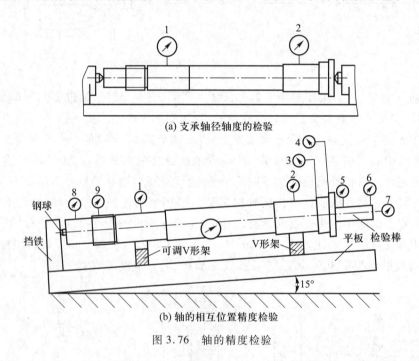

(a) 支承轴径轴度的检验

(b) 轴的相互位置精度检验

图 3.76　轴的精度检验

　　轴的其他表面对支承轴颈的相互位置精度的检查方法如图 3.76 所示。将轴的两支承轴颈放在同一平面的两个 V 形架上,并在轴的一端用挡铁、钢球和工艺锥堵挡住,限制其轴向移动。其中一个 V 形架的高度是可以调节的。测量时先用千分表 1 和 2 调整轴的中心线,使其与测量平板平行。平板要有一定的倾斜角度(通常为 15°),使工件靠自重压向钢球而紧密接触。

　　对空心阶梯轴,如 3MZ136 轴承磨床主轴,要在轴的前锥孔中插入检验棒,用检验棒的轴心线代替锥孔的轴心线。

　　测量相互位置精度时,均匀地转动轴,分别以千分表 5、6、8、9 测量各轴颈及锥孔中心相对于支承轴颈的径向跳动,千分表 3、4 分别检查端面跳动。千分表 7 用来测量轴的轴向窜动。

　　前端锥孔的形状和尺寸精度,应以专用锥度量规检验,并以涂色法检查锥孔表面的接触情况。这项检验应在相互位置精度的检验之前进行。

3.9.2 箱体类零件加工

1. 概述

箱体是机器或部件的基础零件,由它将机器或部件中的有关零件连接成一个整体,以保持正确的相互位置,完成彼此的功能。机械中常见的箱体类零件有减速器箱体、差速器箱体、发动机缸体和挖掘机底座等。箱体结构的主要特点是:

① 形状复杂。箱体通常作为装备的基准件。安装时箱体要有定位面、定位孔还要有固定用的螺钉孔等,在它上面安装的零件或部件愈多,箱体的形状愈复杂。为了支承零部件,还需要有足够的刚度,采用较复杂的截面形状和加强筋等。为了储存润滑油,需要具有一定形状的空腔,还要有观察孔、放油孔等。考虑吊装搬运,还必须作出吊钩、凸耳等。

② 体积较大。箱体中要安装和容纳有关的零部件,因此必然要求箱体有足够大的体积。

③ 壁薄容易变形。箱体体积大、形状复杂,又要求减小质量,所以大都设计成腔形薄壁结构。但是在铸造、焊接和切削加工过程中往往会产生较大内应力,引起箱体变形。即使在搬运过程中,也会由于搬运方法不当而引起箱体变形。

④ 有精度要求较高的孔和平面。这些孔大都是轴承的支承孔,平面大都是装配的基准面,无论在尺寸精度、形状和位置精度、表面粗糙度等方面都有较高要求。它们的加工精度和表面质量将直接影响箱体的装配精度及使用性能。

各种箱体的具体结构、尺寸虽不相同,但其加工工艺过程有许多共同点,现以图 3.77 所示的 CA6140 型卧式车床床头箱箱体为例,说明箱体加工工艺过程。

2. 箱体的主要技术条件分析

(1) 卧式车床床头箱的主要技术要求

① 主轴孔的尺寸精度为 IT6,圆度为 0.006~0.008 mm,表面粗糙度 Ra 值为 ≤0.4 μm;其他支承孔的尺寸精度为 IT6~IT7,表面粗糙度 Ra 值为 ≤0.8 μm。

② 主轴孔的同轴度为 $\phi0.024$ mm,其他支承孔的同轴度为 $\phi0.02$ mm,各支承孔轴心线的平行度为 (0.04~0.05) mm/300 mm,中心距公差为 ±(0.05~0.07) mm,主轴孔对装配基面 W、N 的平行度为 0.1 mm/600 mm。

轴承孔的尺寸精度、形状和位置精度、表面粗糙度对轴承的工作质量影响很大,它们直接影响机床的回转精度、传动平稳性、噪声和寿命。

③ 主要平面的平面度为 0.04 mm,表面粗糙度 Ra 值为 ≤1.6 μm,主要平面间的垂直度为 0.1 mm/300 mm。箱体平面精度与表面粗糙度影响其安装精度、接触刚度和有关的使用性能。

(2) 箱体的毛坯

箱体的毛坯一般采用铸件,常用材料为 HT200。在单件小批生产或生产某些重型机械时,为了缩短生产周期和降低成本而采用钢板焊接。在某些特定条件下,也可采用其他材料,如飞机发动机箱体常用铝镁合金制造,其目的是为了减轻箱体的质量。

铸件毛坯的加工余量视生产批量而定。单件小批生产时,一般采用木模手工造型,毛坯精度低,加工余量较大;大批生产时,采用金属模机器造型,毛坯精度高,加工余量可适当减少。单件小批生产直径大于 50 mm 的孔,成批生产直径大于 30 mm 的孔,一般都在毛坯上铸出毛坯孔,以便减少加工余量。

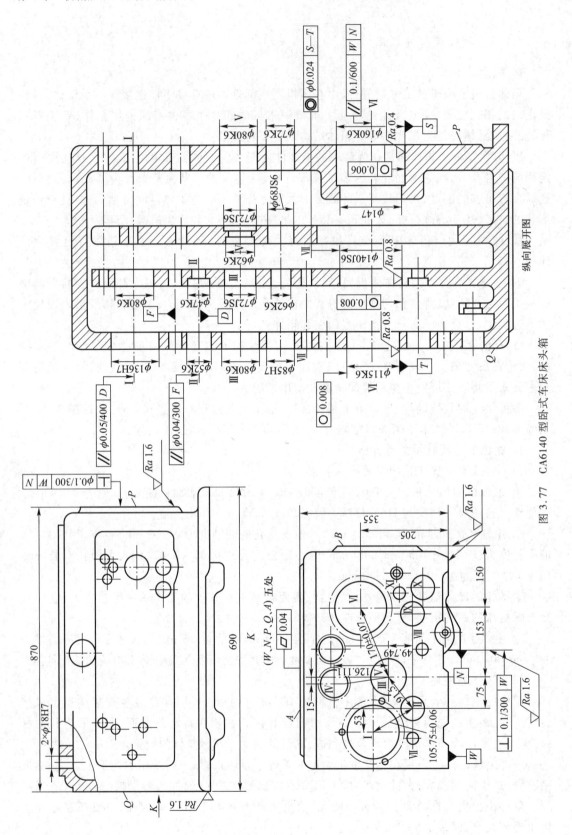

图 3.77　CA6140 型卧式车床床头箱

为尽量减少铸件的残余应力对后续加工质量的影响,零件浇铸后应进行退火处理。

(3)箱体的结构工艺性

箱体加工表面数量多,要求高,机械加工量大,因此箱体的结构工艺性对提高质量、降低成本和提高劳动生产率具有重要的意义。

① 基本孔的结构工艺性。箱体的基本孔可分为通孔、阶梯孔、盲孔和交叉孔等,其中以通孔最为常见。在通孔内又以孔的长度与孔径之比 $L/D \leqslant 1 \sim 1.5$ 的短圆柱孔工艺性为最好。

阶梯孔的工艺性与"孔径差"有关。孔径相差越小工艺性越好,孔径相差越大,特别是其中的较小孔孔径很小,工艺性则越差。

相贯通的交叉孔工艺性也较差,这是因为当刀具进刀到相贯通部位时,径向受力不均匀,易使孔轴线偏斜,从而影响加工质量。

盲孔的工艺性最差,盲孔的内端面加工也较困难。

② 同轴线上孔的分布。同一轴线上孔径的大小向一个方向递减,可使镗孔时镗杆从一端伸入,逐个或多刀同时加工几个同轴线上的孔,以保证同轴度要求和提高生产效率。

有些同轴线上的孔从两边向中间递减,可使镗杆从两边分别进入加工。这样可缩短镗杆长度,提高镗杆刚性,而且双面同时加工可提高效率。

③ 为了便于加工和检验,箱体的装配基面尺寸要大,形状尽量简单。

④ 箱体外壁的凸台应尽可能在同一平面上,以便于在一次走刀中完成所有凸台的加工。

3. 箱体加工工艺过程

(1)精基准的选择

为了加工出符合质量要求的零件,首先要根据零件图样上提出的要求,结合具体生产条件,选择合适的定位基准,并在最初几道工序中将其加工出来,为后面的工序准备好精基准。所选择的精基准最好是装配基准(或设计基准),使基准重合,并能在尽可能多的表面加工工序中作定位基准(即基准统一)。此外,精基准还应保证主要加工表面(如主轴支承孔)的加工余量均匀、具有较大的支承面积、定位和夹紧可靠、表面形状简单、加工方便、易于获得较高的表面质量等要求。本实例中:

① 以装配基面为精基准。图3.77所示的床头箱,可选用装配基面的底面 W、导向面 N 为精基准加工孔系及其他平面。因为箱体底面 W、导向面 N 既是主轴孔的设计基准,又与箱体的主要纵向孔系、端面、侧面有直接的相互位置关系,以它作为统一的定位基准加工上述表面时,不仅消除了基准不重合误差,便于保证各表面之间的相互位置精度,而且在加工各孔时箱口朝上,便于安装调整刀具、更换导向套、测量孔径尺寸、观察加工情况和加注切削液等。这种定位方式在单件和小批生产中得到了广泛的应用。

当箱体中间隔壁上有精度较高的孔需要加工时,在箱体内部相应的地方需设置镗杆导向支承,以提高镗杆刚度、保证孔的加工精度。由于箱体口朝上,中间导向支承架必须吊挂在夹具上(称吊架,见图3.78)。由于悬挂的吊架刚度较差,吊架的制作、安装等误差,将会给箱体的加工精度带来一定的影响,而且装卸工件和吊架均不方便,辅助工时增加,影响生产率,因此这种定位方式与大批生产不相适应。

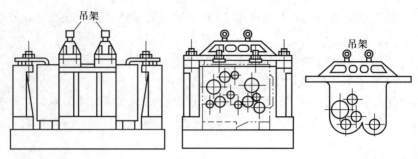

图 3.78　吊架安装示意图

② 以一面两孔作精基准。由于吊架镗模存在上述缺点,大批生产的床头箱常以顶面和两定位销孔为精基准(图 3.79)。此时,箱口朝下,中间导向支架可以紧固在夹具体上,提高了夹具刚度,有利于保证各支承孔加工的相互位置精度,且工件装卸方便,减少了辅助工时,提高了生产率。但由于床头箱顶面不是装配基面,所以定位基准与设计基准不重合,增加了定位误差。为了弥补这一缺陷,应进行尺寸的换算。此外,因为箱口朝下,加工时不便于观察各

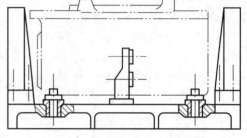

图 3.79　顶面及两销孔定位夹具

表面加工情况,因此不能及时发现毛坯是否有气孔、砂眼等缺陷,而且加工中不便于测量和调整刀具,所以用箱体顶面和两孔作精基准时,要采用定尺寸刀具如扩孔钻、铰刀等。

(2) 粗基准的选择

箱体的精基准确定以后,就可以考虑加工第一个面所使用的粗基准。因为箱体结构复杂,加工表面多,粗基准选择是否得当,对各加工面能否分配到合理的加工余量及加工面与非加工面的相对位置关系影响很大,必须全面考虑。

粗基准的选择应能保证在重要加工表面均有加工余量的前提下,使重要孔的加工余量均匀,装入箱体内的齿轮、轴等零件与箱体内壁各表面间有足够的间隙,注意保证箱体必要的外形尺寸,此外,还应能保证定位、夹紧可靠。

单件小批生产,在加工精基准时,可采用划线找正的方法。此方法简单,即按图样要求在箱体毛坯上划线,然后根据划线找正。划线时,要核对箱体内各零件与箱壁间的尺寸,保证有足够的间隙,以免相碰。核对主轴孔尺寸,以便获得均匀余量。采用划线找正法,可减少专用夹具,缩短生产准备时间,但加工精度较低,对刀调整时间长,生产率低。

在大批生产中,一般采用专用夹具加工。从保证主轴孔加工余量均匀和减少辅助工时、提高生产率出发,应选择主轴孔为粗基准。

(3) 主要表面的加工

① 箱体平面的加工。箱体平面的粗加工和半精加工常选择刨削和铣削加工。刨削箱体平面的主要特点是:刀具结构简单;机床调整方便;在龙门刨床上可以用几个刀架,在一次安装工件中,同时加工几个表面,经济地保证了这些表面的位置精度。箱体平面铣削加工的生产率比刨削高。在成批生产中,常采用铣削加工。当批量较大时,常在多轴龙门铣床上用几把铣刀同时加工几个平面,既保证了平面间的位置精度,又提高了生产率。

② 主轴孔的加工。由于主轴孔的精度比其他轴孔精度高,表面粗糙度值比其他轴孔

小,故应在其他轴孔加工后再单独进行主轴孔的精加工(或光整加工)。

目前机床主轴箱主轴孔的精加工方案有:精镗—浮动镗,金刚镗—珩磨,金刚镗—滚压。

上述主轴孔精加工方案中的最终工序所使用的刀具都具有径向"浮动"性质,这对提高孔的尺寸精度、减小表面粗糙度值是有利的,但不能提高孔的位置精度。孔的位置精度应由前一工序(或工步)予以保证。从工艺要求上,精镗和半精镗应在不同的设备上进行。若设备条件不足,也应在半精镗之后,把被夹紧的工件松开,以便使夹紧力或内应力造成的工件变形在精镗工序中得以纠正。

③ 孔系的加工。车床箱体的孔系,是有位置精度要求的各轴承孔的总和,其中有平行孔系和同轴孔系两类。

平行孔系主要技术要求是各平行孔中心线之间以及孔中心线与基准面之间的尺寸精度和平行度精度。根据生产类型的不同,可以在普通镗床上或专用镗床上加工。平行孔系的加工方法包括找正法、镗模法和坐标法。

单件小批生产箱体时,为保证孔距精度主要采用找正法(划线找正、心轴找正、样板找正或定心套找正)加工孔系。为了提高划线找正的精度,可采用试切法,虽然精度有所提高,但由于划线、试切、测量都要消耗较多的时间,所以生产率仍很低。

成批或大量生产箱体时,加工孔系多采用镗模法。利用镗模加工孔系,孔距精度主要取决于镗模的精度和安装质量。虽然镗模制造比较复杂,造价较高,但可利用精度不高的机床加工出精度较高的工件,并且可以提高生产效率。因此,在某些情况下,小批生产也可考虑使用镗模加工平行孔系。

同轴孔系的主要技术要求是各孔的同轴度精度。成批生产时,箱体的同轴孔系的同轴度大部分用镗模保证。单件小批生产中,在普通镗床上用以下两种方法进行加工:

一种是从箱体一端进行加工。加工同轴孔系时,出现同轴度误差的主要原因是当主轴进给时,镗杆在重力作用下,使主轴产生挠度而引起孔的同轴度误差;当工作台进给时,导轨的直线度误差会影响各孔的同轴度精度。对于箱壁较近的同轴孔,可采用导向套加工同轴孔。对于大型箱体,可利用镗床后立柱导套支承镗杆。

另一种是从箱体两端进行镗孔。一般是采用"调头镗"使工件在一次安装下,镗完一端的孔后,将镗床工作台回转180°,再镗另一端的孔。具体办法是加工好一端孔后,将工件退出主轴,使工作台回转180°,用百(千)分表找正已加工孔壁与主轴同轴,即可加工另一孔。"调头镗"不用夹具和长刀杆,镗杆悬伸长度短,刚性好。但调整比较麻烦和费时,适合于箱体壁相距较远的同轴孔。

按坐标法调整机床加工孔系,孔距精度主要取决于调整精度,而机床的调整精度与位移机构的精度有直接联系。随着数控机床的广泛应用,其定位精度与重复定位精度高,通过改变程序就可以调整距离,因此适用于各种生产类型。必须指出,采用坐标法加工孔系时,原始孔和加工顺序的选定是很重要的,因为各排孔的孔距是靠坐标尺寸保证的。坐标尺寸的累积误差会影响孔距精度。如果原始孔和孔的加工顺序选择合理,就可以减少累积误差。

坐标法加工孔系,许多工厂在单件小批生产中采用在普通镗床上加装较精密的测量装置(如数显等),可以较大地提高其坐标位移精度。

(4) 工艺过程的拟订

根据箱体零件的结构特点和技术要求,拟订工艺过程时应遵循以下的原则:

① 先面后孔的加工顺序。先加工平面后加工轴孔,符合箱体加工的一般规律。因为箱体的孔比平面加工困难,先以孔为粗基准加工平面,再以平面为精基准加工孔,不仅为孔的加工提供了稳定可靠的精基准,使孔的加工余量均匀;而且由于箱体上的孔大都分布在箱体的平面上,先加工平面,切除了铸件表面的凹凸不平和夹砂等缺陷,对孔的加工有利(特别是钻孔时不易产生轴线偏斜),易于切削,对保护刀具不崩刃和对刀调整等都有好处。

② 粗精加工分开。因为箱体的结构复杂,主要表面的精度要求高,粗精加工分开进行可以消除由粗加工所造成的内应力、切削力、夹紧力和切削液对加工精度的影响,有利于保证箱体的加工精度。根据粗、精加工的不同要求合理地选用设备,有利于提高生产效率。

精度高和表面粗糙度要求高的主要表面的精加工工序放在最后,这样可以避免因为搬运安装而破坏。

由于粗精加工分开,所需机床与夹具等的数量相应增加,因此在试制新产品、批量小、精度要求不高或设备条件所限时,粗精加工在同一台机床上完成,但必须采取相应的措施,减少加工中产生的变形。如在粗加工后松开工件,让工件充分冷却,并使工件在夹紧力的作用下产生的弹性变形恢复,然后再用较小的力夹紧,以较小的切削用量和多次走刀进行精加工。

③ 妥善安排热处理工序。一般情况下,铸造后进行时效处理(加热至 530 ~ 560 ℃,保温 6 ~ 8 h,冷却速度小于或等于 30 ℃/h,出炉温度小于或等于 200 ℃),以便减少铸造内应力,改变金相组织、软化表层金属,改善材料的加工性能,减少变形,保证加工精度的稳定性。

对于精度要求较高或壁薄而结构复杂的箱体,在粗加工后进行一次人工时效处理,以避免粗加工后铸件剩余内应力再次增加或重新分布。

床头箱的工艺过程,按照生产类型和生产条件的不同而有不同的方案。图 3.77 所示的 CA6140 型车床床头箱大批大量生产的机械加工工艺过程见表 3.27。

表 3.27　CA6140 型车床床头箱大批大量生产时机械加工工艺过程

序号	工序内容	定位基准
1	铸造	
2	时效	
3	油漆	
4	铣顶面 A	IV 轴与 I 轴铸孔
5	钻、扩、铰顶面上的 2×φ18H7 孔,保证对 A 面的垂直度误差小于 0.1 mm/600 mm;并加工 A 面上 8×M8 螺孔	顶面 A、IV 轴孔、内壁一端
6	铣 W、N、B、P、Q 五个平面	顶面 A 及两工艺孔
7	磨顶面 A,保证平面度误差小于 0.04 mm	W 面及 Q 面
8	粗镗各纵向孔	顶面 A 及两工艺孔
9	精镗各纵向孔	顶面 A 及两工艺孔
10	精镗主轴孔	顶面 A、III、V 孔
11	加工横向孔及各面上的次要孔	顶面 A 及两工艺孔
12	磨 W、N、B、P、Q 五个平面	顶面 A 及两工艺孔
13	钳工去毛刺	

序号	工序内容	定位基准
14	清洗	
15	检验	

3.9.3　圆柱齿轮加工

齿轮传动广泛应用于机床、汽车、飞机、船舶及精密仪器等,其功用是按规定的速比传递运动和动力。在机械制造中,齿轮生产占有极重要的地位。

1. 齿轮零件分析

（1）齿轮的结构特点

圆柱齿轮的结构由于使用要求不同而具有各种不同的形状,但从工艺角度可将齿轮看成是由齿圈和轮体两部分构成。按照齿圈上轮齿的分布形式,可分为直齿、斜齿、人字齿轮等;按照轮体的结构特点,齿轮可大致分为盘类齿轮、套类齿轮、内齿轮、轴类齿轮、扇形齿轮和齿条等,如图 3.80 所示,以盘形齿轮应用最广。

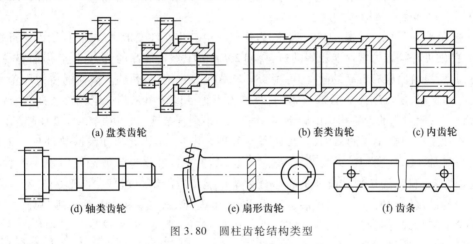

(a) 盘类齿轮　　(b) 套类齿轮　　(c) 内齿轮

(d) 轴类齿轮　　(e) 扇形齿轮　　(f) 齿条

图 3.80　圆柱齿轮结构类型

（2）齿轮的技术要求

齿轮的技术要求主要包括齿轮传动的精度要求和齿坯基准表面的加工精度等。

齿轮本身的制造精度对整个机器的工作性能、承载能力及使用寿命都有很大的影响。齿轮制造应满足齿轮传动的使用要求。根据使用条件,齿轮传动应满足以下几个方面的要求:

① 传递运动的准确性。要求齿轮较准确地传递运动,传动比恒定。即要求齿轮在一转中的转角误差不超过一定范围。

② 传递运动的平稳性。要求齿轮传递运动平稳,以减小冲击、振动和噪声,即要求限制齿轮传动时瞬时速比的变化。

③ 载荷分布的均匀性。要求齿轮工作时,齿面接触痕迹要均匀,并有足够的接触面积,以免齿轮在传递动力时因载荷分布不均而使接触应力过大,引起齿面局部磨损。

④ 齿侧间隙的合理性。要求齿轮传动时,相互啮合的一对非工作齿面间留有一定的间隙,以储存润滑油,补偿因温度、弹性变形所引起的尺寸变化和加工、装配时的一些误差。

齿轮的制造精度和齿侧间隙主要根据齿轮的用途和工作条件而定。对于分度传动用的齿轮,主要要求的是齿轮传递运动的准确性;对于高速传动用的齿轮,为了减少冲击和噪声,对工作平稳性有较高要求;对于低速重载传动下的齿轮,则对齿面载荷分布的均匀性有较高的要求,以保证齿轮不致过早磨损;对于换向传动和读数机构用的齿轮,则应严格控制齿侧间隙,必要时还需消除间隙。

关于圆柱齿轮的精度,国家标准规定了 13 个精度等级,其中 0 级的精度最高,12 级的精度最低。GB/T 10095.1—2008 规定了圆柱齿轮"轮齿同侧齿面偏差的定义和允许值";GB/T 10095.2—2008 规定了圆柱齿轮"径向综合偏差与径向跳动的定义和允许值"。相关的术语、偏差项目、符号及其不同参数下的精度等级和允许值可从该标准提供的表和附表查得。关于圆柱齿轮的检验实施规范,GB/Z18620.1—2008 ~ GB/Z18620.4—2008 规定的内容分别是:轮齿同侧齿面的检验;径向综合偏差、径向跳动、齿厚和侧隙的检验;齿轮坯、轴中心距和轴线平行度的检验;表面结构和轮齿接触斑点的检验。相关检验项目及实施规范可参考该标准。

（3）齿轮的材料、热处理和毛坯

齿轮应按照使用时的工作条件选用合适的材料。齿轮材料的合适与否对齿轮的加工性能和使用寿命都有直接的影响。

一般来说,对于低速重载的传力齿轮,齿面受压会产生塑性变形和磨损,且轮齿易折断,应选用强度、硬度等综合力学性能较好的材料,如 20CrMnTi;线速度高的传力齿轮,齿面容易产生疲劳点蚀,所以齿面应有较高的硬度,可用 38CrMoAlA 氮化钢;承受冲击载荷的传力齿轮,应选用韧性好的材料,如低碳合金钢 20CrMnTi;非传力齿轮可以选用未淬火钢、铸铁、夹布胶木、尼龙等材料。一般用途的齿轮均用中碳钢、45 钢和低、中碳合金钢,如 20Cr、40Cr、20CrMnTi。

齿轮加工中根据不同的目的,安排两类热处理工序:毛坯热处理和齿面热处理。毛坯热处理在齿坯加工前后安排正火或调质等热处理。其主要目的是消除锻造及粗加工所引起的残余应力,改善材料的切削性能和提高综合力学性能。齿面热处理是在齿形加工完毕后,为提高齿面的硬度和耐磨性,常安排渗碳淬火、高频淬火、碳氮共渗和渗氮处理等热处理工序。

齿轮毛坯形式主要有棒料、锻件和铸件。棒料用于小尺寸、结构简单且对强度要求不太高的齿轮。当齿轮强度要求高,并要求耐磨损、耐冲击时,多用锻件毛坯。当齿轮的直径大于 $\phi400 \sim \phi600$ mm 时,常用铸造毛坯。为了减少机械加工量,对大尺寸、低精度的齿轮,可以直接铸出轮齿;对于小尺寸、形状复杂的齿轮,可以采用精密铸造、压力铸造、精密锻造、粉末冶金、热轧和冷挤等新工艺制造出具有轮齿的齿坯,以提高劳动生产率、节约原材料。

2. 齿轮的机械加工工艺

影响齿轮加工工艺过程的因素很多,其中主要有生产类型、齿轮的精度要求、齿轮的结构形式、齿轮的尺寸大小、齿轮的材质和车间现有的设备情况。应该指出,齿轮的工艺过程要根据不同的要求和生产的具体情况而有所差别。齿轮机械加工工艺过程虽各不相同,归纳起来其机械加工工艺路线大致为:毛坯制造—热处理—齿坯加工—轮齿加工—轮齿热处理—定位基面精加工—轮齿精加工—终结检验等。

（1）齿轮机械加工工艺过程

图 3.81 为某厂小批生产的系列齿轮图样,$\phi12 \leqslant D \leqslant \phi30$,材料为 40Cr,精度要求为 9级,其通用机械加工工艺过程如表 3.28 所示。

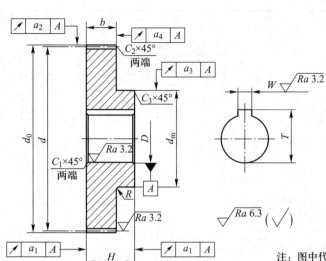

齿数	z	
模数	m	
齿形角	α	20°
齿顶高系数	h_a^*	1
精度	9	
径向跳动偏差	F_r	
齿廓形状偏差	f_α	
螺旋线总偏差	F_β	
跨测齿数	k	

技术要求

1.去毛刺；
2.倒钝锐边；
3.按客户要求压字；
4.键槽与齿的相对位置按产品图。

注：图中代号均为成品尺寸或几何公差。

图 3.81　齿轮

表 3.28　齿轮加工工艺过程

序号	工序名称	工序及工步内容	工序简图	设备名称
01	备料			
10	粗车	按工序图加工:各部尺寸均留 2 mm 余量。B 端面和大外圆应一次装夹加工成。图示跳动由工艺保证。内外圆同轴度误差≤ϕ0.3		普通车床
20	精车小端	(1) 车小端面,车平		CKD6140
		(2) 车台圆 d_m		
		(3) 车齿内侧面,保尺寸($H-b$)		
		(4) 车大外圆 d_a 及倒角 $C_2\times45°$,保证尺寸≥H 和图示跳动		
		(5) 镗孔,留铰量 0.15 ~ 0.20		
		(6) 铰孔 D'		
		(7) 倒内、外圆角		

序号	工序名称	工序及工步内容	工序简图	设备名称
30	精车大端面	（1）精车大端面，保证尺寸 b、H 和端面跳动要求 （2）倒内、外圆角	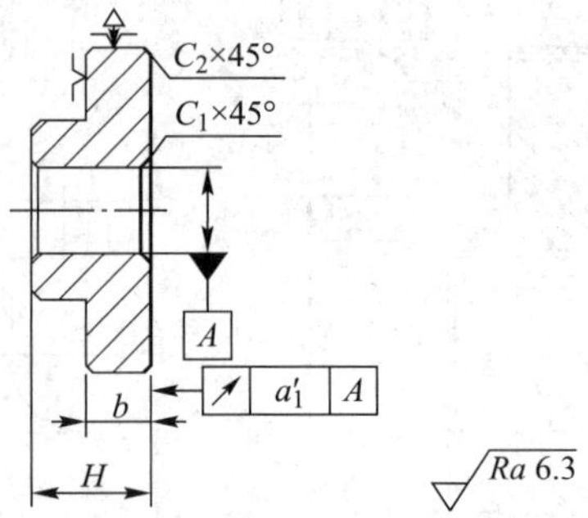	CKD6140
31	去毛刺			
40	中间检验			
50	插齿或滚齿	保证产品图有关参数和要求（当 d_a 较大而 d_m 较小时，应以内孔、d_a 端面和齿内侧面定位）	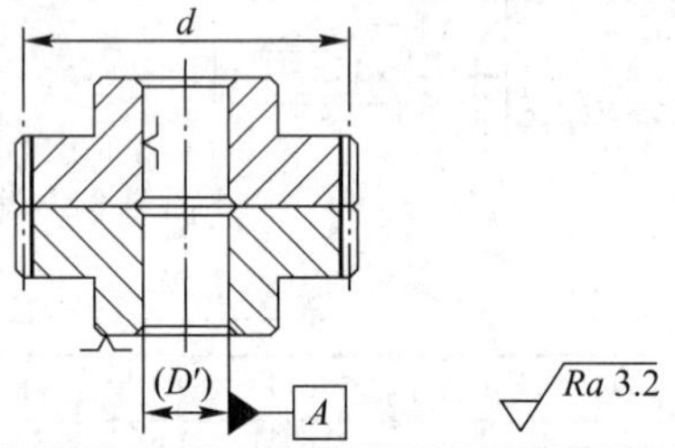	Y54/Y3150E
60	插键槽	键槽尺寸和位置按产品图		B5020
61	去毛刺			
70	压字	根据客户或合同要求进行		
80	终检			

（2）双联齿轮机械加工工艺过程

如图 3.82 所示为车床主轴箱—双联齿轮零件图，材料为 40Cr，小齿轮精度为 7 级，大齿轮精度为 6 级，齿面硬度 52 HRC。生产批量为中批生产。表 3.29 为其加工工艺过程。

3. 圆柱齿轮加工典型工序分析

（1）定位基准的确定与加工

齿轮加工的定位基准应尽可能与设计基准相重合，而且在加工齿形的各工序中尽可能应用相同的基准定位。

对于小直径的轴齿轮，定位基准采用两端中心孔；对于大直径的轴齿轮，通常用轴颈及一个较大的端面来定位。而带孔（花键孔）的盘类齿轮的齿形加工常采用以下两种定位方式。

① 内孔和端面定位。选择既是设计基准又是测量和装配基准的内孔作为定位基准，既符合"基准重合"原则，又能使齿形等加工工序基准统一，只要严格控制内孔精度，在专用心轴上定位时不需要找正。故生产率高，广泛用于成批生产中。

② 外圆和端面定位。齿坯内孔在通用心轴上安装，用找正外圆来决定孔中心位置，故要求齿坯外圆对内孔的径向跳动要小。因找正效率低，一般用于单件小批生产。

必须注意：齿面经淬火后，在齿面精加工之前必须对基准孔进行修正，如表 3.29 中工序14 采用了车削，以修正淬火变形。内孔的修正可采用磨孔工序或推孔的工序。

表 3.29 双联齿轮加工工艺过程

工序号	工序内容	定位基准	工序号	工序内容	定位基准
1	锻:锻坯		10	插齿:插齿 $z = 60$, $W = 60.088^{-0.08}_{-0.11}$, $n = 7$	B 面和内孔
2	粗车:粗车内外圆留余量 3 mm,B 面尽量放长	B 面和外圆	11	齿倒角:齿倒圆角,去齿部毛刺	B 面和内孔
3	热处理:正火		12	剃齿:剃齿 $z = 60$, $W = 60.088^{-0.14}_{-0.17}$, $n = 7$	B 面和内孔
4	精车:夹 B 端,车 $\phi246^{0}_{-0.3}$（h11）、$\phi186^{0}_{-0.3}$（h11）及 $\phi165$ 至尺寸;车 $\phi140$ 孔为 $\phi138^{+0.04}_{0}$（H7）,合塞规,光 A 面、倒角;调头,光 B 面,留磨量 0.5,倒角 $1.5\times45°$	B 面和外圆 A 面和外圆	13	热处理:齿部高频淬火,50~55 HRC	
5	平磨:平磨 B 面至 85±0.15	A 面	14	精车:精车 $\phi140^{+0.014}_{-0.010}$（J6）合塞规,切槽至要求	B 面和分圆
6	划线:划 $3\times\phi8$ 油孔位置线		15	珩齿:珩齿 $z = 60$, $W = 60.088^{-0.15}_{-0.205}$, $n = 7$	B 面和内孔
7	钻:钻 $3\times\phi8$ 油孔,孔口倒角至图样要求	B 面和内孔	16	磨齿:磨齿 $z = 80$, $W = 78.641^{-0.16}_{-0.21}$, $n = 9$	B 面和内孔
8	钳:内孔去毛刺		17	检验	
9	滚齿:滚齿 $z = 80$, $W = 78.841^{-0.16}_{-0.21}$（即留磨量 0.2 mm）, $n = 9$	B 面和内孔	18	入库	

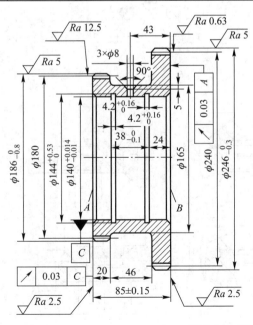

齿数	60	80
模数	3	3
压力角	20°	20°
精度等级	$7(^{-0.15}_{-0.21})$	$6(^{-0.16}_{-0.21})$
公法线平均长度及偏差	$60.088^{-0.15}_{-0.205}$	$78.641^{-0.16}_{-0.21}$
跨测齿数	7	9

技术条件

1.未注明倒角均为 $1\times45°$;
2.材料:40Cr;
3.热处理:齿部G52。

图 3.82 双联齿轮

（2）齿坯加工

齿形加工之前的齿轮加工称为齿坯加工，齿坯的内孔（或轴颈）、端面或外圆经常是齿轮加工、测量和装配的基准，齿坯的精度对齿轮的加工精度有着重要的影响。因此，齿坯加工在整个齿轮加工中占有重要的地位。

齿坯加工工艺主要取决于齿轮的轮体结构、技术要求和生产类型。对于轴齿轮和套筒齿轮的齿坯，其加工工艺和一般轴、套零件基本相同。下面主要讨论盘形齿轮的齿坯加工。

在大批大量生产中，齿坯加工常在高生产率机床（如拉床和单轴、多轴自动或半自动车床等）组成的流水线或自动线上进行加工。加工方案随齿坯结构、尺寸及毛坯形式的不同而变化。对于中等尺寸的单件毛坯，常采用的方案是毛坯以外圆及端面定位进行钻孔或扩孔—以端面支承进行拉孔—以孔定位将齿坯装在心轴上，在多刀半自动车床上粗车、精车外圆和端面、切槽及

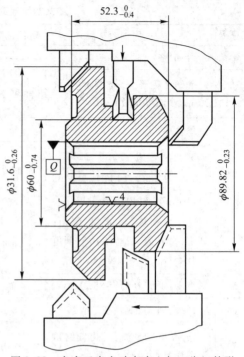

图 3.83　在多刀半自动车床上加工齿坯外形

倒角等，见图 3.83。为了车出全部外形表面，通常将加工分两个工序在两台机床上进行。

对于齿轮直径较大且宽度较小，特别是结构又比较复杂的齿坯，可选择立式多轴半自动车床进行加工，如图 3.84 所示。

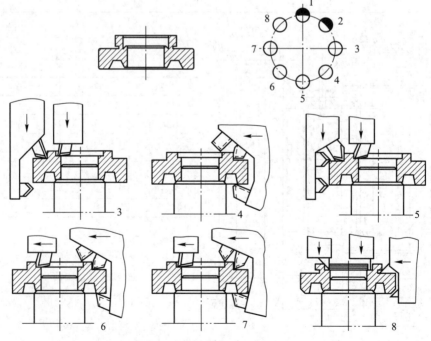

图 3.84　在立式多轴半自动车床上加工齿坯外形

对于直径较小、毛坯采用棒料的齿坯,可用卧式多轴自动车床将齿坯的内孔和外形在一个工序全部加工出来,如图 3.85 所示。也可先用单轴自动车床粗加工齿坯的内孔及外形,然后进行拉孔,最后再装在心轴上,在多刀半自动车床上精车齿坯的外形。

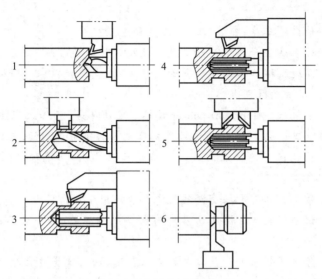

图 3.85 在卧式多轴自动车床上加工齿坯

在中小批生产中,齿坯加工的方案较多。但总的特点是采用通用设备,大致按照粗车各部分—精加工内孔—精车各部分的路线加工。以常见中等尺寸的花键孔齿轮为例,其加工方案是先以齿坯外圆或凸出的轮毂定位,三爪自定心卡盘夹紧,在普通车床或转塔车床上加工外圆、端面及花键底孔;然后以花键底孔定心用端面支承拉削花键孔;最后以花键孔定位安装在心轴上,在普通车床上精加工外圆、端面及其他部分。

对于常见的圆柱形内孔的齿坯,一般仍可采用上述方案,但内孔精加工不一定要用拉孔,特别是在小批生产或缺乏拉孔条件的情况下,应根据孔径大小采用铰孔或镗孔。图 3.81 所示齿轮即采用先镗后铰的方案,而图 3.82 所示双联齿轮因孔径较大采用镗孔方案。

(3) 齿形加工工序的安排

齿形加工工序的安排主要取决于齿轮的精度等级,同时考虑齿轮的结构特点、生产类型及热处理方法等。

① 对于 8 级精度以下的齿轮,用滚齿或插齿就能满足要求。采取的工艺路线为:滚(或插)齿—齿端倒角—齿面热处理—校正内孔的路线。热处理前的齿形加工精度应提高一级。

② 对于 7 级精度的齿轮,若不需淬火,可用滚齿(或插齿)—剃齿方案;对小批生产的 7 级精度淬硬齿面加工,可用滚齿(或插齿)—齿端倒角—热处理(齿面高频淬火)—磨内孔(或校正花键孔)—磨齿方案;当批量较大时,可用滚齿(或插齿)—齿端倒角—剃齿—热处理—磨内孔(或校正花键孔)—珩齿方案。

③ 对 6 级精度以上精密齿轮,常用齿形加工路线有粗滚齿—精滚齿—淬火—磨齿(4 ~ 6 级),或者用粗滚齿—精滚齿(或精插齿)—剃齿—高频淬火—珩齿(6 级)。

思考题与习题

3.1　什么是机械加工工艺过程？什么是工艺规程？工艺规程在生产中有何作用？

3.2　什么是工序、安装、工位、工步和走刀？

3.3　什么是生产类型？什么是生产纲领？两者有何区别？

3.4　简述机械加工工艺规程的设计原则、步骤和内容。简述机械加工工艺过程卡与工序卡的区别。

3.5　某机床厂年产 400 mm 卧式车床 2 000 台，已知机床主轴的备品率为 14%，机械加工废品率为 4%，试计算机床主轴的年生产纲领，并说明属于何种生产类型，工艺过程有何特点？若一年工作日为 264 天，试计算每月（按 22 天计算）的生产批量。

3.6　常用的零件毛坯有哪些形式？各应用于什么场合？

3.7　试分析题 3.7 图所示零件有哪些结构工艺性问题并提出正确的改进意见。

3.8　什么是粗基准？什么是精基准？选择粗、精基准应遵循什么原则？

3.9　题 3.9 图所示零件的 A、B、C 面，$\phi 10_0^{+0.027}$ mm 及 $\phi 30_0^{+0.033}$ mm 孔均已加工。试分析加工 $\phi 12_0^{+0.018}$ mm 孔时，选用哪些表面定位最合理？为什么？

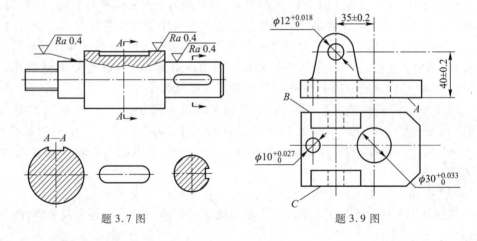

题 3.7 图　　　　题 3.9 图

3.10　什么是加工经济精度？选择表面加工方法应考虑哪些问题？

3.11　制订工艺规程时，为什么要划分加工阶段？什么情况下可以不划分或不严格划分加工阶段？

3.12　试简述按工序集中原则、工序分散原则组织工艺过程的工艺特征，并说明各用于什么场合。

3.13　工序顺序安排应遵循哪些原则？如何安排热处理工序？

3.14　试拟订题 3.14 图所示零件的机械加工工艺路线（包括工序名称、加工方法、定位基准），已知该零件毛坯为铸件（孔未铸出），成批生产。

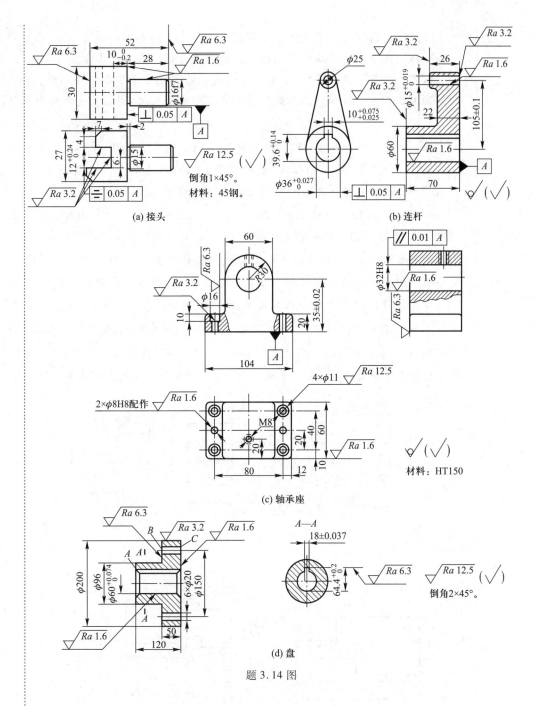

(a) 接头

(b) 连杆

(c) 轴承座

(d) 盘

题 3.14 图

3.15 试述总余量和加工余量的概念,说明影响加工余量的因素和确定加工余量的方法。

3.16 加工直径为 $\phi 30_{-0.03}^{0}$ mm、长度为 100 mm、表面粗糙度 Ra 值为 0.8 μm 的光轴,材料为 45 钢,毛坯为直径 $\phi 35$ mm 的热轧棒料。试确定其批量生产中的工艺路线以及各工序的工序尺寸及其极限偏差。

3.17　何谓工艺尺寸链? 如何判定工艺尺寸链的封闭环和增、减环?

3.18　尺寸链的主要特征是什么? 试述尺寸链的基本计算方法。

3.19　在尺寸链计算中,当需要将封闭环的公差分配给各组成环时,有哪几种分配方法? 各应遵循什么原则? 各组成环的公差及上、下偏差是怎样分配的?

3.20　加工题 3.20 图 a 所示零件的轴向尺寸 $50_{-0.1}^{0}$ mm、$25_{-0.3}^{0}$ mm 及 $5_{0}^{+0.4}$ mm,其有关工序如题 3.20 图 b、c 所示,试求工序尺寸 A_1、A_2、A_3 及其极限偏差。

3.21　题 3.21 图所示工件,成批生产时以端面 B 定位加工表面 A,保证尺寸 $10_{0}^{+0.20}$ mm,试标注铣此缺口时的工序尺寸及极限偏差。

3.22　题 3.22 图所示工件,某部分工艺过程如下:(1) 以 A 面及 $\phi30$ mm 外圆定位车 D 面,$\phi20$ mm 外圆及 B 面;(2) 以 D 面及 $\phi20$ mm 外圆定位车 A 面,钻孔并镗孔至 C 面;(3) 以 A 面定位磨 D 面至图样要求尺寸 $30_{-0.05}^{0}$ mm。试用工艺尺寸跟踪图表法确定各中间工序的工序尺寸及极限偏差以及加工余量。

3.23　题 3.23 图为齿轮轴截面图,要求保证轴径尺寸 $\phi28_{+0.008}^{+0.024}$ mm 和键槽深 $t=4_{0}^{+0.16}$ mm。其工艺过程为:① 车外圆至 $\phi28.5_{-0.10}^{0}$ mm;② 铣键槽槽深至尺寸 H;③ 热处理;④ 磨外圆至尺寸 $\phi28_{+0.008}^{+0.024}$ mm。试求工序尺寸 H 及其极限偏差。(若考虑磨后与车后外圆的同轴度公差为 $\phi0.05$ mm,试比较工序尺寸 H 及其极限偏差。)

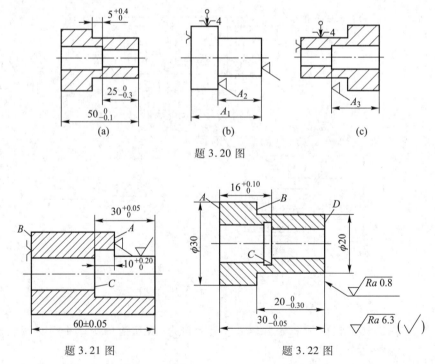

题 3.20 图

题 3.21 图　　题 3.22 图

3.24　何谓时间定额? 它在生产中有何作用? 什么是单件时间定额? 如何计算?

3.25　什么是生产成本? 什么是工艺成本? 两者有何区别? 比较不同工艺方案的经济性时,需要考虑哪些因素?

3.26 结合机床主轴加工,说明在其机械加工工艺过程中如何运用基准重合、基准统一和互为基准原则。

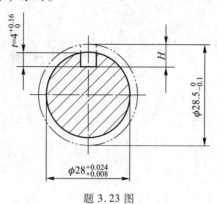

题 3.23 图

第4章 机床夹具设计原理

学习目标

1. 了解夹具的定义、类型、作用、组成、设计思想和设计要点。
2. 掌握工件在夹具中的定位方式及工件表面的定位元件。
3. 掌握定位误差的分析计算方法,能够对典型表面的定位误差进行分析计算。
4. 了解夹紧装置的类型、作用和基本要求,能够确定夹紧力合理方向和作用点,能够合理选择典型夹紧机构,并能对常用夹紧机构的夹紧力进行分析计算。
5. 了解夹具的引导、对刀、分度和连接装置及其应用的机床类型。
6. 了解组合夹具的特点、类型和组装调试。
7. 了解专用机床夹具的设计步骤和方法,理解专用夹具的设计过程和重点问题,熟悉专用夹具设计的技术要求。

4.1 夹具概述

学习目标
1. 了解机床夹具的定义、类型和作用。
2. 了解各类机床夹具类型和设计要点。
3. 了解机床夹具的组成。
4. 了解机床夹具的设计思想和设计中应考虑的主要问题。

4.1.1 夹具的定义、类型和作用

1. 夹具的定义
夹具(jig 或 fixture)是用以装夹工件(和引导刀具)的一种装置。

装夹(setup)是将工件在机床上或夹具中定位、夹紧的过程。定位(location)是确定工件在机床上或夹具中占有正确位置的过程。夹紧或卡夹(clamping)是工件定位后将其固定,使其在加工过程中保持定位位置不变的操作。

2. 夹具的类型
在机械制造过程中广泛地使用各种夹具,包括机床夹具、装配夹具、焊接夹具、热处理夹具、检验夹具(或测量夹具)。机床夹具用于机械加工过程中的切削加工和磨削加工,用来装

夹加工对象(工件),即定位夹紧工件使之固定。机床夹具的类型多种多样,常用的分类方法如表4.1所示。

表 4.1　机床夹具的分类

按适用对象和使用特点分为	按适用机床分为	按动力源分为
专用夹具	车床夹具	手动夹具
通用夹具	铣床夹具	气动、液压和真空夹具
组合夹具	钻床夹具	电动夹具
可调夹具	镗床夹具	磁力夹具
成组夹具	磨床夹具	液性塑料夹具
标准夹具等	其他类机床夹具	自夹紧夹具等

专用夹具(special jig)是专为某一工件的某一工序而设计的夹具。其适合特定工件的特定工序,一般用于中批以上的生产类型。

通用夹具(universal jig)是加工两种或两种以上工件的夹具。其特点是能够较好地适应加工工序和加工对象的变化。传统意义上的夹具是指机床附件中的夹具部分,其结构尺寸已通用化、标准化、规格系列化,如顶尖、心轴、卡盘、吸盘、虎钳、夹头、分度头、回转工作台等,一般用于单件小批生产。目前,已纳入标准的夹具称标准夹具(standard jig),如顶尖、卡盘、虎钳、夹头等。

组合夹具(build up jig)是用标准夹具零、部件组装成易于连接和拆卸的夹具。组合夹具元件是一套结构和尺寸已标准化、系列化的耐磨元件和组合件,可根据零件加工工序的需要组装成各种功能的夹具,适合单件、中小批量生产类型。

可调夹具(adjustable jig)是通过调整或更换夹具上的个别零部件,能适用多种工件加工的夹具。它是针对通用夹具和专用夹具的缺陷而发展起来的一类夹具,与成组夹具的结构特点类似,在设计之前的使用对象并不完全确定。

成组夹具(modular jig)是根据成组技术原理设计的用于成组加工的夹具。成组夹具设计前提是成组工艺。根据组内典型代表零件来设计成组夹具,只需对个别定位元件和夹紧元件进行调整和更换,就可以加工组内的其他零件。

3. 夹具的作用

在机械加工中,机床夹具起着十分重要的作用,主要作用如下:

① 工件易于正确定位,保证加工精度;
② 缩短工件的安装时间,提高劳动生产率;
③ 降低加工成本,扩大机床的使用范围;
④ 操作方便、安全、可靠;
⑤ 对工人的技术等级要求低,可减轻工人的劳动强度等。

4.1.2　各种机床的夹具类型和设计要点

1. 各种机床常用夹具的类型和特点

各种机床常用夹具的类型和特点见表4.2。

表 4.2　各种机床常用夹具的类型和特点

机床的种类	常用夹具的类型	加工表面及其特点
车床、内外圆磨床	顶尖、拨盘、卡盘、心轴、弹性卡头、夹头、花盘等和专用夹具	加工回转表面,旋转轴心线
铣床	虎钳、分度头、回转台、正弦规、顶尖、仿形靠模等和专用夹具	加工平面、曲面、沟、槽齿类表面进给:直线送进、圆周送进和靠模等
钻床	固定式钻模、翻转式钻模、回转式钻模、盖板式钻模、滑柱式钻模等形式的钻床夹具	钻孔,引导刀具是关键。无引导钻较大孔时,常用虎钳夹紧工件
镗床	单面前导向、单面后导向、双面前导向、双面后导向和中间导向方式的镗床夹具	加工箱体上的孔系。一般采用一面两孔定位,导向支架的布置形式是重点

2. 各类机床夹具的设计要点及注意事项

各类机床夹具的设计要点及注意事项见表 4.3。

表 4.3　各类机床夹具的设计要点及注意事项

类型	设计要点
车床夹具外圆内圆磨床夹具	(1) 设计要点 ① 夹具安装在机床主轴上,加工时与机床主轴一起转动,不允许夹具与机床主轴相对移动。 ② 应考虑机床允许的最大回转直径,以免在主轴旋转时和机床导轨产生干涉,同时夹具的其他零部件包括装夹的工件也应在此范围内,以保证安全。 ③ 转速高时应注意夹具的平衡、夹紧力大小和刚度等,避免工件甩出引起安全问题。 ④ 夹具一般通过过渡盘与机床主轴连接,卡盘类夹具适合回转体零件,采用气动卡盘时应选择适当的回转气缸、拉杆及气缸的过渡法兰盘,注意气缸不应与机床尾端的皮带罩相干涉。当加工细长轴类零件需要从主轴穿入时,应采用空心卡盘或空心拉杆。注意吸收卡盘、夹套的结构原理。 ⑤ 加工非回转体工件上的回转表面时,如箱体上的内、外圆,端面,夹具体一般采用直角铁或过渡盘与机床主轴连接,被加工表面的回转轴心线要调整到与主轴中心线重合 (2) 在夹具典型结构和夹紧力源选择时注意 ① 楔式气动卡盘按爪数分二爪及三爪,目前已标准化,楔式卡盘的制造工艺性及使用性能都较好,刚度高,中间滑动部分接触面大,不易磨损,增力比大。三爪卡盘一般适用于夹紧较大的圆形零件,两爪卡盘适用于夹紧直径较小以及形状不规则的小零件。 ② 杠杆式气动卡盘加工工艺性、装配工艺性差,运动环节多,刚度不好,但杠杆式卡盘中心可加刀具导向衬套。 ③ 楔式动力卡盘(即空心卡盘)适于加工细长轴类零件,也用在立式车床上。 ④ 拨盘分为卡爪式和滚柱式两大类。卡爪式拨盘适于拨动毛基面,滚柱式拨盘适于拨动光基面。三爪拨盘已系列化。 ⑤ 气动卡盘、回转气缸、拉杆、过渡法兰盘等均可以实现系列化

类型	设计要点
铣床夹具	（1）夹具设计要点： ① 铣削加工的切削不连续性和铣削余量大的特点，要求铣床夹具的夹紧力大，支撑件的刚性要好。 ② 要求夹具有对刀装置，以调整夹具与刀具的相对位置。 ③ 要求夹具有定位元件，以调整夹具与机床的相对位置。一般在夹具底平面装有定位键与机床的 T 形槽配合。 ④ 铣床夹具要求的夹紧力大，多采用气动夹紧并有增力机构，增力 2~3 倍。 （2）设计时注意事项 ① 应注意铣刀的旋转方向、工作台进给方向和操作位置，应使切削力垂直于主要支承面或支承点，避免由夹具压板来承受切削力。 ② 夹具上的操作件如手柄、压紧螺母等应放在靠近操作工人一边，以方便操作。 ③ 应注意方便切屑的消除，对于不便于清除切屑的部位，应增加防屑装置。 ④ 较重的夹具应设置起重孔或安装起重螺栓，以便于制造、使用和运输时起吊
钻床夹具	① 钻削过程中切削力不大且主切削力向下，所以钻床夹具不一定要固定在机床上。 ② 钻床夹具应具有确定刀具位置和方向的导向元件——钻套和导套以及安装钻套的钻模板。钻套和导套孔应以刀具导向部分尺寸为依据确定其尺寸。钻套高度一般为加工孔径的 1.5~2 倍。钻套下端面与所加工孔端面的距离不宜取得过小或过大，过小不宜排屑；过大影响刀具导向精度，一般为 1/3~1 倍加工孔径。加工脆性材料时宜取较小值，加工塑性材料时宜取较大值。 ③ 翻转钻模板的销轴与孔的配合一般选用间隙配合如 H7/f6，轴向间隙为 0.01mm，钻模板上的定位表面和与之配合的槽配磨。 ④ 钻模与多轴头配合使用时，钻床夹具应设计导柱或导孔为多轴头导向。两导柱和导孔距离应一致，并验算多轴头与夹具在钻床上的封闭尺寸。 ⑤ 需要冷却液时，钻模板应留有存放冷却液的空槽，并使冷却液便于流入钻套和被加工的孔中。 ⑥ 手动或气动滑柱钻模的尺寸规格已通用化，配上钻套和定位元件即可
镗床夹具	① 镗不通孔时，采用前引导，引导件应尽量靠近被加工孔端面。加工通孔时，应尽量采用后引导，这可增加刀杆刚度。双面导向主要用于加工孔径较大或孔的长径比较大的孔以及一组同轴孔。 ② 一般在设计镗床夹具前应先确定镗杆和浮动接头。 ③ 有时应设计找正孔，以便调整镗床主轴位置，工件上镗孔位置及精度靠找正孔来保证。镗不通孔时，找正孔应设计在被镗孔前面。镗通孔时，找正孔应尽可能设计在被镗孔的后面，以减短刀杆伸出长度，增加刚性。找正孔直径应大于镗孔直径，以让开刀具。 ④ 导套要考虑润滑问题。 ⑤ 为了便于夹具在机床上安装时的校准，夹具设计时应注意设计找正面

类型	设计要点
拉床 夹具	① 拉孔时一般以被拉孔为基准,因而设计这类夹具时不需要夹紧机构,夹具可不与机床固定。 ② 当工件的基准孔与支承端面不垂直时,夹具的定位面必须设计成可自动调节的,如采用球面垫圈等。 ③ 当采用螺旋齿拉刀拉削内孔或拉削孔与其他表面有位置要求时,夹具应有定位机构并应将工件夹紧。 ④ 拉键槽时,工件一般在导向心轴及其端面上定位,拉削过程中拉刀则在导向心轴的导向槽中移动,为保证所拉键槽与孔的轴线对称度,应注意保证导向槽对导向心轴的对称度、拉刀与导向槽的正确配合。 ⑤ 拉平面及成形面的夹具,由于切削力较大,为防止振动,夹紧力应足够大。 ⑥ 夹具和拉刀的引导部位要充分润滑

4.1.3　机床夹具的组成

机床夹具一般由定位元件、夹紧装置、对刀或引导元件、连接元件、其他元件和夹具体等组成,如图 4.1 所示。

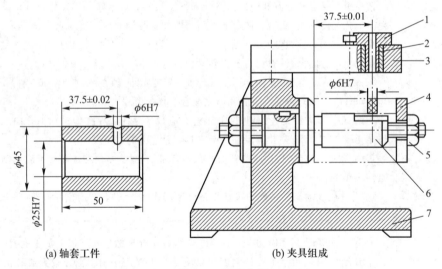

(a) 轴套工件　　　　　　(b) 夹具组成

图 4.1　钻床夹具

1—快换钻套;2—导向套;3—钻模板;4—快换垫圈;5—螺母;6—定位心轴;7—夹具体

1. 定位元件

定位元件是限定工件自由度的元件。在装夹工件的定位操作时,通过定位元件的定位工作表面与工件上的定位表面(基准或基面)相接触或配合,从而保证工件在夹具中占据正确的位置。常用的定位元件有支承钉、支承板、定位销、定位心轴、定位套、V 形块等。图 4.1b 中的定位销 6 就是该夹具的定位元件,其上的外圆柱表面和轴肩是定位工作表面。

2. 夹紧装置

夹紧装置用于夹紧工件,使工件在加工过程中保持工件的定位位置不变,如图 4.1b 中由定位销 6 右端的螺纹、螺母 5 和快换垫圈 4 组成的夹紧装置。

3. 对刀和引导元件

对刀、引导元件是用来确定刀具位置或引导刀具的元件。如铣床夹具中用对刀块来确定刀具与定位元件之间的正确位置;钻床夹具中用钻套、镗床夹具中用镗套来引导刀具正确移动,如图 4.1b 中的快换钻套 1。

4. 连接元件

使夹具与机床相连接的元件,保证机床与夹具之间的相互位置关系。

5. 夹具体

夹具体是用于连接或固定夹具上各种元件和装置,使之成为一个整体的基础件。它与机床进行连接,通过连接元件使夹具相对机床具有确定的位置,如图 4.1b 的夹具体 7。

6. 其他元件及装置

根据工件的加工要求,有的夹具还具有一些其他装置,如分度装置、夹具与机床的连接装置、插销机构等。

以上这些组成部分,并不是对每种机床夹具都必须具备的,但任何夹具都必须有定位元件和夹紧装置,它们是保证工件加工精度的关键,目的是使工件定位准确、夹紧牢固。

4.1.4 机床夹具的设计思想和设计中应考虑的主要问题

1. 机床夹具的设计思想

机床夹具是工艺规程设计中要确定的一种工艺装备。从工艺规程设计角度讲,设计包含两种情况:选择(选择设计)夹具和专门设计制造专用夹具。在满足加工质量的前提下,设计中还应考虑技术经济、时间、成本、安全、环保、宜人等因素,目的是更好地发挥机床夹具的作用。为了达到这些目标,机床夹具的设计思想是:

(1) 根据零件的特点和常用机床,以通用或标准夹具为基础进行改进。

(2) 采用模块化(组合夹具的思想)、可调节结构、可换结构等进行组装调试。

(3) 专用夹具的零部件尽量采用标准件和通用件。

(4) 简单化原则。

2. 机床夹具设计应考虑的主要问题

① 夹具的定位方案、夹紧方案、刀具引导方案设计应合理,定位元件、夹紧机构、对刀引导装置选择应合适,其结构尺寸、公差配合等技术应保证夹具刚度好、变形小,确保工件定位正确、夹紧可靠和满足加工精度要求。

② 对于大批量生产,宜采用如气动、液压等高效、自动、快速、多件联动夹紧的夹具;对中小批量生产,宜采用结构较简单的手动夹紧的夹具,主要目的是提高生产率,降低生产成本。对于单件小批生产中的特殊工序,为了扩大机床的工艺范围或满足加工精度要求,宜采用结构较简单的手动夹紧的夹具。

③ 夹具的零部件应尽量选用通用零部件、标准化元件和夹具的典型结构,缩短夹具的设计制造周期,降低成本。

④ 设计的夹具应操作便捷、安全可靠,如采用人机工程学的思想,合理安置操作手柄、

工件装夹操作的尺寸方位等,设置必要的防护装置和安全保护装置。

⑤ 夹具设计应便于制造、维护和维修,且便于切屑的清理、排出。

4.2　工件在夹具中的定位

学习目标

1. 了解自由度、定位副、定位表面、定位工作表面的概念,熟悉定位原理,熟悉工件在夹具中的几种定位情况及其应用。

2. 掌握工件以平面、内孔、外圆柱面、内外圆锥表面定位及其常用的定位元件和限定自由度的分析方法,掌握组合定位及其限定自由度的分析方法,掌握消除过定位的方法。

3. 能够在工序图上用定位符号表达定位方案。

4.2.1　工件的定位

在专用夹具设计时,设计人员一般根据任务书或工件的被加工工序的要求和工序图进行夹具设计(工件的定位方案已经给定),其主要工作内容包括:① 根据工件的表面结构特征和工序(或任务书)要求,核定工件需要限定的自由度;② 根据工件上的定位表面选择并确定与之相对应的定位元件;③ 分析工件各表面组合定位后限定的自由度;④ 对欠定位情况进行定位方案修改;⑤ 对不必要的过定位采取消除措施。机器中的零件与零件之间的定位与工件在夹具中的定位原理相同,这对结构设计也十分有益。

1. 工件的自由度与定位

自由度的概念来自力学,一个物体在空间直角坐标系 $OXYZ$ 中可以沿 X、Y、Z 轴移动,也可以绕 X、Y、Z 轴转动,这 6 个可能的运动称为 6 个自由度。为了便于分析问题,通常沿工件表面上的一些特殊要素建立直角坐标系 $OXYZ$ 来表示夹具,把工件可以沿直角坐标系 $OXYZ$ 三个坐标轴 X、Y、Z 移动的自由度分别用代号 $\vec{X}$、$\vec{Y}$、$\vec{Z}$ 表示,把可以绕三个坐标轴 X、Y、Z 转动的自由度分别用代号 $\hat{X}$、$\hat{Y}$、$\hat{Z}$ 表示,如图 4.2 所示。工件的定位就是采取一定的措施来限制自由度,通常采用约束点和约束点群来描述,而且一个自由度只需要一个约束点来限制。

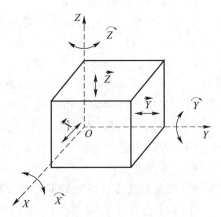

图 4.2　物体在空间坐标系的自由度

2. 定位副、定位表面、定位工作表面和定位基准

定位副是指工件上的定位表面和与之相接触或配合的定位元件上的定位工作表面所组成的一对表面。在定位副中,工件上用于定位的表面称为定位表面(或定位基面),简称定位面。定位元件上用于定位的表面称为定位工作表面(有些资料中也称为限位基面)。定位基准(或限位基准)是代表工件上定位表面(或定位元件上的定位工作表面)几何特征的几何要素(点、线、面),如工件的定位表面为外圆柱表面,外圆柱表面的轴心线称为定位基准。

工件与定位元件定位的相关概念如图 4.3 所示。图 4.3a 所示的工件以圆孔在心轴上的定位。工件上的圆孔表面称为定位基面,其轴心线称为定位基准;定位元件(圆柱心轴)上与圆孔相接触或相配合的圆柱面称为定位工作表面,圆柱心轴的轴心线称为定位基准。工件上的圆孔表面和定位元件上的圆柱面组成定位副。工件以外圆柱面在 V 形块上的定位如图 4.3b 所示。工件上的外圆柱面和 V 形块的两斜面称为定位副。工件上的外圆柱面称为定位表面,其轴心线称为定位基准;V 形块的两斜面称为定位工作表面,V 形块的理想基准是以该工件最大和最小外圆直径的平均值为标准心轴的轴心线在 V 形块两斜面的对称面上所处位置。

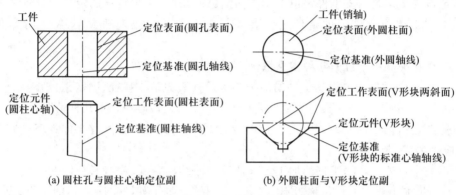

(a) 圆柱孔与圆柱心轴定位副　　　　　(b) 外圆柱面与V形块定位副

图 4.3　定位副、定位表面和定位工作表面

3. 定位原理

如图 4.4 所示的长方体工件定位,通过在工件底面上布置了三个不共线的约束点(支承点)1、2、3,限制了工件的 $\vec{Z}$、$\vec{X}$ 和 $\vec{Y}$ 三个自由度,在工件的侧面沿 X 轴方向布置了两个约束点 4、5,限制了工件的 $\vec{Y}$ 和 $\vec{Z}$ 两个自由度,在工件的端面布置了一个约束点 6,限制了工件的 $\vec{X}$ 一个自由度,这样长方体工件的六个自由度都被限制,即完全定位。通过六个约束点的合理布置来限制工件的六个自由度,实现完全定位,称六点定位原理。在生产实际中,定位元件的类型多种多样,如支承钉、支承板、圆柱销、心轴、V 形块等,有的可以抽象为一个约束点,有的可以抽象为约束点群,因此通过定位元件合理的组合和布置来限定工件上六个自由度的方法也多种多样。

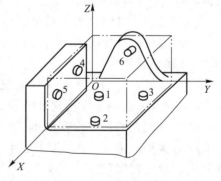

图 4.4　六点定位原理

初学者经常出现对工件上的定位表面与夹具上定位元件的定位工作表面相接触或配合的概念理解上的错误,例如当工件上的定位表面与夹具上定位元件的定位工作表面相接触,限定了在 X 轴移动的自由度,他们认为由于定位元件只与工件的一侧表面相接触,只限定了工件向相接触面一侧的方向移动,工件还可以向远离接触面一侧的方向移动等定位认识错误。这是将定位与夹紧概念混淆带来的错误。关于工件在外力作用下会不会移动,是靠夹紧工件来解决的。因此,在进行定位分析时应注意以下几点:

① 定位就是限制自由度;

② 定位应理解为定位元件上的定位工作表面与工件上的定位表面保持相互接触的状态。若两者脱离,就意味着定位失去作用,即定位被破坏。

③ 定位不考虑外力的作用。工件在外力(如重力、切削力、惯性力等)作用下将会运动,夹紧的作用就是使工件定位后相对于夹具不能运动,保持定位副接触并在外力作用下不被破坏。

④ 在空间坐标系中,一个自由度均有两个可能的运动方向(如移动的正方向和反方向、转动的正转和反转),定位后这两个可能的运动方向均被限制。

⑤ 定位支承点是由支承件定位工作表面抽象而来的,对于具体的定位元件能否抽象为支承点,要结合定位元件上的定位工作表面与工件上的定位表面大小、特点等具体情况而定。

4. 工件在夹具中定位的几种常见情况

在夹具设计时,首先要根据工件的加工要求及其表面结构特征,确定工件在夹具中应限定的自由度。在确定工件在夹具中应限定的自由度时,经常出现以下几种情况:

① 完全定位。工件在夹具中六个自由度均被唯一限制的定位情况称为完全定位。完全定位应用最广。

② 不完全定位。根据工件的加工要求及其表面结构特征,没有必要限制工件的全部自由度就能满足加工要求的定位称为不完全定位。例如,加工如图 4.1a 所示的工件,由于外圆柱表面具有轴对称的结构特征,在外圆圆周方向上的哪个位置钻 $\phi6$ mm 孔均满足工件的加工要求,所以只需限定五个自由度即可满足工件的加工要求。在满足加工精度要求的前提下,夹具限制工件的自由度越少,其结构就越简单,越经济,因此不完全定位在设计夹具中也经常采用。但是,由于工件自由度限制得过少,会使工件装夹时不稳定,一般夹具限制工件自由度的数目不应少于 3。

③ 过定位。过定位也称重复定位,是指定位元件重复限制了工件的同一个或几个自由度的定位。例如,定位中同时有两个或两个以上的定位元件限制了 X 移动自由度的现象,就是重复定位。是否允许过定位的存在,应根据具体情况而定。工件的形状精度和位置精度很低的毛坯表面作为定位基面时,往往会出现工件无法安装或引起工件很大的变形,一般不允许出现过定位;采用形位精度很高的工件表面作为定位面时,为了提高工件定位的稳定性和刚度,可允许采用过定位,如平面定位需要三点支承,而生产实际中常用两个支承板(相当于 4 点支承)定位工件加工后平面,所以不能机械地一概肯定或否定过定位。

④ 欠定位。根据工件的加工要求,工件上应该限制的自由度没有被限制的定位,称为欠定位。欠定位无法保证加工精度要求,在夹具中是不允许的。

例如,在圆球上铣一平面,要求加工面到球心的距离为 H,由于球的结构对称特征,理论上只需限制工件的 $\vec{Z}$ 自由度就能满足工件的加工要求,但生产中为使工件安装时稳定,常采用如图 4.5 所示定位形式,限制工件的自由度是 $\vec{X}$、$\vec{Y}$、$\vec{Z}$。

如图 4.6 所示,在外圆柱上铣一平面。加工要求保证被加工平面到外圆柱下母线的距离为 H 及其与轴心线平行,理论上需要限制的自由度为 $\vec{Z}$ 和 $\widehat{Y}$,常采用如图 4.6 所示的定位形式,限制工件的自由度是 $\vec{Y}$、$\vec{Z}$、$\widehat{Y}$、$\widehat{Z}$。

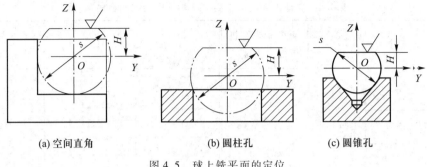

(a) 空间直角   (b) 圆柱孔   (c) 圆锥孔

图 4.5　球上铣平面的定位

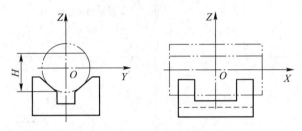

图 4.6　圆柱上铣平面的定位

加工如图 4.7 所示的零件,试分析满足其加工要求,它们至少需要哪些自由度? 应采用哪种定位情况?

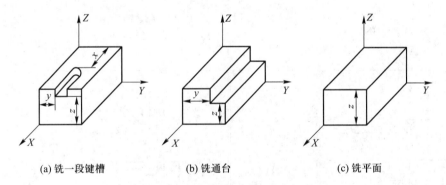

(a) 铣一段键槽   (b) 铣通台   (c) 铣平面

图 4.7　满足加工要求需要限定的自由度

分析　在长方体上铣削如图 4.7a 所示的一段键槽,要求保证被加工表面的尺寸及其形位精度,需要限定的自由度是 $\vec{X}$、$\vec{Y}$、$\vec{Z}$、$\widehat{X}$、$\widehat{Y}$、$\widehat{Z}$,应采用完全定位。

在长方体右上方铣削如图 4.7b 所示的一通台,要求保证被加工表面的尺寸及其形位精度,需要限定的自由度为 $\vec{Y}$、$\vec{Z}$、$\widehat{X}$、$\widehat{Y}$、$\widehat{Z}$,可采用不完全定位。

在长方体顶面上铣削如图 4.7c 所示的一平面,要求保证被加工表面的尺寸及其形位精度,需要限定的自由度为 $\vec{Z}$、$\widehat{X}$、$\widehat{Y}$,可采用不完全定位。

5. 典型工件满足加工要求需要限制的自由度

在工艺设计和夹具设计中,首先要对工件的形状结构和加工要求进行分析,分析满足工件加工要求需要限制的自由度,为了便于初学者理解,表 4.4 列出了典型工件的加工要求及其需要限制的自由度。

表 4.4　典型工件的加工要求及其需要限制的自由度

加工要求简图	至少需要限制的自由度	加工要求简图	至少需要限制的自由度
铣(磨)板的顶面	$\vec{Z}$、$\widehat{X}$、$\widehat{Y}$	在轴的一端铣键槽	$\vec{X}$、$\vec{Y}$、$\vec{Z}$ $\widehat{Y}$、$\widehat{Z}$
在球体上钻盲孔(深h)	$\vec{X}$、$\vec{Y}$、$\vec{Z}$	钻通孔	$\vec{Y}$、$\vec{Z}$ $\widehat{X}$、$\widehat{Y}$、$\widehat{Z}$
在板上钻盲孔	$\vec{X}$、$\vec{Y}$、$\vec{Z}$ $\widehat{X}$、$\widehat{Y}$、$\widehat{Z}$	在板上钻通孔	$\vec{X}$、$\vec{Y}$、$\widehat{X}$、$\widehat{Y}$、$\widehat{Z}$
铣通槽	$\vec{Y}$、$\vec{Z}$、$\widehat{X}$、$\widehat{Y}$、$\widehat{Z}$	铣对称的键槽	$\vec{X}$、$\vec{Y}$、$\vec{Z}$ $\widehat{X}$、$\widehat{Y}$、$\widehat{Z}$

4.2.2 定位方式和定位元件

在机械加工过程中,加工完一个工件就要更换夹具,而夹具上的定位元件是不经常更换的,为了保证每个工件的加工精度的要求,定位元件的定位工作表面应满足以下要求:

① 较高的精度,尺寸精度不低于 IT6 ~ IT8,表面粗糙度 Ra 值为 0.2 ~ 0.8 μm;

② 足够的刚度,避免受力后引起变形;

③ 较好的耐磨性,以便长期的保持精度,一般采用淬火处理,硬度为 55 ~ 62 HRC。

1. 工件以平面定位

在机械加工中,工件以平面定位的应用很多,如箱体、机座、支架、板类和盘类工件等。在夹具中常用定位元件有支承钉、支承板、可调支承、自位支承和辅助支承。

(1) 固定支承

固定支承有支承钉和支承板两种形式。

支承钉的类型分为平头支承钉(A 型)、球头支承钉(B 型)和网纹顶面支承钉(C 型),其结构类型与参数如图 4.8 所示。球头支承钉(B 型)容易与工件的定位基面接触,位置稳定,但容易磨损,多用于粗基面定位。平头支承钉(A 型)耐磨性较好,常用于精基面定位。网纹顶面支承钉(C 型)可增大与工件的摩擦力,但容易存屑,一般用于侧面定位。在夹具设计时可按 JB/T 8029.2—1999 标准选用支承钉。在进行限制工件自由度分析时,一般情况下认为一个支承钉相当于一个约束点,限制一个自由度。

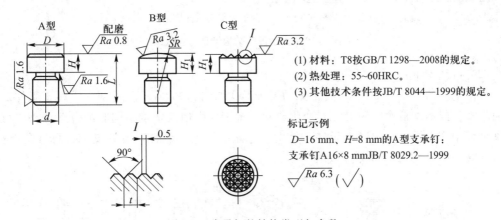

(1) 材料: T8 按 GB/T 1298—2008 的规定。
(2) 热处理: 55~60HRC。
(3) 其他技术条件按 JB/T 8044—1999 的规定。

标记示例
D=16 mm、H=8 mm 的 A 型支承钉:
支承钉 A16×8 mmJB/T 8029.2—1999

图 4.8 支承钉的结构类型与参数

支承钉一般固定在夹具体上,在结构设计时,可采用如图 4.9 所示的装配形式。不可拆换式结构如图 4.9a、b、c 所示,其配合性质为 ϕH7/r6。可拆换式结构如图 4.9d 所示,为了避免夹具体因更换定位元件被磨损而影响加工精度,一般采用加衬套的结构。衬套与夹具体的配合性质一般选择 ϕH7/r6,支承钉与衬套孔的配合性质选择 ϕE7/r6。为了保证几个支承钉的等高,使其在同一个平面内,一般采取的措施是支承钉装配后连同夹具体一起对定位工作表面进行磨削,使其在平面度公差要求的范围内。

支承板的结构类型与参数如图 4.10 所示,它分 A 型和 B 型两种类型,主要用于较大工件的精基面定位。其中 A 型的结构简单,但埋头螺钉孔处容易存积切屑,清理比较困难,适合侧面定位,B 型应用较多,适合底面定位。

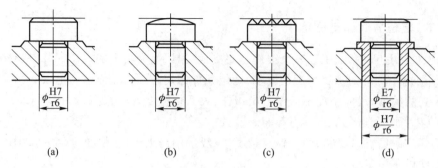

图 4.9　支承钉与夹具体的装配形式

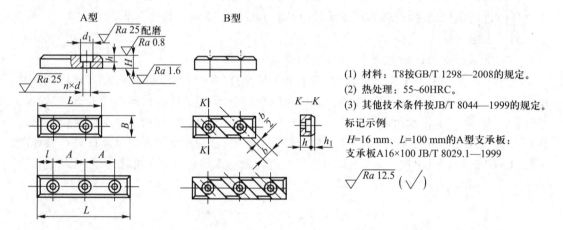

图 4.10　支承板的结构类型与参数

(2) 可调支承

可调支承的支承点位置可调,常见的组合形式如图 4.11 所示。可调支承用于工件定位表面不规整或不同批次毛坯尺寸有变化或同一批工件中加工余量不同时的位置调整。可调支承也可用作组合夹具的调整元件或辅助支承来提高局部刚性。可调支承已标准化,选用时可查阅如图 4.11 所示的相关标准。

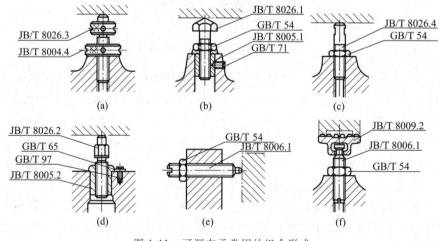

图 4.11　可调支承常用的组合形式

（3）自位支承

自位支承在定位过程中，支承点可以自动调整其位置以适应工件表面的变化，常见的形式如图 4.12 所示。由于自位支承是活动的或浮动的，无论结构上是两点或三点支承，其实质只起一个支承点的作用，所以自位支承只限制一个自由度。自位支承常用于毛坯表面和阶梯表面平面定位。

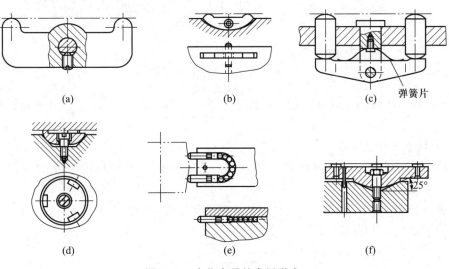

图 4.12　自位支承的常用形式

（4）辅助支承

辅助支承是在工件完成定位后才参与支承的元件，它不起定位作用，只起支承作用，在加工过程中增加被加工工件的刚度，常用的形式如图 4.13 所示。图 4.13a 的结构简单，通过旋转网纹螺母调整螺钉的位置，由于螺钉只移动，与工件表面无相对转动，避免了工件表面划伤。图 4.13b 的支承销 1 受下端弹簧 2 的推力作用与工件接触，当工件定位夹紧后，转动手柄 5，通过锁紧螺钉 4 和斜面顶销 3，将支承 1 锁紧。图 4.13c 顶柱通过齿轮齿条来操纵，有时用同一动力源操纵几个这样的顶柱。图 4.13d 所示，通过推杆 7 将支承滑柱 6 向上推与工件接触，然后转动手柄 9，通过钢球 10 和半圆键 8，将支承滑柱 6 锁紧。

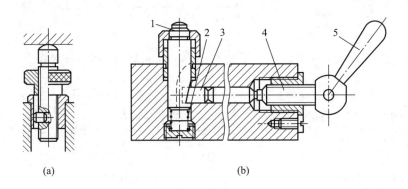

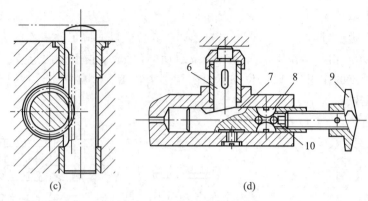

图 4.13　辅助支承的常用形式

1—支承销；2—弹簧；3—斜面顶销；4—锁紧螺钉；5、9—手柄；6—支承滑柱；7—推杆；8—半圆键；10—钢球

2. 工件以圆柱孔定位

工件以圆柱孔定位主要用来定心，常用的定位元件有心轴、圆柱定位销、圆锥销等。

（1）心轴

心轴主要用于车削、磨削、齿轮加工等机床上加工套筒和盘类工件，结构类型较多，常用的结构类型如图 4.14 所示。

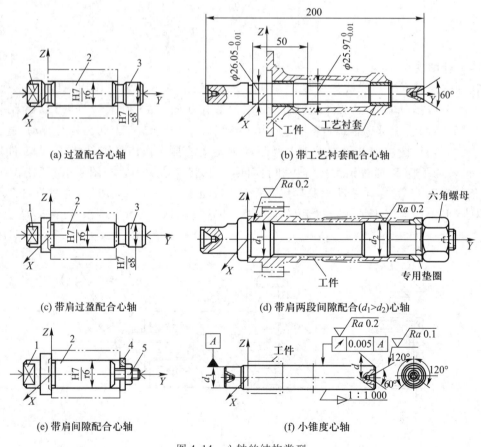

(a) 过盈配合心轴

(b) 带工艺衬套配合心轴

(c) 带肩过盈配合心轴

(d) 带肩两段间隙配合($d_1 > d_2$)心轴

(e) 带肩间隙配合心轴

(f) 小锥度心轴

图 4.14　心轴的结构类型

如图 4.14a 所示,工件上的圆柱孔与圆柱刚性心轴为过盈配合,心轴前端有导向部分。过盈心轴限制工件的自由度为 $\vec{X}$、$\vec{Z}$、$\hat{X}$、$\hat{Z}$。该心轴定心精度高,并可由过盈产生的摩擦力来传递转矩,一般用于转矩不大的磨削。为了安装工件,避免心轴磨损影响配合精度,采用图 4.14b 所示的带工艺衬套结构。图 4.14c 所示的结构为带轴肩过盈配合结构,限制工件的自由度为 $\vec{X}$、$\vec{Y}$、$\vec{Z}$、$\hat{X}$、$\hat{Z}$。图 4.14d 为带轴肩两段间隙配合心轴。图 4.14e 为带轴肩的间隙配合心轴,靠端部螺母夹紧产生的夹紧摩擦力传递切削力矩,限制工件的自由度为 $\vec{X}$、$\vec{Y}$、$\vec{Z}$、$\hat{X}$、$\hat{Z}$,其定心精度不如过盈配合的高,但装卸工件方便。图 4.14f 为小锥度心轴,通常锥度为 $1:5\,000 \sim 1:1\,000$,当工件既要求定心精度高又要求装卸方便的情况下常用小锥度心轴定位,其限制工件的自由度为 $\vec{X}$、$\vec{Z}$、$\hat{X}$、$\hat{Z}$。

心轴限制自由度的定位分析如图 4.15 所示。如图 4.15a 所示,当心轴的长径比 $L/d \geqslant 0.8 \sim 1$ 时称为长心轴,限制的自由度为 $\vec{X}$、$\vec{Z}$、$\hat{X}$、$\hat{Z}$,轴肩限制自由度 $\vec{Y}$。如图 4.15b 所示,当心轴的长径比 $L/d \leqslant 0.4$ 时称为短心轴,限制的自由度数为 2,L_{c1} 处限制的自由度为 $\vec{X}$、$\vec{Z}$,L_{c2} 处限制的自由度为 $\hat{X}$、$\hat{Z}$,当两个短心轴组合使用时,其作用与长心轴相同,轴肩限制自由度 $\vec{Y}$。

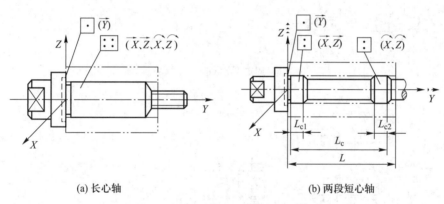

(a) 长心轴   (b) 两段短心轴

图 4.15 心轴限制自由度的定位分析示例

（2）定位销

定位销一般与其他定位元件组合使用,按其与夹具体采用的装配形式分为固定式定位销(JB/T 8014.2—1999)和可换式定位销(JB/T 8014.3—1999),按定位销的结构分圆柱销和削边销(也称菱形销),其类型、结构参数如图 4.16 所示。固定式定位销和可换式定位销与夹具体的装配结构如图 4.17 所示。

定位销限制自由度的定位分析示例如图 4.18 所示。图 4.18a 所示圆柱定位销的长径比 $L/d \geqslant 0.8 \sim 1$,称为长圆柱定位销,限制的自由度为 $\vec{X}$、$\vec{Y}$、$\hat{X}$、$\hat{Z}$。图 4.18b 所示圆柱定位销的长径比 $L/d \leqslant 0.4$,称为短圆柱定位销,限制的自由度为 $\vec{X}$、$\vec{Y}$。图 4.18c 所示削边销限制的自由度为 $\vec{X}$。

（3）圆锥销

圆锥销也称锥头销,用圆锥销定位圆孔的情况如图 4.19 所示,圆锥销与圆孔端部的孔口相接触,孔口的尺寸和形状精度直接影响接触情况而影响定位精度。图 4.19a 所示的圆锥销为圆锥面结构,适合工件上已加工过的圆孔,图 4.20b 所示的圆锥销为 120°均布的三小段圆锥面结构,适合工件上未加工过的圆孔(毛坯孔)。圆锥销限制工件的自由度为 $\vec{X}$、$\vec{Y}$、$\vec{Z}$。

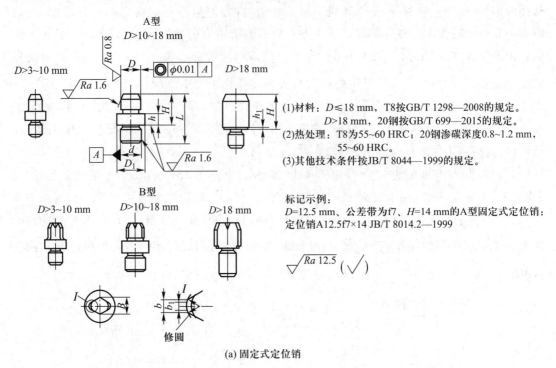

(1)材料：$D \leq 18$ mm，T8按GB/T 1298—2008的规定。
　　　　$D > 18$ mm，20钢按GB/T 699—2015的规定。
(2)热处理：T8为55~60 HRC；20钢渗碳深度0.8~1.2 mm，55~60 HRC。
(3)其他技术条件按JB/T 8044—1999的规定。

标记示例：
$D = 12.5$ mm、公差带为f7、$H = 14$ mm的A型固定式定位销：
定位销A12.5f7×14 JB/T 8014.2—1999

(a) 固定式定位销

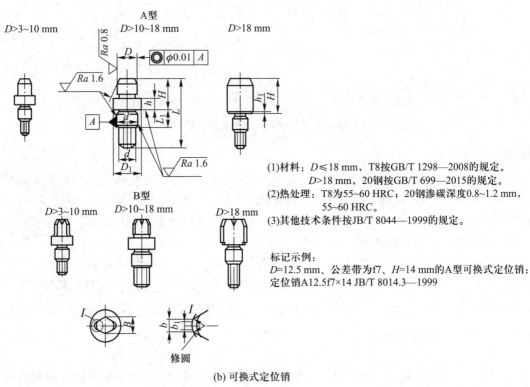

(1)材料：$D \leq 18$ mm，T8按GB/T 1298—2008的规定。
　　　　$D > 18$ mm，20钢按GB/T 699—2015的规定。
(2)热处理：T8为55~60 HRC；20钢渗碳深度0.8~1.2 mm，55~60 HRC。
(3)其他技术条件按JB/T 8044—1999的规定。

标记示例：
$D = 12.5$ mm、公差带为f7、$H = 14$ mm的A型可换式定位销：
定位销A12.5f7×14 JB/T 8014.3—1999

(b) 可换式定位销

图 4.16　定位销的类型与结构参数

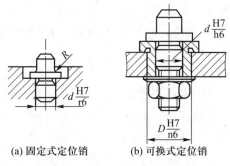

(a) 固定式定位销 (b) 可换式定位销

图 4.17 定位销与夹具体的装配结构

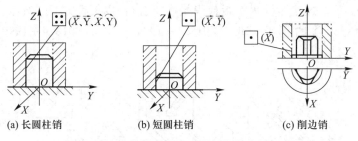

(a) 长圆柱销 (b) 短圆柱销 (c) 削边销

图 4.18 定位销限制自由度的定位分析示例

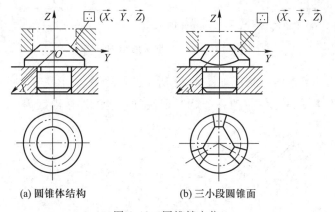

(a) 圆锥体结构 (b) 三小段圆锥面

图 4.19 圆锥销定位

（4）中心孔圆柱塞

中心孔圆柱塞也称圆柱堵头,主要用于两端空心轴类零件的外圆磨削,其圆柱表面与工件上的孔采用过盈配合,用在工件不同的加工工序中定位,如粗磨、半精磨、精磨,在不同工序之间不拆卸,但需要修磨中心孔,按其结构类型分带肩和不带肩两种形式,拆卸时可通过螺纹或推杆将其卸下,如图 4.20 所示。

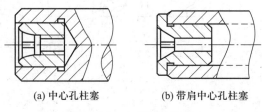

(a) 中心孔柱塞 (b) 带肩中心孔柱塞

图 4.20 中心孔圆柱塞

3. 工件以外圆柱面定位

工件以外圆定位时,常用的定位元件有 V 形块、圆(孔)定位套、半圆(孔)定位套、内锥套等。

(1) V 形块

用 V 形块定位工件上的外圆表面最常用。V 形块的外形结构如图 4.21 所示。图 4.21a 所示的 V 形块用于工件较短的精基面外圆定位。图 4.21b 所示的 V 形块为间断式(两段短 V 形块)结构,并且 V 形块的斜面被倒角,与工件的接触面积较小,一般用于工件较长的粗基面外圆定位。图 4.21c 所示的 V 形块由两个短 V 形块组成,一块固定在夹具体上,另一块可在夹具体上根据工件的长短进行移动调整(调后紧固)。在生产中,对于较大直径的工件,V 形块采用铸铁底座,通过镶装淬火钢板或焊接硬质合金,以提高定位工作表面(V 形块的斜面)的耐磨性。V 形块的标准(JB/T 8018.1—1999 ~ JB/T 8018.4—1999)结构参数如图 4.22 所示。

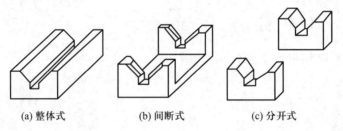

(a) 整体式　　　　(b) 间断式　　　　(c) 分开式

图 4.21　常用 V 形块的结构形式

V 形块限制工件自由度的情况如图 4.23 所示。一个长 V 形块或两个短 V 形块组合可限制工件自由度为 $\vec{Y}$、$\vec{Z}$、$\widehat{Y}$、$\widehat{Z}$,单独一个短 V 形块可限制工件自由度为 $\vec{Y}$、$\vec{Z}$。

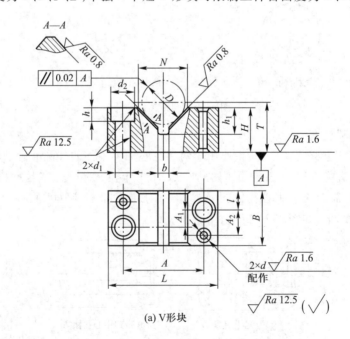

(a) V形块

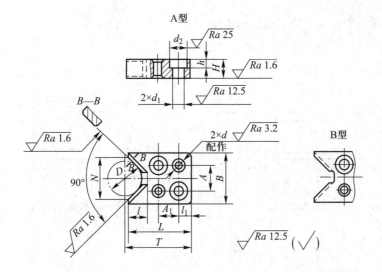

(b) 固定V形块

A型

(1)材料：20钢按GB/T 699—2015的规定。
(2)热处理：渗碳深度0.8~1.2 mm，58~64HRC
(3)其他技术条件按JB/T 8044—1999的规定。
标记示例：
N=24 mm的V形块：
V形块24 JB/T 8018.1—1999
B型

(c) 活动V形块

图 4.22　V形块的类型与结构参数

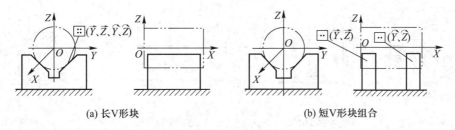

(a) 长V形块　　(b) 短V形块组合

图 4.23　V形块限制工件自由度的情况

（2）圆(孔)定位套

常用的圆定位套类型如图 4.24 所示。图 4.24a 所示定位限制工件的自由度为 $\vec{Z}$、$\vec{X}$、$\widehat{Y}$、$\vec{X}$、$\vec{Y}$。图 4.24b 所示定位限制工件的自由度为 $\vec{X}$、$\vec{Z}$、$\widehat{X}$、$\widehat{Z}$、$\vec{Y}$。图4.24c 所示定位限制工

件的自由度为 $\vec{X}$、$\vec{Z}$、$\vec{Y}$。图 4.24d 所示定位限制工件的自由度为 $\vec{X}$、$\vec{Z}$。

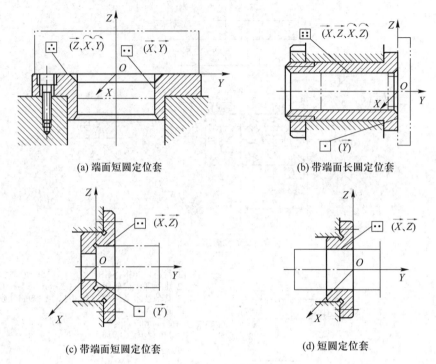

(a) 端面短圆定位套　　　　　　　　　　　(b) 带端面长圆定位套

(c) 带端面短圆定位套　　　　　　　　　　　(d) 短圆定位套

图 4.24　圆定位套

（3）外圆的其他定位元件

外圆的其他定位元件如图 4.25 所示。半圆(孔)定位套如图 4.25a 所示,当工件尺寸较大,用圆柱孔定位安装不便时,可将圆柱孔定位套做成两半,下半孔用于定位,上半孔用于压紧工件,其轴向尺寸短的半圆孔定位套限制两个自由度;轴向尺寸长的半圆孔定位限制四个自由度。图 4.25b 所示的支承钉定位外圆,限制工件的两个自由度。图 4.25c 所示的支承板定位外圆,限制工件的两个自由度。图 4.25d 所示的内锥套定位外圆,限制工件的三个移动自由度。

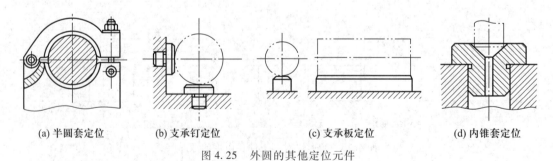

(a) 半圆套定位　　　　(b) 支承钉定位　　　　(c) 支承板定位　　　　(d) 内锥套定位

图 4.25　外圆的其他定位元件

4. 工件锥孔定位

在生产实际中,轴类零件以中心孔定位,定位元件常用顶尖,套类零件以圆锥孔定位,定位元件常用锥度心轴和锥堵,如图 4.26 所示。如图 4.26a 所示,一个锥度心轴与工件上的圆锥孔定位,可限制工件的自由度为 $\vec{X}$、$\vec{Y}$、$\vec{Z}$、$\hat{X}$、$\hat{Z}$。一个顶尖与工件上的圆锥孔定位,可限制工件上的自由度为 $\vec{X}$、$\vec{Y}$、$\vec{Z}$,如图 4.26b 所示。一个锥堵与工件上的圆柱孔或圆锥孔定位,可限制工件上的自由度为 $\vec{X}$、$\vec{Y}$、$\vec{Z}$,与顶尖的作用相同,如图 4.26c 所示。

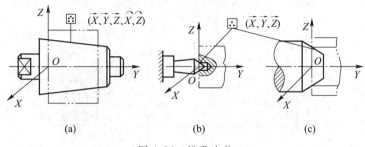

图 4.26　锥孔定位

5. 组合定位

在实际生产中,为满足工序加工要求,一般采用工件上几个表面的组合进行定位,如平面、双顶尖孔(轴类零件)、一端面一孔(套类零件)、一端面一外圆(轴、盘类零件等)、一面两孔(箱体类、板、盘)等组合;夹具上与之相对应的定位元件组合定位为平面(或支承板或支承钉)组合、双顶尖组合、端面定位销组合、带肩定位心轴、一面两销(圆柱销、菱形销)等。

在组合定位分析时,首先建立坐标系,分析工件上每个表面限制的自由度,每个表面限制的自由度数目与单个表面分析时的相同,由于组合定位分析时与单个表面定位分析时的坐标系的原点不同,因此在单个表面定位分析中可能限制工件移动自由度的转化为限制工件的转动自由度,下面结合实例介绍组合定位的分析、限制自由度的转换和过定位的消除方法。

（1）端面与孔组合定位

套类零件常以工件上的端面与孔组合进行定位,其组合定位分析如图 4.27 所示。

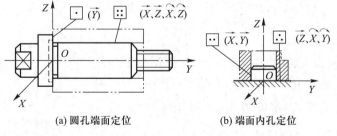

(a) 圆孔端面定位　　　　(b) 端面内孔定位

图 4.27　端面与孔组合定位

（2）端面与外圆柱面组合定位

轴、盘类零件等常以工件上的端面与外圆柱面组合进行定位,其组合定位分析实例见图 4.24a、b、c。

（3）双中心孔组合定位

轴类零件常以工件两端面上的中心孔组合进行定位,如图 4.28 所示。在其组合定位分析时,左端中心孔限制的自由度与单个表面分析时相同,即限制自由度 $\vec{X}$、$\vec{Y}$、$\vec{Z}$,右端中心孔由于相对坐标系原点 O 有一定的距离,致使定位表面限制工件的移动自由度转化为限制工件转动自由度的形式,即单个表面时限制自由度 $\vec{X}$ 转化为组合定位时限制自由度 $\vec{Z}$,$\vec{Z}$ 转化为 $\hat{X}$。由于左、右顶尖都限制工件的自由度 $\vec{Y}$,故为重复定位或过定位。过定位可能造成工件安装不上或工件变形等问题。为此,通过定位元件(右顶尖)可移动的形式,消除对自由度 $\vec{Y}$ 的约束,即设置运动副的形式消除过定位。双中心孔组合定位限制的自由度情况如图 4.28 所示。

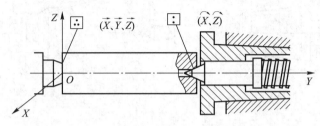

图 4.28　双中心孔组合定位

（4）双圆柱孔或双圆锥孔组合定位

圆套类零件常以工件上两端圆柱孔或圆锥孔组合进行定位,两端的圆柱孔可用带中心孔的圆柱塞、圆锥堵头组合定位,两端的圆锥孔用圆锥堵头组合定位。其组合定位分析与双中心孔组合定位分析方法相同,限制自由度的情况如图 4.29 所示。

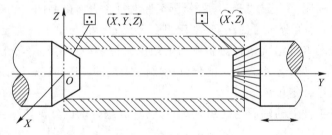

图 4.29　双圆锥堵头组合定位

（5）一面两孔组合定位

对于较大的箱体类、板类和盘类零件,常以工件上一面两孔组合定位,其定位分析如图 4.30 所示。其中,平面限制的自由度为 $\vec{Z}$、$\hat{X}$、$\hat{Y}$,左端的圆孔(短圆柱销)限制的自由度为 $\vec{X}$、$\vec{Y}$,右端圆孔短菱形销(也称削边销)限制的自由度为 $\vec{Z}$。需要说明的是,右端圆孔若用短圆柱销定位,单个表面定位时限制 $\vec{X}$、$\vec{Y}$ 自由度,在其组合定位中限制 $\vec{X}$ 自由度转化为限制 $\vec{Z}$ 自由度,限制自由度 $\vec{Y}$ 不变。左、右的圆孔(短圆柱销)均限制自由度 $\vec{Y}$,即重复定位,可能造成工件安装不进的现象,需要消除,故采用菱形销的结构将重复定位消除。

为了避免一面两销的组合定位由于过(重复)定位引

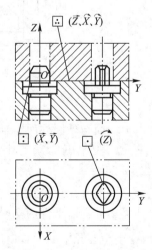

图 4.30　一面两孔组合定位分析

起工件安装时的干涉,一般采用孔与销的间隙、两销中的一个采用菱形销的措施。为了保证工件的安装和加工精度的要求,在进行夹具设计时,需要对孔销间隙与菱形销宽 b 的参数进行设计计算。

如图 4.31 所示,考虑极端情况,两孔中心距最大为 $(L+T(L_K)/2)$,两销中心距最小为 $(L-T(L_J)/2)$;两孔中心距最小为 $(L-T(L_K)/2)$,两销中心距最大为 $(L+T(L_J)/2)$。

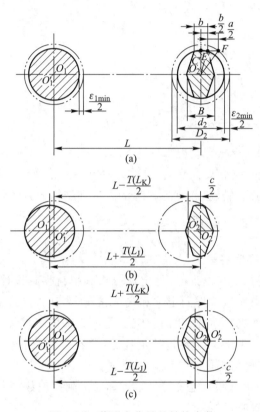

图 4.31 菱形定位销的结构参数

图中:a——菱形销能补偿中心距误差的数值,mm;

　　b——菱形销削边后的宽度,mm;

　　B——菱形销在两定位销连心线方向上的最大宽度,mm。

　　L——中心距,mm;

　　L_K——工件上两孔的中心距,$L_K = L \pm T(L_K)/2$,mm;

　　L_J——夹具上两销的中心距,$L_J = L \pm T(L_J)/2$,mm;

$T(L_K)$——工件上两孔中心距的公差,mm;

$T(L_J)$——夹具上两销中心距的公差,mm。

假设孔 1 与销 1 的最小间隙为 $\varepsilon_{1\min}$,孔 2 与销 2 的最小间隙为 $\varepsilon_{2\min}$。一面两销(一个为削边销)定位的孔销间隙与菱形销宽度 b 的关系推导如下。

由图 4.31a 中 $\triangle O_2CE$ 和 $\triangle O_2CF$ 可得

$$(O_2C)^2 = \left(\frac{d_2}{2}\right)^2 - \left(\frac{b}{2}\right)^2 = \left(\frac{D_2}{2}\right)^2 - \left(\frac{b}{2} + \frac{a}{2}\right)^2$$

即

$$\left(\frac{D_2}{2}-\frac{\varepsilon_{2\min}}{2}\right)^2-\left(\frac{b}{2}\right)^2=\left(\frac{D_2}{2}\right)^2-\left(\frac{b}{2}+\frac{a}{2}\right)^2$$

展开上式并略去 a^2、$\varepsilon_{2\min}^2$ 等项,最后得到

$$a=\frac{D_2}{b}\varepsilon_{2\min}\ 或\ \varepsilon_{2\min}=\frac{b}{D_2}a \tag{4.1}$$

菱形定位销能全部补偿中心距误差的条件为

$$a\geqslant c \tag{4.2}$$

当 $L_K=L\pm T(L_K)/2$、$L_J=L\pm T(L_J)/2$ 时

$$c=T(L_K)+T(L_J)-\varepsilon_{1\min} \tag{4.3}$$

把式(4.3)代入式(4.1)得

$$\varepsilon_{2\min}=\frac{b}{D_2}c\ 或\ \varepsilon_{2\min}=\frac{b}{D_2}\left[\,T(L_K)+T(L_J)-\varepsilon_{1\min}\,\right]$$

这时,补偿中心距误差的两个极限情况如图 4.31b、c 所示。

在进行组合定位分析时,一要注意自由度形式的转化,二要注意过定位的消除。过定位主要采用运动副(如移动副、转动副和球副等)的方法和结构的方法将其消除。

4.2.3　典型定位方式及其表示方法

1. 机械加工定位、夹紧符号

在阅读工艺文件、进行工艺设计、工件定位分析和拟订夹具设计的定位方案等工作中,经常用一些简单的符号来表示工件的定位和夹紧情况、表达设计思想。为了便于交流和更准确地表达工件的定位和夹紧情况,我国制定了更加完善的机械加工定位和夹紧符号的标准(见表 3.8,JB/T 5061—2006),主要包括定位、夹紧符号,常用的装置(机床附件)符号及其综合标注示例,为工艺设计提供了规范化的依据。典型工件常见的定位、夹紧符号及标注示例如表 4.5 所示(表中示意图上定位符号附近标注的阿拉伯数字表示限制自由度的数目,限制 1 个自由度的可以省略标注)。

表 4.5　典型工件常见的定位、夹紧符号标注示例

序号	说　明	定位、夹紧符号标注示意图
1	机床前后顶尖装夹工件,夹头夹紧工件,拨杆带动工件转动	
2	床头内拨顶尖、床尾回转顶尖定位夹紧(轴类零件)	
3	床头弹簧夹头定位夹紧,夹头内带有轴向定位,床尾内顶尖定位(轴类零件)	

序号	说　　明	定位、夹紧符号标注示意图
4	弹性心轴定位夹紧(套类零件)	
5	锥度心轴定位夹紧(套类零件)	
6	端面圆柱短心轴定位夹紧(套类零件)	
7	四爪单动卡盘定位夹紧,带端面定位(盘类零件)	
8	床头三爪自定心卡盘定位夹紧,中心架支承定位(长轴类零件)	

2. 定位方式、定位符号及其表达形式

典型工件常见的定位方式、定位符号及其定位表达形式(在工序图或工艺文件中常用)如表 4.6 所示。

表 4.6　常见的典型定位方式及定位符号

工件定位基面	定位元件	定位副接触情况	工序简图上定位符号及其限定的自由度
平面	小平面、一个支承钉		
	支承板、支承钉		
	大平面、支承板组合、三个支承钉组合		

工件定位基面	定位元件	定位副接触情况	工序简图上定位符号及其限定的自由度
圆孔	短心轴	较短	$(\vec{Y},\vec{Z})$
	长心轴	较长	$(\vec{Y},\vec{Z},\hat{Y},\hat{Z})$
	短圆销	较短	$(\vec{X},\vec{Y})$
	长圆销	较长	$(\vec{X},\vec{Y},\hat{X},\hat{Y})$
	削边销	较短	$(\vec{X})$
	短锥销	很短	$(\vec{X},\vec{Y},\vec{Z})$

工件定位基面	定位元件	定位副接触情况	工序简图上定位符号及其限定的自由度
外圆柱面	支承板	较长	$(\vec{Z}、\hat{Y})$
	短V形块	较短	$(\vec{Y}、\vec{Z})$
	长V形块	较长	$(\vec{Y}、\vec{Z}、\hat{Y}、\hat{Z})$
	两个短V形块		
	短定位套	较短	$(\vec{X}、\vec{Z})$
	长定位套	较长	$(\vec{X}、\vec{Z}、\hat{X}、\hat{Z})$
	短锥套	很短	$(\vec{X}、\vec{Y}、\vec{Z})$

工件定位基面	定位元件	定位副接触情况	工序简图上定位符号及其限定的自由度
圆锥孔	固定顶尖(前)活动顶尖(后)	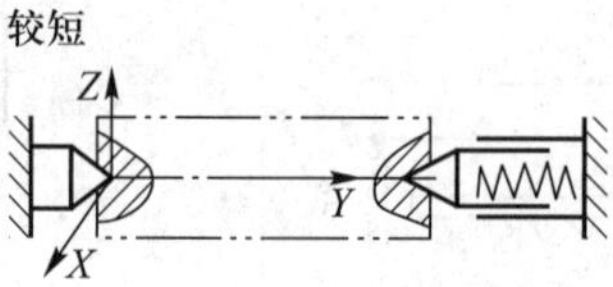 较短	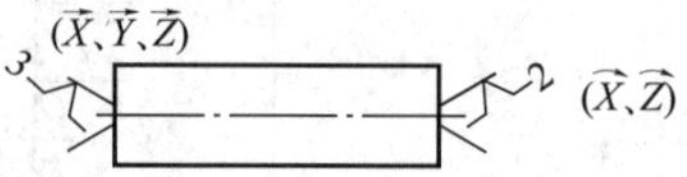 3 $(\vec{X}, \vec{Y}, \vec{Z})$ $(\vec{X}, \vec{Z})$
	圆锥心轴	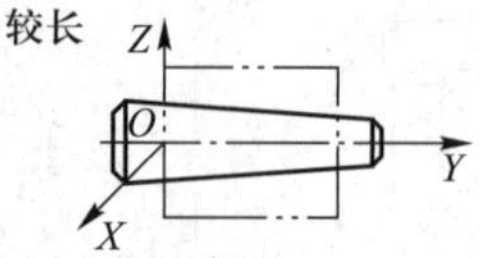 较长	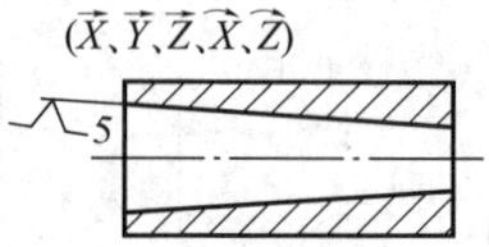 $(\vec{X}, \vec{Y}, \vec{Z}, \hat{X}, \hat{Z})$ 5

4.3　定位误差分析计算

定位误差分析计算是夹具设计必须进行的一项重要工作,其目的是分析和评价工件在夹具中定位方案设计的合理性,如不同方案的对比分析,验证定位方案是否可行、是否能满足工件加工精度的要求。

学习目标

1. 了解定位误差的概念。

2. 掌握定位误差的分析计算方法,能够对典型表面的定位误差进行分析计算。

4.3.1　定位误差的概念

在机械加工中,定位误差是指用调整法加工一批工件时由定位不准确产生的误差,用代号 Δ_{dw} 表示。定位误差的实质就是定位基准的变化量。引起定位误差的原因包括基准不重合误差和定位副不准确引起的基准位置误差两方面。调整法(machining on preset machine tool)是先调整好刀具和工件在机床上的相对位置,并在一批零件的加工过程中保持这个位置不变,以保证工件加工精度的方法。

1. 基准不重合误差

用调整法加工一批工件时,工件在定位过程中,由于工件的定位基准与工序基准(工序图上的基准)或设计基准(零件图上的基准)不重合而引起定位基准的变动量称为基准不重合误差,用代号 Δ_{jb} 表示。

2. 基准位置误差

当工件上的定位表面与定位元件的工作表面相接触或相配合时,工件在夹具中的位置就确定了。但是,在一批工件中,各工件间在尺寸、形状和位置上存在公差允许范围内的误差,定位元件也存在制造精度范围内的误差,定位表面与定位工作表面存在配合间隙,从而引起的定位基准位置的变动量,称为基准位置误差(有些资料中称为基准位置移动误差,用代号 Δ_{jy} 表示,也称定位副不准确误差,用代号 Δ_{db} 表示),用代号 Δ_{jw} 表示。

3. 评价定位方案合理性的定位误差

在分析和评价工件的定位方案时,一般用定位误差作为评价定位方案合理性的一个重要指标,定位误差 Δ_{dw} 的绝对值越小,定位方案越合理。

在分析计算定位误差时,定位误差是基准不重合误差和基准位置移动误差两部分误差的代数和。一般情况下,定位误差应满足:

$$\Delta_{dw} \leqslant (1/3 \sim 1/5)\delta \tag{4.4}$$

式中:δ——本工序工件要求的公差。

在验证定位方案是否能满足工件加工精度的要求时,式 4.4 中系数的取值原则是当 δ 较小时,取系数的较大值,反之取较小值。

4.3.2 定位误差的分析计算

1. 定位误差分析时应注意的问题

在分析计算定位误差时应注意以下问题:

① 定位误差是指工件某加工工序中某加工精度参数的定位误差。它是该加工精度参数加工误差的一个组成部分。

② 某工序的定位方案可以对该工序的几个加工精度参数产生不同的定位误差,因此应对这几个加工精度参数分别进行定位误差计算。

③ 分析计算定位误差的前提是采用夹具装夹、用调整法加工一批工件来保证加工要求。

④ 分析计算得出的定位误差是指加工一批工件时可能产生的最大定位误差范围。它是一个界限值,而不是指某一个工件的定位误差的具体数值。

2. 定位单个表面的定位误差分析计算

(1) 工件以平面定位时的定位误差分析计算

工件以平面定位时,一般只计算基准不重合引起的定位误差 Δ_{jb},即 $\Delta_{dw} = \Delta_{jb}$、$\Delta_{jw} = 0$。

事实上,定位表面和定位工作表面存在误差。在用精基准平面定位时,定位表面经过加工,其形状误差值较小,可忽略不计。在用毛坯平面定位时,工件定位平面的形状误差会引起基准的位置变化 ΔE,如图 4.32 所示,粗基准平面定位的加工精度要求低,一般可忽略不计。所以,工件以平面定位时一般只计算基准不重合引起的定位误差 Δ_{jb}。如加工图 4.32 中的 A 面和 B 面,要求保证尺寸 a 和 b。尺寸 a 的设计基准是 D 面,定位基准是 C 面,调整对刀的尺寸是 d,基准不重合引起的定位误差是 D 面的变动量(图 4.32 中的 Δ_{dw})。尺寸 b 的设计基准是 E 面,定位基准也是 E 面(调整对刀尺寸是 b),基准重合,其定位误差为 0。

(2) 工件以圆柱孔定位的定位误差分析计算

如图 4.33 所示,定位孔与定位心轴为过盈配合。工件的定位基准孔心线与定位心轴的轴心线没有相对位置变化,其基准位置误差 $\Delta_{jw} = 0$。

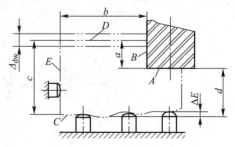

图 4.32 毛坯平面定位时的基准位置误差

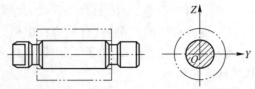

图 4.33　定位孔与定位心轴为过盈配合时的定位误差

如图 4.34 所示,定位圆柱孔与定位销为间隙配合,由于存在配合间隙,工件的定位基准(圆柱孔心线 O')相对定位元件心轴的基准(轴心线 O)会发生基准位置变化,图 4.34a 是 Z 方向上的最大基准位置变化量;图 4.34b 是 Y 方向上的最大基准位置变化量。

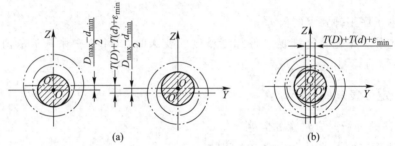

图 4.34　定位孔与定位销(或心轴)间隙配合基准位置移动误差

如果定位面与定位工作面的接触点位置是随机变化的,定位基准(孔心线)O' 相对定位工作面基准(轴心线)O 位置可能的最大变化量(基准位置误差)为

$$\Delta_{jw} = D_{max} - d_{min} = T(D) + T(d) + \varepsilon_{min} \tag{4.5}$$

式中:$T(D)$——定位圆柱孔的直径公差;

　　　$T(d)$——定位工作面心轴的外圆直径公差;

　　　ε_{min}——最小配合间隙。

在特定的情况下,若定位孔与定位工作面外圆的接触点始终处于一点,定位基准为孔心线 O' 相对定位工作面上的接触点可能的(极限情况)基准位置误差 Δ_{jw} 为

$$\Delta_{jw} = \frac{D_{max} - D_{min}}{2} = \frac{T(D)}{2} \tag{4.6}$$

如图 4.35 所示,对于一面两孔定位,若两孔的直径分别为 D_1 和 D_2,两销的直径分别为 d_1 和 d_2,孔心距和轴心距均为 L。当两孔直径均为最大、两销直径均为最小时,孔心 O_1 相对轴心 O_1 最大可能的位置变动为 O_1' 和 O_1'',孔心 O_2 相对轴心 O_2 最大可能的位置变动为 O_2' 和 O_2'',工件安装时,两孔心连线 $O_1'O_2''$ 或 $O_1''O_2'$ 相对轴心连线 O_1O_2 可能出现的最大偏转角为

$$\alpha = \pm\arctan \frac{D_{1\ max} - d_{1\ min} + D_{2\ min} - d_{2\ min}}{2L} \tag{4.7}$$

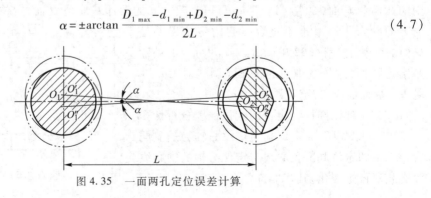

图 4.35　一面两孔定位误差计算

（3）工件以外圆定位时的定位误差分析计算

工件以外圆与定位套定位时的定位误差分析计算，与工件以内圆柱孔在定位心轴上定位的分析计算方法相同，这里不再讨论。

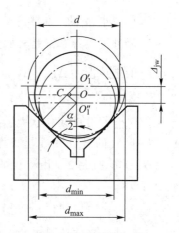

如图 4.36 所示，工件上的定位表面是外圆，定位元件是 V 形块。V 形块只能在其对称面上定心。若忽略 V 形块的制造误差，工件的定位基准为外圆的轴心，由于一批工件的外圆尺寸的变化，使工件的定位基准在竖直方向上产生的基准位置变化 $O_1'O_1''$，O_1' 是工件外圆直径最大时所处的位置，O_1'' 是工件外圆直径最小时所处的位置。一般情况下，对刀基准为标准心轴所处的位置 O，标准心轴的直径 d 为工件外圆最大直径 d_{max} 和最小直径 d_{min} 的平均值。外圆在 V 形块上定位，可能的基准位置误差 Δ_{jw} 为

图 4.36　外圆在 V 形块定位的基准位置误差

$$\Delta_{jw} = O_1'O_1'' = \frac{O_1'C}{\sin\frac{\alpha}{2}} = \frac{\dfrac{d_{max}}{2} - \dfrac{d_{min}}{2}}{\sin\frac{\alpha}{2}} = \frac{T(d)}{2\sin\frac{\alpha}{2}} \tag{4.8}$$

例如，加工一批如图 4.37a 所示工件上的键槽，由于设计基准不同，其定位误差就不同。若外圆已加工合格，今用 V 形块定位铣削槽宽为 b 的键槽，分析计算要求保证尺寸 L_1、L_2 和 L_3 三种情况的定位误差。分析过程如下：

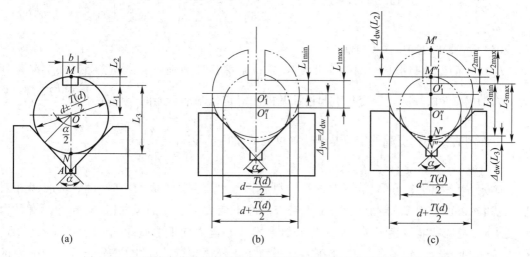

(a)　　　　　　　　(b)　　　　　　　　(c)

图 4.37　V 形块定位外圆铣槽时的三种不同尺寸要求及其定位误差计算

图 4.37a 所给的三种尺寸是零件图中常见的标注形式。加工键槽的重点是保证键槽两侧面对称于外圆的轴心 O，一般采用 V 形块定位。工件上的定位基准均为外圆的轴心 O，由工件外圆直径变化引起的基准位置误差均为 $\Delta_{jw} = \dfrac{T(d)}{2\sin\dfrac{\alpha}{2}}$。下面只需分析三种情况的基准不重合误差。

（1）尺寸 L_1 的定位误差

L_1 尺寸的设计基准是外圆轴心 O，定位基准也是外圆轴心 O，基准重合，$\Delta_{jb}=0$。

L_1 的定位误差 Δ_{dw} 为 $\Delta_{dw}(L_1)=\Delta_{jb}+\Delta_{jw}=\dfrac{T(d)}{2\sin\dfrac{\alpha}{2}}$，见图 4.37b。

（2）L_2 尺寸的定位误差分析

L_2 尺寸的设计基准是外圆的上母线 M，定位基准是外圆轴心 O，基准不重合，关联尺寸为 OM，即 $d/2$。由外圆直径变化引起设计基准相对定位基准可能的变化量为 $\Delta_{jb}=\dfrac{T(d)}{2}$。

由外圆直径变化引起的定位基准位置可能的变化量为 $\Delta_{jw}=\dfrac{T(d)}{2\sin\dfrac{\alpha}{2}}$。

L_2 的定位误差 Δ_{dw} 是由 Δ_{jb} 与 Δ_{jw} 合成的。由于 Δ_{jb} 和 Δ_{jw} 的误差变化均与外圆直径的变化有关（变量相同），因而要判别二者合成时的符号。当外圆直径由大变小时，设计基准 M 相对定位基准（工件上 O 点）向下偏移，由于对刀尺寸不变，Δ_{jb} 使 L_2 的尺寸减小；当外圆直径由大变小时，定位基准 O 由 O' 向 O'' 偏移，设计基准 M 也随着向下偏移，由于对刀尺寸不变，Δ_{jw} 使 L_2 的尺寸减小。Δ_{jb} 和 Δ_{jw} 二者随外圆直径的变化趋势相同，因此 L_2 的定位误差 Δ_{dw} 为二者之和（图4.37c 中的 $L_{2\max}-L_{2\min}$），即

$$\Delta_{dw}(L_2)=\Delta_{jb}+\Delta_{jw}=\frac{T(d)}{2}+\frac{T(d)}{2\sin\dfrac{\alpha}{2}}=\frac{T(d)}{2}\left(1+\frac{1}{\sin\dfrac{\alpha}{2}}\right)$$

（3）L_3 尺寸的定位误差分析

L_3 尺寸的设计基准是外圆的下母线 N，定位基准是外圆轴心 O，基准不重合，关联尺寸为 ON，即 $d/2$。由外圆直径变化引起设计基准相对定位基准可能的变化量为 $\Delta_{jb}=\dfrac{T(d)}{2}$。

由外圆直径变化引起的定位基准位置可能的变化量为 $\Delta_{jw}=\dfrac{T(d)}{2\sin\dfrac{\alpha}{2}}$。

L_3 定位误差的 Δ_{jb} 和 Δ_{jw} 合成时的符号判别。当外圆直径由大变小时，设计基准 N 相对定位基准（工件上 O 点）向上偏移，由于对刀尺寸不变，Δ_{jb} 使 L_3 的尺寸减小；当外圆直径由大变小时，定位基准 O 由 O' 向 O'' 偏移，设计基准 N 也随着向下偏移，由于对刀尺寸不变，Δ_{jw} 使 L_3 的尺寸增大。Δ_{jb} 和 Δ_{jw} 二者随外圆直径的变化趋势相反。L_3 定位误差（图 4.37c 中的 $L_{3\max}-L_{3\min}$）Δ_{dw} 为

$$\Delta_{dw}(L_3)=\Delta_{jb}-\Delta_{jw}=\frac{T(d)}{2}-\frac{T(d)}{2\sin\dfrac{\alpha}{2}}=\frac{T(d)}{2}\left(1-\frac{1}{\sin\dfrac{\alpha}{2}}\right)$$

定位误差的实质就是定位基准的变化量。用微分方法计算定位误差，关键是选定一个合适点作为参考点，建立定位基准的方程式。选择图 4.37a 中的 A 点作为参考点，求保证 L_1 的定位误差，若不考虑 V 形块的锥角影响，基准 O 相对 A 点的变化量关系式为

$$OA = \frac{\dfrac{d}{2}}{\sin\dfrac{\alpha}{2}}, \mathrm{d}(OA) = \Delta_{\mathrm{dw}} = \frac{\mathrm{d}\left(\dfrac{d}{2}\right)}{\sin\dfrac{\alpha}{2}} = \frac{T(d)}{2\sin\dfrac{\alpha}{2}}$$

式中, $T(d)$ 为外圆直径的公差。

保证 L_2 的定位误差计算,基准 M 相对 A 点的变化量关系式为

$$MA = MO + OA = \frac{d}{2} + \frac{\dfrac{d}{2}}{\sin\dfrac{\alpha}{2}}, \mathrm{d}(MA) = \Delta_{\mathrm{dw}} = \mathrm{d}\left(\frac{d}{2}\right) + \frac{\mathrm{d}\left(\dfrac{d}{2}\right)}{\sin\dfrac{\alpha}{2}} = \frac{T(d)}{2}\left(1 + \frac{1}{\sin\dfrac{\alpha}{2}}\right)$$

保证 L_3 的定位误差计算,基准 N 相对 A 点的变化量关系式为

$$NA = OA - ON = \frac{\dfrac{d}{2}}{\sin\dfrac{\alpha}{2}} - \frac{d}{2}, \mathrm{d}(NA) = \Delta_{\mathrm{dw}} = \frac{\mathrm{d}\left(\dfrac{d}{2}\right)}{\sin\dfrac{\alpha}{2}} - \mathrm{d}\left(\frac{d}{2}\right) = \frac{T(d)}{2}\left(\frac{1}{\sin\dfrac{\alpha}{2}} - 1\right)$$

(4)工件以内锥孔在圆柱心轴上定位时的定位误差分析计算

无论是长圆锥孔还是顶尖孔,定位面与定位工作面的接触是圆锥面相互接触,它们之间可认为无间隙配合,定心的基准位置误差为 0。如果一批工件存在圆锥面直径的制造误差,这时圆锥孔定位就会引起工件端面(基准)的轴向位置误差,如图 4.38 所示。定位副不准确引起的轴向基准位置误差 Δ_{jw} 为

$$\Delta_{\mathrm{jw}} = \frac{T(D_1)}{2}\cot\frac{\alpha}{2} \tag{4.9}$$

式中: $T(D_1)$ ——圆锥孔大头直径尺寸公差;

α ——圆锥角。

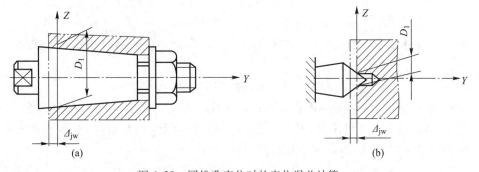

图 4.38 圆锥孔定位时的定位误差计算

例 4.1 有一批如图 4.39 所示的工件,外圆直径 $d_1 = \phi 50\,\mathrm{h6}\,\left(^{\ 0}_{-0.016}\right)$、内孔直径 $D_1 = \phi 30\,\mathrm{H7}\,\left(^{+0.021}_{\ 0}\right)$ 和两端面均已加工合格,并保证外圆对内孔的同轴度误差在 $T(e_1) = \phi 0.015$ mm 范围内。今按图示的定位方案,用 $d = \phi 30\,\mathrm{g6}\,\left(^{-0.007}_{-0.020}\right)$ 心轴定位,在立式铣床上用顶尖顶住心轴铣 $12\,\mathrm{H9}\,\left(^{\ 0}_{-0.043}\right)$ 槽。除槽宽要求外,还应保证下列要求:

① 槽的轴向位置尺寸 $l_1 = 25\,\mathrm{h12}\,\left(^{\ 0}_{-0.21}\right)$;

② 槽底位置尺寸 $H_1 = 42\,\mathrm{h12}\,\left(^{\ 0}_{-0.25}\right)$;

③ 槽两侧面对 $\phi 50$ mm 外圆轴线的对称度允差 $T(e_2) = 0.25$ mm。

试分析计算定位误差。

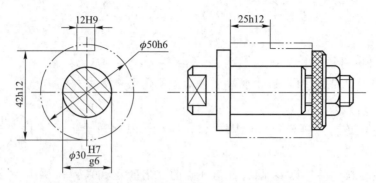

图 4.39　用心轴定位内孔铣槽工序的定位误差分析计算

解　除槽宽由铣刀相应尺寸保证外,现逐项分析题中要求的三个加工精度参数的定位误差。

(1) $l_1 = 25\mathrm{h}12\binom{0}{-0.21}$尺寸的定位误差

设计基准是工件左端面,定位基准也是工件左端面(紧靠定位心轴的工作端面),基准重合,$\Delta_{jb} = 0$,又是平面定位,$\Delta_{jw} = 0$。因此 $\Delta_{dw}(l_1) = 0$,$\Delta_{dw} = \Delta_{jb} + \Delta_{jw} = 0$。

(2) $H_1 = 42\mathrm{h}12\binom{0}{-0.25}$尺寸的定位误差

该尺寸的设计基准是外圆的下母线,定位基准是内孔的轴线,定位基准和设计基准不重合,存在 Δ_{jb}。由于是内孔与心轴间隙配合定位,存在 Δ_{jw}。

设计基准(外圆的下母线)到定位基准内孔轴线间的联系参数是工件外圆半径 $d_1/2$ 和外圆对内孔的同轴度 $T(e)$。因此,基准不重合误差 Δ_{jb}包括两项:

$$\Delta_{jb1} = \frac{T(d_1)}{2} = \frac{0.016}{2} \ \mathrm{mm} = 0.008 \ \mathrm{mm}$$

$$\Delta_{jb2} = T(e) = 0.015 \ \mathrm{mm}$$

由于 Δ_{jb1}与外圆半径的尺寸误差参数有关,Δ_{jb2}与同轴度误差参数有关,它们两者之间是随机的,故

$$\Delta_{jb} = \Delta_{jb1} + \Delta_{jb2} = (0.008 + 0.015) \ \mathrm{mm} = 0.023 \ \mathrm{mm}$$

工件内孔轴线是定位基准,定位心轴轴线是调刀基准,内孔与心轴作间隙配合,由于工件装夹在心轴后再装夹在机床上,因而一批工件的定位基准(内孔轴线)相对夹具的调刀基准(定位心轴轴线)的位移按式(4.5)进行计算:

$$\Delta_{jw} = D_{1max} - d_{1min} = 0.021 \ \mathrm{mm} - (-0.020 \ \mathrm{mm}) = 0.041 \ \mathrm{mm}$$

$$\Delta_{dw} = \Delta_{jb} + \Delta_{jw} = 0.023 \ \mathrm{mm} + 0.041 \ \mathrm{mm} = 0.064 \ \mathrm{mm}$$

定位误差占加工允差的 $0.064/0.25 = 0.256$,能保证加工要求。

(3) 对称度 $T(c) = 0.25 \ \mathrm{mm}$ 的定位误差

外圆轴线是对称度的设计基准。定位基准是内孔轴线,二者不重合,同轴 $T(e)$ 是联系系数。因而

$$\Delta_{jb} = T(e_1) = 0.015 \ \mathrm{mm}$$

调刀基准是定位心轴轴线,定位基准是内孔轴线,二者间隙配合产生 Δ_{jw},根据式(4.5)得

$$\Delta_{jw} = T(D) + T(d) + \varepsilon_{min} = 0.041 \ \mathrm{mm}$$

由于 Δ_{jb} 和 Δ_{jw} 不含公共变量,它们均可能在水平方向产生对称度误差,故

$$\Delta_{dw} = \Delta_{jb} + \Delta_{jw} = (0.015 + 0.041)\ mm = 0.056\ mm$$

定位误差占加工允差的 $0.056/0.25 = 0.224$,能保证加工要求。

4.4　夹紧装置

学习目标

1. 了解夹紧装置的类型、作用和基本要求。
2. 能够确定夹紧力合理方向和作用点,能够估算夹紧力的大小。
3. 能够合理选择典型夹紧机构,并能对常用夹紧机构的夹紧力进行分析计算。

4.4.1　夹紧装置概述

1. 夹紧装置的组成

能完成夹紧功能的装置称为夹紧装置。对于机动夹紧,夹紧装置由夹紧力源装置和夹紧机构两个基本部分组成。产生原始作用力的装置称为夹紧力源装置。常用的夹紧力源形式有气动、液压、气液、电力、电磁等。对于手动夹紧,夹紧力源就是人力,它由操作手柄或操作工具取代了夹紧力源装置,这类夹紧装置习惯上称为夹紧机构。

夹紧机构由夹紧元件和中间递力机构两部分组成。夹紧元件是直接与工件被夹压面相接触的执行夹紧任务的元件,如压板、压块。中间递力机构是接受人力或夹紧力源装置的原始作用力并把它转换为夹紧力传递给夹紧元件,实现夹紧工件的机构。中间递力机构的主要作用为:

① 改变作用力的方向;

② 改变作用力的大小,如斜楔、杠杆的增力作用;

③ 自锁作用,即当主动力去除后,仍能保持工件的夹紧状态不变。

2. 夹紧装置设计的基本要求

夹紧是工件装夹过程的重要组成部分。工件定位以后或工件定位的同时,必须采用一定的装置或机构把工件紧固(固定),使工件保持在正确定位的位置上,不会因受加工过程中的切削力、重力或惯性力等的作用而发生位置变化或引起振动等破坏定位的情况,以保证加工要求和生产安全。夹紧应满足以下基本要求(夹紧装置设计要解决的主要问题):

① 准确地施加夹紧力。这是夹紧装置的首要任务,就是确定夹紧力的大小、方向和作用点要准确合理。

② 保证一定的夹紧行程。夹紧装置在实现夹紧操作的过程中,夹紧元件在工件夹压面法线上的最大位移就是夹紧装置的夹紧行程。夹紧行程要留有一定的储备量,以考虑装置磨损、工件夹压面位置变化、夹紧机构的间隙和制造误差补偿、方便装卸工件的空行程等因素。

③ 保证夹紧装置工作可靠,如自锁,夹紧力不够或消失时机床停止工作,工件没有处于正确位置或未夹紧时机床不能开动等。

④ 夹紧、松夹操作迅速以提高生产率。

⑤ 采用机动夹紧装置、增力机构,使夹紧操作方便和省力。

⑥ 夹紧装置结构简单,工艺性好,制造、装配和维修方便。

4.4.2　确定夹紧力

确定夹紧力就是确定夹紧力的大小、方向和作用点三要素。

1. 确定夹紧力的作用方向

确定或选择夹紧力的作用方向一般遵循以下原则:

① 夹紧力的作用方向有利于工件的准确定位,不能破坏定位。通常夹紧力的作用方向应垂直指向主定位面。例如,镗削如图 4.40 所示支座上的孔,若加工要求孔心线垂直于端面 A,则选 A 面为主要定位表面,夹紧力的方向为图中的 F_{J1};若加工要求孔心线平行底面 B,则选 B 面为主要定位表面,夹紧力的方向为图中的 F_{J2}。

② 夹紧力的作用方向应与工件刚度较大的方向一致,以减小工件夹紧变形。例如,加工壁厚较薄的套类工件的内、外圆表面。若夹紧力的作用方向沿径向施加,将使工件变形而影响加工精度;若沿轴向施加夹紧力,由于工件轴向刚度较径向高,夹紧力的变形较小。

图 4.40　夹紧力方向与夹紧力大小的关系

③ 夹紧力的作用方向应使所需的夹紧力尽可能小。在保证夹紧可靠的情况下,减小夹紧力可以减轻工人的劳动强度,减少工件的夹紧变形。为此,应使夹紧力 F_J 的方向最好与切削力 F,工件的重力 G 的方向重合,使所需的夹紧力最小。如图 4.41 所示的 6 种夹紧方案中,图 4.41a 方案所需夹紧力最小,图4.41f 方案所需夹紧力最大。

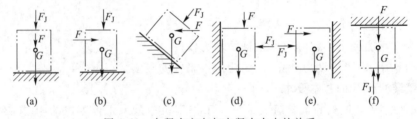

|(a)|(b)|(c)|(d)|(e)|(f)|

图 4.41　夹紧力方向与夹紧力大小的关系

2. 选择夹紧力的作用点

选择夹紧力的作用点主要考虑以下几点:

① 夹紧力应正对支承元件或几个支承元件所形成的支承面内。如图 4.42a 所示的夹紧力作用点位于定位支承元件之外,产生了翻转力矩,破坏了工作的定位,是不合理的。图 4.42b 所示的方案是合理的。

② 夹紧力作用点应位于工件刚性较好的部位。如图 4.42c 所示的方案,夹紧力的作用点位于工件刚性不好的部位,夹紧力引起工件的变形大,该方案是不合理的。如图 4.42d 所示的方案,夹紧力的作用点位于工件刚性较好的部位,工件的夹紧变形小。该方案是合理的。

③ 夹紧力应尽量靠近加工表面。夹紧力靠近加工表面,可以增加夹紧的可靠性,减小工件的变形和振动,避免工件的悬空现象。必要时可增加辅助支承。

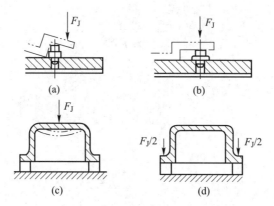

图 4.42 夹紧力作用点位置的合理选择

3. 夹紧力大小估算

夹紧力过大,会增大夹紧系统的变形,增大夹紧力源的尺寸和动力。夹紧力过小,会使夹紧不可靠,不能保证加工要求。在机械加工过程中,夹紧力要克服切削力、工件的重力、惯性力等作用力的影响。由于切削力本身受切削用量、工件材料、刀具及工况多种因素的影响,夹紧力大小计算很复杂,一般只作粗略估算。

在加工中小工件时,可忽略工件重力的影响,可根据工件的受力平衡条件,计算出在最不利的加工情况下与切削力、惯性力相平衡的夹紧力 F_{J0},考虑不确定的因素,应乘以安全系数,估算出所需的夹紧力 $F_J = KF_{J0}$。安全系数 K 在精加工、刀具锋利、连续切削时取 1.5 ~ 2,粗加工、刀具钝化、断续切削时取 2.5 ~ 3.5。

在加工大型和重型工件时,夹紧力的估算,不仅要考虑切削力,还要考虑工件的重力,对于高速回转运动的偏心工件,必须考虑惯性力(离心力)的影响。

在实际设计中,确定夹紧力的大小或计算夹紧力,一般要结合加工的具体情况进行分析计算,大都是通过夹紧力形成的摩擦力来克服外力的作用。

例 4.2 如图 4.43 所示,用 V 形块定位、钳口夹紧,在圆柱工件端面钻孔的夹具方案。试分析计算所需夹紧力。

解 钻孔时作用于工件的有钻削轴向力 F 和钻削转矩 M_c,平衡切削力的作用力有:夹紧力 F_{J0},V 形块支承斜面的反作用力 F_{N1},工件外圆与 V 形块支承斜面间的摩擦阻力 $F_{N1}f_1$,钳口与工件外圆面的摩擦阻力 $F_{J0}f_2$,钻削时支承块的反作用力 F_{N3} 和摩擦阻力 $F_{N3}f_3$ 的作用。若忽略 $F_{N3}f_3$ 的作用,认为平衡钻削转矩 M_c 只有 $F_{N1}f_1$ 和 $F_{J0}f_2$ 的作用。

由图 4.43 可得

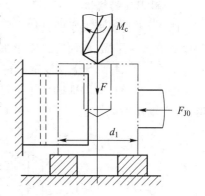

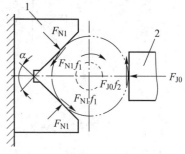

图 4.43 钻孔时夹紧力的计算示例
1—V 形块;2—夹紧钳口

$$F_{J0} = 2F_{N1} \sin \frac{\alpha}{2}$$

$$F_{N1} = \frac{F_{J0}}{2\sin\dfrac{\alpha}{2}}$$

建立力矩平衡式得

$$M_c = \frac{d_1}{2}(2F_{N1}f_1 + F_{J0}f_2) = \frac{d_1}{2}F_{J0}\left(\frac{f_1}{\sin\dfrac{\alpha}{2}} + f_2\right)$$

$$F_J = KF_{J0} = \frac{KM_c\sin\dfrac{\alpha}{2}}{d_1\left(f_1 + f_2\sin\dfrac{\alpha}{2}\right)} \times 10^3$$

式中：F_{J0}——原始夹紧力，N；

　　　M_c——钻削转矩，N·m；

　　　α——V 形块夹角，(°)；

　　　d_1——工件外圆直径，mm；

　　　f_1——工件与 V 形块的摩擦系数；

　　　f_2——工件与压块的摩擦系数；

　　　K——安全系数，取 1.5~2。

4.4.3　常用夹紧机构

1. 斜楔夹紧机构

图 4.44 是斜楔夹紧的铣槽夹具。工件 2 为一长方体，以底面、侧面和端面定位。夹具上以定位工作平面、侧面定位支承板 1 和端面挡销 3 定位工件。斜楔夹紧的操作过程是：向右转动手柄 6，手柄 6 绕铰接副 7 转动，手柄 6 的另一端与斜楔 4 铰接，使斜楔沿着斜导板 5 向左移动，在导板 5 斜面的作用下，斜楔将工件夹紧；以相反的方向转动手柄 6，斜楔便向右退出，实现松夹操作。

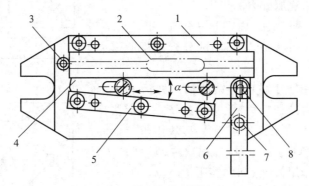

图 4.44　斜楔夹紧铣槽夹具

1—侧面定位支承板；2—工件；3—挡销；4—斜楔；5—斜导板；6—手柄；7、8—铰接副

（1）夹紧力的计算

斜楔机构夹紧时，斜楔的受力情况如图 4.45 所示。图中，F_Q 是施加在斜楔上的作用力，F_J 是斜楔受到工件的夹紧反力，F_1 是斜楔直面（即夹紧工作面）与工件被夹压面间的摩

擦阻力(等于 $F_{\mathrm{J}}\tan\varphi_1$),$F_{\mathrm{J}}$ 与 F_1 的合力为 F_{P},F_{N} 是斜导板对斜楔斜面的反作用力,其方向和斜面垂直,F_2 是斜导板和斜楔间的摩擦阻力(等于 $F_{\mathrm{N}}\tan\varphi_2$),$F_{\mathrm{N}}$ 与 F_2 的合力为 F_{R},斜楔夹紧时,F_{Q}、F_{P}、F_{R} 三力应处于静力平衡,见图 4.45b。在 F_{Q} 方向列出力平衡方程式得

$$F_{\mathrm{Q}} = F_{\mathrm{J}}\tan(\alpha+\varphi_2) + F_{\mathrm{J}}\tan\varphi_1$$

$$F_{\mathrm{J}} = \frac{F_{\mathrm{Q}}}{\tan(\alpha+\varphi_2) + \tan\varphi_1} \tag{4.10}$$

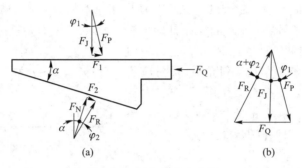

图 4.45　斜楔的受力分析

式中:F_{J}——斜楔产生的夹紧力,N;

　　　F_{Q}——施加于斜楔上的作用力,N;

　　　α——斜楔斜角;

　　　φ_1——斜楔与工件间的摩擦角;

　　　φ_2——斜楔与斜导板间的摩擦角。

　　一般取 $\varphi_1 = \varphi_2 = 6°$。将 $\alpha = 6° \sim 10°$ 代入式(4.10)得

$$F_{\mathrm{J}} = (2.6 \sim 3.2)F_{\mathrm{Q}}$$

　　可见斜楔夹紧机构产生的夹紧力可以将原始作用力增大,它是增力机构,并随着斜角 α 的减小增力比相应增大,但 α 角受夹紧行程的影响不能太小,因而其增力相应受到限制。此外,α 角过小还会带来斜楔退不出的问题。

　　(2)斜楔自锁条件的计算

　　斜楔夹紧后应能自锁。作用力消失后斜楔保持自锁的情况如图 4.46 所示。当作用力消失后,由于 F_{N} 的水平分力的影响,斜楔有按虚线箭头方向退出的趋势,此时系统的摩擦阻力若能克服使斜楔退出的作用力,即能保持自锁状态。摩擦阻力 F_1 和 F_2 的作用方向应和斜楔移动方向相反。F_{N} 和 F_2 的合力为 F_{R}。根据图 4.46 列出自锁条件的力平衡方程式为

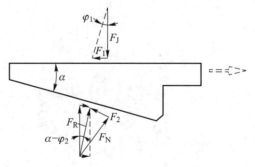

图 4.46　斜楔自锁条件的分析

$$F_1 \geqslant F_{\mathrm{R}}\sin(\alpha-\varphi_2)$$

　　将 $F_{\mathrm{J}} = F_{\mathrm{R}}\cos(\alpha-\varphi_2)$、$F_1 = F_{\mathrm{R}}\tan\varphi_1$ 代入,得到保证斜楔夹紧自锁的条件为

$$\tan\varphi_1 \geqslant \tan(\alpha-\varphi_2)$$

$$\varphi_1 + \varphi_2 \geqslant \alpha \tag{4.11}$$

一般 $\varphi_1 = \varphi_2 = 6°$,则 $\alpha \leqslant 12°$。考虑斜角和斜面平直性制造误差等因素,具有自锁性能的斜楔夹紧机构的斜楔斜角一般取 $6° \sim 10°$。

（3）夹紧行程的计算

由于斜楔的夹紧作用是依靠斜楔的轴向移动来实现的,夹紧行程 S 和相应斜楔轴向移动距离 L 有如下关系:

$$S = L\tan \alpha \tag{4.12}$$

由式(4.11)可知,要增大斜楔的夹紧行程就应相应增加 L 或 α。增大移动距离 L 受到结构尺寸的限制;增大斜角 α 要受自锁条件的限制。因此,斜楔的夹紧行程较小。

为适应较大的装卸工件空行程的需要,可采用如图 4.47 所示的双斜角结构。斜角 α_1 段对应装卸工件的空行程,不需要有自锁作用,可取较大数值,如 $\alpha_1 = 30° \sim 35°$。斜角 α 是夹紧工作区域,要求有自锁作用,在 $6° \sim 10°$ 范围内选取。

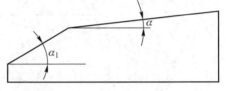

图 4.47　双斜角结构的斜楔

（4）斜楔夹紧机构的应用

斜楔夹紧机构增力比不大,夹紧行程受到限制,操作又较不便,较少用作夹紧件,一般在夹紧装置中用作中间递力机构,如图 4.48 所示。在气动夹紧装置中斜楔应用较广,常在夹头、弹性夹头等定心夹紧机构中使用。

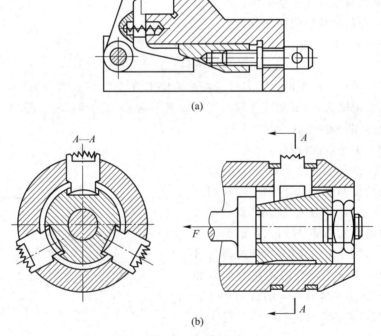

(a)

(b)

图 4.48　斜楔机构用作中间递力机构

2. 螺旋夹紧机构

（1）螺旋夹紧机构的类型

螺旋夹紧机构的类型多,在生产中应用广泛。螺旋夹紧机构通过螺钉或螺母可直接夹紧工件,也可通过垫圈或压板压紧工件。图 4.49a 所示的夹紧机构用螺钉直接夹压工件,易损伤工件表面,一般用来夹紧毛面。图 4.49b 所示夹紧机构的螺钉头上加上活动压块,避免损伤工件表面,用来压紧工件的精表面。图 4.49c 所示为螺母压紧,球面垫圈使工件受力均匀。为了装卸工件时不拧下螺母,可用图 4.49d 所示的开口垫圈。

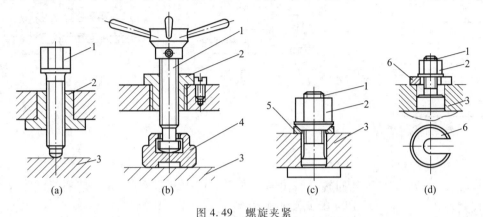

图 4.49　螺旋夹紧

1—螺钉(或螺栓);2—螺母;3—工件;4—压块;5—球面垫圈;6—开口垫圈

螺旋与压板结合的螺旋夹紧机构应用广泛,如图 4.50 所示。图 4.50a、b 所示为移动压板式螺旋夹紧机构,图 4.50c 所示为铰链压板式螺旋夹紧机构。可根据需要的增力倍数确定不同的杠杆比。

图 4.51 所示为螺旋勾头压板夹紧机构。

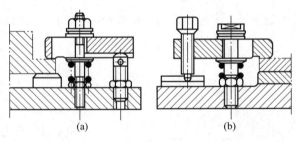

图 4.50　螺旋压板夹紧机构

（2）螺旋夹紧机构的夹紧力

螺旋夹紧机构的实质是一个空间斜楔,由于螺栓的螺旋升角较小,其增力系数大,一般满足自锁条件,其夹紧力的理论计算可以按斜楔的分析方法进行。生产中一般根据工件夹紧需要的夹紧力直接选择螺栓的公称直径,不进行螺栓的夹紧力计算。如果需要,可按螺栓的强度估算夹紧力。

3. 偏心夹紧机构

图 4.52 所示为三种简单的偏心夹紧机构。其中图 4.52a 所示为直接利用偏心轮夹紧工件的偏心夹紧机构,图 4.52b 和图 4.52c 所示为偏心压板夹紧机构。

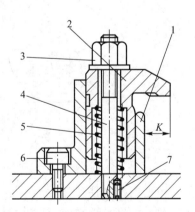

图 4.51　螺旋勾头压板夹紧机构

1—压板座;2—勾头压板;3—螺母;4—螺栓;
5—弹簧;6—内六方螺钉;7—螺钉(防转)

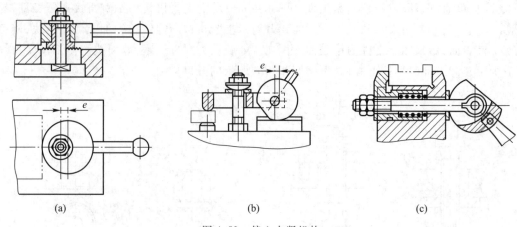

图 4.52 偏心夹紧机构

偏心夹紧机构靠偏心轮回转时回转半径变大而产生夹紧作用,其原理和斜楔工作时产生的楔紧作用是一样的。实际上,可将偏心轮视为一楔角变化的斜楔,将图 4.53a 所示的圆偏心轮展开,可得到图 4.53b 所示的图形,作用点处的楔角可用下面的公式求出:

$$\alpha \approx \arctan \frac{e\sin \gamma}{R - e\cos \gamma} \qquad (4.13)$$

式中:α——偏心轮作用点处的楔角,(°);

    e——偏心轮的偏心距,mm;

    R——偏心轮的半径,mm;

    γ——偏心轮作用点(图 4.53a 中的 X 点)与起始点(图 4.53a 中的 O 点)之间的圆弧所对应的圆心角,(°)。

当 $\gamma = 90°$ 时,α 接近最大值

$$\alpha_{\max} = \arctan \frac{e}{R} \qquad (4.14)$$

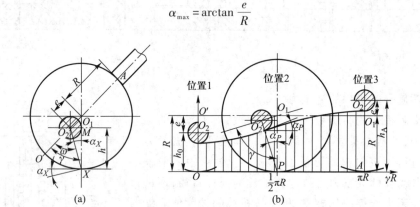

图 4.53 偏心夹紧工作原理

根据斜楔自锁条件 $\alpha \leqslant \varphi_1 + \varphi_2$,此处 φ_1 和 φ_2 分别为偏心轮缘作用点处与转轴处的摩擦角。忽略转轴处的摩擦,并考虑最不利的情况,可得到偏心夹紧的自锁条件为

$$\frac{e}{R} \leqslant \tan \varphi_1 = \mu_1 \qquad (4.15)$$

式中:μ_1——偏心轮缘作用点处的摩擦系数,钢与钢之间的摩擦系数一般取 0.1~0.15。

偏心夹紧的夹紧力可用下式估算:

$$F_J = \frac{F_s L}{\rho\left[\tan(\alpha+\varphi_2)+\tan\varphi_1\right]} \qquad (4.16)$$

式中:F_J——夹紧力,N;

$\quad F_s$——作用在手柄上的原始力,N;

$\quad L$——作用力臂,mm;

$\quad \rho$——偏心转动中心到作用点之间的距离,mm;

$\quad \alpha$——偏心轮作用点处的楔角,(°);

$\quad \varphi_1$——偏心轮缘作用点处摩擦角,(°);

$\quad \varphi_2$——转轴处摩擦角,(°)。

偏心夹紧机构的结构简单、动作迅速、操作方便,但自锁性能较差,增力比较小,一般用于切削平稳且切削力不大的场合。

4. 其他夹紧机构

（1）可胀式心轴

如图 4.54 所示为锥度胀套心轴,当拧动螺母 2 时,通过压板 3 推动胀套 1 沿锥面轴向移动,在锥面的作用下使其径向胀开夹紧工件;反向拧动螺母 2,将工件松夹,可以装卸工件。锥度胀胎心轴常用于车削、磨削。

两端锥度胀套心轴如图 4.55 所示。对于较长工件,可胀衬套 2 也较长,为了使可胀衬套 2 两端胀力均匀,两端均为锥面接触。图 4.55 中,圆柱销 1 用来防止可胀衬套 2 的转动。

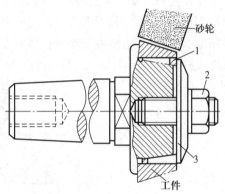

图 4.54 锥度胀套心轴
1—胀套;2—螺母;3—压板

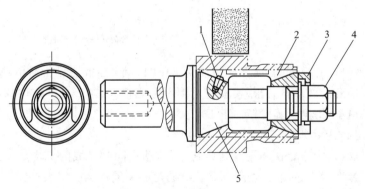

图 4.55 两端锥度胀套心轴
1—销;2—可胀衬套;3—带圆锥的压圈;4—螺母;5—心轴

图 4.56 所示为液压胀套心轴。在其内腔灌满凡士林油,当旋紧螺杆 3 时,油料受压力而将胀套 2 外胀,胀套 2 中间有一条筋 a,用来增加中间部位的刚度,以使胀套从筋 a 两侧的薄壁部位均匀向外胀,从而夹紧工件。夹具体 1 与胀套 2 的配合采用 H7/k6,用温差法装配,胀套 2 留有精磨余量 0.15~0.2 mm,待其与本体装配后再磨到需要尺寸。

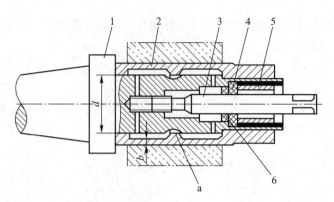

图 4.56　液压胀套心轴

1—本体;2—胀套;3—调压螺杆;4—橡胶垫圈;5—螺塞;6—橡胶密封圈

图 4.57 是磨床用液性塑料夹紧心轴。液性塑料在常温下是一种半透明的胶状物质,有一定的弹性和流动性。这类夹具的工作原理是利用液性塑料的不可压缩性将压力均匀地传给薄壁弹性件,利用其变形将工件定心并夹紧。在图 4.57 中,工件以内孔和端面定位,工件套在薄壁套筒 5 上,然后拧动加压螺钉 3,推动柱塞 4,施压于液性塑料 6,液性塑料将压力均匀地传给薄臂套筒 5,使其产生均匀的径向变形,将工件定心夹紧。

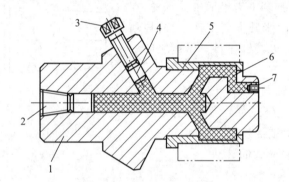

图 4.57　液性塑料夹紧心轴

1—夹具体;2—塞子;3—加压螺钉;4—柱塞;5—薄壁套筒;6—液性塑料;7—螺塞

液性塑料夹具定心精度高,能保证同轴度在 0.01 mm 之内,且结构简单,操作方便,生产率高;但由于薄壁套筒变形量有限,使夹持范围不可能很大,对工件的定位基准精度要求较高,故只能用于精车、磨削及齿轮精加工工序。

（2）螺旋定心夹紧机构

定心夹紧机构是定心定位和夹紧结合在一起,动作同时完成的机构。夹具中常用的三爪自定心卡盘、弹性卡头、可胀式心轴均是典型的定心夹紧机构。定心夹紧机构中与定位基面接触的元件既是定位元件又是夹紧元件。定位精度高,夹紧方便、迅速,在夹具中广泛应用。定心夹紧只适合于几何形状是完全对称或至少是左右对称的工件。

图 4.58 所示为螺旋式定心夹紧机构。螺杆 3 两端分别有旋向相反的螺纹,当转动螺杆3 时,通过左、右螺纹带动两个 V 形架 1 和 2 同时移向中心而起定心夹紧作用。螺杆 3 的轴向位置由叉座 7 来决定,左右两调节螺钉 5 通过调节叉座的轴向位置来保证 V 形架 1 和 2的对中位置正好处在所要求的对称轴线上。调整好后,用固定螺钉 6 固定。紧定螺钉 4 防

止螺钉 5 松动。

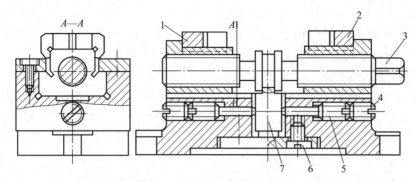

图 4.58　螺旋式定心夹紧机构

1、2—移动 V 形架；3—螺杆；4—紧定螺钉；5—调节螺钉；6—固定螺钉；7—叉座

（3）多件联动夹紧机构

图 4.59 所示为多件联动夹紧机构，图 4.59a 所示夹紧机构的工件与工件相互接触，通过一个操作，连续或串联地把工件夹紧；图 4.59b 的夹紧机构可通过一个操作，使不同的夹紧元件把工件夹紧。多件联动夹紧机构要求每个工件获得均匀一致的夹紧力，设计时注意采用对称、浮动的结构，对构件还要提出制造精度要求。

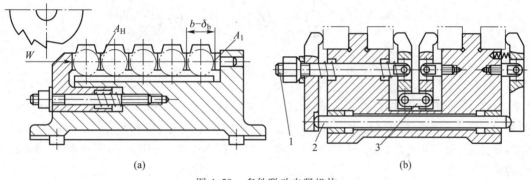

图 4.59　多件联动夹紧机构

1—联动螺栓；2—联动顶杆；3—联动铰接杆

4.5　夹具的其他装置

不同类型的机床，其加工表面类型不同，其夹具上采用的装置也不同，如钻床和镗床夹具上有引导装置，铣床和刨床夹具上有对刀装置，车床和磨床有连接装置和平衡装置，加工对称的多个表面需要分度装置等。

学习目标

了解夹具的引导、对刀、分度和连接装置及其应用的机床类型。

4.5.1　引导装置

在钻床和镗床上进行孔加工时，一般要采用引导装置引导刀具，如钻床夹具钻模板上的钻套、镗床夹具上的镗套。

1. 钻套与钻模板

（1）钻套

钻套装在钻模板上,用来确定刀具的位置和方向,提高刀具的刚度,保证被加工孔的位置精度。钻套分标准钻套(固定钻套、可换钻套、快换钻套)和特殊钻套。

标准钻套的结构如图 4.60 所示,固定钻套的标准结构(JB/T 8045.1—1999)见图 4.60a、图 4.60b,其结构简单,位置精度高,但磨损后不易更换,一般用于中小批生产或孔距精度要求较高和孔距较小的孔加工。固定钻套的外圆直接装配在钻模板上,一般采用 H7/n6 配合。可换钻套的标准结构(JB/T 8045.2—1999)见图 4.60c,螺钉的作用是防止钻套转动和被顶出。钻套磨损后,可松开螺钉进行更换,这种钻套多用于大量生产中。为了保护钻模板,一般都有衬套(JB/T 8045.4—1999),衬套与钻模板间采用过盈配合 H7/n6。快换钻套的标准结构(JB/T 8045.3—1999)见图 4.60d,更换钻套时松开螺钉而不必拧出,将钻套逆时针转动,使螺钉对准钻套的缺口即可更换钻套。它广泛应用于工件一次装夹,多次更换刀具的场合(如工件一次装夹的钻、扩、铰孔)。钻套与衬套的配合可选用 E7/n6。

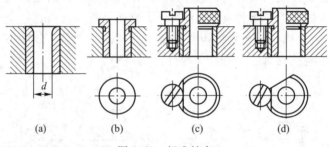

图 4.60　标准钻套

如图 4.61 所示,特殊钻套的形状和尺寸与标准钻套不同。图 4.61a 用于斜面上钻孔,钻套的尾端是斜的。图 4.61c 所示的钻套用于凹形表面上钻孔,钻套伸长,为了减小刀具导向部分长度,钻套孔为阶梯的,下部为引导孔。两孔距离较近时,用图 4.61b 或图 4.61d 的结构。

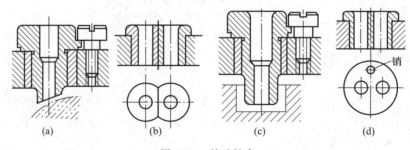

图 4.61　特殊钻套

无论是选用标准结构的钻套还是自行设计的特殊钻套,钻套导引孔的尺寸和公差应根据所引导的刀具来决定。钻套导引孔直径的基本尺寸应等于所引导刀具的上极限尺寸,孔径公差根据被加工孔的精度确定。一般钻孔与扩孔时选用 F7,粗铰时选用 G7,精铰时选用 G6。如果钻套导引的不是刀具的切削部分而是刀具的导向部分,其配合可选用 H7/f6、H7/g6、H6/g5。

钻套高度 H 是指钻套与钻头接触部分的长度,它主要起导向作用,如图 4.62 所示。钻一般螺钉孔、销钉孔,工件孔距精度要求在 ±0.25 mm 或自由公差时,取 $H = (1.5 \sim 2)D$。加工 IT7 级精度、孔径在 $\phi12$ mm 以上时,取 $H = (2.5 \sim 3.5)D$。加工 IT8 级精度的孔时,取 $H = 1.25 \sim 1.5(C+L)$,其中 L 为钻孔的深度,D 为孔径,C 为钻套下端与被加工表面间的距离。

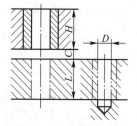

图 4.62　钻套高度 H 和 C

钻套下端与被加工表面间应留有空隙 C,以便排除切屑,见图 4.62。C 太小排屑困难,C 太大钻头易偏斜。一般加工铸铁时,取 $C = (0.3 \sim 0.7)D$;加工钢时,取 $C = (0.7 \sim 1.5)D$。当孔的位置精度要求较高时,可取 $C = 0$。对于带状切屑取大值,断屑较好者取小值。

（2）钻模板

钻模板分为固定式钻模板和分离式钻模板。

固定式钻模板直接固定在夹具体上,结构简单,加工精度较高,多用于立式钻床和多轴钻床,见图 4.1。

分离式钻模板按其应用特点分为钻模盖板、分离式钻模板和悬挂式钻模板。

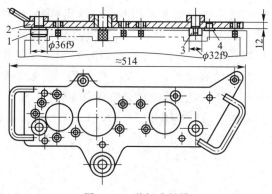

钻模盖板直接安装在工件上,一般采用一面两销与工件上的一面两孔定位。其特点是没有夹具体,结构简单,多用在大型工件上加工小孔。如加工车床滑板箱操作面上多孔的钻模盖板（见图 4.63）,通过圆柱销 1、菱形销 3 和支承钉 4 定位,一件加工完后,通过提手安放在下一个工件上,一般在摇臂钻床上应用较广。

图 4.63　盖板式钻模

1—圆柱销;2—钻模板;3—菱形销;4—支承钉

分离式钻模板与夹具体是分离的,每装一次工件,钻模板也要装卸一次,一般用于加工中小型工件,定位夹紧的形式多样,主要考虑装卸方便,常见的形式如图 4.64 所示。

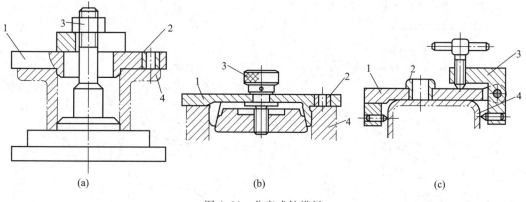

図(a)　　　　　(b)　　　　　(c)

图 4.64　分离式钻模板

1—钻模板;2—钻套;3—夹紧机构;4—工件

悬挂式钻模板一般悬挂在机床主轴箱上,并与主轴一起靠近或远离工件,它与夹具体的相对位置靠滑柱导向,这种形式多用于组合机床的多轴箱,如图4.65 所示。

2. 镗套、镗模支架和镗杆

对于箱体、机座等壳体类零件,往往需要进行精密孔系加工。不仅要求孔的尺寸和形状精度高,而且要求各孔与孔、孔与面之间的相互位置精度也较高,生产中主要采用镗床夹具加工这些孔。在镗床夹具中,引导刀具的是镗套和镗杆。镗套的结构和精度直接影响加工孔的尺寸、形位精度和表面粗糙度。镗杆经常采用单支承和双支承形式。

图 4.65　悬挂式钻模板

1—横梁;2—弹簧;3—钻模板;

4—工件;5—滑柱;6—夹具体

(1) 镗套

镗套的结构分固定式和回转式两种结构类型。

固定式镗套分 A 型和 B 型(JB/T 8046.1—1999),如图 4.66 所示。固定式镗套固定在镗模支架上,结构简单、紧凑,但与镗杆之间既有相对转动,又有相对移动,因摩擦发热易发生咬死现象,镗套与镗杆的磨损影响导向精度,因此一般用于低速、小尺寸孔径镗削。A 型镗套孔内没有油槽,B 型镗套有油槽,通过油杯注入润滑油,改善镗套与镗杆之间的摩擦。图 4.66d 是固定式镗套的装配结构,图中 1 是镗套用衬套,2 是镗套(JB/T 8046.2—1999),3 是镗套螺钉(JB/T 8046.3—1999)。与镗杆配合的固定式镗套孔公差一般为 H6、H7,必要时可由设计者确定。

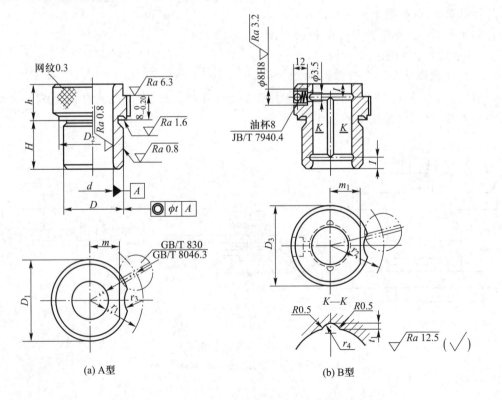

(a) A型　　　　　　　　(b) B型

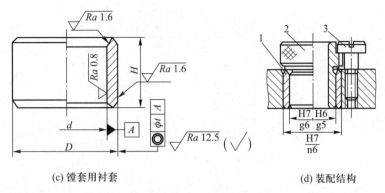

(c) 镗套用衬套　　　　　　(d) 装配结构

图 4.66　固定式镗套

（2）镗模支架

根据镗模支架的数目及其与被加工工件之间位置的关系,常用的支承布置形式有:单支承前导引布置、单支承后导引布置、双面单导引布置和单面双支承导引布置。

单支承前导引布置形式如图 4.67 所示。镗模支架在加工孔的前方,镗杆的前部有导柱,镗杆的后部与镗床主轴刚性连接。这种布置形式便于在加工中进行观察和测量,间距 h 较小,但刀具退出和引进的行程较长,一般用于加工孔直径 $D>60$ mm、孔的长径比 $l/D<1$ 的通孔。为了便于排屑,一般 $h=(0.5\sim1)D$。

单支承后导引的布置形式如图 4.68 所示,主要用于加工孔径 $D<60$ mm 的情况。镗模支架位于被加工孔的后方,介于机床主轴与工件之间。镗杆与机床主轴刚性连接。

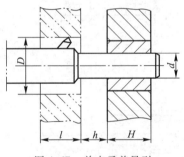
图 4.67　单支承前导引

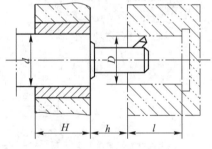
图 4.68　单支承后导引

图 4.69 所示为双面单导引布置形式,主要用于孔的长径比 $l/D>1.5$ 的孔或同一轴线上的一组通孔。工件前后均布置一个镗模支架,分别引导前、后刀具。当镗模支架间距较大(即 $S>10d$)时,应在镗模中间增设中间导引镗套,以提高系统的刚性。

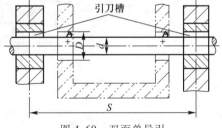
图 4.69　双面单导引

图 4.70 所示为单面双支承导引布置形式。这种布置形式,工件装卸、更换镗杆或刀具方便,便于操作者观察和测量,在大批生产中应用较多,但由于加工时镗杆单边悬伸,为保证镗杆的一定刚性,一般适用于 $L_1<5d$ 的情况。采用双支承导引时,镗杆的位置由镗套确定,镗杆与机床主轴只能采用浮动连接,避免了因机床主轴与镗杆不同轴或机床主轴的回转误差影响加工精度。

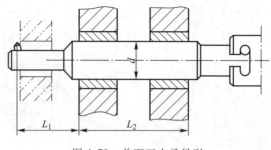

图 4.70　单面双支承导引

在高速镗孔或镗杆直径较大,表面回转线速度超过 20 m/min 时,一般采用回转式镗套。回转式镗套的镗杆与镗套之间只有相对移动而无相对转动,改善了摩擦状态,因此回转式镗套中必须有轴承,如图 4.71 所示。若用滑动轴承,则称为滑动轴承回转式镗套,简称滑动镗套(图 4.71a),它适用于孔心距较小、孔径较大、工作速度不高的孔系加工。若用滚动轴承,则称为滚动轴承回转镗套,简称滚动镗套。

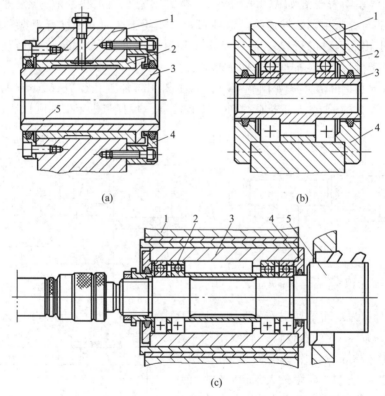

图 4.71　滚式滚动镗套

1—镗模支架;2—轴承;3—镗套;4—轴承端盖;5—镗杆

滚动轴承装在镗套的外表面,称为外滚式镗套(图 4.71b)。滚动轴承装在镗套的内表面,称为内滚式镗套(图 4.71c)。内滚式镗套滚动轴承的外圈装在镗套的内表面上,内圈装在镗杆上并与镗杆一起作回转运动。轴承外圈与镗套一起相对固定支承套作轴向移动。内滚式镗套的结构尺寸较大,有利于刀具通过固定支承套,在单支承后导引布置形式中常用。

（3）镗杆

镗杆是连接刀具与机床的辅助工具，不属夹具范畴。但镗杆的一些有关设计参数与镗模的设计关系密切，而且不少生产单位把镗杆的设计归口于夹具设计中。

镗杆的导引部分是指镗杆与镗套的配合部分。当采用固定式镗套时，镗杆的导引部分结构见图4.72。图4.72a所示镗杆的导引部分是开有油槽的圆柱，这种结构最简单，但润滑不好，与镗套接触面积大，切屑易进入导引部分而发生咬死现象。图4.72b和图4.72c所示镗杆的导引部分开有直槽和螺旋槽，减小了与镗套的接触面积，沟槽又可容屑，工作情况比图4.72a好，一般用于切削速度不超过20 m/min的场合。图4.72d所示为镶装滑块的结构。由于与镗套接触面积小，且青铜镶块可减小摩擦，故可容许较高的切削速度。

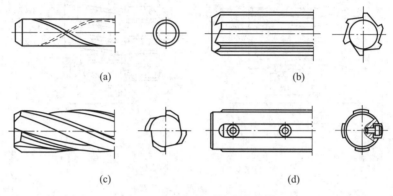

图4.72　镗杆导引部分的结构

当采用内滚式回转镗套时，镗杆与镗套接合部的结构有镗套上开键槽镗杆上装键、镗套上装键镗杆上开键槽两种形式。镗杆上装键的结构如图4.73所示。图中，镗杆上的键都是弹性键，当镗杆伸入镗套时，弹簧被压缩。在镗杆旋转过程中，弹性键便自动弹出落入镗套的键槽中，带动镗套一起回转。

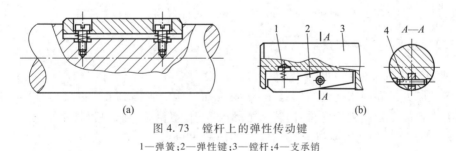

图4.73　镗杆上的弹性传动键
1—弹簧；2—弹性键；3—镗杆；4—支承销

4.5.2　对刀装置

在铣削过程中，夹具与机床工作台一起作进给运动，为了保证夹具上的工件与刀具的位置，在铣床夹具和刨床夹具上常设有对刀装置。对刀装置由对刀块和塞尺组成。对刀块一般用销定位，用螺钉紧固在夹具体上。对刀时，为防止刀具刃口与对刀块直接接触，一般在刀具和对刀块之间塞一规定尺寸的塞尺，凭接触的松紧程度来确定刀具的最终位置。常用的几种对刀装置如图4.74所示。

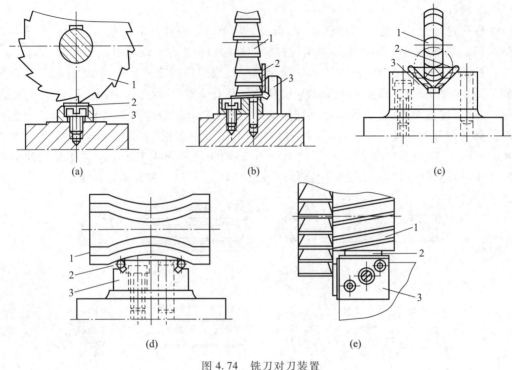

图 4.74　铣刀对刀装置
1—铣刀;2—塞尺;3—对刀块

图 4.74a 所示为圆形对刀块(JB/T 8031.1—1999),用于对准铣刀的高度。图 4.74b 所示为直角对刀块(JB/T 8031.3—1999),用于同时对准铣刀的高度和水平方向的尺寸。图 4.74c、图 4.74d 所示为各种成形刀具的对刀装置。图 4.74e 所示为方形对刀块(JB/T 8031.2—1999),用于组合铣刀的轴向和径向的对刀。对刀块还可以根据加工要求和夹具结构需要自行设计。标准对刀平塞尺(JB/T 8032.1—1999)有 1 mm、2 mm、3 mm、4 mm 和 5 mm 五种规格,对刀圆柱塞尺(JB/T 8032.2—1999)有 3 mm 和 5 mm 两种规格。

4.5.3　夹具的连接装置

1. 夹具在机床工作台上的安装

对于铣床夹具和刨床夹具等,夹具一般安装在机床的工作台上。夹具通过两个定位键与机床工作台的 T 形槽进行定位,用若干个螺栓紧固,定位键的结构和装配如图 4.75 所示。定位键有 A 型和 B 型两种标准类型(JB/T 8016—1999),其上部与夹具体底面上的键槽配合,并用螺钉紧固在夹具体上。一般随夹具一起搬运而不拆下,其下部与机床工作台上的 T 形槽相配合。由于定位键在键槽中有间隙存在,因此在安装时,将定位键靠在 T 形槽的一侧上,可提高定位精度。夹具在机床工作台上安装时,也可以不用定位键而用找正的方法安装,这时夹具上应有比较精密的找正基面,其安装精度高,但夹具每次安装均需找正,如镗床夹具在机床上的连接。

夹具体紧固在机床工作台上的常见结构如图 4.76 所示,在夹具体上开有 2~4 个开口耳座,一般用 T 形螺栓紧固,键槽用作定位键在夹具体上定位,螺纹孔通过螺钉用来紧固定位键。

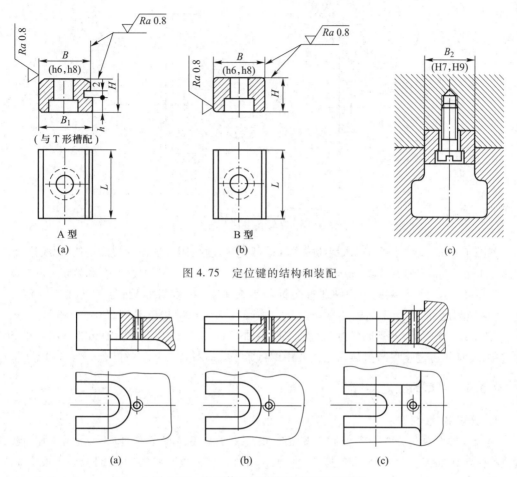

图 4.75　定位键的结构和装配

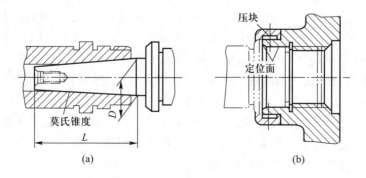

图 4.76　夹具体上的定位键槽和开口耳座

2. 夹具与机床回转主轴的连接

对于车床和内、外圆磨床,夹具一般安装在机床主轴上,如图 4.77 所示。

对于轴类零件加工,一般通过前、后顶尖装夹工件,工件由卡头夹紧并通过主轴、拨杆带动其旋转。前顶尖与机床主轴前端的莫氏锥孔定位连接。

如图 4.77a 所示,带莫氏锥柄的夹具通过与机床主轴前端的莫氏锥孔进行定位连接。为了传递较大的转矩,可用拉杆将其与机床主轴尾部拉紧,这种方式定位精度高,定位迅速方便,但刚度低,适于轻切削。

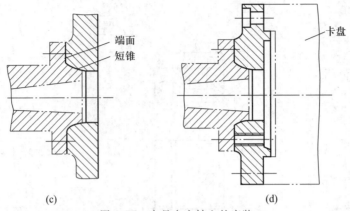

图 4.77　夹具在主轴上的安装

如图 4.77b 所示,夹具与机床螺纹式主轴端部直接连接,用圆柱面和端面定位,螺纹连接,并用两个压块压紧。C620-Ⅰ型车床采用这种连接方式,主轴的定位圆柱面尺寸和公差为 $\phi92k6$。

如图 4.77c 所示,夹具与主轴通过短锥和端面定位,用螺钉紧固,这种连接方式定位精度高,接触刚度好,多用于与通用夹具连接。主轴头部已标准化(GB/T 5900—1997)。

如图 4.77d 所示,夹具通过过渡盘与车床主轴端部连接,过渡盘与主轴端部是用短锥和端面定位,夹具体通过止口与过渡盘定位并用螺钉紧固。夹具体与止口的配合一般采用 H7/k6。

4.5.4　夹具的分度装置

1. 分度装置

对于零件上对称分布的多个加工表面的加工,为了减少装夹工件的时间,经常采用分度装置进行多工位加工。图 4.78 所示为在工件上铣对称槽的分度夹具实例,工件装在分度盘 3 上,用内孔和端面进行定位,并用螺母 1 通过开口垫圈 2 将工件夹紧。铣完第一个槽后,不需要卸下工件,而是松开螺母 5,拔出对定销 7,将定位元件(即分度盘)连同夹紧的工件转一定的分度角度,再将对定销插入分度盘 3 的另一个对定孔中,拧紧螺母 5 将分度盘锁紧,再走刀一次就可铣出第二个槽。铣完全部槽时,松开螺母 1,取下工件,即完成全部加工。从以上分析可以看出,分度装置中的关键部分是分度板(盘)和分度定位器,它们合在一起称为分度装置。

分度装置也称为分度机构。根据对定销相对分度板轴线的对定运动方向的不同,可分为轴向分度和径向分度。

(1)轴向分度

对定销相对分度板回转轴线作平行对定运动的称为轴向分度。

如图 4.79a、b、c 所示,轴向分度装置的分度板上分度孔轴线水平布置,径向尺寸较小,切屑等污物不易垂直落入。图 4.79a 是圆柱对定销和圆柱分度孔对定的分度形式。由于结构简单,制造较为容易,但由于存在配合间隙,分度精度较低。图 4.79b 是圆锥对定销和圆锥分度孔对定的分度形式。采用分度板圆柱孔镶配圆锥孔套的结构,便于磨损后更换,也便于分度板上分度孔的精确加工。由于圆锥面配合没有间隙,因而分度精度较高,但制造较为困难,而且一旦有切屑或污物落入圆锥配合面间,便会影响分度精度。图 4.79c 所示的钢球与锥孔对定形式,结构简单,使用方便,但定位可靠性差,多用于切削力很小而分度精度要求不高的场合,或作某些精密分度装置的预定位。

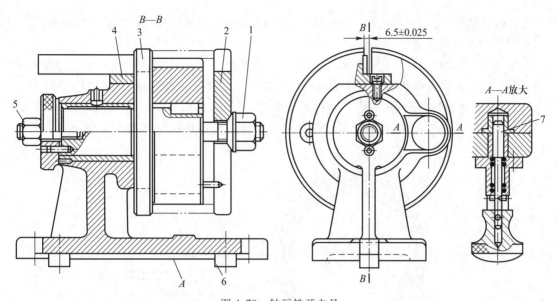

图 4.78 轴瓦铣开夹具

1—螺母;2—开口垫圈;3—分度盘;4—对刀装置;5—螺母;6—定位键;7—对定销

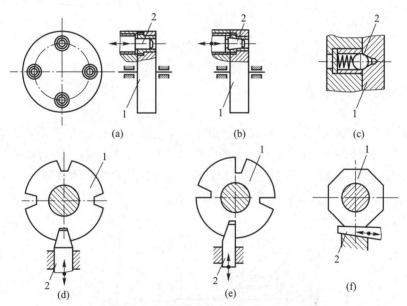

图 4.79 分度装置的结构形式

1—分度板;2—对定销

（2）径向分度

对定销沿分度板径向进行对定的称为径向分度。在分度板外径相等,分度圆周误差相同的条件下,采用径向分度由于作用半径较大,因而转角误差比轴向分度相对小一些,但径向分度装置的径向尺寸较大,切屑等污物易垂直落入分度槽内,对防护要求较高。图 4.79d 是双斜面楔形对定销与锥形分度槽对定形式。由于没有配合间隙,分度精度较高,而且分度板可以正反转双向分度。图 4.79e 是单斜面楔形对定销与单斜面分度槽对定形式。它利用直面对定,斜面只起消除配合间隙的作用,因而分度精度高。图 4.79f 是利用斜楔对定多面体分度板的对定形式,它的结构简单,但分度精度不高,受分度板结构尺寸的限制分度数不多。

（3）滚柱分度装置

图 4.80 所示的滚柱分度装置则采用标准滚柱装配组合的结构。它由一组经过精密研磨过的直径尺寸误差很小的滚柱 4 排列在经配磨加工的盘体 3 外圆圆周上,用环套 5（采用热套法装配）将滚柱紧箍住,形成一个精密分度盘,可利用其相邻滚柱外圆面间的凹面进行径向分度（图 4.80a）,也可利用相邻滚柱外圆与盘体 3 外圆形成的弧形三角形空间实现轴向分度（图 4.80b）。

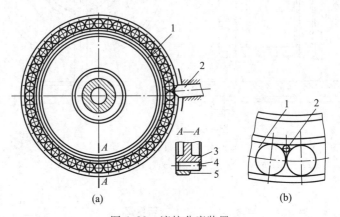

图 4.80　滚柱分度装置

1—分度盘；2—对定销；3—盘体；4—滚柱；5—环套

2. 分度装置的对定装置

（1）手拉式对定器

图 4.81 是手拉式对定器。向外拉出操纵手柄 6,克服弹簧作用力拔出对定销 1。当销 5 脱离导套 2 的狭槽后,把手柄转过 90° 可使销 5 置于导套 2 的端面上。转动分度板进行分度,至下一分度孔到位的时候,转回手柄,于是对定销在弹簧力作用下重新插入分度孔,完成对定动作。手拉式对定器的径向尺寸较小,轴向尺寸较大。

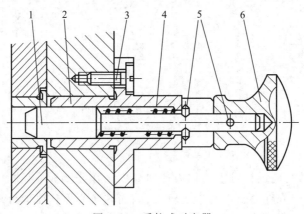

图 4.81　手拉式对定器

1—对定销；2—导套；3—螺钉；4—弹簧；5—销；6—操纵手柄

（2）枪栓式对定器

图 4.82 所示为枪栓式对定器。转动操纵手柄 7 带动对定销 1 回转,对定销外圆面

上的曲线槽随之沿限位螺钉 8 运动而使对定销退出分度孔。当分度板转到下一分度孔位置时,转回操纵手柄 7,对定销外圆面上的曲线槽在弹簧 6 的作用下沿限位螺钉 8 反向运动,重新插入分度孔中,完成分度动作。枪栓式对定器的径向尺寸较大,但轴向尺寸却相对较小。

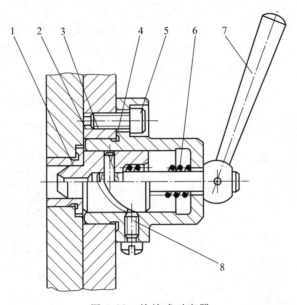

图 4.82　枪栓式对定器

1—对定销;2—壳体;3—转轴;4—销;5—螺钉;6—弹簧;7—操纵手柄;8—限位螺钉

（3）齿条式对定器

图 4.83 所示为齿条式对定器。当转动手柄 7 时,齿轮轴 2 回转,使齿条对定销退出,便可转动分度板。当下一分度孔到位时,齿条对定销在弹簧 4 的作用下重新插入分度孔,实现对定。限位螺钉 6 限定齿轮轴的轴向位置。

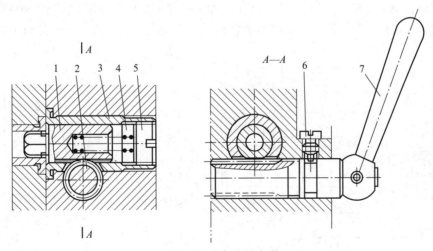

图 4.83　齿条式对定器

1—齿条对定销;2—齿轮轴;3—衬套;4—弹簧;5—螺塞;6—限位螺钉;7—操纵手柄

（4）杠杆式对定器

图 4.84 所示为杠杆式对定器。如图 4.84a 所示，当操纵手柄 3 向下使对定销 2 绕铰链轴回转脱开分度板的分度槽时，便可进行分度。当下一分度槽到位时，弹簧 4 通过顶销 5 使对定销插入分度槽实现对定。这种对定器结构简单，操作迅速。对定销的对定斜面做成上大下小的锥形，可消除其与分度槽的配合间隙，但对定面工作区域很短，影响对定可靠性与精度。图 4.84b 是另一种杠杆式对定器，向下按动操纵手柄 3 即可拔出对定销 2，便可转动分度板进行分度。当下一分度槽到位时，在弹簧 4 的作用下，对定销又插入分度槽实现对定。限位销 6 防止对定销 2 旋转，保证与分度槽的正确配合。

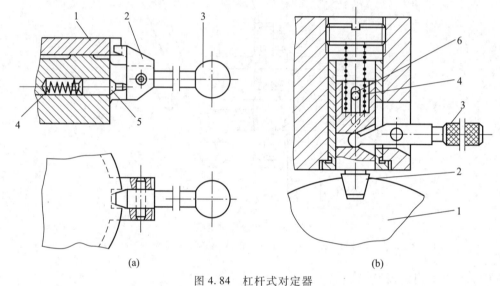

(a)　　　　　　　　　　　　　　　(b)

图 4.84　杠杆式对定器

1—分度板；2—对定销；3—操纵手柄；4—弹簧；5—顶销；6—限位销

3. 分度装置的锁紧机构

在加工中有切削力等外力作用于分度盘上，若依靠分度板和对定销来承受外力，则产生受力变形而影响分度精度，只有在外力较小或加工精度要求较低的情况下才允许这样做，大部分分度装置都设有锁紧机构以承受外力的作用。常用的锁紧机构的结构见图 4.85。

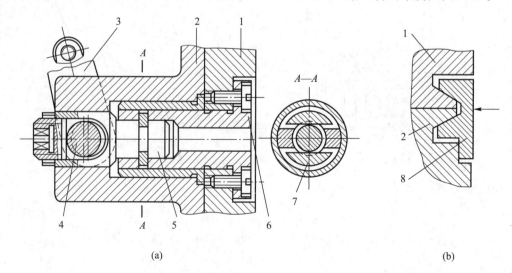

(a)　　　　　　　　　　　　　　　(b)

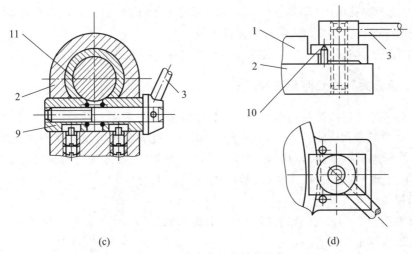

(c)　　　　　　　　　　　　　　(d)

图 4.85　分度装置的锁紧机构

1—分度盘;2—底座;3—操纵手柄;4—偏心轴;5—拉杆;6—轴套;7—半圆块;8—卡箍圈;9—切向夹紧套;10—压板;11—转轴

图 4.85a 是偏心锁紧机构。转动操纵手柄 3 带动偏心轴 4 回转,偏心轴顶住拉杆 5 向左,通过两半圆块 7 把轴套 6 向左拉,轴套 6 与分度盘 1 是紧固的,即将分度盘锁紧在底座上。

图 4.85b 所示为利用包在分度盘和底座外圆斜面上的卡箍圈 8 实现锁紧。当卡箍圈按图示箭头方向收缩时,在内斜面作用下把分度盘和底座压紧。

如图 4.85c 所示,转动操纵手柄 3,两个切向夹紧套 9 在螺纹的作用下作对心移动,把转轴 11 锁紧在底座 2 上不能转动。轴 11 与分度盘固连,即把分度盘与底座 2 锁紧。

如图 4.85d 所示,转动操纵手柄 3,在螺纹的作用下通过压板 10 把分度盘 1 压紧在底座 2 上。一般在分度盘圆周上对称分布两个或两个以上的压板。

4.6　组合夹具

学习目标

了解组合夹具的特点、类型和组装调试。

4.6.1　组合夹具的特点

组合夹具是利用预先制造好的标准元件,按被加工工件的工艺要求,快速组装成的一种夹具。夹具使用完毕后,这些元件可以方便地拆开,清洗干净后存放,以便组装新夹具时使用。组合夹具与专用夹具相比具有以下特点:

① 组合夹具可缩短设计制造周期、减小工作量、节约设计制造的人力物力的投入,减少专用夹具的数量,更加经济。

② 组合夹具适合于产品变化较大的生产,如新产品的试制,单件、小批生产和临时性、突发性的生产任务等。

③ 组合夹具的工艺范围广,可用于钻、车、铣、刨、磨、镗和检验等工种,尤其钻、镗夹具,适用于加工工件外形尺寸为 20 ~ 600 mm,加工精度为 IT7 ~ IT8 级。

④ 组合夹具元件系统通常有专门的生产厂家和销售部门,还有专门的组装部门,便于

购买,应用方便。如英国的"华尔通"(Wharon)系统由 560 种元件组成,俄罗斯的"乌斯贝"(YCn)系统由 495 种类型 2 504 种规格元件组成。

⑤ 组合夹具的体积较大、需要一定数量的元件储备,一次性投资大、需要专门的库存和管理。

4.6.2　组合夹具的元件及其作用

按组合夹具组装连接基面的形状,分为 T 形槽系和孔系两大系列。T 形槽系组合夹具的元件之间靠 T 形槽和键定位。孔系组合夹具则通过孔和销来实现元件间的定位。组合夹具的元件已按标准进行了编号,JB/T 2814—1993 标准规定,按照其功能和用途分为 8 类:基础件、定位件、支承件、导向件、压紧件、紧固件、其他件和合件。

1. T 形槽系组合夹具

由 T 形槽系元件组装成的钻孔组合夹具如图 4.86 所示,图中表示了该系的一种组合夹具组装外形及其各元件外形和功能分解。

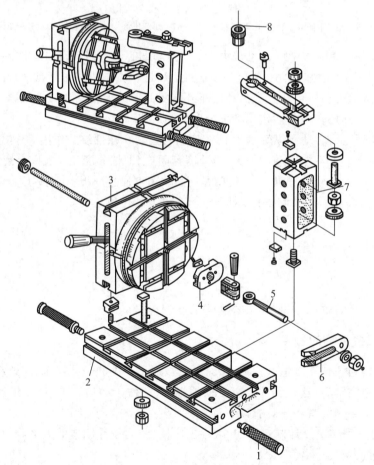

图 4.86　槽系组合钻模元件分解图

1—其他件;2—基础件;3—合件;4—定位件;5—紧固件;6—压紧件;7—支承件;8—导向件

（1）基础件

基础件是组合夹具的夹具体,包括方形基础板、圆形基础板、长方形基础板和角尺形基础板四种结构。基础件上有 T 形槽,通过键与槽定位,靠螺栓连接可组装的其他元件。

（2）支承件

支承件主要用作不同高度或角度的支承。支承件的类型包括各种规格的正方形支承、长方形支承、伸长板、角铁、角度支承和角度垫板等。

（3）定位元件

组装夹具的定位元件主要有定位销、定位盘、定位支承、V形支承、定位键、定位支座、镗孔支承及各种顶尖。用于组装连接的定位键有平键、T形键、偏心键、过渡键四种。

（4）导向件

导向件是用来确定孔加工刀具与工件的相对位置，包括各种尺寸规格的钻套、钻模板、导向支承、镗孔支承等。

（5）压紧件

压紧件专指各种形式和规格的压板，用以夹紧工件。组合夹具的各种压板主要表面都经磨光，因此也可用作定位挡板、连接板等。

（6）紧固件

紧固件包括各种规格和形式的螺栓、螺钉、螺母、垫圈等，其作用是用来连接组合夹具元件和紧固工件。

（7）合件

合件是指由几个元件组成的单独部件，在使用中以独立部件的形式存在，不能拆散。

（8）其他件

其他件是在组合夹具元件中，难以列入上述几类元件的必要元件。它包括连接板、回转板、浮动块、各种支承钉、支承帽与支承环、二爪支承、三爪支承、摇板、滚花手柄、弹簧、平衡块等。

2. 孔系组合夹具

孔系组合夹具与槽系组合夹具相比，元件的强度和定位精度高，特别适合中小型零件在数控机床上加工。由孔系元件组装成的组合夹具如图4.87所示，图中表示了各元件外形和功能。

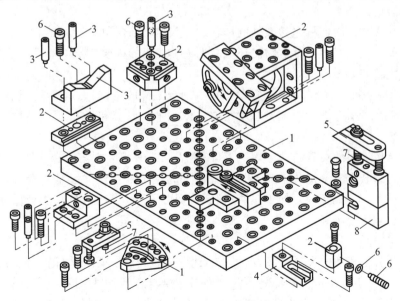

图4.87　孔系组合夹具元件分解图

1—基础件；2—支承件；3—定位件；4—辅助件；5—压紧件；6—紧固件；7—其他件；8—合件

图 4.88 所示是在加工中心上使用的孔系组合夹具的实例。

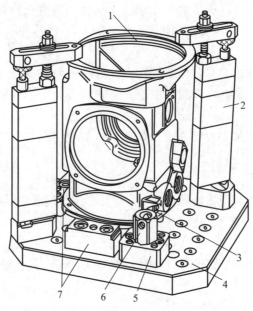

图 4.88　孔系组合夹具

1—工件;2—组合压板;3—调节螺栓;4—方形基础板;5—方形定位连接板;6—切边圆柱支承;7—台阶支承

4.6.3　组合夹具的组装

1. 组合夹具的组装过程

组装过程是把组合夹具的元件按照一定原则、装配成具有一定功能的组合夹具的过程。组装过程包括组装前的准备、确定组装方案、试装、连接和检验。

（1）组装前的准备

在组装前应掌握的资料包括工件的形状、尺寸、加工部位、加工要求和加工批量等,最好能得到加工前一道工序的工件实物。还应掌握夹具使用的机床、刀具、辅具的情况。

（2）确定组装方案

在熟悉和掌握有关技术资料的过程中,可以确定工件的定位、夹紧机构,选择元件以及保证精度和刚度的措施,设计出夹具的基本结构。必要时,应计算和分析受力、结构尺寸和精度。

（3）试装

试装就是按设想的夹具结构先摆一下(不紧固),审查组装方案的合理性,试装过程中需要修改和完善组装方案。试装中应着重考虑的问题是工件定位夹紧是否合理,是否能保证工件的加工精度,工件的装卸、加工是否方便,夹具是否便于清除切屑,能否保证安全,夹具是否能保证在机床上顺利安装,与刀具、辅具是否发生干涉等。

（4）连接

经过试装验证合适的夹具方案,即可进行组装连接工作。首先清除元件表面的污物,装所需的定位键,然后按一定的顺序将相关元件用螺栓连接起来,并对相关元件进行调整和测量。调整和测量时,注意选择合理的测量基面,正确地测量元件间的尺寸。定位误差一般为工件尺寸公差的 1/3～1/5。在实际调整中,调整精度一般在 ±0.01～±0.05 mm 范围内。在调整精度要求较高时,可通过选择元件、调整元件的装配方向等措施减小装配误差。

（5）检验

夹具元件紧固后,按工件的加工精度和其他要求,对夹具进行一次仔细全面的检查,必要时应在机床上进行试切。检验中应注意配套的附件(如钻套、活动垫块)和专用件图样是否带齐。

2. 组合夹具组装守则

在组合夹具组装中应遵守组装手则(JB/T 3626—1999),以保证组装工作的正确进行。

组装前必须熟悉加工零件图样,工艺规程,所用机床、刀具以及加工方法,按照确定的组装方案,选用元件(试装)、装配和调整尺寸,并按夹具结构和精度检验的程序进行组装。组装时要满足下列要求:

① 工件定位符合定位原则。

② 工件夹紧合理、可靠。

③ 组装出的夹具应结构紧凑,刚度好,便于操作,保证安全使用。对车床夹具应做好平衡和安全防护。

④ 夹具能在机床上顺利安装。

⑤ 装好夹具后,应带的钻套、钻套螺钉、定位轴、活动垫块、车床夹具的连接盘等应带齐,装完的夹具须经检验合格后方可交付使用。与加工精度有关的夹具精度,一般按工件图样公差要求的 1/2 ~ 1/5 进行调整和检验。

此外,组装中应注意按元件的使用特性选用元件,不能损伤元件的精度;用作支承定位的元件,不要出现悬空现象,如图 4.89 所示;压板压紧工件,如图 4.90 所示力臂关系应为增力,压紧力方向要垂直于主定位表面,压紧点尽量靠近加工部位,应装弹簧和平垫圈,压板与紧固螺母间应放球面垫圈等。

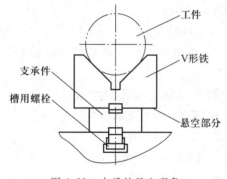

图 4.89 支承的悬空现象

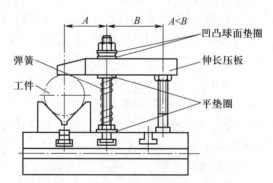

图 4.90 压板压紧的增力、均力和回位

4.7 夹具的设计方法

本节阐述夹具设计的过程、方法和程序,结合实例说明工件分析、定位方案确定、夹具总图绘制过程、尺寸和技术条件的标注、夹具结构工艺性等问题。

学习目标

了解专用机床夹具的设计步骤和方法,理解专用夹具的设计过程和重点问题,熟悉对专用夹具设计提出的技术要求。

4.7.1　夹具的设计步骤、方法和应考虑的主要问题

1. 夹具的生产过程和基本要求

夹具的生产过程可用如图 4.91 所示框图表示。

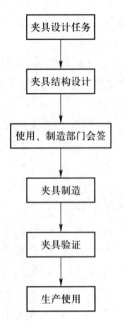

夹具生产的第一步是由工艺人员在编制工艺规程时提出相应工序的夹具设计任务书。该任务书应包括设计理由、使用车间、使用设备、工序图等。工序图上必须标明本道工序的加工要求、定位面和夹压点。夹具设计人员完成相应的准备工作后,就可进行夹具结构设计。完成夹具结构设计之后,由夹具使用部门、制造部门就夹具的使用性能、结构合理性、结构工艺性及经济性等方面进行审核后交付制造。制成的夹具要由设计人员、工艺人员、使用部门、制造部门等各方人员进行验证。若该夹具确能满足该工序的加工要求,能提高生产率,且操作安全、方便,维修简单,就可交付生产使用。

总之,对夹具设计的基本要求是:能稳定可靠地保证工件的加工要求,能提高劳动生产率,操作简便,具有良好的工艺性。

图 4.91　夹具的生产过程

2. 夹具设计的步骤

夹具设计的步骤主要有如下六个方面。

(1) 明确设计任务,收集、研究设计的原始资料

在这个阶段应做的工作有:

① 明确设计任务书要求,收集并熟悉被加工零件的零件图、毛坯图和其加工工艺过程;了解所用机床、刀具、辅具、量具的有关情况及加工余量、切削用量等参数。

② 了解零件的生产类型。若为大批生产,则要力求夹具结构完善,生产率高。若批量不大或是应付急用,夹具结构则应简单,以便迅速制造后交付使用。

③ 收集有关机床方面的资料,主要是机床上安装夹具的有关连接部分尺寸。如铣床类夹具,应收集机床工作台 T 形槽槽宽及槽距相关参数。对车床类夹具,收集机床主轴端部结构及尺寸。此外,还应了解机床主要技术参数和规格。

④ 收集刀具方面的资料。了解刀具的主要结构尺寸、制造精度、主要技术条件等。例如,若需设计钻床的钻套,只有知道孔加工刀具的尺寸、精度,才能正确设计钻套导引孔尺寸及其极限偏差。

⑤ 收集辅助工具方面的资料。例如,镗床类夹具应收集镗杆等辅具资料。

⑥ 了解本厂制造夹具的经验与能力,有无压缩空气站及其气压等。

⑦ 收集国内外同类型夹具资料,吸收其中先进而又能适合本厂情况的合理部分。

(2) 确定夹具结构方案、绘制结构草图

确定夹具结构方案,绘制出结构草图的主要工作内容如下:

① 确定工件的定位方案,选择或设计定位元件,计算定位误差;

② 确定工件的夹紧方式,选择或设计夹紧机构,计算夹紧力;

③ 确定其他装置,如确定分度装置、工件顶出装置等的结构形式;确定钻床类夹具的刀具导引方式及导引元件;确定铣床夹具的对刀装置;高速回转主轴的平衡装置等;

④ 确定夹具体的结构形式。确定夹具体的结构形式时,应同时考虑连接元件的设计。

在确定夹具各组成部分的结构时,一般都会产生几种不同的方案,进行分析比较,从中选择较为合理的方案,画出夹具结构草图。

(3) 绘制夹具总装配图

绘制夹具总装配图时,应注意下列问题:

① 绘制夹具总装配图时,除特殊情况外,均应按1∶1的比例绘制,以保证良好的直观性。当夹具尺寸较大时,也可用1∶2、1∶5的标准比例。当夹具尺寸很小时,可用2∶1的比例。在能够清楚表达夹具的工作原理和结构的情况下,视图尽可能少,可用局部视图表示各元件的连接关系,必要时将刀具的最终位置和与机床的连接部分用双点画线画出。夹具总装配图一般画出夹紧时的状态,以便看出能否夹紧,松开时的位置可以用双点画线全部或局部画出。

② 主视图应尽量符合操作者的正面位置。

③ 在夹具总装配图上,用双点画线或红线画出工件轮廓线,并将其视为假想"透明体",使其不影响其他元件或装置的绘制。

④ 夹具总装配图绘制的顺序一般为:工件—定位元件—引导元件(钻床类夹具)—夹紧装置—其他装置—夹具体。

(4) 在夹具总装配图上标注尺寸和提出技术要求

夹具总装配图绘制完成后,需在图上标注各类尺寸和技术要求,标注内容和标注方法下面将专门阐述。

(5) 编写零件明细表

在夹具总装配图的明细表中应填写以下几方面的内容:序号、名称、代号(指标准件号或通用件号)、数量、材料、热处理、重量。

(6) 绘制夹具的非标准件零件图

根据绘制夹具总装配图拆绘非标准件零件图。

3. 夹具设计应考虑的主要问题

(1) 夹具设计的经济性分析

在零件加工过程中,对于某一工序而言,是否要使用夹具,应使用什么类型的夹具(通用夹具、专用夹具、组合夹具等),以及在确定使用专用夹具的情况下应设计什么档次的夹具,这些问题在夹具设计前必须加以认真考虑,还应做经济性分析,以确保所设计的夹具在经济上合理。

(2) 采用模块化设计思想

采用成组技术、组合夹具设计的思想,积累结构,有利于夹具设计的标准化和通用化,可减小设计工作量,加快设计进度。

(3) 夹具的精度分析

夹具的主要功能是用来保证零件加工的位置精度。使用夹具加工时,影响被加工零件位置精度的误差因素主要包括:

① 定位误差。主要通过定位方案的定位误差对比分析来确定。

② 夹具制造与夹夹误差。主要包括夹具制造误差、夹紧误差(夹紧时夹具或工件变形)、导向误差、对刀误差以及夹具装夹误差(夹具安装面与机床安装面的偏差,装夹时的找正误差等)。

(4) 夹具结构工艺性分析

在分析夹具结构工艺性时,应重点考虑以下问题:

① 夹具零件的结构工艺性。首先要尽量选用标准件和通用件,以降低设计和制造费

用;其次要考虑加工的工艺性及经济性。

② 夹具最终精度保证方法。专用夹具制造精度要求较高,又属于单件生产,因此大都采用调整、修配、装配后加工以及在使用机床上就地加工等工艺方法来达到最终精度要求。在设计夹具时,必须适应这一工艺特点,以利于夹具的制造、装配、检验和维修。

③ 夹具的测量与检验。在确定夹具结构尺寸及公差时,应同时考虑夹具上有关尺寸及几何公差的检验方法。夹具上有关位置尺寸及其误差的测量方法通常有三种,即直接测量方法、间接测量方法和辅助测量方法。

(5) 在夹具总装配图上标注尺寸及技术要求

在夹具总装配图上标注尺寸及技术要求是为了便于拆零件图,便于夹具装配和检验。为此应有选择地标注尺寸及技术要求。具体讲,在夹具总装配图上应标注的尺寸包括以下几方面:

① 夹具外形轮廓尺寸。

② 工件与夹具定位元件的联系尺寸,定位元件与定位元件之间的联系尺寸。

③ 夹具与刀具的联系尺寸,如夹具定位元件与导向元件、夹具定位元件与对刀元件之间的联系尺寸。

④ 夹具与机床连接部分的联系尺寸,如安装基准面的配合尺寸、位置尺寸及公差。

⑤ 夹具内部零件之间的配合尺寸。

⑥ 其他尺寸。

夹具上有关尺寸公差和几何公差通常取工件上相应公差的 $1/5 \sim 1/2$,当生产批量较大时,考虑夹具的磨损,应取较小值;当工件本身精度较高时,可取较大值。当工件上相应的公差为自由公差时,夹具上有关尺寸公差常取 ±0.1 mm 或 ±0.05 mm,角度公差(包括位置公差)常取 ±10′ 或 ±5′。确定夹具公差带时,还应注意保证夹具的平均尺寸与工件上相应的平均尺寸一致,即保证夹具上有关尺寸的公差带刚好落在工件上相应尺寸公差带的中间。

夹具总图上标注的技术要求通常有以下几方面:

① 定位元件之间的相互位置精度要求;

② 定位元件与夹具安装面之间的相互位置精度要求;

③ 定位元件与引导元件之间的相互位置精度要求;

④ 引导元件与引导元件之间的相互位置精度要求;

⑤ 定位元件或引导元件对夹具找正基准面的位置精度要求;

⑥ 与保证夹具装配精度有关的或与检验方法有关的特殊技术要求。

如果能采用制图标准标注的技术要求,应直接标注在图上;不便于标注的,可以文字的形式表达。常见的几种技术要求如表 4.7 所示。

表 4.7　常见的几种技术要求

夹具简图	技术要求	夹具简图	技术要求
	(1) A 面对 Z(锥面或顶尖孔连线)的垂直度公差 (2) B 面对 Z(锥面或顶尖孔连线)的同轴度公差		(1) 检验棒 A 对 L 面的平行度公差 (2) 检验棒 A 对 D 面的平行度公差

夹具简图	技术要求	夹具简图	技术要求
	（1）A 面对 L 面的平行度公差 （2）B 面对止口面 N 的同轴度公差 （3）B 面对 C 面的同轴度公差 （4）B 面对 A 面的垂直度公差		（1）A 面对 L 面的平行度公差 （2）B 面对 D 面的平行度公差
			（1）B 面对 L 面的平行度公差 （2）B 面对 A 面的垂直度公差 （3）C 面对 L 面的垂直度公差 （4）C 轴线对 B 轴线最大偏移量
	（1）B 面对 L 面的垂直度公差 （2）A 面对 N 面的同轴度公差 （3）L 面对 N 面的垂直度公差		（1）A 面对 L 面的平行度公差 （2）C 面对 A 面的平行度公差 （3）C 面对 D 面的平行度公差 （4）B 面对 D 面垂直度公差

4.7.2 夹具设计实例

1. 设计任务

专用工艺装备设计任务书的格式如表 4.8 所示。

设计图 4.92 所示块状工件铣槽工序的专用夹具,适合中批生产要求。

该工件的机械加工工艺过程为:

① 铣前后两端面　　　　　　X6032 卧式铣床
② 铣底面、顶面　　　　　　X6032 卧式铣床
③ 铣两侧面　　　　　　　　X6032 卧式铣床
④ 铣两台肩面　　　　　　　X6032 卧式铣床
⑤ 钻铰 $\phi 14^{+0.043}_{0}$ mm 孔　　Z5135 立式钻床
⑥ 铣槽　　　　　　　　　　X6032 卧式铣床

该工件铣槽工序的工序卡片如表 4.9 所示。

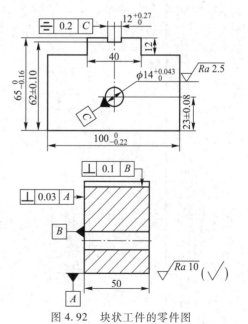

图 4.92 块状工件的零件图

表 4.8　专用工艺装备设计任务书格式（JB/T 9165.2—1998）

装订号			
底图号			
描校			
描图			

（企业名称）	专业工艺装备设计任务书					
产品型号	(1)	零件图号	(3)	每台件数	(5)
产品名称	(2)	零件名称	(4)	生产批量	(6)
工序简图和技术要求	工装编号	(7)		使用车间	(11)
	工装名称	(8)		使用设备	(12)
	制造数量	(9)		适用其他产品	(13)
	工装等级	30(10)			
	工序号	15(14)	工序内容		
	旧工序号	旧工序编号 (16)		库存数量	(17)
	设计理由	(18)		旧工装处理意见	(19)

编制（日期）	审核（日期）	批准（日期）	设计（日期）		
(21)	(22)	(23)	(24)	(25)	(26)

表 4.9　铣槽工序的机械加工工序卡片

(工厂名) 机械加工工序卡片	产品名称及型号		零件名称	板块	零件图号		工序名称	铣槽	工序号	6	第 6 页
			车间		工段		材料名称	钢	材料牌号	45	共 6 页
			同时加工件数	1	每料件数		设备图号		技术等级		
							设备名称	卧式铣床	设备型号	X6132	单件时间/min 1.69　机械性能
							夹具名称	铣夹具	夹具编号		准备－终结时间/min　冷却液

工步号	工步内容	计算数据/mm			走刀次数	切削深度/mm	切削用量			工时定额/min			刀具量具及辅助工具				
		直径或长度	走刀长度	单边余量			进给量/(mm/r 或 mm/min)	每分钟转数/(r/min) 或 2L/min	切削速度/(m/min)	基本时间	辅助时间	工作地点服务时间	工具号	名称	规格	编号	数量
1	铣 12$^{+0.27}_{0}$ 槽	50	86	3	1	3	1.8 mm/r	80 r/min	25.12	0.91	0.35	0.43		直齿三面刃铣刀	刀具直径 100		1
	更改内容																
编制		抄写		校对			审核					批准					

2. 明确设计任务、收集资料、做好设计准备工作

根据任务书要求,首先对零件图和工序图进行分析,本工序的夹具主要保证的精度如下:

① 槽宽 $12_0^{+0.027}$ mm,采用定尺寸刀具法保证。

② 槽底面至工件底面的位置尺寸(62 ± 0.10)mm,通过夹具保证,注意对刀尺寸。

③ 槽底面对工件背面的垂直度 0.1 mm,通过夹具保证,并对定位元件的相互位置提出要求。

④ 槽两侧面对 $\phi14_0^{+0.043}$ mm 孔的对称度 0.2 mm,通过夹具保证,注意对刀尺寸。

了解工艺过程和工序卡涉及的机床和刀具,收集 X6032 卧式铣床工作台、三面刃铣刀的有关资料。准备设计手册和收集其他资料。

3. 夹具的定位方案分析

(1) 定位表面分析

由铣槽工序卡中的工序简图知,本工序工件的定位面分别是:背面 B 要求限制三个自由度,底面 A 要求限制两个自由度,$\phi14_0^{+0.043}$ mm 孔要求限制一个自由度。

(2) 定位元件设计或选择

夹具上相应的定位元件选为支承板、支承钉和菱形定位销(注意削边的方向,菱形定位销要补偿工件上和夹具上"(23 ± 0.08)mm"尺寸的误差,消除工件底面和孔组合定位时的重复定位现象,保证工件能安装在夹具中)。

建立坐标系如图 4.93 所示,对限制的自由度进行分析。

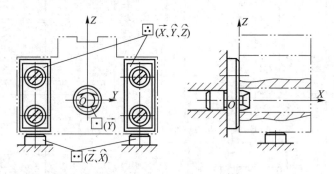

图 4.93　定位方案分析

B 面的支承板限制了 $\vec{X}$、$\hat{Y}$、$\hat{Z}$,支承钉限制了 $\vec{Z}$、$\hat{X}$,菱形定位销限制了 $\vec{Y}$,该定位属于完全定位情况。

因为支承板、支承钉和菱形定位销均有标准件,可根据工件定位面的大小选择它们的型号。支承板 A8×40 JB/T 8029.1—1999。支承钉 A16×8 JB/T 8029.2—1999。定位销 B14f7×14 JB/T 8014.2—1999,其修圆宽度 $b=4$ mm,$b_1=3$ mm,定位外圆直径公差需要设计。

要保证所有加工合格的全部工件能装进夹具中,定位孔与菱形销的最小间隙 $\varepsilon_{\min}$ 为

$$\varepsilon_{\min}=\frac{b_1}{D}\left[T(L_K)+T(L_J)\right] \tag{4.17}$$

式中:D——定位孔直径,mm;

$T(L_K)$——工件的底面到孔中心的距离公差,mm;

$T(L_{\mathrm{J}})$——夹具上定位支承钉到菱形定位销轴心的公差,取 $T(L_{\mathrm{J}})=0.04\,\mathrm{mm}$,则

$$\varepsilon_{\min}=\frac{b_1}{D}\left[\,T(L_{\mathrm{K}})+T(L_{\mathrm{J}})\,\right]=\frac{3\times(0.16+0.04)}{14}\,\mathrm{mm}\approx0.043\,\mathrm{mm}$$

若选择定位销定位直径 d 的公差等级为 IT6,尺寸为 14 的公差带为 0.011 mm,满足最小间隙 0.043 mm,定位销定位直径 $d=D-\varepsilon_{\min}=(14-0.043)\,\mathrm{mm}=13.957\,\mathrm{mm}$,考虑公差,$d=\phi13.957^{\ 0}_{-0.011}\,\mathrm{mm}=\phi14^{-0.043}_{-0.054}\,\mathrm{mm}$。

(3)定位误差计算

① 保证槽底面至工件底面的位置尺寸 (62 ± 0.10) mm 的精度要求。忽略工件上 A 面和 B 面的形状误差,夹具上的支承板和支承钉与夹具体装配后进行磨削,可以保证等高,认为定位副不准确引起的基准位置误差 $\Delta_{\mathrm{jw}}=0$。工件上的工序基准与定位基准均为 A 面和 B 面,对于 A 面基准重合,$\Delta_{\mathrm{jb1}}=0$,对于 B 面基准不重合,$\Delta_{\mathrm{jb2}}=0.03$ mm,所以 $\Delta_{\mathrm{dw}}=0.03$ mm。

② 保证槽底面对工件 B 面的垂直度 0.1 mm 的精度要求。该精度由 $\vec{Y}$、$\vec{Z}$ 自由度决定。由于定位基准和设计基准均为 B 面,$\Delta_{\mathrm{jb}}=0$,平面 B 定位,$\Delta_{\mathrm{jw}}=0$,所以绕 Z 轴转动的定位误差为 0。由于定位基准和设计基准为 B 面,$\Delta_{\mathrm{jb}}=0$,平面 B 定位,$\Delta_{\mathrm{jw}}=0$,所以绕 Y 轴转动的定位误差为 0。

③ 保证槽两侧面对 $\phi14^{+0.043}_{0}$ mm 孔的对称度 0.2 mm 的精度要求。该精度由 $\vec{Y}$、$\vec{X}$ 自由度决定。沿 Y 轴移动的定位,定位基准和设计基准均为 $\phi14^{+0.043}_{0}$ mm 孔的轴心线,$\Delta_{\mathrm{jb}}=0$。

定位副不准确引起的基准位置误差 $\Delta_{\mathrm{jw}}=T(D)+T(d)+\varepsilon_{\min}=(0.043+0.011+0.043)\,\mathrm{mm}=0.097\,\mathrm{mm}$。

绕 Z 轴转动的定位误差:由于定位基准和设计基准均为平面 A 面,$\Delta_{\mathrm{jb}}=0$,$\Delta_{\mathrm{jw}}=0$。

Δ_{dw} 与对称度要求(0.2 mm)相比,约为 1/2,可以采用。若有加工问题,可采取其他措施,如提高上道工序孔的加工精度、提高定位销精度、消除销与孔的最小间隙等。

4. 夹具的夹紧方式和夹紧机构

夹紧力应作用在主定位面定位元件上,故压在支承板上,作用点靠近切削力。夹紧力的大小需要结合受力分析进行确定。工件的受力分析计算如图 4.94 所示,铣削力 F_{c} 将破坏加工的稳定性,使工件翻转,因此需要夹紧力进行平衡,铣削力 F_{c} 的竖直分力将使工件定位破坏,也需要夹紧力进行平衡。

(1)铣削力 F_{c} 的计算

图 4.94 中的铣削刃上各点的切削力是随铣削角 ψ 变化的,取接触点 B 作为计算位置(接近最危险的极限位置,ψ 约为 15°)。根据切削力计算公式:

$$F_{\mathrm{c}}=k_{\mathrm{c}}\times h_{\mathrm{D}}\times b_{\mathrm{D}}=2\,000\times0.18\sqrt{\frac{3}{100}}\times12=748\,\mathrm{N}$$

式中:k_{c}——单位切削力,$\mathrm{N/mm^2}$;

h_{D}——切削厚度,mm;平均值 $h_{\mathrm{D}}=f_z\sqrt{\dfrac{a_{\mathrm{p}}}{D}}$,$a_{\mathrm{p}}$ 为切削深度(单位为 mm),D 为铣刀的直径(单位为 mm),f_z 每齿进给量;

b_{D}——切削宽度,即铣槽的宽度,mm。

（2）夹紧力计算

切削力使工件翻转，需要计算平衡的夹紧力 F_{J}。由图 4.94 得力平衡方程为

$$F_{\mathrm{J}} \times (40-30) = F_{\mathrm{c}} \times (63.5-40) \times \cos \psi$$

即

$$F_{\mathrm{J}} = \frac{748 \times 23.5 \times \cos 15°}{10}\ \mathrm{N} = 1\ 698\ \mathrm{N}$$

考虑安全系数为 1.5～2，夹紧力 F_{J} 可取 3 000 N。若将夹紧力 F_{J} 的作用点向下移动，则需要的夹紧力 F_{J} 将减小。

铣削力 F_{c} 的竖直分力将使工件向上移动，可能破坏定位，需要进行平衡夹紧力验算。

$(F_{\mathrm{J}} + F_{\mathrm{c}} \cos \psi)f \geqslant F_{\mathrm{c}} \sin \psi$，式中 f 为定位支承板与工件间的摩擦系数，取 $f = 0.15$。

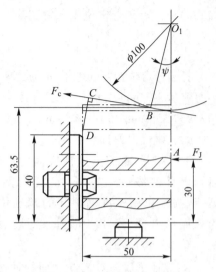

图 4.94　工件的受力分析

$(F_{\mathrm{J}} + F_{\mathrm{c}} \cos \psi)f = (1\ 698 + 748\cos 15°) \times 0.15\ \mathrm{N} = 363\ \mathrm{N}$，$F_{\mathrm{c}} \sin \psi = 748 \sin 15°\ \mathrm{N} = 194\ \mathrm{N}$，满足要求，即铣削力 F_{c} 的竖直分力不会使工件向上移动。

考虑到该夹具适合中批量生产，所以夹紧机构采用手动夹紧机构。夹紧机构的结构方案分析拟定可通过以下三种夹紧方案说明：可活动的双压板机构、开口垫圈压紧的螺纹夹紧机构和带均力压块的单活动压板。可活动的双压板夹紧方案的结构简单，但需要操作两个压板。开口垫圈夹紧的螺纹夹紧方案的结构也简单，但安装工件不方便，螺栓的直径要受到定位孔径的尺寸限制，定位削边销也要与螺栓做成一体。带均力压块的单活动压板夹紧方案综合效果较好，具体结构见图 4.97。

5. 夹具总图的草图绘制

夹具总图的草图绘制过程如下：

① 根据工件的结构和夹具的结构情况，用双点画线绘制出工件的轮廓视图，主视图应为操作者正对着的位置，本工件的轮廓视图如图 4.95 所示。

② 安排定位元件，如图 4.96 所示。

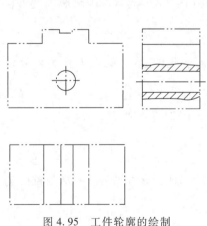

图 4.95　工件轮廓的绘制

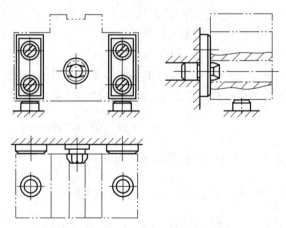

图 4.96　定位元件的布置

③ 布置夹紧机构，如图 4.97 所示。

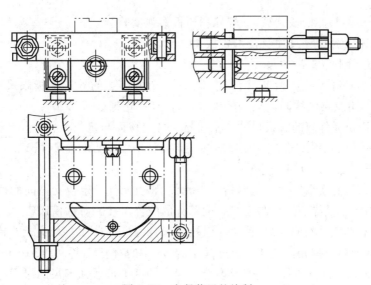

图 4.97 夹紧装置的绘制

④ 布置对刀和连接装置等,如图 4.98 所示。

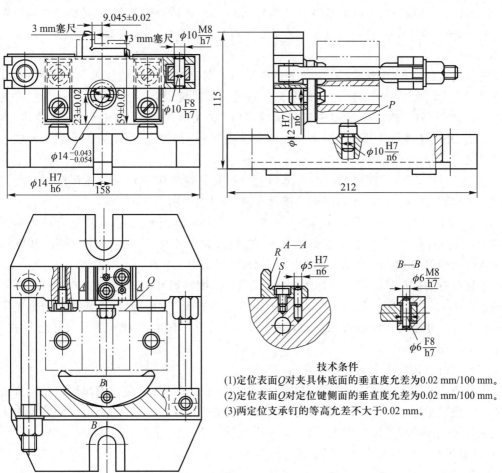

技术条件

(1)定位表面Q对夹具体底面的垂直度允差为0.02 mm/100 mm。

(2)定位表面Q对定位键侧面的垂直度允差为0.02 mm/100 mm。

(3)两定位支承钉的等高允差不大于0.02 mm。

图 4.98 铣槽夹具总图绘制过程

⑤ 夹具主要零部件校核计算,如螺栓和压板的强度验算。

6. 标注总图上各部分尺寸及技术要求

(1) 夹具总图上应标注的尺寸

① 夹具外形轮廓尺寸。指夹具在长、宽、高三个方向上的外形上极限尺寸。对进行运动的零件可局部用双点画线画出运动的极限位置,算在轮廓最大尺寸内。

② 工件与定位元件间的联系尺寸。主要指工件定位面与定位元件定位工作面的配合尺寸和各定位元件间的位置尺寸。如图 4.98 中菱形定位销轴线的位置尺寸(23±0.02) mm,菱形定位销圆柱部分直径尺寸 $\phi14^{-0.043}_{-0.054}$ mm。

③ 夹具与刀具的联系尺寸。主要指对刀元件、导引元件与定位元件间的位置尺寸,导引元件之间的位置尺寸及导引元件与刀具导向部分的配合尺寸。对钻模而言,指钻套中心与定位元件间的距离、钻套之间的距离、钻套导引孔与刀具的配合尺寸。对铣床夹具而言,对刀尺寸是指对刀块表面到定位元件基准的距离,如图 4.98 中的对刀尺寸(9.043±0.02) mm 和(59±0.02) mm。对刀尺寸的基本尺寸一般取其定位尺寸的基本尺寸加塞尺的厚度,其公差大小与加工精度要求、定位误差和加工过程中工艺系统误差有关,一般不大于加工要求公差的 1/3 ~ 1/5。(9.043±0.02) mm 的基本尺寸应为 6 mm+3 mm=9 mm,考虑消除孔与销定位的最小间隙(装夹工件时一侧接触),所以取基本尺寸为 9.043 mm。其制造公差考虑:对称度的定位误差(0.097−0.043 = 0.054)mm,加工过程工艺系统误差留 0.07 mm,其他夹具误差留 0.036 mm,取±0.02 mm。

夹具的定位误差、制造误差(定位元件与导引或对刀元件的位置误差、导引元件本身制造误差、导引元件之间的误差、定位面与夹具安装面的位置误差等)、装夹误差(夹紧时夹具和工件的变形)和工件加工过程中工艺系统误差(如几何误差、受力变形、受热变形、磨损等)之和应小于工件加工要求的公差。一般加工过程中工艺系统误差为工件加工要求公差的三分之一。

④ 夹具与机床连接部分的联系尺寸。主要指夹具与机床主轴端的连接尺寸或夹具定位键、U 形槽与机床工作台 T 形槽的连接尺寸,如图 4.98 中的 14H7/h6。

⑤ 夹具内部的配合尺寸。凡属夹具内部有配合要求的表面,都必须按配合性质和配合精度标注尺寸,以保证装配后能满足规定的要求,如图 4.98 中的 ϕ12H7/n6、ϕ10F8/h7、ϕ10M8/h7、ϕ10H7/n6、ϕ6F8/h7、ϕ6M8/h7、ϕ5H7/n6 等。

上述要标注的尺寸若与工件加工要求直接相关,则该尺寸公差直接按工件相应尺寸公差的 1/2 ~ 1/5 来选取。图 4.98 中,夹具上定位元件 P 面至对刀元件 S 面之间的位置尺寸是根据工件上相应尺寸(62±0.10) mm,减去 3 mm 的塞尺厚度,取相应工件尺寸公差的 1/5 得到(59±0.02) mm。

(2) 夹具总装配图上的技术要求

夹具总装配图上标注的技术要求是指夹具装配后应满足的各有关表面的相互位置精度要求。主要包括四个方面:第一是定位元件之间的相互位置要求;第二是定位元件与连接元件或夹具体底面的相互位置要求;第三是导引元件与连接元件或夹具体底面的相互位置要求;第四是导引元件与定位元件间的相互位置要求。

一般情况下,这些相互位置精度要求按工件相应公差的 1/2 ~ 1/5 来确定;若该项要求与工件加工要求无直接关系,可参阅有关手册及资料来确定。图 4.98 所示的铣槽夹具中,由于工件上有槽底至工件 B 面的垂直度要求 0.10,夹具上应标注定位表面 Q 对夹具体底面的垂直度允差 0.02 mm/100 mm;由于工件上槽子两侧面对 $\phi 14$ mm 孔轴线有对称度的要求,夹具上应标注定位表面 Q 对定位键侧面的垂直度允差 0.02 mm/100 mm;同时还要制订两支承钉的等高允差 0.02 mm。

7. 加深夹具总图、标注零件号、绘制填写标题栏和明细栏

非标准零件需要进行编号。标准件要给出型号和标准,最好按规定的标记填写。

8. 拆绘夹具非标准零件图

非标准零件按夹具总图的要求进行设计,同时考虑夹具的生产条件。

可利用计算机来辅助完成部分夹具设计工作,如设计计算、查阅手册或其他资料、图形绘制等工作非常必要。有关计算机辅助设计的知识详见有关课程,这里不再赘述。

　思考题与习题

4.1　名词解释:① 机床夹具;② 自由度;③ 定位;④ 夹紧;⑤ 完全定位;⑥ 不完全定位;⑦ 过定位(重复定位);⑧ 欠定位;⑨ 六点定位原理;⑩ 定位误差。

4.2　机床夹具是由哪几部分组成的?机床夹具有哪些作用?

4.3　完全定位、不完全定位和过定位情况分别应用在什么场合?

4.4　加工如题 4.4 图所示工件上的表面:图 a 要求过球心钻一通孔 ϕ;图 b 要求磨齿轮坯两端面,保证尺寸 A 及端面与内孔的垂直度;图 c 要求车阶梯轴,保证尺寸 l 和 d;图 d 要求镗 $2 \times \phi$ 通孔,保证尺寸 A 和 H;图 e 要求磨支座两垂直平面,保证尺寸 l_1 及其垂直度。试分析:① 满足工件的加工要求,它们需要限制哪些自由度? ② 选择定位表面,用规定的符号在图中表示定位方案;③ 选择夹紧的作用点位置和作用方向,用规定的符号在图中表示夹紧方案。

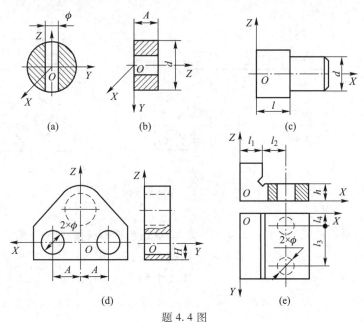

题 4.4 图

4.5 根据题4.5图所示工件加工的定位方案:图a要求过三通管中心 O 钻一通孔,保证孔轴线与管轴线 OX、OZ 垂直,采用三个 V 形块定位;图b要求磨外圆 d,保证外圆轴线与孔轴线同轴度,并与端面垂直,采用带肩长心轴定位;图c车阶梯轴外圆,保证尺寸 l 和 d,采用两顶尖和卡盘定位夹紧;图d滚齿,采用端面和销定位;图e车阶梯轴外圆,保证尺寸 l 和 d,采用两顶尖定位和拨杆夹头传动工件;图f钻、铰连杆小头孔,采用一面、一销和一 V 形块定位;图g在圆柱体上铣肩槽,采用一面两 V 形块定位。试分析每种情况下:① 各定位元件所限制的自由度;② 判断有无欠定位或过定位;③ 判断定位方案是否合理,对不合理的进行改进(叙述或绘图表示)。

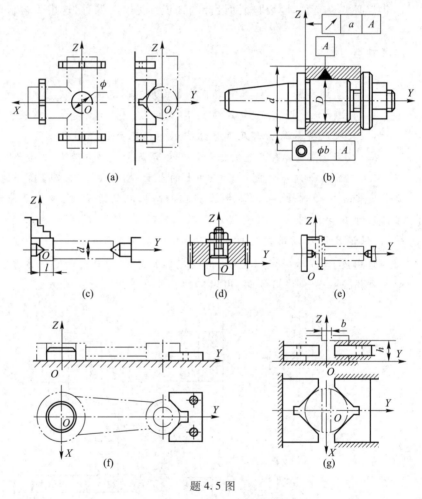

题4.5图

4.6 在套筒零件上铣削如题4.6a 图所示的键槽,现有三种定位方案,分别如题4.6图b、c、d所示。试根据下列条件分别计算三种不同定位方案的定位误差,并从中选择最优方案:① 要求保证尺寸 $54_{-0.14}^{0}$ mm;② 要求保证尺寸 $54_{-0.14}^{0}$ mm 和对称度;③ 要求保证尺寸 $54_{-0.14}^{0}$ mm 及对称度,已知内孔与外圆的同轴度误差为 0.02 mm。

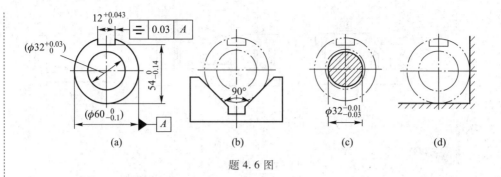

题 4.6 图

4.7 题 4.7 图所示齿轮坯，内孔和外圆已加工合格（$d = 80_{-0.1}^{\ 0}$ mm，$D = 35_{0}^{+0.025}$ mm），现在插床上用调整法加工内键槽，要求保证尺寸 $H = 38.5_{0}^{+0.2}$ mm。试分析采用图示定位方案能否满足加工要求（要求定位误差不大于工件尺寸公差的 1/3）。若不能满足，应如何改进？（忽略外圆与内孔的同轴度误差）。

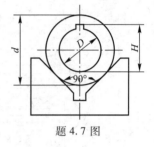

题 4.7 图

4.8 题 4.8 图所示零件，锥孔和各平面均已加工好，现在铣床上铣键宽为 $b_{-\Delta b}^{\ 0}$ 的键槽，要求保证槽与锥孔轴线对称，且与 A 面平行，还要求保证尺寸 $h_{-\Delta h}^{\ 0}$。图示定位方案是否合理？如不合理，应如何改进？

4.9 题 4.9 图所示工件，用一面两孔定位加工 A 面，要求保证尺寸 (18 ± 0.05) mm。若两销直径为 $\phi 16_{-0.02}^{-0.01}$ mm 两销中心距为 (80 ± 0.02) mm。试分析该设计能否满足要求（要求工件安装无干涉现象，且定位误差不大于工件加工尺寸公差的 1/2）。若不满足，提出改进办法。

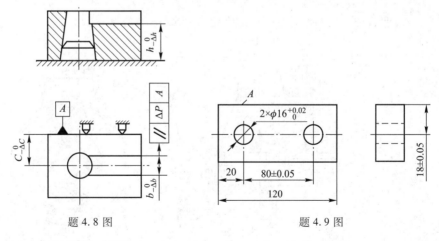

题 4.8 图   题 4.9 图

4.10 指出题 4.10 图所示各定位、夹紧方案及结构设计中不正确的地方，并提出改进意见。

4.11 题 4.11 图所示钻模用于加工图 a 所示工件上的两 $\phi 8_{0}^{-0.036}$ mm 孔，试指出该钻模设计不当之处。

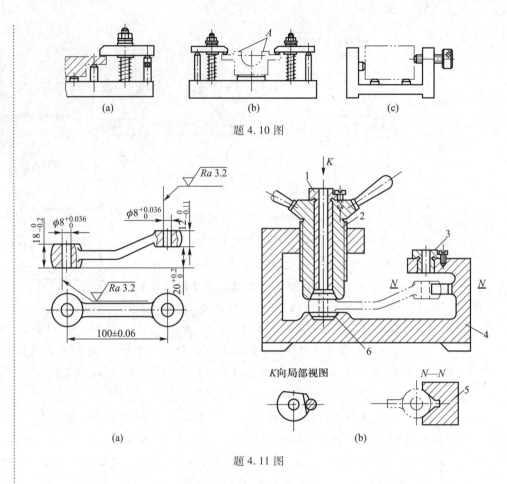

题 4.10 图

题 4.11 图

4.12　在题 4.12 图所示回转式钻模上标注尺寸和技术要求(标出应标注的尺寸,给出相应的公差和有关的技术要求,不必给具体数值)。

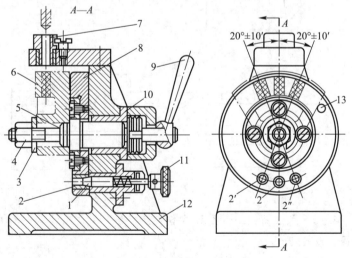

题 4.12 图

1—分度定位销;2—定位套;3—开口垫圈;4—螺母;5—定位销;6—工件;
7—钻套;8—分度盘;9—手柄;10—衬套;11—捏手;12—夹具体;13—挡销

4.13 题 4.13 图所示拨叉零件,材料为 QT400-18,毛坯为精铸件,生产批量为 2 000 件。试设计铣削叉口两侧面的铣床夹具和钻 M8-6H 螺纹底孔的钻床夹具(工件上 φ24H7 孔及其两端面已加工好)。

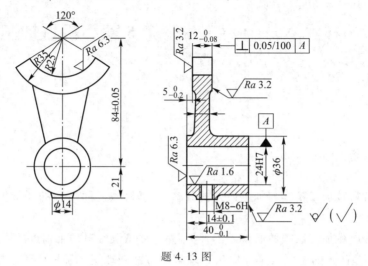

题 4.13 图

4.14 夹紧装置中的中间递力机构起什么作用? 试举例说明。

4.15 对刀装置常用在什么类型的机床上? 其类型、作用是什么? 如何使用?

4.16 分度装置的作用是什么? 其对定位精度有何影响?

4.17 引导装置常用在什么类型机床上,它有哪些类型和作用?

4.18 连接装置在车床或磨床上与在铣床上有何不同?

4.19 组合夹具有什么特点? 它由哪些元件组成?

4.20 机床专用夹具设计的步骤是什么? 应标注哪些尺寸? 应提出哪些技术要求?

第 5 章　机械加工质量与控制

1. 了解机械加工精度与加工误差的概念;了解机械表面结构的评价指标及其对零件使用性能的影响。

2. 了解机械加工系统原始误差的种类;熟悉原始误差对加工精度的影响,能够结合具体情况分析误差产生的主要因素并提出合理解决方法或改进措施;了解提高加工精度的方法和途径。

3. 掌握加工误差的统计分析方法,能够判断机械加工过程中的误差性质,能够分析工艺系统能力,掌握工艺过程的点图分析方法,能够结合实际分析加工过程中加工精度变化情况,提出合理的控制指标。

4. 了解影响加工表面粗糙度的工艺因素;了解影响工件表面层性能的因素;了解加工过程中振动的影响。

5.1　机械加工质量概述

学习目标

1. 了解机械加工精度、加工误差和加工经济精度的概念。

2. 了解机械加工表面质量(结构)的评价指标。

3. 了解表面质量对零件使用性能的影响。

零件的加工质量主要指加工尺寸精度、几何(形状和位置)精度、表面结构(表面粗糙度、波度、纹理和伤痕)和表面层性能(表面层材料的组织、性能和残余应力)等,并影响零件的使用性能和寿命。

5.1.1　机械加工精度与加工误差

加工精度(machining accuracy)是指零件加工后的实际几何参数(尺寸、形状和位置)与理想几何参数的符合程度。实际几何参数越符合理想几何参数,加工精度就越高。所谓理想零件,对尺寸而言,就是零件图样规定尺寸的平均值(公差带中心);对表面形状而言,就是具有绝对准确的圆柱面、平面、圆锥面等形状;对表面位置而言,就是表面要素间具有绝对正确的平行、垂直关系等。

生产表明,任何一种加工方法都不可能把零件做得与理想零件完全一致,总会产生一定的偏差。从保证产品的使用性能和降低生产成本考虑,也没有必要把每个零件都加工得绝对准确,而只要求它在某一规定的范围内变动,这个允许变动的范围,就是公差。

加工误差(machining error)是指零件加工后的实际几何参数(尺寸、形状和位置)对理想几何参数的偏离程度。

加工精度是由零件图样或工序图上以公差 T 给定的,而加工误差则是零件加工后实际测得的偏离值 Δ。制造者的任务就是要使加工误差小于图样上规定的公差。当 $\Delta \leq T$ 时,一般就说保证了加工精度。保证和提高加工精度实际上就是控制和减少加工误差。

零件的几何参数主要包括几何尺寸、形状和表面间的相互位置三个方面,所以加工精度包括尺寸精度、形状精度和位置精度三个方面的内容,同样加工误差也包括尺寸误差、形状误差和位置精度误差三个方面的内容。

零件的尺寸精度、形状精度和位置精度三者之间既有区别又有联系。没有一定的形状精度,也就谈不上尺寸和位置精度。一般来说,形状精度高于位置精度,而位置精度高于尺寸精度。如圆柱形零件(轴类或盘类)表面的圆度、圆柱度等形状公差小于其尺寸公差;零件上两表面之间的平行度公差小于两表面距离尺寸公差;零件的位置公差和形状公差一般为相应尺寸公差的1/2～1/3,在同一要素上给出的形状公差值应小于位置公差值。通常,尺寸精度要求高时,相应的位置精度和形状精度也要求高;但生产中也有形状精度、位置精度要求极高而尺寸精度要求不是很高的零件表面,如机床床身的导轨表面。

5.1.2 加工经济精度

加工过程中有很多因素影响零件的加工精度,同一种加工方法在不同的工作条件下所能达到的加工精度也可能不相同。例如,采用较高精度的设备、适当降低切削用量、精心完成加工过程中的每个操作等办法,就会得到较高的加工精度,但这会降低生产效率,增加加工成本。

对于同一种加工方法,加工误差 Δ 和加工成本 C 有如图 5.1 所示的关系,即加工精度越高,加工成本也越高。上述关系只是在一定范围内(AB 段)才比较明显,在 A 点左侧段,即使成本提高了很多,加工误差也减少不多;在 B 点右

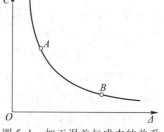

图 5.1 加工误差与成本的关系

侧段,即使工件精度降低很多,加工成本也并不因此降低很多,也必须耗费一定的最低成本,因此存在经济精度的问题。

加工经济精度(economical accuracy of machining)是在正常加工条件下(采用符合质量标准的设备、工艺装备和标准技术等级的工人,不延长加工时间)所能保证的加工精度。

每一种加工方法的加工经济精度并不是固定不变的,它将随着工艺技术的发展、设备及工艺装备的改进以及生产管理水平的不断提高而逐渐提高。

5.1.3 机械加工的表面质量

机器使用的可靠性和使用寿命是衡量机器质量的重要指标,它在很大程度上取决于零件的表面层质量。机器零件的破坏,如磨损、疲劳断裂,一般都是从表面层开始的。这说明

零件的表面质量至关重要,它对产品质量有很大的影响。研究表面质量的目的,就是要掌握机械加工中各种工艺因素对表面质量影响的规律,以便应用这些规律控制加工过程,最终达到提高表面质量和产品使用性能的目的。

机械加工的表面质量包括加工表面的微观几何形状误差和表面层材料性能方面的质量。

1. 加工表面的几何形状误差

加工表面的微观几何形状误差包括表面粗糙度、波度、纹理方向和形状、伤痕。它们之间的相互关系如图 5.2 所示。

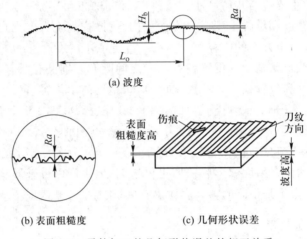

(a) 波度

(b) 表面粗糙度　　　　(c) 几何形状误差

图 5.2　零件加工的几何形状误差的相互关系

① 表面粗糙度。表面粗糙度是加工表面的微观几何形状误差。其波长 L_0 与波高 H_b 的比值一般小于 50。表面粗糙度高度参数按我国现行标准一般采用轮廓算术平均偏差 Ra(单位为 μm)来评定。

② 波度。波度是介于加工精度(宏观几何形状误差)和表面粗糙度(微观几何形状误差)之间的周期性几何形状误差,包括波长 L_0 与波高 H_b 两个主要参数。波长与波高的比值在 50~1 000 范围内的几何形状误差称为波度。它主要是由加工过程中工艺系统的振动引起的。当波长与波高的比值大于 1 000 时,称为宏观几何形状误差。例如平面度误差、圆度误差、圆柱度误差等,都属于加工精度范畴。

③ 纹理方向。纹理方向是指表面刀纹的方向,它取决于表面形成过程所采用的机械加工方法。

④ 伤痕。伤痕是在加工表面的某些位置上出现的缺陷,例如砂眼、气孔、划痕、裂纹等。

2. 表面层金属材料性能方面的质量

表面层金属材料性能方面的质量是指机械加工后,零件一定深度表面层的物理力学性能等方面的质量与基体相比发生的变化,故又称加工变质层。它包括表面层金属的加工硬化、残余应力以及金相组织的变化。

① 表面层金属的加工硬化。机械加工过程中表面层金属产生强烈的塑性变形,使晶格扭曲、畸变,晶粒间产生剪切滑移,晶粒被拉长,这些都会使表面层金属的硬度增加,塑性减小,这种现象被称为加工硬化。通常采用表面层金属硬度 H、硬化深度 h 和硬化层程度 N

三个指标来衡量。硬化层程度 N 为

$$N = \frac{H_v}{H_{v0}} \tag{5.1}$$

式中　H_{v0}——工件基体金属原来的硬度。

一般机械加工中,硬化层深度可达 $0.05 \sim 0.20$ mm。若采用滚压加工,硬化层可达几毫米。

② 表面层残余应力。机械加工过程中由于切削力、切削热等因素的作用,在工件表面层材料中产生的内应力称为表面层残余应力。在铸、锻、焊、热处理等加工过程产生的内应力与这里介绍的表面残余应力的区别在于前者是在整个工件上平衡的应力,它的重新分布会引起工件的变形;后者则是在加工表面材料中平衡的应力,它的重新分布不会引起工件显著变形,但它对机器零件表面质量有重要影响。

③ 表面层金相组织变化。机械加工过程中,在工件的加工区域温度会急剧升高,当温度升高到超过工件材料金相变化的临界点时就会发生金相组织变化。例如磨削淬火钢件时,常会出现回火烧伤、退火烧伤等金相组织的变化,将严重影响零件的使用性能。

5.1.4　机械加工表面质量对机器使用性能的影响

1. 表面质量对耐磨性的影响

零件的耐磨性不仅与摩擦副的材料、热处理情况和润滑条件有关,而且还与摩擦副的表面质量有关。

① 表面粗糙度对耐磨性的影响。表面粗糙度值大,由于实际接触面积小,接触表面的实际接触应力增大,粗糙不平的凸峰间相互咬合、挤裂,使磨损加剧。表面粗糙度值越大越不耐磨。表面粗糙度值也不能太小。表面太光滑,可能使接合面间发生分子黏结,润滑油不易储存,并会破坏润滑油膜,导致磨损增加。因此接触面的表面粗糙度有一个最佳值,如图 5.3 所示。表面粗糙度的最佳值与零件的工作情况有关,工作载荷加大时,初期磨损量增大,表面粗糙度最佳值也加大。如机床导轨面的粗糙度 Ra 值,一般取 $1.6 \sim 0.8$ μm 为好。

② 表面加工硬化对耐磨性的影响。机械加工后的表面,由于加工硬化使表面层金属的显微硬度提高,可降低磨损。加工表面的加工硬化,一般能提高耐磨性,但是过度的硬化将使加工表面金属组织变得"疏松",甚至出现裂纹和表层金属的剥落,使耐磨性下降。

③ 表面纹理对耐磨性的影响。在轻载运动副中,两相对运动的零件表面的刀纹方向均与运动方向相同

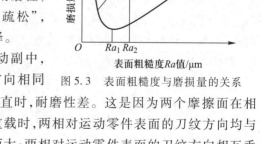

图 5.3　表面粗糙度与磨损量的关系

时,耐磨性好;两者的刀纹方向均与运动方向垂直时,耐磨性差。这是因为两个摩擦面在相互运动中,切去了妨碍运动的加工痕迹。但在重载时,两相对运动零件表面的刀纹方向均与相对运动方向一致时容易发生咬合,磨损量反而大;两相对运动零件表面的刀纹方向相互垂直,且运动方向平行于下表面的刀纹方向,磨损量较小。

2. 表面质量对零件疲劳强度的影响

表面粗糙度对零件的疲劳强度影响很大。在交变载荷作用下,表面粗糙度的凹谷部位容易产生应力集中,出现疲劳裂纹,加速疲劳破坏。零件上容易产生应力集中的沟槽、圆角等处的表面粗糙度,对疲劳强度的影响更大。减小零件的表面粗糙度,可以提高零件的疲劳

强度。

加工表面粗糙度的纹路方向对疲劳强度也有较大影响,当纹路方向与受力方向垂直时,疲劳强度明显降低。一般加工硬化则可提高疲劳强度,但硬化过度则会适得其反。

残余应力对疲劳强度影响也较大。残余应力为压应力时,可部分抵消交变载荷施加的拉应力,阻碍和延缓裂纹的产生或扩大,从而提高疲劳强度;但为拉应力时,则会大大降低疲劳强度。如中碳钢零件经滚压加工后,可减小表面粗糙度值、强化表面层,使表层呈压应力状态,从而有利于防止产生微裂纹,其疲劳强度可提高 30% ~ 80%。但硬化程度过高时,可能会产生较大的脆性裂纹,反而降低疲劳强度。

3. 表面质量对抗腐蚀性能的影响

大气中所含的气体和液体与零件接触时会凝聚在零件表面上使金属腐蚀。零件表面粗糙度越大,加工表面与气体、液体接触面积越大,腐蚀作用就越强烈。加工表面的硬化和残余应力,使表层材料处于高能位状态,会加剧腐蚀的发生。

减小表面粗糙度、控制表面的加工硬化和残余应力,可以提高零件的耐蚀性。如零件表面有残余压应力,能阻止微裂纹的扩展,从而可在一定程度上提高零件的耐蚀性。

4. 表面质量对零件配合性质的影响

影响配合质量的最主要因素是表面粗糙度。对于间隙配合,零件表面越粗糙,磨损越大,使配合间隙增大,降低配合精度,严重时会影响密封性能或导向精度;对于过盈配合,两零件粗糙表面相配时凸峰被挤平,使有效过盈量减小,将降低过盈配合的连接强度。

此外,表面质量对运动平稳性和噪声等也有影响。

5.1.5　研究机械加工质量的方法

研究机械加工质量的方法如下:

① 分析计算方法。研究机械加工过程中所有的误差因素,运用物理学和力学原理研究某一或某几个确定因素对加工精度和表面质量的影响,通过分析、计算或测试、实验,得出该因素与加工质量指标之间的变化规律,并以此为依据对工艺过程进行分析与控制。

② 统计分析方法。以生产中一批工件的实测结果为基础,运用数理统计方法进行数据处理,根据被测质量指标的统计性质,对工艺过程进行分析和控制。

在实际生产中,上述两种方法常常结合起来应用。一般用统计分析方法寻找误差的出现规律,初步判断产生加工误差的可能原因,然后运用分析计算方法进行分析、实验,以便迅速、有效地找出影响机械加工质量的主要原因。

5.2　机械加工精度

学习目标

1. 了解机械加工系统原始误差的种类。

2. 熟悉工艺系统的几何误差对加工精度的影响。

3. 了解工艺系统受力变形对加工精度的影响,熟悉误差复映规律,能够结合具体情况分析系统变形对加工精度的影响,找出误差产生的主要因素并提出合理解决方法或改进措施。

4. 了解工艺系统受热变形、残余应力等其他误差对加工精度的影响。

5. 了解提高加工精度的方法和途径。

在机械加工中,零件的尺寸、几何形状和表面间相互位置的形成,取决于工件和刀具在切削运动过程中相互位置的关系。由机床、夹具、刀具和工件组成的机械加工工艺系统本身的结构和状态、操作过程、加工过程中的物理力学现象而产生的误差称为原始误差。它可以原样、扩大、缩小地反映给工件,使工件在加工后产生的误差称为加工误差。

工艺系统的原始误差可分为两大类:一类是在零件未加工前,与工艺系统原始状态有关的原始误差(也称为工艺系统几何误差);另一类是在加工过程中受力、热、磨损等因素的影响,工艺系统原有精度受到破坏而产生的附加误差(也称动误差),即与工艺过程有关的原始误差。加工过程中可能出现的种种原始误差可归纳如下:

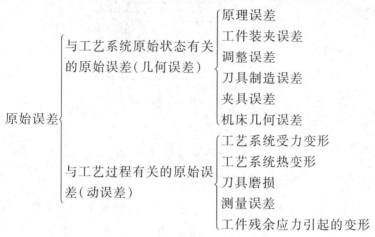

5.2.1　工艺系统的几何误差对加工精度的影响

1. 机床的几何误差

加工中,刀具相对于工件的成形运动,通常都是通过机床完成的,因此工件的加工精度在很大程度上取决于机床的精度。机床制造误差中对工件加工精度影响较大的误差有主轴回转误差、导轨误差和传动链误差。机床的磨损会使机床工作精度下降。

(1) 主轴回转误差

机床主轴是装夹工件或刀具的基准件,并传递切削运动和动力。主轴回转时,其理想回转轴线的空间位置应该固定不变,即回转轴线的瞬时速度为零。所谓主轴回转误差是指主轴实际回转轴线的空间位置相对于其理想回转轴线的变动量。理想回转轴线虽然客观存在,但却无法确定其位置,通常是以平均回转轴线(即主轴各瞬时回转轴线的平均位置)来代替。

为了便于分析,可将主轴回转误差分解为径向跳动、端面跳动和角度摆动三种不同形式的误差,如图 5.4 所示。机床主轴的回转误差将直接影响被加工工件的形状精度和位置精度。

① 径向跳动。它是主轴回转轴线相对于平均回转轴线在径向的变动量,如图 5.4a 所示。主轴径向跳动会使工件产生圆度误差,但是径向跳动的方式和规律不同,加工方法不同,对加工精度的影响也不同。

图 5.5 所示为镗床上镗孔的情况。假设由于主轴的径向跳动而使轴线在 X 坐标方向上

作简谐直线运动,其频率与主轴转速相同,其幅值为 A;再设主轴中心偏移最大(等于 A)时,镗刀尖正好通过水平位置 1,当镗刀转过一个 φ 角时(位置 1′),刀尖轨迹的水平分量和垂直分量分别为:

$$x = A\cos\varphi + R\cos\varphi = (A+R)\cos\varphi,\ y = R\sin\varphi \tag{5.2}$$

整理后可得

$$\frac{x^2}{(R+A)^2} + \frac{y^2}{R^2} = 1 \tag{5.3}$$

上式是个椭圆方程式,其长半轴为 $(A+R)$,短半轴为 R。这说明镗出的孔呈椭圆状,圆度误差为 $2A$,如图 5.5 中的虚线所示。

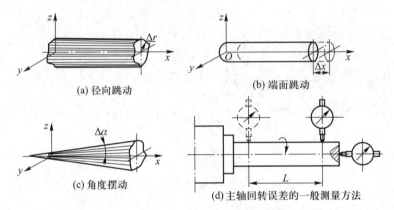

图 5.4　主轴回转误差

车削时如图 5.6 所示,假定主轴轴线沿 X 坐标作简谐直线运动,在工件 1 处(主轴中心偏移最大处)切出的半径比 2、4 处切出的半径小一幅值 A;而在工件 3 处切出的半径比 2、4 处切出的半径大一幅值 A。这样上述四点的工件直径都相等,其他各点直径误差也很小,所以车削出的工件表面圆度误差很小。

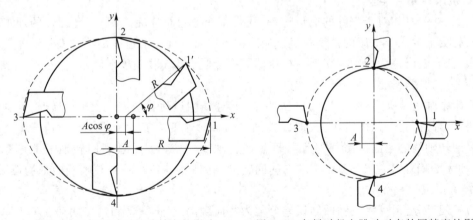

图 5.5　径向跳动对镗孔精度的影响　　　图 5.6　车削时径向跳动对车外圆精度的影响

产生径向跳动误差的主要原因有:主轴支承轴颈的圆度误差、几段支承轴颈的同轴度误差、轴承本身的误差、轴承孔之间的同轴度误差、主轴挠度等。其影响大小随加工方式不同而不同。

若机床主轴采用滑动轴承结构,在车床上车外圆时切削力 F 的作用方向可认为是基本不变的,在切削力 F 的作用下,主轴颈以不同的部位与轴承内径的某一固定部位相接触,此时主轴支承轴颈的圆度误差将直接反映为主轴径向跳动 δ_d(图 5.7a),而轴承内径的圆度误差则影响不大(图 5.7b);在镗床上镗孔时,由于切削力 F 的作用方向随主轴回转而回转(图5.7c),在切削力 F 的作用下,主轴总是以其支承轴颈某一固定部位与轴承内表面的不同部位接触,因此轴承孔内表面的圆度误差将直接反映为主轴径向跳动 δ_d,而主轴支承轴颈的圆度误差则影响不大。

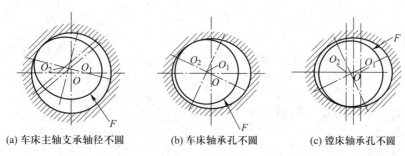

(a) 车床主轴支承轴径不圆　　(b) 车床轴承孔不圆　　(c) 镗床轴承孔不圆

图 5.7　采用滑动轴承时主轴径向跳动分析

同样,若机床主轴采用滚动轴承结构,在车床上车外圆时,滚动轴承内圈外滚道的圆度误差对主轴径向跳动影响较大;在镗床上镗孔时,轴承外圈内滚道的圆度误差对主轴径向跳动影响较大。滚动体的尺寸误差将直接影响主轴径向跳动误差的大小。

② 端面跳动。它是主轴回转轴线沿平均回转轴线在轴向的变动量,如图 5.4b 所示。以滑动轴承为例,产生端面跳动的主要原因是主轴轴肩端面和推力轴承承载端面对主轴回转轴线存在垂直度误差。

主轴的端面跳动表现为主轴每转一周,就要沿轴向窜动一次,所以车端面时会使工件端面产生平面度误差和对圆柱面的垂直度误差。加工螺纹时,主轴的端面跳动将使螺距产生周期误差。主轴的端面跳动对圆柱面的加工精度没有影响。

③ 角度摆动。主轴回转轴线相对平均回转轴线成一倾斜角度的运动,称为角度摆动,如图 5.4c 所示。

角度摆动对加工精度的影响与径向跳动对加工精度的影响相似,但也存在一定的区别。如车削时,它不仅影响加工表面的圆度误差,还使加工表面产生圆柱度误差和端面的形状误差。

提高主轴及箱体轴承孔的制造精度,选用高精度的轴承,提高主轴部件的装配精度,对高速主轴部件进行平衡,对滚动轴承进行预紧等,均可提高机床主轴的回转精度。例如,高精度机床的主轴轴承内圈径向跳动为 $3\sim6~\mu m$,主轴组件装配后的径向跳动只允许在 $1\sim3~\mu m$。

采用液体或气体静压轴承,由于无磨损,液体静压轴承的刚度是滚动轴承的 $5\sim6$ 倍,对主轴轴颈的形状误差的均化作用可以大幅度提高主轴的回转精度。

（2）导轨的导向误差

导轨是机床中确定各主要部件相对位置关系的基准,也是运动的基准。机床导轨副的制造误差、安装误差、配合间隙及磨损等因素的影响,会使导轨产生导向误差。以卧式车床为例,机床导轨精度主要有导轨在水平面内的直线度、导轨在垂直面内的直线度和双导轨间在垂直方向的平行度。机床导轨误差对刀具或工件的直线运动精度有直接的影响。它将导致刀尖相对于工件加工表面的位置变化,从而对工件的加工精度,主要是对形状精度产生影响。

下面以卧式车床车削圆柱面为例分析机床导轨的导向误差对加工精度的影响。

① 导轨在水平面内的直线度误差对加工精度的影响。如图 5.8a 所示,当导轨在水平面内有直线度误差 Δx 时,将使车刀刀尖相对于工件回转轴线在加工面的法线方向上产生位移,最大位移量等于导轨在水平面内的直线度误差,此时刀尖在水平面内的运动轨迹不是一条直线,由此造成工件的轴向形状误差为

$$\Delta d = 2\Delta x \tag{5.4}$$

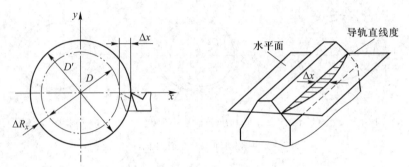

(a) 车床导轨在水平面上的纵向直线度引起的误差

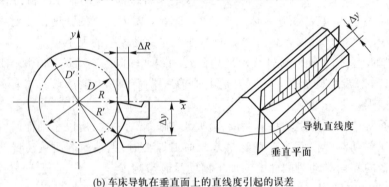

(b) 车床导轨在垂直面上的直线度引起的误差

图 5.8 导轨水平面与垂直面的直线度误差对加工精度的影响

② 导轨在垂直平面内的直线度误差对加工精度的影响。导轨在垂直平面内有直线度误差 Δy 时,也会使车刀刀尖相对于工件回转轴线在加工面的切线方向上变化。此时刀尖的运动轨迹也不是一条直线,因此使刀尖在水平面内发生位移(图 5.8b),造成工件的形状误差为

$$\Delta d \approx \frac{2\Delta y^2}{d} \tag{5.5}$$

式中 d——工件直径。

由于 Δy 引起的加工误差 Δd 为 Δy 的二次项,数值很小。设 $\Delta y = 0.1 \text{ mm}, d = 50 \text{ mm}$,则 $\Delta d = 0.02/50 \text{ mm} = 0.000\ 4 \text{ mm}$。与 Δy 相比,Δd 属微小量,一般可忽略不计。

可见,本例中导轨水平面内的直线度误差对加工精度影响较大。生产实践证明,车削长工件的外圆时,导轨在水平面内的直线度误差将明显地反映到工件的直径上,从而形成锥形、鼓形或鞍形。

由此推广,当原始误差的方向恰为加工表面的法线方向时,引起的加工误差为最大;而当原始误差的方向恰为加工表面的切线方向时,引起的加工误差为最小,通常可以忽略。为了便于分析原始误差对加工精度的影响,把影响加工精度最大的那个方向(即通过刀刃的加

工表面的法向)称为误差敏感方向。原始误差的方向与误差敏感方向一致时,对加工精度的影响最大。

③ 导轨间的平行度误差对加工精度的影响。当前后导轨之间在垂直平面内有平行度误差(扭曲)时,工作台在沿导轨运动过程中将产生偏斜,刀尖的运动轨迹是一条空间曲线,使工件产生圆柱度误差。

导轨间在垂直方向有平行度误差 Δn 时,如图 5.9 所示,使工件与刀具的正确位置在误差敏感方向产生的误差为

$$\Delta R = \Delta x \approx \frac{H}{B}\Delta n \tag{5.6}$$

式中:H——车床中心高;

B——导轨宽度。

一般车床$\frac{H}{B} \approx \frac{2}{3}$,外圆磨床$\frac{H}{B} \approx 1$,故 Δn 对工件加工表面形状误差的影响较大。

除了导轨本身的制造误差之外,导轨的不均匀磨损是造成机床精度下降的主要原因。选用合理的导轨形状和导轨组合形式,采用耐磨合金铸造导轨、镶钢、贴塑导轨、滚动导轨以及对导轨进行表面淬火处理等措施均可提高导轨的耐磨性。采用静压导轨,利用压力油或压力空气的均化作用,可有效提高工作台的直线运动精度和精度保持性。

为减少导轨误差对加工精度的影响,除应提高导轨的制造精度外,还应注意机床的安装,即"安装水平的调整"。特别是大型机床,如龙门刨床、导轨磨床等,因其刚性差,床身在自重作用下很容易变形,如安装得不好,则会使床身弯曲,从而形成种种误差。

(3)机床传动链的传动误差

机床传动链的传动误差是指内联系传动链始末两端传动元件间相对运动的误差。一般用传动链末端元件的转角误差来衡量。它是螺纹、齿轮、蜗轮等按展成原理加工时,影响加工精度的主要因素。传动误差是由于传动链中各组成环节的制造和装配误差,以及使用过程磨损引起的。

Y38 型滚齿机的传动系统图如图 5.10 所示,图中齿轮 1 与滚刀相连接,齿轮 n 与工件相连接。在滚齿机上用单头滚刀加工直齿轮时,滚刀与工件之间必须保持严格的传动关系,即滚刀转一转,工件转过一个齿。在图 5.10 所示的传动系统中,刀具与工件间的运动关系可表示为

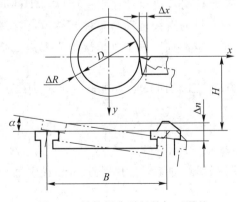

图 5.9 导轨扭曲引起的加工误差

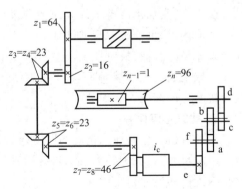

图 5.10 Y38 型滚齿机传动系统图

$$\phi_n(\phi_g) = \phi_d \times \frac{64}{16} \times \frac{23}{23} \times \frac{23}{23} \times \frac{46}{46} \times i_c \times i_f \times \frac{1}{96}$$

式中：$\phi_n(\phi_g)$——工件转角，(°)；

　　　ϕ_d——滚刀转角，(°)；

　　　i_c——差动轮系的传动比；

　　　i_f——分度挂轮的传动比。

　　由于传动链中各传动件制造与安装都会存在一定的误差，每个传动件的误差都将通过传动链影响被切齿轮的加工精度。由于各传动件在传动链中所处的位置不同，它们对工件加工精度的影响程度亦不相同。若齿轮 1 有转角误差 $\Delta\phi_1$，而其他各传动件无误差，则传到末端件上所产生的转角误差为

$$\Delta\phi_{1n} = \Delta\phi_1 \times \frac{64}{16} \times \frac{23}{23} \times \frac{23}{23} \times \frac{46}{46} \times i_c \times i_f \times \frac{1}{96} = k_1 \Delta\phi_1$$

式中：k_1——齿轮 1 到工作台的传动比。

　　k_1 反映了齿轮 1 的转角误差对终端工作台传动精度的影响程度，故又称为误差传递系数。

　　同样，对于齿轮 2 有

$$\Delta\phi_{2n} = \Delta\phi_2 \times \frac{23}{23} \times \frac{23}{23} \times \frac{46}{46} \times i_c \times i_f \times \frac{1}{96} = k_2 \Delta\phi_2$$

　　同理，若第 j 个传动件有转角误差，则

$$\Delta\phi_{jn} = k_j \Delta\phi_j \tag{5.7}$$

式中：k_j——第 j 个传动件到工作台的传动比。

　　由于所有传动件都可能存在传动误差，因此被切齿轮转角误差的总和 $\Delta\phi_\Sigma$ 为

$$\Delta\phi_\Sigma = \sum_{j=1}^{n} \Delta\phi_{jn} = \sum_{j=1}^{n} k_j \Delta\phi_j \tag{5.8}$$

　　分析上式可知，减少传动元件的数量、缩短传动链、采用降速传动、提高传动元件特别是末端传动元件的制造精度和装配精度，均可减小传动链误差。

　　（4）成形运动间位置关系精度

　　机床的切削成形运动往往是由几个独立运动复合而成的，各成形运动之间的位置关系精度对工件的形状精度有很大的影响，所引起的加工误差量值可根据工艺系统中的几何关系求得。

　　如图 5.11 所示，在车床上加工工件外圆时，若刀具的直线运动在水平面内与工件回转运动轴线不平行，加工所得工件表面为圆锥面。若刀具的直线运动与工件回转运动轴线不在同一平面内（空间交错），则加工出来的工件表面为双曲面。后一种情况由于刀尖位移发生在非误差敏感方向，故对加工误差影响较小。

　　在车床上加工工件端面时，若刀具直线运动方向与工件回转运动轴线不垂直，加工后工件端面将产生内凹或外凸现象。

　　2. 刀具的几何误差

　　刀具的制造误差对加工精度的影响随刀具种类而异。

　　采用定尺寸刀具（如钻头、铰刀、键槽铣刀、圆拉刀等）加工时，刀具的尺寸误差和磨损将直接影响工件的尺寸精度。

　　采用成形刀具（例如成形车刀、成形铣刀，齿轮模数铣刀、成形砂轮等）加工时，刀具的形

状误差和磨损将直接影响工件的形状精度。成形刀具的安装误差也会影响加工表面的形状精度。当用成形车刀精车丝杠时,若车刀前面安装得偏高、偏低或倾斜,会造成双曲面的形状误差。

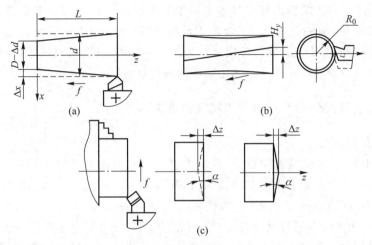

图 5.11　成形运动间位置误差对外圆和端面车削的影响

采用展成法加工时,展成刀具(如齿轮滚刀、插齿刀等)的刀刃形状必须是加工表面的共轭曲线。因此刀刃形状误差与尺寸误差会影响加工表面的形状精度。

对于普通刀具(如车刀、镗刀、铣刀等),采用轨迹法进行加工时,其制造误差对工件加工精度无直接影响,但刀具的几何参数和形状将影响刀具的使用寿命,因此间接影响加工精度。

切削过程的刀具磨损,使原有的形状和尺寸发生变化,会引起工件尺寸和形状变化。选用新型耐磨刀具材料、合理选用刀具几何参数和切削用量、正确刃磨刀具、正确采用切削液等,均可减少刀具的尺寸磨损。必要时,还可采用补偿装置对刀具尺寸磨损进行自动补偿。

3. 夹具的几何误差与装夹误差

夹具的作用是使工件相对于刀具和机床占有和保持正确的位置。夹具的几何误差对工件的加工精度(特别是位置精度)有很大影响。利用夹具装夹工件进行加工时,造成工件加工表面之间尺寸和位置误差的因素主要有:

① 工件装夹误差包括定位误差和夹紧误差。夹紧误差是夹紧工件时引起工件和夹具变形所造成的加工误差。定位误差参见第 4 章。

② 夹具的对刀误差和夹具位置误差。对刀误差是刀具相对于夹具位置不正确所引起的加工误差,而夹具位置误差是由于夹具相对于刀具成形运动位置不正确所引起的加工误差。这些加工误差的大小与夹具的制造、安装和使用密切相关。

图 5.12 所示的钻床夹具用于在轴套零件上加工径向孔 $\phi6H9$,要求保证其轴线与工件 $\phi20H7$ 孔中心线垂直相交,同时保证位置尺寸 L。在该钻床夹具中,钻套轴线相对于定位销台肩面

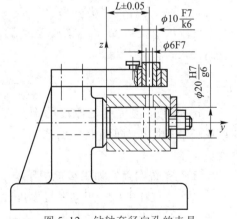

图 5.12　钻轴套径向孔的夹具

距离(图中 $L\pm0.05$)直接影响位置尺寸 L 的精度;由于夹具制造时衬套孔轴线和定位销轴线的垂直度误差以及钻套、衬套和钻头之间的间隙,工件内孔与定位销之间的间隙等原因,都会影响加工孔与工件中心线的垂直度和位置度。

在夹具设计时,对于结构上与工件加工精度有关的尺寸和技术要求都要严格控制。一般情况下,精加工用夹具的有关尺寸公差取工件相应尺寸公差的1/2~1/3;粗加工时取 1/5~1/10。夹具元件磨损将使夹具的误差增大。为保证工件加工精度,夹具中的定位元件、导向元件、对刀元件等关键易损元件均需选用高性能耐磨材料制造。

5.2.2　工艺系统受力变形对加工精度的影响

1. 工艺系统刚度

在机械加工中,工艺系统在切削力、夹紧力、传动力、惯性力和重力等的作用下,将产生相应的变形,使工件产生加工误差。例如,在内圆磨床上以横向进给磨孔时,由于内圆磨头主轴的弯曲变形,磨出的孔会出现圆柱度误差。

工艺系统的受力变形通常是弹性变形。工艺系统在外力作用下产生变形的大小,不仅取决于作用力的大小,还取决于工艺系统的刚度。由于工艺系统存在误差敏感方向,从影响加工精度的角度出发,工艺系统的刚度被定义为在加工误差敏感方向上工艺系统所受外力与法向总变形量之比,即

$$k_s = \frac{F_p}{\Delta x} \tag{5.9}$$

式中: k_s ——工艺系统刚度;

　　　F_p ——吃刀抗力;

　　　Δx ——工艺系统的法向总变形量。

工艺系统在某一处的法向总变形量 Δx 是各个组成环节在此位置受该力作用产生的法向变形的代数和,即

$$\Delta x = \Delta x_{机床} + \Delta x_{夹具} + \Delta x_{刀具} + \Delta x_{工件} \tag{5.10}$$

式中: $\Delta x_{机床}$ ——机床的受力变形;

　　　$\Delta x_{夹具}$ ——夹具的受力变形;

　　　$\Delta x_{刀具}$ ——刀具的受力变形;

　　　$\Delta x_{工件}$ ——工件的受力变形。

根据刚度定义可知: $k_{机床}=F_p/\Delta x_{机床}$, $k_{夹具}=F_p/\Delta x_{夹具}$, $k_{刀具}=F_p/\Delta x_{刀具}$, $k_{工件}=F_p/\Delta x_{工件}$,将它们代入式(5.10)得

$$\frac{1}{k_s} = \frac{1}{k_{机床}} + \frac{1}{k_{夹具}} + \frac{1}{k_{刀具}} + \frac{1}{k_{工件}} \tag{5.11}$$

上式表明,工艺系统的刚度的倒数等于工艺系统各组成环节刚度的倒数之和。若已知组成环节的刚度,即可求得工艺系统的刚度。工艺系统的刚度主要取决于薄弱环节的刚度。

2. 工艺系统刚度对加工精度的影响

(1) 加工过程中由于工艺系统刚度发生变化引起的误差

下面以车削光轴(工件装夹在两顶尖之间)为例进行说明。假设工件和刀具的刚度较

大,其变形可以忽略不计,工艺系统的变形主要取决于机床的变形,并假定车刀进给过程中切削力不变。对于图 5.13 所示工况,有

$$x_{系} = x_{刀架} + x_z = x_{刀架} + (x_{尾座} - x_{主轴})\frac{z}{l} + x_{主轴}$$

由刚度定义

$$x_{主轴} = \frac{F_A}{k_{主轴}} = \frac{F_p}{k_{主轴}}\left(\frac{l-z}{l}\right)$$

$$x_{尾座} = \frac{F_B}{k_{尾座}} = \frac{F_p}{k_{尾座}}\left(\frac{z}{l}\right)$$

$$x_{刀架} = \frac{F_p}{k_{刀架}}$$

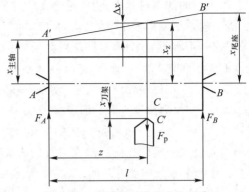

图 5.13 变形随受力点变化规律

则有

$$x_{系} = x_{刀架} + (x_{尾座} - x_{主轴})\frac{z}{l} + x_{主轴} = \frac{F_p}{k_{刀架}} + \left[\frac{F_p}{k_{尾座}}\left(\frac{z}{l}\right) - \frac{F_p}{k_{主轴}}\left(\frac{l-z}{l}\right)\right]\frac{z}{l} + \frac{F_p}{k_{主轴}}\left(\frac{l-z}{l}\right)$$

$$x_{系} = F_p\left[\frac{1}{k_{刀架}} + \frac{1}{k_{尾座}}\left(\frac{z}{l}\right)^2 + \frac{1}{k_{主轴}}\left(\frac{l-z}{l}\right)^2\right] \tag{5.12}$$

式中:$k_{刀架}$——刀架的刚度;

　　　$k_{尾座}$——尾座的刚度;

　　　$k_{主轴}$——主轴箱的刚度。

分析上式可知,随着刀架位置的变化,刀具在误差敏感方向上相对于工件的位移量也会有所不同。运用高等数学知识,可得

当 $z = l$ 时,$x_{系} = x_{max} = F_p\left(\frac{1}{k_{刀架}} + \frac{1}{k_{尾座}}\right)$

当 $z = \left(\frac{k_{尾座}}{k_{主轴} + k_{尾座}}\right)l$ 时,$x_{系} = x_{min} = F_p\left(\frac{1}{k_{刀架}} + \frac{1}{k_{尾座} + k_{主轴}}\right)$

还可求得

当 $z = 0$ 时,$x_{系} = F_p\left(\frac{1}{k_{刀架}} + \frac{1}{k_{主轴}}\right)$

当 $z = \frac{l}{2}$ 时,$x_{系} = F_p\left(\frac{1}{k_{刀架}} + \frac{1}{4k_{尾座}} + \frac{1}{4k_{主轴}}\right)$

由于变形大的地方从工件上切去的金属层薄,反之切去的金属层厚,故因机床受力变形而使加工的工件呈两端粗、中间细的鞍形。由于工艺系统刚度随刀架位置变化产生的圆柱度误差为

$$\Delta x = x_{max} - x_{min} = F_p\left(\frac{1}{k_{尾座}} - \frac{1}{k_{尾座} + k_{主轴}}\right)$$

根据刚度定义,式(5.12)可改写为

$$k_{系} = \frac{F_p}{x_{系}} = \frac{1}{\dfrac{1}{k_{刀架}} + \dfrac{1}{k_{尾座}}\left(\dfrac{z}{l}\right)^2 + \dfrac{1}{k_{主轴}}\left(\dfrac{l-z}{l}\right)^2} \tag{5.13}$$

可见,工艺系统的刚度 $k_{系}$ 在不同的加工位置上是各不相同的。可以证明,当 $k_{尾座} = k_{主轴}$ 时,工艺系统刚度在全长上的差别最小,工件圆柱度误差最小。

（2）加工过程中切削力变化引起的误差

在工件的加工过程中，由于毛坯加工余量和工件材质不均匀等因素，会引起切削力的变化，使工艺系统变形发生变化，从而产生加工误差。

图 5.14 所示为车削一个有圆度误差的毛坯，并假设该工件材质均匀。车削前，将车刀调整到双点画线所示位置。工件在每一转的过程中，切削深度不断发生变化，$a_{p1} > a_{p2}$。切削深度大时，切削力大，刀具相对工件的位移也大，即 $x_1 > x_2$。结果是毛坯的圆度误差（椭圆形）在加工后仍以一定的比例反映在工件的表面上。

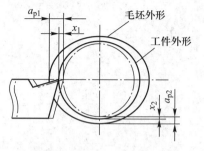

图 5.14　误差复映现象

由于工艺系统的受力变形，工件加工前的误差 Δ_B 以类似的形状反映到加工后的工件上去，造成加工后误差 Δ_W，这种现象称为误差复映。误差复映的程度通常以误差复映系数 ε 表示。由图 5.14 可知

$$\Delta_B = a_{p1} - a_{p2}$$

$$\Delta_W = x_1 - x_2 = \frac{F_{p1} - F_{p2}}{k_s} = \frac{C_{F_p} f^{y_{F_p}}}{k_s} \left[(a_{p1} - x_1) - (a_{p2} - x_2) \right]$$

可得

$$\varepsilon = \frac{\Delta_W}{\Delta_B} = \frac{x_1 - x_2}{a_{p1} - a_{p2}} = \frac{C_{F_p} f^{y_{F_p}}}{k_s + C_{F_p} f^{y_{F_p}}}$$

在一般情况下，因 k_s 远大于 $C_{F_p} f^{y_{F_p}}$，可简化为

$$\varepsilon = \frac{C_{F_p} f^{y_{F_p}}}{k_s} \tag{5.14}$$

式中：C_{F_p}——径向切削力系数；

　　　f——进给量；

　　　y_{F_p}——对径向切削力影响的进给量指数。

可见，为减少误差复映现象，主要的措施是提高工艺系统的刚度，有时也可通过改变进给量及刀具材料或切削角度来达到。一般地，误差复映系数 $\varepsilon < 1$，表明该工序有一定的误差修整能力。误差复映系数定量地反映了毛坯误差加工后减小的程度。

如果采用一次走刀不能消除误差复映现象的影响，可增加走刀次数减小工件的复映误差。设 ε_1、ε_2、ε_3……分别为第一次、第二次、第三次……走刀时的误差复映系数，则

$$\Delta_{W1} = \varepsilon_1 \Delta_B$$

$$\Delta_{W2} = \varepsilon_2 \Delta_{W1} = \varepsilon_1 \varepsilon_2 \Delta_B$$

$$\Delta_{W3} = \varepsilon_3 \Delta_{W2} = \varepsilon_1 \varepsilon_2 \varepsilon_3 \Delta_B$$

……

总的误差复映系数为

$$\varepsilon_z = \varepsilon_1 \varepsilon_2 \varepsilon_3 \cdots \varepsilon_n \tag{5.15}$$

由于 $\varepsilon_i < 1$，在加工精度要求较高的情况下，工件毛坯的误差可以通过多道工序或多次走刀加工逐步减小到零件公差所允许的范围内。当然，由于还有其他影响因素存在，所以不可能无限制地渐精下去。

由以上分析可知,当工件毛坯有形状误差或相互位置误差时,加工后仍然会有同类的加工误差出现。

毛坯硬度不均匀,同样会造成加工误差。在采用调整法成批加工的条件下,一批毛坯材料的硬度差别很大会使工件的尺寸分散范围扩大,甚至超差。

(3) 夹紧力引起的加工误差

工件在装夹时,由于工件刚度较低或夹紧力的方向、作用点不当,会使工件产生相应的变形,造成加工误差。图 5.15 所示为用三爪自定心卡盘夹持薄壁套筒,在车床上车内孔。假定毛坯为圆形,夹紧后坯件产生弹性变形,外圆柱面和内孔为三棱柱形(图 5.15a),车孔后内孔为圆形(图 5.15b),松开三爪自定心卡盘后,因孔壁的弹性恢复使内孔变成了三棱柱形(图 5.15c)。为减小此类误差,可用开口环夹紧薄壁环(图 5.15d)或圆弧面卡爪夹紧(图 5.15e)。由于夹紧力在薄壁环内均匀分布,故可减小由于工件夹紧变形引起的加工误差。

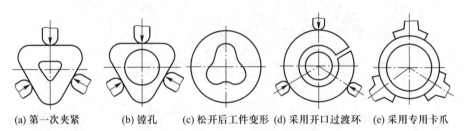

(a) 第一次夹紧　　(b) 镗孔　　(c) 松开后工件变形 (d) 采用开口过渡环 (e) 采用专用卡爪

图 5.15　套筒夹紧变形后误差

(4) 机床部件和工件本身重量引起的加工误差

工艺系统有关零部件自身的重力引起的相应变形,也会造成加工误差。如图 5.16 所示,大型龙门铣床在刀架的自重下引起了横梁变形,会造成工件端面的平面度误差。

对于大型工件的加工,工件自重引起的变形有时也会产生加工形状误差。如在靠模车床上加工尺寸较大的光轴,在工件自身重量的作用下,尾架下沉量大,使加工的外圆柱面产生圆柱度误差。

图 5.16　龙门铣横梁变形

(5) 传动力、惯性力引起的加工误差

当车床上用单爪拨盘带动工件时,传动力在拨盘的每一转中不断改变方向。图 5.17a 所示为其结构简图及切削分力 F_p、F_c 和传动力 F_{cd}。图 5.17b 表示了切削力转化到作用于工件几何轴心 O 上而使之变形到 O',又由传动力转化到作用于 O' 上而使之变形到 O'' 的位置。

在切削力不变的条件下,O' 的位置也相对不变,故可将其理解为是工件的平均回转轴心,O'' 则可视为工件的瞬时回转轴心。O'' 围绕 O' 作与主轴同频率的回转,恰似一个在 $X-Y$ 平面内的偏心运动。整个工件则在空间作圆锥运动,固定的后顶尖为其锥角顶点,前顶尖带着工件在空间画出了一个圆。但由于圆柱形加工面的轴线(O' 与后顶尖的连线)与工件前后顶尖连线(工件瞬时回转轴线)存在锥角偏斜,会使加工面对定位基准产生同轴度误差,并使两次装夹(调头)下的加工面之间产生同轴度误差。精密加工时(例如在外圆磨床上磨削机床主轴前端锥孔),为消除此项误差,采用双爪拨动的传动结构,使传动力得到平衡。

此外,切削过程产生的惯性力也影响工件的加工精度。

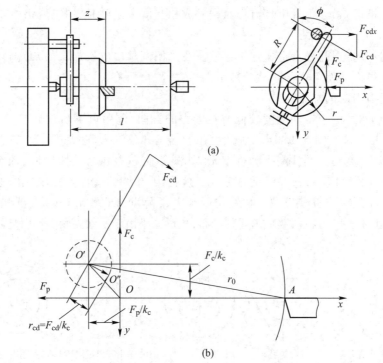

(a)

(b)

图 5.17　传动力对加工精度的影响

3. 减小工艺系统受力变形的途径

由工艺系统刚度表达式(5.9)可知,减少工艺系统变形的途径为:提高工艺系统刚度;减小切削力及其变化。

(1)提高工艺系统刚度

提高工艺系统刚度应从提高其各组成部分薄弱环节的刚度入手。提高工艺系统刚度的主要途径有:

① 设计机械制造装备时应保证关键零部件的刚度。在机床和夹具中应保证支承件(如床身、立柱、横梁、夹具体等)、主轴部件和传动件有足够的刚度。在设计基础件、支承件时,应合理选择零件结构和截面形状。一般地说,截面积相等时,空心截形比实心截形的刚度高、封闭的截形又比开口的截形好。在适当部位增添加强肋也有良好的效果。

② 提高接触刚度。提高接触刚度是提高工艺系统刚度的关键。减少组成件数、提高接触的表面质量,均可减少接触变形,提高接触刚度。在各类轴承、滚珠丝杠副的调整之中,给机床部件以预加载荷,可消除接合面间的间隙,增加实际接触面积,减少受力后的变形量。

③ 采用合理的装夹方式和加工方法。提高工件的装夹刚度,应从定位和夹紧两个方面采取措施。

④ 采用辅助支承。如加工细长轴时,工件的刚性差,采用中心架或跟刀架有助于提高工件的刚度。

(2)减小切削力及其变化

改善毛坯制造工艺,减小加工余量,适当增大刀具前角和后角,改善工件材料的切削性能等均可减小切削力。为控制和减小切削力的变化幅度,应尽量使一批工件的材料性能和加工余量保持均匀。

5.2.3 工艺系统受热变形对加工精度的影响

在机械加工过程中,工艺系统会受到切削热、摩擦热、环境温度及辐射的影响,使工艺系统各组成部分在热作用下产生局部变形,称为热变形。热变形会破坏刀具与工件的正确位置关系,使工件产生加工误差。热变形对加工精度影响较大,特别是在精密加工和大件加工中,热变形所引起的加工误差通常会占到工件加工总误差的40% ~ 70%。随着高精度、高效率及自动化加工技术的发展,工艺系统热变形问题日益突出。

1. 工艺系统的热源

（1）切削热

切削热是切削加工过程中最主要的热源,它对工件加工精度的影响最为直接。切削加工过程中,消耗于切削层弹性变形、塑性变形及刀具与工件、切屑间摩擦的能量,绝大部分转化为切削热。切削热将传入工件、刀具、切屑和周围介质,它是工艺系统中工件和刀具热变形的主要热源。在车削加工中,传给工件的热量占总切削热的30%左右,切削速度越高,切屑带走的热量越多,传给工件的热量就越少;在铣削、刨削加工中,传给工件的热量占总切削热的比例小于30%;在钻削和镗削加工中,因为大量的切屑滞留在所加工孔中,传给工件的热量往往超过50%;磨削加工中传给工件的热量有时多达80%以上,磨削区温度可达800 ~ 1 000 ℃。

（2）摩擦热和动力装置能量损耗产生的热

机床运动部件(如轴承、齿轮、导轨等)为克服摩擦所作机械功转变的热,机床动力装置(如电动机、液压马达等)工作时因能量损耗产生的热,它们是机床热变形的主要热源。尽管摩擦热比切削热少,但在工艺系统中会引起局部温升和变形,破坏了系统原有的几何精度,对加工精度会带来严重影响。

（3）外部热源

外部热源主要是指周围环境温度通过空气的对流以及日光、照明灯具、取暖设备等热源通过辐射传到工艺系统的热量。外部热源的热辐射及环境温度的变化对机床热变形的影响,有时也是不可忽视的。靠近窗口的机床受到日光照射的影响,上、下午的机床温升和变形就不同,而且日照通常是单向的、局部的,受到照射的部分与未经照射的部分之间就有温差。

工艺系统在工作状态下,一方面它经受各种热源的作用使温度逐渐升高,另一方面它同时也通过各种传热方式向周围介质散发热量。当工件、刀具和机床的温度达到某一数值时,单位时间内传出和传入的热量接近相等时,工艺系统就达到了热平衡状态。在热平衡状态下,工艺系统各部分的温度保持在某一相对固定的数值上,工艺系统的热变形将趋于相对稳定。

2. 工艺系统热变形对加工精度的影响

（1）工件热变形对加工精度的影响

机械加工过程中,使工件产生热变形的热源主要是切削热。对于精密零件,环境温度变化和日光、取暖设备等外部热源对工艺系统的局部辐射等也不容忽视。

切削加工工件外圆时,开始切削工件温升近于零,随着切削的进行,温度逐渐升高,工件直径随之膨胀,至走刀终了时工件直径增到最大,因而切削深度将随走刀逐渐增大,当工件冷却后直径变小,产生圆柱度误差和尺寸误差。

　　工件热变形在精加工中影响比较严重。例如丝杠磨削时的温升会使工件伸长,产生螺距累积误差。若丝杠长度为 400 mm,如果工件温度相对于机床丝杠温度每升高 1 ℃,则丝杠将产生 4.4 μm 的累积误差,而 5 级丝杠累积误差在全长上不允许超过 5 μm,由此可见热变形的严重性。

　　(2) 刀具热变形对加工精度的影响

　　使刀具产生热变形的热源主要是切削热。切削热传入刀具的比例虽然不大(车削时约为 5%),但由于刀具体积小,热容量小,所以刀具切削部分的温升仍较高,从而引起刀具的热伸长并造成加工误差。在车削大型零件时,刀具的热变形往往造成加工工件的几何形状误差。如车长轴或在立式车床上加工大直径平面时,由于刀具在长时间的切削过程中逐渐膨胀,往往造成工件圆柱度或平面度等形状误差。

　　(3) 机床热变形对加工精度的影响

　　使机床产生热变形的热源主要是摩擦热、动力源产生的热和外界热源传入的热量。

　　由于机床内部热源分布的不均匀和机床结构的复杂性,机床各部件的温升各不相同,机床零部件间会产生不均匀的变形,这就破坏了机床各部件原有的相互位置关系,从而造成工件的加工误差。不同类型的机床,其主要热源各不相同,热变形对加工精度的影响也不相同。车床、铣床和钻、镗类机床的主要热源来自主轴箱。车床主轴箱的温升将使主轴中心温度升高;由于主轴前轴承的发热量大于后轴承的发热量,故主轴前端比后端温度高;主轴箱的热量传给床身,还会使床身和导轨向上凸起。

3. 减小工艺系统热变形的途径

　　(1) 减少发热量

　　机床内部的热源是产生热变形的主要热源。凡是有可能从主机分离出去的热源,如电动机、液压系统和油箱等,应尽量放在机床外部。

　　为了减小热源发热,在相关零部件的结构设计时应采取措施改善摩擦条件。

　　通过控制切削热量和刀具几何参数,也可减少切削热的产生。

　　(2) 改善散热条件

　　向切削区加注切削液,可减少切削热对工艺系统热变形的影响。有些加工中心采用冷冻机对切削液进行强制冷却,效果明显。

　　(3) 均衡温度场

　　当外移热源时,还应注意考虑均衡温度场的问题。如图 5.18 所示的端面磨床,立柱前壁因靠近主轴箱而温升较高,采用风扇将主轴箱内的热空气经软管通过立柱后壁空间排出,使立柱前、后壁温度大致相等,减小立柱的弯曲变形。

　　(4) 改进机床结构

　　在变速箱中,将轴、轴承、传动齿轮等对称布置,加工中心用双立柱结构,可使箱壁温升均匀,箱体变形较小。

　　除此之外,还可在加工工件前使机床作高速运转,加快温度场的平衡;对于精密机床采取控制环境温度的措施

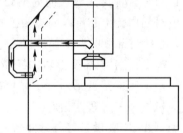

图 5.18　均衡立柱前后壁温度场

减小工艺系统的热变形。如大型数控机床、加工中心普遍采用冷冻机对润滑油、切削液进行强制冷却,以提高冷却效果。精密丝杠磨床的中空丝杠中通以冷却液,以减少热变形。

5.2.4 工件内应力重新分布引起的误差

1. 内应力

内应力(也称残余应力)是指在没有外力作用下或去除外力作用后仍残留在工件内部的应力。工件一旦有内应力产生,就会使工件材料处于一种高能位的不稳定状态,它本能地要向低能位转化,转化速度或快或慢,但迟早是要转化的。转化的速度取决于外界条件。当带有内应力的工件受到力或热的作用而失去原有的平衡时,内应力就将重新分布以达到新的平衡,并伴随有变形发生,破坏原有的加工精度。

2. 内应力产生的原因

(1)热加工中产生的内应力

在铸造、锻压、焊接和热处理等加工中,由于工件不均匀的热胀冷缩以及金相组织转变时的体积变化等原因,都会使工件产生较大的内应力。工件结构越复杂、壁厚相差越大,内应力就越大。

如图 5.19a 所示铸件,B 部分比 A、C 两部分厚得多,铸造冷却后将在 B 部分产生拉应力,相应地在 A、C 两部分产生压应力与之平衡,如图 5.19b 所示。若在 A 处铣开,则在 A 内的压应力消失,B、C 处的内应力将重新分布,使铸件产生弯曲变形,如图 5.19c 所示。

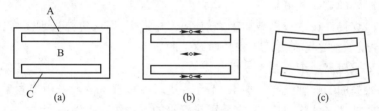

图 5.19 铸件残余应力引起的变形

(2)冷校直产生的内应力

如图 5.20 所示,一些刚度较差容易变形的轴类零件,常采用冷校直方法纠正弯曲变形。该方法是在与变形相反的方向上施加作用力,使工件产生反方向弯曲,并使工件产生一定的塑性变形。当工件外层应力超过屈服强度时,其内层应力还未超过弹性极限,故其应力分布情况如图 5.20c 所示。去除外力后,由于下部外层已产生拉伸的塑性变形,上部外层已产生压缩的塑性变形,故里层的弹性恢复受到阻碍,结果上部外层产生残余拉应力,上部里层产生

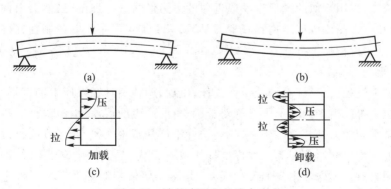

图 5.20 冷校直引起的残余应力

残余压应力;下部外层产生残余压应力,下部里层产生残余拉应力(图 5.20d)。冷校直后虽然弯曲减小了,但是内部组织处于不稳定状态,如再进行一次加工,又会产生新的弯曲。

（3）切削加工产生的内应力

工件表面在切削力、切削热的作用下,也会出现不同程度的塑性变形和由于金相组织的变化引起的体积变化,从而产生残余应力。这种残余应力的大小和方向是由加工时各种工艺因素决定的。

3. 残余应力重新分布引起的变形

如果工件内部存在拉、压平衡的残余应力,经过加工后,原有的应力平衡状态受到破坏,工件就通过变形重新建立新的应力平衡。

4. 减小或消除内应力变形误差的途径

（1）合理设计零件结构

在设计零件结构时,应尽量做到壁厚均匀、结构对称,以减小内应力的产生。

（2）合理安排机械加工工艺过程

工件上一些重要表面的粗、精加工工序宜分阶段安排,使工件在粗加工之后能有更多的时间通过变形使内应力重新分布,待工件充分变形之后再进行精加工,以减少内应力对加工精度的影响。

（3）采取必要的热处理措施

铸件、锻件、焊接件在进行机械加工之前,应安排退火、回火等热处理工序;对箱体、床身等重要零件,在粗加工之后尚需适当安排时效工序。

（4）精度要求较高的细长轴类零件加工

精度要求较高的细长轴类零件加工,不允许进行冷校直。一般采用加大毛坯余量,经过多次切削和时效处理来消除内应力,或采用热校直的方法纠正工件的弯曲。

5.2.5　其他误差

1. 原理误差

原理误差是指由于采用了近似的成形运动、近似的刀刃形状等原因而产生的加工误差。如用阿基米德蜗杆滚刀切削渐开线齿轮;在数控机床上用直线插补或圆弧插补方法加工复杂曲面;在普通米制丝杠的车床上加工英制螺纹等,都会由于加工原理误差造成零件的加工表面形状误差。

机械加工中,采用近似的成形运动或近似的刀刃形状进行加工,虽然会由此产生一定的原理误差,但却可以简化机床结构和减少刀具数,只要加工误差能够控制在允许的制造公差范围内,就可采用近似加工方法。

2. 调整误差

在机械加工过程中,有许多调整工作要作,例如,调整夹具在机床上的位置,调整刀具相对于工件的位置等。由于调整不可能绝对准确,由此产生的误差,称为调整误差。

生产中常采用的刀具调整方法主要有:按标准样块或对刀块(导套)调整刀具及按试切一个工件后的实测尺寸调整刀具。按标准样块或对刀块(导套)调整刀具时,影响刀具调整精度的主要因素有标准样件本身的尺寸误差,刀块(导套)相对工件定位元件之间的位置尺寸误差,刀具调整时的目测误差,切削加工时刀具相对于工件加工表面的弹性退让和行程挡块的受力变形等。

按试切一个工件后的实测尺寸调整刀具时,虽可避免上述一些因素的影响,但对于一批零件,可能导致由于进给机构的重复定位误差和按试切一个工件尺寸调整刀具的不准确性,引起加工后这一批零件尺寸分散和分布中心位置的偏离。在正常情况下,零件加工尺寸误差接近正态分布,其分散范围可认为是 $\mu \pm 3\sigma$。试切一个零件,在最不利的情况下,总体平均值(μ)可能与被试切零件尺寸相差 3σ(σ 为加工误差的标准差),即

$$\Delta_p = 3\sigma \tag{5.16}$$

若试切 n 个零件,取平均值,则平均值的分散范围为 $\mu \pm \dfrac{3\sigma}{\sqrt{n}}$,在最不利的情况下,总体平均值($\mu$)可能与被试切零件尺寸平均值相差 $\dfrac{3\sigma}{\sqrt{n}}$,即

$$\Delta'_p = \frac{3\sigma}{\sqrt{n}} \tag{5.17}$$

因此,为进一步提高对一批工件尺寸分布中心位置判断的准确性,可采用多试切几个工件(如 n 个)取平均值的方法。按多次重复测量原理,由于判断不准而引起的刀具调整误差,试切 n 个时,可下降到 $\dfrac{3\sigma}{\sqrt{n}}$。

此外,机床微量进给误差(爬行)也是影响调整精度的重要因素。

3. 测量误差

测量误差是工件的测量尺寸与实际尺寸的差值。加工一般精度的零件时,测量误差可占工序尺寸公差的 1/5~1/10;加工精密零件时,测量误差可占工序尺寸公差的 1/3 左右。

产生测量误差的原因主要有:量具、量仪本身的制造误差及磨损,测量过程中环境温度的影响,测量者的测量读数误差,测量者施力不当引起量具量仪的变形等。

5.2.6 提高加工精度的途径

1. 减小或消除原始误差

减小或消除原始误差是提高加工精度的主要途径,有关内容已在前面详细介绍过了,此处不再重复。

2. 转移原始误差

选用立轴转塔车床车削工件外圆时(图 5.21a),由转塔刀架转位误差引起的刀具误差敏感方向上位移 $\Delta_{分度}$,将使工件半径产生的误差 $\Delta R = \Delta_{分度}$。如果将转塔刀架的安装形式改为图 5.21b 所示的情况,刀架转位误差所引起的刀具位移对工件加工精度影响就很小。

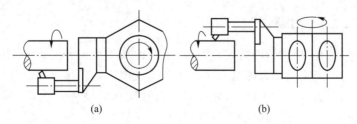

(a)　　　　　　　　　　(b)

图 5.21　转塔车床刀架转位误差的转移

3. 均分原始误差

加工中如果上一工序的加工误差过大,由于误差复映的原因,使得本工序不能保证工序加工要求时,可以采用误差分组的办法,将上一工序加工的工件按实测尺寸分为 n 组,使每组工件的误差分散范围缩小为原来的 $1/n$,然后按组调整刀具与工件的相对位置,就可以显著减小上一工序加工误差对本工序加工精度的影响。例如,在精加工齿轮齿圈时,为保证加工后齿圈与内孔的同轴度要求,应尽量减小齿轮内孔与心轴的配合间隙;为此可将齿轮内孔尺寸分为 n 组,然后配置相应的 n 根不同直径的心轴,一个心轴相应加工一组孔径的齿轮,这样可显著提高齿圈与内孔的同轴度。

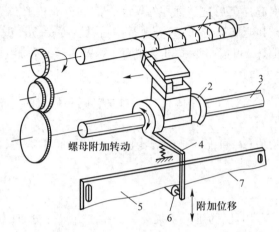

图 5.22　螺纹加工误差校正装置
1—工件;2—螺母;3—中空丝杠;4—杠杆;
5—校正尺;6—触头;7—校正曲线

4. 误差补偿

图 5.22 所示为根据误差补偿原理设计的高精度螺纹加工机床机械式校正装置。根据测量被加工工件 1 的导程误差,设计出校正尺 5 上的校正曲线 7。校正尺 5 固定在机床床身上。加工螺纹时,机床传动丝杠带动螺母 2 及与其相固连的刀架和杠杆 4 移动。同时,校正尺 5 上的校正曲线 7 通过触头 6、杠杆 4 使螺母 2 产生一附加运动,从而使刀架得到附加位移,以补偿传动误差。

采用机械式的校正装置只能校正机床静态的传动误差。如果要校正机床静态及动态传动误差,则需要采用计算机控制的传动误差补偿装置。

5.3　加工误差的统计分析

学习目标

1. 了解系统误差和随机误差的概念。
2. 了解直方图的概念,了解正态分布的统计特征,了解其他常见分布。
3. 掌握概率统计分析方法;能够判断机械加工过程中的误差性质;能够分析工艺系统的工艺能力。
4. 掌握工艺过程的点图分析方法,能够分析加工过程中加工质量变化情况,提出合理的控制指标。

5.3.1　加工误差的性质

在实际生产中,影响加工精度的因素很多,工件的加工误差是多因素综合作用的结果,且其中不少因素的作用往往带有随机性。对于一个受多个随机因素综合作用的工艺系统,只有用概率统计的方法分析加工误差,才能得到符合实际的结果。加工误差的统计分析方法,不仅可以客观评定工艺过程的加工精度,评定工序能力系数,而且还可以用来预测和控制工艺过程的精度。

按照加工误差的表现形式,加工误差可分为系统性误差和随机性误差。

1. 系统性误差

系统性误差可分为常值系统性误差和变值系统性误差两种。顺序加工一批工件时,加工误差的大小和方向皆不变,此误差称为常值系统性误差,例如原理误差、定尺寸刀具的制造误差等。顺序加工一批工件时,按一定规律变化的加工误差称为变值系统性误差,例如当刀具处于正常磨损阶段车外圆时,由于车刀尺寸磨损引起的误差。

常值系统性误差与加工顺序无关,变值系统性误差与加工顺序有关。对于常值系统性误差,若能掌握其大小和方向,可以通过调整消除;对于变值系统性误差,若能掌握其大小和方向随时间变化的规律,也可通过采取自动补偿措施加以消除。

2. 随机性误差

顺序加工一批工件时,加工误差的大小和方向都是随机变化的,这些误差称为随机误差。例如,由于加工余量不均匀、材料硬度不均匀等原因引起的加工误差,工件的装夹误差、测量误差和由于内应力重新分布引起的变形误差等就带有随机性,均属于随机误差。可以通过分析随机误差的统计规律,对工艺过程进行控制。

5.3.2 随机过程和抽样的概念

1. 随机过程

生产系统受刚性、振动、热变形、刀具磨损和环境温度等影响,这些过程可以归纳为5M1E,即操作者(man)、机器(machine)、加工方法(method)、测量方法(measurement)、材料(material)及环境(evironment),如图 5.23 所示,它们相互作用最终影响产品的质量。同一操作者在同一台机床上加工的同一批零件的尺寸误差总是客观存在的,在一定范围内随机波动,表现为一种典型的随机过程。

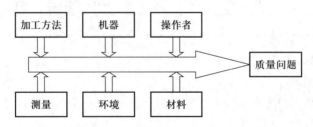

图 5.23 影响零件加工质量的因素

2. 样本与抽样

把随机变量所有可能取值的集合称为总体(或母体)。组成总体的每一个基本单元称为个体,又称样本。从总体中随机抽取容量为 n 的一部分样本称为子样。

随机抽样的原则是必须随机地从同一个总体中抽取,即每个个体都以同等的概率被抽取,因此对抽样有两方面的要求:一是独立性,即每次抽样都是独立的;二是代表性,即每一个子样都与总体具有相同的概率分布。

5.3.3 直方图

下面举例说明直方图的画法。

1. 采集数据

在无心磨床上磨削一批直径尺寸为 $\phi 20^{-0.005}_{-0.015}$ mm 的销轴。

首先确定子样容量。若子样容量太小，则不能准确反映总体的实际分布；若子样容量太大，则又增加了测量与工作的计算量。数理统计方法必须建立在充分大的样本容量的基础上，才能确切地描述生产情况。

实际生产中，通常子样容量 $n = 50 \sim 200$。本例中随机抽取 100 个样件（$n = 100$），逐一测量其直径尺寸，实测数据列于表 5.1 中。

表 5.1　轴径尺寸偏差测量数据表　　　　μm

-10	-10	-8	-7	-14	-8	-4	-8	-9	-10	-9	-8	-9	-11	-10	-9	-9	-6	-6	-5
-10	-5	-6	-12	-9	-10	-8	-8	-13	-10	-9	-5	-11	-9	-9	-10	-8	-8	-7	-7
-13	-9	-11	-10	-10	-5	-6	-11	-9	-9	-8	-12	-7	-7	-10	-9	-9	-6	-8	
-10	-10	-11	-11	-7	-9	-10	-4	-7	-7	-12	-9	-7	-6	-9	-5	-8	-8	-11	
-5	-10	-10	-8	-5	-11	-9	-7	-7	-8	-9	-8	-12	-10	-8	-8	-8	-7	-5	-10

2. 确定分组数、组距、组界

（1）初选尺寸分组数 k

尺寸分组数 k 不可随意确定。分组数太多，组距太小，在狭窄的区间内频数太少，实际分布图会出现许多锯齿形，从而被频数的随机波动所歪曲。若分组数太少，组距太大，分布图会被展平，掩盖了分布图固有形状。尺寸分组数可参考表 5.2 选取。

表 5.2　尺寸分组数 k 的选定

n	25~40	40~60	60~100	100	100~160	160~250	250~400	400~630	630~1 000
j	6	7	8	10	11	12	13	14	15

本例初选分组数 $k' = 10$。

（2）确定尺寸组距

从测量数据中找出最大值 $x_{max} = -4$ μm，最小值 $x_{min} = -14$ μm，由尺寸变化范围和初选分组数计算组距：

$$d = \frac{R}{k-1} = \frac{x_{max}-x_{min}}{k-1} = \frac{-4-(-14)}{10-1}\ \mu m = 1.1\ \mu m$$

将 d 圆整为 $d = 1$ μm。

（3）确定尺寸分组数 k

$$k = \frac{R}{d} + 1 = \frac{10}{1} + 1 = 11$$

（4）确定各组组界

$$x_{min} + (i-1)d \pm \frac{d}{2} \quad (j = 1, 2, 3, \cdots, k)$$

本例中各组的组界分别为 $-14.5, -13.5, \cdots, -3.5$。

（5）统计各组频数

本例中各组频数分别为 1，2，4，8，17，21，19，12，6，8，2。

3. 计算平均值和标准差

样本的平均值 $\bar{x}$ 表示该样本的尺寸分布中心,其计算公式为

$$\bar{x} = \frac{1}{n} \sum_{i=1}^{n} x_i \tag{5.18}$$

式中:x_i——各样件的实测尺寸(或偏差)。

样本的标准差反映了该样本的尺寸分散程度,其计算公式为

$$s = \sqrt{\frac{1}{n-1} \sum_{i=1}^{n} (x_i - \bar{x})^2} \tag{5.19}$$

因此,本例计算可得到

$$\bar{x} = -8.55$$

$$s = 2.06$$

4. 画出直方图

画出的直方图见图 5.24。

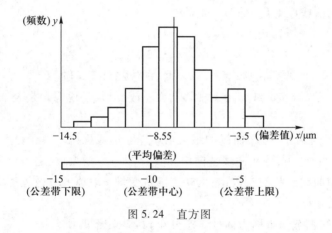

图 5.24　直方图

图 5.24 表示的尺寸分布情况,在一定程度上代表了一个工序的加工精度。因为这一组子样仅是总体中很小的一部分。如果工艺比较稳定,可以用这种方法来估计整个工序的加工精度。

5.3.4　机械加工中测量数据的统计分布特征

1. 正态分布

根据概率论可知,相互独立的大量微小随机变量,其总和的分布符合正态分布。在机械加工中,若工件的加工误差服从正态分布,需要同时满足以下三个条件:

① 无变值系统性误差(或有但不显著)。

② 各随机误差之间是相互独立的。

③ 在随机误差中没有一个是起主导作用的误差因素。

(1)正态分布的数学模型

正态分布曲线的概率密度为

$$y(x) = \frac{1}{\sigma\sqrt{2\pi}} e^{-\frac{1}{2}\left(\frac{x-\mu}{\sigma}\right)^2} \quad (-\infty < x < +\infty, \sigma > 0) \tag{5.20}$$

式中：y——概率密度；

x——随机变量；

μ——算术平均值；

σ——均方根偏差（标准差）。

$$\mu = \frac{1}{n}\sum_{i=1}^{n} x_i \tag{5.21}$$

$$\sigma = \sqrt{\frac{1}{n}\sum_{i=1}^{n}(x_i-\mu)^2} \tag{5.22}$$

式中：x_i——工件尺寸；

n——工件总数。

式（5.20）表示 x 服从参数为 μ 和 σ 的正态分布，简记为 $x \sim N(\mu,\sigma^2)$。正态分布曲线具有以下性质：

① 正态分布曲线是关于直线 $x=\mu$ 的对称曲线。

② 当 $x=\mu$ 时，曲线取得最大值

$$y_{max}=\frac{1}{\sigma\sqrt{2\pi}} \tag{5.23}$$

③ 在 $x=\mu\pm\sigma$ 处，曲线有拐点；当 $x\to\pm\infty$ 时，曲线趋近于 x 轴。

④ 如果改变 μ 值，分布曲线将沿 x 轴移动而不改变形状，说明 μ 是表征分布曲线位置的参数。

⑤ 从式（5.23）可看出，分布曲线的最大值 y_{max} 与 σ 成反比。由于分布曲线所围成的面积总是等于1，因此 σ 越小，分布曲线越向中间收紧，即 y_{max} 增大，反之当 σ 越大时，y_{max} 减小。可见 σ 是表征分布曲线形状的参数，它反映了随机变量 x 取值的分散程度。

（2）标准正态分布

$\mu=0$，$\sigma=1$ 时的正态分布称为标准正态分布，其概率密度为

$$y(x)=\frac{1}{\sqrt{2\pi}}e^{-\frac{1}{2}x^2} \tag{5.24}$$

在实际生产中，经常是 μ 既不等于0，σ 也不等于1，为了查表计算方便，需要将非标准正态分布转换为标准正态分布。

令 $$z=(x-\mu)/\sigma$$

则 $$y(x)=\frac{1}{\sigma\sqrt{2\pi}}e^{-\frac{1}{2}\left(\frac{x-\mu}{\sigma}\right)^2}=\frac{1}{\sigma\sqrt{2\pi}}e^{-\frac{1}{2}z^2}=\frac{1}{\sigma}y(z) \tag{5.25}$$

（3）工件尺寸落在某一尺寸区间内的概率

工件加工尺寸落在区间（$x_1\le x\le x_2$）内的概率为图5.25所示阴影部分的面积 $F(x)$。

$$F(x)=\frac{1}{\sigma\sqrt{2\pi}}\int_{x_1}^{x_2}e^{-\frac{1}{2}\left(\frac{x-\mu}{\sigma}\right)^2}dx$$

令 $z=(x-\mu)/\sigma$，则 $dx=\sigma dz$，代入上式得

$$F(z)=\frac{1}{\sqrt{2\pi}}\int_{z_1}^{z_2}e^{-\frac{z^2}{2}}dz \tag{5.26}$$

为了计算方便，将标准正态分布函数的值计算出来，制成表5.3，$F(z)$ 为图5.26中阴影

部分的面积。任何非标准的正态分布都可以通过坐标变换 $z = \dfrac{x-\mu}{\sigma}$,变为标准的正态分布,故可以利用标准正态分布的函数值,求得各种正态分布的函数值。

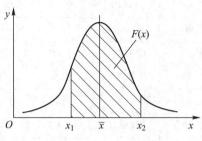

图 5.25　工件尺寸概率分布

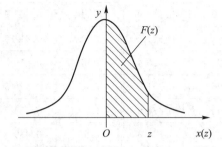

图 5.26　标准正态分布曲线

由表 5.3 可知:

当 $z = \pm 1$,即 $x-\mu = \pm\sigma$ 时,$2F(1) = 0.341\ 3\times 2 = 68.26\%$。

当 $z = \pm 2$,即 $x-\mu = \pm 2\sigma$ 时,$2F(2) = 0.477\ 2\times 2 = 95.44\%$。

当 $z = \pm 3$,即 $x-\mu = \pm 3\sigma$ 时,$2F(3) = 0.498\ 65\times 2 = 99.73\%$。

表 5.3　$F(z) = \dfrac{1}{\sqrt{2\pi}}\displaystyle\int_0^z e^{-\frac{z^2}{2}}\mathrm{d}z$ 的值

z	$F(z)$	z	$F(z)$	z	$F(z)$	z	$F(z)$
0.01	0.004 0	0.18	0.071 4	0.35	0.136 8	0.54	0.205 4
0.02	0.008 0	0.19	0.075 3	0.36	0.140 6	0.56	0.212 3
0.03	0.012 0	0.20	0.079 3	0.37	0.144 3	0.58	0.219 0
0.04	0.016 0	0.21	0.083 2	0.38	0.148 0	0.60	0.225 7
0.05	0.019 9	0.22	0.087 1	0.39	0.151 7	0.62	0.232 4
0.06	0.023 9	0.23	0.091 0	0.40	0.155 4	0.64	0.238 9
0.07	0.027 9	0.24	0.094 8	0.41	0.159 1	0.66	0.245 4
0.08	0.031 9	0.25	0.098 7	0.42	0.162 8	0.68	0.251 7
0.09	0.035 9	0.26	0.102 3	0.43	0.164 1	0.70	0.258 0
0.10	0.039 8	0.27	0.106 4	0.44	0.170 0	0.72	0.264 2
0.11	0.043 8	0.28	0.110 3	0.45	0.177 2	0.74	0.270 3
0.12	0.047 8	0.29	0.114 1	0.46	0.177 6	0.76	0.276 4
0.13	0.051 7	0.30	0.117 9	0.47	0.180 8	0.78	0.282 3
0.14	0.055 7	0.31	0.121 7	0.48	0.184 4	0.80	0.288 1
0.15	0.059 6	0.32	0.125 5	0.49	0.187 9	0.82	0.293 9
0.16	0.063 6	0.33	0.129 3	0.50	0.191 5	0.84	0.299 5
0.17	0.067 5	0.34	0.133 1	0.52	0.198 5	0.86	0.305 1

续表

z	$F(z)$	z	$F(z)$	z	$F(z)$	z	$F(z)$
0.88	0.310 6	1.25	0.394 4	1.80	0.464 1	2.70	0.496 5
0.90	0.315 9	1.30	0.403 2	1.85	0.467 8	2.80	0.497 4
0.92	0.321 2	1.35	0.411 5	1.90	0.471 3	2.90	0.498 1
0.94	0.326 4	1.40	0.419 2	1.95	0.474 4	3.00	0.498 65
0.96	0.331 5	1.45	0.426 5	2.00	0.477 2	3.20	0.499 31
0.98	0.336 5	1.50	0.433 2	2.10	0.482 1	3.40	0.499 66
1.00	0.341 3	1.55	0.439 4	2.20	0.486 1	3.60	0.499 841
1.05	0.353 1	1.60	0.445 2	2.30	0.489 3	3.80	0.499 928
1.10	0.364 3	1.65	0.450 2	2.40	0.491 8	4.00	0.499 968
1.15	0.374 9	1.70	0.455 4	2.50	0.493 8	4.50	0.499 997
1.20	0.384 9	1.75	0.459 9	2.60	0.495 3	5.00	0.499 999 97

这说明随机变量 x 落在 $\pm 3\sigma$ 范围内的概率为 99.73%,落在此范围以外的概率仅为 0.27%,因此可以认为正态分布的随机变量的分散范围是 $\pm 3\sigma$,这就是所谓的"$\pm 3\sigma$ 原则",或称"6σ 原则"。$\pm 3\sigma$ 的概念,在研究加工误差时应用很广,是一个重要的概念。6σ 的大小代表了某种加工方法在一定条件下所能达到的加工精度,所以在一般情况下,应使所选择的加工方法的标准差与公差带宽度 T 之间具有下列关系:

$$6\sigma \leqslant T \tag{5.27}$$

正态分布总体的 μ 和 σ 通常是未知的,但可以通过它的子样平均值 $\bar{x}$ 和子样标准差 s 来估计。这样成批加工一批工件,抽检其中一部分,即可判断整批工件的加工精度。

2. 工件常见的分布

工件的实际分布除正态分布(图 5.27a)外,还呈现非正态分布形式:

(1)平顶分布(图 5.27b)

平顶分布曲线可以看成是随着时间而平移的众多正态分布曲线组合的结果。譬如在影响机械加工的诸多因素中,刀具尺寸磨损的影响显著,变值系统性误差占主导地位时,工件的尺寸误差将呈现平顶分布。

(2)双峰分布(图 5.27c)

若将两台机床所加工的同一种工件混在一起,由于两台机器的调整尺寸不尽相同,两台机床的精度状态也有差异,工件的尺寸误差会呈双峰分布。

(3)偏态分布(图 5.27d)

采用试切法车削工件外圆或镗内孔时,为避免产生不可修复的废品,操作者主观上有使轴径加工宁大勿小、使孔径加工宁小勿大的意向。按照这种加工方式加工得到的一批零件的加工误差会呈现偏态分布。

5.3.5　加工误差的统计分析方法

对加工误差进行分析的目的,在于将两大类加工误差分开,确定系统性误差的数值和随机性误差的范围,从而找出造成加工误差的主要因素,以便采取相应的措施,提高零件的加工精度。在生产中,常用统计学的分析方法分析加工总误差。

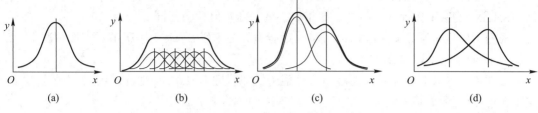

图 5.27　机械加工误差分布规律

统计分析法是以现场观察与实际测量所得的数据为基础,应用概率论和统计学原理,以确定一定加工条件下,一批零件加工误差的大小及其分布情况。这种方法既可以指出系统性误差的大小与方向,也可以指出各种随机误差因素对加工精度的综合影响。由于这种方法是建立在对大量实测数据进行统计的基础上,故通常只适用于调整法加工的成批、大量生产过程。

1. 工艺过程的分布图分析法

这种方法是通过测量一批零件加工后的实际尺寸,作出尺寸分布曲线,然后按此曲线的位置(相对于理想尺寸)和形状判断这种加工方法产生误差的性质和大小。

通过工艺过程分布图分析,可以确定工艺系统的工序能力系数、机床调整精度系数和加工工件的合格率,并能分析产生废品的原因。

(1) 判别加工误差性质

如前所述,假如加工过程没有明显的变值系统性误差,其加工尺寸分布接近正态分布,工件尺寸分散范围由随机误差引起,这表明工艺过程处于受控状态。如果尺寸分布不接近正态分布,可根据工件尺寸实际分布图分析是哪种变值系统误差在显著影响工艺过程。如果工件尺寸实际分布中心 $\bar{x}$ 与公差带中心有偏移 ε,表明工艺系统有常值系统性误差存在。5.3.3 节中 $\varepsilon = -8.55\ \mu m - (-10)\ \mu m = 1.45\ \mu m$。这可能是由调整误差所造成的。

正态分布的标准差 σ 的大小表明随机变量的分散程度。如子样的标准差 s 较大,说明工艺系统随机性误差显著。

(2) 确定工序能力及其等级

工序能力是指工序处于稳定、正常状态时,此工序加工误差正常波动的幅值。当加工尺寸接近正态分布时,根据 $\pm3\sigma$ 原则,其尺寸分散范围是 6σ,所以工序能力即 6σ。当工序处于稳定状态时,工序能力系数 C_P 按下式计算:

$$C_P = \frac{T}{6\sigma} \approx \frac{T}{6s} \tag{5.28}$$

式中:T——工序尺寸公差;

σ——工序尺寸的标准差;

s——子样的标准差。

工序能力等级是以工序能力系数来表示的。从式(5.28)可以看出,C_P 是指工序能力所满足产品质量要求的能力,即通过公差范围与 6 倍的工序标准差之比,反应工序能满足加工精度要求的程度。σ 常用直方图中求出的 s 来估算,即用 s 近似代替 σ。但是需指出,σ 和 s 在概念上是有区别的,σ 表示工序总体的标准差,也就是说,理论上它即包括已经制造出的产品的偏差,还包括未制造出的产品的偏差。s 在实际生产中是可以求出的,只要该工序稳定,通常用 s 近似来估计 σ。两者数据相似,单位相同,但含义不同。

根据工序能力系数 C_P 的大小,可将工序能力分为 5 级,如表 5.4 所示。一般情况下,工序能力不应低于二级,即要求 $C_P>1$。

必须指出,$C_P>1$ 只说明该工序的工序能力可以满足加工精度要求,但加工中是否会产生不合格品,还要看调整得是否正确。

5.3.3 节例的工序能力系数为:$C_P = \dfrac{T}{6\sigma} = \dfrac{10}{6\times 2.06} = 0.84 < 1$

表 5.4　工序能力等级

工序能力系数	工序等级	说明
$C_P>1.67$	特级	工序能力强,可以允许有异常波动
$1.67 \geqslant C_P>1.33$	一级	工序能力较强,可以允许有一定的异常波动
$1.33 \geqslant C_P>1.00$	二级	工序能力勉强,必须密切注意
$1.00 \geqslant C_P>0.67$	三级	工序能力不足,会出现少量不合格品
$0.67 \geqslant C_P$	四级	工序能力差,须加以改进

（3）估算合格品率与不合格品率

5.3.3 节例中:$z_A = \dfrac{x_A}{\sigma} = \dfrac{0.5T+1.45}{2.06} = \dfrac{0.5\times 10+1.45}{2.06} = 3.13$

$$z_B = \dfrac{x_B}{\sigma} = \dfrac{0.5T-1.45}{2.06} = \dfrac{0.5\times 10-1.45}{2.06} = 1.72$$

由表 5.3 可查出:$z_A=3.13$,$z_B=1.72$ 时,$F(z_A) \approx 0.5$,$F(z_B) \approx 0.457\ 2$。由此可确定合格品率为 $(0.5+0.457\ 2)\times 100\% = 95.72\%$,废品率为 $1-95.72\% = 4.28\%$。

工艺过程的分布图分析法能比较客观地反映工艺过程的总体情况,且能把工艺过程中存在的常值系统性误差从误差中区分开来;但是用分布图分析工艺过程要等一批工件加工结束并逐一测量其尺寸作统计分析后,才能够对工艺过程的运行状态作出分析,它不能在加工过程中及时提供控制精度的信息,只适用于在工艺过程较为稳定的场合应用。

2. 工艺过程的点图分析法

用分布图分析研究加工误差时,需要在全部工件加工之后,才能绘制出分布曲线,且不能够将系统性误差与随机性误差分开,而对于一个不稳定的工艺过程,需要在工艺过程的进行中及时发现工件可能出现不合格品的趋向,以便及时调整工艺系统,使工艺过程能够继续进行。点图分析法能够克服上述不足之处,反映质量指标随时间变化的情况,更有利于批量生产的工艺过程质量控制。这种方法既可以用于稳定的工艺过程,也可以用于不稳定的工艺过程。

（1）逐点点图

在一批零件的加工过程中,依次测量每个零件的加工尺寸,并记入以顺次加工的零件号为横坐标、零件尺寸为纵坐标的图表中,便构成了逐点点图。逐点点图也称单值点图。

例如,在车床上采用调整法加工一批零件的轴颈,按加工顺序逐个测量其直径尺寸,并将测量结果标注在以工件序号为横坐标、以直径尺寸为纵坐标的点图中相应的位置上,得到图 5.28a 所示的逐点点图。图 5.28a 中,由于加工中每个工件对应一个横坐标,会使点图过长,为了缩短点图的长度,可将顺序加工出的几个工件编为一组,以工件组序号为横坐标,以同组内各工件尺寸为纵标,标注在同一组号的垂直线上的相应位置,得到图 5.28b 所示的图形为分组逐点点图。若用作加工过程的加工误差监控,只要被加工尺寸在控制限内,就满足监控要求。

为了反映加工过程中误差的性质和变化趋势,把逐点点图的上下极限点包络成平滑的曲线 AA' 和 BB',AA' 和 BB' 之间的宽度表示每一瞬时的尺寸分散范围,也就是随机误差的影响,平均值曲线 OO' 表示每一瞬时的尺寸分散中心,其变化情况反映了变值系统误差随时间的变化规律,如图 5.28c 所示。由此可以看出,工件尺寸有逐渐增大的趋势。

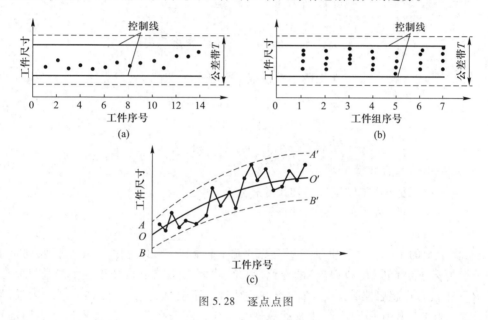

图 5.28 逐点点图

（2）$\bar{x}-R$ 图

为了直接反映加工过程中的系统误差和随机误差随时间的变化趋势,实际生产中常用样组点图来代替逐点点图。样组点图的种类很多,目前应用最广泛的是 $\bar{x}-R$ 图。

$\bar{x}-R$ 图是由小样本均值 $\bar{x}$ 的点图和小样本极差 R 的点图组成,横坐标是按时间先后采集的小样本组序号,纵坐标分别是小样本均值 $\bar{x}$ 和小样本极差 R,如图 5.29 所示。

绘制 $\bar{x}-R$ 图是以小样本顺序随机抽样为基础的。在工艺过程中,每隔一定时间连续抽取容量 $m=2\sim10$ 件的一个小样本,求出小样本的平均值 $\bar{x}$ 和极差 R

$$\begin{cases} \bar{x} = \dfrac{1}{m}\sum_{i=1}^{m} x_i \\ R = x_{\max} - x_{\min} \end{cases} \tag{5.29}$$

经过若干时间后,就可取得若干个(例如 k 个)小样本,将各组小样本的 $\bar{x}$ 和 R 值分别点在相应的 $\bar{x}$ 图和 R 图上,即制成了 $\bar{x}-R$ 图。前者控制工艺过程质量指标的分布中心,后者控制工艺过程质量指标的分散程度。

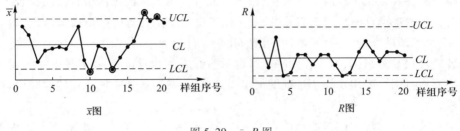

图 5.29　$\bar{x}$-R 图

在 $\bar{x}$-R 图上各有三根线,即中心线和上、下控制线。各线的位置可按下式计算:

$$
\begin{aligned}
\bar{x} \text{ 图的中线} & \quad \bar{\bar{x}}=\frac{1}{n}\sum_{i=1}^{n}\bar{x}_i \\
R \text{ 图的中线} & \quad \bar{R}=\frac{1}{n}\sum_{i=1}^{n}R_i \\
\bar{x} \text{ 图的上控制线} & \quad UCL=\bar{\bar{x}}+A\bar{R} \\
\bar{x} \text{ 图的下控制线} & \quad LCL=\bar{\bar{x}}-A\bar{R} \\
R \text{ 图的上控制线} & \quad UCL=D_1\bar{R} \\
R \text{ 图的下控制线} & \quad LCL=D_2\bar{R}
\end{aligned}
\tag{5.30}
$$

式中:　n——小样本的组数;

$\bar{x}_i$——第 i 组小样本的工件平均尺寸;

R_i——第 i 组小样本的工件尺寸极差;

A、D_1、D_2——系数,见表 5.5。

$\bar{x}$ 点图反映的是工艺过程质量指标分布中心(系统误差)的变化,R 点图反映的是工艺过程质量指标分散范围(随机误差)的变化,因此这两个图常常联合使用。生产过程稳定时,在 $\bar{x}$-R 图中没有点超出控制线,大部分点在均值线上下波动,小部分点在控制线附近,点没有明显的上升或下降倾向和周期性波动等规律性变化。否则,在工艺过程出现非稳定趋势时,就要根据点的分布和超限情况查找原因,及时调整机床和加工状态。

表 5.5　A、D_1、D_2 的值

N	A	D_1	D_2
4	0.73	2.28	0
5	0.58	2.11	0
6	0.48	2.00	0

(3)工艺过程的点图分析

顺序加工一批工件,获得的尺寸总是参差不齐的,点图上的点总是有波动的。若只有随机波动,表明工艺过程是稳定的,属于正常波动;若出现异常波动,表明工艺过程是不稳定的,要及时寻找原因,采取措施。表 5.6 是根据数理统计学原理确定的正常波动与异常波动的判据。

表 5.6 正常波动与异常波动判据

正常波动的判据	异常波动的判据
（1）没有点超出控制线	（1）有点超出控制线
（2）大部分点在中线上下波动,小部分在控制线附近	（2）点密集在控制线附近
（3）点没有明显规律性	（3）点密集在中线上下线附近
	（4）连续 7 点以上出现在中线一侧
	（5）连续 11 点中有 10 点出现在中线一侧
	（6）连续 14 点中有 12 点以上出现在中线一侧
	（7）连续 17 点有中 14 点以上出现在中线一侧
	（8）连续 20 点有中 16 点以上出现在中线一侧
	（9）点有上升或下降倾向
	（10）点有周期性波动

用点图法分析工艺过程能对工艺过程的运行状态作出分析,在加工过程中能及时提供控制加工精度的信息,并能把变值系统性误差从误差中区分出来,常用它分析、控制工艺过程的加工精度。

（4）点图的运用程序

① 明确运用目的。充分理解各种点图的功能,分别按不同的目的加以运用。运用点图的主要目的有:使重要工序保持稳定状态;发现异常,追查原因,排除系统性因素,使工序稳定。

② 决定控制的质量特性。根据目的,决定控制的质量特性及收集方法。

③ 选定点图。

④ 绘制分析用点图。先用统计资料绘制分析图,了解工序是否处于稳定状态。若未处于稳定状态,则追查原因,采取措施,使工序处于稳定状态。

⑤ 控制用点图及控制标准。当用点图表示出控制状态之后,调整控制界限,可作为生产中控制用的点图。

⑥ 重新计算控制界限。当工序发生变化时,应重新计算控制界限,使之符合工序现状。

5.4 机械加工表面质量

学习目标

1. 了解影响机械加工表面粗糙度的工艺因素。

2. 了解影响工件表面层性能的因素。

3. 了解加工过程中振动的影响。

5.4.1 影响机械加工表面粗糙度的工艺因素

经过切削（磨削）加工后的表面总会有微观几何形状的不平度,其不平度的高度称为粗糙度。切削加工的表面粗糙度值主要取决于切削残留面积的高度,并与切削表面塑性变形及积屑瘤的产生有关。

1. 切削加工表面的粗糙度

(1) 刀具几何形状的影响

切削加工过程中,刀具相对于工件作进给运动时,在被加工表面上残留的面积越大,所获得的表面将越粗糙。图 5.30 所示为车削加工残留面积高度计算的示意图。如果切削深度较大,工件表面粗糙度主要是以切削刃的直线部分形成,按图 5.30a 可求得

$$H = \frac{f}{\cot \kappa_r + \cot \kappa_r'} \tag{5.31}$$

如果切削深度较小,工件表面粗糙度主要是以切削刃的圆弧部分形成,按图 5.30b 可求得:

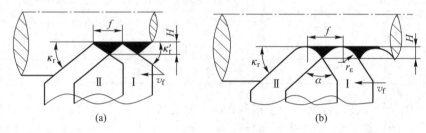

图 5.30　车削时残留面积的高度

$$H = r_\varepsilon(1 - \cos \alpha) = 2r_\varepsilon \sin^2 \frac{\alpha}{2} \approx \frac{f^2}{8r_\varepsilon} \tag{5.32}$$

式中:H——残留面积高度,mm;

$\quad f$——进给量,mm/r;

$\quad \kappa_r$——主偏角($\kappa_r \neq 90°$);

$\quad \kappa_r'$——副偏角($\kappa_r' \neq 90°$);

$\quad r_\varepsilon$——刀尖圆弧半径,mm。

由公式(5.31)可知,减小进给量,减小主、副偏角,都能减小残留面积的高度,也就降低了表面粗糙度。

从式(5.32)可以看出,进给量 f 对表面粗糙度影响较大,但当 f 较小时,虽然有利于粗糙度的降低,生产率也成比例地降低,因此选择过小的进给量是不明智的,而且过小的进给量将造成薄层切削,反而容易激起振动,使得表面粗糙度急剧增加而恶化表面质量。增大刀尖圆弧半径 r_ε 有利于表面粗糙度的降低,但是刀尖圆弧半径 r_ε 增加会引起吃刀抗力 F_p 的增加,从而引起工艺系统的振动,因此增加刀尖圆弧半径 r_ε 要考虑吃刀抗力 F_p 的潜在因素。

(2) 工件材料性质的影响

图 5.31 所示为切削塑性材料时切削速度对表面粗糙度的影响。切削过程的塑性变形对加工表面的粗糙度影响较大。加工塑性材料时,由于刀具对金属的挤压产生了塑性变形,加之刀具迫使切屑与工件分离的撕裂作用,使表面粗糙度值加大。工件材料韧性越好,金属材料塑性越大,加工表面越粗糙。适当提高切削速度,可防止积屑瘤和鳞刺的产生,从而降低表面粗糙度。鳞刺是指切削加工表面在切削速度方向产生的鱼鳞片状的毛刺。在切削低

碳钢、中碳钢、铬钢、不锈钢、铝合金、紫铜等塑性金属时,无论是车、刨、钻、插、滚齿、插齿和螺纹加工工序中都可能产生鳞刺。

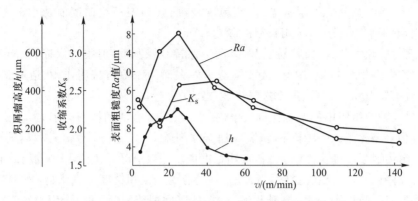

图 5.31　切削 45 钢时切削速度与表面粗糙度关系

切削脆性材料比切削塑性材料容易达到表面粗糙度的要求。加工脆性材料时,切屑呈崩碎切屑,在加工表面上留下许多麻点,使表面粗糙。

加工相同材料的工件,晶粒越粗大,切削加工后的表面粗糙度值越大。为减小切削加工后的表面粗糙度值,常在加工前或精加工前对工件进行正火、调质等热处理,目的在于得到均匀细密的晶粒组织,并适当提高材料的硬度。

此外,适当增大刀具的前角,可以降低被切削材料的塑性变形;降低刀具前面和后面的表面粗糙度,可以抑制积屑瘤的生成;增大刀具后角,可以减少刀具和工件的摩擦;合理选择切削液,可以减小材料的变形和摩擦,降低切削区的温度;采取上述各项措施均有利于减小加工表面的粗糙度。

2. 磨削加工表面的粗糙度

对磨削加工表面粗糙度的影响,主要由几何因素和表面材料的塑性变形决定。表面粗糙度的高度和形状是由起主要作用的某一类因素或某一个因素决定的。

（1）砂轮的线速度

随着砂轮线速度的增加,每颗磨粒切去的金属厚度减小,残留面积也减小,高速磨削可减小材料的塑性变形,表面粗糙度降低。

（2）工件的线速度

在其他磨削条件不变的情况下,随着工件线速度的降低,每颗磨粒每次接触工件时切去的切削厚度减小,残留面积减小,因而表面粗糙度低。

（3）纵向进给量

采用纵磨法磨削时,随着纵向进给量的减小,工件表面的每个部位被砂轮重复磨削的次数增加,被磨表面的粗糙度就会降低。

（4）光磨次数

光磨系无切削深度磨削,是提高磨削表面质量的重要手段。生产中,磨削烧伤层如果很薄,在本工序中可通过几次光磨把烧伤层去除。

（5）砂轮选择

① 磨料。磨粒刃尖钝圆半径 r_n 的大小取决于磨粒的硬度、脆性和强度。硬度和强度不

足,则不能形成较小的 r_n,在使用中不易保持其锋利性。提高磨粒的硬度、脆性和强度,有利于抑制磨削烧伤。

②粒度。单纯从几何因素考虑,砂轮粒度越细,磨削表面粗糙度值越小。为了避免发热量大而引起的磨削烧伤,宜选用较粗的砂轮。

③硬度。砂轮太软,则磨粒易脱落,有利于保持其锋利性,但很难保证其等高性。砂轮如果太硬,磨损了的磨粒不易脱落,会加剧与工件表面的摩擦与挤压作用,造成工件表面温度升高,塑性变形加大。因此,通常选择中软硬度的砂轮。

④组织。紧密组织中的磨粒比例大,气孔小,在成形磨削和精密磨削时,能获得较小的表面粗糙度值。疏松组织的砂轮不易堵塞,适于磨削软金属、非金属软材料和热敏性材料(磁铁、不锈钢、耐热钢等),可获得较小的表面粗糙度值。一般情况下,应选用中等组织的砂轮。

⑤砂轮材料。砂轮材料选择适当,可获得满意的表面粗糙度。氧化物(刚玉)砂轮适用于磨削钢类零件;碳化物(碳化硅、碳化硼)砂轮适于磨削铸铁、硬质合金等材料;用高硬磨料(人造金刚石、立方氮化硼)砂轮磨削可获得很小的表面粗糙度值,但加工成本较高。

⑥砂轮修整。砂轮修整对表面粗糙度也有重要影响。精细修整过的砂轮可有效减小被磨工件的表面粗糙度值。

图 5.32 为采用 SA60L5V 砂轮磨削 30CrMnSiA 材料时,磨削用量对表面粗糙度的影响。

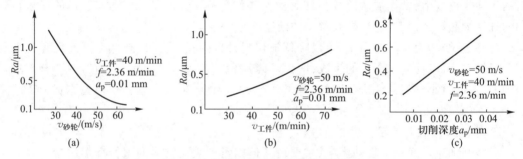

图 5.32　磨削用量对表面粗糙度的影响

此外,工件材料的性质、切削液的选用对磨削表面粗糙度也有明显的影响。

5.4.2　影响加工表面层物理、力学性能的因素

1. 表面层材料的加工硬化

(1) 加工硬化

切削过程中产生的塑性变形,会使表层金属的硬度和强度提高,产生加工硬化(亦称为冷作硬化或强化)。加工硬化的程度取决于塑性变形程度。强化的金属处于高能位的不稳定状态,只要一有可能,金属的不稳定状态就要向比较稳定的状态转化,这种现象称为弱化。弱化作用的大小取决于温度的高低、热作用时间的长短和加工硬化的程度大小。表层金属的最后性质取决于强化和弱化综合作用的结果。

(2) 影响加工硬化的因素

①刀具的影响。切削刃钝圆半径越大,已加工表面在形成过程中受挤压程度越大,加工硬化也越大;当刀具后面的磨损量增大时,后面与已加工表面的摩擦随之增大,加工硬化程度也增加;减小刀具的前角,加工表面层塑性变形增加,切削力增大,加工硬化程度和深度

都将增加。

② 切削用量的影响。切削速度提高时,刀具对工件的作用时间缩短,塑性变形不充分。随着切削速度的提高和切削温度的升高,加工硬化程度将会减小。切削深度和进给量增大,塑性变形加剧,冷硬程度加强。

③ 工件材料的影响。工件材料的硬度越低、塑性越大时,冷硬现象越严重。非铁金属的再结晶温度低,容易弱化,其冷硬倾向程度要比切削钢件时小。就结构钢而言,含碳量少,塑性变形大,硬化严重。如切削软钢,$N = 140\% \sim 200\%$。

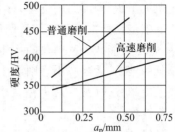

图 5.33 磨削深度对加工硬化的影响

图 5.33 为磨削高碳工具钢 T8 时磨削深度对加工硬化影响的实验曲线。表 5.7 列出了用各种机械加工方法在采用一般切削用量的条件下加工钢件时,加工表面冷硬层深度和冷硬程度的部分数据。

表 5.7 用各种机械加工方法加工钢件时表面加工硬化情况

加工方法	材料	硬化层深度 $h/\mu m$		硬化程度 $N/\%$	
		平均值	最大值	平均值	最大值
车削	低碳钢	30 ~ 50	200	120 ~ 150	200
精细车削		20 ~ 60	—	140 ~ 180	220
端铣		40 ~ 100	200	140 ~ 160	200
圆周铣		40 ~ 80	110	120 ~ 140	180
钻孔	未淬硬中碳钢	180 ~ 200	250	160 ~ 170	—
拉孔		20 ~ 75	—	150 ~ 200	—
滚、插齿		120 ~ 150	—	160 ~ 200	—
外圆磨		30 ~ 60	—	160 ~ 200	250
内圆磨		16	—	140 ~ 160	200
平面磨		35	—	150	—
研磨		3 ~ 7	—	110 ~ 117	—

2. 表面层材料的金相组织变化

加工表面温度超过相变温度时,表层金属的金相组织将会发生相变。切削加工时,切削热大部分被切屑带走,因此影响较小,多数情况下表层金属的金相组织没有质的变化。磨削加工时,切除单位体积材料所需消耗的能量远大于切削加工。磨削加工所消耗的能量绝大部分转化为热,磨削热传给工件,使加工表面层金属金相组织发生变化。

磨削淬火钢时,会产生以下三种不同类型的烧伤:

① 回火烧伤。如果磨削区温度超过马氏体转变温度而未超过相变温度(碳钢的相变温度为 723 ℃),这时工件表层金属的金相组织由原来的马氏体转变为硬度较低的回火组织(索氏体和托氏体),这种烧伤称为回火烧伤。

② 淬火烧伤。如果磨削区温度超过了相变温度,在切削液急冷作用下,使表层金属发

生二次淬火，硬度高于原来的回火马氏体，里层金属则由于冷却速度慢，出现了硬度比原来的回火马氏体低的回火组织，这种烧伤称为淬火烧伤。

③ 退火烧伤。若工件表层温度超过相变温度，而磨削区又没有冷却液进入，表层金属产生退火组织，硬度急剧下降，称之为退火烧伤。

磨削烧伤严重影响零件的使用性能，必须采取措施加以控制。控制磨削烧伤有两个途径：一是尽可能减少磨削热的产生；二是改善冷却条件，尽量减少传入工件的热量。采用硬度稍软的砂轮，适当减小磨削深度和磨削速度，适当增加工件的回转速度和轴向进给量，采用高效冷却方式（如高压大流量冷却、喷雾冷却、内冷却）等措施，都可以降低磨削区温度，防止磨削烧伤。

3. 表面层的残余应力

机械加工过程中，当表层金属组织发生形状变化、体积变化或金相组织变化时，将在表层金属与基体金属间产生相互平衡的残余应力。

工件加工表面在切削热作用下产生热膨胀，此时基体金属温度较低，因此表层金属的热膨胀受到基体的限制而产生热压缩力；当表层金属的应力超过材料的弹性变形范围时，会产生热塑性变形；当切削过程结束时温度下降至与基体温度一致的过程中，表层金属的冷却收缩造成表面层的残余拉应力，里层则产生与其相平衡的压应力。工件材料的导热性越差，因热变形产生的残余应力越严重。

工件材料塑性越大，切削加工后产生的残余拉应力越大，如工业纯铁、奥氏体不锈钢等。切削灰铸铁等脆性材料时，加工表面易产生残余压应力，原因在于刀具后面的挤压与摩擦使得表面产生拉伸变形，待与刀具后面脱离接触后在里层的弹性恢复作用下，使得表层呈残余压应力。

如图 5.34 所示，刀具后面磨损 VB 值增大，使后面与加工表面摩擦增大，也使切削温度升高，从而由热应力引起的残余应力的影响增强，使加工表面呈残余拉应力，同时使残余拉应力层深度加大。

刀具几何参数中对残余应力影响最大的是刀具前角。当前角 γ_o 由正变为负时，刀具对加工表面的挤压与摩擦作用加大，表层残余拉应力逐渐减小。当 γ_o 为较大负值且切削用量合适时，甚至可得到残余压应力。

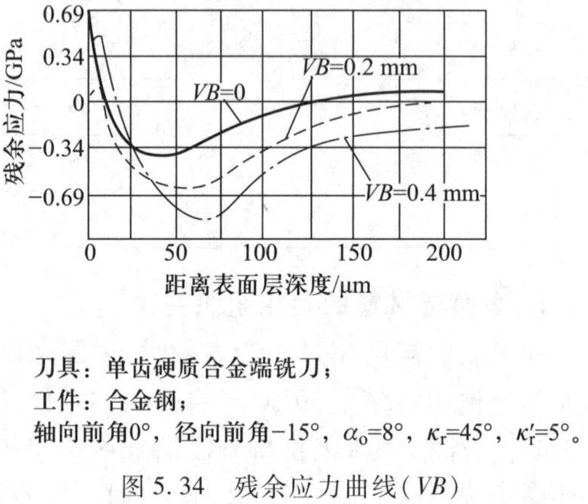

刀具：单齿硬质合金端铣刀；
工件：合金钢；
轴向前角0°，径向前角-15°，α_o=8°，κ_r=45°，κ_r'=5°。

图 5.34　残余应力曲线（VB）

5.4.3　机械加工过程中的振动

在机械加工过程中，工艺系统有时会产生振动，即在刀具的刀刃和工件上正在被切削的表面之间，除了名义的切削运动之外，还会出现一种周期性的相对运动。加工过程中产生的振动，会导致一系列不利的影响，有时甚至会带来相当严重的后果，这是因为刀具相对于工件振动，当振动频率较高时会产生微观不平度，振动频率较低时会产生波度，这将严重影响零件的使用性能；刀具相对于工件振动，切削截面、切削角度等将随之发生周期性变化，工艺系统将承受动态载荷的作用，刀具易于磨损（有时甚至崩刃），特别像硬质合金、陶瓷等韧性差的刀具更是如此；机床的连续特性会受到破坏,严重时甚至使切削加工无法进行;产生噪声污染。为了避免发生振动或减小振动,有时不得不降低切削用量,致使机床、刀具的工作性能得不到充分发挥,限制了生产效率的提高。因此,机械加工中的振动对于加工质量和生产效率都有很大影响,须采取措施控制。

机械加工过程的振动,就其产生的原因可分为两类:强迫振动和自激振动。

1. 机械加工过程中的强迫振动

(1)强迫振动及其产生的原因

机械加工过程中的强迫振动是指在外界周期性干扰力的持续作用下,振动系统受迫产生的振动。

这些干扰力可能来自于工艺系统之外,称为外部振源,该振源主要是由于其他机器的振动,从地基上传来,激起工艺系统的振动。干扰力也可能来自于工艺系统的内部,称为内部振源,主要有机床旋转件因质量不均匀产生的离心力、机床传动机构的缺陷、往复运动部件的惯性力、切削过程的冲击以及液压系统的流量、压力、速度的变化等。

(2)强迫振动的特征

① 频率。在机械加工过程中产生的强迫振动,其振动频率与干扰力的频率相同,或是干扰力频率的整倍数。我们可以根据振动的这个规律去查找强迫振动的振源。

② 振幅。强迫振动的振幅大小既与干扰力的振幅有关,又与工艺系统的动态特性及干扰力的频率有关。强迫振动振幅的大小在很大程度上取决于干扰力的频率 ω 与加工系统固有频率 ω_0 的比值 $\dfrac{\omega}{\omega_0}$,当 $\dfrac{\omega}{\omega_0}=1$ 时,振幅达最大值,此现象称为共振。

③ 相位角。强迫振动的相位角总是滞后于干扰力的相位角,滞后量与工艺系统的动态特性及干扰力的频率有关。

2. 机械加工过程中的自激振动(颤振)

(1)自激振动的概念

在机械加工的过程中往往会出现一种不是由于任何周期性的振源所激发的振动,其频率也不等于可以找到的任何一种激振力的频率。这种振动当切削宽度达到一定数值时会突然发生,振幅急剧上升;当刀具一旦离开工件,振动和伴随振动出现的交变切削力便立即消失。这种在机械加工过程中,由工艺系统本身引起的交变切削力反过来加强和维持系统自身振动的现象称为自激振动,又称颤振。

与强迫振动相比,自激振动具有以下特征:

① 机械加工中的自激振动是指在没有周期性外力(相对于切削过程而言)干扰下产生的振动。机床加工系统是一个由振动系统和调节系统组成的闭环系统。激励工艺系统产生振动的交变力是由切削过程产生的,而切削过程同时又受到工艺系统振动的控制,机床振动系统的振动一旦停止,交变切削力便随之消失。

② 自激振动的频率接近于系统某一薄弱振型的固有频率,或者说颤振频率取决于振动系统的固有特性。这一点与强迫振动根本不同。

③ 自激振动不因阻尼存在而衰减为零。自激振动是一种不衰减振动,振动过程本身能引起某种力的周期性变化,振动系统能通过这种力的变化,从不具备交变特性的能源中周期性地获得能量补充,从而维持这个振动。加工系统本身运动一停止,自激振动也就停止。

（2）自激振动的激振机理

① 振纹再生原理。先来研究车刀作自由正交切削的情况，如图 5.35 所示，分析再生型切削颤振是怎样产生的。

在刀具进行切削的过程中，若受到一个瞬时的偶然扰动力 F_d（图 5.35a）的作用，刀具与工件便会产生相对振动（属自由振动），振动的幅值因系统阻尼的存在而衰减，但该振动会在已加工表面上留下一段振纹（图 5.35b）。

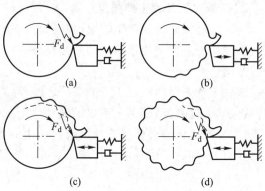

当工件转过一转后，刀具便会在留有振纹的表面上进行切削（图 5.35c），切削厚度时大时小，这样就有动态切削力产生。如果机床加工系统满足产生自激振动的条件，振动便会进一步发展到如图 5.35d 所示的持续的振动状态。将这种由于切削厚度变化效应（再生效应）而引起的自激振动称为再生型颤振。

图 5.35　再生型颤振的产生过程

切削过程一般都是部分或全部在有振纹（波纹）的表面上进行的，车削、铣削、刨削、钻削、磨削等均不例外，由振纹再生效应引发的再生型切削颤振是机床切削的主要形态。

产生再生型颤振的条件，可由图 5.36 所示的振纹再生效应图推导求得。一般来说，本转（次）切削的振纹与前转（次）切削的振纹总不会完全同步，它们在相位上有一个差值 φ。

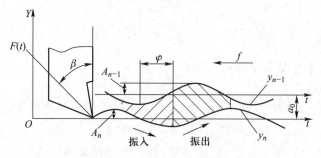

图 5.36　振纹再生切削效应

设本转（次）切削的振动运动为

$$y(t) = A_n \cos \omega t$$

则上转（次）切削的振动运动为

$$y(t-T) = A_{n-1} \cos(\omega t + \varphi)$$

式中　T——工件转一转的时间；

　　　ω——振动频率；

　　A_n——本转（次）切削的振动幅值；

　A_{n-1}——上转（次）切削的振动幅值。

瞬时切削厚度 $a(t)$ 及切削力 $F(t)$ 可分别写为：

$$a(t) = a_0(y_{n-1} - y_n) \tag{5.33}$$

$$F(t) = k_c b(a_0 + y_{n-1} - y_n) \tag{5.34}$$

式中:b——切削层宽度,mm;

k_c——单位切削层宽度上的切削刚度,N/(mm·μm);

a_0——切削层厚度,mm。

在振动的一个周期内,切削力对振动系统所作的功为

$$E = \int_{cyc} F(t)\cos\beta \mathrm{d}y(t) = \int_0^{2\pi/\omega} F(t)\cos\beta y\mathrm{d}t = \pi b k_c A_{n-1} A_n \cos\beta \sin\varphi \qquad (5.35)$$

式中:β——切削力 $F(t)$ 与 y 轴的夹角,$0<\beta<\pi/2$,$\cos\beta>0$。

对于某一具体切削条件,k_c、b、A_{n-1}、A_n 等均为正值,E 的符号取决于 φ 值的大小。当 $0<\varphi<\pi$ 时,$E>0$,这表示每振动一个周期,振动系统就能从外界得到一部分能量,满足产生自激振动的条件,系统将有再生型颤振产生;当 $\pi<\varphi<2\pi$ 时,$E<0$,这表示振动系统每振动一个周期,将损失一部分能量,不满足产生自激振动的条件,系统不会有再生型颤振产生。

② 振型耦合原理。当用车刀车削原来没有振纹的矩形螺纹的外圆,刀刃的宽度小于螺距,走刀量等于螺距的情况下切削时,后一转的切削表面与前一转的切削表面完全没有重叠,这样的切削方式是不存在再生振动条件的,但事实上仍然会发生自振,这说明除了因再生理论产生振动之外,还有其他的原因。

再生自激振动机理主要是对单一自由度振动系统而言的,而实际生产中,机械加工工艺系统一般是具有不同刚度和阻尼的多自由度弹性系统。图 5.37 所示为车床刀架的振型耦合模型。在此,把车床刀架振动系统简化为两自由度振动系统,并假设加工系统中只有刀架振动,其等效质量 m 用相互垂直的等效刚度分别为 k_1、k_2 的两组弹簧支持着。弹簧轴线 x_1、x_2 称为刚度主轴,分别表示系统的两个自由度方向。与切削点的法向 x 分别成 α_1 角与 α_2 角,切削力 F 与 x 成 β 角。如果系统在偶然因素的干扰下,使质量 m 在 x_1、x_2 两个方向都产生

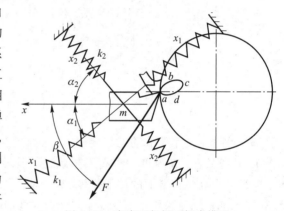

图 5.37 车床刀架振型耦合模型

振动,其刀尖运动为合成运动。假设 $k_1<k_2$,则 x_1 滞后于 x_2,合成运动轨迹为一椭圆,运动是顺时针方向,即 $a\to b\to c\to d$。此时切入半周期内($a\to b\to c$)的平均切削厚度比切出半周期内($c\to d\to a$)的小,于是振出时切削力所作的正功大于振入时所作的负功,系统会有能量输入,振动能够维持。这种由于振动系统在各主振模态间相互耦合、相互关联而产生的自激振动,称为振型耦合型颤振。

3. 控制机械加工振动的途径

(1) 消除或减弱产生强迫振动的条件

① 消除或减小内部振源。机床上的高速回转零件必须满足动平衡要求;提高传动元件及传动装置的制造精度和装配精度,保证传动平衡;使动力源与机床本体分离。

② 调整振源的频率。通过改变传动比,使可能引起强迫振动的振源频率远离机床加工系统薄弱环节的固有频率,避免产生共振。

③ 采取隔振措施。使振源产生的部分振动被隔振装置所隔离或吸收。隔振方法有两

种:一种是主动隔振,阻止机内振源通过地基外传;另一种是被动隔振,阻止机外干扰力通过地基传给机床。常用的隔振材料有橡胶、金属弹簧、空气弹簧、矿渣棉、木屑等。

(2)消除或减弱产生自激振动的条件

① 减小重叠系数。再生型颤振是由于在有波纹的表面上进行切削引起的,如果本转(次)切削不与前转(次)切削振纹相重叠,就不会有再生型颤振发生。

② 减小切削力,降低切削厚度变化效应(再生效应)和振型耦合效应的作用。

③ 合理布置振动系统低刚度主轴的位置。图 5.38a 所示为削扁镗杆结构示意图。图 5.38b 为低刚度主轴,处于切削力 F 与法向 y 轴的夹角范围之内,易引起振动。图 5.38c 则相反,可有效防止自激振动。

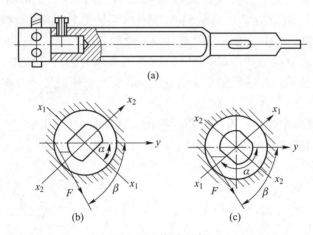

图 5.38　削扁镗杆

(3)改善工艺系统的动态特性

① 提高工艺系统刚度。提高工艺系统薄弱环节的刚度,可以有效地提高机床加工系统的稳定性。提高各接合面的接触刚度、对主轴支承施加预载荷、刚性较差的工件增加辅助支承,如加工细长轴时采用中心架或跟刀架、镗孔时对镗杆加镗套等措施都可提高加工系统刚度。

② 增大工艺系统的阻尼。加工系统的阻尼来源于工件材料的内阻尼、接合面上的摩擦阻尼及其他附加阻尼。增大工艺系统中的阻尼,可通过多种方法实现。如机床床身、立柱等大型支承件一般用铸铁制造,以增大内阻尼;对机床活动接合面应注意调整间隙,以增大摩擦阻尼(外阻尼)。

③ 采用减振装置。常用的减振装置有动力式减振器、摩擦式减振器和冲击式减振器等三种类型。图 5.39 给出了安装在滚齿机上的固体摩擦式减振器。它是靠飞轮 1 与摩擦盘 2 之间的摩擦垫 3 来消耗振动能量的,减振效果取决于靠螺母 4 调节的弹簧 5 压力的大小。

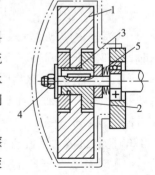

图 5.39　固体摩擦式减振器
1—飞轮;2—摩擦盘;3—摩擦垫;
4—螺母;5—弹簧

图 5.40 所示为冲击式减振镗刀及减振镗杆。冲击式减振器是由一个与振动系统刚性连接的壳体和一个在体内自由冲击的质量所组成。当系统振动时,由于自由质量反复冲击

壳体而消耗振动能量,故可显著衰减振动。它的结构简单、体积小、重量轻,在一定条件下减振效果良好,适用频率范围也较宽,故应用较广。冲击式减振器特别适于高频振动的减振,但冲击噪声较大是其弱点。

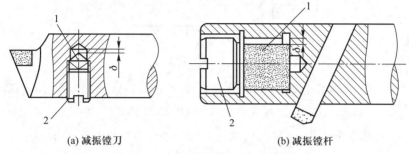

(a) 减振镗刀   (b) 减振镗杆

图 5.40 冲击式减振镗刀与减振镗杆

1—冲击块;2—螺钉

思考题与习题

5.1 机械加工质量包括哪些内容?

5.2 零件加工表面质量对机器的使用性能有哪些影响?

5.3 什么是原始误差?影响机械加工精度的原始误差有哪些?

5.4 什么是主轴回转误差?机床的主轴回转误差对零件加工精度有何影响?

5.5 什么是误差敏感方向?车床和镗床的误差敏感方向有何不同?

5.6 某车床导轨在水平面内的直线度误差为 0.015 mm/1 000 mm,在垂直面内的直线度误差为 0.025 mm/1 000 mm,欲在此车床上车削直径为 $\phi60$ mm、长度为 150 mm 的工件,试计算被加工工件由导轨几何误差引起的圆柱度误差。

5.7 在镗床上镗孔(刀具作旋转主运动,工件作进给运动)时,试分析加工表面产生椭圆形误差的原因。

5.8 在立式铣床上采用端铣刀对称铣削平面时,若铣刀回转轴线对工作台直线进给运动不垂直,试分析对加工表面精度的影响。

5.9 在三台车床上分别加工三批工件的外圆表面,加工后经测量三批工件分别产生了如题 5.9 图所示的形状误差,试分析产生上述形状误差的主要原因。

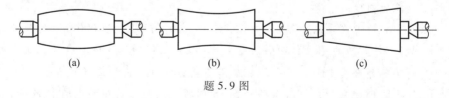

(a)   (b)   (c)

题 5.9 图

5.10 在外圆磨床上磨削如题 5.10 图所示轴类工件的外圆,若机床几何精度良好,试分析磨外圆后 A—A 截面的形状误差,要求画出 A—A 截面的形状,并提出减小上述误差的措施。

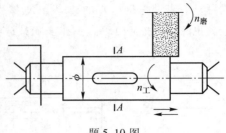

题 5.10 图

5.11　已知某车床的部件刚度分别为：$k_{主轴}=15\,000$ N/mm；$k_{刀架}=8\,000$ N/mm，$k_{尾座}=12\,000$ N/mm。今在该车床上采用前、后顶尖定位车一直径为 $\phi100_{-0.2}^{\ 0}$ mm 的光轴，其径向力 $F_p=4\,500$ N，假设刀具和工件的刚度都很大，试求：

（1）车刀位于尾架处工艺系统的变形量；

（2）车刀处在工件中点处工艺系统的变形量；

（3）车刀处在主轴箱端处工艺系统的变形量。完成计算后，画出加工后工件的纵向截面形状。

5.12　按题 5.12 图的装夹方式在外圆磨床上磨削薄壁套筒 A，卸下工件后发现工件成鞍形，如题 5.12 图 b 所示，试分析产生该形状误差的原因。

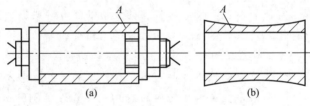

题 5.12 图

5.13　什么是误差复映？什么是误差复映系数？误差复映系数的大小与哪些因素有关？

5.14　影响机床部件刚度的因素有哪些？接触刚度与哪些因素有关？

5.15　为什么提高工艺系统刚度首先要从提高薄弱环节的刚度入手？试举一实例说明。

5.16　在车床上镗一外径为 $\phi100$ mm、内径为 $\phi90$ mm、宽为 20 mm 的圆环，用三爪自定心卡盘直接夹住工件外圆，夹紧力为 1 960 N，问因夹紧而产生的工件内孔的圆度误差是多少？

5.17　在车床上精车一批直径为 $\phi200$ mm、长为 2 000 mm 的长轴外圆。已知：工件材料为 45 钢，切削用量 $v_c=150$ m/min，$a_p=3$ mm，$f=0.3$ mm/r，刀具材料为硬质合金 P10。试计算由刀具尺寸磨损引起的加工误差值。

5.18　在卧式铣床上按题 5.18 图所示装夹方式用铣刀 A 铣键槽，经测量发现工件右端处的槽深大于中间的槽深，且都比未铣键槽前调整的深度小。试分析产生这一现象的原因。

5.19　如果卧式车床床身铸件顶部和底部残留有压应力，床身中间残留有拉应力，试用简图画出粗刨床身底面后床身底面的纵向截面形状，并分析其原因。

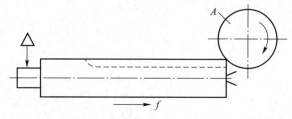

题 5.18 图

5.20 用调整法车削一批小轴的外圆,如果车刀的热变形影响显著,试画出这批工件尺寸误差分布曲线的形状,并简述其理由。

5.21 分布图有什么功用?$\bar{X}-R$ 图有什么功用?

5.22 试说明工艺过程稳定性的概念。

5.23 车一批外圆尺寸要求为 $\phi 25_{-0.1}^{0}$ mm 的轴。已知:外圆尺寸按正态分布,均方根偏差 $\sigma = 0.02$ mm,分布曲线中心比公差带中心大 0.01 mm。试计算加工这批轴的合格品率及不合格品率。

5.24 在自动车床上加工一批轴件,要求外径尺寸为 $\phi 20_{-0.1}^{0}$ mm,已知均方根偏差 $\sigma = 0.025$ mm,试求此机床的工序能力系数。

5.25 在两台自动车床上加工同一批小轴零件的外圆,要求保证外圆直径 $\phi(12 \pm 0.02)$ mm。在第一台车床加工的工件尺寸接近正态分布,平均值为 12.005 mm,均方根偏差为 0.004 mm。在第二台车床加工的工件尺寸也接近正态分布,且平均值为 12.015 mm,均方根偏差为 0.002 5 mm。试分析哪台机床本身的精度比较高。计算并比较两台机床加工的不合格品情况,分析减少不合格品的措施。

5.26 为什么机器零件一般都是从表面层开始破坏?

5.27 为什么增大刀具前角、提高刀具的刃磨质量可以减小加工表面粗糙度值?

5.28 试以磨削为例,说明磨削用量对磨削表面粗糙度的影响。

5.29 加工后,零件表面层为什么会产生加工硬化和残余应力?

5.30 什么是回火烧伤?什么是淬火烧伤?什么是退火烧伤?为什么磨削加工容易产生烧伤?

5.31 什么是机械加工的强迫振动?机械加工中的强迫振动有什么特点?如何消除和控制机械加工中的强迫振动?

5.32 什么是机械加工的自激振动?自激振动有什么特点?控制自激振动的措施有哪些?

5.33 在外圆磨床上磨削光轴外圆时,加工表面产生了明显的振痕,有人认为是因电动机转子不平衡引起的,有人认为是因砂轮不平衡引起的,怎样判别哪一种说法是正确的?

5.34 零件安装在三爪自定心卡盘上,钻头安装在尾座上钻孔。加工后测量发现孔径偏大,试分析造成孔径偏大的可能原因。

第6章 机器装配工艺

学习目标

1. 了解装配的基本概念和主要工作内容；了解装配精度的内容；了解各种装配方法的特点及应用；了解装配的生产组织形式；了解装配的基本要求和常见的质量问题。

2. 了解装配工艺规程制订的依据、程序、装配单元划分、装配工序确定及其装配工艺文件形式等。熟悉装配单元、套件系统、组件系统、部件系统和产品装配系统图。掌握产品装配结构工艺性分析。

3. 熟悉装配工艺中的清洗、防锈、连接、校准、调整、平衡、配作、试车、试验与检验等工作内容。

4. 熟悉装配尺寸链建立的理论和计算方法，掌握保证装配精度各种装配方法的尺寸链计算，并能够分析解决装配过程中的技术问题和产品结构设计问题。

6.1 装配概述

学习目标

1. 了解装配的基本概念和主要工作内容。
2. 了解装配精度的内容；了解各种装配方法的特点及应用。
3. 了解装配的生产组织形式、特点及应用。
4. 了解装配的基本要求和常见的质量问题。

装配是机械产品制造的最后一个重要环节，是将各个零件按照设计要求连接起来形成部件和产品的工艺过程。装配质量的好坏直接影响产品的整机性能、质量和可靠性。如果装配工艺不合理，即使所有机械零件都符合质量要求，也不一定能装配出合格产品。不同的生产类型，只有选择适当的装配组织形式和装配方法，才能高效率、高质量、低成本地完成装配任务。

6.1.1 机器装配的基本概念

任何机器都是由零件、合件、套件、组件、部件等组成的。为保证有效地进行装配工作，通常将机器划分为若干能进行独立装配的部分，该独立装配部分称为装配单元。

　　零件是组成机器的最小单元,它是由整块金属或其他材料制成的。零件一般都预先装成合件、套件、组件、部件后才安装到机器上,直接装入机器的零件并不多。

　　合件是由若干零件永久连接(如铆接、焊接)而成或连接后再经加工而成的,如齿轮孔或连杆孔压入衬套后再经精加工而成。

　　套件是在一个基准零件上,装上一个或若干个零件构成的。套件是合件的一种形式。套件是最小的装配单元,如装配式齿轮(图 6.1),由于制造工艺的原因,分成两个零件,在基准零件 1 上套装齿轮 3 并用铆钉 2 固定。为此进行的装配工作称为套装。

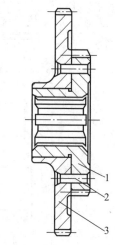

图 6.1　套件——装配式齿轮
1—基准零件;2—铆钉;3—齿轮

　　组件是在一个基准零件上,装上若干零件和合件而构成的。如机床主轴箱中的主轴组件,在基准件(轴)上装上齿轮、套、垫片、键及轴承的组合件称为组件。为此而进行的装配工作称为组装。

　　部件是在一个基准零件上,装上若干组件、合件和零件构成的。部件在机器中能完成一定的、完整的功能。把零件装配成为部件的过程称之为部装(subassembly)。例如车床的主轴箱装配就是部装,主轴箱的箱体就是部装的基准零件。

　　在一个基准零件上,装上若干部件、组件、合件和零件就成为整个机器。把零件和部件装配成最终产品的过程称之为总装(general assembly, final assembly)。例如卧式车床就是以床身为基准零件,装上主轴箱、进给箱、滑板箱等部件及其他组件、套件、零件而构成的。

6.1.2　机器装配的主要工作内容

　　在机器的装配工艺过程中,装配的主要工作包括零部件装配前的清洗与防锈,零部件的连接、装配、校正、平衡、试验和检验等。

　　工程技术人员的主要工作内容是产品结构工艺性分析,制订装配工艺规程,如装配工艺过程设计、装配工序设计、试验检验标准制订、操作规程制订等技术性工作,对产品装配工艺过程进行组织管理、质量控制,对技术性要求高的调试、平衡、试验、检验的操作进行指导。总之,技术人员需要了解装配工艺方法、过程、技术手段,解决生产中出现的技术问题,目的是保证产品的性能和质量,降低生产成本,提高劳动生产率。

6.1.3　保证装配精度的方法、特点和应用

1. 机器的装配精度

　　机器的质量,主要取决于机器结构设计的正确性、零件的加工质量和机器的装配精度。

　　装配精度不仅影响机器或部件的工作性能,而且影响它们的使用寿命。例如机床的装配精度将直接影响在该机床上加工的零件的加工精度。

　　正确地规定机器、部件的装配精度要求,是产品设计的重要环节之一,它不仅关系到产品的质量,也关系到产品制造的经济性。对于系列化、标准化的产品,如通用机床、减速机等,其装配精度要求可根据有关标准来制订,如卧式车床的装配精度标准(摘录)如表 6.1 所示。

表 6.1 卧式车床装配精度标准(摘录)

检验项目	名称	简图	允差/mm
G3	滑板移动在水平面内的直线度		床身上最大工件回转直径 ≤800 mm 时,在滑板每 1 000 mm 行程上为 0.015,滑板行程 >2 000 ~ 4 000 mm 时,在滑板全部行程上为 0.03
G5	主轴锥孔中心线的径向跳动		床身上最大工件回转直径为 320 ~ 400 mm,测量长度 $L=300$ mm 时,a 为 0.01,b 为 0.02
G6	滑板移动对主轴中心线的平行度		床身上最大工件回转直径为 320 ~ 400 mm,测量长度 $L=300$ mm 时,a 为 0.03,b 为 0.015。检验棒伸出的一端,只许向上偏、向前偏
G10	主轴定心轴颈的径向跳动		床身上最大工件回转直径 ≤400 mm 时为 0.01
P18	精车端面的平面度		试件直径 ≤200 mm 时,在端面直径上为 0.015,端面只许凹,表面粗糙度 Ra 值为 1.6 μm

对于没有标准可循的产品,如单件小批生产的产品,其设计资料往往不完整,这时其装配精度可根据用户的使用要求确定,或参照经过实践考验的类似产品(机器)的已有数据进行类比后确定。对于一些重要的产品,其装配精度还要经过分析计算和试验研究后才能确定。产品装配精度应根据产品的工作性能来确定,主要包括如下方面:

(1)相互位置精度

相互位置精度是指产品中相关零部件间的距离精度和相互位置精度。如机床主轴箱装配时,相关轴间中心距的尺寸精度和同轴度、平行度、垂直度等。

(2)相对运动精度

相对运动精度是产品中有相对运动的零部件间在运动方向和相对运动速度上的精度。运动方向的精度常表现为部件间相对运动的平行度和垂直度,如机床滑板在导轨上的移动精度(表 6.1 中的检验项目 G3),滑板移动对主轴中心线的平行度(表 6.1 中的检验项目 G6)。相对运动速度的精度即内联系传动链的传动精度,如车床车螺纹时,主轴与刀架移动方向和速比均有严格的精度要求。

(3)相互配合精度

相互配合精度包括配合表面间的配合质量和接触质量。配合质量是指零件配合表面之间达到规定的配合间隙或过盈的程度,它影响配合的性质。接触质量是指两配合或连接表面间达到规定的接触面积的大小和接触点分布的情况。例如,车床主轴前端锥孔及与其配合的锥柄的均匀接触面积≥80%;车床燕尾形导轨副的接触精度要求是在 25 mm× 25 mm 面积上的接触点≥25 点,且均匀分布。接触质量主要影响机器的接触刚度,也影响配合质量能否保持。

2. 保证装配精度的装配方法的特点和应用

保证装配精度的装配方法的特点及其应用范围如表 6.2 所示。

表 6.2　各种装配方法的特点及其适用范围

装配方法		特点	适用范围
互换法	完全互换装配法	各配合零件不经修理、选择或调整即可达到装配精度。其实质是控制零件的制造精度来保证装配精度	对零件加工公差要求严,装配效率高,适用于大批自动流水装配的产品。高精度少环和低精度多环尺寸链
	不完全互换装配法	零件公差的平方和小于装配公差的平方。装配时,各配合零件不经修理、选择即能满足要求。个别出现返修或废品	适用于大批大量生产较高精度的多环尺寸链
选配法	直接选择装配法	挑选公差合适的零件进行互配,零件加工公差可适当放宽,零件不分组,选件时间长	适用于中小批生产产品的装配
	分组装配法	将产品中各配合副的零件按实测尺寸分为若干组,组内的零件可进行互换装配。零件加工公差要求比互换性装配要宽一些,但装配前的零件实测分组工作量比较大	适用于大批生产中少环(3～4 环)尺寸链的配合副的装配
	复合选择装配法	加工后的零件先测量分组,装配时在对应组内选择,装配精度高,但组织生产复杂。	适用于中批生产、较高装配精度的少环(3～4 环)尺寸链
调整装配法		通过改变可调零件的相对位置或选用合适的调整件来达到装配精度。对零件的互换性要求相对低一些	适用于中小批生产的产品的装配
修配装配法		装配时修去零件上预留的修配量来达到装配精度。对零件加工公差要求宽	适用于单件小批生产的产品的装配

6.1.4　装配组织形式的特点和应用

机器装配常用的生产组织形式及其特点和适用范围如表 6.3 所示。

表 6.3　装配常用的组织形式、特点和适用范围

组织形式		特点	适用范围
固定式装配	集中装配	装配对象是固定的。由零件装配成部件和产品的全部过程均由一个或一组工人在同一工作地完成。对工人技术水平要求较高,装配周期长	单件小批生产的产品
	分散装配	产品的各种部件装配和总装都在不同的工作地由不同的工人分别进行,装配效率高,装配周期短	中等批量生产的产品
移动式装配	装配对象按自由节拍移动	各装配工序分散在不同的工位,每一工位的装配工人只完成一定的装配工序,每一装配工序没有一定的节拍,装配对象是经传送工具自由地(根据完成每一工序所需的时间)送到下一工位。装配工人技术水平要求相对固定式装配要低	大批生产的产品
	装配对象按一定节拍周期性移动	各装配工序分散在不同的工位,每一工位的装配工人只完成一定的装配工序。每一装配工序按事先规定的一定节拍进行。装配对象是由传送工具按一定节拍周期性(断续)地送到下一工位。装配工人技术水平要求相对较低	大批大量生产的产品
	装配对象以一定速度连续移动	各装配工序分散在不同的工位,每一工位的装配工人只完成一定的装配工序。装配对象随传送工具以一定速度连续移动,每一工序的装配工作必须在一定时间内完成。工人熟练程度要求高,生产效率高	大批大量生产的产品

6.1.5　装配的基本要求及常见的质量问题

1. 装配的基本要求

在 JB/T 5994—1992《装配通用技术要求》中对装配规定了以下基本要求:

① 产品必须严格按照设计、工艺要求、JB/T 5994—1992 和与产品有关的标准规定进行装配。

② 装配环境必须清洁。高精度产品的装配环境温度、湿度、降尘量、照明、防振等必须符合有关规定。

③ 产品零部件(包括外购、外协件)必须具有检验合格证方能进行装配。

④ 零件在装配前必须清理和清洗干净,不得有毛刺、飞边、氧化皮、锈蚀、切屑、砂粒、灰尘和油污等,并应符合相应精度的要求。

⑤ 除有特殊要求外,零件的尖角和锐边必须倒钝。

⑥ 配作表面必须按有关规定进行加工,加工后应清洗干净。

⑦ 用修配法装配的零件,修整后的主要配合尺寸必须符合设计要求或工艺规定。

⑧ 装配过程中零件不得磕碰、划伤和锈蚀。

⑨ 油漆未干的零部件不得进行装配。

2. 装配中常出现的质量问题

机械产品在装配过程中常出现的质量问题及解决措施见表 6.4 所示。

表 6.4　机械产品装配中常见的质量问题及解决措施

缺陷	影响	产生原因	解决措施
脏	清洁度差。影响产品的配合精度;加速零件的磨损;增大噪声;影响产品的使用性能和寿命	① 零件清洗不干净 ② 零件毛刺去除不干净 ③ 装配环境无防尘措施 ④ 装配过程中文明生产差	装配前应仔细清洗 装配前应去净毛刺 改善装配条件加强文明生产
松	固定连接部位松动,不仅影响产品运行的可靠性,还可能造成设备或人身事故	① 紧固件连接处拧紧力矩不足或防松措施不合适 ② 过盈连接处过盈量不够 ③ 黏接处脱胶 ④ 铆接处产生虚铆或铆钉不合适	装配时控制拧紧力矩,采用合适的防松措施 保证足够的过盈量,改进黏接工艺 采用合适铆钉,保证铆接质量
漏	漏气、漏油、漏水不仅浪费动力、污染环境,严重者也会影响产品使用性能	① 密封结构设计不合理 ② 密封件装配不合理	改进密封设计 改进密封件的装配方法,合理使用密封件
响	噪声大,不仅影响人们的健康,也会影响机器的使用性能和寿命	① 配合精度不合适 ② 清洁度不够 ③ 位置不平衡	提高运动副配合精度 提高产品的清洁度
伤	磕碰、划伤不仅影响产品的外观,严重者也影响产品精度,甚至寿命	装配过程中文明生产不够,没有采用合适的工位器具	加强装配过程中的文明生产,合理地采用工位器具

6.2　装配工艺规程制订

学习目标

1. 了解装配工艺规程制定的依据和程序。

2. 了解装配单元划分、装配工序确定及其装配工艺文件形式等。熟悉装配单元、套件系统、组件系统、部件系统和产品装配系统图。

3. 掌握产品装配结构工艺性分析。了解装配工时定额等问题。

装配工艺规程是指导产品和部件装配的重要技术依据,对产品装配质量和装配效率等都有着重要影响,制订装配工艺规程是生产技术准备工作的主要内容之一。

6.2.1　装配工艺规程制订的主要技术依据

装配工艺规程制订的主要技术依据如下:

① 产品总装配图和各部件图;

② 产品技术条件;

③ 产品标准;

④ 产品检验规程;

⑤ 产品生产大纲;

⑥ 配套件明细表;

⑦ 企业的装配条件和生产组织形式。

6.2.2 装配工艺规程制订的程序

装配工艺规程是在保证装配质量、减少钳工装配工作量、缩短装配周期、减小装配占地面积、提高装配生产率的原则下,按下列步骤进行制订。

1. 研究产品图样和验收技术标准

工艺师在设计装配工艺规程之前,必须把该产品的用途及使用条件弄清楚,在此基础上审查图样资料的完整性和正确性,对存在的问题或错误提出解决方法和建议,与设计人员研究后进行修改。

对产品的装配结构工艺性进行分析,弄清各零部件间的装配关系。

审查产品的装配技术要求和检查验收的方法,确切掌握装配中的技术关键问题,并制订相应的技术措施。

研究设计人员所确定的保证产品装配精度的方法,进行必要的装配尺寸链的初步分析与计算。

2. 确定装配组织形式

装配组织形式应根据产品的结构特点(尺寸和重量)、年产量和企业的装配工艺条件确定,可参考表 6.3 进行选择。如重量大、尺寸大的产品不易采用移动式装配。

3. 确定达到装配精度的方法

为了保证产品的装配精度,必须分析研究设计尺寸链和装配尺寸链之间的相互关系特性。尺寸链有平行相关尺寸链(有一个或多个共用环)和顺序相关(有一个共用基面)尺寸链两类。在计算顺序尺寸链时,其计算顺序不影响最终结果。对于平行相关尺寸链,可分为以下三种情况:

① 具有一个共用环的两尺寸链,这个共用环在一个尺寸链中是封闭环,而在另一尺寸链中是组成环,如图 6.2a 所示。

② 具有几个共用环的两尺寸链,这些共用环不论在第一个还是第二个尺寸链中均为组成环,如图 6.2b 所示。

③ 具有几个共用环的两尺寸链,其中一个共用环在一个尺寸链中是封闭环,而在另一尺寸链中却是组成环,如图 6.2c 所示。

对于第一种情况,首先计算一个尺寸链,将共用环的偏差计算结果再用到第二个尺寸链计算中。在第二种情况下,应先计算精度要求较高的那个尺寸链,使其封闭环的公差平均值较小,将精度要求较高的尺寸链共用组成环偏差的计算结果再用到精度较低的尺寸链计算中。对于第三种情况,应先计算共用环为封闭环的那个尺寸链,在计算第二个尺寸链时,共用环采用在计算第一个尺寸链时所得到的计算结果。

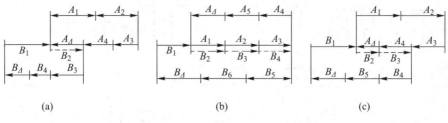

图 6.2　耦合尺寸链

在通过尺寸链的分析计算后,可选用合适的装配方法(见表 6.2)。一般封闭环的公差大于或等于全部组成环公差总和时,可采用互换装配;多环链和封闭环公差较小时,可采用选择装配;当封闭环公差很小而且尺寸链环数少时,若生产批量较大,可采用分组装配;若批量较小,可采用调整装配或修配装配。

4．划分装配单元、确定装配顺序

（1）划分装配单元

对于大批大量生产、结构复杂的机械产品,将产品分解为可以进行单独装配的单元后,才能合理地安排装配顺序和装配工序,以便组织装配工作实行平行作业和流水作业。

（2）选择装配基准件

无论哪一种装配单元,都要选择某一零件或更基础一级的装配单元作为装配基准件。装配基准件通常是产品的基体或主干件或部件。基准件一般体积和重量较大,有足够的支承面,能满足不断装入零部件时的作业要求和稳定性要求。例如,卧式车床的基准件是床身,主轴箱部件的基准件是箱体,汽车的基准件是车架(车身)。

（3）确定装配顺序,绘制装配系统图

在装配工艺规程制订过程中,表明产品零、部件间相互装配关系及装配流程的示意图称为装配系统图(assembly flow charts, product tree)。

每一个零件用一个方格来表示,在表格上标明零件名称、编号及数量,如图 6.3 所示。这种方框不仅可以表示零件,也可以表示套件、组件和部件等装配单元。图 6.4～图 6.7 分别表示套件、组件、部件和机器的装配工艺系统图。从这些图中可以看出,装配时从基准件开始,沿水平线自左向右进行,一般将零件画在上方,套件、组件、部件画在下方,其排列次序表示了装配的次序。图中零件、套件、组件、部件的数量,由实际装配结构来确定。

图 6.3　装配单元的表示图

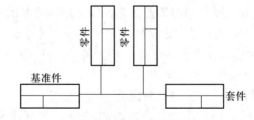

图 6.4　套件装配系统图

对于结构比较简单、零部件较少的产品,一般只绘制产品装配系统图。对于产品结构复杂、零部件较多的产品,不仅需要绘制产品装配系统图,还需要绘制部件等各装配单元的装配系统图。

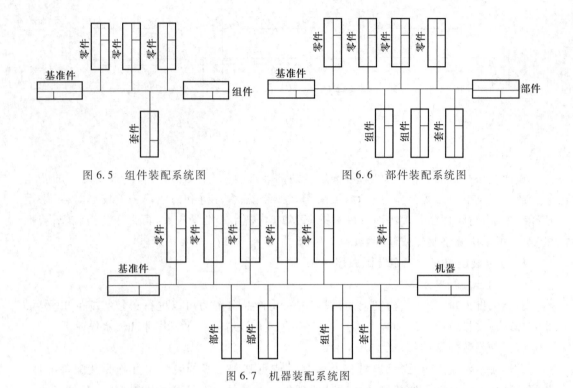

图 6.5　组件装配系统图　　　　图 6.6　部件装配系统图

图 6.7　机器装配系统图

5. 划分装配工序

装配顺序确定后,可以将装配工艺过程划分为若干装配工序。其主要工作如下:

① 确定工序集中与分散的程度,即确定工序的数量和工作时间的多少;

② 划分装配工序,确定各工序的内容;

③ 确定各工序所需要的设备、工具和辅助材料等,必要时拟订专用设备和工装的设计任务书;

④ 确定各工序的装配质量要求、检验项目和指标;

⑤ 确定各工序的工时定额或流水作业的节拍;

⑥ 确定各工序的装配操作规范;

⑦ 分析各工序能力;

⑧ 评价各工序的可行性、可靠性,并进行工艺方案的技术经济分析。

6. 整理文件、填写装配工艺过程卡片或装配工序卡片

装配工艺规程的主要文件形式是装配工艺过程卡片和装配工序卡片,它们的格式分别如表 6.5 和表 6.6 所示。表 6.5 用于各种生产类型;表 6.6 与表 6.5 配合使用,用于大批大量生产和批量生产的重要装配工序。

7. 制订产品检验与试验规范

在产品装配完毕之后、出厂之前,要按图样要求制订检验与试验的规范,主要包括下列内容:

① 检验与试验的项目及其检验质量指标;

② 检验与试验的方法、条件与环境要求;

③ 检验与试验所需要的工装仪器的设计和选择;

表6.5 装配工艺过程卡片格式(JB/T 9165.2—1998)

(厂名)	装配工艺过程卡片			产品型号		零件图号		
				产品名称		零件名称		
							共 页	第 页
工序号	工序名称	工序内容	装配部门	设备及工艺装备		辅助材料		工时定额(min)
(1)	(2)	(3)	(4)	(5)		(6)		(7)
8	12	19×8=(152)	12	60		40		10

					设计(日期)	审核(日期)	标准化(日期)	会签(日期)
描图								
描校								
底图号								
装订号								
标记	处数	更改文件号	签字	日期	标记	处数	更改文件号	签字	日期
			8					

表 6.6　装配工序卡片格式(JB/T 9165.2—1998)

(厂名)			装配工序卡片				产品型号		零件图号			
							产品名称		零件名称		共　页	第　页
工序号	(1)	工序名称	(2)	车间	(3)	工段	(4)	设备	(5)	工序工时	(6)	
10	10	20	60	10	20	10	20	10	40	25		

简图：

80

工步号	工步内容	工艺装备	辅助材料	工时定额(min)
(8)	(9)	(10)	(11)	(12)
8		50	50	10

16　8　8×8=(64)

描图
描校
底图号
装订号

										设计(日期)	审核(日期)	标准化(日期)	会签(日期)	
标记	处数	更改文件号	签字	日期	标记	处数	更改文件号	签字	日期					

④ 检验与试验的程序和操作规范;

⑤ 质量问题的分析方法和处理措施。

6.2.3 装配工艺规程制订要解决的几个问题

1. 机器结构的装配工艺性

机器结构工艺性是指所设计的产品在能满足使用要求的前提下,制造、维修的可行性和经济性。机器结构的装配工艺性好表现在容易保证装配质量、装配的生产周期要短、消耗的劳动量要少等。具体要求如下:

① 结构的"三化"(标准化、通用化和系列化)程度高。

② 能分解成独立的装配单元。

例如,图 6.8 所示传动轴组件的结构,图 6.8a 中箱体的孔径 D_1 小于齿轮直径 d_2,装配时必须先把齿轮放入箱体内,在箱体内装配齿轮,再将其他零件逐个装在轴上。图 6.8b 中的 $D_1 > d_2$,装配时可将轴及其上零件组成独立组件后再装入箱体内,并可通过带轮上的孔将法兰拧紧在箱体上。因此,图 6.8b 的结构比图 6.8a 的结构装配工艺性好。

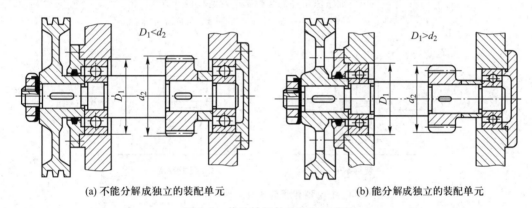

(a) 不能分解成独立的装配单元   (b) 能分解成独立的装配单元

图 6.8 传动轴组件的装配工艺性

③ 各装配单元要有正确的装配基准。在装配过程中,先将待装配的零件、组件和部件安放到正确的位置,然后再紧固和连接。这与工件加工时的定位和夹紧类似。所以,在装配时,零件、组件和部件必须要有正确的装配基准,以保证它们之间的正确位置,避免装配时需要找正。

④ 便于装拆。

图 6.9 所示为锥齿轮轴承座组件图,尽管图 6.9a、b 的结构都有正确的装配基准,但图 6.9a 所示的结构在装配时,箱体上前、后孔与轴承座组件上的外圆柱面同时接触装配,由于误差的存在,使轴承座组件装入困难,而图 6.9b 的结构在装入时有 3 mm 引导锥面,使装入时比较容易。

图 6.10a 所示为定位销和底板孔过盈配合的结构,因没有通气孔,故当销子压入时内存空气不易排出而影响装配工作。合理的结构是如图 6.10b 所示,将底板孔钻通,孔钻通后还有利于销子的拆卸。当底板不能开通孔时,可用带螺纹的定位销,便于定位销取出。

图 6.11 所示为箱体上圆锥滚子轴承靠肩的三种形式。图 6.11a 所示的靠肩内径小于轴承外环的最小直径,当轴承压入后,外环就无法卸下。图 6.11b 所示的靠肩内径大于轴承外环的最小直径的结构和图 6.11c 所示将靠肩做出 2~4 个缺口的结构,都能方便地拆卸外环,所以装配工艺性均好,但 6.11c 的加工比图 6.11b 复杂。

图 6.12 所示为端面有调整垫(补偿环)的锥齿轮结构。为了便于拆卸,在锥齿轮上加工两个螺孔,通过旋入螺栓卸下锥齿轮。

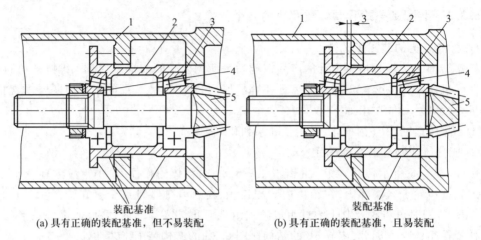

(a) 具有正确的装配基准,但不易装配　　(b) 具有正确的装配基准,且易装配

图 6.9　轴承座组件的装配基准及两种设计方案

1—壳体;2—轴承座;3—前轴承;4—后轴承;5—锥齿轮轴

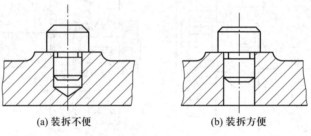

(a) 装拆不便　　　　　　　　(b) 装拆方便

图 6.10　定位销和底板孔过盈连接的两种结构

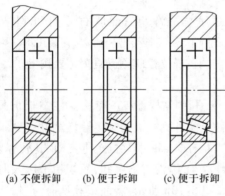

(a) 不便拆卸　　(b) 便于拆卸　　(c) 便于拆卸

图 6.11　箱体上轴承靠肩的三种形式

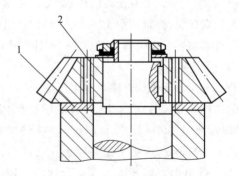

图 6.12　带有便于拆卸螺孔的锥齿轮结构

1—调整垫片;2—锥齿轮上的拆卸用螺孔

图 6.13 所示为卧式车床床鞍底部的两种压板结构。图 6.13a 所示的结构靠修磨或刮研来保证床鞍与床身的间隙,装配时调整费时。图 6.13b 所示的结构采用了调整垫块,在装配和使用中都可方便地进行调整,工艺性好。

⑤ 减少装配时的修配工作量和机械加工。装配时进行修配工作会影响装配效率,又不易组织流水装配,还使产品没有互换性。若在装配时进行机械加工,有时会因切屑掉入机器中而影响质量,所以应避免或减少修配工作和机械加工。

图 6.14 所示为车床床身与主轴箱的装配简图。图 6.14a 采用平面和 V 形导轨定位,装配时用手工铲刮,修配量较大。图 6.14b 是改进方案,用一个水平面和一个垂直面定位,装配时虽仍要铲刮,但修配量较小。目前生产中多采用图 6.14b 所示的结构。

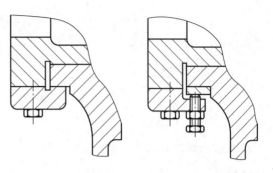

(a) 不易调整间隙　　(b) 用调整垫块调整间隙

图 6.13　车床床鞍底部固定板的两种形式

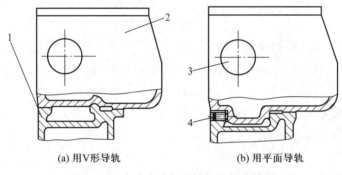

(a) 用V形导轨　　　　　　(b) 用平面导轨

图 6.14　车床床身与主轴箱的装配简图

1—床身;2—主轴箱;3—主轴;4—螺钉

⑥ 满足装配尺寸链"环数最少原则"。结构设计中要求结构紧凑、简单,从装配尺寸链分析,即减少装配尺寸链的组成环环数,对装配精度要求高的尺寸链更应如此。为此,必须减少相关零件和相关尺寸,合理标注零件上的设计尺寸等。

⑦ 各种连接的结构形式应便于装配工作的机械化和自动化,能用最少的工具快速装拆,质量大于 20 kg 的装配单元应具有吊装的结构要素,还要避免采用复杂的工艺装备。

2. 装配工时定额计算

(1) 手工装配工时定额计算

单件工序时间可按下式计算:

$$t_p = t_b + t_a + t_s + t_r \tag{6.1}$$

式中:t_p——单件工序时间,min;

t_b——基本时间,min;

t_a——辅助时间,min;

t_s——工作地服务时间,min;

t_r——休息与生理需要时间,min。

完成一装配工序所用作业时间 t_0 为

$$t_0 = t_b + t_a \tag{6.2}$$

设 $\dfrac{t_s}{t_0} = \beta$,$\dfrac{t_r}{t_0} = \gamma$,代入式(6.1)得

$$t_p = t_0(1+\beta+\gamma) \tag{6.3}$$

一般 β 取 2% ~7% , γ 取 2% ~4% 。

单个产品装配时间 T_p 为

$$T_p = \sum_{i=1}^{m} t_{pi} \tag{6.4}$$

式中:m——装配工序数。

一批产品装配时间 T_{pL} 为

$$T_{pL} = T_p n + T_e \tag{6.5}$$

式中:n——该批产品的数量;

T_e——装配该批产品的准备与终结时间,min。

批量生产中单件产品的装配计算时间 T_c 为

$$T_c = T_p + \frac{T_e}{n} \tag{6.6}$$

(2) 自动流水装配时间节拍的计算

在自动流水装配条件下,每一工位的时间节拍 t 可按下式计算:

$$t = t_1 + t_2 + t_3 + t_4 \tag{6.7}$$

式中:t_1——被装配零件向装配工位移动时间,min;

t_2——零件定位时间,min;

t_3——零件接合(装配)时间,min;

t_4——装配零件移出工位时间,min。

$$t_1 = \frac{L}{v} \tag{6.8}$$

式中:L——由料斗至装配工位的距离,m;

v——被装配零件(或送料机构)的移动速度,m/min。

$$t_2 = \frac{L_m}{v_m} \tag{6.9}$$

式中:L_m——定向机构工作行程长度,m;

v_m——定向机构移动速度,m/min。

t_3 可按连接类型确定,若为螺纹连接,则

$$t_3 = \frac{L_p}{n} \tag{6.10}$$

式中:L_p——螺纹接合长度或拧入长度,mm;

n——被拧零件回转频率,r/min。

若用压力机压装,则

$$t_3 = \frac{l}{n_s} \tag{6.11}$$

式中:l——接合长度,mm;

n_s——每分钟压入量,mm/min。

t_4 可按与 t_1 相似的关系式计算。

3. 保证装配精度的装配尺寸链和装配方法

保证装配精度的装配尺寸链和装配方法将在 6.4 和 6.5 节中进行介绍。

6.3 装配工作的基本内容和要求

学习目标

1. 熟悉装配工艺中的清洗、防锈、连接、校准、调整、平衡、配作、试车、试验与检验等工作内容。

2. 了解产品总装的内容及其要求。

6.3.1 装配前零件的清洗与防锈

1. 清洗

清洗是装配中十分重要的工序,它对提高产品质量、延长产品使用寿命都有重要作用。做好清洗工作,首先要根据零部件的材料、结构特点、脏污情况和清洁度的要求等,正确地选择清洗方法和清洗剂。常用的清洗剂有汽油、煤油、柴油、乙醇、乙醚、丙酮等有机溶剂和水基清洗液(也称化学清洗液)。常用的清洗方法、特点和应用如表 6.7 所示。

表 6.7　零件的清洗方法、特点和应用

名称	清洗装置简图	清洗液	特点及应用范围
刷洗法		汽油、煤油、柴油、乙醇和化学清洗液	用手动或机动钢刷清洗,操作简单,但生产率低,适用于单件小批生产的中小型零件及大件的局部清洗
浸洗法	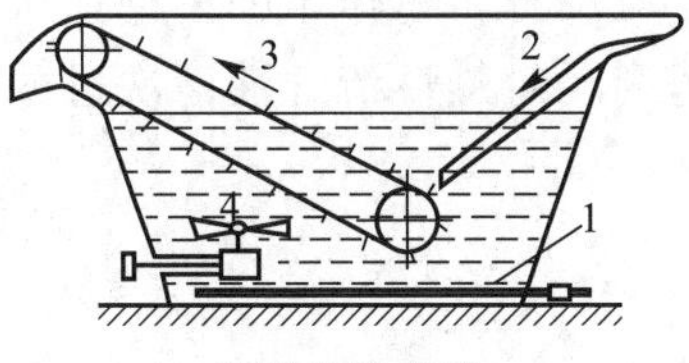 机械化清洗槽 1—加热管;2—零件输入槽; 3—传送链;4—搅拌器	常用的各种清洗液均适用	在清洗槽中浸洗,操作较简单,但浸洗时间较长(2～20 min),宜采用多步清洗,多用于批量较大的黏附油垢较少而形状复杂的零件清洗
气相清洗法	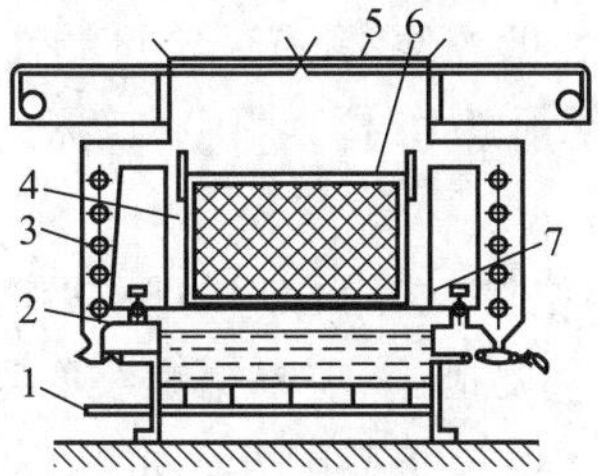 气相清洗装置 1—加热器;2—阀;3—冷凝管; 4—清洗槽;5—槽盖板; 6—工件盛具;7—栅板	三氯乙烯蒸汽	清洗效果好,但设备复杂,劳动保护条件要求高,多用于成批生产、黏附油垢中等的中小型零件的清洗

名称	清洗装置简图	清洗液	特点及应用范围
喷洗法	 单室喷洗机 1—产品;2—传送装置;3—滚道; 4—泵;5—过滤器及沉淀器	汽油、煤油、柴油、化学清洗液、碱液或三氯乙烯	清洗效果好,生产率高,劳动条件好,但设备较复杂,多用于黏附油垢严重或黏附半固体油垢且形状简单的零件清洗
超声清洗法	 超声清洗装置示意图 1—超声波发生器;2—工件;3—换能器; 4—过滤器;5—泵;6—加热器 7—清洗槽;8—外缸;9—密封圈; 10—辐射板;11—紧固装置	汽油、煤油、柴油及化学清洗液或三氯乙烯	清洗效果好,生产率高,但设备复杂,管理较复杂,多用于成批生产或清洗度要求高的中小型形状复杂的零件清洗

2. 零件的清洗后防锈

零件清洗后,在装配过程中的锈蚀问题也应注意。对没有防锈作用的溶剂如汽油,在夏季潮湿空气的作用下容易生锈,应在这些溶剂中加防锈剂。对碱性清洗液清洗过的零件,还需要用清水冲洗或漂洗,干燥后再用防锈清洗液清洗。

6.3.2　装配中常用的连接方法及要求

连接是装配的主要内容,连接质量直接影响产品的性能和可靠性。装配的连接形式比较多,常用的有螺钉或螺栓连接、销连接、键连接、过盈连接、铆接、黏接和焊接等。

1. 螺钉、螺栓连接

螺钉、螺栓连接是机械产品中使用最多的连接形式,它装拆方便,具有一定可调性,但容易松动。为了保证螺钉、螺栓连接的可靠性,在装配时应注意拧紧预紧力、拧紧顺序和放松等问题。

（1）拧紧力矩的控制

在拧紧螺钉、螺栓时,要根据它们的规格大小、所在部位等,选用合适的旋具和扳手,严禁打击。控制螺钉、螺栓的拧紧力矩是保证其连接可靠性的重要措施,应根据螺纹的直径和螺纹强度等级确定螺钉、螺栓的拧紧力矩。有拧紧力矩要求的螺纹连接装配方法如表6.8所示。

（2）螺钉、螺栓的拧紧顺序

螺钉、螺栓的拧紧顺序见表6.9。

（3）螺钉、螺栓的防松措施

螺钉、螺栓的防松措施见表6.10。

表 6.8 有预紧力要求的螺纹连接装配方法

名称		控制预紧力方法及特点	适用范围
定扭矩法		用扭力扳手或定扭矩扳手控制，方法简便，但误差较大，扭矩扳手在使用前应注意校核	中、小型螺栓
扭角法		将螺母拧紧至消除间隙后，再将螺母扭转一定角度来控制顶紧力。不需专用工具，操作简便，但误差较大	
扭断螺母法		在螺母上切一定深度的环形槽，扳手套在环形槽上部，以环形槽处扭断螺母来控制预紧力。误差较小，操作方便，但螺母本身的制造和修理重装时不便	
液力拉伸法		用液力拉伸器使螺栓达到规定的伸长量以控制预紧力。螺栓不受附加力矩，误差较小	大型螺栓
加热控制拉伸法	火焰加热	用加热法（加热温度一般小于400℃）使螺栓伸长，然后采用一定厚度的垫圈（常为对开式）或螺母扭转弧长来控制螺栓的伸长量，借以控制预紧力。误差较小。	用喷灯或氧乙炔加热器，操作简便
	电阻加热		电阻加热器放在螺栓轴向探孔或通孔中，加热螺栓的光杆部分。常采用低电压（<45 V）、大电流（>300 A）
	电感加热		导线绕在螺栓光杆部分
	蒸汽加热		在螺栓轴向通孔中通入蒸汽

表 6.9 螺钉、螺栓的拧紧顺序简图

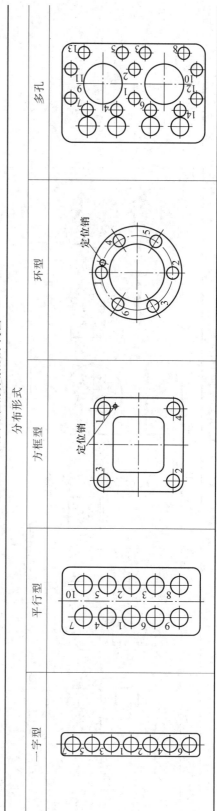

一字型	平行型	方框型	环型	多孔

分布形式

表 6.10　螺钉、螺栓的防松措施

防松方法	结构形式简图	特点应用
摩擦防松	双螺母　弹簧垫圈　尼龙嵌件锁紧　齿形弹性垫圈	结构简单、靠摩擦防松，多用于低速、载荷平稳的情况
直接锁紧	开口销与开口螺母（弯端长度应大于螺纹大径之半）　串联钢丝（正确　不正确）　止动垫圈	防松效果好，多用于不常拆的情况
破坏防松	冲点铆接　粘接（涂黏结剂）	防松可靠，拆后的螺纹不能再用

2. 键、销连接

（1）销连接

圆柱销连接一般采用过盈配合，装配时要保证其过盈量，一经拆卸，就应更换。

装配圆锥销时，应保证销与销孔的接触长度。装配重要的圆锥销时，应进行涂色检验，其接触长度≥工作长度的60%。

（2）键连接

装配平键时，键与键槽两侧应均匀接触，其配合面间不应有间隙。配合公差必须符合设计要求。

装配楔键和钩头键时，应保证键的斜面与轮毂孔的接触面积不小于其工作面积的70%，而且接触应均匀，如图6.15所示。为了保证这一要求，在装配时应进行涂色检查。检查时，先在轮毂的孔中均匀地涂以红丹粉，然后装到轴上，并将楔键或钩头键装入预定位置后再拆下来，检查其接触面积。若接触面积大于被轮毂包围面积的70%，且不是集中在一段，即为合格。若达不到此要求，应修键的斜面，直至达到要求。

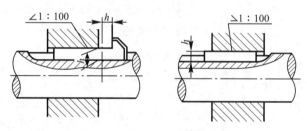

图6.15　钩头键与楔形键装配

在装配楔键和钩头键时，还应注意保证其外露部分的长度为斜面长度的10%～15%，以便于调整和拆卸。为了保证这一要求，应严格控制其斜率。

间隙配合的键和花键装配后，应使相对运动的件沿着轴向移动时不得有松紧不匀的现象。首先键槽的对称度要符合要求，键槽的对称度一般为7～9级。若设计未规定对称度要求，则应按9级检验。其次要控制键和键槽两侧边的平行度。在键的技术条件标准（GB/T 1568—2008）中规定，当键长 L 与键宽 b 之比大于或等于8时，键的两侧应有平行度要求：键宽 $b \leqslant 6$ mm，平行度公差为7级；$b \geqslant 8$～36 mm，平行度公差为6级；$b \geqslant 40$ mm，平行度公差为5级。最后要保证键和键槽的两侧边不得有毛刺和磕、碰、划伤等。

在装配花键时，可调换花键的不同位置，取其配合较好的位置使用。必要时可用涂色检查，并用油石或细锉修整键的两侧或尖角处，保证花键每齿的接触面积不小于70%，但要严禁修整定心面。

3. 过盈连接

实现过盈连接的方法有压装、热装、冷装等。它们的工艺特点和适用范围如表6.11所示。

4. 铆接、黏接、焊接

（1）铆接

铆接分冷铆和热铆两种。前者为形状锁紧连接；后者为力锁紧连接，多用于铆钉直径为φ10 mm以上的铆接。铆接有敲铆和压铆两种方法。虽然压铆的质量较好，但敲铆方便，因而应用广泛。铆钉的典型的铆法如图 6.16 所示。

表 6.11　过盈连接的方法、工艺特点和适用范围

装配方法		主要设备和工具	工艺特点	适用范围
压装	冲击压入	手锤或用重物冲击	简便,但导向性不易控制,易出现歪斜	适用于配合面要求较低或其长度较短、过渡配合的连接件,如销、键、短轴等,多用于单件生产
	工具压入	螺旋式、杠杆式、气动式压入工具	导向性比冲击压入好,生产率较高	适用于小批生产,不宜用压力机压入的小尺寸连接件,如小型轮毂、衬套等
	压力机压入	齿条式、螺旋式、杠杆式、气动式压力机和液压机	压力范围由 10 ~ 10 000 kN,配合夹具可提高导向性	适用于中型和大型连接件,如齿圈、轮毂、衬套、滚动轴承等。易于实现压合过程自动化,成批生产中广泛采用
热装	火焰加热	喷灯、氧乙炔、丙烷加热器、炭炉	加热温度低于 350 ℃。丙烷(加其他气体燃料)加热器热量集中,加热温度易于控制,操作简便	适用于局部受热和热胀尺寸要求严格控制的中型和大型连接件,如汽轮机、鼓风机、透平压缩机的叶轮、组合式曲轴的曲柄等
	介质加热	沸水槽、蒸气加热槽、热油槽	加热温度:沸水槽 80 ~ 100 ℃,蒸气加热槽 120 ℃,热油槽加热 90 ~ 320 ℃,使连接件除油干净,热胀均匀	适用于过盈量较小的连接件,如滚动轴承、液体静压轴承、连杆衬套、齿轮。对忌油连接件,如氧压缩机上的连接件,需用沸水槽或蒸汽加热槽加热
	电阻和辐射加热	电阻炉、红外线辐射加热箱	加热温度可达 400 ℃以上。热胀均匀,表面洁净,加热温度易于自动控制	适用于小型和中型连接件,大型连接件需专用设备,成批生产中广泛应用
冷装	干冰冷缩	干冰冷缩装置(或以酒精、丙酮为介质)	可冷至 −78 ℃,操作简便	适用于过盈量小的小型连接件和薄壁衬套等
	低温箱冷缩	各种类型低温箱	可冷至 −40 ~ −140 ℃,冷缩均匀,表面洁净,冷缩温度易于自动控制,生产率高	适用于配合面精度较高的连接件;在热态下工作的薄壁套筒件,如发动机气门座圈等
	液氮冷缩	移动式或固定式液氮槽	可冷至 −195 ℃,冷缩时间短,生产率高	适用于过盈量较大的连接件,如发动机连杆衬套

（2）黏接

黏接是用胶作黏合剂将零件紧密地黏接在一起的一种工艺方法,属于不可拆的连接工艺。其工艺特点是简便,不需复杂的设备,黏接过程不需加高温,不必钻孔,因而不会削弱基体强度,黏接力很强,如钢与钢黏接的抗剪强度可达 20 ~ 30 MPa,可黏接各种金属、非金属及不同材料,但不耐高温,一般胶黏接结构的工件只允许在 150 ℃以下工作,耐高温胶也只能达到 300 ℃,抗冲击性能和耐老化性能差,影响长期使用。

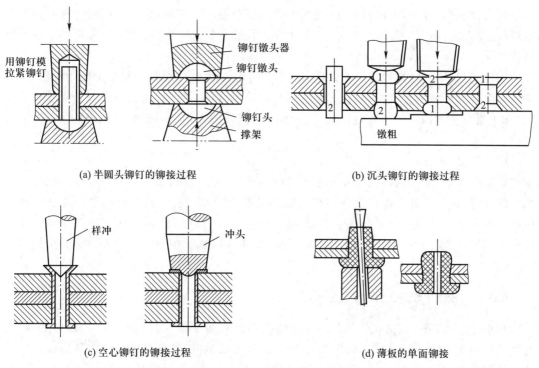

(a) 半圆头铆钉的铆接过程

铆钉镦头器
铆钉镦头
铆钉头
撑架

镦粗

(b) 沉头铆钉的铆接过程

样冲

冲头

(c) 空心铆钉的铆接过程

(d) 薄板的单面铆接

图 6.16 铆钉的几种典型铆法

胶接金属件时,工件的接头形式对胶接强度有很大影响。板材和管材的接头形式如图 6.17 和图 6.18 所示。

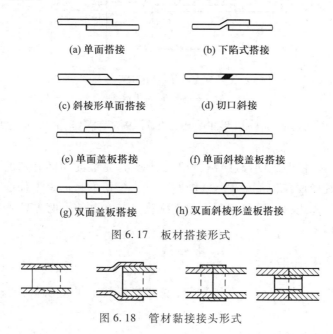

(a) 单面搭接

(b) 下陷式搭接

(c) 斜棱形单面搭接

(d) 切口斜接

(e) 单面盖板搭接

(f) 单面斜棱盖板搭接

(g) 双面盖板搭接

(h) 双面斜棱形盖板搭接

图 6.17 板材搭接形式

图 6.18 管材黏接接头形式

在黏接前,均应用化学溶剂(如丙酮、四氯化碳、甲苯、酒精等)将工件清洗干净。为了提高接头强度,还需要对其进行表面处理。如金属材料要进行酸洗,铝合金需用电化学法在酸槽中或在含氧化剂溶液中进行氧化,使其形成一层稳定的氧化膜,以利于胶接。有时还需要用机械法处理表面,如用砂轮、砂布、钢刷、喷砂等方法修磨黏接的表面,使其具有一定的粗糙度。

黏接工艺过程是:黏接件表面处理—配胶—涂胶—固化—检验。黏接所使用的黏合剂,按其化学成分可分为有机黏合剂(包括热固性树脂黏合剂、热塑性树脂黏合剂和橡胶黏合剂等)和无机黏合剂两大类。有机合成黏合剂都由黏料、固化剂、增韧剂、填料和稀释剂等成分组成。

（3）焊接

焊接应根据零件的材料、尺寸和连接特性选择不同的方法,如电焊、气焊、钎焊法等。其中,钎焊法是在连接处附加焊剂并加热到熔化温度后冷却,使其凝固,将两个零件连接成一体的焊接方法。钎焊分硬焊料(铜焊或银焊)和软焊料(锡焊)两种。软焊的锡焊料熔化温度在 400 ℃ 以内,焊接强度达 50 ~ 70 MPa;硬焊料熔化温度在 600 ~ 1 100 ℃,焊接强度约500 MPa。

6.3.3　校准(校正)、调整与配作

校准(也称校正)是指在装配时对各零件和部件的相互位置的找正、测量、调整或修配,使之达到规定的技术要求等。如用千分表校正车床主轴箱、尾座对于导轨的平行度。以检验棒外圆母线作测量基准,分别校准主轴及尾架中心线与导轨面的平行度,如图 6.19 所示。

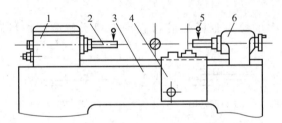

图 6.19　校正车床主轴箱、尾座对于导轨的平行度
1—主轴箱;2—检验棒;3—床身;4—滑板箱;5—百分表;6—尾架

调整是指在装配时对各零件和部件的相互位置的调节工作,如轴承间隙、导轨副间隙的调整等。

配作是指几个零件配钻、配铰、配刮、配磨、配研,这是装配中间附加的一些钳工和机械加工工作。配钻、配铰要在校正后进行。配刮、配磨、配研的目的是增加配合表面的接触面积,提高接触刚度。总之,校准(校正)、调整与配作尤其在单件小批装配时应用广泛,它们之间往往需要反复进行。

6.3.4　回转零部件的平衡

装配时对回转运动的零部件进行平衡,就是校正其不平衡质量,使机器工作时运转平稳。

1. 平衡的类型及其适应范围

平衡可分为静平衡和动平衡两种。在装配时对于作旋转运动的零、部件是否需要进行平衡,进行静平衡还是动平衡,这要根据零、部件本身质量的大小及其不平衡程度、工作转

速、两轴承间跨距、使用要求、制造误差等多种因素确定。对于重要的高速旋转件,在设计时就规定了平衡精度要求,在装配时应根据设计要求进行静平衡或动平衡。若设计未规定平衡要求,装配时可参照图 6.20 确定是否需进行平衡,进行哪种平衡。

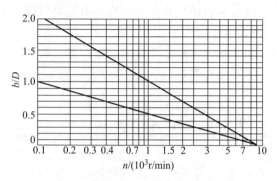

图 6.20　静平衡和动平衡范围

图 6.20 中纵坐标为宽(或长)径比(其中 b 为旋转运动件的宽度或长度,D 为其直径),横坐标为转速。下斜线下面的区域一般需做静平衡;上斜线上面的区域一般需做动平衡;两条斜线之间的区域,可根据具体情况确定,重要应用场合应进行动平衡,一般应用场合只做较精确的静平衡。

2. 校正不平衡质量的方法

对旋转件不平衡质量的校正方法一般包括三种:

① 增加质量法。通过平衡试验找出零件的重心偏移方向后,在其相反的方向适当位置用补焊、喷镀、黏接、铆接、螺纹连接等方法加配相应的质量(简称配重),使其达到平衡。加配的质量必须固定牢靠。

② 减少质量法。通过平衡试验找出重心偏移方向后,在该方向的适当位置用钻削、磨削、铣削、锉削等方法去除局部质量(简称去重),使其达到平衡。去除局部质量后不得影响零件的刚度、强度和外观。

③ 质量位移法。在静平衡试验过程中,用改变附加在预制平衡槽中的平衡质量相对位置或数量,使其达到平衡。

3. 静平衡

静平衡设备主要是静平衡架和平衡心轴。静平衡架的结构形式主要有平行导轨式、滚柱式、圆盘式和球面支承式。平行导轨式结构简单,应用最普遍,如图 6.21 所示。

常用的静平衡方法有重心法和时间法两种。重心法是将旋转体装在平衡心轴上,然后将心轴放在静平衡架上让其自由来回摆动,当其静止时,重心位于通过轴心的垂线下方,在该方向做出标记,然后在相反方向的一定半径处加校正质量或在重心方向一定半径处去除一定质量。时间法是利用旋转体在静平衡架上的摆动周期来计算所需的平衡量。

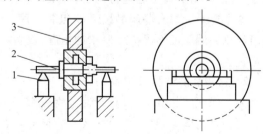

图 6.21　平行导轨式静平衡架
1—平行导轨;2—平衡心轴;3—旋转体

旋转体经过静平衡校正后,不可能被平衡到完全理想的平衡状态,总还残存着剩余的不平衡量,这种剩余不平衡量的大小或由其引起的重心偏移量即为平衡精度。

4．动平衡

动平衡主要是为消除旋转体内因质量分布不均而引起的力偶不平衡和残余的静力不衡。对一般刚性旋转体,可在两个校正平面上校正。

动平衡常用的设备有动平衡台和动平衡试验机两大类。动平衡台目前已很少使用。动平衡试验机可以较精确地自动测出需加的平衡质量和相位。卧式动平衡试验机技术规范如表 6.12 所示。

表 6.12　常用卧式动平衡试验机技术规范

技术规范	型号						
	RYW-10A	RYS-5A	RYS-30	YYW-100	YYW-300A	YYW-Q1000	YYW-3000
平衡零件质量/kg	0.1 ~ 10	0.1 ~ 5	3 ~ 30	1 ~ 100	3 ~ 300	10 ~ 1 000	100 ~ 3 000
平衡零件最大直径/mm	ϕ400	ϕ250	ϕ500	ϕ850	ϕ1 200	ϕ1 450	ϕ2 000
平衡试验转速/(r/min)	1 000 ~ 10 000	2 000 ~ 10 000	1 000 ~ 4 000	400,850, 1 850	325,650, 1 300	640,1 100, 2 160	280,560, 1 120
平衡精度/μm	0.3	0.3	0.5	0.5 ~ 1	0.5 ~ 1	1	0.5 ~ 1
不平衡量减小率/%	—	—	—	≥85	≥85	≥85	≥85
电动机功率/kW	0.125	0.125	0.55	1.1	2.2/3.5	5.5	17

注:RYW—瓦特表式动平衡机;RYS—闪光式动平衡机;YYW—硬支承动平衡机。

6.3.5　总装的内容和要求

1．总装的基本要求

JB/T 5994—1992《装配通用技术要求》中规定,产品入库前必须进行总装,总装时对随机附件也应进行试装,并要保证设计要求。对于需到使用现场才能进行总装的大型或成套设备,规定在出厂前也应进行试装,试装时必须保证所有连接或配合部位均符合设计要求。

这主要是针对有些产品按部件包装入库,出厂前不进行总装,到了用户以后不是缺件,会出现总装后保证不了精度要求的情况,设备不能正常安装调试,从而使设备长时间不能正常运转。

2．总装后的试验和检验

为了保证产品质量,所有产品总装后都必须按产品标准和有关技术文件(包括设计文件、工艺文件、试验和检验规程、技术合同等)规定进行试验和检验。试验项目一般应包括空运转试验、负荷试验、性能试验、温升试验、压力试验、渗漏试验、可靠性试验等;检验一般包括外观检验、主要精度和性能参数检验、清洁度检验、噪声测定等。每种产品的具体试验和检验项目应按产品标准、设计要求或技术合同规定进行。

3. 总装后的清洗与防锈

总装产品经试验和检验合格后,应排净试验用的油、水、气等,并进行彻底清洗,清除所有脏物,保证产品的清洁度要求。

机械产品经最终检验合格后,应马上进行防锈封存或防锈包装,以防止其在储存和运输过程中的锈蚀。常用的防锈剂有防锈油、防锈脂、防锈润滑油、防锈润滑脂、防锈液压油等。防锈包装方法包括防潮、防水包装,防锈油脂的包装,涂防锈油脂塑料袋包装,气相塑料薄膜包装和密封容器包装等。

6.4 装配尺寸链

学习目标
1. 了解装配尺寸链的概念。
2. 熟悉装配尺寸链建立的理论和计算方法。

在机械制造的全部过程中,设计、加工和装配是密切相关的,有时是相互矛盾的。研究机器装配精度的一个重要目的,就是从全局出发,考虑解决产品在设计、加工和装配中的矛盾,在满足机器使用要求的前提下,零件尽可能采用经济精度,并寻找经济、有效、方便的装配方法,使整个产品制造效率高、成本低、质量好。机器的装配精度与相关零件的精度和装配方法有关,建立各零件装配精度间的尺寸链是解决这一矛盾的关键。

6.4.1 装配尺寸链的基本概念

在机器的装配关系中,由相关零件的尺寸或相互位置关系所组成的尺寸链,称为装配尺寸链。

组成装配尺寸链的封闭环就是装配所要保证的装配精度或技术要求。装配精度(封闭环)是零部件装配后才最后形成的尺寸或位置关系。

在装配关系中,对装配精度有直接影响的零、部件的尺寸和位置关系,都是装配尺寸链的组成环。同工艺尺寸链一样,装配尺寸链的组成环也有增环和减环的性质区别。例如,图6.22 所示的轴与孔配合的装配关系,装配后要求轴与孔之间有一定的间隙,该间隙 A_0 就是轴与孔装配的精度要求。组成的装配尺寸链的组成环有:孔径尺寸 A_1、轴径尺寸 A_2 和间隙 A_0。间隙 A_0 是装配尺寸链的封闭环,孔径尺寸 A_1 与轴径尺寸 A_2 是组成环。在尺寸链中,孔尺寸 A_1 增大,间隙 A_0(封闭环)亦随之增大,故 A_1 为增环。轴尺寸 A_2 与之变化相反,故为减环。其尺寸关系为 $A_0 = A_1 - A_2$。

装配精度的形式多种多样,因此其装配尺寸链按各环的几何特征和所处空间位置也分不同类型,归纳起来,主要分为四类:

① 直线尺寸链。由长度尺寸组成,且各环尺寸彼此平行,见图 6.22。

② 角度尺寸链。由角度、平行度、垂直度等构成。例如,为了达到在卧式车床精车端面的平面度要求,该指标为机床的工作精度,见表 6.1 的检验项目 P18 精车端面的平面度,试件直径 $D \leqslant 200$ mm 时,端面只许凹 0.015 mm。它涉及机床装配精度的多项检验项目。该项要求可简化为图 6.23 所示的角度尺寸链。图中,α_0 为封闭环,即该项装配精度 $T_{\alpha_0} = 0.015/$

100；α_1 为主轴回转轴线与床身纵向导轨在水平面内的平行度（见表 6.1 中的 G6 检验项目，0.015/300，只许向前偏），α_2 为滑板的上燕尾导轨（与横向滑板配合）对纵向导轨（与床身配合）的垂直度，该精度由加工和装配时的刮研保证。

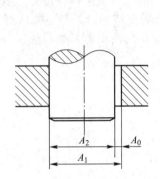
图 6.22　孔轴配合的装配尺寸链

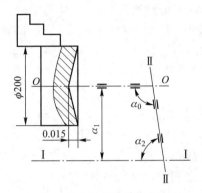
图 6.23　角度装配尺寸链

③ 平面尺寸链。由成角度关系的长度尺寸构成，且各环处于同一或彼此平行的平面内。例如，车床滑板箱装配在滑板下面时，滑板箱内的齿轮 O_2 与滑板上的横向进给丝杠上的齿轮 O_1 应保持适当的啮合间隙，这个装配关系构成了平面尺寸链，如图 6.24 所示。其中 X_1、Y_1 为滑板上齿轮 O_1 的坐标尺寸，X_2、Y_2 为滑板箱上齿轮 O_2 的坐标尺寸，r_1、r_2 分别为两齿轮的分度圆半径，P_0 为两齿轮的啮合侧隙，是封闭环。

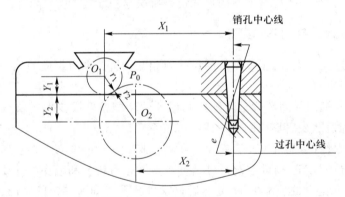
图 6.24　平面装配尺寸链

④ 空间尺寸链。由位于三维空间尺寸构成的尺寸链。在一般机器装配中较为少见，故这里不作介绍。

6.4.2　装配尺寸链的建立

正确地建立装配尺寸链，是进行尺寸链计算的基础。

首先确定封闭环，装配尺寸链的封闭环就是装配精度要求。再取封闭环两端相邻的零件为起点，沿装配精度要求的位置方向，以装配基准面为查找的线索，分别找出影响装配精度要求的相关零件（组成环），直至找到同一基准零件，甚至是同一基准表面为止。当然，装配尺寸链也可从封闭环的一端开始，依次查找相关零部件，直至封闭环的另一端。还可以从共同的基准面或零件开始，分别查到封闭环的两端。

在查找装配尺寸链时,应注意以下问题:

① 对装配尺寸链进行必要的简化。机械产品的结构通常都比较复杂,对某项装配精度有影响的因素很多,在查找尺寸链时,在保证装配精度的前提下,可以不考虑那些影响较小的因素,使装配尺寸链适当简化。例如,如图 6.25a 所示的车床主轴与尾座中心线等高问题,影响该项装配精度的因素有:

A_1——主轴锥孔中心线至床身的距离;

A_2——尾座底板的厚度;

A_3——尾座顶尖套锥孔中心线至尾座底板(上表面)的距离;

e_1——主轴滚动轴承外圆与内孔的同轴度误差;

e_2——尾座顶尖套锥孔与外圆的同轴度误差;

e_3——尾座顶尖套与尾座孔配合间隙引起的向下偏移量;

e_4——床身上安装主轴箱体与安装尾座底板的导轨(平导轨)间的高度差。

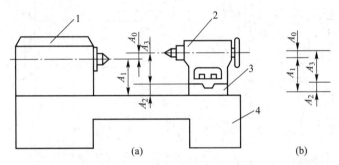

图 6.25 主轴箱主轴与尾座套筒中心线等高结构示意图
1—主轴箱;2—尾座;3—尾座底板;4—床身

车床主轴与尾座中心线等高性的装配尺寸链如图 6.26 所示。但由于 e_1、e_2、e_3、e_4 的数值相对 A_1、A_2、A_3 的误差而言较小,对装配精度影响也较小,故装配尺寸链可以简化成图 6.25b 所示的结果。但在精密装配中,应计入所有对装配精度有影响的因素,不可随意简化。

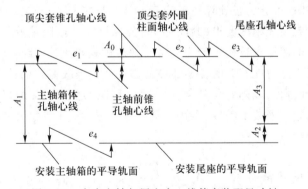

图 6.26 车床主轴与尾座中心线等高装配尺寸链

② 装配尺寸链的组成环越少越好。在装配精度既定的条件下,组成环数越少,则各组成环所分配到的公差值就越大,零件加工越容易、越经济。因此,产品结构设计时,在满足产品工作性能的条件下,应尽量简化产品结构,使影响产品装配精度的零件数尽量减少。

在查找装配尺寸链时,每个相关的零、部件只应有一个尺寸作为组成环列入装配尺寸链,即将连接两个装配基准面间的位置尺寸直接标注在零件图上。这样,组成环的数目就等于有关零、部件的数目,即"一件一环",这就是装配尺寸链的最短路线(环数最少)原则。图 6.27 所示齿轮装配后轴向间隙尺寸链就体现了一件一环的原则。如果把图中轴的轴向尺寸标注成图 6.28 所示的两个尺寸(A_{11}、A_{12}),则违反了一件一环的原则,其装配尺寸链的构成显然不合理。该轴的轴向尺寸的合理尺寸标注为(A_1、B_2)。

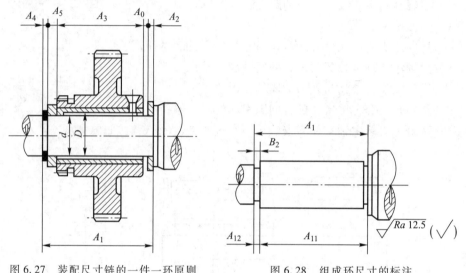

图 6.27　装配尺寸链的一件一环原则　　　　图 6.28　组成环尺寸的标注

③ 装配尺寸链的方向性。在同一装配结构中,当不同位置方向都有装配精度的要求时,应按不同方向分别建立装配尺寸链。例如,蜗杆蜗轮副的传动结构,为保证正常啮合,要同时保证蜗杆蜗轮副两轴线间的距离精度、垂直度精度、蜗杆轴线与蜗轮中间平面的重合精度,这是三个不同位置方向的装配精度,因而需要在三个不同方向分别建立尺寸链。

6.4.3　装配尺寸链的计算方法

装配尺寸链的计算可分为正计算和反计算。已知与装配精度有关的各零部件的公称尺寸及其极限偏差,求解装配精度要求(封闭环)的公称尺寸及极限偏差的计算过程称为正计算,它用于对已设计的图样进行校核验算。当已知装配精度要求(封闭环)的公称尺寸及极限偏差,求解与该项装配精度有关的各零部件公称尺寸及极限偏差的计算过程称为反计算,它主要用于产品设计过程,以确定各零部件的尺寸和加工精度。装配尺寸链的解算方法与装配方法密切相关,同一项装配精度,采用不同装配方法时,其装配尺寸链的解算方法也不相同。

6.5　装配方法的尺寸链计算

学习目标

1. 掌握保证装配精度的互换装配法、选择装配法、修配装配法和调整装配法的尺寸链计算。

2. 机械产品的精度要求,最终是靠装配实现的。用合理的装配方法来达到规定的装配精度,以实现用较低的零件精度,达到较高的装配精度,用最少的装配劳动量来达到较高的装配精度。根据产品的性能要求、结构特点和生产类型、生产条件等,可采取不同的装配方法。保证产品装配精度的方法有互换法、选择法、修配法和调整法。

6.5.1 互换装配法

互换装配法是在装配过程中,零件互换后仍能达到装配精度要求的装配方法。产品采用互换装配法时,装配精度主要取决于零件的加工精度,装配时不经任何调整和修配,就可以达到装配精度。互换法的实质就是用控制零件的加工误差来保证产品的装配精度。根据零件的互换程度不同,互换法又可分为完全互换法和大数互换法。

1. 完全互换装配法

在全部产品中,装配时各组成环不需挑选或改变其大小或位置,装配后即能达到装配精度的要求,这种装配方法称为完全互换法。

完全互换装配方法的特点是:装配质量稳定可靠,装配过程简单,生产效率高,易于实现装配机械化、自动化,便于组织流水作业和零部件的协作与专业化生产,有利于产品的维护和零部件的更换。但是,当装配精度要求较高,尤其是组成环数目较多时,零件难以按经济精度加工。

完全互换装配方法常用于高精度的少环尺寸链或低精度多环尺寸链的大批大量生产装配中。

采用完全互换装配法时,装配尺寸链采用极值公差公式计算(与工艺尺寸链计算公式相同)。为保证装配精度要求,尺寸链各组成环公差之和应小于或等于封闭环公差(装配精度要求),即

$$T_0 \geqslant \sum_{i=1}^{m} |\xi_i| T_i \tag{6.12}$$

式中:T_0——封闭环极值公差;

$\quad T_i$——第 i 个组成环公差;

$\quad \xi_i$——第 i 个组成环误差传递系数,若封闭环 $A_0 = f(A_1, A_2, \cdots, A_n)$,则 $\xi_i = \dfrac{\partial f}{\partial A_i}$。

$\quad m$——组成环环数。

对于直线尺寸链,$|\xi_i| = 1$,式(6.12)为

$$T_0 \geqslant \sum_{i=1}^{m} T_i = T_1 + T_2 + \cdots + T_m \tag{6.13}$$

在进行装配尺寸链反计算时,即已知封闭环(装配精度)的公差 T_0,分配有关零件(各组成环)公差 T_i 时,可按"等公差"($T_1 = T_2 = \cdots = T_m = T_{avl}$)原则,先确定它们的平均极值公差 T_{avl}

$$T_{avl} = \frac{T_0}{m} \tag{6.14}$$

然后根据各组成环尺寸大小和加工的难易程度,对各组成环的公差进行适当的调整。调整时可参照下列原则:

① 组成环是标准件尺寸(如轴承或弹性挡圈厚度等)时,其公差值及其分布在相应标准中已有规定,应为确定值。

② 组成环是几个尺寸链的公共环时,其公差值及其分布由其中要求最严的尺寸链先行确定,对其余尺寸链则应成为确定值。

③ 尺寸相近、加工方法相同的组成环,其公差值相等。

④ 难加工或难测量的组成环,其公差可取较大数值;反之,其公差取较小数值。

在确定各组成环极限偏差时,对属于外尺寸(如轴)的组成环,按轴的基本偏差 h 决定其极限偏差;属于内尺寸(如孔)的组成环,按孔的基本偏差 H 决定其极限偏差;孔心距的尺寸极限偏差按对称分布选择(JS 或 js)。

显然,当各组成环都按上述原则确定其公差后,按式(6.15)计算时,经常不满足封闭环的要求。为此,需要选择一个组成环,其公差及极限偏差需要计算后确定,以便与其他组成环相协调,最后满足封闭环的精度要求。这个事先选定的在尺寸链中起协调作用的组成环,称为协调环。协调环不能选取标准件或公共环,因为标准件或公共环的公差和极限偏差是确定值。一般选取易加工的零件为协调环,而将难加工零件的尺寸公差从宽选取;也可选取难加工零件为协调环,而将易于加工的零件的尺寸公差从严选取。

完全互换法装配尺寸链计算的基本公式与工艺尺寸链的相同。工艺尺寸链一般采用公式计算或列表的方法求解尺寸链。完全互换法装配尺寸链一般将各组成尺寸转化为公差对称分布形式,通过计算各尺寸的中间偏差和公差来求解尺寸链。

例 6.1　如图 6.29a 所示齿轮与轴的装配,轴是固定不动的,齿轮在轴上转动,要求齿轮与挡圈的轴向间隙为 0.1 ~ 0.35 mm,已知 $A_1 = 30$ mm、$A_2 = 5$ mm、$A_3 = 43$ mm、$A_4 = 3_{-0.05}^{0}$ mm(标准件)、$A_5 = 5$ mm,现采用完全互换法装配,试确定各组成环公差和极限偏差。

解　(1)画装配尺寸链图,校验各环公称尺寸

依题意,轴向间隙为 0.1 ~ 0.35 mm,则封闭环 $A_0 = 0_{+0.10}^{+0.35}$ mm,封闭环公差 $T_0 = 0.25$ mm。装配尺寸链如图 6.29b 所示。A_3 为增环,A_1、A_2、A_4、A_5 为减环,所以 $\xi_3 = +1$,$\xi_1 = \xi_2 = \xi_4 = \xi_5 = -1$,封闭环公称尺寸为

$$A_0 = \sum_{i=1}^{m} \xi_i A_i = A_3 - (A_1 + A_2 + A_4 + A_5) = 3 \text{ mm} - (30 + 5 + 3 + 5) \text{ mm} = 0$$

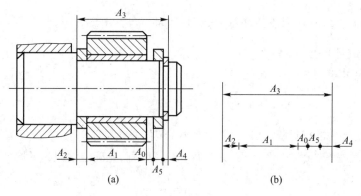

图 6.29　齿轮与轴的装配关系

由计算可知,各组成环公称尺寸无误。

(2)确定各组成环公差和极限偏差

计算各组成环平均极值公差

$$T_{av1} = \frac{T_0}{m} = \frac{0.25}{5} \text{ mm} = 0.05 \text{ mm}$$

以平均极值公差为基础,根据各组成环尺寸、零件加工难易程度,确定各组成环公差。

A_5 为一垫片,易于加工和测量,故选 A_5 为协调环。A_4 为标准件,$A_4 = 3_{-0.05}^{0}$ mm、$T_4 = 0.05$ mm,其余各组成环根据其尺寸和加工难易程度选择公差为:$T_1 = 0.06$ mm、$T_2 = 0.04$ mm、$T_3 = 0.07$ mm,各组成环公差等级约为 IT9。

A_1、A_2 为外尺寸,按入体原则,其尺寸和极限偏差为:$A_1 = 30_{-0.06}^{0}$ mm、$A_2 = 5_{-0.04}^{0}$ mm。

A_3 为内尺寸,按入体原则,其尺寸和极限偏差为:$A_3 = 43_{0}^{+0.07}$ mm。

(3)计算协调环极值公差和极限偏差

协调环 A_5 的极值公差为

$$T_5 = T_0 - (T_1 + T_2 + T_3 + T_4) = 0.25 \text{ mm} - (0.06 + 0.04 + 0.07 + 0.05) \text{ mm}$$
$$= 0.03 \text{ mm}$$

封闭环的中间偏差 Δ_0 为

$$\Delta_0 = \frac{ES_0 + EI_0}{2} = \frac{0.35 + 0.10}{2} \text{ mm} = 0.225 \text{ mm}$$

各组成环的中间偏差分别为:

$A_1 = 30_{-0.06}^{0}$ mm $= (30 - 0.03)$ mm ± 0.03 mm,即 A_1 的中间偏差 $\Delta_1 = -0.03$ mm。同理得,$\Delta_2 = -0.02$ mm,$\Delta_3 = 0.035$ mm,$\Delta_4 = -0.025$ mm。

协调环 A_5 的中间偏差为

$$\Delta_5 = \Delta_3 - \Delta_0 - \Delta_1 - \Delta_2 - \Delta_4 = [0.035 - 0.225 - (-0.03) - (-0.02) - (-0.025)] \text{ mm} = -0.115 \text{ mm}$$

协调环 A_5 的极限偏差 ES_5、EI_5 分别为:

$$ES_5 = \Delta_5 + \frac{T_5}{2} = -0.115 \text{ mm} + \frac{0.03}{2} \text{ mm} = -0.10 \text{ mm}$$

$$EI_5 = \Delta_5 - \frac{T_5}{2} = -0.115 \text{ mm} - \frac{0.03}{2} \text{ mm} = -0.13 \text{ mm}$$

协调环 A_5 的尺寸和极限偏差为:$A_5 = 5_{-0.13}^{-0.10}$ mm。

最后可得各组成环尺寸和极限偏差分别为:

$A_1 = 30_{-0.06}^{0}$ mm,$A_2 = 5_{-0.04}^{0}$ mm,$A_3 = 43_{0}^{+0.07}$ mm,$A_4 = 3_{-0.05}^{0}$ mm,$A_5 = 5_{-0.13}^{-0.10}$ mm。

2. 大数互换装配法

完全互换法的装配过程虽然简单,但它是根据极大、极小的极端情况来建立封闭环与组成环的关系式,在封闭环为既定值时,各组成环所获公差过于严格,常使零件加工困难。由数理统计基本原理可知,首先,在一个稳定的工艺系统中进行大批大量加工时,零件加工误差出现极值的可能性很小。其次,在装配时,各零件的误差同时为极大、极小的"极值组合"的可能性更小。在组成环数多,装配时零件出现"极值组合"的机会就更加微小,实际上可以忽视不计。显然,用严格的零件加工精度为代价换取装配时不发生或极少发生的极端情况的完全互换装配不经济、也不科学。

在绝大多数产品中,装配时各组成环不需挑选或改变其大小或位置,装配后即能达到装配精度的要求,但少数产品有出现废品的可能性,这种装配方法称为大数互换装配法(或部分互换装配法)。

大数互换装配法的特点是零件所规定的公差比完全互换法所规定的公差大,有利于零件的经济加工,装配过程与完全互换法一样简单、方便。但在装配时,应采取适当工艺措施,以便排除个别产品因超出公差而产生废品的可能性。这种装配方法适用于大批大量生产、组成环较多、装配精度要求较高的场合。

采用大数互换装配法时,装配尺寸链按统计公差公式计算。

在直线尺寸链中,各组成环通常是相互独立的随机变量,根据概率论原理可知,若各独立随机变量(组成环)的均方根偏差为 σ_i,封闭环的均方根偏差 σ_0 与这些随机变量的关系为

$$\sigma_0 = \sqrt{\sum_{i=1}^{m} \sigma_i^2}$$

当尺寸链各组成环均为正态分布时,其封闭环也属于正态分布。此时,各组成环的尺寸误差分散范围 ω_i 与其均方根偏差 σ_i 的关系为

$$\omega_i = 6\sigma_i, \quad 即 \quad \sigma_i = \frac{1}{6}\omega_i$$

当误差分散范围等于公差值,即 $\omega_i = T_i$ 时

$$T_0 = \sqrt{\sum_{i=1}^{m} T_i^2} \tag{6.15}$$

若尺寸链为非直线尺寸链,且各组成环的尺寸分布为非正态分布时,上式适用范围可扩大为一般情况,但需引入误差传递系数 ξ_i 和相对分布系数 k_i,若封闭环的尺寸 $A_0 = f(A_1, A_2, \cdots, A_m)$,则

$$\xi_i = \frac{\partial f}{\partial A_i}, \quad k_i = \frac{6\sigma_i}{\omega_i} \quad 即 \quad \sigma_i = \frac{1}{6}k_i\omega_i$$

封闭环的统计公差 T_{0s} 与各组成环公差 T_i 的关系为

$$T_{0s} = \frac{1}{k_0}\sqrt{\sum_{i=1}^{m} \xi_i^2 k_i^2 T_i^2} \tag{6.16}$$

式中:k_0——封闭环的相对分布系数;

$\quad k_i$——第 i 个组成环的相对分布系数;

$\quad \xi_i$——第 i 个组成环的误差传递系数。

对于直线尺寸链,$|\xi_i| = 1$,则

$$T_{0s} = \frac{1}{k_0}\sqrt{\sum_{i=1}^{m} k_i^2 T_i^2} \tag{6.17}$$

如取各组成环公差相等,则组成环平均统计公差为

$$T_{avs} = \frac{k_0 T_{0s}}{\sqrt{\sum_{i=1}^{m} \xi_i^2 k_i^2}} = \frac{k_0 T_{0s}}{\sqrt{\sum_{i=1}^{m} k_i^2}} \tag{6.18}$$

当组成环尺寸呈正态分布时,封闭环也属正态分布。若置信水平 $P = 99.73\%$,其相对分

布系数 $k_0 = 1$，产品装配后的不合格率为 0.27%。在某些生产条件下，要求适当放大组成环公差，置信水平 P 则降低，装配产品不合格率则大于 0.27%，P 与 k_0 的对应关系如表 6.13 所示。

表 6.13 P 与 k_0 的对应关系

置信水平 $P/\%$	99.73	99.5	99	98	95	90
封闭环相对分布系数 k_0	1	1.06	1.16	1.29	1.52	1.82

组成环尺寸为不同分布形式时，对应不同的相对分布系数 k 和不对称系数 e，如表 6.14 所示。组成环为不对称的非正态分布时，不对称系数 e 为

$$e = \frac{\Delta}{T/2} \tag{6.19}$$

式中：T——组成环尺寸的总体分散范围；

     Δ——组成环尺寸的总体算术平均值与总体分散范围中心的距离。

表 6.14   不同分布曲线的 e、k 值

分布特征	正态分布	三角分布	均匀分布	瑞利分布	偏态分布 外尺寸	偏态分布 内尺寸
分布曲线						
e	0	0	0	−0.28	0.26	−0.26
k	1	1.22	1.73	1.14	1.17	1.17

在特殊情况下，各组成环具有相同的分布曲线且分布范围相同（$k_i = k$），封闭环为正态分布且分布范围 $k_0 = 1$。封闭环的公差为当量公差 T_{0e}：

$$T_{0e} = k \sqrt{\sum_{i=1}^{m} \xi_i^2 T_i^2} \tag{6.20}$$

此时各组成环平均当量公差为

$$T_{ave} = \frac{T_{0e}}{k \sqrt{\sum_{i=1}^{m} \xi_i^2}} \tag{6.21}$$

对于直线尺寸链，$|\xi_i| = 1$，则

$$T_{0e} = k \sqrt{\sum_{i=1}^{m} T_i^2} \tag{6.22}$$

$$T_{ave} = \frac{T_{0e}}{k \sqrt{m}} \tag{6.23}$$

当各组成环在其公差内呈正态分布时，封闭环也呈正态分布，若 $k_0 = k_i = 1$，则封闭环的公差为平方公差：

$$T_{0q} = \sqrt{\sum_{i=1}^{m} \xi_i^2 T_i^2} \tag{6.24}$$

各组成环平均平方公差为

$$T_{avq} = \frac{T_{0q}}{\sqrt{\sum_{i=1}^{m} \xi_i^2}} \tag{6.25}$$

对于直线尺寸链，$|\xi_i| = 1$，则

$$T_{0q} = \sqrt{\sum_{i=1}^{m} T_i^2} \tag{6.26}$$

$$T_{avq} = \frac{T_{0q}}{\sqrt{m}} \tag{6.27}$$

直线装配尺寸链的计算，一般采用表 6.15 所示的公式

表 6.15　直线装配尺寸链计算公式

序号	计算内容			计算公式	适用范围
1	封闭环公称尺寸			$A_0 = \sum_{i=1}^{m} \xi_i A_i$	$\lvert \xi_i \rvert = 1$
2	封闭环中间偏差			$\Delta_0 = \sum_{i=1}^{m} \xi_i \left(\Delta_i + e_i \dfrac{T_i}{2} \right)$	$e_i \neq 0$ 各组成环尺寸为非对称分布
				$\Delta_0 = \sum_{i=1}^{m} \xi_i \Delta_i$	$e_i = 0$ 各组成环尺寸为对称分布
3	封闭环极限偏差			$ES_0 = \Delta_0 + T_0/2$	各种装配方法
				$EI_0 = \Delta_0 + T_0/2$	
4	封闭环极限尺寸			$A_{0\max} = A_0 + ES_0$	
				$A_{0\min} = A_0 + EI_0$	
5	封闭环公差	极值公差		$T_{0l} = \sum_{i=1}^{m} T_i$	除大数互换装配法以外的任何装配方法
		统计公差	统计公差	$T_{0s} = \dfrac{1}{k_0} \sqrt{\sum_{i=1}^{m} k_i^2 T_i^2}$	$k_0 \neq 1, k_i \neq 1$，组成环尺寸、封闭环尺寸皆呈非正态分布
			当量公差	$T_{0e} = k \sqrt{\sum_{i=1}^{m} T_i^2}$	$k_0 = 1, k_i = k$，封闭环尺寸呈正态分布，各组成环尺寸分布曲线相同
			平方公差	$T_{0q} = \sqrt{\sum_{i=1}^{m} T_i^2}$	$k_0 = k_i = 1$，各组成环封闭环尺寸均呈正态分布
6	组成环平均公差	平均极值公差		$T_{avl} = \dfrac{T_0}{m}$	除大数互换装配法以外的任何装配方法
		统计公差	平均统计公差	$T_{avs} = \dfrac{k_0 T_{0s}}{\sqrt{\sum_{i=1}^{m} k_i^2}}$	$k_0 \neq 1, k_i \neq 1$，组成环尺寸、封闭环尺寸皆呈非正态分布
			平均当量公差	$T_{ave} = \dfrac{T_{0e}}{k\sqrt{m}}$	$k_0 = 1, k_i = k$，封闭环尺寸呈正态分布，各组成环尺寸分布相同
			平均平方公差	$T_{avq} = \dfrac{T_{0q}}{\sqrt{m}}$	$k_0 = k_i = 1$，各组成环、封闭环尺寸均呈正态分布

序号	计算内容	计算公式	适用范围
7	组成环极限偏差	$ES_i = \Delta_i + T_i/2$ $EI_i = \Delta_i + T_i/2$	各种装配方法
8	组成环极限尺寸	$A_{imax} = A_i + ES_i$ $A_{imin} = A_i + EI_i$	

例 6.2 如图 6.29a 所示装配，已知 $A_1 = 30$ mm、$A_2 = 5$ mm、$A_3 = 43$ mm、$A_4 = 3_{-0.05}^{0}$ mm（标准件）、$A_5 = 5$ mm，装配后齿轮与挡圈间轴向间隙为 $0.1 \sim 0.35$ mm，现采用大数互换装配法，试确定各组成环公差和极限偏差。

解 （1）画装配尺寸链图，校验各环名称尺寸（与例 6.1 过程相同）。

（2）确定各组成环公差和极限偏差。

认为该产品在大批大量生产条件下，工艺过程稳定，各组成环尺寸趋近正态分布 $k_0 = k_i = 1$，$e_0 = e_i = 0$，则各组成环平均平方公差为

$$T_{avq} = \frac{T_{0q}}{\sqrt{m}} = \frac{0.25}{\sqrt{5}} \text{ mm} \approx 0.11 \text{ mm}$$

选择零件 A_5 为协调环。以平均平方公差为基础，参考各零件尺寸和加工难易程度，选取各组成环公差：

$T_1 = 0.13$ mm，$T_2 = 0.08$ mm，$T_3 = 0.16$ mm，其公差等级为 IT11。$A_4 = 3_{-0.05}^{0}$ mm（标准件），$T_4 = 0.05$ mm。由于 A_1 和 A_2 为外尺寸，其极限偏差按轴的基本偏差 h 确定，$A_1 = 30_{-0.13}^{0}$ mm，$A_2 = 5_{-0.08}^{0}$ mm；A_3 为外尺寸，其极限偏差按孔的基本偏差 H 确定，$A_3 = 43_{0}^{+0.16}$ mm，各环中间偏差分别为

$$\Delta_0 = 0.225 \text{ mm}, \Delta_1 = -0.065 \text{ mm}, \Delta_2 = -0.04 \text{ mm},$$
$$\Delta_3 = 0.08 \text{ mm}, \Delta_4 = -0.025 \text{ mm}$$

（3）计算协调环公差和极限偏差

$$T_5 = \sqrt{T_0^2 - (T_1^2 + T_2^2 + T_3^2 + T_4^2)}$$
$$= \sqrt{0.25^2 - (0.13^2 + 0.08^2 + 0.16^2 + 0.05^2)} \text{ mm}$$
$$= 0.105 \text{ mm（只舍不进）}$$

协调环 A_5 的中间偏差为

$$\Delta_0 = \sum_{i=1}^{m} \xi_i \Delta_i = \Delta_3 - (\Delta_1 + \Delta_2 + \Delta_4 + \Delta_5)$$
$$= [0.08 - (-0.065 - 0.04 - 0.025) - 0.225] \text{ mm} = -0.015 \text{ mm}$$

协调环 A_5 的上、下偏差 ES_5、EI_5 分别为：

$$ES_5 = \Delta_5 + \frac{1}{2}T_5 = -0.015 \text{ mm} + \frac{1}{2} \times 0.105 \text{ mm} = 0.037\ 5 \text{ mm}$$

$$EI_5 = \Delta_5 - \frac{1}{2}T_5 = -0.015 \text{ mm} - \frac{1}{2} \times 0.105 \text{ mm} = -0.067\ 5 \text{ mm}$$

所以，协调环 $A_5 = 5_{-0.067\ 5}^{+0.037\ 5}$ mm。

最后可得各组成环尺寸分别为：

$$A_1 = 30_{-0.13}^{0} \text{ mm}, A_2 = 5_{-0.08}^{0} \text{ mm}, A_3 = 43_{0}^{+0.16} \text{ mm},$$

$$A_4 = 3_{-0.05}^{0} \text{ mm}, A_5 = 5_{-0.067\,5}^{+0.037\,5} \text{ mm}$$

为了比较在组成环尺寸和公差相同的条件下,分别采用完全互换装配法和大数互换装配法所获装配精度的差别,采用例 6.1 的结果为已知条件进行正计算,求解此时采用大数互换装配法所获得封闭环公差及其分布。

例 6.3　装配关系如图 6.29a 所示,已知 $A_1 = 30_{-0.06}^{0}$ mm、$A_2 = 5_{-0.04}^{0}$ mm、$A_3 = 43_{0}^{+0.07}$ mm、$A_4 = 3_{-0.05}^{0}$ mm、$A_5 = 5_{-0.13}^{-0.10}$ mm,现采用大数互换装配法,求封闭环公差及其分布。

解　(1) 封闭环公称尺寸

$$A_0 = \sum_{i=1}^{m} \xi_i A_i = A_3 - (A_1 + A_2 + A_4 + A_5) = 43 \text{ mm} - (30 + 5 + 3 + 5) \text{ mm} = 0$$

(2) 封闭环平方公差

$$T_{0\text{q}} = \sqrt{\sum_{i=1}^{m} \xi_i^2 T_i^2} = \sqrt{\sum_{i=1}^{m} T_i^2} = \sqrt{T_1^2 + T_2^2 + T_3^2 + T_4^2 + T_5^2}$$

$$= \sqrt{0.06^2 + 0.04^2 + 0.07^2 + 0.05^2 + 0.03^2} \text{ mm} \approx 0.116 \text{ mm}$$

(3) 封闭环中间偏差

$$\Delta_0 = \sum_{i=1}^{m} \xi_i \Delta_i = \Delta_3 - (\Delta_1 + \Delta_2 + \Delta_4 + \Delta_5) = 0.035 \text{ mm} -$$

$$(-0.03 - 0.02 - 0.025 - 0.115) \text{ mm} = 0.225 \text{ mm}$$

(4) 封闭环上、下极限偏差

$$ES_0 = \Delta_0 + \frac{1}{2} T_{0\text{q}} = 0.225 \text{ mm} + \frac{1}{2} \times 0.116 \text{ mm} = 0.283 \text{ mm}$$

$$EI_0 = \Delta_0 - \frac{1}{2} T_{0\text{q}} = 0.225 \text{ mm} - \frac{1}{2} \times 0.116 \text{ mm} = 0.167 \text{ mm}$$

封闭环 $A_0 = 0_{+0.167}^{+0.283}$ mm

由例 6.1 中封闭环 $A_0 = 0.1 \sim 0.35$ mm 与例 6.3 中封闭环的计算结果 $A_0 = 0.167 \sim 0.283$ mm 可知:

在装配尺寸链中,在各组成环公称尺寸、公差及其分布固定不变的条件下,采用极值公差公式(用于完全互换装配法)计算,封闭环的极值公差 $T_{01} = 0.25$ mm。采用统计公差公式(用于大数互换装配法)计算,封闭环的平方公差 $T_{0\text{q}} \approx 0.116$ mm,显然 $T_{01} > T_{0\text{q}}$,如图 6.30 所示。

T_{01} 包括了装配中封闭环所能出现的一切尺寸,当取 T_{01} 为装配精度时,所有装配结果都是合格的,即装配之后封闭环尺寸出现在 T_{01} 范围内的概率为 100%。采用大数互换装配法,当装配精度为 $T_{0\text{q}}$ 时,即 $T_{0\text{q}}$ 在正态分布下取值 $6\sigma_0$,装配结果在 $T_{0\text{q}}$ 范围内的概率为 99.73%,有 0.27% 的装配结果超出 $T_{0\text{q}}$,即有 0.27% 的产品可能成为废品。在各组成环公差一定的情况下,采用大数互换装配法,以很少的产品可能为废品为代价,换取较高的装配精度。

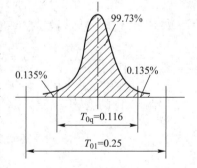

图 6.30　大数互换装配法与完全互换装配法的比较

若采用大数互换装配法,当封闭环的公差一定时,确定的各组成环公差大于完全互换装配法确定的公差,组成环平均公差将扩大 $\sqrt{m}$ 倍(见例6.2)。由于各组成环零件的平均公差扩大,使零件的加工精度要求降低,加工成本降低。

6.5.2　选择装配法

选择装配法是将尺寸链中组成环的公差放大到经济可行的程度,然后选择合适的零件进行装配,以保证装配精度的要求。

这种装配方法常应用于装配精度要求高而组成环数又较少的成批或大批生产中。

选择装配法有三种不同的形式:直接选配法、分组装配法和复合选配法。

1. 直接选配法

在装配时,工人从许多待装配的零件中直接选择合适的零件进行装配,以保证装配精度的要求。

直接选配装配方法的优点是能达到很高的装配精度。其缺点是装配时工人凭经验和必要的判断性测量来选择零件。所以,装配时间不易准确控制,装配精度在很大程度上取决于工人的技术水平。这种装配方法不宜用于生产节拍要求较严的大批大量流水作业中。

另外,采用直接选配法装配,一批零件严格按同一精度要求装配时,最后可能出现无法满足要求的"剩余零件",当各零件加工误差分布规律不同时,"剩余零件"可能更多。

2. 分组装配法

当封闭环精度要求很高时,采用完全互换法或大数互换法解尺寸链,组成环公差非常小,使加工十分困难而又不经济。这时,在零件加工时,常将各组成环的公差相对完全互换法所求数值放大数倍,使其尺寸能按经济精度加工,再按实际测量尺寸将零件分为数组,按对应组分别进行装配,以达到装配精度的要求。由于同组内零件可以互换,故这种方法又称为分组互换法。

在大批大量生产中,对于组成环数少而装配精度要求又高的部件,常采用分组装配法,如滚动轴承的装配、发动机气缸活塞环的装配、活塞与活塞销的装配、精密机床中某些精密部件的装配等。

现以汽车发动机中活塞销与活塞销孔的装配为例,说明分组装配法的原理和装配过程。

活塞销与活塞的装配关系如图6.31所示,按技术要求,销轴直径 d 与销孔直径 D 在冷态装配时,应有 0.002 5 ~ 0.007 5 mm 的过盈量(Y),即

$$Y_{min} = d_{min} - D_{max} = 0.002\ 5\ \text{mm}$$

$$Y_{max} = d_{max} - D_{min} = 0.007\ 5\ \text{mm}$$

此时封闭环的公差为

$$T_0 = Y_{max} - Y_{min} = (0.007\ 5 - 0.002\ 5)\ \text{mm} = 0.005\ 0\ \text{mm}$$

如果采用完全互换装配法,则销与孔的平均公差仅为 0.002 5 mm。由于销轴是外尺寸按轴的基本偏差 h 确定极限偏差,以销孔为协调环,则

$$d = 28\ ^{0}_{-0.002\ 5}\ \text{mm}$$

$$D = 28\ ^{-0.005\ 0}_{-0.007\ 5}\ \text{mm}$$

显然,制造这样精度的销轴与销孔既困难又不经济。在实际生产中,采用分组装配法,可将销轴与销孔的公差在相同方向上放大4倍(采取上极限偏差不动,变动下极限偏差),即

$$d = 28_{-0.010}^{0} \text{ mm}$$

$$D = 28_{-0.015}^{-0.005} \text{ mm}$$

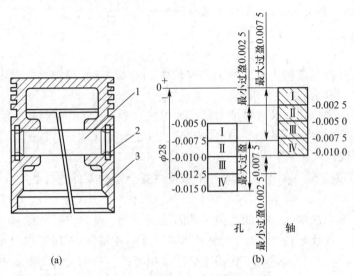

图 6.31　活塞销与活塞的装配关系

　　这样,活塞销可用无心磨加工,活塞销孔用金刚镗床加工,然后用精密量具测量其尺寸,并按尺寸大小分成 4 组,涂上不同颜色加以区别,或分别装入不同容器内,以便进行分组装配。具体分组情况可见表 6.16 所示。

表 6.16　活塞销与活塞销孔直径分组　　　　　　　　　　　　　　　　mm

组别	标志颜色	活塞销直径 $d = \phi 28_{-0.010}^{0}$	活塞销孔直径 $D = \phi 28_{-0.015}^{-0.005}$	配合情况	
				最小过盈	最大过盈
I	红	$\phi 28_{-0.002\,5}^{0}$	$\phi 28_{-0.007\,5}^{-0.005\,0}$		
II	白	$\phi 28_{-0.005\,0}^{-0.002\,5}$	$\phi 28_{-0.010\,0}^{-0.007\,5}$	0.002 5	0.007 5
III	黄	$\phi 28_{-0.007\,5}^{-0.005\,0}$	$\phi 28_{-0.012\,5}^{-0.010\,0}$		
IV	绿	$\phi 28_{-0.010\,0}^{-0.007\,5}$	$\phi 28_{-0.015\,0}^{-0.012\,5}$		

　　正确地使用分组装配法,关键是要保证分组后各对应组的配合性质和配合精度与原要求相同,为此应满足如下条件:

　　① 为保证分组后各组的配合性质及配合精度与原装配要求相同,配合件的公差范围应相等;公差应同方向增加;增大的倍数应等于加工后的分组数。

　　从上例销轴与销孔配合来看,它们原来的公差相等: $T_轴 = T_孔 = T = 0.002\,5$ mm。采用分组装配法后,销轴与销孔的公差同时在相同方向上扩大 $n = 4$ 倍: $T'_轴 = T'_孔 = nT = 0.010$ mm,加工后再将它们按尺寸大小分为 $n = 4$ 组。装配时,大销配大孔(1 组),小销配小孔(4 组),从而各组内都保证销与孔配合的最小过盈量与最大过盈量皆符合装配精度要求,如图 6.31b 所示。

　　② 为保证零件分组后数量相匹配,应使配合件的尺寸分布相同(如均为正态分布),否

则将导致各组相配零件数量不等,造成一些零件的积压浪费。如图 6.32 所示,各对应组中的轴与孔零件数量不同,在生产中,采用专门加工一批与剩余零件相配的零件,以解决零件配套的匹配问题。

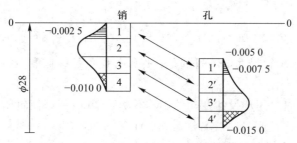

图 6.32 活塞销与活塞销孔的各组数量不等

③ 配合件的表面粗糙度、相互位置精度和形状精度不能随尺寸精度放大而任意放大,应与分组公差相适应,否则将不能达到要求的配合精度及配合质量。

④ 分组数不宜过多,零件尺寸公差只要放大到经济加工精度即可,否则零件的测量、分类、保管工作量增加,使生产组织管理复杂。

3. 复合选配法

复合选配法是分组装配法与直接选配法的复合,即零件加工后先检测分组,装配时在各对应组内由工人进行适当的选配。

复合选配法装配的特点是配合件公差可以不等,装配速度较高,质量好,能满足一定生产节拍的要求。如发动机气缸与活塞的装配多采用此种方法。

无论是完全互换法、大数互换法还是分组法,其特点都是使零件能够互换,这对大批大量生产装配非常重要。

6.5.3 修配装配法

在成批生产或单件小批生产中,当装配精度要求较高、组成环数目又较多时,若按互换法装配,对组成环的公差要求过严,从而造成加工困难。而采用分组装配法又因生产零件数量少,种类多而难以分组。这时,常采用修配装配法来保证装配精度的要求。

修配法是将尺寸链中各组成环按经济加工精度制造。装配时,通过改变尺寸链中某一预先确定的组成环尺寸的方法来保证装配精度。装配时进行修配的零件称为修配件,该组成环称为修配环。由于这一组成环的修配量是为补偿其他组成环的累积误差以保证装配精度的,故又称为补偿环。

采用修配法装配时,应正确选择补偿环。补偿环一般应满足以下要求:

① 便于装拆,零件形状比较简单,易于修配,如果采用刮研修配,刮研面积要小。

② 不应为公共环,即该件只与一项装配精度有关,而与其他装配精度无关,否则修配后虽然保证了一个尺寸链的要求,却又难以满足另一尺寸链的要求。

修配法装配时,补偿环被去除材料的厚度称为补偿量,也称修配量。

设用完全互换法计算的各组成环公差分别为 T'_1、T'_2……T'_m,则

$$T'_{01} = T_0 = \sum_{i=1}^{m} |\xi_i| T'_i$$

现采用修配装配法,将各组成环公差在上述基础上放大为 T_1、$T_2 \cdots\cdots T_m$,则

$$T_{01} = \sum_{i=1}^{m} |\xi_i| T_i \quad (T_i > T_i')$$

显然,$T_{01} > T_{01}'$,此时最大补偿量 F_{max} 为

$$F_{max} = T_{01} - T_{01}' = \sum_{i=1}^{m} |\xi_i| T_i - \sum_{i=1}^{m} |\xi_i| T' = T_{01} - T_0$$

采用修配装配时,求解尺寸链的目的是在保证补偿量足够且最小的原则下,确定补偿环的尺寸。

补偿环被修配后对封闭环尺寸变化的影响有两种情况:一是使封闭环尺寸变大;一是使封闭环尺寸变小。下面对这两种情况分别进行计算。

1. 补偿环被修配后封闭环尺寸变大

仍以图 6.29 所示齿轮与轴的装配关系为例进行说明。已知 $A_1 = 30$ mm、$A_2 = 5$ mm、$A_3 = 43$ mm、$A_4 = 3_{-0.050}^{0}$ mm(标准件)、$A_5 = 5$ mm,装配后齿轮与挡圈的轴向间隙为 $0.1 \sim 0.35$ mm。现采用修配装配法,试确定各组成环的公差及其分布。

(1) 选择补偿环(修配环)

从装配图可以看出,组成环 A_5 为一垫圈,此件装拆较为容易,又不是公共环,修配也很方便,故选择组成环 A_5 为补偿环。从尺寸链可以看出 A_5 为减环,修配后封闭环尺寸变大。由已知条件得

$$A_0 = 0_{+0.10}^{+0.35} \text{ mm}, T_0 = 0.25 \text{ mm}$$

(2) 确定各组成环公差

按经济精度分配各组成环公差,各组成环公差相对完全互换法可有较大扩大。

$T_1 = T_3 = 0.20$ mm,$T_2 = T_5 = 0.10$ mm,A_4 为标准件,其公差仍为确定值,$T_4 = 0.05$ mm,各加工件公差约为 IT11,可以经济加工。

(3) 计算补偿环 A_5 的最大补偿量 F_{max}

$$T_{01} = \sum_{i=1}^{m} |\xi_i| T_i = T_1 + T_2 + T_3 + T_4 + T_5$$
$$= (0.2 + 0.10 + 0.20 + 0.05 + 0.10) \text{ mm} = 0.65 \text{ mm}$$
$$F_{max} = T_{01} - T_0 = 0.65 \text{ mm} - 0.25 \text{ mm} = 0.40 \text{ mm}$$

(4) 确定各组成环(补偿环除外)的极限偏差

按入体原则,A_3 为内尺寸,取 $A_3 = 43_{0}^{+0.20}$ mm。A_1、A_2 为外尺寸,取 $A_1 = 30_{-0.20}^{0}$ mm、$A_2 = 5_{-0.10}^{0}$ mm,A_4 为标准件,取 $A_4 = 3_{-0.05}^{0}$ mm。各组成环中间偏差为

$\Delta_1 = -0.10$ mm,$\Delta_2 = -0.05$ mm,$\Delta_3 = +0.10$ mm,$\Delta_4 = -0.025$ mm。$\Delta_0 = +0.225$ mm

(5) 计算补偿环 A_5 的极限偏差

$\Delta_0 = \sum_{i=1}^{m} \xi_i \Delta_i = \Delta_3 - (\Delta_1 + \Delta_2 + \Delta_4 + \Delta_5)$,即得

$\Delta_5 = \Delta_3 - (\Delta_1 + \Delta_2 + \Delta_4) - \Delta_0 = 0.10$ mm $- (-0.10 - 0.05 - 0.025)$ mm $- 0.225$ mm $= 0.05$ mm

补偿环 A_5 的极限偏差为

$$ES_5 = \Delta_5 + \frac{1}{2} T_5 = 0.05 \text{ mm} + \frac{1}{2} \times 0.10 \text{ mm} = 0.10 \text{ mm}$$

$$EI_5 = \Delta_5 - \frac{1}{2}T_5 = 0.05 \text{ mm} - \frac{1}{2} \times 0.10 \text{ mm} = 0$$

所以补偿环尺寸为

$$A_5 = 5^{+0.10}_{0} \text{ mm}$$

（6）验算装配后封闭环极限偏差

$$ES_0 = \Delta_0 + \frac{1}{2}T_0 = 0.225 \text{ mm} + \frac{1}{2} \times 0.65 \text{ mm} = 0.55 \text{ mm}$$

$$EI_0 = \Delta_0 - \frac{1}{2}T_0 = 0.225 \text{ mm} - \frac{1}{2} \times 0.65 \text{ mm} = -0.10 \text{ mm}$$

由题意可知,封闭环极限偏差应为

$$ES_0' = 0.35 \text{ mm}, EI_0' = 0.10 \text{ mm}$$

则

$$ES_0 - ES_0' = 0.55 \text{ mm} - 0.35 \text{ mm} = +0.20 \text{ mm}$$

$$EI_0 - EI_0' = -0.10 \text{ mm} - 0.10 \text{ mm} = -0.20 \text{ mm}$$

故补偿环的公称尺寸需改变±0.20 mm,才能保证装配精度不变。

（7）确定补偿环(A_5)尺寸

在本例中,补偿环(A_5)为减环,被修配后,齿轮与挡环的轴向间隙变大,即封闭环尺寸变大。所以,只有装配后封闭环的实际最大尺寸($A_{0max} = A_0 + ES_0$)不大于封闭环要求的最大尺寸($A_{0max}' = A_0 + ES_0'$)时,才可能进行装配,否则不能进行修配,故应满足下列不等式:

$$A_{0\text{ max}} \leqslant A_{0\text{max}}' \quad 即 \quad ES_0 \leqslant ES_0'$$

根据修配量最小原则,则应

$$A_{0\text{ max}} = A_{0\text{max}}' \quad 即 \quad ES_0 = ES_0'$$

本例题中,$ES_0 = ES_0' = 0.35 \text{ mm}$。

当补偿环 $A_5 = 5^{+0.10}_{0} \text{ mm}$ 时,装配后封闭环 $ES_0 = 0.55 \text{ mm}$。只有 A_5（减环）增大后,封闭环才能减小,为满足上述等式,补偿环 A_5 应增加 0.20 mm,封闭环将减小 0.20 mm,才能保证 $ES_0 = 0.35 \text{ mm}$。在这种极限装配条件下,补偿环（修配环）的修配量为 0。

所以,补偿环最终尺寸为

$$A_5 = (5 + 0.20)^{+0.10}_{0} \text{ mm} = 5.20^{+0.10}_{0} \text{ mm}$$

2. 补偿环被修配后封闭环尺寸变小

例如,卧式车床装配时,要求尾套筒孔中心线比主轴中心线高 0 ~ 0.06 mm,装配尺寸链见图 6.25b,其中,$A_1 = 202 \text{ mm}$、$A_2 = 46 \text{ mm}$、$A_3 = 156 \text{ mm}$,现采用修配装配法,试确定各组成环公差及其分布。

（1）建立装配尺寸链

依题意建立装配尺寸链,见图 6.25b。其中:装配精度要求即封闭环 $A_0 = 0^{+0.06}_{0} \text{ mm}$,$T_0 = 0.06 \text{ mm}$;$A_1$ 为减环,$\xi_1 = -1$,A_2、A_3 为增环,$\xi_2 = \xi_3 = +1$。

校核封闭环尺寸:

$$A_0 = \sum_{i=1}^{m} \xi_i A_i = (A_2 + A_3) - A_1 = (46 + 156) \text{ mm} - 202 \text{ mm} = 0$$

按完全互换装配法的极值公式计算各组成环平均公差:

$$T_{\mathrm{av1}} = \frac{T_0}{m} = \frac{0.06}{3} \ \mathrm{mm} = 0.02 \ \mathrm{mm}$$

各组成环公差太小（IT5），零件加工困难。现采用修配装配法，确定各组成环公差及其极限偏差。

（2）选择补偿环

从装配图可以看出，组成环 A_2 为尾座底板，其表面积不大，工件形状简单，便于刮研和拆装，故选择 A_2 为修配环（补偿环）。A_2 为增环，修配后封闭环尺寸变小。

（3）确定各组成环公差

根据各组成环加工方法，按经济精度确定各组成环公差，A_1、A_3 可采用镗模镗削加工，取 $T_1 = 0.11 \ \mathrm{mm}$、$T_3 = 0.10 \ \mathrm{mm}$（约 IT9）。底板采用半精刨加工，取 A_2 的公差 $T_2 = 0.16 \ \mathrm{mm}$（IT9）。

（4）计算补偿环 A_2 的最大补偿量 $F_{\max}$

$$T_{01} = \sum_{i=1}^{m} |\xi_i| T_i = T_1 + T_2 + T_3 = (0.11 + 0.16 + 0.10) \ \mathrm{mm} = 0.37 \ \mathrm{mm}$$

$$F_{\max} = T_{01} - T_0 = 0.37 \ \mathrm{mm} - 0.06 \ \mathrm{mm} = 0.31 \ \mathrm{mm}$$

（5）确定各组成环（除补偿环外）的极限偏差

A_1、A_3 都是表示孔位置的尺寸，公差常选为对称分布

$$A_1 = (202 \pm 0.055) \ \mathrm{mm}, \ A_3 = (156 \pm 0.05) \ \mathrm{mm}$$

各组成环的中间偏差为

$$\Delta_1 = 0 \ \mathrm{mm}, \ \Delta_3 = 0 \ \mathrm{mm}, \ A_0 = 0^{+0.06}_{0} \ \mathrm{mm} = (0.03 \pm 0.03) \ \mathrm{mm} \quad 即 \ \Delta_0 = 0.03 \ \mathrm{mm}$$

（6）补偿环 A_2 的中间偏差和极限偏差

补偿环 A_2 的中间偏差：

$$\Delta_0 = \sum_{i=1}^{m} \xi_i \Delta_i = (\Delta_2 + \Delta_3) - \Delta_1, \ 即 \ \Delta_2 = \Delta_0 + \Delta_1 - \Delta_3$$

$$= (0.03 + 0 - 0) \ \mathrm{mm} = 0.03 \ \mathrm{mm}$$

补偿环 A_2 的极限偏差为

$$ES_2 = \Delta_2 + \frac{1}{2} T_2 = 0.03 \ \mathrm{mm} + \frac{1}{2} \times 0.16 \ \mathrm{mm} = 0.11 \ \mathrm{mm}$$

$$EI_2 = \Delta_2 - \frac{1}{2} T_2 = 0.03 \ \mathrm{mm} - \frac{1}{2} \times 0.16 \ \mathrm{mm} = -0.05 \ \mathrm{mm}$$

所以补偿环尺寸为

$$A_2 = 46^{+0.01}_{-0.05} \ \mathrm{mm}$$

（7）验算组成环公差扩大后进行装配的封闭环极限偏差

$$ES_0 = \Delta_0 + \frac{1}{2} T_{01} = 0.03 \ \mathrm{mm} + \frac{1}{2} \times 0.37 \ \mathrm{mm} = 0.215 \ \mathrm{mm}$$

$$EI_0 = \Delta_0 - \frac{1}{2} T_{01} = 0.03 \ \mathrm{mm} - \frac{1}{2} \times 0.37 \ \mathrm{mm} = -0.155 \ \mathrm{mm}$$

由装配要求可知，以封闭环要求的极限偏差 $ES_0' = 0.06 \ \mathrm{mm}$、$EI_0' = 0 \ \mathrm{mm}$ 为标准，与组成环公差扩大后装配的封闭环极限偏差进行比较，则

$$ES_0 - ES'_0 = 0.215 \text{ mm} - 0.06 \text{ mm} = +0.155 \text{ mm}$$

$$EI_0 - EI'_0 = -0.155 \text{ mm} - 0 \text{ mm} = -0.155 \text{ mm}$$

要保证原装配精度不变,需要改变补偿环基本尺寸为 ±0.155 mm。

(8) 确定补偿环(A_2)尺寸

在装配尺寸链中,补偿环(尾座底板)A_2 为增环,被修配后底板尺寸减小,尾座套筒中心线降低,即封闭环尺寸变小。因此,要保证极端情况下有修配量,实际装配的封闭环最小尺寸($A_{0\min} = A_0 + EI_0$)应不小于封闭环要求的最小尺寸($A'_{0\min} = A_0 + EI'_0$),即 $A_{0\min} \geqslant A'_{0\min}$ 或 $EI_0 \geqslant EI'_0$。

根据修配量足够且最小原则,则 $A_{0\min} = A'_{0\min}$ 或 $EI_0 = EI'_0$。

为满足修配量最小情况下的装配精度要求,补偿环的公称尺寸 A_2 应增加 0.155 mm,这时封闭环的最小尺寸($A_{0\min}$)才能从 -0.155 mm(尾床套筒中心线低于主轴中心线)增加到 0(尾床套筒中心线低于主轴中心线等高),以满足装配精度的要求。所以,补偿环的公称尺寸为

$$A_2 = (46 + 0.155)^{+0.11}_{-0.05} \text{ mm} = 46^{+0.265}_{+0.105} \text{ mm}$$

由于本装配有特殊工艺要求,底板底面在总装时必须留有一定的修刮量,而上述计算是按 $A_{0\min} = A'_{0\min}$ 条件求出 A_2 尺寸的。此时的最小修刮量为 0。为了保证装配质量的要求,需要再将 A_2 尺寸增大,以保留适当的最小修刮量。根据底板修刮工艺要求,最小修刮量留为 0.1 mm,所以修正后 A_2 的实际尺寸应再增加 0.1 mm,即为

$$A_2 = (46 + 0.1)^{+0.265}_{+0.105} \text{ mm} = 46^{+0.365}_{+0.205} \text{ mm}$$

3. 修配的方法

实际生产中,通过修配法来达到装配精度的方法和措施很多,最常见的为以下三种:

① 单件修配法。单件修配法是在多环装配尺寸链中,选定某一固定的零件作修配件(补偿环),装配时用去除该件上金属层的方法改变其尺寸,以满足装配精度的要求。如在尾座的装配中,以尾座底板为修配件,来保证尾座套筒中心线与主轴中心线的等高,这种修配方法在生产中应用最广。

② 合并加工修配法。这种方法是将两个或更多的零件合并在一起再进行加工修配,合并后的尺寸可看作一个组成环,这样就减少了装配尺寸链组成环的数目,并可以相应减少修配的劳动量。例如,在尾座装配时,也可以采用合并修配法,即把尾座体 A_3 与底板 A_2 相配合的平面分别加工好,配刮横向小导轨,然后把两零件装配为一体,再以底板的底面为定位基准,镗削加工尾座上的套筒孔,这样 A_2 与 A_3 合并成为一环 A_{2-3},组成环的公差还可加大,底板面可留较小的刮研量,使整个装配工作更加简单。合并加工修配法由于零件合并后再加工和装配,组织装配生产不便,这种方法多用于单件小批生产中。

③ 自身加工修配法。在机床制造中,有些装配精度要求较高,若单纯依靠限制各零件的加工误差来保证,势必要求各零件有很高的加工精度,甚至无法加工,而且不易选择适当的修配件。此时,在机床总装时,用机床本身来加工自己的方法来保证机床的装配精度,这种修配法称为自身加工装配法。例如,在牛头刨床总装后,用自刨的方法加工工作台表面,这样就可以较容易地保证滑枕运动方向与工作台面平行度的要求。如图 6.33 所示的转塔车床,不是用修刮 A_3 的方法来保证主轴中心线与转塔上各孔中心线的等高要求,而是装配后在车床主轴上安装一把镗刀,转塔作纵向进给运动,依次镗削转塔上的六个孔,保证主轴

中心线与转塔上的六个孔中心线的等高要求。此外,平面磨床用本身的砂轮磨削机床工作台面也属于这种修配方法。

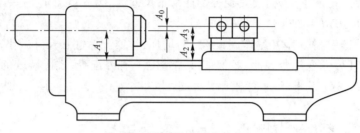

图 6.33　转塔车床的自身加工

6.5.4　调整装配法

对于精度要求高而组成环又较多的产品或部件,不易用互换法装配,除用修配法外,还可以用调整法来保证装配精度。

在装配时,用改变产品中可调整零件的相对位置或选用合适的调整件以达到装配精度的方法称为调整装配法。

调整法与修配法的实质相同,即组成环零件公差按经济精度确定,选择一个组成环为调整环(该零件称为调整件)。但在改变补偿环尺寸的方法上有所不同。修配法采用机械加工的方法去除补偿环零件上的金属层;而调整法采用改变补偿环零件的位置或更换补偿环零件(尺寸变化)的方法来满足装配精度要求。两者的目的都是补偿由于各组成环公差扩大后所产生的累积误差,以最终满足封闭环的要求。最常见的调整方法有固定调整法、可动调整法、误差抵消调整法三种。

1. 固定调整法

在装配尺寸链中,选择某一零件为调整件,根据各组成环形成累积误差的大小来更换不同尺寸的调整件,以保证装配精度要求,这种方法称为固定调整法。固定调整法常用的调整件有轴套、垫片、垫圈等。

采用固定调整法时要解决如下三个问题:① 选择调整范围;② 确定调整件的分组数;③ 确定每组调整件的尺寸。

例如图 6.29 所示齿轮与轴的装配关系,已知 $A_1 = 30$ mm、$A_2 = 5$ mm、$A_3 = 43$ mm、$A_4 = 3_{-0.05}^{\ 0}$ mm(标准件)、$A_5 = 5$ mm,装配后要求齿轮与挡圈的轴向间隙为 0.1～0.35 mm,现采用固定调整法装配,试确定各组成环的尺寸偏差,并求调整件的分组数及尺寸系列。

(1) 画尺寸链图、校核各环基本尺寸(与例 6.1 相同)

(2) 选择调整件

A_5 为一垫圈,其加工比较容易、装卸方便,故选择 A_5 为调整件。

(3) 确定各组成环公差

按经济精度确定各组成环公差:$T_1 = T_3 = 0.20$ mm,$T_2 = T_5 = 0.10$ mm,A_4 为标准件的尺寸,其公差为已知数,$T_4 = 0.05$ mm。这些加工件的公差等级约为 IT11,可以经济加工。

(4) 计算调整件尺寸 A_5 的调整量

$$T_{01} = \sum_{i=1}^{m} |\xi_i| T_i = T_1 + T_2 + T_3 + T_4 + T_5$$

$$= (0.20 + 0.10 + 0.20 + 0.05 + 0.10) \text{ mm} = 0.65 \text{ mm}$$

调整量 $F = T_{01} - T_0 = 0.65 \text{ mm} - 0.25 \text{ mm} = 0.40 \text{ mm}$

（5）确定各组成环的极限偏差。按入体原则，$A_1 = 30_{-0.20}^{0}$ mm，$A_2 = 5_{-0.10}^{0}$ mm，$A_3 = 43_{0}^{+0.20}$ mm，$A_4 = 3_{-0.05}^{0}$ mm。各组成环中间偏差为

$$\Delta_1 = -0.10 \text{ mm}, \Delta_2 = -0.05 \text{ mm}, \Delta_3 = +0.10 \text{ mm},$$

$$\Delta_4 = -0.025 \text{ mm}, \Delta_0 = 0.225 \text{ mm}$$

（6）计算调整件尺寸 A_5 的极限偏差

$$\Delta_0 = \sum_{i=1}^{m} \xi_i \Delta_i = \Delta_3 - (\Delta_1 + \Delta_2 + \Delta_4 + \Delta_5)$$

所以调整件尺寸 A_5 的中间偏差为：

$$\Delta_5 = \Delta_3 - (\Delta_1 + \Delta_2 + \Delta_4) - \Delta_0$$

$$= 0.10 \text{ mm} - (-0.10 - 0.05 - 0.025) \text{ mm} - 0.225 \text{ mm} = 0.05 \text{ mm}$$

补偿环 A_5 的极限偏差为

$$ES_5 = \Delta_5 + \frac{1}{2}T_5 = 0.05 \text{ mm} + \frac{1}{2} \times 0.10 \text{ mm} = 0.10 \text{ mm}$$

$$EI_5 = \Delta_5 - \frac{1}{2}T_5 = 0.05 \text{ mm} - \frac{1}{2} \times 0.10 \text{ mm} = 0 \text{ mm}$$

所以，调整件的尺寸 A_5 为

$$A_5 = 5_{0}^{+0.10} \text{ mm}$$

（7）计算补偿能力 S，确定调整件的分组数 Z

取封闭环公差与调整件公差之差作为调整件各组之间的尺寸差 S（称补偿能力），则

$$S = T_0 - T_5 = 0.25 \text{ mm} - 0.10 \text{ mm} = 0.15 \text{ mm}$$

调整件的组数 Z 为

$$Z = \frac{F}{S} + 1 = \frac{0.40}{0.15} + 1 = 3.66 \approx 4$$

分组数不能为小数，取 $Z = 4$。当实际计算的 Z 值和圆整数相差较大时，可通过改变各组成环公差或调整件公差的方法，使 Z 值近似为整数。另外，分组数不宜过多，否则将给生产组织工作带来困难。由于分组数随调整件公差的减小而减少，因此如有可能，应使调整件公差尽量小些。分组数 Z 一般取 3～4 为宜。

（8）确定各组调整件的尺寸

在确定各组调整件尺寸时，可根据以下原则来计算：

① 当调整件的分组数 Z 为奇数时，预先确定的调整件尺寸是中间的一组尺寸，其余各组尺寸相应增加或减少，各组之间的尺寸差为 S（补偿能力）。

② 当调整件的组数 Z 为偶数时，则以预先确定的调整件中值尺寸为对称中心，再根据尺寸差 S 确定各组尺寸。

本例中分组数 $Z = 4$ 为偶数，故以 $A_5 = 5_{0}^{+0.10}$ mm 尺寸中值 5.05 mm 为补偿环的对称中

心,各组间的尺寸差 $S=0.15$ mm,各组尺寸的中间尺寸 A_{5ki} 分布如图 6.34 所示,其尺寸值分别为:

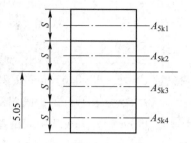

图 6.34　调整件组数为偶数时的分布

$$A_{5k1} = \left(5.05 + \frac{0.15}{2} + 0.15\right) \text{mm} = 5.275 \text{ mm};$$

$$A_{5k2} = \left(5.05 + \frac{0.15}{2}\right) \text{mm} = 5.125 \text{ mm};$$

$$A_{5k3} = \left(5.05 - \frac{0.15}{2}\right) \text{mm} = 4.975 \text{ mm};$$

$$A_{5k4} = \left(5.05 - \frac{0.15}{2} - 0.15\right) \text{mm} = 4.825 \text{ mm}。$$

考虑调整件的公差,各组的尺寸为 $A_{5ki} \pm \frac{T_5}{2}$,所以 $A_{5k1} = (5.275 \pm 0.05)$ mm $= 5^{+0.325}_{+0.225}$ mm, $A_{5k2} = (5.125 \pm 0.05)$ mm $= 5^{+0.175}_{+0.075}$ mm, $A_{5k3} = (4.975 \pm 0.05)$ mm $= 5^{+0.025}_{-0.075}$ mm, $A_{5k4} = (4.825 \pm 0.05)$ mm $= 5^{-0.125}_{-0.225}$ mm。

固定调整法装配多用于大批大量生产中。在产量大、装配精度要求高的生产中,固定调整件可以采用多件组合的方式,如预先将调整垫做成不同的厚度(1 mm、2 mm、5 mm、10 mm),再制作一些更薄的金属片(0.01 mm、0.02 mm、0.05 mm、0.10 mm 等),装配时根据尺寸组合原理(同块规使用方法相同),把不同厚度的垫片组成各种不同尺寸,以满足装配精度的要求。这种调整方法比较简便,它在汽车、拖拉机生产中广泛应用。

2. 可动调整法

采用改变调整件的相对位置来保证装配精度的方法称为可动调整法。

在机械产品的装配中,零件可动调整的方法很多,图 6.35 表示卧式车床中可动调整的一些实例。图 6.35a 是通过调整套筒的轴向位置来保证齿轮的轴向间隙;图 6.35b 是卧式车床横刀架消除丝杠和螺母轴向间隙的双螺母结构,调整时松开左边螺母上的螺钉,通过调节螺钉使楔块向上移动,在楔块的作用下,左边螺母向左移动,使左边螺母与丝杠的螺旋面右侧紧密接触,在轴向力的作用下,使丝杠向左移动(移动趋势),将丝杠的螺旋面左侧与右边的螺母紧密接触,这样调整后使丝杠与左、右螺母的轴向间隙消除,可以保证横刀架向前或向后移动转换时无死区(变动量);图 6.35c 是主轴箱内用螺钉来调整轴承端盖的轴向位置,以保证轴承的轴向位置;图 6.35d 是卧式车床小刀架上用螺钉来调节镶条的位置,以保证燕尾形导轨副的配合间隙。

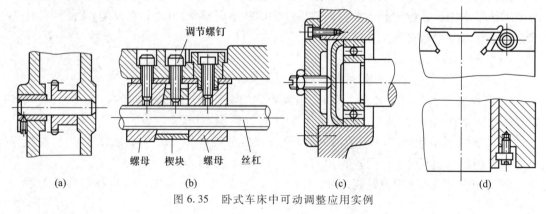

图 6.35　卧式车床中可动调整应用实例

可动调整法有很多优点,零件能按经济加工精度加工,装配方便,可以获得比较高的装配精度,在使用期间,也可以通过调整件来补偿由于磨损、热变形所引起的误差,使之恢复原来的精度要求。它的缺点是增加了零件数及要求较高的调整技术。可动调整法的优点突出,使用广泛,这也提示我们在设计时注意采用调整结构。

3. 误差抵消调整法

在产品或部件装配时,通过调整有关零件的相互位置,使其加工误差相互抵消一部分,以提高装配的精度,这种方法称为误差抵消调整法。这种方法在机床装配时应用较多,如在装配机床主轴时,通过调整主轴轴颈、前后轴承的径向跳动方向来控制主轴组件的径向跳动。

 思考题与习题

6.1 什么是装配?何谓零件、套件、组件和部件?装配工艺主要包括哪些工作内容?

6.2 什么是装配精度?一般包括哪几方面?装配精度与零件的加工精度有何区别?保证装配精度的装配方法、特点和适用范围是什么?机器装配的组织形式、特点和适用范围是什么?

6.3 制订装配工艺规程的依据、步骤和主要解决的问题是什么?

6.4 过盈连接的装配方法、工艺特点和适用范围是什么?清洗主要有哪些方法?分别采用什么设备和清洗液?

6.5 名词解释:① 装配单元;② 装配系统图;③ 机器结构的装配工艺性;④ 自动流水装配的节拍;⑤ 校准;⑥ 调整;⑦ 配作;⑧ 平衡。

6.6 总装后试验和检验项目主要包括哪些?

6.7 建立装配尺寸链应遵循哪些原则?如何确定封闭环和协调环(补偿环)?求解装配尺寸链的方法与装配方法有何关系?

6.8 某轴与孔的配合间隙要求为 0.04 ~ 0.26 mm,已知轴的尺寸为 $\phi 50_{-0.10}^{0}$ mm,孔的尺寸为 $\phi 50_{0}^{+0.20}$ mm。若用完全互换法进行装配,能否保证装配精度要求?用大数互换法装配能否保证装配精度要求?

6.9 某轴与孔配合,若轴的尺寸为 $\phi 80_{-0.10}^{0}$ mm,孔的尺寸为 $\phi 80_{0}^{+0.20}$ mm,试用完全互换法和大数互换法装配,分别计算其封闭环公称尺寸、公差和分布位置。

6.10 在 CA6140 型车床尾座套筒装配图中,各组成环零件的尺寸如题 6.10 图所示,若分别按完全互换法和大数互换法装配,试分别计算装配后螺母在顶尖套筒内的端面圆跳动量。

6.11 现有一活塞部件,其各组成零件有关尺寸如题 6.11 图所示,试分别按极值公差公式和统计公差公式计算活塞行程的极限尺寸。

6.12 减速机中某轴上零件的尺寸为 $A_1 = 40$ mm、$A_2 = 36$ mm、$A_3 = 4$ mm,要求装配后齿轮轴向间隙 $A_0 = 0_{+0.10}^{+0.25}$ mm,结构如题6.12图所示。试用极值法和统

计法分别确定 A_1、A_2、A_3 的公差及其分布位置。

6.13   如题 6.13 图所示轴类部件,为保证弹性挡圈顺利装入,要求保持轴向间隙 $A_0 = 0^{+0.41}_{+0.05}$ mm。已知各组成环的公称尺寸 $A_1 = 32.5$ mm、$A_2 = 35$ mm、$A_3 = 2.5$ mm,试用极值法和统计法分别确定各组成零件的上、下极限偏差。

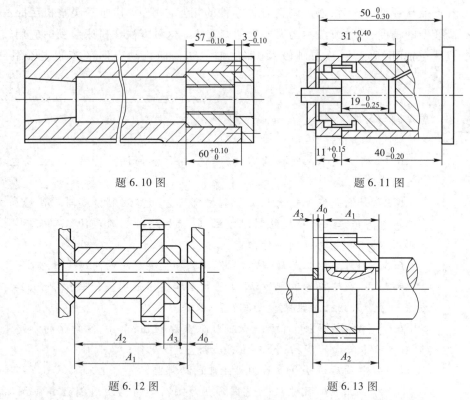

题 6.10 图   题 6.11 图

题 6.12 图   题 6.13 图

6.14   题 6.14 图为车床滑板与床身导轨装配图,为保证滑板在床身导轨上准确移动,装配技术要求规定其配合间隙为 0.1 ~ 0.3 mm。试用修配法确定各零件有关尺寸及其公差。

6.15   某传动轴的装配结构如题 6.15 图所示。现采用调整法装配,以右端垫圈为调整环 A_4,装配精度要求 $A_0 = 0.05 \sim 0.20$ mm(双联齿轮的端面圆跳动量)。试采用固定调整法确定各组成零件的尺寸及公差,并计算加入调整垫片的组数及各组垫片的尺寸及公差。

6.16   题 6.16 图所示的双联转子(摆线齿轮)泵,要求冷态下的装配间隙 $A_0 = 0.05 \sim 0.15$ mm,各组成环的公称尺寸为 $A_1 = 41$ mm、$A_2 = A_4 = 17$ mm、$A_3 = 7$ mm。

① 试确定采用完全互换法装配时,各组成环尺寸及其极限偏差(选 A_1 为协调环)。

② 试确定采用大数互换法装配时(置信水平 $P = 90\%$)各组成环尺寸及其极限偏差(选 A_1 为协调环)。

③ 采用修配法装配时,A_2、A_4 按 IT9 公差等级制造,A_1 按 IT10 公差等级制

造,选 A_3 为修配环,试确定修配环的尺寸及其极限偏差,并计算可能出现的最大修配量。

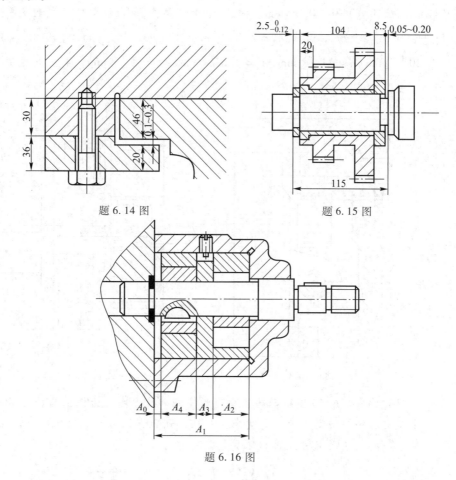

题 6.14 图   题 6.15 图

题 6.16 图

④ 采用固定调整法装配时,A_1、A_2、A_4 仍按上述精度制造,选 A_3 为调整环,并取 $T_{A_3} = 0.02$ mm,试计算垫片组数及尺寸系列。

6.17　某轴与孔的尺寸和公差配合为 $\phi 50 \dfrac{\text{H3}}{\text{h3}}$。为降低加工成本,现将两零件按 IT7 公差等级制造,采用分组装配法时,试计算:

① 分组数和每一组的极限偏差。

② 若加工 1 万套,且孔和轴的实际分布都符合正态分布规律,问每一组孔与轴的零件数各为多少?

6.18　题 6.18 图所示为车床滑板箱小齿轮与齿条啮合精度的装配尺寸链,装配要求小齿轮齿顶与齿条齿根的径向间隙 A_0 为 0.10 ~ 0.17 mm,现采用修配法装配,选取 A_2 为修配环,即修磨齿条的安装面。设 $A_1 = 53^{\ 0}_{-0.1}$ mm,$A_2 = 28$ mm ($T_{A_2} = 0.1$ mm),$A_3 = 20^{\ 0}_{-0.1}$ mm,$A_4 = (48 \pm 0.05)$ mm,$A_5 = 53^{\ 0}_{-0.1}$ mm。试求修配环 A_2 的上、下极限偏差,并验算最大修配量。可否选 A_4 为修配环(即修配滑板箱的接合面)? 为什么?

6.19　题 6.19 图为某曲轴颈与齿轮的装配图,结构设计采用固定调整法保证间隙 $A_0 = 0.01 \sim 0.06$ mm。若选 A_K 为调整件,试求调整件的组数及各组尺寸。已知 $A_1 = 38.5_{-0.07}^{0}$ mm, $A_2 = 2.5_{-0.04}^{0}$ mm, $A_3 = 43.5_{+0.05}^{+0.10}$ mm, $A_4 = 18_{0}^{+0.2}$ mm, $A_5 = 20_{0}^{+0.1}$ mm, $A_6 = 41_{-0.5}^{0}$ mm, $A_7 = 1.5_{0}^{+0.2}$ mm, $A_8 = 35_{-0.2}^{0}$ mm,调整件的制造公差 $T_K = 0.01$ mm。

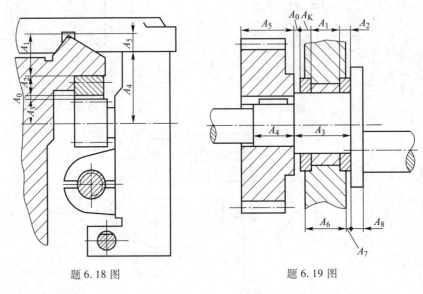

题 6.18 图　　　　　　　题 6.19 图

6.20　题 6.20 图所示为离合器齿轮轴部装配图。为保证齿轮灵活转动,要求装配后轴套与隔套的轴向间隙为 $0.05 \sim 0.20$ mm。试合理确定并标注各组成环(零件)的有关尺寸及其极限偏差。

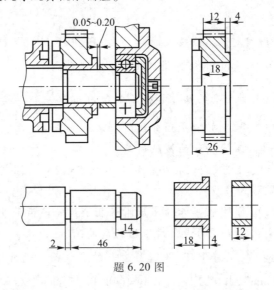

题 6.20 图

6.21　题 6.21 图为镗孔夹具简图,要求定位面到孔轴线的距离为 $A_0 =$

（155±0.015）mm，单件小批生产用修配法保证该装配精度，并选取定位板 A_1 = 20 mm 为修配件。根据生产条件，在定位板上最大修配量以不超过 0.3 mm 为宜，试确定各组成环尺寸及其极限偏差。

6.22 题 6.22 图为铣削轴类平面的加工简图，要保证平面到轴线的距离 A_0，试列出由工艺系统各环节（机床、夹具、刀具和工件）为组成环的装配尺寸链。

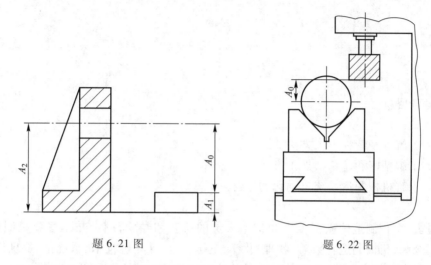

题 6.21 图   题 6.22 图

注：若无特殊说明，各计算题中，参与装配的零件加工尺寸均为正态分布，且分布中心与公差带中心重合。

第7章 机械制造新技术

学习目标

1. 了解各种特种加工方法。
2. 了解精密和超精密加工方法。
3. 了解机械制造系统自动化的概念。

过去,机械制造依赖于工人和技术人员的技艺和经验,制造技术主要是制造经验的总结。而今天,机械制造与数学、物理、化学、电子技术、计算机技术、系统论、信息论、控制论等各门学科密切结合,对工人和技术人员技艺和经验的依赖逐渐降低,逐步由一种技艺和经验成为一门工程科学,如形成的表面成形原理、精度原理(如尺寸链、统计分析)、相似原理(如成组工艺)和优化原理(最高生产率、最低成本)等理论,了解材料加工的技术方法、特种加工、精密制造、制造系统自动化等发展情况很有必要。

7.1 特种加工

7.1.1 特种加工概述

特种加工定义为:直接利用电能、化学能、声能、光能、热能或其与机械能组合等形式将坯料或工件上多余的材料去除,以获得所要求的几何形状、尺寸精度和表面质量的加工方法。特种加工是相对机械加工而言的,国外有的称"非机械加工"。特种加工的特点是它不要求工具的材料比被加工的材料硬,在加工过程中也不需要对工件施加明显的机械力。因此,它可以加工难于切削加工的各种材料,如高硬度、高强度、高脆性、高韧性的金属或非金属材料,同时还可以加工各种精密的小零件和形状复杂的零件。特种加工方法的种类很多,其类型和代码可查阅 JB/T 5992—1992。几种常见的特种加工方法和适用范围见表7.1。

7.1.2 电火花加工

1. 电火花加工的基本原理

电火花加工是基于工具电极和工件电极间产生火花放电,使工作介质被击穿而形成通道,工件电极表面被蚀除。通过机床自动调节系统和工作介质净化循环系统保证火花放电持续进行,使金属工件表面不断被熔化和汽化而达到加工目的。

表 7.1　几种常见特种加工方法和适用范围

加工方法	可加工材料	平均电压/(V)/平均电流/(A)	基本投资	材料去除率/(mm³/min)平均/最高	尺寸精度/mm平均/最高	表面粗糙度Ra值/μm平均/最佳	主要适用范围
电火花成形加工	任何导电的金属材料如硬质合金、耐热钢、不锈钢、淬火钢等	80/50	中等	30/3 000	0.03/0.003	10/0.04	从数微米孔、槽到数米的超大型模具、工件等,如圆孔、方孔、异形孔、深孔、微孔、弯孔、螺纹孔以及冲模、锻模、压铸模、塑料模、拉丝模。还可刻字、表面强化、涂覆加工
电火花线切割加工				20/200 mm²/min	0.02/0.002	5/0.32	切割各种冲模、塑料模、粉末冶金模等二维及三维直纹面组成的模具及零件。可直接切割各种样板、磁铁、硅钢片冲片。也常用于钼、钨、半导体材料或贵重金属的切割
电子束加工		150 000/0.001	高				在各种难加工材料上打微孔、切缝、蚀刻、曝光以及焊接等,现常用于制造中、大规模集成电路微电子器件
离子束加工				很低	/0.01 μm	/0.01	对零件表面进行超精密、超微量加工、抛光、刻蚀、掺杂、镀覆等
等离子加工	钢材及塑料等	100/500	低	75 000/—	0.3/—	1.6/3.2	对各种金属材料进行切割、焊接、热处理、制造高纯度氧化硅、氧化铝、强化零件表面
超声加工	任何脆性的材料	220/12	低	1/50	0.03/0.005	0.63/0.16	加工、切割脆硬材料。如玻璃、石英、宝石、金刚石、半导体单晶锗、硅等。可加工型孔、型腔、小孔、深孔等
激光加工	任何材料	4 500/2	高	瞬时去除率很高;受功率限制,平均去除率不高	0.01/0.001	10/1.25	精密加工小孔、窄缝及成形切割、刻蚀,如在金刚石拉丝模、钟表宝石轴承、化纤喷丝头、不锈钢板上打小孔;切割钢板、石棉、纺织品、纸张;还可焊接及热处理

加工方法	可加工材料	平均电压/(V)/平均电流/(A)	基本投资	材料去除率/(mm³/min)平均/最高	尺寸精度/mm平均/最高	表面粗糙度Ra值/μm平均/最佳	主要适用范围
电解加工		10/5 000	高	100/10 000	0.1/0.01	1.25/0.16	从细小零件到 1 t 重的超大型工件及模具,如仪表微型小轴、齿轮、蜗轮、叶片、炮管膛线、锻造模、铸造模。还可加工螺旋花键孔、各种异形孔以及抛光、去毛刺、切割等
电解磨削			低	1/100	0.02/0.001	1.25/0.04	硬质合金等难加工工件的磨削,如硬质合金刀具、量具、轧辊、细长杆磨削;还可进行超精光整研磨、珩磨
化学加工	任何材料		低	15/—	0.05	0.4/2.5	零件减薄、减重;复杂图形加工;制造印制板,刻蚀半导体、刻划尺、电路线板;抛光

2. 电火花成形加工

图 7.1 是电火花加工的基本原理图。加工工具是成形电极。加工机床由机床主机、脉冲电源、自动进给调节系统、工作液净化及循环系统等几大部分组成。近年来,加工机床已基本数控化。坐标进给采用伺服控制,位移精度达到 2 μm 或更高。主轴头采用液压伺服控制,自动调节工具与工件之间的间隙。机床带有工具电极库,能自动更换工具电极。

3. 电火花线切割加工

加工工具是很细的导电金属丝(钨丝、钼丝、铜丝等),其加工原理如图 7.2 所示。加工机床由机床主机、脉冲电源、控制系统和工作液循环系统等几部分组成。根据线电极的移动速度可分为快速走丝(8 ~ 10 m/s)和慢速走丝(0.01 ~ 0.1 m/s)两类机床,慢速走丝机床的加工精度高、表面粗糙度小。

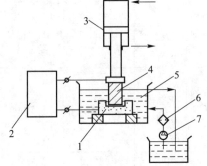

图 7.1　电火花成形加工原理

1—工件;2—脉冲电源;3—自动进给调节装置;
4—工具;5—工作液;6—过滤器;7—工作液泵

7.1.3　电化学加工

1. 电化学加工原理和类型

两个金属电极浸在电解质溶液中,并对金属电极加上电压。此时在电极与溶液的界面上必定产生电化学反应,包含电解质溶液构成的回路中必有电流流过。图 7.3 所示为两个金属电极在 NaCl 溶液中产生电化学反应的示意图。由于电化学反应,溶液中的正、负离子定向移动,分别在阴、阳极表面得、失电子,从而把一些金属原子沉积在某个电极上,或使某个电极的金属原子脱离电极进入溶液。这种利用电化学反应进行金属加工的方法称为电化学加工。

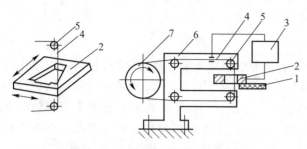 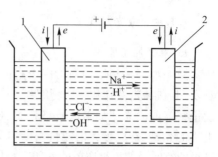

图 7.2　电火花线切割加工原理
1—绝缘底板;2—工件;3—脉冲电源;
4—钼丝;5—导向轮;6—支架;7—传动轮

图 7.3　电化学反应原理
1—阳极;2—阴极

电化学加工按作用原理分成三大类:
① 电化学阳极溶解加工,如电解加工、电解抛光。
② 电化学阴极涂覆加工,如电铸、电镀、局部涂镀。
③ 与其他加工方法相结合的复合加工,如电解磨削、电解电火花加工等。

2. 电解加工

电解加工是利用电化学阳极溶解原理进行加工的方法。如图 7.4 所示,工件作阳极接直流电源的正极,而成形的工具作阴极接直流电源的负极。工具向工件缓慢进给,两极间保持较小的间隙(0.1~1 mm),具有一定压力的电解液从间隙中流过。此时阳极工件的金属逐渐溶解,被高速流动的电解液带走,最终在工件上留下工具的形状。

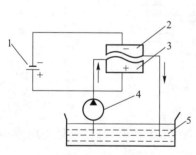 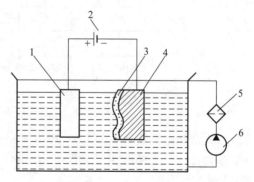

图 7.4　电解加工原理
1—直流电源;2—工具电极;3—工件;
4—电解液泵;5—电解液

图 7.5　电铸加工原理
1—电铸材料(阳极);2—直流电源;3—电铸层;
4—原模(阴极);5—过滤器;6—电铸液泵

3. 电铸加工

电铸加工是利用电化学阴极涂覆原理进行加工的方法。如图 7.5 所示,导电原模作阴极接直流电源负极,电铸材料作阳极接直流电源正极,与电铸材料相同的金属盐溶液作电铸镀液。在直流电源作用下,阳极的金属原子不断地失去电子变成离子进入溶液,进一步在阴极获得电子变成金属原子而沉淀在原模表面。当原模上的金属层达到预定厚度,即可取出,设法与原模分离便获得电铸件。电铸加工能复制精细的表面轮廓花纹,特别适合于复制模具,如唱片模,工艺品模,纸币、邮票、证券等的印刷模。

7.1.4　激光加工

1. 激光加工原理

激光加工是利用功率密度极高的激光射束照射工件被加工部位,使其材料瞬间熔化或蒸发,并在冲击波作用下,将熔融物质喷射出去,从而对工件进行穿孔、蚀刻、切割,或用较小能量密度的激光使加工区域材料熔融黏合,对工件进行焊接。激光装置把激光束聚焦成为极小的光斑,造成极大的能量密度($10^8 \sim 10^{10}$ W/cm^2)和极高的温度(10^4℃以上),因而能在极短的时间内使得被照射的不透明物体局部熔化,以致汽化、蒸发或喷射出去,实现各种加工。

2. 激光加工的特点

① 激光的能量密度极高,具有单色性、相干性、方向性好等特点,不需要加工工具,故不存在工具损耗,适宜于自动化连续操作。

② 能量密度高,几乎能加工所有不透明的材料。

③ 加工速度高,效率高,热影响区小。

④ 能加工深而小的微孔(直径 D 为几微米,$L/D \geqslant 10$)和窄缝。

⑤ 能透过透明材料对工件进行加工,容易实现真空加工等。

3. 激光加工机

由激光器、电源、光学系统及机械系统等四大部分组成,见图 7.6。

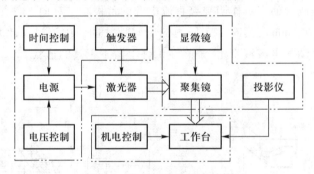

图 7.6　激光加工机组成结构

① 激光器是把电能转变为光能,产生所需要的激光束。

② 激光器电源是根据加工工艺要求为激光器提供能量,包括电压控制、储能电容组、时间控制及触发器等。

③ 光学系统的任务是光束聚焦和焦点位置调整,包括显微镜瞄准、激光束聚焦、加工位置在投影仪上显示。

④ 机械系统是由床身、三坐标工作台和机电控制系统构成。工作台已经数控化,机电控制系统也已实现计算机控制。

7.1.5　照相制版

1. 加工的基本原理

照相制版是把所需的图像摄影到照相底片上,再将底片上的图像经过光化学反应,复制到涂有感光胶的铜板或锌板上,经过坚膜固化处理,使该部分感光胶具有一定的抗蚀能力,然后再进行化学腐蚀,即获得凸起的图像,成为金属印刷版。通过照相制版可以制造机械加工难于制造的复杂形状薄板或薄片零件,如多孔金属网版等;也可以在金属表面蚀刻图案、花纹、文字等。

2. 照相制版的主要工艺过程

照相制版的主要工艺过程为:原图—照相—在金属板上涂感光胶—曝光—显影—坚膜—固化—烘烤—修整—腐蚀—整理—印刷版。

① 原图与照相。原图是将所需图形按一定比例放大在纸上,绘制或刻在玻璃上,一般放大 4～6 倍,然后通过照相将原图按需要大小缩小在照相底片上。

② 金属板和感光胶。金属板一般采用锌板和紫铜板,表面要光洁平整,无氧化层、油污等,以增强对感光胶膜的吸附能力。制版用感光胶膜的配方如表 7.2 所示。

表 7.2　感光胶的配方

配方	成分		方法		浓度
I	甲液	聚乙烯醇 80 g(聚合度 1 000～1 700) 水 600 mL 烷基苯酸钠 4～8 滴	各成分混合后放容器内蒸煮至透明	甲、乙两液冷却后混合并过滤,放在暗处	甲液加乙液约 800 mL,波美 4 度
	乙液	重铬酸铵 12 g 水 200 mL	溶化		
II	甲液	骨胶(粒或块状)500 g 水 1 500 mL	在容器内搅拌蒸煮溶解	甲、乙两液混合过滤,放暗处(冬天用热水保温使用)	甲液加乙液约 2 300～2 500 mL,波美 8 度
	乙液	重铬酸铵 75 g 水 600 mL	溶化		

③ 曝光、显影和坚膜。曝光是先将原图照相底片用真空法密合在已涂有感光胶的金属板上,然后通过紫外线照射,使金属板上的感光胶膜按图像感光。然后经过显影,把未感光的胶膜用水冲掉,便形成所需的图像。为了便于检查图像质量,一般可用钾基紫染色。

为了提高显影后胶膜的抗蚀性,可将显影冲洗好的图像版放在坚膜液中进行处理。聚乙烯醇感光胶可用铬酸酐 400 g 加水 4 000 mL 的坚膜液进行坚膜处理,处理时间,对新配制的坚膜液,在春、秋、冬三个季节为 10 s 左右,夏季一般为 5～10 s。对放置一段时间的坚膜液,可延长 30 s 左右。坚膜处理后用水冲洗、晾干、烘烤。

④ 固膜。坚膜后的图像版,抗蚀能力仍不强,还必须进行固化。聚乙烯醇胶版一般在 180 ℃ 下固化 15 min,其颜色呈现深棕色。固化温度的高低还与金属板分子结构有关,微晶锌板固化温度不超 200 ℃,铜板固化温度不超 300 ℃,时间 5～7 min,直到表面呈现深棕色为止。

⑤ 腐蚀。经过固膜后的金属板,应放在腐蚀剂中进行腐蚀,腐蚀后即成为所需的印制版。腐蚀剂的配方为:对微晶锌板用波美 10～11.5 度的硝酸加 2.5%～3% 的防止侧壁腐蚀的保护剂;对紫铜板用波美 27～30 度的三氯化铁加 1.5% 的防止侧壁腐蚀的保护剂。两者的温度均为 20～25 ℃。对一般印制版的腐蚀深度和坡度的要求如图 7.7 所示。

为了防止侧壁坡度的扩大,必须对侧壁进行保护。保护的方法除在腐蚀液中加保护剂外,还可以采用如图 7.8 所示的无粉腐蚀机。如在腐蚀锌板时,其保护剂由磺化蓖麻油等主要成分构成,在腐蚀过程中,叶轮 3 以 250～300 r/min 的转速将腐蚀剂抛向金属板。在机械冲击力的作用下,吸附在金属底面上的保护分子容易被冲走,使腐蚀作用继续进行;而吸附在侧面的保护剂分子,不易被冲走,能形成保护层,阻碍腐蚀作用,因而形成一定的腐蚀坡度。腐蚀铜板的保护剂由乙烯基硫脲和二硫化甲醚组成,在三氯化铁腐蚀液中能生成一层白色氧化物,可以起到保护侧壁的作用。

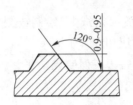

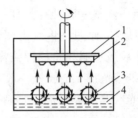

图 7.7　金属版的腐蚀深度与坡度　　图 7.8　无粉腐蚀机原理图

1—固定转盘;2—印制版;3—叶轮;4—腐蚀液

7.1.6　光刻

1. 加工的基本原理及工艺特点

光刻是利用光致抗蚀剂的光化学反应特点将掩膜版上的图形精确地印制在涂有光致抗蚀剂的衬底表面上,再利用光致抗蚀剂的腐蚀特性,对衬底表面进行腐蚀,从而可得到复杂的精细图形。

光刻的工艺特点是加工精度高,其尺寸精度可达到 0.01～0.005 mm,是半导体器件和集成电路制造的关键工艺之一。光刻还可以制造一些精密产品的零部件,如精密刻线尺、刻度盘、光栅、细孔金属网板、电路布线板及晶闸管元件等。因此,光刻在精密机械、光学仪表和电子元器件的制造中被广泛地应用。

2. 光刻的主要工艺过程

光刻的主要工艺过程为:原图—光刻掩膜制版衬底加工—涂光致抗蚀剂—前烘—曝光—显影—坚膜—腐蚀—去胶。

① 原图和掩膜版制备。原图是先在透明或半透明的聚酯基板上涂一层醋酸乙烯树脂系的红色可剥薄膜,然后把所需图形按比例放大几倍至几百倍(根据需要而定),绘制在可剥性薄膜上,把不需要的薄膜剥除而制成的。掩膜版是先利用初缩照相机把原图缩小,然后采用分步重复照相机进行精缩,使图形进一步缩小,获得尺寸精确的照相底版。再用接触复印法把该底版的图形印制到高纯度铬金属版上(铬金属版的材料是玻璃板,表面上蒸镀一层厚度为 150～200 nm 高纯度铬,经过磨光后,再涂光刻胶而制成的),经过腐蚀,就可得到金属薄膜图形的掩膜版。

② 涂光致抗蚀剂。在半导体工业中常用的光致抗蚀剂有聚乙烯醇–肉桂酸酯系(负性)、二叠氮系(负性)和醌–二叠氮系(正性)等。

③ 曝光。曝光光源的波长应与光刻胶感光范围相适应,一般用波长为 0.4 μm 的紫外光。常用曝光方式是接触式曝光,即将掩膜版与涂有光致抗蚀剂的衬底表面紧密接触进行曝光。若对精度要求很高的精细图形进行曝光,可采用电子束和 X 射线等曝光新技术。用电子束曝光可以刻出宽度为 0.25 μm 的细线条。

④ 腐蚀。腐蚀的方法有化学腐蚀、电解腐蚀、离子腐蚀等,其中最常用的是化学腐蚀。常用的光刻化学腐蚀液如表 7.3 所示。

表 7.3　常用光刻化学腐蚀液

加工材料	腐蚀液成分	腐蚀温度/℃
铝(Al)	浓度 85% 左右磷酸	约 80
金(Au)	碘化铵溶液加少量碘	常温
铬(Cr)	高锰酸钾:氢氧化钠:水 = 3 g:1 g:100 mL	约 60
二氧化硅(SiO_2)	氢氟酸:氟化铵:去离子水 = 3 mL:6 g:10 mL	约 32
硅(Si)	发烟硝酸:氢氟酸:冰醋酸:水 = 5:3:3:0.06(比体积)	约 0
镍铬合金	硫酸铈:硝酸:水 = 1 g:1 mL:10 mL	约 0
铜(Cu)	三氯化铁溶液	少许加温
氧化铁	磷酸+铝(少量)	少许加温

⑤ 去胶。除去腐蚀后残留在衬底表面的抗蚀剂胶膜,可采用氧化法(如用硫酸—过氧化氢混合液等强氧化剂将胶膜破坏而除去),也可采用丙酮、甲苯等有机溶剂去胶,还可将带胶衬底置于氧气压为 10 Pa 的真空中,在高频电磁场的作用下,使氧电离,并与光刻胶反应变成挥发性气体排除。

7.2　精密与超精密加工

7.2.1　概述

精密加工是指在一定的时期,加工精度和表面质量达到较高程度的加工工艺。超精密加工是指加工精度和表面质量达到最高程度的精密加工工艺。精密与超精密的界限随着科技进步而逐渐前移。不同时期精密与超精密加工的精度界限如图 7.9 所示。

一般加工、精密加工、超精密加工以及纳米加工可以划分如下:

① 一般加工加工精度在 10 μm 左右、表面粗糙度 Ra 值在 0.3 ~ 0.8 μm 的加工技术,如车、铣、刨、磨、镗、铰等。适用于汽车、拖拉机和机床等产品的制造。

② 精密加工加工精度在 10 ~ 0.1 μm,表面粗糙度 Ra 值在 0.3 ~ 0.03 μm 的加工技术,如研磨、珩磨、超精加工、砂带磨削、镜面磨削和冷压加工等。适用于精密机床、精密测量仪器等产品中的关键零件的加工,如精密丝杠、精密齿轮、精密蜗轮、精密导轨、精密轴承等。

③ 超精密加工加工精度在 0.1 ~ 0.01 μm,表面粗糙度 Ra 值在 0.03 ~ 0.005 μm 的加工技术,如超精密切削、超精密磨削、特种加工、复合加工

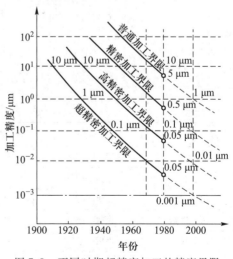

图 7.9　不同时期超精密加工的精度界限

等。适用于精密元件、计量标准元件、大规模和超大规模集成电路的制造。目前,超精密加工的精度正处在亚纳米级工艺,正在向纳米级工艺发展。

④纳米加工加工精度高于 10^{-3} μm(纳米,$1\ nm = 10^{-3}$ μm)、表面粗糙度 Ra 值小于 0.005 μm 的加工技术,其加工方法不是传统的机械加工方法,如原子分子单位加工。

目前,一般加工、精密加工、超精密加工的精度可分别达到 1 μm、0.01 μm 和 0.001 μm(1 nm)的水平。

国外对超精密加工的不同划分方式和称谓如表 7.4 所示。

表 7.4　国外对超精密加工的划分与称谓

序号	划分依据	划分界限	称谓
1	加工尺寸误差	<1 μm	亚微米加工
		=0.1~0.01 μm	超精密加工或纳米加工
2	加工方式	创造式加工(模仿式加工)	超精密加工
3	加工尺寸与加工尺寸误差同时考虑	加工尺寸较大(如数十毫米或更大些)且加工尺寸误差为 0.1~0.01 μm	超精密加工
		加工尺寸<1 μm 且加工尺寸误差为 0.1~0.01 μm	超微细加工或亚微米加工

7.2.2　超精密切削

超精密切削是指用金刚石单刃刀具对工件进行车削、镗削。超精密车削常用金刚石车刀的几何形状如图 7.10 所示。

表 7.5 为超精密车削常用切削用量。

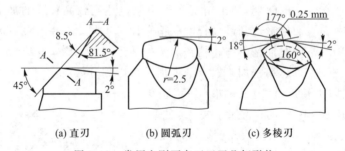

(a) 直刃　　　(b) 圆弧刃　　　(c) 多棱刃

图 7.10　常用金刚石车刀刀刃几何形状

表 7.5　超精密车削常用切削用量

被切削材料	$v/(\text{m/min})$	a_p/mm	$f/(\text{mm/r})$
铝合金	200~300	0.02~0.25	0.02~0.125
纯铝	250~350	0.02~0.25	0.02~0.125
镁合金	300~380	0.07~0.25	0.02~0.125
铜和黄铜	500~600	0.02~0.25	0.05~0.2
青铜	150~300	0.02~0.25	0.02~0.125
巴氏合金	250~350	0.02~0.25	0.02~0.125

续表

被切削材料	$v/(\text{m/min})$	a_p/mm	$f/(\text{mm/r})$
铝(车端面)	1 130 ~ 1 696	0.005	0.1 ~ 0.3(刀刃宽 2 ~ 2.5)
铝(车外圆)	502 ~ 879	0.01 ~ 0.02	0.1 ~ 0.4(刀刃宽 2 ~ 3)
铜(车外圆)	220 ~ 330	0.02 ~ 0.1	0.02 ~ 0.05 或 0.07(刀刃宽 2 ~ 2.5)0.15

7.2.3 超精密磨削

超精密磨削是靠砂轮工作面上可以修整出大量等高的磨粒微刃(图 7.11)这一特性而进行加工的。这些等高的微刃能从工件表面切除极薄的、尚有一些微量缺陷和微量尺寸、形状误差的余量。同时,由于这些微刃的数量大,若磨削用量适当,则在加工表面上有可能留下大量极微细的切削痕迹,因而能获得很高的精度和光洁度。一般超精密磨削的尺寸精度和圆度可达 0.1 ~ 0.05 μm,表面粗糙度 Ra 值可达 0.025 ~ 0.012 μm。

超精密磨削除要合理选用砂轮外,还要特别注意砂轮的修整,为此应注意以下几点:

① 修整工具(金刚石笔)必须锋利,使用一定时间后,需将其转动一个角度,让新的锋利刃尖工作。

② 正确安装修整工具(图 7.12),避免砂轮表面被划伤或金刚石笔尖崩裂、振动或啃入砂轮表面。

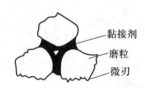
图 7.11　磨粒上的微刃

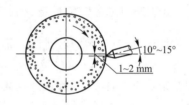
图 7.12　修砂轮时金刚石笔的正确安装

③ 超精密磨削的常用磨削用量和砂轮修整用量见表 7.6,而且应大小均匀。

表 7.6　超精密磨削的常用磨削用量和砂轮修整用量

用量名称		超精密磨削	镜面磨削
砂轮修整用量	砂轮线速度/(m/s)	12 ~ 20	12 ~ 20
	修整导程/(mm/r)	0.02 ~ 0.03	≤0.01
	修整深度/mm	0.002 5 ~ 0.005	≤0.002 5
	修整横进给次数	2 ~ 3	3
磨削用量	工件线速度/(m/min)	4 ~ 10	4 ~ 10
	磨削时工作台纵向进给速度/(mm/min)	5 ~ 100	≤80
	磨削深度/mm	0.002 5 ~ 0.005	≤0.002 5
	磨削横进给次数	1 ~ 2	1 ~ 2
	无火花磨光工作台往复次数	4 ~ 6	15 ~ 25
	磨削余量/mm	0.002 ~ 0.005	≤0.003
	可达到的表面粗糙度 Ra 值/μm	0.025 ~ 0.050	0.012

④ 修整后的砂轮必须冲洗干净。

超精密磨削机床必须有很高的移动精度、回转精度（包括刚度）和超精密微量进给机构。另外，还必须解决加工中的测量、控制与过滤冷却润滑液等技术问题。

7.2.4　超精密研磨

超精密研磨时首先必须选好磨料，磨料的粒度必须小于 0.1 μm，并且要大小均匀。研磨时需要经过多次预研才能进入终研。超精密研磨设备主要是机械研磨机。

00 级块规须经过 5 道预研工序才能进入终研，其主要精度要求如表 7.7 所示。

表 7.7　00 级块规的精度要求（终研要求）

公称尺寸 L/mm	~10	>10~30	>30~50	>50~80	>80~100
中心长度偏差/μm	±0.05	±0.07	±0.10	±0.12	±0.15
平面平行度偏差/mm	0.05		0.06		0.07
测量面粗糙度 Ra 值/μm	0.012				
尺寸稳定性/μm	每年尺寸变化不大于±(0.02+0.000 5L)				

7.2.5　超精密特种加工

在特种加工中，离子束加工、化学加工、超声波振动切削等都可满足超精密加工的要求。

7.2.6　超精密加工应遵循的基本准则

不论采用何种方法进行超精密加工，都必须遵循的基本准则如下：

（1）超微量去除

根据超精密加工的特点，为要达到其高精度指标，从工件表面层最后切（蚀）除的深度必须等于或小于 0.1~0.01 μm，即必须进行超微量切（蚀）除。

（2）高稳定性加工

无论来自加工系统内部或外部的干扰，对超精密加工的精度和表面粗糙度影响都非常大。因此，要采取各种有效措施提高加工系统的静刚度、动刚度、热刚度和抗电磁干扰等，以保证加工过程稳定。

（3）温度控制

为了保证超精密加工达到 0.1~0.01 μm 的精度，温度变化必须控制在 0.1~0.01 ℃ 范围内。温度控制的水平决定了超精密加工的精度极限。表 7.8 为一般恒温控制等级。目前可将温度控制在(20±0.1) ℃，局部温度控制可达(20±0.05) ℃ 甚至(20±0.01) ℃。

表 7.8　一般恒温控制等级

序号	等级	基数	允许温差/℃	湿度	应用范围
1	2 级	20	±2		普通精密加工
2	1 级	20	±1	55%~60%	普通精密加工
3	0.5 级	20	±0.5		精密测量、精密刻线
4	0.2 级	20	±0.2		精密测量、精密刻线
5	0.1 级	20	±0.1		
6	0.01 级	20	±0.01		

目前在超精密加工中减小和防止热变形的措施有:

① 多次恒温绝热(采用"室中室"),最好在液体中加工。

② 采用热对称结构的机床和低黏度冷却润滑液。

③ 采用热交换装置。

④ 采用直流驱动,以提高传动效率。

⑤ 采用运屑器及时将切屑运出加工区。

⑥ 应用热管技术,使设备发热均匀并及时排出微少热量。

除了要消除或减小热影响外,对振动、工件受力后的弹性变形和电磁干扰等也必须尽量消除或减至最小。

(4) 加工环境净化

为了保证 $0.1 \sim 0.01\ \mu m$ 的加工精度和低表面粗糙度,超精密加工的工作环境必须很好进行净化。净化措施是:首先要按空气净化标准提供高标准的净化空气;其次是采取严密措施防止工作环境的空气污染。此外,对加工环境的气压、温度、湿度和有害气体浓度等要进行综合控制。

(5) 材料尺寸稳定

工件材料尺寸稳定,与材料的弹性变形、微塑性变形和在加工、热处理过程中的变形等有关。工件材料尺寸稳定是保证超精密加工能获得和保持高精度的基础。

一般零件尺寸稳定性要保持在 $(0.1\ \mu m/100\ mm)$/年的变化量并不困难,而精密零件需要保持 $(0.01\ \mu m/100\ mm)$/年就必须采取以下措施:

① 选用稳定性好的材料;

② 严格控制选用材料的冶金质量;

③ 在超精密加工工序前很好进行稳定化处理,如多次进行时效和冷处理等。

通过采取上述措施,可使金属工件材料的金相组织稳定,残余应力减至最小,从而减少零件尺寸的自发变化,以保持高精度。

7.3 机械制造系统自动化

7.3.1 机械制造系统自动化的目的和措施

1. 机械制造系统自动化的目的

① 提高或保证产品质量,加大质量成本投入。

② 提高对市场变化的响应和竞争能力,缩短产品上市时间。

③ 改善劳动条件,减轻人的劳动强度和劳动量,减少人为因素对生产的影响。

④ 提高劳动生产率,降低生产成本。

2. 机械制造系统自动化的措施

目前,机械制造系统自动化主要体现在与计算机技术和信息技术的结合上,形成计算机控制的制造系统,即计算机辅助制造系统,但规模、功能和结构视具体需求而定,可以是一个工厂、一个车间、一个生产线,甚至一台机床等。根据生产类型的不同,采用自动化的措施也不同,主要分单一品种大批生产自动化和多品种单件小批生产自动化。

单一品种大批生产自动化生产,采用自动机床、专用机床、专用流水线、自动生产线等措施,早在 20 世纪 30 年代开始在汽车制造业中逐渐发展成为一种先进的生产方式,但其缺点是一旦产品变化,则不能适应,一些专用设备只能报废。产品总是要不断更新换代的,生产者总希望生产设备有一定的柔性,能适应产品品种变化的要求。单一品种大批生产自动化生产通常采用的措施是:通用机床自动化改造;采用自动和半自动机床;采用组合机床;采用自动生产线;采用数控机床或加工中心;采用柔性生产线等。

大部分机械制造企业属于多品种单件小批生产,实现多品种单件小批生产自动化是多年来机械制造中的一个难题。为此,人们采用了很多措施,并随着计算机技术、数控技术、工业机器人和信息技术的发展,实现多品种单件小批生产自动化的举措非常丰富,如成组技术、数控技术、制造单元、柔性制造系统、计算机制造集成系统等。

7.3.2　机械制造系统自动化的概念

1. 计算机辅助制造系统

计算机辅助制造 CAM(computer aided manufacturing)是一个计算机分级控制和管理制造过程中多方面工作的系统,是制造系统自动化的具体体现,是制造技术与信息技术结合的产物。计算机辅助制造系统的结构包括生产管理与控制、工程分析与设计、财会与供销三大功能,如图 7.13 所示。但不是所有 CAM 系统都要如此全面和复杂,也可以是其中的一个部分。

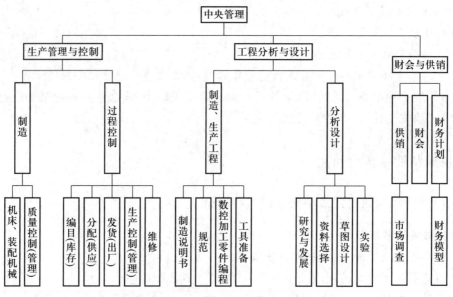

图 7.13　计算机辅助制造系统

2. 成组技术

成组技术 GT(group technology)是根据零件形状、尺寸相似性进行分类成组,编制成组工艺、设计成组夹具和成组生产线,实现小批生产自动化。

成组工艺的基本原理是把形状、尺寸、工艺相似或相近的零件组成一个零件族(组),按零件族制订工艺进行加工。图 7.14 为成组工艺的基本原理,其中工艺相似包括三个方面:

用相似的夹具安装、用相同的工艺加工、用相似的量仪测量。

成组工艺的实施方法有如下几个步骤：

① 产品零件按零件分类编码系统分组。

② 制订零件的成组加工工艺。

③ 设计成组工艺装备,含成组的夹具、刀具、量具和辅具等。

④ 构建成组加工生产线,设计输送装置、装卸装置、仓库等。

零件的分类编码是指用数字来描述零件的结构特征(几何形状、尺寸)、工艺特征以及生产组织特征,即零件特征的数字化。它是实现成组工艺的主要工具。

零件分类编码通过零件分类编码系统实现。世界上各主要工业国家都有自己的

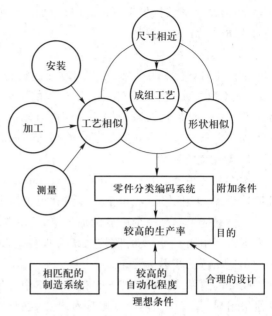

图 7.14 成组工艺基本原理

零件分类编码系统,常见的有日本的 KK 系统、德国的奥匹兹(Opitz)系统等。Opitz 编码系统比较完善适用,很多国家都采用它。我国也参考 Opitz 编码系统制订了"机械工业成组技术零件分类编码系统",简写为 JLBM-1。

3. 计算机辅助工艺过程设计

计算机辅助工艺过程设计 CAPP(computer aided process planning)是借助计算机来编制合理的零件加工工艺过程。它在现有技术的基础上,以高效率、低成本、合格的质量和规定的标准化程度来拟订最佳制造方案,从而把产品的设计信息转化为制造信息。它是 CAM 系统的重要基础,是连接 CAD 和 CAM 的纽带。CAPP 使得编制工艺这一传统的手工过程实现自动化,大幅度提高工作效率,提高生产工艺水平和产品质量,缩短生产准备时间,加快新产品试制。

4. 数控自动编程

利用计算机辅助方法自动生成数控加工程序,均称为自动编程。根据零件描述方法不同,自动编程又分成数控语言编程、CAD/CAM 系统编程、全自动编程三种。

(1) 数控语言编程

使用专用的语言和符号描述零件的几何形状和刀具相对于零件运动的轨迹、顺序和其他工艺参数。经编程获得的源程序输入计算机去进行编译处理,再经后置处理生成控制机床的数控加工程序。典型的数控编程语言是美国 MIT 开发的"自动编程工具"APT。该方法的最明显缺点是需人工编制源程序。

(2) CAD/CAM 系统编程

大型的 CAD/CAM 系统均具备该功能。编程人员从 CAD 数据库中调出零件图形文件,采用多级功能菜单作人机界面进行编程,编程中系统给出足够的提示帮助信息。CAD/CAM 系统编程功能自动地查询被加工部位图形元素的几何信息,对设计信息进行工艺处理,计算刀具中心轨迹,定义刀具类型,定义刀位文件数据。某些 CAD/CAM 系统还能进一步进行后

置处理,自动生成数控加工程序,并进行加工模拟,以检验程序的正确性。CAD/CAM 系统编程的自动化程度大大提高。

（3）全自动编程

是以 CAPP 技术为基础、完全自动化的编程方式。系统从 CAD 数据库获取零件的几何信息,从 CAPP 数据库获取零件加工过程的工艺信息,再调用 NC 源程序生成软件来生成数控加工程序。然后再对数控加工程序进行动态仿真,若正确无误则把加工程序送到机床去进行加工。这种编程方式实现了从 CAD 到 NC 的全过程自动化。

5. 柔性制造系统

柔性制造系统 FMS(flexsible manufacturing system)有很多种类,可分为柔性制造单元、柔性制造系统、柔性传输线、可变生产线和可重组生产线等。

柔性制造单元是一个可变的加工单元,由单台加工中心或数控机床、环形托盘输送装置或机器人等组成,采用实时监控系统实现自动加工,不停机更换工件进行连续生产,是组成柔性制造系统的基本单元。

柔性制造系统由两台或两台以上加工中心或数控机床,自动上、下料装置,储料和输送系统等组成,没有固定的加工顺序和节拍,在计算机及其软件系统的集中控制下,能不停机进行调整、更换刀具和工具,实现加工自动化,在时间和空间(多维性)上都有高度的柔性,是一种计算机直接控制的自动化可变加工系统。

柔性传输线由多台加工中心组成,物料采用自动线所用的上、下料装置,而不是采用高度柔性和自动化的自动输送车、机器人和自动化仓库等,追求经济实用,属于准柔性制造系统。

可变生产线是一种有限的柔性制造系统,由多台可更换部件的加工中心或数控机床组成,用于批量生产。既能有高度自动化程度,又能适应品种变化需要,比较经济实用。

可重组生产线中的设备按所加工范围内零件的工艺过程来安排,机床布置确定后不再变动,加工不同零件时,根据零件的加工工艺过程,由计算机调度所需要的机床,因此加工这些零件所用的机床,不一定按生产线排列的顺序,而是跳跃式的、有选择的,穿梭在机群之间,具有柔性。机床的品种和数量取决于零件的品种、数量和加工工艺,机床的负荷率要进行平衡,计算机调度功能比较强,这是一种柔性物料输送的制造系统。

如图 7.15 所示,柔性制造系统由物质系统、能量系统和信息系统三部分组成,各部分又由许多子系统构成。柔性制造系统各组成部分之间的关系如图 7.16 所示。

6. 计算机集成制造系统

计算机集成制造系统 CIMS(computer integrated manufancturing system)是在制造技术、信息技术和自动化技术的基础上,通过计算机硬件、软件系统,将制造工厂全部生产活动所需的分散自动化系统有机地联系起来,进行产品设计、制造和管理的全盘自动化。它是在计算机系统、网络通信、数据库以及工程软件系统的支持下,以计算机辅助设计为核心,以计算机辅助制造为中心,以计算机辅助生产控制管理、质量控制管理为主的管理信息系统所组成的综合体。其功能结构如图 7.17 所示。

7. 先进制造技术

先进制造技术 AMT(advanced manufacturing technology)也称现代制造技术,于 20 世纪

80 年代出现,是以提高综合效益为目的,以人为主体,以计算机技术为支撑,综合应用信息、材料、能源、环保等高新技术以及现代系统管理技术,研究并改造传统制造过程,作用于产品整个寿命周期的所有适用技术的总称。先进制造技术是动态的、发展的,目前主要包括柔性制造、集成制造、协同制造、并行工程、精良制造、敏捷制造、虚拟制造、智能制造、网络化制造、绿色制造等。

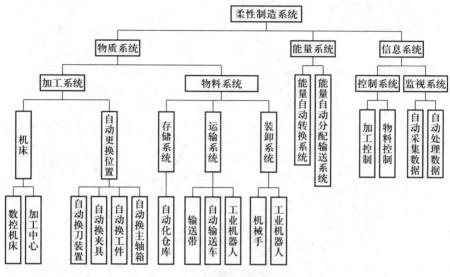

图 7.15 柔性制造系统的组成

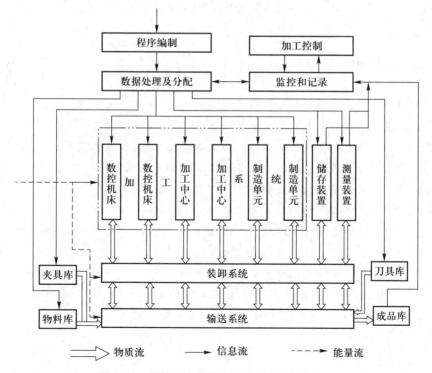

图 7.16 柔性制造系统各组成部分之间的关系

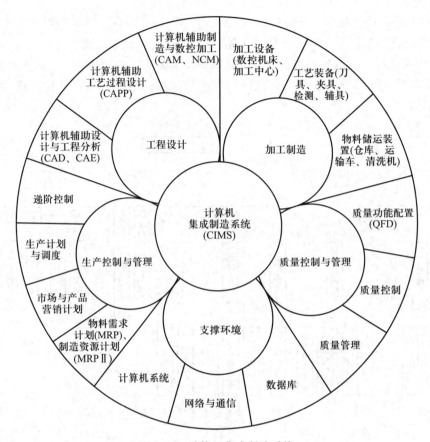

图 7.17　计算机集成制造系统

 思考题与习题

7.1　什么是特种加工？试论述其种类、特点和应用范围。

7.2　什么是电火花加工？试论述其种类、特点和应用范围。

7.3　什么是电化学加工？试论述其种类、特点和应用范围。

7.4　什么是激光加工？试论述其特点和应用范围。

7.5　试论述照相制版的基本原理和工艺过程。

7.6　光刻与照相制版有什么异同？

7.7　试论述精密和超精密加工的概念、特点及其重要性。

7.8　多品种小批生产的自动化有哪些措施？

7.9　什么是计算辅助制造？它有哪些特点？

7.10　分析柔性制造系统的组成及其各组成部分的关系。

7.11　何谓计算机集成制造系统？它有哪些功能？

[1] 卢秉恒.机械制造技术基础[M].4版.北京:机械工业出版社,2018.

[2] 王先逵.机械制造工艺学[M].3版.北京:机械工业出版社,2013.

[3] 于骏一,邹青.机械制造技术基础[M].2版.北京:机械工业出版社,2015.

[4] 张世昌,李旦,张冠伟.机械制造技术基础[M].3版.北京:高等教育出版社,2014.

[5] 袁哲俊,王先逵.精密与超精密加工技术[M].3版.北京:机械工业出版社,2016.

[6] 郭新民.机械制造技术[M].北京:北京理工大学出版社,2010.

[7] 袁军堂.机械制造技术基础[M].北京:清华大学出版社,2013.

[8] 周宏甫.机械制造技术基础[M].2版.北京:高等教育出版社,2010.

[9] 尹成湖.机械加工工艺简明速查手册[M].北京:化学工业出版社,2016.

[10] 周湛学,刘玉忠.简明数控工艺与编程手册[M].3版.北京:化学工业出版社,2018.

[11] 马贤智.实用机械加工手册[M].沈阳:辽宁科学技术出版社,2002.

[12] 尹成湖.机械切削加工常用基础知识手册[M].北京:科学出版社,2016.

[13] 李旦.机床专用夹具图册[M].2版.哈尔滨:哈尔滨工业大学出版社,2012.

[14] 龚定安.机床夹具设计[M].西安:西安交通大学出版社,1992.

[15] 邹青.机械制造技术基础课程设计指导教程[M].2版.北京:机械工业出版社,2017.

[16] 成大先.机械设计手册[M].5版.北京:化学工业出版社,2008.

[17] 赵家齐.机械制造工艺学课程设计指导书[M].3版.北京:机械工业出版社,2016.

[18] 陈宏钧.实用金属切削手册[M].2版.北京:机械工业出版社,2009.

[19] 王光斗,王春福.机床夹具设计图册[M].3版.上海:上海科学技术出版社,2000.

[20] 袁哲俊.金属切削刀具[M].上海:上海科学技术出版社,1993.

[21] 毛谦德,李振清.袖珍机械设计师手册[M].北京:机械工业出版社,1994.

[22] 韩秋实.机械制造技术基础[M].北京:机械工业出版社,1998.

[23] 盛善权.机械制造基础[M].北京:高等教育出版社,1993.

[24] 周泽华.金属切削原理[M].2版.上海:上海科学技术出版社,1993.

[25] 贾亚洲.金属切削机床概论[M].2版.北京:机械工业出版社,2015.

[26] 尹成湖.磨工工作手册[M].北京:化学工业出版社,2007.

[27] 张德生,孙曙光.机械制造技术基础课程设计指导[M].哈尔滨:哈尔滨工业大学出版社,2013.

[28] 吴瑞明.机械制造工艺学课程设计[M].北京:机械工业出版社,2016.

[29] 韩秋实,王红军.机械制造技术基础[M].3版.北京:机械工业出版社,2010.

[30] 郑修本.机械制造工艺学[M].3版.北京:机械工业出版社,2004.

[31] 郑焕文.机械制造工艺学[M].北京:高等教育出版社,1994.

[32] 张忠诚,张双杰,李志永.工程材料及成形工艺基础.北京:航空工业出版社,2019.

[33] 叶文华,陈蔚芳,马万太.机械制造工艺及装备.哈尔滨:哈尔滨工业大学出版社,2011.

[34] 刘英.机械制造技术基础教师记注.北京:科学出版社,2016.

[35] 李志勇.工程实习训练教程[M].北京:兵器工业出版社,2018.

[36] 顾崇衔.机械制造工艺学[M].西安:陕西科学技术出版社,2000.

[37] 刘胜新.新编钢铁材料手册[M].北京:机械工业出版社,2016.

郑重声明

高等教育出版社依法对本书享有专有出版权。任何未经许可的复制、销售行为均违反《中华人民共和国著作权法》,其行为人将承担相应的民事责任和行政责任;构成犯罪的,将被依法追究刑事责任。为了维护市场秩序,保护读者的合法权益,避免读者误用盗版书造成不良后果,我社将配合行政执法部门和司法机关对违法犯罪的单位和个人进行严厉打击。社会各界人士如发现上述侵权行为,希望及时举报,本社将奖励举报有功人员。

反盗版举报电话 (010)58581999 58582371 58582488

反盗版举报传真 (010)82086060

反盗版举报邮箱 dd@hep.com.cn

通信地址 北京市西城区德外大街4号
           高等教育出版社法律事务与版权管理部

邮政编码 100120

防伪查询说明

用户购书后刮开封底防伪涂层,利用手机微信等软件扫描二维码,会跳转至防伪查询网页,获得所购图书详细信息。也可将防伪二维码下的20位密码按从左到右、从上到下的顺序发送短信至106695881280,免费查询所购图书真伪。

反盗版短信举报

编辑短信"JB,图书名称,出版社,购买地点"发送至10669588128

防伪客服电话

(010)58582300